高等学校教材

结构力学教程

（第 2 版）

湖南大学结构力学教研室 编
洪范文 周 芬 主编

高等教育出版社·北京

内容提要

本书在《结构力学》(第5版)的基础上修订而成。全书由静定结构、超静定结构、结构分析其他问题和专题共4篇12章组成。

本书根据高等学校力学基础课程教学指导委员会审定的"结构力学课程教学基本要求(A类)",参照高等学校土木工程学科专业指导委员会制定的《高等学校土木工程本科指导性专业规范》,汲取近年教学改革成果和实践经验进行修订。在继承多年教材建设经验的基础上,力求突出自身特色,除强调知识论述、能力训练和归纳思考外,对工程背景、定性分析和创新思维做了有益探索。在不增加篇幅的前提下,融入当前"互联网+"的表现形式,将一些章节的重点、难点、知识延伸、部分习题答案及工程实例以数字资源的形式(包括图片、视频、文字等)提供给读者。本书始终坚持内容选材适当、论述深入浅出、注意理论联系实际的传统优势,力求满足当前一线教学的要求。

本书可作为高等学校土建、水利类本科专业教材,也可供其他专业和有关工程技术人员参考。

图书在版编目(CIP)数据

结构力学教程/湖南大学结构力学教研室编;洪范文,周芬主编. —2版. —北京:高等教育出版社,2019.8(2022.5重印)

ISBN 978-7-04-052190-0

Ⅰ.①结… Ⅱ.①湖… ②洪… ③周… Ⅲ.①结构力学-高等学校-教材 Ⅳ.①O342

中国版本图书馆CIP数据核字(2019)第133946号

策划编辑	水 渊	责任编辑	水 渊	封面设计	王凌波	版式设计	马敬茹
插图绘制	于 博	责任校对	窦丽娜	责任印制	刘思涵		

出版发行	高等教育出版社	网 址	http://www.hep.edu.cn
社 址	北京市西城区德外大街4号		http://www.hep.com.cn
邮政编码	100120	网上订购	http://www.hepmall.com.cn
印 刷	中农印务有限公司		http://www.hepmall.com
开 本	787mm×1092mm 1/16		http://www.hepmall.cn
印 张	25	版 次	2005年7月第1版
字 数	570千字		2019年8月第2版
购书热线	010-58581118	印 次	2022年5月第3次印刷
咨询电话	400-810-0598	定 价	47.70元

本书如有缺页、倒页、脱页等质量问题,请到所购图书销售部门联系调换
版权所有 侵权必究
物 料 号 52190-00

结构力学教程
（第2版）

1. 计算机访问 http://abook.hep.com.cn/1257391，或手机扫描二维码、下载并安装 Abook 应用。
2. 注册并登录，进入"我的课程"。
3. 输入封底数字课程账号（20位密码，刮开涂层可见），或通过 Abook 应用扫描封底数字课程账号二维码，完成课程绑定。
4. 单击"进入课程"按钮，开始本数字课程的学习。

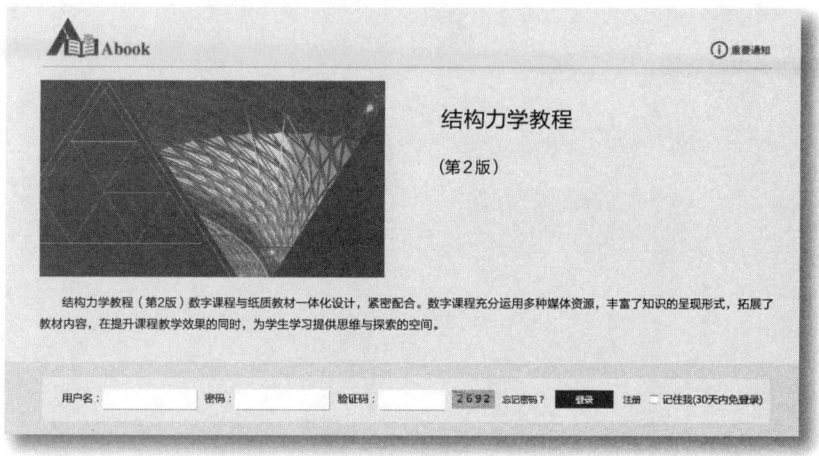

课程绑定后一年为数字课程使用有效期。受硬件限制，部分内容无法在手机端显示，请按提示通过计算机访问学习。

如有使用问题，请发邮件至 abook@hep.com.cn。

扫描二维码
下载 Abook 应用

http://abook.hep.com.cn/1257391

《结构力学》第5版(2005年修订本)序

本书是在湖南大学结构力学教研室编,杨茀康、李家宝主编的《结构力学》(第四版)和李家宝主编的建筑力学第三分册《结构力学》(第三版)的基础上,根据2004年教育部高等学校非力学类专业力学基础课程教学指导分委员会通过的结构力学课程教学基本要求(A类)修订的,作为《结构力学》第5版(2005年修订本)出版。

这次修订工作除充分考虑到建设部高等学校土木工程专业指导委员会制定的结构力学课程教学大纲和国家注册结构工程师考试大纲的全部要求外,还注意保持本教材前几版贯彻少而精、符合认识规律、便于教和学的特点。从内容上,删去了近似法和能量原理两章,将论述静定结构内力分析的三章合并为一章,将位移法和渐近法归结到一章,并对部分章节的内容取舍、观点论证和安排顺序做了调整,以更好适应当前的教学要求。本版采用国家标准 GB 3100~3102—93《量和单位》中规定的有关符号。

本修订版主编为洪范文,全部修订工作除附录 A 由刘兴彦负责外,均由洪范文完成。本书凝结了湖南大学结构力学教研室的前辈和同仁的心血,他们为结构力学的教材建设做出了不可磨灭的贡献,为本书奠定了坚实的基础,特别是第四版主编李家宝教授对此次修订提出了许多指导性意见和对细节修改的建议,更是弥足珍贵。

本修订版由北京建筑工程学院刘世奎教授审阅,他所提出的许多宝贵修改意见,为本书提高质量增色甚多。本书在修订过程中,得到了湖南大学教务处和教材代办站的鼎力支持。对此,我们谨表示深深的谢意。

由于编者能力所限,书中不足之处,恳请专家、读者多加指正。

湖南大学结构力学教研室
编　者
2005 年 4 月

《结构力学》第四版(1997年修订本)序

本书是在我教研室所编《结构力学》(第三版)的基础上,根据1995年国家教委审定的高等学校工科本科"结构力学课程教学基本要求"再次修订的。

这次修订工作除注意保持前版教材的特点:贯彻少而精、符合认识规律、便于教与学外,还力求做到有所改进和有所发展。在内容方面,删去了静定空间桁架一章,增加了近似法、能量原理以及结构的计算简图和简化分析共三章。从教学法考虑,对第三版教材的某些章节内容的叙述、论证和安排的顺序等方面作了改进,以使本书更符合当前教学改革的要求。采用本教材的院校,请按各校具体教学要求选择本书内容。书中少量属于加深和参考的内容,均以"*"号注明。

本版采用了国家标准 GB 3100~3102—93《量和单位》中规定的有关符号等,在贯彻和实施国家标准方面做了有益的工作。

本版主编为杨茀康、李家宝,修订工作由杨茀康、李家宝、洪范文主持进行。参加修订工作的有:杨茀康(第6、15章)、李家宝(第1、13、17章)、洪范文(第7、10章)、王兰生(第2、3、4、5章)、罗汉泉(第11、14、16章)、李存权(第8、9章)、汪梦甫(第12章)。全书的插图由乐荷卿、郭宾提供。

本修订版请西安冶金建筑科技大学王荫长和刘铮两位教授审阅,他们提出了很多宝贵的修改意见。在编辑审读加工过程中,高等教育出版社的有关领导和编辑给予了多方面的具体指导和有益建议,使本书的质量得以进一步提高。对此,我们谨表深深的谢意。

由于编者水平所限,书中不足之处,望读者多加指正。

湖南大学结构力学教研室

编 者

1997年6月

《结构力学》第三版(1982年修订本)序

本书是在我室所编《结构力学》(1965年修订本)一书的基础上,根据1980年5月审订的高等工业学校本科四年制土建类专业的"结构力学教学大纲"(草案)再次修订的。

修订时,我们注意保持1965年修订本的特点,力图贯彻"少而精"的原则,在内容的阐述上,尽可能做到由具体到抽象,由简单到复杂,以符合学生的认识规律,利于教和学。为了加强基本理论、基本知识和基本技能的训练,对于1965年修订本中符合新订大纲要求的内容,修订时作了适当的充实;另外,根据新大纲的要求,增加了矩阵位移法一章,加深了虚功原理、结构的稳定和动力计算等内容的论述。全书内容分基本部分(第1~12章)和选学部分(第13~15章)。书中还有少量属于参考性的内容,在该节标题前面以"*"号注明。

这次修订工作由杨茀康、李家宝担任主编,参加编写工作的有:杨茀康(第8、15章)、李家宝(第1、2章)、刘光栋(第10、11、12、14章)、罗汉泉(第5、6、7、13章)、李存权(第3、4章)、罗宗对(第9章)。王兰生、何放龙、李俊东负责演算全书的习题。全书的插图由王秀贞描绘。

本书由王光远、郭长城、王荫长、刘铮同志担任主审、杨天祥同志担任复审。1982年5月工科结构力学教材编审小组在长沙召开了审稿会,参加审稿会的编委有杨天祥、龙驭球、秘书朱伯钦以及王荫长、刘铮、郭长城、王道堂等同志。参加审稿的同志对本书提出了许多很好的意见。此外,郑州工学院寿楠椿和本校王贻荪同志也曾对初稿提出过书面修改意见。对此,我们表示衷心的感谢。

由于编者水平所限,书中缺点可能不少,希望使用本书的教师和读者多加批评指正。

湖南大学结构力学教研室
1982年6月

《结构力学》第二版(1965年修订本)序

　　本书是在我室所编"结构力学"一书的基础上,根据1962年5月审订的高等工业学校本科五年制工业与民用建筑专业和铁道建筑、公路与城市道路以及桥梁与隧道等专业的"结构力学教学大纲"(试行草案)修订的,同时也照顾了河川枢纽及水电站建筑专业的需要。

　　修订时,我们基本上依据教学大纲的要求,力图贯彻"少而精"的原则,删去了大量枝节内容和偏深的非基本内容,重新改写了绝大部分的章节;在少数问题上,对大纲的规定作了一些变动,如删去了用零载法检查平面桁架的可变性、索式桁架的概念、简支架的内力包络图,增加了分析静定空间桁架的截面法、半穿式桁架桥的上弦杆的稳定问题等。

　　为了符合学生的认识规律,在内容的阐述上,尽可能注意由具体到抽象、由简单到复杂。如力法和位移法的概念都是先从一个最简单的例子引出,然后扩展到一般情况;又如静定结构的特性,则是在讲完内力计算之后,通过与超静定结构的特性对比才提出的。

　　由于本书兼顾了两种专业的某些不同要求,因此,就每一专业来说,各有一部分内容是毋需讲授和学习的。对于铁道建筑、公路与城市道路以及桥梁与隧道等专业的学生来说,可略去以下章节:§14-5,§14-6,第十六章,§17-5;对于工业与民用建筑专业的学生,可略去下列各节:§3-6,§3-8,§4-4,§5-9,§5-10,§6-6至§6-8,§8-11至§8-13,§11-4至§11-6,§15-2,§15-3,§18-9。此外,关于超静定桁架和混合结构,就工业与民用建筑专业来说,可只限于最基本的内容,不妨结合本书§10-4中的例10-3对桁架和混合结构的计算特点稍加详细交代,而将第十二章整个略去。在第十一章中,所述无铰拱和两铰拱两部分具有相对的独立性,重复讲述了总和法,以便对工业与民用建筑专业可以单独着重讲授两铰拱部分。书中还有少量属于参考性的内容,一律采用小字排印。

　　本书初版是由我室教师周泽西、俞集容、杨蒒康和原为斡室成员现为长沙铁道学院教师李廉锟、张炘宇通过集体讨论、分工执笔并相互修改写成的。这次修订工作由周泽西、俞集容主持进行,执笔的有万良逸(第5、7、8、9、10章)、周泽西(第1、20章)、俞集容(第2、14、15、17章)、杨蒒康(第4、6、13、19章)、刘光栋(第3、11、12、16、18章)。

　　本书承哈尔滨建筑工程学院王光远同志审阅,并提出不少宝贵意见,对此我们表示衷心的感谢。

　　由于编者水平所限,缺点可能不少,希望使用本书的教师和读者多加批评指正。

湖南大学结构力学教研室
1965年4月

《结构力学教程》第 2 版(2019 年修订本)序

  本书在湖南大学结构力学教研室编、洪范文主编的《结构力学》(第 5 版)的基础上,根据高等学校力学基础课程教学指导委员会审定的"结构力学课程教学基本要求(A 类)",参照高等学校土木工程学科专业指导委员会制定的《高等学校土木工程本科指导性专业规范》,结合近年教学改革成果经验修订而成。修订中特别注意了时代特点和课程发展规律,以更好适应新工科课程建设的要求,现更名为《结构力学教程》(第 2 版)。

  这次修订除保持本书内容选择精细、论述简洁明确、编写符合认识规律、便于教学的传统外,还对部分章节的叙述及次序进行了调整,改善了某些表述。书中融入当前"互联网+"的表现形式,将一些章节的重点、难点、知识延伸、部分习题答案及工程实例用二维码的形式提供给读者,以满足当前多层次教与学的要求。本书附录 A 为采用 MATLAB 开发的平面杆件结构静力分析程序,该程序能够实现人机交互和自动绘图,界面清晰,操作方便。

  本书主编为洪范文、周芬,完成了本次修订工作。本书凝聚了湖南大学结构力学教研室几代前辈和众多同仁的智慧和汗水,他们为教材建设做出的贡献后来者将永志不忘。

  本修订版由同济大学朱慈勉教授审阅,他提出的许多宝贵修改建议使本书受益良多,在此谨致真诚的谢意。修订过程中多处参考的相关文献、教材,均在主要参考文献中列举。本书程序的调试工作得到了研究生的大力协助,在此一并表示感谢。

  由于编者水平所限,书中定有不足之处,恳请专家、读者多多批评指正。

湖南大学结构力学教研室

编 者

2019 年 1 月

《结构力学》第一版(1958年版)序

为了适应祖国大规模工业建设的需要,大量培养工程技术干部就成为当前最重要的工作之一。我国高等工业学校在一系列教学改革工作之后,已经取得很大的成绩,惟学生学习负担过重的问题,迄未完全解决。

目前已经翻译出版的苏联结构力学教材很多,但大都与部订教学大纲不能完全切合,内容分量过多,学生参考费时,且翻译名词各书不一致,更增加了初学者阅读上的困难。

这本讲义系根据我院情况编写的。我院有工民建、铁道桥隧、铁道建筑和公路与城市道路等四个专业,所用结构力学的教学大纲各不相同。在编写这本讲义之初,只能参考1955年部订内容最多的"桥隧"专业用和"工业与民用建筑结构"专业用"结构力学及弹性塑性理论教学大纲"作为编写的依据,再结合我院其他专业的需要并参照目前工程界的实际情况来安排内容。在编排的次序方面,也是根据教学实际情况来决定的。至于讲授的内容,则由任课教师按专业的需要自行选择取舍。讲义主要取材于下列各书:

1. 结构理论　　　　　　　И.П.普洛珂费耶夫著
2. 建筑力学教程　　　　　И.М.拉宾诺维奇著
3. 杆件系统结构力学　　　И.М.拉宾诺维奇著
4. 结构静力学　　　　　　А.В.达尔柯夫、В.И.库兹聂错夫合著
5. 结构静力学　　　　　　Б.Н.日莫契金、Д.П.巴谢夫斯基著
6. 结构力学　　　　　　　А.И.杜霍维奇内著
7. 静定结构学　　　　　　钱令希编
8. 弹性力学　　　　　　　М.М.费洛宁柯-鲍罗第契著
9. 弹性理论　　　　　　　Б.Н.日莫契金著
10. 弹性力学　　　　　　 钱伟长　叶开沅著

这本讲义分别由李廉锟、周泽西、张炘宇、俞集容、杨莆康等同志编写,并分工修改与校阅,插图由庄述权、邓如鹄、李家宝、尹业良等同志协助绘制。这本讲义曾在我院各专业教学中两度使用,对解决学生学习上的某些困难,尚能起一定的作用。我们根据实际使用结果,曾先后进行修改和补充,现在我们又再度将静定结构部分进行了若干修改与补充,先行出版,其余部分也正在陆续修改与校阅之中。

由于我们的业务水平及教学经验所限,虽然在主观上尽了自己的努力,但实际上还会存在许多不妥的地方。我们衷心希望各学校的兄弟教研组在使用或参考这本讲义时,能把所发现的缺点及改进意见随时告诉我们,使这本讲义能够逐步完善起来。

中南土木建筑学院
结构理论教研组
1957年6月

本书符号表说明

　　本书贯彻执行国家技术监督局发布的国家标准(GB 3100~3102—93)《量和单位》，在实施国家标准的过程中，为保证国家标准和现有惯例的衔接，本书在以下三方面作了认真的考虑，现作如下说明，请读者注意。

　　1. 国家标准规范的物理量的名称和符号，按国家标准使用，注重量的物理属性。如，旧称剪应变 γ，现改称切应变；又如，各种力(包括荷载、反力和内力)都用 F 作为主符号，而将其特性以下标(上标)表示；再如，应力的单位都用 Pa 作基本单位；等等。

　　2. 对于在结构力学中广泛使用的广义力(包括力与力偶)和广义位移(包括线位移与角位移)，为了体现其广义性(有时还有未知性)，考虑到全书叙述的统一和表达的简洁、完整，本书仍沿用 X(多余力)、R 和 r(约束反力)、Δ 和 δ(位移)、c(支座位移)等广义物理量。至于上述物理量在具体问题中对应的量和相应单位，则视具体问题而定。

　　3. 在结构力学力法和位移法、位移和影响线计算中普通应用的单位力 $\bar{X}=1$ 和 $F_\mathrm{P}=1$ 等以及单位位移 $\bar{Z}=1$ 和 $\Delta=1$ 等，按照国家标准，这些物理量应由数值和单位符号的乘积组成，其表达式为 $A=\{A\}\cdot[A]$，式中 A 为该物理量的符号，$[A]$ 为其某一种单位的符号，$\{A\}$ 是以 $[A]$ 为单位时该量的数值。据此，如单位广义力的规定写法应为 $\{\bar{X}\}=1$，即采用某一力的单位时该力的数值为 1。为了书写方便，均简记为 $\bar{X}=1$，其余的单位量与此类同。

主要符号表

符号	含义	符号	含义
A	面积、振幅	I	单位矩阵
c	支座广义位移、粘滞阻尼系数	k	刚度系数、截面剪力分布不均匀系数
C	弯矩传递系数	$\boldsymbol{K}$	结构刚度矩阵
c_{cr}	临界阻尼系数	$\bar{\boldsymbol{K}}^e$	单元(局部)坐标系下单元刚度矩阵
d	节间长度	$\boldsymbol{K}^e$	结构(整体)坐标系下单元刚度矩阵
D	侧移刚度	l	长度、跨度
E	弹性模量	m	质量
E_p	结构势能	$\boldsymbol{M}$	质量矩阵
E_p^*	荷载势能	M	力矩、力偶矩、弯矩
f	拱高、工程频率	M^F	固端弯矩
F_P	荷载、作用力	M_u	极限弯矩
$\boldsymbol{F}_P$	结构荷载列向量	M_s	屈服弯矩
F_H	水平推力	q	均布荷载集度
$F_{Ax}、F_{Ay}$	A 处支座(约束)反力	$r、R$	广义反力
F_N	轴力	S	转动刚度、影响线量值
$F_N^L、F_N^R$	截面左、右的轴力	t	温度、时间
F_Q	剪力	T	周期、动能
$F_Q^L、F_Q^R$	截面左、右的剪力	$\boldsymbol{T}$	坐标变(转)换矩阵
F_Q^F	固端剪力	u	水平位移
F_{Pe}	欧拉临界荷载	v	竖向位移、挠度、速度
F_{Pcr}	临界荷载	V	虚应变能
F_{pu}	极限荷载	W	功、虚功、抗弯模量
F_P^+	可破坏荷载	X	广义未知力
F_P^-	可接受荷载	y	位移
F_e	弹性力	Z	广义未知位移
F_I	惯性力	α	线膨胀系数
F_c	阻尼力	β	弦转角、频比
$\bar{\boldsymbol{F}}^e$	单元(局部)坐标系下单元杆端力列向量	γ	切应变
$\boldsymbol{F}^e$	结构(整体)坐标系下单元杆端力列向量	$\delta、\Delta$	广义位移
$\bar{\boldsymbol{F}}^F$	单元坐标系下单元固端力列向量	$\bar{\boldsymbol{\delta}}^e$	单元(局部)坐标系下单元杆端位移列向量
$\boldsymbol{F}^F$	结构坐标系下单元固端力列向量		
G	切变模量	$\boldsymbol{\delta}^e$	结构(整体)坐标系下单元杆端位移列向量
i	线刚度		
I	惯性矩	$\boldsymbol{\Delta}$	结构位移列向量

Ⅱ 主要符号表

ε	线应变	ξ	阻尼比、等效集中质量系数
θ	转角、角位移、干扰力频率	σ_b	强度极限
κ	曲率	σ_s	屈服极限
$\boldsymbol{\lambda}^e$	单元定位向量	φ	转角、角位移、初相角
μ	力矩分配系数	$\boldsymbol{\Phi}$	振型矩阵
ν	剪力分配系数	ω	圆频率

目 录

第一章　绪论 …………………………… 1
　§1-1　结构力学研究对象和任务 …… 1
　§1-2　结构计算简图 ………………… 3
　§1-3　结构分类 ……………………… 7
　§1-4　荷载分类 ……………………… 8
第二章　体系几何组成分析 …………… 10
　§2-1　几何组成分析目的 …………… 10
　§2-2　运动自由度的概念 …………… 10
　§2-3　平面几何不变体系基本组成
　　　　规则 ………………………… 12
　§2-4　几何组成分析示例 …………… 15
　§2-5　静定结构和超静定结构 ……… 16
　§2-6　小结与讨论 …………………… 17
　思考题 ………………………………… 17
　习题 …………………………………… 18
　习题部分答案 ………………………… 20

第 1 篇　静 定 结 构

第三章　静定结构内力分析 …………… 23
　§3-1　静定梁 ………………………… 23
　§3-2　静定刚架 ……………………… 28
　§3-3　三铰拱 ………………………… 37
　§3-4　静定桁架和静定组合结构 …… 44
　§3-5　静定结构的基本性质和
　　　　受力特点 …………………… 51
　§3-6　小结与讨论 …………………… 53
　思考题 ………………………………… 54
　习题 …………………………………… 55
　习题部分答案 ………………………… 59
第四章　虚功原理和结构位移
　　　　计算 ………………………… 61
　§4-1　结构位移的概念 ……………… 61
　§4-2　刚体体系虚功原理及其应用 … 64
　§4-3　变形体体系的虚功原理和
　　　　位移计算一般公式 ………… 67
　§4-4　荷载作用下的位移计算 ……… 71
　§4-5　图形相乘法 …………………… 76
　§4-6　静定结构支座位移和温度
　　　　改变时的位移计算 ………… 82
　§4-7　线性变形体系的互等定理 …… 84
　§4-8　小结与讨论 …………………… 88
　思考题 ………………………………… 88
　习题 …………………………………… 90
　习题部分答案 ………………………… 92
　综合作业 ……………………………… 92
　综合作业部分答案 …………………… 93

第 2 篇　超静定结构

第五章　力法 …………………………… 97
　§5-1　超静定结构概述和力法基本
　　　　概念 ………………………… 97
　§5-2　超静定次数和力法典型方程 … 100
　§5-3　力法计算超静定刚架 ………… 104
　§5-4　对称结构计算 ………………… 108
　§5-5　力法计算其他超静定结构 …… 113
　§5-6　支座位移和温度改变时的
　　　　力法计算 …………………… 119
　§5-7　等截面单跨超静定梁的
　　　　杆端内力 …………………… 121
　§5-8　小结与讨论 …………………… 130
　思考题 ………………………………… 131
　习题 …………………………………… 132
　习题部分答案 ………………………… 135
第六章　位移法和力矩分配法 ………… 136

§6-1 位移法的基本概念 ………… 136
§6-2 位移法基本未知量的确定 …… 140
§6-3 用位移法计算超静定刚架 …… 142
§6-4 位移法典型方程 ……………… 147
§6-5 力矩分配法的基本概念 ……… 152
§6-6 多结点力矩分配 ……………… 158
§6-7 超静定结构的受力性质和变形
　　　特点 …………………………… 164
§6-8 小结与讨论 …………………… 168
思考题 ……………………………… 169
习题 ………………………………… 170
习题部分答案 ……………………… 173
综合训练题 ………………………… 173
综合训练题部分答案 ……………… 176

第3篇　结构分析其他问题

第七章　影响线及其应用 ………… 181
§7-1 影响线的基本概念 …………… 181
§7-2 用静力法作静定梁影响线 …… 182
§7-3 用静力法作静定桁架影响线 … 186
§7-4 用机动法作梁影响线 ………… 189
§7-5 影响线的应用 ………………… 193
§7-6 简支梁内力包络图 …………… 197
§7-7 连续梁内力包络图 …………… 199
§7-8 小结与讨论 …………………… 202
思考题 ……………………………… 203
习题 ………………………………… 203
习题部分答案 ……………………… 204

第八章　矩阵位移法 ……………… 205
§8-1 矩阵位移法的概念和单元刚度
　　　矩阵 …………………………… 205
§8-2 结构刚度矩阵 ………………… 210
§8-3 单元刚度矩阵的坐标变换 …… 215
§8-4 非结点荷载处理 ……………… 218

§8-5 先处理直接刚度法 …………… 220
§8-6 刚架计算示例 ………………… 222
§8-7 几个应用问题 ………………… 232
§8-8 小结与讨论 …………………… 234
思考题 ……………………………… 234
习题 ………………………………… 235
习题部分答案 ……………………… 236

第九章　计算简图选取和结构简化
　　　　　分析 …………………………… 237
§9-1 弹性支承和次内力 …………… 237
§9-2 空间结构分解为平面结构 …… 239
§9-3 板壳结构简化为交叉体系 …… 241
§9-4 结构分解为基本部分和附属
　　　部分 …………………………… 244
§9-5 忽略次要变形 ………………… 247
§9-6 小结与讨论 …………………… 251
习题 ………………………………… 251
习题部分答案 ……………………… 252

第4篇　专　　题

第十章　结构动力分析 …………… 255
§10-1 结构动力分析的基本概念 … 255
§10-2 单自由度体系的自由振动和
　　　　受迫振动 …………………… 258
§10-3 阻尼对振动的影响 ………… 267
§10-4 两个自由度体系的自由振动
　　　　（柔度法）…………………… 273
§10-5 两个自由度体系的自由振动
　　　　（刚度法）…………………… 280
§10-6 简谐荷载下两个自由度体系的
　　　　受迫振动 …………………… 284
§10-7 振型分解法 ………………… 287
§10-8 自振频率的近似计算 ……… 291

§10-9 小结与讨论 ………………… 295
思考题 ……………………………… 295
习题 ………………………………… 296
习题部分答案 ……………………… 299

第十一章　结构稳定分析 ………… 301
§11-1 结构稳定分析的基本概念 … 301
§11-2 有限自由度体系的稳定计算 … 303
§11-3 无限自由度体系的临界荷载
　　　　（静力法）…………………… 308
§11-4 无限自由度体系的临界荷载
　　　　（能量法）…………………… 315
§11-5 刚架稳定计算 ……………… 322
§11-6 小结与讨论 ………………… 328

  思考题 ………………………………… 328
  习题 …………………………………… 329
  习题部分答案 ………………………… 332

第十二章　结构塑性分析 ……………… 334
  §12-1　结构塑性分析的基本概念 … 334
  §12-2　用极限平衡法求梁极限

    荷载 ………………………………… 339
  §12-3　比例加载时极限荷载判定 …… 343
  §12-4　小结与讨论 …………………… 347
  思考题 ………………………………… 347
  习题 …………………………………… 348
  习题部分答案 ………………………… 350

附录 A　基于 MATLAB 开发的平面杆件结构静力分析程序 ……………………………… 351
附录 B　索引 ……………………………………………………………………………………… 362
主要参考文献 ……………………………………………………………………………………… 366
Synopsis …………………………………………………………………………………………… 367
Contents …………………………………………………………………………………………… 368
主编简介

第一章 绪 论

§1-1 结构力学研究对象和任务

土木工程中的各类建筑物和构筑物,例如房屋、桥梁、水池、挡土墙(图 1-1～图 1-7)等,在使用过程中,都要承受各种荷载的作用。这种承受荷载的建筑物和构筑物或其中的某些承重构件,都可称为结构。图 1-1 所示的由屋架、柱子、吊车梁、屋面构件及基础等组成的单层工业厂房空间骨架以及图 1-6 所示的水池和图 1-7 所示的挡土墙都是结构的例子。图 1-2 和图 1-5 中的房屋与桥梁是土木工程中最常见的结构。

结构的类型是多种多样的,就几何特征区分,有杆件结构(图 1-1)、薄壁结构(图 1-3、图 1-4 中的屋面与图 1-6)和实体结构(图 1-7)三类。杆件的基本特征是它的长度远大于其他两个尺度——截面的宽度和高度,杆件结构便是由若干这种杆件所组成

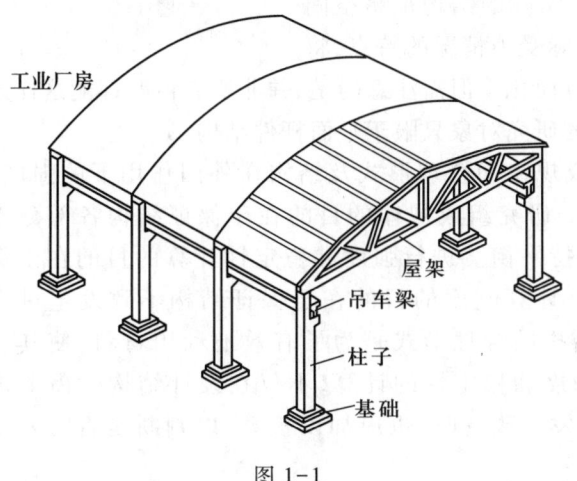

图 1-1

图 1-2

图 1-3

图 1-4

图 1-5

图 1-6

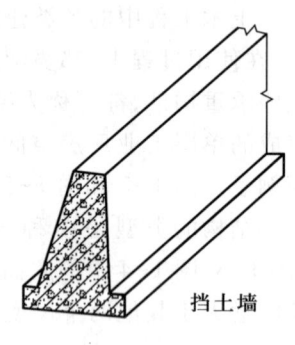

图 1-7

的。薄壁结构是厚度远小于其他两个尺度的结构。平面板状的薄壁结构称为薄板,由若干块薄板可组成各种薄壁结构(图 1-4、图 1-6b)。具有曲面外形的薄壁结构称为薄壳结构(图 1-3、图 1-6a)。实体结构是指三个方向的尺度大约为同一量级的结构,例如挡土墙(图 1-7)、堤坝、块式基础等。

1-1 空间杆件结构简化为平面杆件结构

依照空间特征区分,杆件结构可分为平面杆件结构和空间杆件结构两类。凡组成结构的所有杆件的轴线都位于某一平面,并且荷载和支座反力也作用于该平面内的结构,称为平面杆件结构,否则为空间结构。严格说来,实际的结构都是空间结构,不过在进行计算时,常可根据其实际受力情况的特点,将它分解为若干平面结构来分析,以使计算简化。但需注意的是,并非所有情况都能这样处理,有些必须作为空间结构研究。本书的研究对象只限于平面杆件结构。

结构力学的任务是研究结构的组成规律和合理形式及结构在外因作用下的强度、刚度和稳定性的计算原理和计算方法。研究组成规律的目的在于保证结构各部分不致发生相对运动,使它能承受荷载并维持平衡。进行强度和稳定性计算的目的在于保证结构的安全,并使之符合经济要求。计算刚度的目的在于保证结构不致发生过大的、在使用上不能容许的位移。研究结构的合理形式是为了有效地利用材料,使其受力性能得到充分的发挥。上述强度、刚度和稳定性的计算,不仅在设计结构时需要进行,而且当已有结构所承受的荷载情况发生改变时,也应加以核算,以判断是否需要采取加固措施。

结构力学与材料力学的基本区别在于:结构力学的研究对象是由杆件所组成的结构,其主要内容为内力和位移的计算;而材料力学主要是研究材料的强度,并根据内力和位移进行单根杆件的强度、刚度和稳定性计算。

本书主要介绍结构力学最基本的计算原理和计算方法,这些内容是解决一般常用结构的静力计算问题所必需的,也是进一步学习和掌握其他现代结构分析方法的基础。为了与当前结构力学的发展相适应,并有助于读者了解结构分析其他方面的问题,本书还介绍了结构矩阵分析、动力分析、稳定分析和塑性分析的基本内容。

§1-2 结构计算简图

对结构进行力学分析之前,必须先将实际结构加以简化,分清结构受力、变形的主次,抓住主要矛盾,忽略一些次要因素,进行科学抽象,用一个简化的理想模型来代替实际结构。这种在结构计算中用以代替实际结构并能反映结构主要受力和变形特点的理想模型,称为结构的计算简图。

确定结构的计算简图时,通常包括杆件的简化、支座的简化和结点的简化等方面的内容。

一、杆件的简化

各种杆件在计算简图中均用其轴线来代替。等截面直杆的轴线是一直线,曲杆的轴线是一曲线。变截面杆件也常近似地用直线或曲线来代替。

二、支座的简化和分类

将结构与基础或其他支承物联系,并用以固定结构位置的装置称为支座。在工程结构中,从支座对结构的约束作用(约束解除后,约束作用以约束反力表示)来看,常用的计算简图可分为如下三类。它们形式上虽与理论力学、材料力学的表示方式不尽一致,但本质却是相同的,而且更符合土木工程的惯例。

1. 活动铰支座

活动铰支座的构造简图可用图 1-8a 所示方式表示,它对结构的约束作用是只阻止结构沿垂直于支承平面方向移动,结构既可绕铰 A 作转动,又可沿着与支承平面平行的方向移动。因此,当不考虑支承平面上的摩擦力时,活动铰支座的反力将通过铰 A 的中心并与支承平面垂直,其作用点和方向是确定的,只是大小未知,可用 F_{Ay} 来表示。根据上述特点,这种支座在计算简图中常用一根链杆来表示(图 1-8b),此时与该链杆相联的结构不仅可绕铰 A 转动,而且当链杆绕铰 B 作微小转动时,结构还可在垂直于链杆的方向作微小移动。

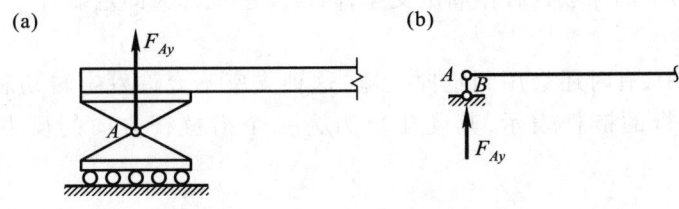

图 1-8

在实际结构中,凡符合或近似符合上述约束条件的支承装置,都可取为活动铰支座。

2. 固定铰支座

固定铰支座的构造简图可用图 1-9a 所示方式表示,它对结构的约束作用是不允许结构发生任何移动,而只能绕铰 A 转动。因此,固定铰支座的反力将通过铰 A 的中心,但其方向和大小都是未知的,可以用两个沿确定方向的未知反力 F_{Ax} 和 F_{Ay} 来表示。这种支座在计算简图中常用交于点 A 的两根链杆来表示(图 1-9b、c)。

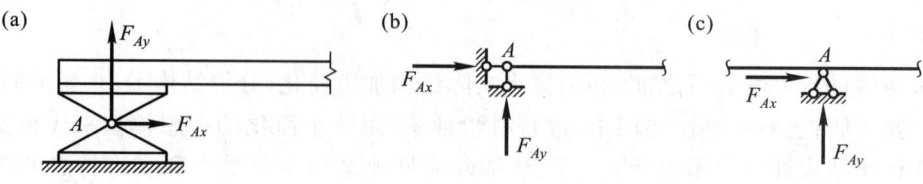

图 1-9

在实际结构中,凡属于不能移动而可作微小转动的支承情况,都可视为固定铰支座。例如插入钢筋混凝土杯形基础中的柱子,当用沥青麻丝等柔性材料填缝时,则柱的下端便可视为固定铰支座。

3. 固定支座

固定支座不允许结构发生任何移动和转动,它的反力的大小、方向和作用点都是未知的。因此,可以用水平和竖向的反力 F_x 和 F_y 及反力偶 M 来表示(图 1-10a)。固定支座也可用三根既不全平行又不全交于一点的链杆表示(图 1-10b)。显然,这时三根链杆的内力是与固定支座的三个反力等效的,因为将两个水平反力均向杆件截面的中心平移后,便可合成为一个沿杆轴作用的水平反力 F_x 和一个反力偶 M。在计算简图中这种支座常采用图 1-10c 所示的图形表达。

1-2 支座实例

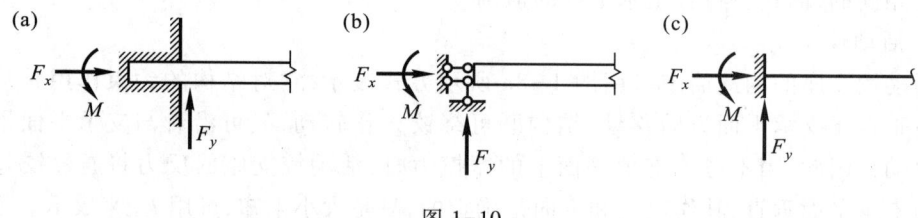

图 1-10

在实际结构中,凡嵌入墙身的杆件,若其嵌入部分有足够的长度,以致使杆端不能有任何移动和转动时,该端就可视为固定支座。又如插入杯形基础中的柱子,如果用细石混凝土填缝,则柱的下端一般也看作固定支座,固定支座也称为固定端。

4. 定向支座

在结构分析中,有时还会用到定向支座,这种支座不允许发生转动和某一方向的移动。它以两根平行的链杆表示,其支座反力为一个沿链杆方向的反力和一个反力偶(图 1-11a、b)。

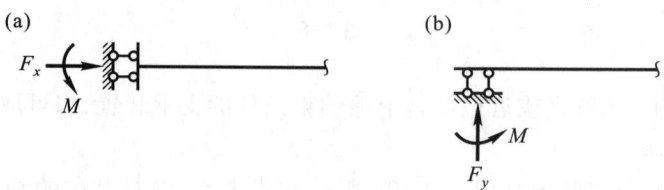

图 1-11

三、结点的简化

在杆件结构中,几根杆件相互联结处称为结点。根据结构的受力特点和结点的构造情况,在计算中常将其简化为以下两种类型。

1. 铰结点

铰结点的特点是它所联结的各杆件都可以绕结点自由转动。例如图 1-12a 所示木屋架的端结点,它的构造情况大致符合上述约束的要求,故其计算简图如图 1-12b 所示,其中两杆之间的夹角 α 是可以改变的。

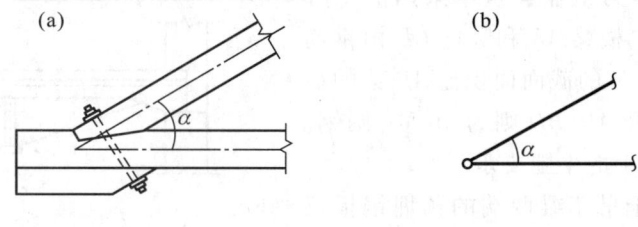

图 1-12

在实际结构中,根据其受力特点,如果一根杆件只有轴力,则此杆两端可视为用铰结点与结构的其他部分相联(图 1-15)。

2. 刚结点

刚结点的特点是它所联结的各杆件变形前后,在结点处各杆端切线之间的夹角保持不变,即各杆端转动的角度应相等。例如图 1-13a 所示钢筋混凝土结构的某一结点,它的构造是三根杆件之间用钢筋联结成整体,并用混凝土浇筑在一起,这种结点的变形情况基本符合上述特点,故可视为刚结点,其计算简图如图 1-13b 所示。

3. 组合结点

组合结点是铰结点和刚结点的组合,又称为不完全铰或半铰。例如,在图 1-14 中 A、B 为刚结点,C 为铰结点,D 则为组合结点。组合结点 D 应视为 BD、ED、CD 三杆在此结点相联,其中 BD 与 ED 两杆是刚性联结,CD 杆与其他两杆则由铰联结。

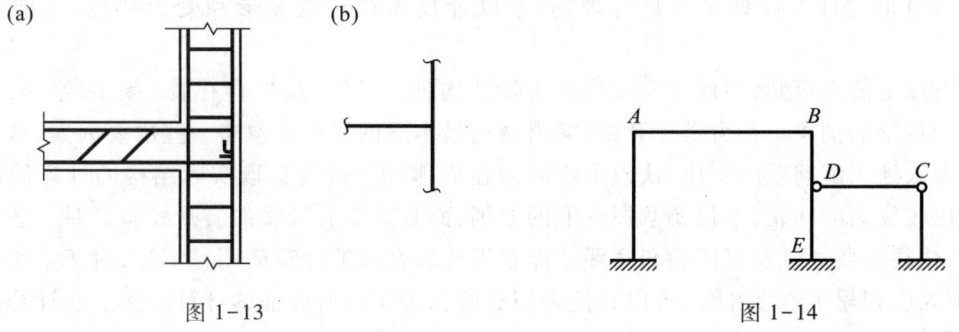

图 1-13　　　　　　　　　　图 1-14

综上所述,计算时必须根据结构的支座和结点的实际构造情况,分析其受力和变形特点,合理确定各支座和结点的类别。

四、计算简图示例

选取结构的计算简图时应遵循的原则是：

（1）必须抓住主要矛盾，尽可能正确地反映实际结构的主要工作性能，以使计算结果精确可靠；

（2）忽略某些次要因素，力求计算简便。

下面用一个简单例子来说明选取计算简图的方法和原则。在第九章中将对此做进一步说明。

图1-15a所示为工业建筑中采用的一种桁架式组合吊车梁，横梁 AB 和竖杆 CD 由钢筋混凝土制成，但 CD 杆的截面面积比 AB 梁的截面面积小很多，斜杆 AD、BD 则为 16 Mn 圆钢。吊车梁两端由柱子上的牛腿支承。

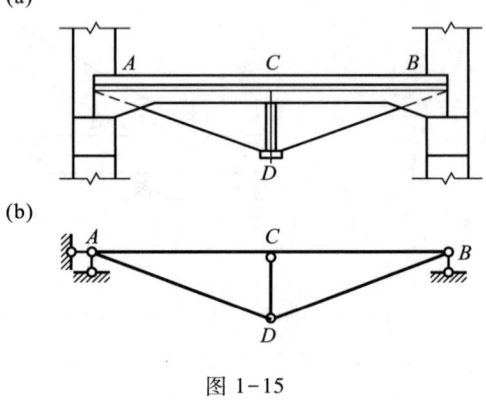

图 1-15

支座简化：由于吊车梁两端的预埋钢板仅通过较短的焊缝与柱子牛腿上的预埋钢板相联，这种构造对吊车梁支承端的转动约束作用较小，同时考虑到梁的受力情况和计算的简便，所以梁的一端可简化为固定铰支座而另一端可简化为活动铰支座。

结点简化：因 AB 是一根整体的钢筋混凝土梁，截面抗弯刚度较大，故在计算简图中 AB 取为连续杆，而竖杆 CD 和钢拉杆 AD、BD 与横梁 AB 相比，截面的抗弯刚度小得多，它们主要是承受轴力，所以杆件 CD、AD、BD 的两端都可看作是铰结，其中铰 C 联结在横梁 AB 的下方。

用各杆件的轴线代替各杆件，则得图1-15b所示的计算简图。图中 A、B、D 为铰结点，C 为组合结点。这个计算简图，保证了主要横梁 AB 的受力（有弯矩、剪力和轴力）性能；对其余三杆，保留了主要内力为轴力这一特点，而忽略了较小的弯矩和剪力的影响；对于支座，保留了主要的竖向支承作用，忽略了转动方向的微弱约束。实践证明，分析时选取这样的计算简图是合理的，它既能反映结构的变形和受力特点，又能简化计算。

由以上简例可知，用计算简图代替实际结构进行计算，虽然存在着一定的差异，但这是一种科学的抽象。在力学计算中，突出结构最本质的属性而忽略一些次要因素，这样就能更深入地了解问题的实质，认识事物的内在规律性。恰当选取实际结构的计算简图是一个比较复杂的问题，不仅要掌握选取的原则，而且需要有较多的实践经验。对一些新型结构，往往还要通过反复试验和实践才能获得比较合理的计算简图。不过，对于常用的结构，前人已积累了许多经验，可以直接采用那些已为实践所验证的计算简图。在计算简图选定之后进行结构设计时，还应采取相应的构造措施，尽量使实际结构的内力分布和变形特点与计算简图的情况相符。

在实际工作中，同一结构根据不同情况，可以分别采用不同的计算简图。例如在初步设计杆件截面时，常先采用一个较简单但较粗略的计算简图，而在最后计算时，再采用一个较复杂但较精确的计算简图。较为精确的计算简图可通过放弃某些简化假定，或者代以更为符合实际情况的假定而获得,可是计算工作就要复杂得多。由于在工程设计中已普遍使用了电子计算机,所以许多较为复杂但又比较精确的计算简图已被采用。

§1-3 结 构 分 类

平面杆件结构是本书的研究对象。根据平面杆件结构的组成特征和受力特点,可分为以下几类。

1. 梁

梁是一种受弯杆件,可以是单跨的(图1-16a、c),也可以是多跨的(图1-16b、d)。

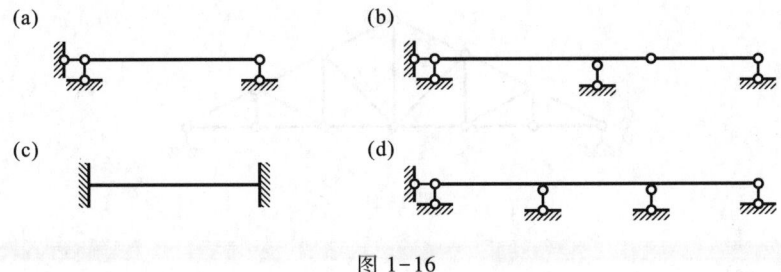

图1-16

2. 拱

拱是轴线为曲线,且在竖向荷载作用下支座将产生水平反力的杆件结构(图1-17)。这种水平反力将使拱内弯矩远小于跨度、荷载及支承情况相同梁的相应弯矩。

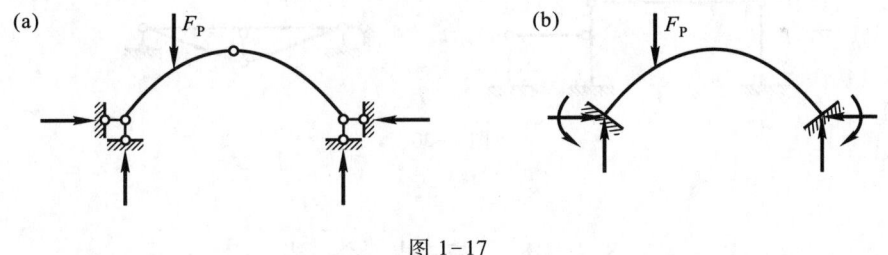

图1-17

3. 刚架

刚架是由梁和柱用刚结点联结组成的结构(图1-18),各杆件主要受弯。刚架的结点主要是刚结点,也可以有部分铰结点或组合结点。

4. 桁架

桁架是由若干杆件在每杆两端用铰联结而成的结构(图1-19)。桁架各杆的轴线都是直线,当只受到作用于结点的荷载时,各杆只产生轴力。

5. 组合结构

组合结构中(图1-20),有些杆件只承受轴力,而另一些杆件则同时承受弯矩、剪力和轴力。

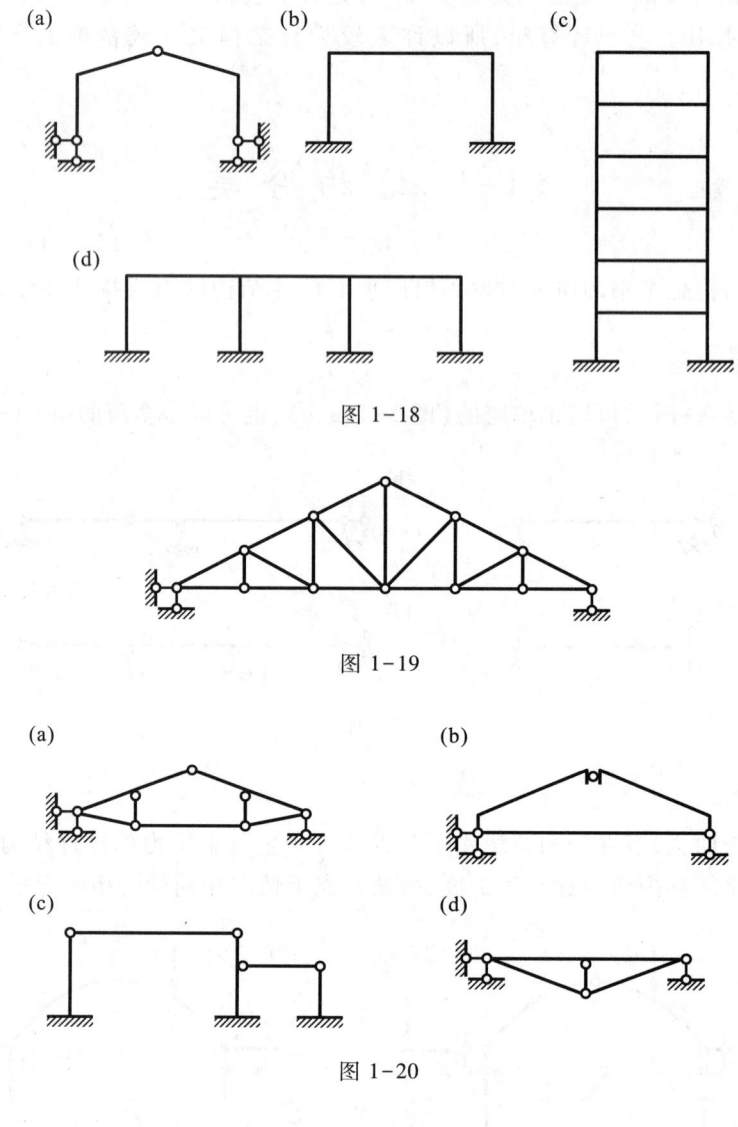

图 1-18

图 1-19

图 1-20

§1-4 荷载分类

荷载是作用在结构上的主动力。按荷载作用的范围和分布情况,通常将其简化为分布荷载和集中荷载。分布荷载是指连续分布在结构某一部分上的荷载,它又可分为均布荷载和非均布荷载。当分布荷载的集度各处相同时称为均布荷载,例如等截面杆件的自重即可简化为沿杆长作用的均布荷载;当分布荷载的集度各处不相同时称为非均布荷载,例如作用在池壁上的水压力和作用在挡土墙上的土压力,均可简化为按直线变化的非均布荷载(又称线性分布荷载)。集中荷载是指作用在结构上某一点处的荷载,当实际结构上分布荷载的受载区域尺寸远小于结构的尺寸时,为了计算简便,可将此区域内分布荷载的总和视为作用在区域内某一点上的集中荷载。

作用于结构上的荷载,按其作用时间的久暂可以分为恒载和活载两类。恒载是指永久作用在结构上的荷载,如自重、结构上固定设备的重量等。活载是指暂时作用在结构上、且位置可以变动的荷载,如结构承受的风力、雪重、水压力和结构上临时设备、人群、移动吊车的重量等。

根据荷载作用的性质,又可分为**静力荷载**(简称静荷载或静载)和**动力荷载**(简称动荷载或动载)。静力荷载是指逐渐增加、不致使结构产生显著冲击和振动效应,因而可略去惯性力影响的荷载。恒载和上述大多数活载都可视为静力荷载。动力荷载是指作用在结构上面对结构产生显著冲击作用或引起其振动的荷载,在这类荷载作用下,结构将会发生不容忽视的加速度。例如动力机械的振动、爆炸冲击、地震等所引起的荷载就是动力荷载。本书主要讨论结构在静力荷载作用下的计算问题。在第十章结构动力分析中将会研究动力荷载作用下的响应。

荷载的性质和大小,应按有关设计规范或经过调查研究后审慎确定。

应当指出,结构除承受荷载外,还可能受到其他外在因素的作用,如温度改变、支座位移和制造误差等,这些因素也会对结构受力和变形产生影响。

第二章 体系几何组成分析

§2-1 几何组成分析目的

杆件结构是由若干杆件互相联结所组成的体系,与地基联结成一整体,用来承受荷载的作用。当不考虑各杆件本身的变形时,它应能保持其原有几何形状和位置不变,即不考虑材料的应变时,杆件结构的各个杆件之间及整个结构与地面之间,应不致发生相对运动。

体系受到任意荷载作用后,在不考虑材料应变的条件下,若能保持其几何形状和位置不变者,称为几何不变体系,图 2-1a 所示为这类体系的一个例子。可是另有一类体系,如图 2-1b 示例,尽管只受到很小的荷载 F_P 作用,也将引起杆系几何形状的改变,这类体系称为几何可变体系。显然,土木工程结构不能采用几何可变体系,而只能采用几何不变体系。

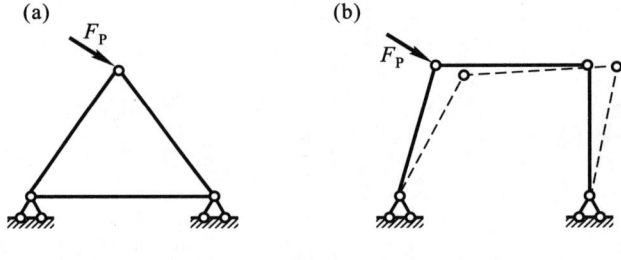

图 2-1

上述体系的区别在于它们的几何组成不同。分析体系的几何组成,以确定它们属于哪一类体系,称为体系的几何组成分析。几何组成分析的目的在于:判别某一体系是否几何不变,从而决定它能否作为结构;研究几何不变体系的组成规则,以保证所设计的结构能承受荷载而维持平衡;同时也为正确区分静定结构和超静定结构,以及对结构进行内力计算打下必要的基础。

在本章中,只讨论平面杆件体系的几何组成分析。

§2-2 运动自由度的概念

为了便于对体系进行几何组成分析,先讨论体系运动自由度的概念。所谓运动自由度(以下简称为自由度),是指该体系运动时所具有独立运动方式的数目,或是确定其位置所需独立坐标的个数。在平面内的某一动点 A,其位置要由两个坐标 x 和 y 来确定(图 2-2a),所以一个点的自由度等于 2,即点在平面内可以作两种相互独立的运动,通常用平行于坐标轴的两种移动来描述。

对平面体系作几何组成分析时,由于不考虑材料的应变,所以认为各个构件没有变形。于是,可以把一根梁、一根链杆或体系中已经肯定为几何不变的某个部分看作一个平面刚体,简称为刚片。一个刚片在平面内运动时,其位置由它上面任一点 A 的坐标 x、y 和过 A 点的任一直线 AB 的水平倾角 φ 确定(图 2-2b),其自由度等于 3,即刚片在平面内不但可以移动,而且还可以转动。

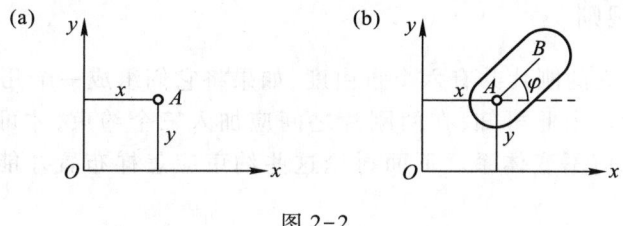

图 2-2

对刚片加上约束装置,它的自由度将会减少,凡能减少一个自由度的装置称为一个约束。例如用一根链杆将刚片与基础相联(图 2-3a),则刚片将不能沿链杆方向移动,因而减少了一个自由度,故一根链杆为一个约束。如果在刚片与基础之间再加一根链杆(图 2-3b),则刚片又减少了一个自由度。此时,它只能绕 A 点转动而不能自由移动,即减少了两个自由度。

用一个铰把两个刚片 Ⅰ 和 Ⅱ 在 A 点联结起来(图 2-3c),对刚片 Ⅰ 而言,其位置可由 A 点的坐标 x、y 和直线 AB 的倾角 φ_1 来确定。因此,它仍有三个自由度。在刚片 Ⅰ 的位置被确定后,因为刚片 Ⅱ 与刚片 Ⅰ 在 A 点以铰联结,所以刚片 Ⅱ 只能绕 A 点作相对转动。也就是说,刚片 Ⅱ 只保留了独立的相对转角 φ_2,因此,由刚片 Ⅰ、Ⅱ 所组成的体系在平面内的自由度为 4。而两个独立的刚片在平面内的自由度总数应为 $2 \times 3 = 6$,说明用一个铰将两个刚片联结起来后,就使自由度的总数减少了两个。这种联结两个刚片的铰称为单铰。由上述可见,一个单铰相当于两个约束,也就是相当于两根链杆的作用(图 2-3b)。

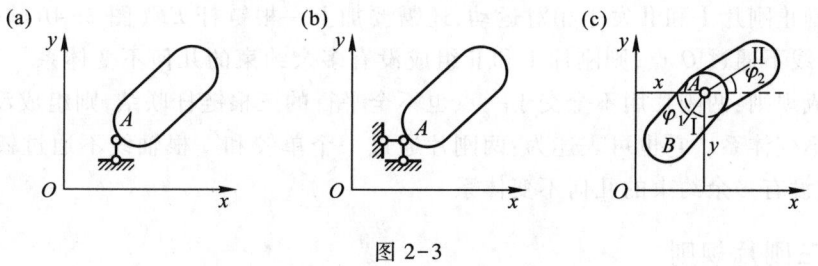

图 2-3

2-1 计算自由度

通过类似的分析可以知道,固定支座相当于三个约束,联结两杆件的刚结点也相当于三个约束。

一个平面体系通常都是由若干个刚片加入某些约束所组成的。加入约束后能减少体系的自由度,依此,可以简单算出体系的自由度。若加入的约束不够,则算出的自由度大于零,体系将会发生某种运动而几何可变。但在约束数量足够时,即使算出的自由度等于或小于零时,仍不能完全保证体系几何不变。只有在组成体系的各刚片之间合理加入足够的约束,才能使刚片与刚片之间不发生相对运动,从而使该体系成为几何不变体系。

§2-3 平面几何不变体系基本组成规则

为了确定平面体系是否几何不变,须研究几何不变体系的组成规则。现就三种常见的基本情况来分析平面几何不变体系的组成规则。

一、两刚片规则

平面中两个独立的刚片共有六个自由度,如果将它们组成一个几何不变体系,该体系应有三个自由度。由此可知,在两刚片之间应加入三个约束,才可能整体组成一个没有多余约束的几何不变体系。下面讨论这些约束应怎样布置才能达到体系几何不变的目的。

如图 2-4a 所示,若刚片Ⅰ和Ⅱ用两根不平行的链杆 AB 和 CD 联结。为了分析两刚片间的相对运动情况,设刚片Ⅰ固定不动,刚片Ⅱ将可绕 AB 与 CD 两杆延长线的交点 O 转动;反之,若刚片Ⅱ固定不动,则刚片Ⅰ也将绕 O 点转动。O 点称为刚片Ⅰ和Ⅱ的相对转动瞬心。上述情况等效于在 O 点用单铰把刚片Ⅰ和Ⅱ相联结。这个铰的位置是在两链杆轴线的交点上,但随着两刚片的相对转动,其位置将发生改变。因此,这种铰与一般的铰不同,称为虚铰。

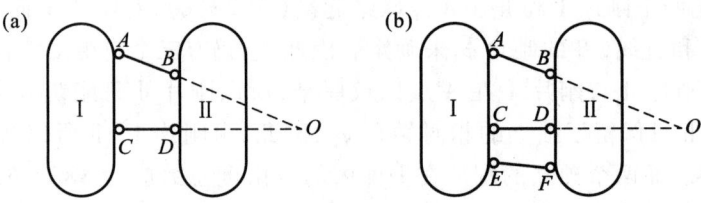

图 2-4

为了制止刚片Ⅰ和Ⅱ发生相对运动,还需要加上一根链杆 EF(图 2-4b)。如果链杆 EF 的延长线不通过 O 点,则刚片Ⅰ和Ⅱ组成没有多余约束的几何不变体系。于是,得出第一个组成规则:两刚片用不全交于一点也不全平行的三根链杆联结,则组成没有多余约束的几何不变体系。它也可表述为:两刚片通过一个单铰和一根轴线不通过铰心的链杆相联,构成没有多余约束的几何不变体系。

二、三刚片规则

平面中三个独立的刚片共有九个自由度,若将它们组成一个几何不变体系应有三个自由度。由此可见,在三个刚片之间至少应加入六个约束,才可能将三个刚片组成一个没有多余约束的几何不变体系。

为了确定六个约束的布置原则,考察图 2-5a 所示体系,其中刚片Ⅰ、Ⅱ、Ⅲ用不在同一直线上的 A、B、C 三个铰两两相联。这一情况如同用三根线段 AB、BC、CA 作一三角形。

由平面几何可知,用三根定长的线段只能作出一个形状和大小都一定的三角形。也就是说,由此得出的三角形是几何不变的。于是,得出第二个组成规则:三刚片用不在同一直线上的三个铰两两相联,则组成没有多余约束的几何不变体系。

图 2-5a 中任一个铰可以换为由两根链杆所组成的虚铰,图 2-5b 所示的体系也是无多余约束的几何不变体系。

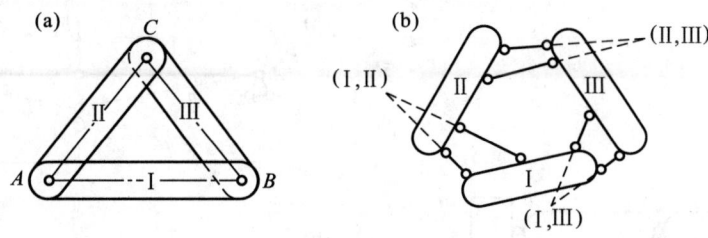

图 2-5

三、二元体规则

如将图 2-5a 中的刚片 Ⅱ 与 Ⅲ 看作链杆,就得到如图 2-6 所示的体系。显然,它是几何不变的。这种由两根不共线的链杆联结一个新结点的装置(例如图 2-6 中的 B-A-C)称为二元体。由上节已知,一个结点的自由度等于 2,用两根不在同一直线上的链杆相联,其约束数也等于 2,所以增加一个二元体对体系的实际自由度并无影响。于是,得出第三个组成规则:在一几何不变体系上增加一个二元体仍是几何不变的。据此推知,如从一个体系外围撤去一个二元体,也不会改变体系的几何组成性质。因此,在分析体系的几何组成时,宜先将体系外围的二元体依次撤除,再对剩余部分进行分析,所得结论与原体系结论相同。

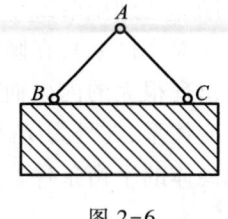

图 2-6

根据上述简单规则,可逐步组成更为复杂的几何不变体系,也可用这些规则来判别给定体系的几何组成。具体举例见 §2-4。

四、瞬变体系

需要指出,在上述三个组成规则中,都提出了一些限制条件。如果不能满足这些条件,将会出现下面所述情况。如图 2-7a 所示的两个刚片用三根链杆相联,链杆的延长线全交于 O 点,此时两个刚片可以绕 O 点作相对转动,但在发生一微小转动后,三根链杆就不会全交于一点,从而将不再继续发生相对运动。这种在某一瞬时可以产生微小运动的体系,称为瞬变体系。又如图 2-7b 所示的两个刚片用三根互相平行但不等长的链杆相联,此时,两个刚片可以沿着与链杆垂直的方向发生相对运动。但是在发生一微小移动后,此三根链杆就不再互相平行,故这种体系也是瞬变体系。应该注意,若三根链杆平行等长且从其中一个刚片的同一方向引出时(图 2-7c),则在两刚片发生一相对运动后,此三根链杆仍互相平行,故运动将继续发生,这样的体系称为常变体系(机构)。瞬变体系和常变体系都属于几何可变体系。

如三个刚片用位于同一直线上的三个铰两两相联(图 2-8),此时 C 点位于以 AC 和 BC 为半径的两个圆弧的公切线上,故 C 点可沿此公切线作微小的移动。不过在发生一微小移动后,三个铰就不再位于同一直线上,运动也就不再继续,故此体系也是一个瞬变体系。

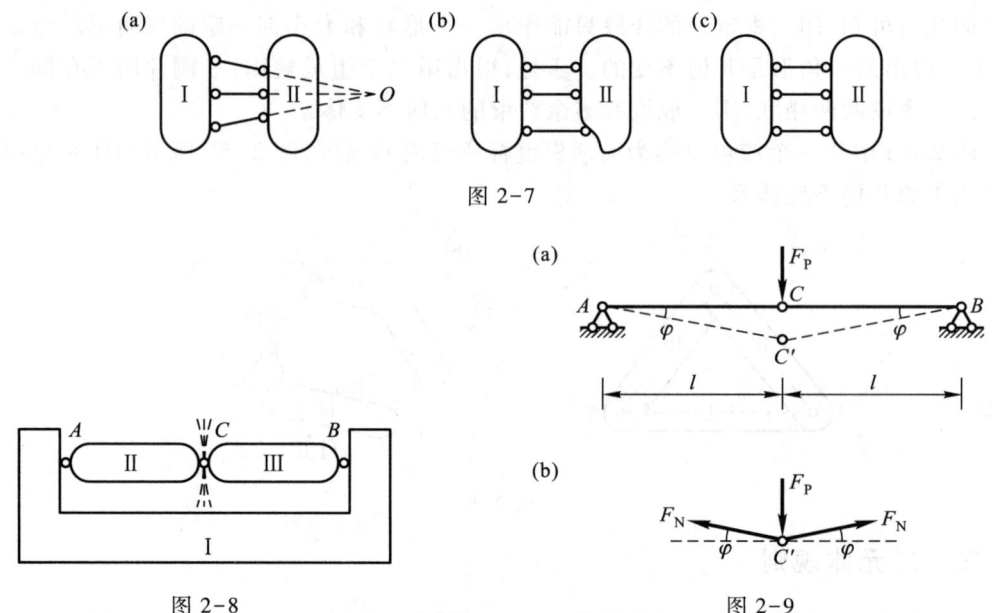

图 2-7

图 2-8

图 2-9

由两根平行链杆也可组成虚铰,其铰心在沿链杆方向的无穷远处,称为虚铰无限远。三刚片规则中的三个铰均可能是无限远虚铰,其几何组成分析较为复杂。

瞬变体系只在瞬时发生微小的相对运动,似乎可以作为结构,但实际上受外力时可能因出现很大的内力而导致破坏,或者因产生过大的变形而影响使用。例如图 2-9a 所示瞬变体系,在外力 F_P 作用下,铰 C 向下发生一微小的位移而到 C' 的位置,由图 2-9b 所示隔离体的平衡条件 $\sum F_y = 0$ 可得

$$F_N = \frac{F_P}{2\sin\varphi}$$

2-2 虚铰无限远

因为 φ 为无穷小量,所以

$$F_N = \lim_{\varphi \to 0} \frac{F_P}{2\sin\varphi} = \infty$$

可见,杆 AC 和 BC 将产生很大的内力和变形。因此,将有两种可能的情况:

(1) 在杆件的变形发展过程中,其应力超过了材料的强度极限,从而导致体系的破坏;

(2) 杆件的应力未超过材料的极限值,铰 C 向下移到一个新的几何位置,而在新情况下保持平衡,但杆件的变形很大。

由此可知,在工程中是不宜采用瞬变体系的,对于接近它的体系也应尽量避免。

以几何不变体系组成规则所指明的最少约束,按规则要求组成的体系称为无多余约束的几何不变体系(图 2-10a)。如果体系中的约束少于规定的数目,则该体系是几何常变的(图 2-10b)。如果体系中结束数目等于或大于规则要求,则几何组成分析结论需视具体情况而定。如图 2-10c 所示体系,AB 部分以固定支座 A 与基础联结已构成一几何不变体系,支座 B 处的两根链杆对保证体系的几何不变性来说是多余的,称为多余约束,故该体系是具有两个多余约束的几何不变体系。如图 2-10d 所示体系,虽然约束达到了规定数目,但却未能按规则要求分布,仍然是常变体系。

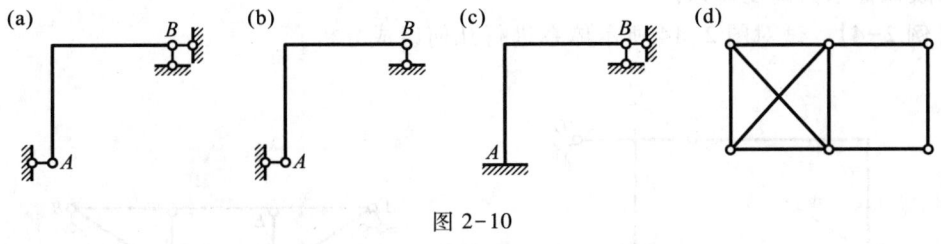

图 2-10

§2-4 几何组成分析示例

几何组成分析的依据通常是前述的三个规则。由于不考虑材料的应变,分析时可把体系中的一根梁、一根链杆或某些几何不变部分视为一刚片,也可将基础视为一刚片,还可根据规则三先将体系中的二元体逐一撤除以使分析简化。

【例 2-1】 试对图 2-11 所示铰结链杆体系作几何组成分析。

解: 在此体系中,ABC 是从一个基本铰结三角形 BFG 开始,按规则三依次增加五个二元体所组成,故它是一几何不变部分。同理,ADE 也是一几何不变部分。把 ABC、ADE 视为刚片 Ⅰ 和 Ⅱ,链杆 CD 作为刚片 Ⅲ。此时,刚片 Ⅰ 和 Ⅱ 用铰 A 相联,刚片 Ⅱ 和 Ⅲ 用铰 D 相联,刚片 Ⅲ 和 Ⅰ 用铰 C 相联。此三铰 A、D 和 C 不在同一直线上,所以 ABE 为一几何不变部分。将 ABE 视为一刚片,将基础视为另一刚片,该两刚片用既不全交于一点又不全平行的三根链杆相联,故知此体系是几何不变的,且无多余约束。

这里,在分析时先不考虑基础,只考虑体系 ABE 的几何组成特性,但有时(例 2-3)却必须与基础一同考虑,原因何在?

【例 2-2】 试对图 2-12 所示体系进行几何组成分析。

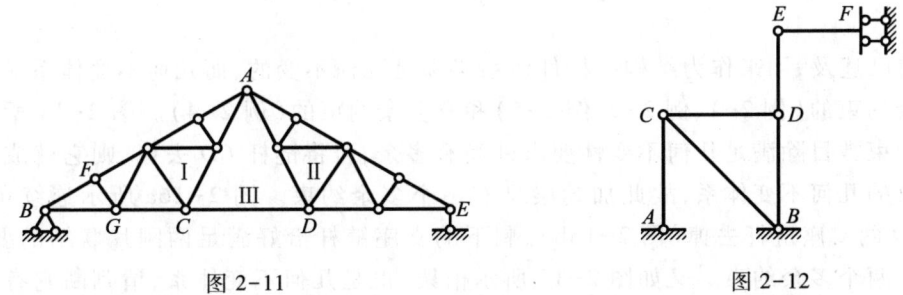

图 2-11 　　　　　　　　　图 2-12

解: 首先在基础上依次增加 A-C-B 和 C-D-B 两个二元体,并将所得部分视为一刚片;再将 EF 部分视为另一刚片。该两刚片通过链杆 ED 和 F 处两根水平链杆相联,而这三根链杆既不全交于一点又不全平行,故该体系是几何不变的,且无多余约束。

若将 ED 也视为刚片,将 F 处两根水平链杆视为铰心在无穷远处的单铰,该如何进行分析?

【例 2-3】 试对图 2-13 所示体系进行几何组成分析。

解: 将 AB、BED 和基础分别作为刚片 Ⅰ、Ⅱ、Ⅲ。刚片 Ⅰ 和 Ⅱ 用铰 B 相联,刚片 Ⅰ 和 Ⅲ 用铰 A 相联,刚片 Ⅱ 和 Ⅲ 用虚铰 C(D 和 E 两处支座链杆的交点)相联。因三铰在一直线上,故该体系为瞬变体系。

【例 2-4】 试对图 2-14 所示体系进行几何组成分析。

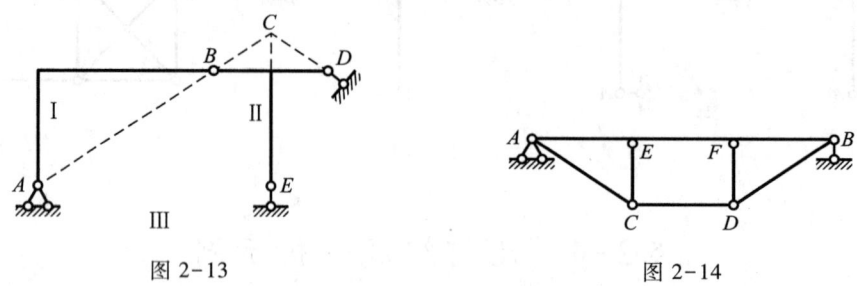

图 2-13　　　　　　　　图 2-14

解：杆 AB 与基础通过三根既不全交于一点又不全平行的链杆相联,成为一几何不变部分,再增加 A-C-E 和 B-D-F 两个二元体。此外,又添上了一根链杆 CD,故此体系为具有一个多余约束的几何不变体系。

【例 2-5】 试对图 2-15 所示体系进行几何组成分析。

解：根据规则三,先依次撤除二元体 G-J-H、D-G-F、F-H-E、D-F-E 使体系简化。其次,分析剩下部分的几何组成,将 ADC 和 CEB 分别视为刚片 Ⅰ 和 Ⅱ,基础视为刚片 Ⅲ。此三刚片分别用铰 C、A、B 两两相联,且三铰不在同一直线上,故知该体系是无多余约束的几何不变体系。

能否先考虑除基础外的其余部分的几何组成特性,请读者自行作答。

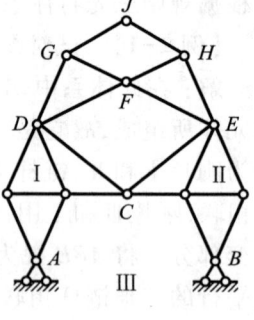

图 2-15

§2-5　静定结构和超静定结构

前已述及,用来作为结构的杆件体系必须是几何不变的,而几何不变体系又可分为无多余约束的(例 2-1、例 2-2、例 2-5)和有多余约束的(例 2-4)。图 2-14 所示加劲梁的约束数目除满足几何不变性要求外尚有多余,若将链杆 CD 去掉,则它就成为无多余约束的几何不变体系,故此加劲梁具有一个多余约束。图 2-16a 所示连续梁,如果将 C、D 两支座链杆去掉(图 2-16b),剩下的支座链杆恰好满足两刚片联结的要求,所以它有两个多余约束。又如图 2-17 所示桁架,也是几何不变体系,请判断它有几个多余约束。

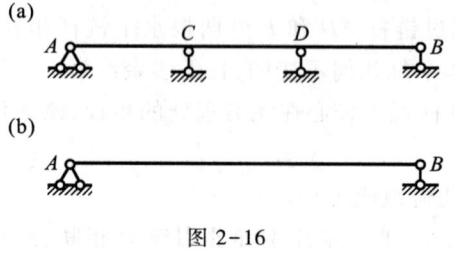

图 2-16

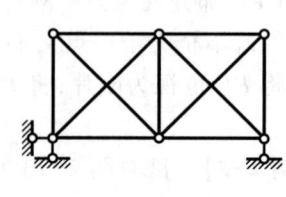

图 2-17

对于无多余约束的结构,如图2-18所示的简支梁,其全部反力和内力都可由静力平衡条件求得,这类结构称为<u>静定结构</u>。但是,对于具有多余约束的结构,却不能只依靠静力平衡条件求得其全部反力和内力。如图2-19所示的连续梁,其支座反力共有五个,而静力平衡条件只有三个,仅利用三个静力平衡条件无法求得其全部反力,从而也就不能求得它的全部内力,这类结构称为<u>超静定结构</u>。

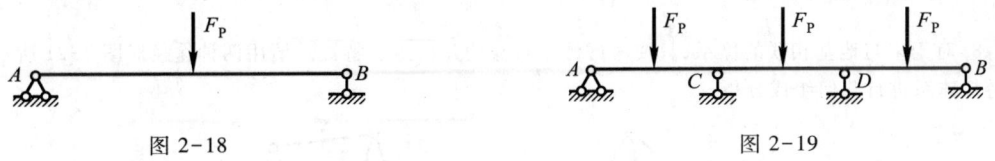

图2-18   图2-19

§2-6 小结与讨论

本章从体系几何组成的角度去研究结构的组成规律,以保证结构各部分不致发生相对运动,使其能够承受荷载并保持平衡。

结构力学研究的是杆件结构的受力和变形,应把杆件作为变形体,但由于本章所讨论问题的特殊性,因此暂把杆件当作刚体,把杆件体系看作由刚体组成的体系,这点必须引起注意。

几何组成分析有两个主要内容:① 判定体系的几何组成性质,从而确定该体系能否作为结构,对于常变和瞬变体系,还应进一步了解不能保持几何不变的原因;② 对于几何不变体系,需要掌握其多余约束的情况,并能区分结构的静定和超静定。

几何组成分析的主要方法是利用几何不变体系的基本组成规则,对体系中的所有杆件和约束逐一进行分析判断。在分析中,有时可以直接对体系进行研究,有时却必须连同地基一并考虑;同一杆件,有时作为刚片,有时当作约束,其作用可以相互转换,需要具体分析但却不能重复考虑;体系一般由局部到整体以搭建装配的方式分析,有时也可采用撤除拆散的办法简化。熟练掌握体系的组装顺序,对今后确定结构受力的分析次序至关重要。

思 考 题

1. 几何常变体系、几何瞬变体系为什么不能作为结构?试举例说明。
2. 单铰与复铰(联结三个或三个以上刚片的)有什么关系?虚铰与实铰(两链杆在杆端相联的铰)有什么差别?
3. 图2-20a中B-A-C是否为二元体?图2-20b中B-D-C能否看成是二元体?

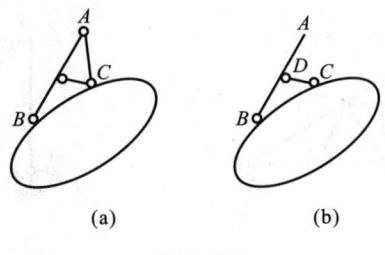

图2-20

4. 瞬变体系与常变体系各有何特征？如何鉴别瞬变体系？

5. 在进行几何组成分析时，应注意体系的哪些特点，才能使分析得到简化？

6. 对图 2-13 所示体系，试用两刚片相联的规则一进行分析。通过与例 2-3 解答的对比，你能得到什么结论？

（提示：其中两端铰结的折杆 AB，可视为通过 A、B 两铰心的链杆。）

7. 什么是多余约束？如何确定多余约束的个数？例 2-4 中除 CD 外，还有哪些杆件可能成为多余约束？

8. 对于未与地基相联的体系，只要考虑体系自身的几何组成特性。请用两种途径对图 2-21 所示铰结链杆体系进行几何组成分析。

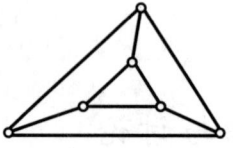
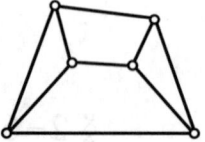

图 2-21

习 题

2-1 ~ 2-19 试对图示体系作几何组成分析。如果是具有多余约束的几何不变体系，则须指出其多余约束的数目。

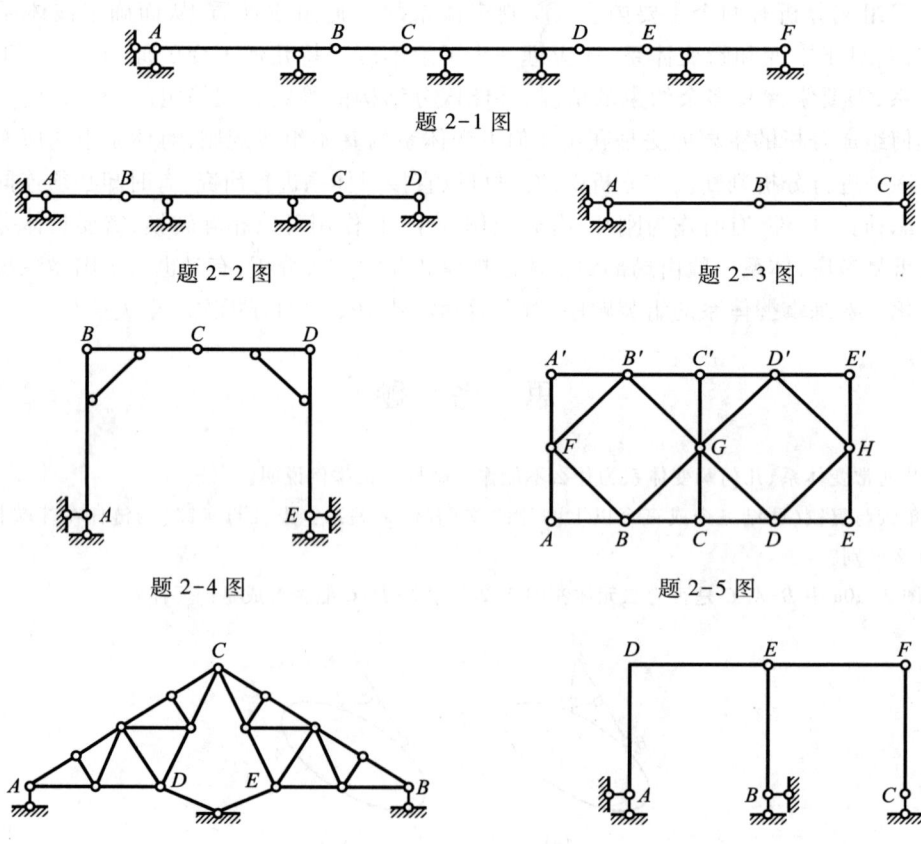

题 2-1 图

题 2-2 图

题 2-3 图

题 2-4 图

题 2-5 图

题 2-6 图

题 2-7 图

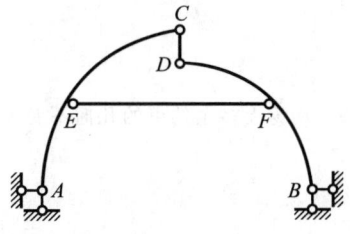

题 2-8 图

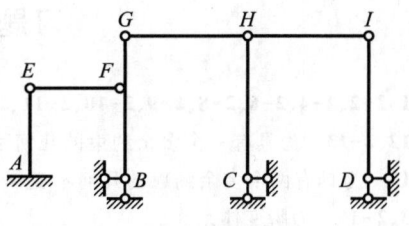

题 2-9 图

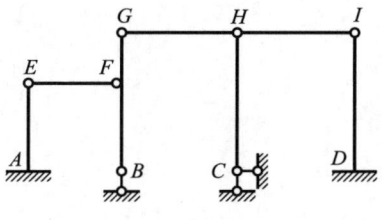

题 2-10 图

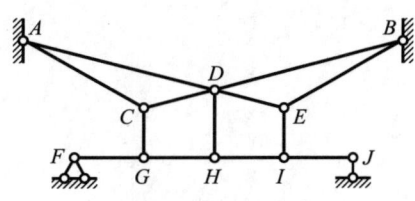

题 2-11 图

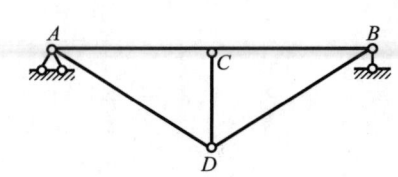

题 2-12 图

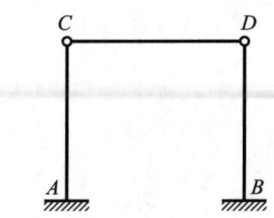

题 2-13 图

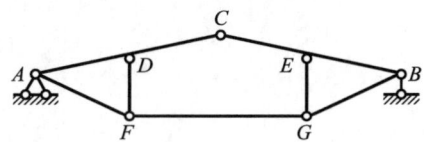

题 2-14 图

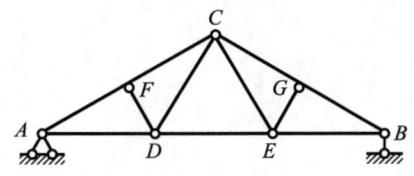

题 2-15 图

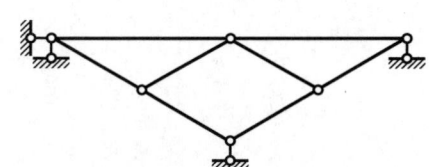

题 2-16 图

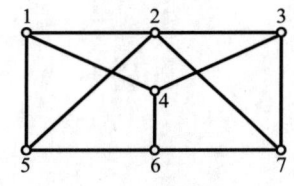

题 2-17 图

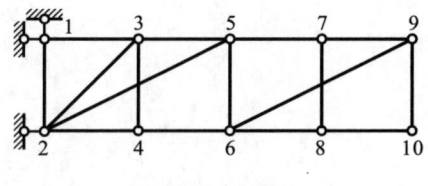

题 2-18 图

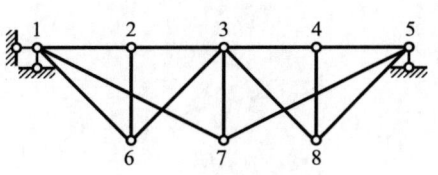

题 2-19 图

习题部分答案

2-1、2-2、2-4、2-6、2-8、2-9、2-10、2-11、2-14、2-17、2-19　均为无多余约束的几何不变体系。

2-12、2-13　为具有一个多余约束的几何不变体系。

2-15　为具有两个多余约束的几何不变体系。

2-3、2-16　为瞬变体系。

2-5、2-7、2-18　为常变体系。

第1篇 静定结构

第1篇 衛星宇宙内

第三章 静定结构内力分析

§3-1 静定梁

一、单跨静定梁

常见的单跨静定梁有简支梁、悬臂梁和伸臂梁三类。在任意荷载作用下,杆件横截面产生的内力有三种分量:轴力 F_N(以拉力为正)、剪力 F_Q(以绕隔离体顺时针方向转动为正)、弯矩 M(以梁下侧纤维受拉为正)。内力图以梁轴为基线,用垂直于基线的竖标表示内力的大小。F_N 图和 F_Q 图要标明正负号,通常将正值竖标画在基线上方;M 图习惯画在梁受拉一侧,不再标明符号。

单跨静定梁的计算在材料力学中已作过详细讨论。如图 3-1a 所示伸臂梁,通过计算可绘出其内力图如图 3-1b、c 所示。

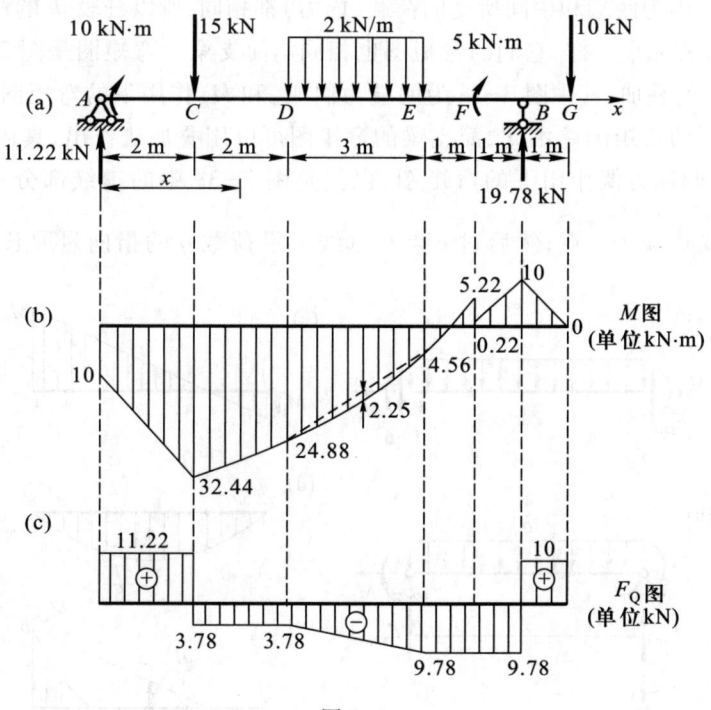

图 3-1

根据梁的微段平衡(图 3-2),可以得到内力与荷载之间的微分关系

$$\left. \begin{array}{r} \dfrac{dF_Q(x)}{dx} = -q(x) \\ \dfrac{dM(x)}{dx} = F_Q(x) \\ \dfrac{d^2 M(x)}{dx^2} = -q(x) \end{array} \right\} \quad (3-1)$$

图 3-2

内力图总是由若干段直线和曲线组成。例如图 3-1b 所示弯矩图,由五段直线和一段曲线组成;图 3-1c 所示的剪力图,由五段直线组成。按照式(3-1),内力图的这种特点是由梁上荷载的分布情况所决定的。对于内力图形状和荷载分布之间的关系,这里不再赘述,可以看出内力图的分段点都是梁上荷载分布的不连续点,包括梁的端点、支座、集中荷载(力或力偶)作用点、分布荷载起止点等。

绘制内力图时,可将荷载分布的不连续点作为控制截面,对梁分段进行分析。先求出各控制截面的内力,在相应内力图上以竖标表示,再将梁段两端竖标顶点用适当线型相连,即可通过分段—定点—连线的方式作出内力图。对于图上的直线段,只要将两端的竖标顶点定出,然后以直线连接即可。而 M 图的曲线段,例如均布荷载作用的 DE 区段,则应定出两端的竖标后再采用区段叠加法绘出其图形,下面对其作简要介绍。

图 3-3a 为某一受均布荷载作用的杆段 ik,图 3-3b 为具有同样长度受相同均布荷载作用的简支梁。因为两端和中间所受的荷载(内力)都相同,所以杆段 ik 的弯矩方程与图示简支梁的弯矩方程完全一样,它们的弯矩图也相同。简支梁的弯矩图是图 3-3c 和图 3-3d 所示两个弯矩图的叠加,其中图 3-3c 为两端力偶 M_{ik} 和 M_{ki} 作用下的弯矩图,图 3-3d 为均布荷载 q 作用下的弯矩图。由此,简支梁的弯矩图可以用叠加法作出,具体可按下述步骤进行:首先画出两端力偶作用下的弯矩图,也就是图 3-3e 中的虚线部分;再过杆段中点作杆轴的垂线交虚线于 c 点;然后过 c 点在垂线上沿荷载 q 的指向量取长度等于 $\dfrac{1}{8}ql^2$ 的

3-1 区段叠加法

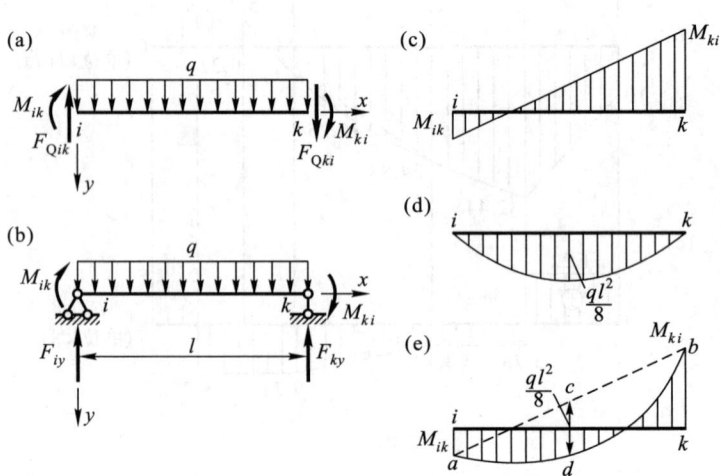

图 3-3

线段 cd;最后以光滑曲线将 a、d、b 三点连接,此曲线与基线所围成的图形即为所求(图 3-3e),当然杆段 ik 的弯矩图也可同样得到。图 3-1a 中 DE 段的弯矩图就是按这一方法绘制的。

二、简支斜梁

图 3-4a 所示的简支斜梁,其梁轴倾角为 α,作用在梁上的均布荷载 q 沿水平方向分布(单位长度内的荷载集度为 q)。x' 轴沿梁轴布置得 $Ox'y'$ 坐标系,x 轴沿水平方向布置得 Oxy 坐标系。下面讨论简支斜梁计算中的两个问题。

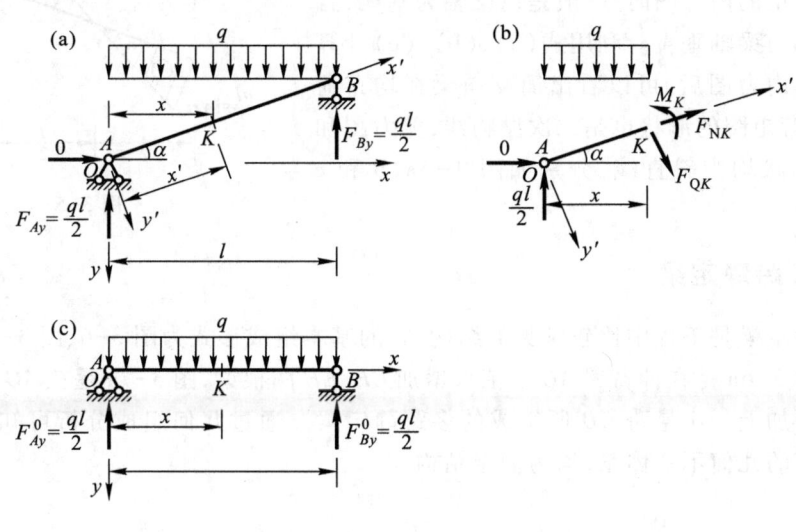

图 3-4

1. 简支斜梁的内力表达式

列内力表达式时,按习惯取 Oxy 坐标系,任一截面 K 的位置以 x 表示。

取图 3-4b 所示隔离体,由 $\sum M_K = 0$ 得弯矩表达式为

$$M_K = \frac{ql}{2}x - \frac{1}{2}qx^2 \tag{a}$$

当 $x = \frac{l}{2}$,即得斜梁中点的弯矩为 $\frac{ql^2}{8}$。若以 M_K^0 表示相应水平简支梁(其荷载和跨度与简支斜梁相同,如图 3-4c 所示)的弯矩,则式(a)可写为

$$M_K = M_K^0$$

考虑图 3-4b 所示隔离体上各力对 y' 轴投影的平衡条件,可得剪力表达式为

$$F_{QK} = \left(\frac{ql}{2} - qx\right)\cos\alpha \tag{b}$$

或写成

$$F_{QK} = F_{QK}^0 \cos\alpha$$

式中 F_{QK}^0 为相应水平简支梁的剪力。

考虑图 3-4b 所示隔离体上各力对 x' 轴投影的平衡条件,可得轴力表达式为

$$F_{NK} = \left(-\frac{ql}{2} + qx\right)\sin\alpha \tag{c}$$

或写成

$$F_{NK} = -F_{QK}^0 \sin\alpha$$

若均布荷载 q' 沿梁长方向分布（斜梁单位长度内的荷载集度为 q'），则必须按 $qx = q'\dfrac{x}{\cos\alpha}$ 的等效原则，即 $q = \dfrac{q'}{\cos\alpha}$ 进行变换后，才能应用上述表达式。

3-2 简支斜梁弯矩叠加法

2. 简支斜梁内力图的绘制

绘制斜梁的内力图时，一般是以梁轴为基线，且内力图竖标与梁轴垂直。利用式（a）、（b）、（c）计算内力并作出内力图后，可以看出简支斜梁在均布荷载作用下，弯矩图的形状也是二次抛物线，剪力图和轴力图的形状均为斜直线，分别如图 3-5a、b 和 c 所示。

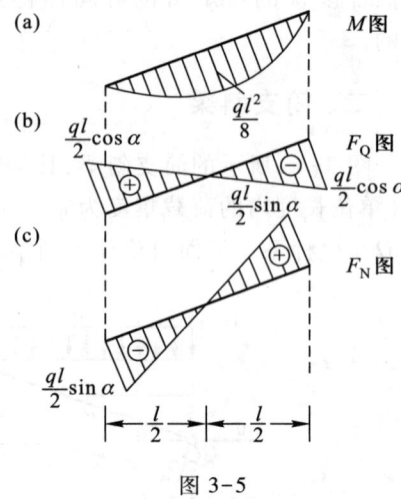

图 3-5

三、多跨静定梁

多跨静定梁是工程中比较常见的结构，它的基本组成形式为图 3-6、图 3-7 所示的两种类型。图 3-6a 是在伸臂梁 AC 上依次增加 CE、EF 两根梁，图 3-7a 是在 AC 和 DF 两根伸臂梁上再加上一小悬跨 CD 所组成的多跨静定梁。通过几何组成分析可知，它们都是无多余约束的几何不变体系，均为静定结构。

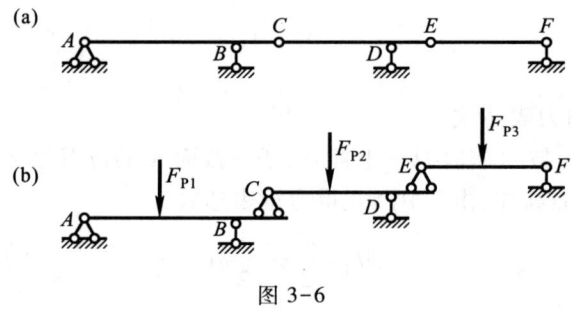

图 3-6

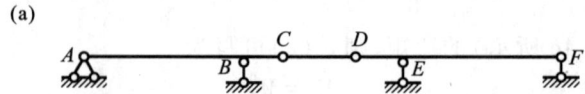

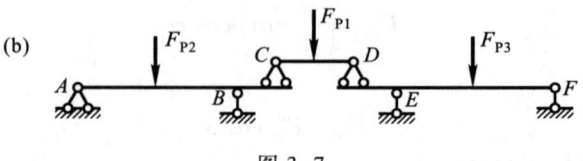

图 3-7

根据多跨静定梁的几何组成规律，可以将它的各部分区分为<u>基本部分</u>和<u>附属部分</u>。例如图 3-6a 所示的梁中，AC 是通过三根既不全平行也不全交于一点的链杆与基础联结，所以它是几何不变的;CE 梁通过铰 C 和支座链杆 D 联结在 AC 梁和基础上;EF 梁又是通过铰 E 和支座链杆 F 联结在 CE 梁和基础上。由此可知,AC 梁直接与基础组成一几何不变部分,它的几何不变性不受 CE 和 EF 影响,故称 AC 梁为该多跨静定梁中的基本部分。而 CE 梁要依靠 AC 梁才能保证其几何不变性,故称 CE 梁为 AC 梁的附属部分。同理,EF 梁相对于 AC 和 CE 组成的部分来说,也是附属部分,而 AC 和 CE 组成的部分,相对于 EF 梁来说,则是基本部分。

上述组成顺序可用图 3-6b 来表示。这种图形称为层次图。通过层次图可以看出力的传递过程。例如作用在最上面附属部分 EF 上的荷载 F_{P3} 不但会使 EF 梁受力,而且还通过 E 结点将力传给 CE 梁,再通过 C 结点传给 AC 梁。同样,荷载 F_{P2} 能使 CE 梁和 AC 梁受力,但它不会传给 EF 梁。因此,F_{P2} 的作用对 EF 梁的内力无影响。同理,作用在基本部分 AC 梁上的荷载 F_{P1} 只在 AC 梁上引起内力和反力,而对附属部分 CE 和 EF 都不会产生影响。总之,作用在附属部分上的荷载将使本身和支承它的基本部分产生反力和内力,而作用在基本部分上的荷载则对附属部分的反力和内力没有影响。因此,计算多跨静定梁时,应先从附属部分开始,按组成顺序逆向进行。例如,对图 3-6a 所示多跨静定梁,应先取 EF 梁计算,再依次考虑 CE 梁和 AC 梁。这样,每一步都是单跨静定梁的计算问题,用前述方法即可解决。

如图 3-7a 所示的梁,如果仅承受竖向荷载作用,则不但 AC 梁能独立承受荷载维持平衡,DF 梁也能独立承受荷载维持平衡。这时,AC 梁和 DF 梁都视为基本部分,其层次图如图 3-7b 所示。由层次图可知,对该梁的计算应从附属部分 CD 梁开始,然后再计算 AC 梁与 DF 梁。试问,如果 CD 梁受与梁轴成某一角度的斜向荷载作用,情况有什么变化?若是 DF 梁上也有斜向荷载,情况又会有何不同?请读者自行考虑。

上述先附属部分后基本部分的计算原则,反映出结构几何组成分析和内力计算之间的内在联系。作为普遍规律,它也适用于由基本部分和附属部分组成的其他类型结构。特别在多跨、多层和复杂情况下,从几何组成入手,找到受力分析的正确途径是非常必要的。

下面举例说明多跨静定梁的计算方法。如图 3-8a 所示,多跨静定梁由于仅受竖向荷载作用,故 AB 和 CE 均为基本部分,其层次图如图 3-8b 所示。各梁的隔离体见图 3-8c。

从附属部分 BC 开始,依次求出各梁上的竖向约束力和支座反力。由 CE 梁的平衡条件可知铰 C 处的水平约束力 F_{Cx} 为零,并由此得知 F_{Bx} 也等于零。求出各约束力和支座反力后,便可分别绘出各梁的内力图。将所有梁的内力图置于同一基线上,则得出该多跨静定梁的内力图如图 3-8d、e 所示。

在 FG、GD 两个区段内剪力 F_Q 是同一常数,由微分关系 $\dfrac{dM}{dx} = F_Q$ 可知这两区段内的弯矩图形有相同的斜率。因此,弯矩图中 FG 与 GD 两段斜直线相互平行。同理,因为在 H 左、右相邻截面上的剪力 F_Q 相等,所以弯矩图中 HE 区段内的直线与 DH 区段内的曲线在 H 点相切。

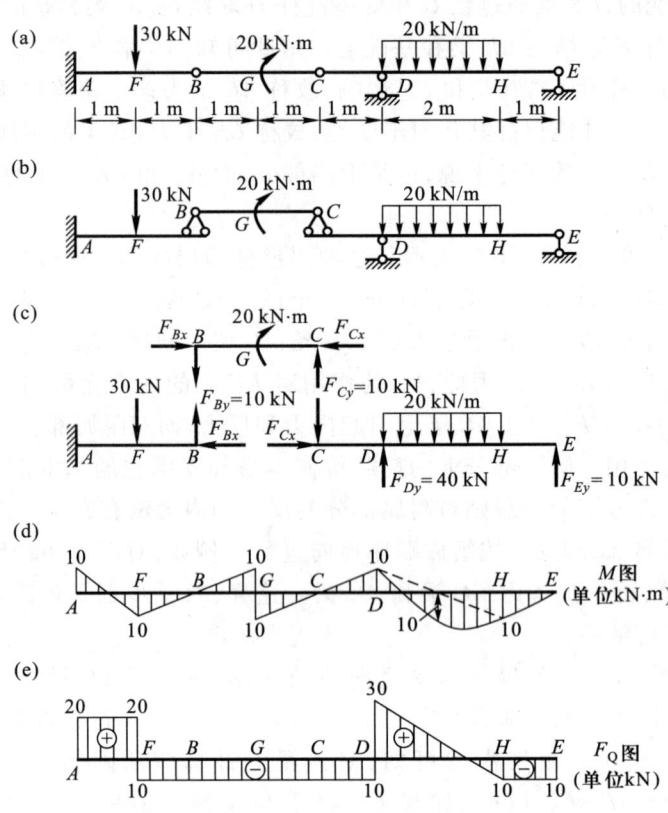

图 3-8

§3-2 静定刚架

平面刚架是由梁和柱刚结而成的平面结构。图 3-9a 所示为站台上用的"T"形刚架,它由两根横梁和一根立柱组成,梁与柱的联结处在构造上为刚性联结,当刚架受力变形时,联结处发生整体转动,汇交于联结处的各杆端之间的夹角始终保持不变,该结点即为刚结点。具有刚结点是刚架的特点。图 3-9a 所示刚架柱子的下端用细石混凝土填缝而嵌固于杯形基础中,可看作是固定支座。又因横梁倾斜坡度不大,可近似以水平直杆代替,故其计算简图如图 3-9b 所示。刚架受荷载作用后的变形图如图 3-9c 所示,汇交于刚结点 A 的各杆端都转动了同一角度 φ_A。图 3-10a 为另一静定刚架,由横梁 CD 和立柱 AC 组成,其中结点 C 为刚结点。可以看出,由于刚结点的存在,使结构容易形成几何不变体系,并具有较大的内部空间,便于使用。

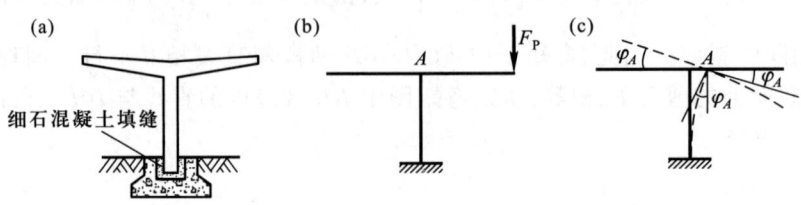

图 3-9

刚架的内力是指各杆件垂直于杆轴横截面上的弯矩 M、剪力 F_Q 和轴力 F_N。在计算静定刚架时,通常应先由整体或某些部分的平衡条件求出各支座反力和各铰接点处的约束力,然后逐杆绘制内力图。值得指出,前述有关梁内力图的绘制方法对于刚架中的每一杆件同样适用。例如图 3-10a 中的立柱 AC,在点 C 的下邻截面处截断立柱,并截断支座 A 的链杆,便可取出立柱 AC 的隔离体(图 3-10b)。将此隔离体与同一图中相应的简支梁比较,并注意轴力对弯矩和剪力的计算不产生影响,则不难看出,二者的弯矩图、剪力图相同。由此可见,上节绘制内力图的方法也适用于立柱 AC。刚架杆件中一般有轴力,这是它们与梁的主要区别。应该指出,当荷载与杆轴垂直时,此杆的轴力沿杆轴无变化,柱 AC 只受垂直于轴线的集中力作用,所以 AC 柱中的轴力为常数,只要将它的任一截面的轴力求得,便可绘出其轴力图。

下面介绍图 3-10a 所示刚架的计算过程。

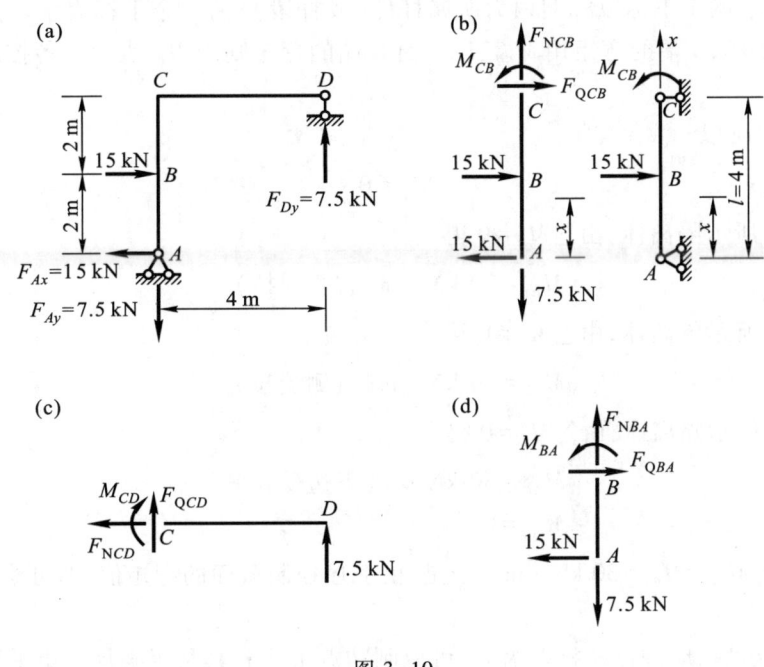

图 3-10

一、求支座反力

对于图 3-10a 所示刚架,可通过考虑整体平衡,先求出各支座反力。

由
$$\sum M_A = 0, \quad 15 \text{ kN} \times 2 \text{ m} - F_{Dy} \times 4 \text{ m} = 0$$

得
$$F_{Dy} = 7.5 \text{ kN}$$

由
$$\sum F_y = 0, \quad -F_{Ay} + 7.5 \text{ kN} = 0$$

得
$$F_{Ay} = 7.5 \text{ kN}$$

由
$$\sum F_x = 0, \quad -F_{Ax} + 15 \text{ kN} = 0$$

得

$$F_{Ax} = 15 \text{ kN}$$

然后可根据其他平衡条件进行校核。例如由 $\sum M_D = 0$,即 $-7.5 \text{ kN} \times 4 \text{ m} + 15 \text{ kN} \times 4 \text{ m} - 15 \text{ kN} \times 2 \text{ m} = 0$,得知反力计算无误。

二、绘制内力图

1. 弯矩图

根据各杆的荷载情况分段绘图,即对于无荷载区段,只需定出两控制截面的弯矩值,即可连成直线图形;对于承受均布荷载的区段,则可利用相应简支梁的弯矩图进行叠加。通常规定弯矩图绘在材料纤维受拉的一边。

由图 3-10a 所示刚架的荷载情况,可知其弯矩图应分为 AB、BC 和 CD 三段来绘制。这三段都是无荷载区段,故取 A、B、C、D 为控制截面。为了使内力表达得清晰,在内力符号的右下方添上两个下标以标明内力所属杆件(或杆段),前一个下标表示该内力所属杆端。例如杆段 BC,B 端的弯矩用 M_{BC} 表示,而 C 端的弯矩则用 M_{CB} 表示。各控制截面弯矩计算如下:

A 端为铰,所以
$$M_{AB} = 0$$

截取图 3-10d 所示隔离体,由 $\sum M_B = 0$ 得
$$M_{BA} = 30 \text{ kN} \cdot \text{m}(右侧受拉)$$

截取图 3-10b 所示隔离体,由 $\sum M_C = 0$ 得
$$M_{CB} = 30 \text{ kN} \cdot \text{m}(右侧受拉)$$

截取图 3-10c 所示隔离体,由 $\sum M_C = 0$ 得
$$M_{CD} = 30 \text{ kN} \cdot \text{m}(下边受拉)$$
$$M_{DC} = 0$$

此外,又注意到 $M_{BC} = M_{BA} = 30 \text{ kN} \cdot \text{m}$。于是,由上述控制截面的弯矩值,即可绘出图 3-13a 所示的弯矩图。

弯矩图作出后,应进行校核。为此,可取刚结点来检验其是否满足力矩平衡条件。例如,取结点 C 为隔离体(图 3-11),并由图 3-12 写出其力矩平衡方程
$$\sum M_C = 0, \quad 30 \text{ kN} \cdot \text{m} - 30 \text{ kN} \cdot \text{m} = 0$$

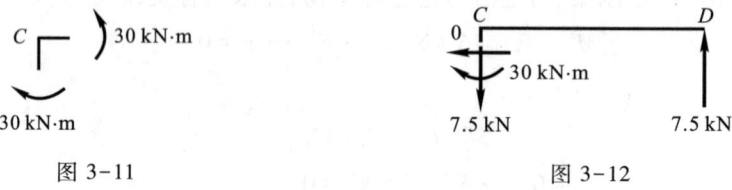

图 3-11   图 3-12

可见计算无误。显然,刚结点可以承受和传递弯矩,弯矩也成为刚架中的主要内力。

2. 剪力图

剪力仍规定以使隔离体有顺时针方向转动趋势时为正。图 3-10 中所示的剪力都为正向。现因本例所分的三个区段都为无荷载区段,故各区段的剪力分别为一常数,

只需求出每个区段中某一截面的剪力值便可作出剪力图。对于水平杆件,正号的剪力一般绘在杆轴的上侧,并注明正号。对于竖杆和斜杆,剪力图可绘于杆件任一侧,并注明正负号。

分别由图 3-10b、c、d 所示隔离体,可求得

$$F_{QCB}=0, \quad F_{QCD}=-7.5 \text{ kN}, \quad F_{QBA}=15 \text{ kN}$$

绘出剪力图如图 3-13b 所示。

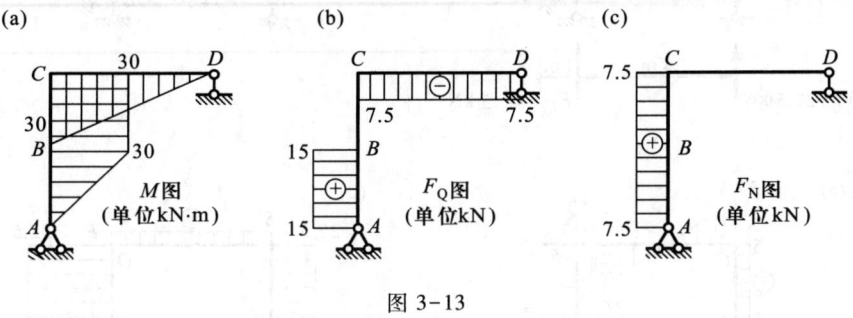

图 3-13

3. 轴力图

一般规定轴力以拉力为正。本例中两杆的轴力都为常数,由图 3-10b、c、d 所示隔离体可分别求得

$$F_{NCB}=7.5 \text{ kN}, \quad F_{NCD}=0, \quad F_{NBA}=7.5 \text{ kN}$$

对于水平杆件,正号的轴力一般绘在杆件的上侧,并注明正号。对于竖杆和斜杆,轴力图可绘于杆件任一侧,并注明正负号。图 3-13c 所示即为刚架的轴力图。

为了校核所作剪力图、轴力图的正确性,可用任一截面截取出刚架的某一部分,检验其平衡条件 $\sum F_x=0$、$\sum F_y=0$ 和 $\sum M=0$ 是否满足。例如,可截取如图 3-12 所示隔离体,由

$$\sum F_x=0, \quad 0=0$$
$$\sum F_y=0, \quad -7.5 \text{ kN}+7.5 \text{ kN}=0$$
$$\sum M_C=0, \quad 7.5 \text{ kN}\times 4 \text{ m}-30 \text{ kN}\cdot\text{m}=0$$

可知所得剪力图和轴力图无误。

为了便于读者进一步掌握上述内力图的绘制方法,下面再举两例加以说明。

【例 3-1】 试作图 3-14a 所示刚架的内力图。

解:1. 求支座反力

由 $\quad \sum M_E=0, \quad F_{Ay}\times 4 \text{ m}+5 \text{ kN}\times 2 \text{ m}-16 \text{ kN/m}\times 5 \text{ m}\times 1.5 \text{ m}=0$

得

$$F_{Ay}=27.5 \text{ kN}$$

由 $\quad \sum F_y=0, \quad F_{Ey}+27.5 \text{ kN}-16 \text{ kN/m}\times 5 \text{ m}=0$

得

$$F_{Ey}=52.5 \text{ kN}$$

由 $\quad \sum F_x=0, \quad 5 \text{ kN}-F_{Ex}=0$

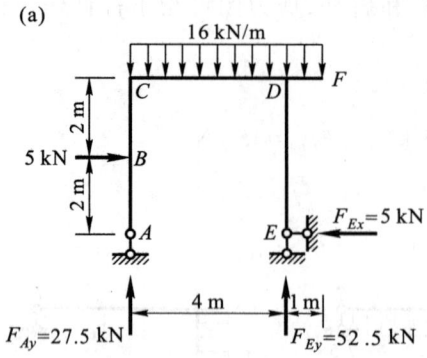 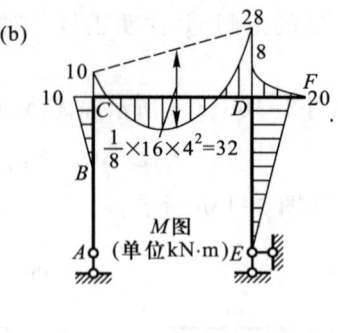

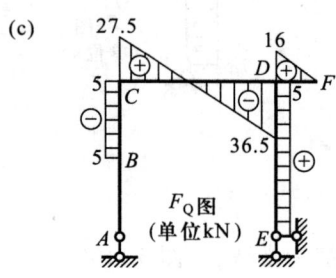 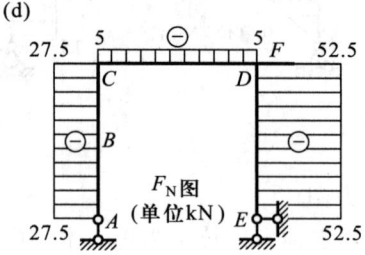

图 3-14

得
$$F_{Ex} = 5 \text{ kN}$$

由 $\sum M_A = 0$ 进行校核,有
$$5 \text{ kN} \times 2 \text{ m} + 16 \text{ kN/m} \times 5 \text{ m} \times 2.5 \text{ m} - 52.5 \text{ kN} \times 4 \text{ m} = 0$$

故知反力计算无误。

2. 绘制内力图

(1) 弯矩图

为了计算方便,暂规定弯矩的符号以使刚架内侧纤维受拉为正,悬臂 DF 部分则以使下边纤维受拉为正。根据荷载情况可知,弯矩图可分为 AB、BC、CD、DE 和 DF 五段来绘制。各段控制截面的弯矩可截取隔离体由平衡条件求得,也可根据某一截面上的弯矩等于该截面任一侧隔离体上所有外力对其形心力矩的代数和,直接写出各控制截面上的弯矩。如果先从刚架的左侧开始,可知

$$M_{AB} = M_{BA} = 0$$
$$M_{BC} = M_{BA} = 0$$
$$M_{CB} = -5 \text{ kN} \times 2 \text{ m} = -10 \text{ kN} \cdot \text{m}$$
$$M_{CD} = -5 \text{ kN} \times 2 \text{ m} = -10 \text{ kN} \cdot \text{m}$$

计算 M_{DE}、M_{DF}、M_{DC} 时,取截面以右部分为隔离体较简便,于是有

$$M_{DE} = -5 \text{ kN} \times 4 \text{ m} = -20 \text{ kN} \cdot \text{m}$$

$$M_{DF} = -\frac{1}{2} \times 16 \text{ kN/m} \times (1 \text{ m})^2 = -8 \text{ kN} \cdot \text{m}$$

$$M_{DC} = -\frac{1}{2} \times 16 \text{ kN/m} \times (1 \text{ m})^2 - 5 \text{ kN} \times 4 \text{ m} = -28 \text{ kN} \cdot \text{m}$$

$$M_{ED} = 0$$

$$M_{FD} = 0$$

悬臂部分的弯矩 M_{DF} 为负，说明悬臂上侧受拉。其他弯矩为负，说明杆件的外侧受拉。

求得上述各控制截面的弯矩值后，便可绘制弯矩图。根据荷载分布情况可知该刚架的弯矩图除 CD、DF 段外，其余各段的弯矩图都为直线，以直线连结两端竖标顶点即得。至于 CD 段的弯矩图，则可利用叠加法来绘制。整个刚架的弯矩图如图 3-14b 所示。

为了校核弯矩图，可取结点 D 为隔离体，检验它是否满足 $\sum M_D = 0$ 这一平衡条件。由图 3-15 可知

$$8 \text{ kN} \cdot \text{m} + 20 \text{ kN} \cdot \text{m} - 28 \text{ kN} \cdot \text{m} = 0$$

对其他刚结点，也可按同样方法进行校核，并可证实所得的弯矩图无误。

（2）剪力图

各段控制截面上的剪力，等于该截面任一侧隔离体上的全部外力在截面方向上投影的代数和，从而可作出剪力图如图 3-14c 所示。

（3）轴力图

杆件中任一截面上的轴力，等于该截面任一侧隔离体上的全部外力在垂直于截面方向上投影的代数和，于是可作出如图 3-14d 所示的轴力图。

最后，取结点 D 来检验其剪力和轴力是否满足 $\sum F_x = 0$ 和 $\sum F_y = 0$ 两个平衡条件。由图 3-16 有

$$5 \text{ kN} - 5 \text{ kN} = 0$$

$$52.5 \text{ kN} - 36.5 \text{ kN} - 16 \text{ kN} = 0$$

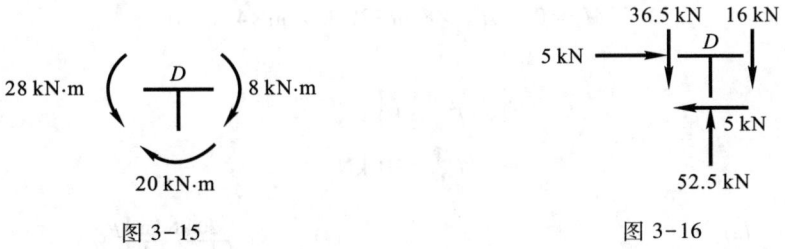

图 3-15   图 3-16

可知所得剪力图和轴力图无误。

【例 3-2】 试作图 3-17a 所示三铰刚架的内力图。

解：1. 计算反力

结构整体平衡的三个静力平衡条件不足以求出四个支座反力，但有可能求得部分反力。

由 $\sum M_B = 0$，$F_{Ay} \times 8 \text{ m} - 20 \text{ kN/m} \times 4 \text{ m} \times 6 \text{ m} = 0$

得

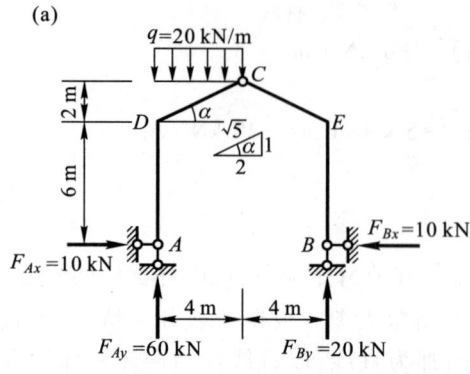
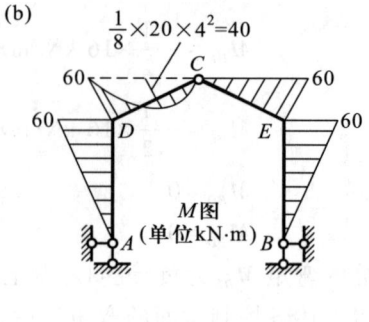
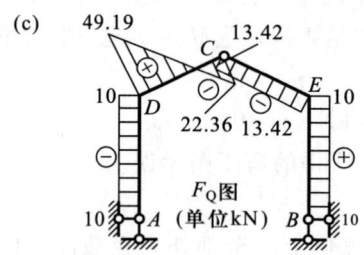
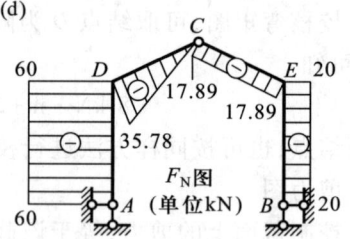

图 3-17

$$F_{Ay} = 60 \text{ kN}$$

由 $\sum F_y = 0$, $F_{By} + 60 \text{ kN} - 20 \text{ kN/m} \times 4 \text{ m} = 0$

得

$$F_{By} = 20 \text{ kN}$$

由 $\sum F_x = 0$, $F_{Ax} = F_{Bx}$

再取 CB 部分为隔离体(图 3-18a),由

$$\sum M_C = 0, \quad F_{Bx} \times 8 \text{ m} - 20 \text{ kN/m} \times 4 \text{ m} = 0$$

得

$$F_{Bx} = 10 \text{ kN}$$

于是

$$F_{Ax} = 10 \text{ kN}$$

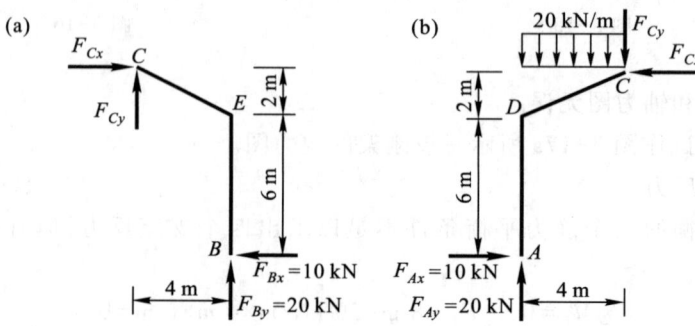

图 3-18

为了校核反力,取 AC 部分为隔离体(图 3-18b),根据 $\sum M_C=0$,

60 kN×4 m−10 kN×8 m−20 kN/m×4 m×2 m=240 kN·m−80 kN·m−160 kN·m=0

故知反力计算无误。

上述截开中间铰,利用左(右)侧部分隔离体计算支座反力的方法,常用于类似的三铰结构(如三铰拱)中。

2. 绘制内力图

根据荷载情况,可分为 AD、DC、CE 和 EB 四段,分别计算出各段控制截面的内力,即可作出如图 3-17b、c 和 d 所示的弯矩图、剪力图和轴力图。对于 AD 和 EB 段依照前例方法不难求得有关内力,现对倾斜段 DC 和 CE 控制截面上的内力计算说明如下:

(1) 求 DC 段控制截面的内力

取图 3-19a 所示隔离体,由 $\sum M_D=0$ 有

$$M_{DC}-10\text{ kN}\times 6\text{ m}=0$$

故

$$M_{DC}=60\text{ kN}\cdot\text{m}$$

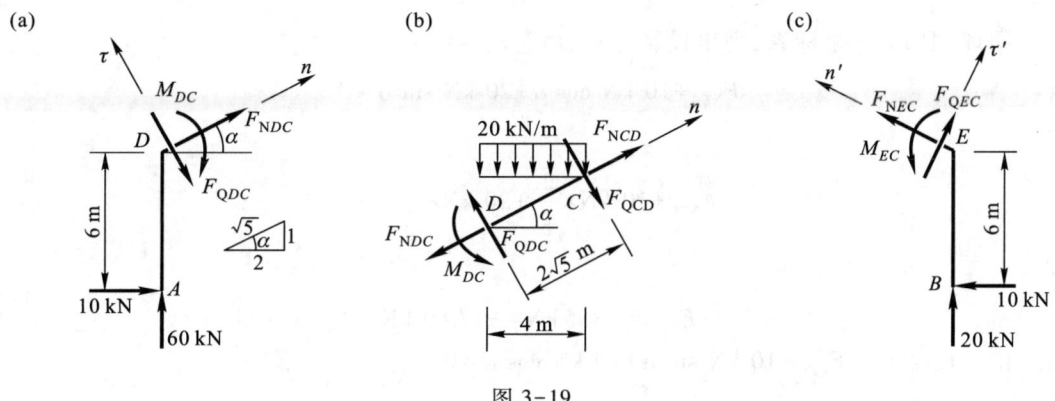

图 3-19

为了便于计算,取 $Dn\tau$ 坐标系,列出投影方程。由 $\sum F_n=0$ 有

$$F_{NDC}+10\text{ kN}\cos\alpha+60\text{ kN}\sin\alpha=0$$

即

$$F_{NDC}+10\text{ kN}\times\frac{2}{\sqrt{5}}+60\text{ kN}\times\frac{1}{\sqrt{5}}=0$$

得

$$F_{NDC}=-16\sqrt{5}\text{ kN}=-35.78\text{ kN}$$

由 $\sum F_\tau=0$,$-F_{QDC}+60\text{ kN}\cos\alpha-10\text{ kN}\sin\alpha=0$

得

$$F_{QDC}=22\sqrt{5}\text{ kN}=49.19\text{ kN}$$

再取 DC 为隔离体(图 3-19b),由 $\sum M_D=0$,有

$$-60\text{ kN}\cdot\text{m}+\frac{1}{2}\times 20\text{ kN/m}\times(4\text{ m})^2+F_{QCD}\times 2\sqrt{5}\text{ m}=0$$

得
$$F_{QCD} = -22.36 \text{ kN}$$

由 $\sum F_n = 0$,
$$F_{NCD} - 20 \text{ kN/m} \times 4 \text{ m} \sin\alpha - F_{NDC} = 0$$

即
$$F_{NCD} - 20 \text{ kN/m} \times 4 \text{ m} \times \frac{1}{\sqrt{5}} - (-16\sqrt{5}\text{ kN}) = 0$$

得
$$F_{NCD} = 0$$

此外,因 C 端为无外力偶作用的铰,故 $M_{CD} = 0$。

(2) 求 CE 段控制截面的内力

取图 3-19c 所示隔离体,由 $\sum M_E = 0$,有
$$-M_{EC} + 10 \text{ kN} \times 6 \text{ m} = 0$$

得
$$M_{EC} = 60 \text{ kN} \cdot \text{m}$$

同理,取 $En'\tau'$ 坐标系,列出投影方程,由 $\sum F_{n'} = 0$,有
$$F_{NEC} + 10 \text{ kN} \cos\alpha + 20 \text{ kN} \sin\alpha = 0$$

即
$$F_{NEC} + 10 \text{ kN} \times \frac{2}{\sqrt{5}} + 20 \text{ kN} \times \frac{1}{\sqrt{5}} = 0$$

3-3 主从刚架内力图

得
$$F_{NEC} = -8\sqrt{5}\text{ kN} = -17.89 \text{ kN}$$

由 $\sum F_{\tau'} = 0$, $F_{QEC} - 10 \text{ kN} \sin\alpha + 20 \text{ kN} \cos\alpha = 0$

得
$$F_{QEC} = -6\sqrt{5}\text{ kN} = -13.42 \text{ kN}$$

注意到该段为无荷载区段,故剪力和轴力分别为一常数,即 $F_{QCE} = F_{QEC} = -13.42$ kN, $F_{NCE} = F_{NEC} = -17.89$ kN。

求得上述两倾斜杆段有关控制截面的内力后,即可作出相应的内力图。DC 段的弯矩图等于相应简支斜梁在杆端弯矩 $M_{DC} = 60$ kN·m 作用下的弯矩图(图 3-17b 中 DC 杆上的虚线),叠加均布荷载作用下的弯矩图(参见§3-1 中图 3-5a)。具体叠加方法与均布荷载作用下水平杆件的弯矩图叠加法相同,只须注意竖标应与杆轴 DC 垂直。

以杆件作为隔离体,利用力矩平衡条件,由杆端弯矩求杆端剪力;以结点(支座)作为隔离体,利用力的投影平衡条件,从剪力求轴力(反力)。这都是内力分析中常用的手法,读者必须熟练掌握,但计算中应注意不要漏掉作用在隔离体上的荷载(外力)。

当刚架也由基本部分与附属部分组成时,亦应遵循先附属部分后基本部分的顺序计算,依次求出各部分的约束反力和支座反力,再按前述方法计算内力并绘制内力图。

§3-3 三 铰 拱

一、概述

拱结构是应用比较广泛的结构形式之一,除常用于桥梁建筑外,房屋建筑中的屋面承重结构也用到拱结构(图 3-20)。

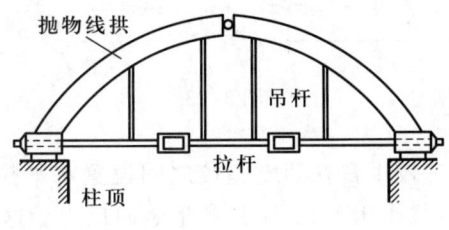

图 3-20

拱结构的计算简图通常有三种,见图 3-21。图 3-21a 和图 3-21b 所示无铰拱和两铰拱是超静定的,图 3-21c 所示三铰拱是静定的。在本节中只讨论三铰拱的计算。

图 3-21

拱结构的特点是:杆轴为曲线,而且在竖向荷载作用下支座将产生水平反力。这种水平反力又称为推力。拱结构与梁结构的区别不仅在于外形不同,更重要的还在于受竖向荷载作用时是否产生水平推力。如图 3-22 所示两个结构,虽然它们的杆轴都是曲线,但图 3-22a 所示结构在竖向荷载作用下不产生水平推力,其弯矩与相应(同跨度、同荷载)简支梁的弯矩相同,这种结构不是拱结构而是曲梁。图 3-22b 所示结构,由于其两端都有水平支座链杆,在竖向荷载作用下将产生水平推力,所以属于拱结构。由于水平推力的存在,拱体中各截面的弯矩将比相应的曲梁或简支梁的弯矩要小,并且会使整个拱体主要承受轴压力。因此,拱结构可用抗压强度较高而抗拉强度较低的砖、石、混凝土等相对廉价的建筑材料来建造。

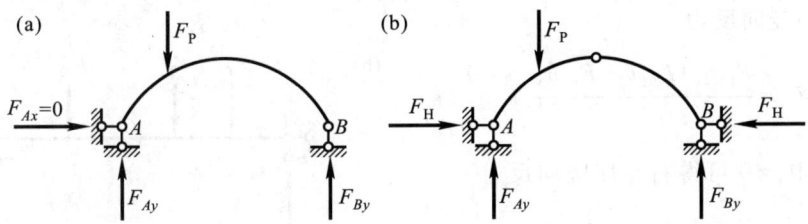

图 3-22

拱结构(图 3-23a)最高的一点称为拱顶。三铰拱的中间铰通常安置在拱顶处。拱的两端与支座联结处称为拱趾，或者称为拱脚。两拱趾在同一水平线上的拱称为平拱，否则称为斜拱。两个拱趾间的水平距离 l 称为跨度。拱顶到两拱趾连线的竖向距离 f 称为拱高，或者称为拱矢。拱高与跨度之比 f/l 称为高跨比或矢跨比。由后面的分析可知，拱的主要力学性能与高跨比有关，故工程上有高拱和扁拱的不同提法。

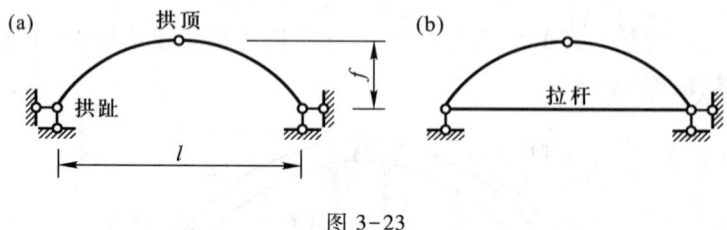

图 3-23

用作屋面承重结构的三铰拱常在两支座铰之间设置水平拉杆，以拉杆内的拉力代替支座推力的作用，在竖向荷载作用下，支座只产生竖向反力。这种结构的内部受力情况与三铰拱完全相同，称为带拉杆的拱，或者简称为拉杆拱。它的优点在于消除了推力对支承结构(例如砖墙)的影响。图 3-20 所示的装配式钢筋混凝土三铰拱就是拉杆拱的实例，设置吊杆是为了减少拉杆的挠度，在分析拱的内力时可以不考虑。带拉杆三铰拱的计算简图如图 3-23b 所示。

二、三铰拱的计算

三铰拱为静定结构，其全部反力和内力都可由静力平衡方程算出。为了说明三铰拱的计算方法，现以图 3-24a 所示在竖向荷载作用下的平拱为例，导出其计算公式。

1. 支座反力的计算公式

三铰拱两端铰支座共有四个未知反力，需四个平衡方程进行解算。除了三铰拱整体平衡的三个方程之外，还可利用中间铰 C 处不能抵抗弯矩的特性(即弯矩 $M_C = 0$)建立一个补充方程。这与例 3-2 中三铰刚架反力计算类似。

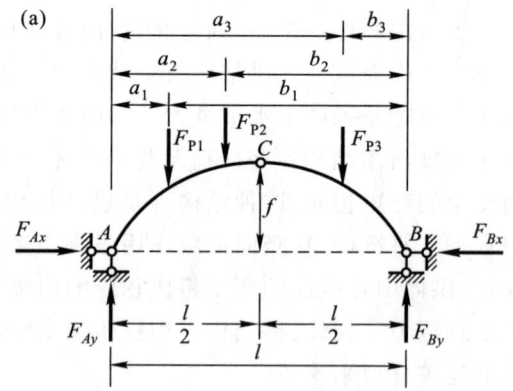

首先考虑三铰拱的整体平衡，由 $\sum M_B = 0$，有

$$F_{Ay}l - F_{P1}b_1 - F_{P2}b_2 - F_{P3}b_3 = 0$$

可得左支座竖向反力

$$F_{Ay} = \frac{F_{P1}b_1 + F_{P2}b_2 + F_{P3}b_3}{l} \quad (a)$$

同理，由 $\sum M_A = 0$ 可得右支座竖向反力

$$F_{By} = \frac{F_{P1}a_1 + F_{P2}a_2 + F_{P3}a_3}{l} \quad (b)$$

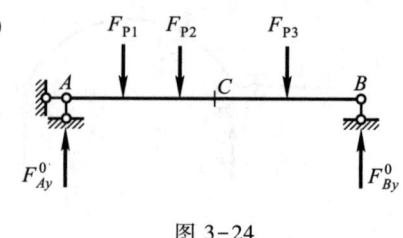

图 3-24

由 $\sum F_x = 0$,可知

$$F_{Ax} = F_{Bx} = F_H$$

再考虑 $M_C = 0$ 的条件,取左半拱上所有外力对 C 点的力矩来计算,则由 $\sum M_C = 0$,有

$$F_{Ay}\frac{l}{2} - F_{P1}\left(\frac{l}{2} - a_1\right) - F_{P2}\left(\frac{l}{2} - a_2\right) - F_{Ax}f = 0$$

所以

$$F_H = F_{Ax} = F_{Bx} = \frac{F_{Ay}\frac{l}{2} - F_{P1}\left(\frac{l}{2} - a_1\right) - F_{P2}\left(\frac{l}{2} - a_2\right)}{f} \tag{c}$$

式(a)和式(b)右边的值,恰好等于图 3-24b 所示相应简支梁的支座反力 F_{Ay}^0 和 F_{By}^0。式(c)右边的分子,等于相应简支梁上与拱的中间铰位置相对应的截面 C 的弯矩 M_C^0。由此可得

$$F_{Ay} = F_{Ay}^0, \quad F_{By} = F_{By}^0 \tag{3-2}$$

$$F_H = F_{Ax} = F_{Bx} = \frac{M_C^0}{f} \tag{3-3}$$

由式(3-3)可知,推力 F_H 等于相应简支梁截面 C 的弯矩 M_C^0 除以拱高 f。其值与荷载及三个铰的位置有关,而与各铰间的拱轴形状无关。当荷载和拱的跨度不变时,推力 F_H 与拱高 f 成反比。

2. 内力的计算公式

计算内力时,应注意拱轴为曲线这一特点,所取截面应与拱轴正交,即与拱轴的切线垂直(图 3-25a、b)。任一截面 K 的位置取决于该截面形心的坐标 x_K、y_K,以及该处拱轴切线的倾角 φ_K。截面 K 的内力可以分解为弯矩 M_K、剪力 F_{QK} 和轴力 F_{NK},其中 F_{QK} 沿截面方向,即沿拱轴法线方向作用;轴力 F_{NK} 沿垂直于截面方向,即沿拱轴切线方向作用。下面分别研究这些内力的计算。

(1) 弯矩

弯矩的符号规定以使拱内侧纤维受拉为正,反之为负。取 AK 段为隔离体(图 3-25b),由 $\sum M_K = 0$,有

$$F_{Ay}x_K - F_{P1}(x_K - a_1) - F_H y_K - M_K = 0$$

得截面 K 的弯矩

$$M_K = [F_{Ay}x_K - F_{P1}(x_K - a_1)] - F_H y_K$$

由 $F_{Ay} = F_{Ay}^0$,可见式中方括号内之值等于相应简支梁(图 3-25c)截面 K 的弯矩 M_K^0,所以上式可改写为

$$M_K = M_K^0 - F_H y_K \tag{3-4}$$

即拱内任一截面的弯矩,等于相应简支梁对应截面的弯矩减去由于拱的推力 F_H 所引起的弯矩 $F_H y_K$。由此可知,因推力的存在,三铰拱中的弯矩比相应简支梁的弯矩小得多。

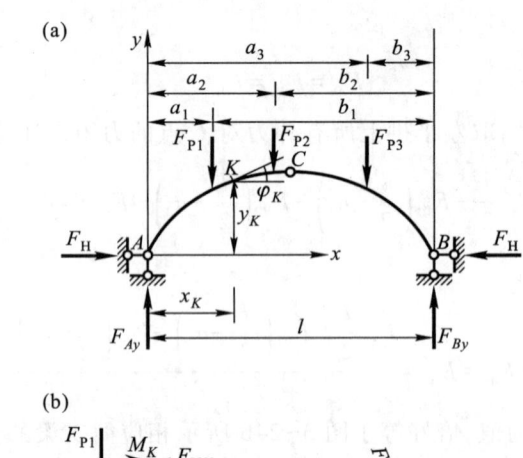

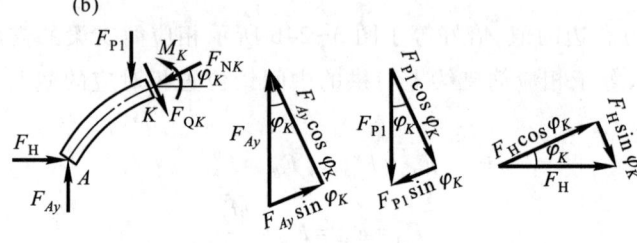

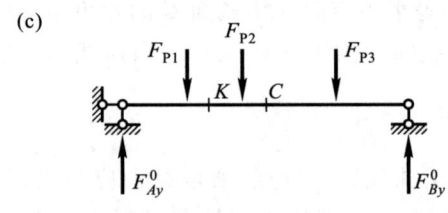

图 3-25

(2) 剪力

剪力的符号通常规定以使隔离体有顺时针方向转动趋势为正,反之为负。取 AK 段为隔离体,将其上各力沿截面方向投影(图 3-25b),由平衡条件

$$F_{QK} + F_{P1}\cos\varphi_K + F_H\sin\varphi_K - F_{Ay}\cos\varphi_K = 0$$

得

$$F_{QK} = (F_{Ay} - F_{P1})\cos\varphi_K - F_H\sin\varphi_K$$

式中 $(F_{Ay} - F_{P1})$ 等于相应简支梁在截面 K 处的剪力 F_{QK}^0,于是上式可改写为

$$F_{QK} = F_{QK}^0 \cos\varphi_K - F_H\sin\varphi_K \tag{3-5}$$

式中 φ_K 为截面 K 处拱轴切线的倾角。在图示坐标系中,φ_K 的符号在左半拱为正,右半拱为负。

(3) 轴力

因拱体通常为受压,所以规定使截面受压的轴力为正,反之为负。取 AK 段为隔离体,将其上各力向垂直于截面 K 的方向投影(图 3-25b),由平衡条件

$$F_{NK} + F_{P1}\sin\varphi_K - F_{Ay}\sin\varphi_K - F_H\cos\varphi_K = 0$$

得

$$F_{NK} = (F_{Ay} - F_{P1})\sin\varphi_K + F_H\cos\varphi_K$$

即

$$F_{NK} = F_{QK}^0 \sin\varphi_K + F_H\cos\varphi_K \tag{3-6}$$

由上述公式,不难求得竖向荷载作用下任一截面的内力,从而作出三铰拱的内力图。若荷载不是竖向作用或三铰拱为斜拱,则式(3-2)~式(3-6)并不适用,此时应根据平衡条件直接计算三铰拱的反力和内力。

【例 3-3】 试绘制图 3-26 所示三铰拱的内力图。其拱轴为一抛物线,当坐标原点选在左支座时,拱轴方程由下式表达:

$$y = \frac{4f}{l^2}x(l-x)$$

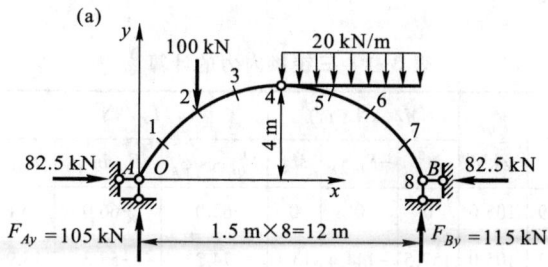

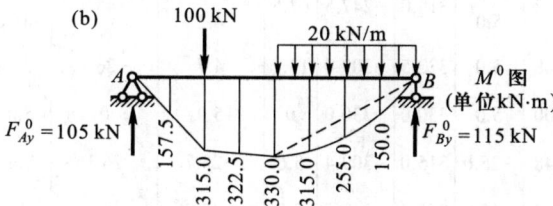

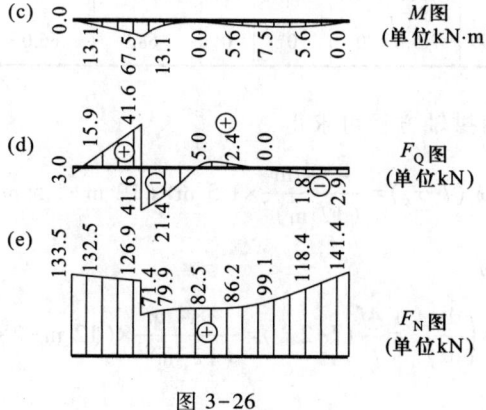

图 3-26

解:先求支座反力,根据式(3-2)、式(3-3)可得

$$F_{Ay} = F_{Ay}^0 = \frac{100 \text{ kN} \times 9 \text{ m} + 20 \text{ kN/m} \times 6 \text{ m} \times 3 \text{ m}}{12 \text{ m}}$$

$$= 105 \text{ kN}$$

$$F_{By} = F_{By}^0 = \frac{100 \text{ kN} \times 3 \text{ m} + 20 \text{ kN/m} \times 6 \text{ m} \times 9 \text{ m}}{12 \text{ m}}$$

$$= 115 \text{ kN}$$

$$F_H = \frac{M_C^0}{f} = \frac{105 \text{ kN} \times 6 \text{ m} - 100 \text{ kN} \times 3 \text{ m}}{4 \text{ m}}$$

$$= 82.5 \text{ kN}$$

反力求出后,即可根据式(3-4)、式(3-5)、式(3-6)计算内力。为此,将拱跨分成八等分,列表(表 3-1)算出各截面上的 M、F_Q、F_N 值,然后根据表中所得数值绘制 M、F_Q、F_N 图,如图 3-26c、d、e 所示。这些内力图是以水平线为基线绘制的。图 3-26b 为相应简支梁的弯矩图。

现以截面 1(离左支座 1.5 m 处)和截面 2(离左支座 3.0 m 处)的内力计算为例,对表 3-1 说明如下。

表 3-1 三铰拱内力的计算

拱轴分点	y/m	$\tan \varphi_K$	$\sin \varphi_K$	$\cos \varphi_K$	F_{QK}^0/kN	$M/(\text{kN} \cdot \text{m})$			F_Q/kN			F_N/kN		
						M_K^0	$-F_H y_K$	M_K	$F_{QK}^0 \cos \varphi_K$	$-F_H \sin \varphi_K$	F_{QK}	$F_{QK}^0 \sin \varphi_K$	$F_H \cos \varphi_K$	F_{NK}
0	0	1.333	0.800	0.599	105.0	0	0	0	63.0	-66.0	-3.0	84.0	49.5	133.5
1	1.75	1.000	0.707	0.707	105.0	157.5	-144.4	13.1	74.2	-58.3	15.9	74.2	58.3	132.5
2^L	3	0.667	0.555	0.832	105.0	315.0	-247.5	67.5	87.4	-45.8	41.6	58.3	68.6	126.9
2^R					5.0				4.2		-41.6	2.8		71.4
3	3.75	0.333	0.316	0.948	5.0	322.5	-309.4	13.1	4.7	-26.1	-21.4	1.6	78.3	79.9
4	4	0.000	0.000	1.000	5.0	330.0	-330.0	0	5.0	0	5.0	0	82.5	82.5
5	3.75	-0.333	-0.316	0.948	-25.0	315.0	-309.4	5.6	-23.7	26.1	2.4	7.9	78.3	86.2
6	3	-0.667	-0.555	0.832	-55.0	255.0	-247.5	7.5	-45.8	45.8	0	30.5	68.6	99.1
7	1.75	-1.000	-0.707	0.707	-85.0	150.0	-144.4	5.6	-60.1	58.3	-1.8	60.1	58.3	118.4
8	0	-1.333	-0.800	0.599	-115.0	0	0	0	-68.9	66.0	-2.9	92.0	49.5	141.5

截面 1 $x = 1.5$ m,由拱轴方程可求得

$$y_1 = \frac{4f}{l^2} x_1 (l - x_1) = \frac{4 \times 4 \text{ m}}{(12 \text{ m})^2} \times 1.5 \text{ m} \times (12 \text{ m} - 1.5 \text{ m}) = 1.75 \text{ m}$$

截面 1 处的切线斜率为

$$\tan \varphi_1 = \left(\frac{dy}{dx}\right)_1 = \frac{4f}{l^2}(l - 2x_1) = \frac{4 \times 4 \text{ m}}{(12 \text{ m})^2} \times (12 \text{ m} - 2 \times 1.5 \text{ m}) = 1$$

于是,可求出

$$\sin \varphi_1 = 0.707, \quad \cos \varphi_1 = 0.707$$

根据式(3-4)、式(3-5)、式(3-6)求得该截面的弯矩、剪力和轴力分别为

$$M_1 = M_1^0 - F_H y_1 = 105 \text{ kN} \times 1.5 \text{ m} - 82.5 \text{ kN} \times 1.75 \text{ m}$$

$$= 13.1 \text{ kN} \cdot \text{m}$$

$$F_{Q1} = F_{Q1}^0 \cos\varphi_1 - F_H \sin\varphi_1 = 105 \text{ kN}\times 0.707 - 82.5 \text{ kN}\times 0.707$$
$$= 15.9 \text{ kN}$$
$$F_{N1} = F_{Q1}^0 \sin\varphi_1 + F_H \cos\varphi_1 = 105 \text{ kN}\times 0.707 + 82.5 \text{ kN}\times 0.707$$
$$= 132.5 \text{ kN}$$

在截面 2 因有集中荷载作用,该截面两边的剪力和轴力不相等,此处 F_Q、F_N 图将发生突变。先求得 $y_2 = 3$ m,$\tan\varphi_2 = 0.667$,$\sin\varphi_2 = 0.555$,$\cos\varphi_2 = 0.832$,再计算该截面内力如下:

$$M_2 = M_2^0 - F_H y_2 = 105 \text{ kN}\times 3 \text{ m} - 82.5 \text{ kN}\times 3 \text{ m}$$
$$= 67.5 \text{ kN}\cdot\text{m}$$
$$F_{Q2}^L = F_{Q2}^{0L}\cos\varphi_2 - F_H\sin\varphi_2 = 105 \text{ kN}\times 0.832 - 82.5 \text{ kN}\times 0.555$$
$$= 41.6 \text{ kN}$$
$$F_{Q2}^R = F_{Q2}^{0R}\cos\varphi_2 - F_H\sin\varphi_2 = 5.0 \text{ kN}\times 0.832 - 82.5 \text{ kN}\times 0.555$$
$$= -41.6 \text{ kN}$$
$$F_{N2}^L = F_{Q2}^{0L}\sin\varphi_2 + F_H\cos\varphi_2 = 105 \text{ kN}\times 0.555 + 82.5 \text{ kN}\times 0.832$$
$$= 126.9 \text{ kN}$$
$$F_{N2}^R = F_{Q2}^{0R}\sin\varphi_2 + F_H\cos\varphi_2 = 5.0 \text{ kN}\times 0.555 + 82.5 \text{ kN}\times 0.832$$
$$= 71.4 \text{ kN}$$

其他各截面内力的计算与以上类同。应当指出,与直杆相同,在剪力为零的拱截面上弯矩将出现极值,其大小由 $F_Q = 0$ 求出截面位置后即可确定,请读者自行尝试。

三、拱的合理轴线

三铰拱一般情况下截面上会同时存在弯矩、剪力和轴力,因而截面处于偏心受压状态,其正应力分布不均匀。但是,若在给定荷载作用下,可以选取一条适当的拱轴线,使拱上各截面只承受轴力,而弯矩为零。这时,任一截面上正应力分布将是均匀的,因而拱体材料能够得到充分地利用,这样的拱轴线称为**合理轴线**。

由式(3-4),对于三铰平拱而言,任意截面 K 的弯矩为

$$M_K = M_K^0 - F_H y_K$$

上式说明,当拱的跨度和荷载已知时,M_K^0 不随拱轴线改变而变化,而 $-F_H y_K$ 则与拱的轴线形状有关(注意:前已指出推力 F_H 的数值与三个铰的位置有关,而与各铰间的轴线形状无关)。因此,可以在三个铰之间恰当地选择拱的轴线形式 $y = y(x)$,使拱中各截面的弯矩 M 都为零。为了求出合理轴线方程,由式(3-4)根据各截面弯矩都为零的条件应有

$$M = M^0 - F_H y = 0$$

得

$$y = \frac{M^0}{F_H} \tag{3-7}$$

由式(3-7)可知,合理轴线的竖标 y 与相应简支梁的弯矩竖标值成正比,当平拱上所受竖向荷载为已知时,只需求出相应简支梁的弯矩方程,然后除以推力 F_H,便可得到拱的合理轴线方程。

【例 3-4】 试求图 3-27a 所示对称三铰拱在均布荷载 q 作用下的合理轴线。

解：作出相应简支梁如图 3-27b 所示，其弯矩方程为

$$M^0 = \frac{1}{2}qlx - \frac{1}{2}qx^2 = \frac{1}{2}qx(l-x)$$

由式(3-3)求得

$$F_H = \frac{M_C^0}{f} = \frac{\frac{1}{8}ql^2}{f} = \frac{ql^2}{8f}$$

所以，由式(3-7)得到合理轴线方程为

$$y = \frac{\frac{1}{2}qx(l-x)}{\frac{ql^2}{8f}} = \frac{4f}{l^2}x(l-x)$$

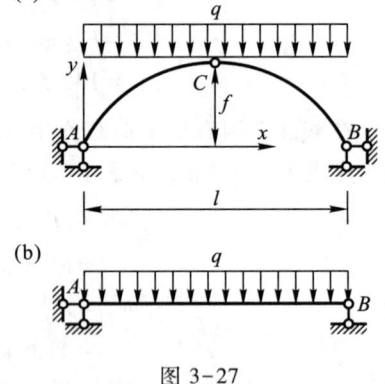

图 3-27

由此可见，在满跨竖向均布荷载作用下，对称三铰拱的合理轴线是一根抛物线，因此房屋建筑中拱的轴线常采用抛物线。对于斜拱或非竖向荷载，式(3-7)不再适用，可由平衡条件直接解算合理轴线。桥梁工程中常用的悬索结构，由于悬索上所有截面都是轴向受拉，所以相同荷载下的悬索线即为拱合理轴线的倒置。工程中常以主要荷载作用下的合理轴线作为拱轴线，在其他荷载作用下仍会有弯矩产生。

§3-4 静定桁架和静定组合结构

一、概述

桁架结构在土木工程中应用很广泛。特别是在大跨度结构中，桁架更是一种重要的结构形式。图 3-28a、c 所示的钢筋混凝土屋架和钢木屋架就属于桁架，武汉长江大桥和南京长江大桥的主体结构也是桁架结构。

桁架的形式、桁架各杆件之间的连接方式以及它所采用的材料是多种多样的。在分析桁架时必须抓住矛盾的主要方面，选取既反映结构本质又便于分析的计算简图。试验研究和理论分析的结果表明，各种桁架有着共同特性：在结点荷载作用下，桁架中各杆的内力主要是轴力，而弯矩和剪力很小，可以忽略不计。因此，从力学的观点来看，各结点所起的作用和铰结点接近。这样，图 3-28a、c 所示桁架计算简图分别如图 3-28b、d 所示。平面桁架的计算简图引用了下述假定：

(1) 各杆在两端用光滑而无摩擦的理想铰结点相互联结；

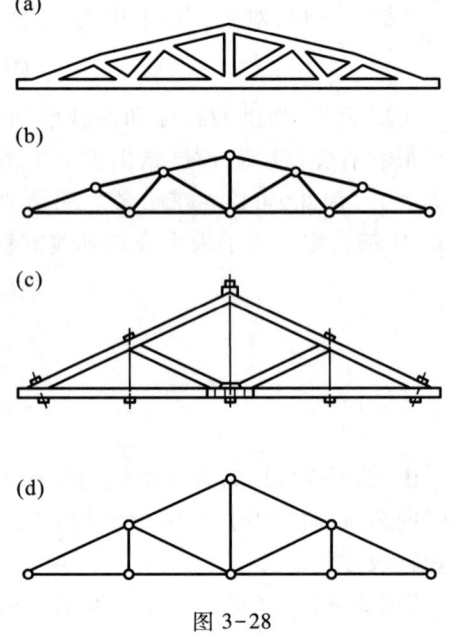

图 3-28

（2）各杆的轴线都是直线，处于同一平面内，并通过铰的中心；

（3）荷载和支座反力作用在结点上，并且都位于桁架所在的平面内。

在上述理想情况下，桁架各杆均为两端铰结的直杆，仅在两端受约束力作用，故只产生轴力。这类杆件也称为<u>二力杆</u>。在轴向受拉或受压的杆件中，由于轴力沿杆长不变，而截面上的应力均匀分布且可以同时达到极限值，故材料能得到充分的利用。

实际的桁架通常不能完全符合上述理想情况。例如桁架的结点具有一定的刚性，有些杆件在结点处可能连续不断，或各杆之间的夹角几乎不可能变动。另外，各杆轴无法绝对平直，结点处各杆的轴线也不一定全交于一点，荷载并非都作用在结点上等。因此，在荷载作用下，桁架中某些杆件必将发生弯曲而产生弯矩和剪力，并不能如理想情况只存在轴力。通常把桁架按理想情况计算出来的内力称为<u>主内力</u>，由于理想情况不能完全实现而产生的附加内力称为<u>次内力</u>（对应的应力称为次应力）。相对于桁架杆件的轴力来说，一般次内力较小，其影响可忽略不计，本节只限于讨论桁架理想情况下的主内力。

常见的桁架一般按下列两种方式组成：

（1）由基础或一个基本铰结三角形开始，依次增加二元体组成桁架，如图 3-29a、b 所示。这样的桁架称为<u>简单桁架</u>。

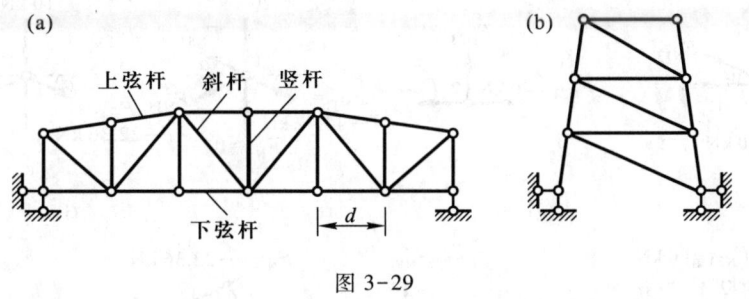

图 3-29

（2）由几个简单桁架按照几何不变体系的简单组成规则联成的桁架，如图 3-30 所示。这样的桁架称为<u>联合桁架</u>。

桁架的杆件依其所在位置不同，可分为<u>弦杆和腹杆</u>两类。桁架的弦杆是指桁架上、下外围的杆件，分别称为<u>上弦杆和下弦杆</u>。桁架上弦杆和下弦杆之间的杆件称为腹杆。腹杆又按其轴线的不同方向分为<u>竖杆和斜杆</u>。弦杆上相邻两结点之间的区间称为<u>节间</u>，其距离 d 称为节间长度（图 3-29a）。

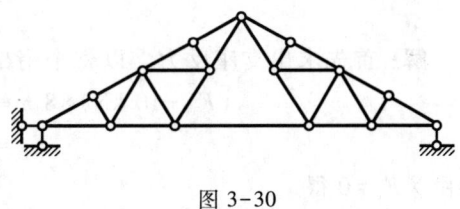

图 3-30

二、解算桁架内力的方法

1. 结点法

结点法就是取桁架的结点为隔离体，利用结点的静力平衡条件计算杆件内力的方法。因为桁架的各杆只承受轴力，作用于任一结点的各力组成一个平面汇交力系，所以可就每一个结点列出两个平衡方程进行解算。

实际计算为简便起见,取结点考虑时,应力求使作用于该结点的未知力不超过两个。在简单桁架中,实现这一点并不困难,因为简单桁架是从基础或一个基本铰结三角形开始,依次增加二元体所组成,其最后一个结点只包含两根杆件。分析这类桁架时,可先由整体平衡条件求出它的反力,然后再从最后一个结点开始,按照几何组成的相反顺序,依次考虑各结点的平衡,即可在每个结点出现的未知力不超过两个的情况下,直接求出各杆的轴力。

【例 3-5】 试用结点法解算图 3-31a 所示桁架中各杆的内力。

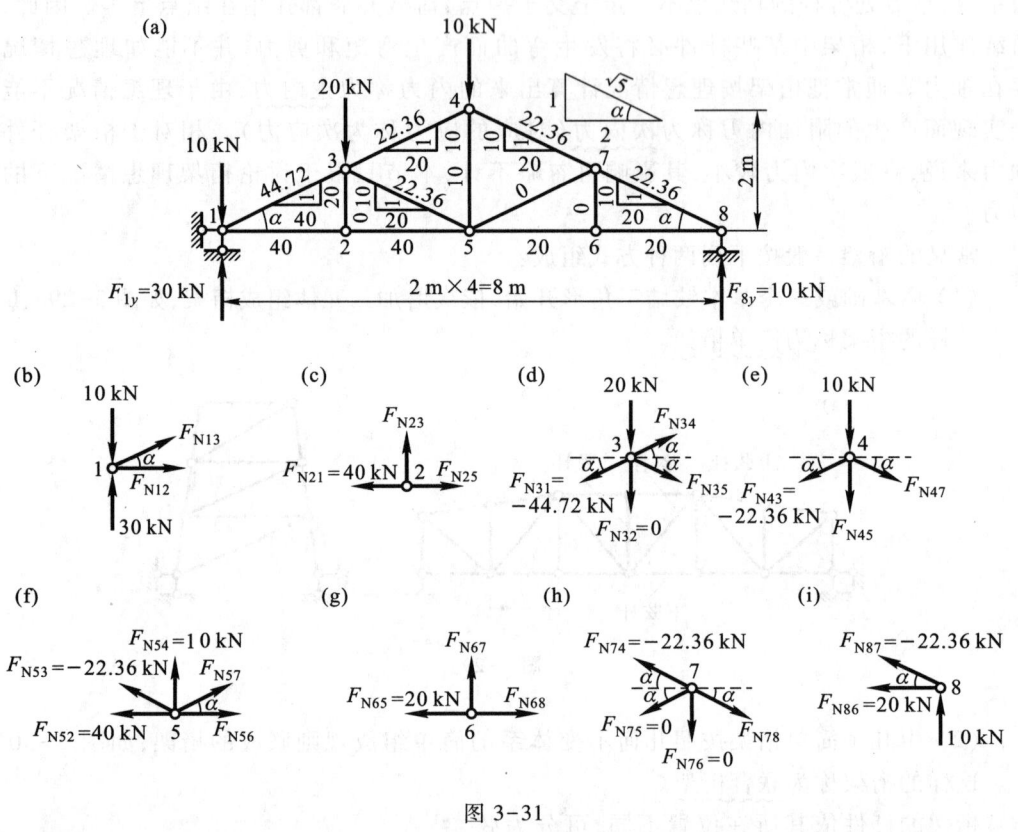

图 3-31

解: 首先求出支座反力。以整个桁架为隔离体,由 $\sum M_8 = 0$ 得

$$(F_{1y} - 10 \text{ kN}) \times 8 \text{ m} - 20 \text{ kN} \times 6 \text{ m} - 10 \text{ kN} \times 4 \text{ m} = 0$$

$$F_{1y} = 30 \text{ kN}(\uparrow)$$

再由 $\sum F_y = 0$ 得

$$30 \text{ kN} - 10 \text{ kN} - 20 \text{ kN} - 10 \text{ kN} + F_{8y} = 0$$

$$F_{8y} = 10 \text{ kN}(\uparrow)$$

求出反力后,可截取结点解算各杆的内力。最初遇到只包含两个未知力的结点有 1 和 8 两个结点,现在从结点 1 开始,然后依 2、3、4、…次序进行解算。

在计算时,通常假定杆件轴力为拉力,如所得结果为负,则为压力。计算过程如下

(1) 取结点 1 为隔离体(图 3-31b)。

由 $\sum F_y = 0$ 得

$$F_{N13} \times \frac{1}{\sqrt{5}} - 10 \text{ kN} + 30 \text{ kN} = 0$$

得

$$F_{N13} = -44.72 \text{ kN}$$

再由 $\sum F_x = 0$ 得

$$F_{N13} \times \frac{2}{\sqrt{5}} + F_{N12} = 0$$

$$F_{N12} = -F_{N13} \times \frac{2}{\sqrt{5}} = 40 \text{ kN}$$

(2) 取结点 2 为隔离体(图 3-31c)。

$$\sum F_y = 0, \quad F_{N23} = 0$$
$$\sum F_x = 0, \quad F_{N25} - F_{N21} = 0$$

得

$$F_{N25} = F_{N21} = 40 \text{ kN}$$

(3) 取结点 3 为隔离体(图 3-31d)。

$$\sum F_x = 0, \quad -F_{N31} \times \frac{2}{\sqrt{5}} + F_{N34} \times \frac{2}{\sqrt{5}} + F_{N35} \times \frac{2}{\sqrt{5}} = 0$$

$$\sum F_y = 0, \quad -20 \text{ kN} + F_{N34} \times \frac{1}{\sqrt{5}} - F_{N35} \times \frac{1}{\sqrt{5}} - F_{N31} \times \frac{1}{\sqrt{5}} = 0$$

联立解得

$$F_{N34} = -22.36 \text{ kN}, F_{N35} = -22.36 \text{ kN}$$

(4) 分别取结点 4、5、6、7(图 3-31e、f、g、h)为隔离体进行计算,可求出所有杆件的内力,不再赘述。

至此,桁架中各杆件的内力都已求得。最后可根据结点 8 的隔离体(图 3-31i)是否满足平衡条件 $\sum F_x = 0$ 和 $\sum F_y = 0$ 进行校核。此时有

$$\sum F_x = 0, \quad -(-22.36 \text{ kN}) \times \frac{2}{\sqrt{5}} - 20 \text{ kN} = 0$$

$$\sum F_y = 0, \quad -22.36 \text{ kN} \times \frac{1}{\sqrt{5}} + 10 \text{ kN} = 0$$

故知计算结果无误。

为了清晰起见,将此桁架各杆内力的大小和性质标注在图 3-31a 中。若同时将各杆的分力一并标注,则平衡关系更为清晰。读者也可尝试直接从图上逐点推算各杆内力,以简化计算。

桁架中内力为零的杆件称为<u>零杆</u>。如上例中的 23、67、57 三根杆件就是零杆,出现零杆的情况可归结如下:

(1) 两杆结点上无荷载作用时(图 3-32a),则该两杆的内力都等于零,二者均为零杆。

3-4 结点法的特殊情况

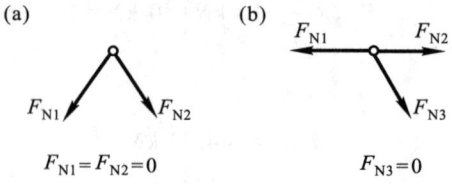

图 3-32

（2）三杆结点处无荷载作用，且其中两杆在一直线上时（图 3-32b），则另一杆必为零杆。

上述结论都不难由结点平衡条件得到证实。在分析桁架时，可先利用上述原则找出零杆，这样可使计算工作简化。但应注意，零杆与结构所受荷载是对应的。

2. 截面法

除结点法外，另一种分析桁架的基本方法是截面法。这种方法以用一个截面截取桁架中包含两个或两个以上结点的某一部分为隔离体，建立静力平衡方程求出未知的杆件内力。作用于隔离体上的力系为平面一般力系。只要未知力数目不多于三个，则可把隔离体上的全部未知力求出。

【例 3-6】 试求图 3-33a 所示桁架（与例 3-5 同）中 25、34、35 三杆的内力。

解：支座反力由例 3-5 已得

$$F_{1y} = 30 \text{ kN}(\uparrow), \quad F_{8y} = 10 \text{ kN}(\uparrow)$$

用截面 Ⅰ-Ⅰ 将 34、35、25 三杆截断，取桁架左边部分为隔离体（图 3-33b）。为求得 F_{N25} 可取 F_{N34} 和 F_{N35} 两未知力的交点 3 为矩心，由 $\sum M_3 = 0$ 得

$$(30 \text{ kN} - 10 \text{ kN}) \times 2 \text{ m} - F_{N25} \times 1 \text{ m} = 0$$

故

$$F_{N25} = 40 \text{ kN}$$

为了求得 F_{N34}，可取 F_{N35} 和 F_{N25} 两力的交点 5 为矩心，不过，这时需要算出 F_{N34} 的力臂，不是很方便。为此，可将 F_{N34} 沿其作用线移到点 4（图 3-33c）并分解为水平与竖向两分力。因竖向分力通过矩心 5，故由 $\sum M_5 = 0$ 得

$$(30 \text{ kN} - 10 \text{ kN}) \times 4 \text{ m} - 20 \text{ kN} \times 2 \text{ m} + F_{N34} \times \frac{2}{\sqrt{5}} \times 2 \text{ m} = 0$$

$$F_{N34} = -22.36 \text{ kN}$$

同理，为求得 F_{N35}，可将 F_{N35} 沿其作用线移至 5 点分解（图 3-33d），由 $\sum M_1 = 0$，可求得 $F_{N35} = -22.36 \text{ kN}$，也可利用投影方程由 F_{N34} 来求 F_{N35}。显然，这比例 3-5 中用联立方程求解要简便得多。

结点法及截面法是计算桁架内力常用的两种方法。对于简单桁架来说用哪种方法计算都很简便。至于联合桁架的内力分析，则宜先用截面法将联系杆件的内力求出，然后再对组成联合桁架的各简单桁架进行分析。例如图 3-34 所示联合桁架，由截面法（用截面 Ⅰ-Ⅰ 截开）先求出联系杆件 34 的内力之后，则其左、右两部分都可作为简单桁架处理。这些做法实质上也体现了按几何组成逆向进行受力分析的理念。

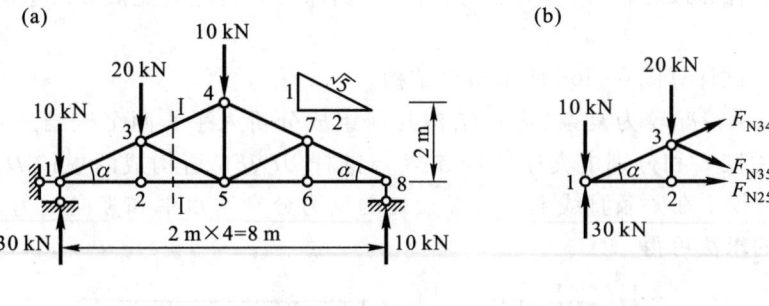

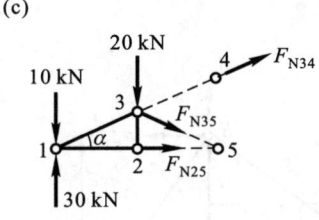
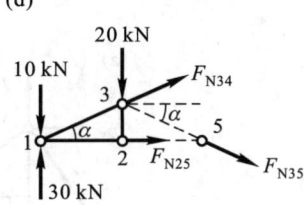

图 3-33

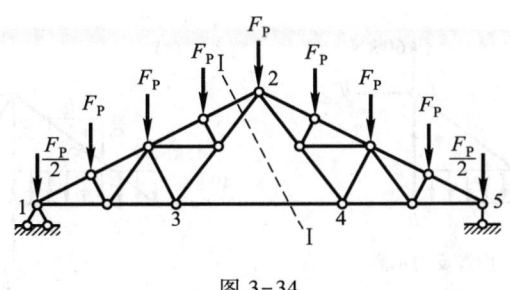

图 3-34

三、组合结构

  组合结构是由只承受轴力的二力杆和承受弯矩、剪力、轴力的梁式杆件组成,常用于房屋建筑中的屋架、吊车梁以及桥梁的承重结构。例如图 3-35a 所示的三铰屋架和图 3-35b 所示的下撑式五角形屋架就是较常见的静定组合结构,称为组合式屋架。其上弦杆一般由钢筋混凝土制成,除轴力外还要承受弯矩和剪力;下弦及腹杆则用圆钢或型钢做成,主要承受轴力。

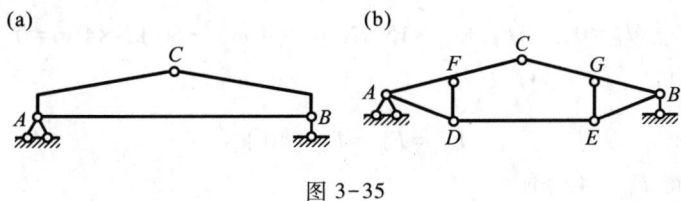

图 3-35

  计算组合结构时,一般都是先求出支座反力和各链杆的轴力,然后再计算梁式杆件的内力并作出其 M、F_Q、F_N 图。这里需要指出的是,在计算组合结构时,必须特别注意区分只受轴力的二力杆和兼有轴力、剪力和弯矩的梁式杆,计算时应避免截取由这两者相联的结点做隔离体。

【例 3-7】 试计算图 3-36a 所示组合结构。

解:本题支承情况较为复杂,应从结构几何组成分析入手。两个铰结三角形 ACD、BCE 与基础采用铰 C 和分别由支座链杆 A、B 与链杆 DF、EG 所构成的虚铰 D、E 两两相联,且 C、D、E 三铰不在一条直线上。将虚铰处的反力分别用水平和竖向反力表示,用类似三铰拱反力的求法可得

$$\sum M_D = 0, \quad 8F_{Ey} - \frac{1}{2} \times 15 \text{ kN/m} \times (8 \text{ m})^2 = 0$$

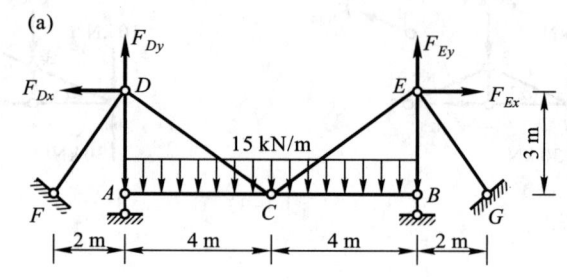

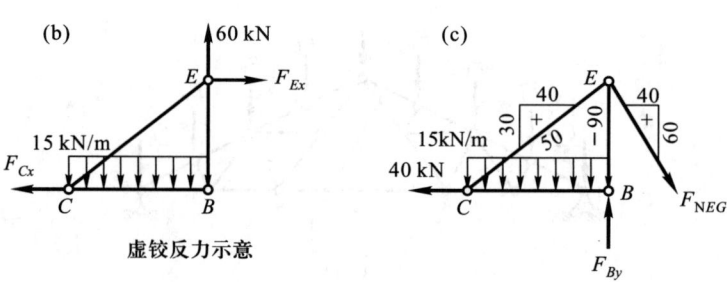

图 3-36

则

$$F_{Ey} = 60 \text{ kN}(\uparrow)$$

同理

$$F_{Dy} = 60 \text{ kN}(\uparrow)$$

取铰 C 右侧为隔离体(图 3-36b,隔离体上已标注虚铰反力,故链杆 EG 和支座 B 不再出现),由

$$\sum M_C = 0, \quad 3F_{Ex} + \frac{1}{2} \times 15 \text{ kN/m} \times (4 \text{ m})^2 - 60 \text{ kN} \times 4 \text{ m} = 0$$

可得

$$F_{Ex} = F_{Dx} = F_H = 40 \text{ kN}$$

由 $\sum F_x = 0$,得 $F_{Cx} = 40$ kN

由 $\sum F_y = 0$,得 $F_{Cy} = 0$

虚铰的反力由链杆 EG 和支座 B 产生,链杆和支座的实际反力与虚铰反力等效。故以 F_{NEG} 和 F_{By} 代替虚铰反力,取图 3-36c 所示隔离体

由 $\sum F_x = 0$，$\dfrac{2}{\sqrt{2^2+3^2}} F_{NEG} = 40 \text{ kN}$，则 $F_{NEG} = 72.11 \text{ kN}$

由 $\sum F_y = 0$，$F_{By} - 15 \text{ kN/m} \times 4 \text{ m} - \dfrac{3}{\sqrt{2^2+3^2}} F_{NEG} = 0$，则 $F_{By} = 120 \text{ kN}$

注意到铰结点 E 的平衡，可求得 $F_{NEC} = 50 \text{ kN}$，$F_{NEB} = -90 \text{ kN}$。杆 BC 受力与简支梁相同，考虑到结构与荷载都对称，左右两部分受力必然对称，读者容易得到全部结果，其中若利用结点 B 的平衡条件校核计算结果时，不可遗漏梁 BC 在 B 端的剪力。能否利用图 3-36b 直接计算杆 EB 的轴力，请读者思考。

本题也可分别以结构整体和部分为隔离体，各自列出平衡方程再联立求解。这里不再赘述。

§3-5 静定结构的基本性质和受力特点

一、基本性质

1. 在几何组成方面，静定结构是没有多余约束的几何不变体系。在静力学方面，静定结构的全部反力和内力均可由静力平衡条件求得，且其解答是唯一的确定值。

2. 由于只用静力平衡条件即可确定静定结构的反力和内力，因此其大小和方向只与荷载以及结构的几何形状和尺寸有关，而与构件所用材料及其截面形状和尺寸无关，即与截面刚度无关。

3. 由于静定结构不存在多余约束，因此可能发生的支座位移、温度改变或制造误差会导致结构产生位移，但不会产生反力和内力。如图 3-37a 所示三铰刚架，当支座 B 下沉时，整个刚架将随之发生虚线所示的刚体位移，而不产生反力和内力。又如图 3-37b 所示柱子，当两侧温度变化不同时，柱子可自由伸长和弯曲而发生如图中虚线所示的变形，也不会产生反力和内力。

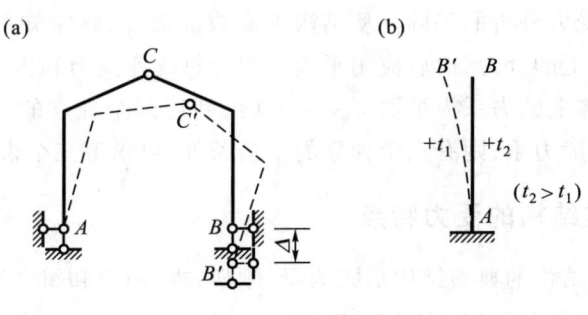

图 3-37

4. 静定结构在平衡力系作用下，其影响范围只限于受该力系作用的最小几何不变部分，而不致影响到此范围以外。如图 3-38 所示平衡力系作用的桁架，其粗线部分是受平衡力系作用的最小几何不变部分，因此只在粗线所示的杆件中产生内力，而反力和其他杆件的内力都等于零。

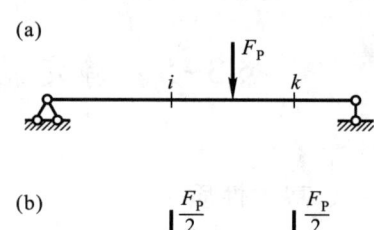

图 3-38

5. 两个力系向同一点简化,如果主矢量相等,主矩也相等,则该两个力系静力等效。对作用在静定结构某一几何不变部分的荷载进行静力等效变换时,则只有该部分的内力发生变化,而结构其余部分的内力和反力保持不变。例如,图 3-39a、b 中所示的两个力系是静力等效的,它们只在梁段 ik 范围之内的内力不同,而在 ik 以外梁段的内力和反力相同。对于这一特性可作如下说明:如果在图 3-39a 所示情况下再叠加一平衡力系,则得到图 3-39c 所示情况。根据前述平衡力系作用下的特性可知图 3-39c 与图 3-39a 的受力情况只在 ik 段内不相同。若在图 3-39c 中把作用在上边的力 F_P 与作用在下边的两个大小为 $\dfrac{F_P}{2}$ 的力组成的平衡力系去掉,也不会影响 ik 段以外的受力,这样就得到图 3-39b 所示的情况。由此可知,图 3-39a 与图 3-39b 中的梁只在 ik 段内受力有所不同。

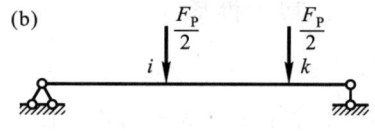

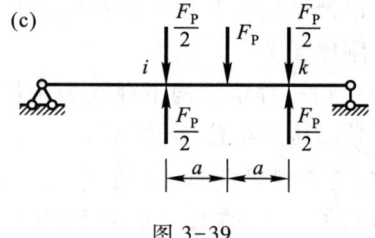

图 3-39

6. 多跨静定梁中关于基本部分、附属部分的组成特点和受力性质的分析,对静定结构具有普遍意义。按几何组成的顺序逆向截取隔离体进行内力计算,也是解算这类问题的有效途径。

二、静定结构的受力分析

隔离体平衡是受力分析的基础。从结构中截取隔离体,将未知的反力和内力暴露出来,使其成为隔离体上的外力,而后应用平衡方程计算支座反力和内力。

当作用在隔离体上的力系为平面汇交力系时,利用两个独立的平衡条件可求解两个未知量;若为平面一般力系,则有三个独立的平衡条件,可求解三个未知量。

三、常用静定结构的受力特点

在工程中,静定结构的典型结构形式为梁、刚架、拱、桁架和组合结构。

1. 简支梁、悬臂梁、伸臂梁、多跨静定梁

以上各梁均由受弯的梁式杆组成。在受弯杆件中,由于弯曲变形导致截面上的应力分布不均匀,使材料强度得不到充分利用,故当跨度较大时,一般不宜采用梁作为承重结构。简支梁多用于小跨度结构。在同样跨度并承受同样荷载的情况下,悬臂梁的最大弯矩和最大挠度值都远大于简支梁,因此悬臂梁只宜用于跨度很小的承重结构,如雨篷、挑廊、阳台等。在多跨静定梁中,由于伸臂的设置,使支座处截面产生了负弯矩,它将使跨中

的正弯矩数值减小,所以多跨静定梁比相应的多跨简支梁节省材料,但构造较为复杂。

2. 刚架

刚架由抗弯直杆全部或部分以刚结点相互联结形成。它具有一定跨度并能提供较大的使用空间。刚架受力以弯矩为主,内力分布比较均匀。

3. 三铰拱和三铰刚架

三铰拱和三铰刚架均属推力结构,水平推力的作用可以使杆件截面的弯矩值减小。三铰拱在给定荷载作用下,若恰当地选用拱轴线,可使整个拱体主要承受压力,便于使用抗压强度较高而抗拉强度较低的砖、石、混凝土等建筑材料建造。三铰刚架的各杆件为受弯构件,它比三铰拱具有更大的空间,可用作食堂、场馆、车间等建筑物的承重结构。

4. 桁架

在结点荷载作用下,桁架中的杆件都是二力杆,各杆只产生轴力,处于轴向受力(拉或压)状态,杆件截面上的应力分布均匀,能充分利用材料的强度。因此,桁架比梁能跨越更大的空间。

5. 组合结构

组合结构中包含有受力性质完全不同的两类杆件:梁式杆和二力杆。在组合结构中,利用二力杆的受力特点,能较充分地利用材料强度,并从加劲的角度出发,改善了梁式杆的受力状态,如图 3-40 所示的加劲梁。

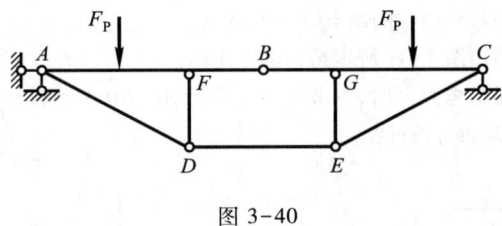

图 3-40

在实际工程中,以梁作为承重结构一般跨度不宜过大,三铰拱、三铰刚架和组合结构可用于跨度较大的结构,桁架则常用于跨度更大的结构。

不同的结构形式均有其各自适用范围,在选择结构形式时,除从受力状态方面考虑外,还应进行全面的分析和比较,才能获得最佳方案。

§3-6 小结与讨论

本章讨论静定结构的受力分析,这是结构设计的需要,也是计算超静定结构的基础。静定结构的内力计算和位移计算虽同为静定结构分析的重要内容,但受力分析又是位移计算和研究超静定结构的前提,因此本章内容是结构力学重要的基础性内容,应当熟练掌握。

静定结构受力分析有以下两个重要内容。

首先,应学会针对结构的不同形式和受力特点,灵活应用隔离体平衡条件,正确解算内力并绘制相应的内力图。对梁和刚架中的受弯构件,在弯矩、剪力和轴力中弯矩是主要内力。内力图可按分段(找到控制截面)、定点(求出控制截面内力)、连线(根据荷载情况分段画出内力图,对弯矩图还要注意叠加法的应用)的方法做出。对桁架和组合结构,前者只受轴力,应掌握结点法与截面法,并能联合运用进行计算;后者分析的关键在于识别二力杆和梁式杆,再用不同方法解算。对于三铰拱这类推力结构,要注意水平推力对结构内力的影响,既要正确使用有关公式,更需熟悉平衡条件在曲杆中的应用。为充分利用材料强度,可通过桁架在结点荷载作用下形成理想的无弯矩状态、三铰拱调节水平推力和利用合理轴线实现形状优化、移动多跨静定梁中间铰位置、恰当设置组合结构拉杆等不同手段减小结构的跨中弯矩。

其次,应进一步领会结构几何组成和受力分析的逆向关系。尽管静定结构原则上都可以用平衡条件求解,但为了避免求解联立方程,应当根据结构的组成规律,合理选择静力分析的方法和途径。如简单桁架的结点截取从桁架组成时最后添加的结点开始;联合桁架和组合结构先以截面截断联系杆件;多跨、多层和组成复杂的结构先计算附属部分,再按与几何组成相反的顺序依次计算基本部分。

思 考 题

1. 结构的基本部分与附属部分是如何划分的?荷载作用在结构的基本部分上时,在附属部分是否引起内力?若荷载作用在附属部分时,是否在所有基本部分都会引起内力?

2. 图 3-6、图 3-7 所示多跨静定梁全长承受均布荷载时,梁上弯矩总是比相应多跨简支梁的弯矩小。试画出其弯矩图的轮廓,并说明原因。

3. 在荷载作用下,刚架的弯矩图在刚结点处有何特点?

4. 试不通过计算,直接画出图 3-41 所示结构的弯矩图。

5. 作图 3-42 所示伸臂梁的弯矩图时,不求反力而分为 AB、BD 两区段作图,AB 段用叠加法进行绘制。试问这样做可行吗?应该如何进行?

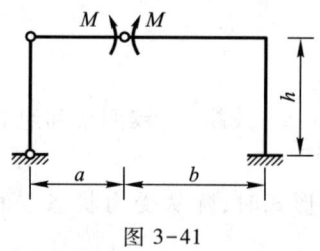

图 3-41

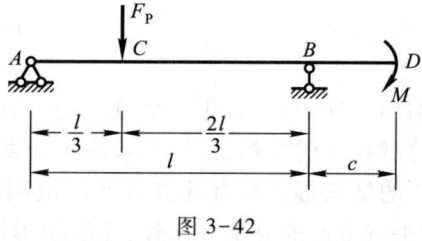

图 3-42

6. 江南水乡和高山峡谷中的拱桥在高跨比上各有什么特点?原因何在?

7. 绘制三铰拱内力图的方法与绘制静定梁和静定刚架内力图时所采用的方法有何不同?为什么会有这些差别?能否利用式(3-2)~式(3-6)计算三铰拱在水平荷载作用下的内力?

8. 用结点法计算桁架内力时,一般都利用投影平衡方程(如 $\sum F_x = 0$, $\sum F_y = 0$),当作用于结点的两个未知力都为斜向时,采用力矩平衡方程是否可能更为简便?如考虑图 3-31 所示桁架中结点 3 的平衡时,应如何列出力矩平衡方程?

(提示:隔离体上的未知力可沿其作用线移动)。

9. 在静定结构的受力分析中,通常按结构几何组成相反的顺序进行;解算时力求用一个平衡条件求出一个未知力。试结合实际问题对这些要领加以说明。

10. 利用结构的静力等效变换特性,能否把作用在桁架杆件上的非结点荷载转换成等效结点荷载?这对桁架中的主内力有没有影响?如何计算由此而产生的次内力?

11. 指出图 3-43 中各弯矩图错误之处,简要说明理由,然后加以修正。

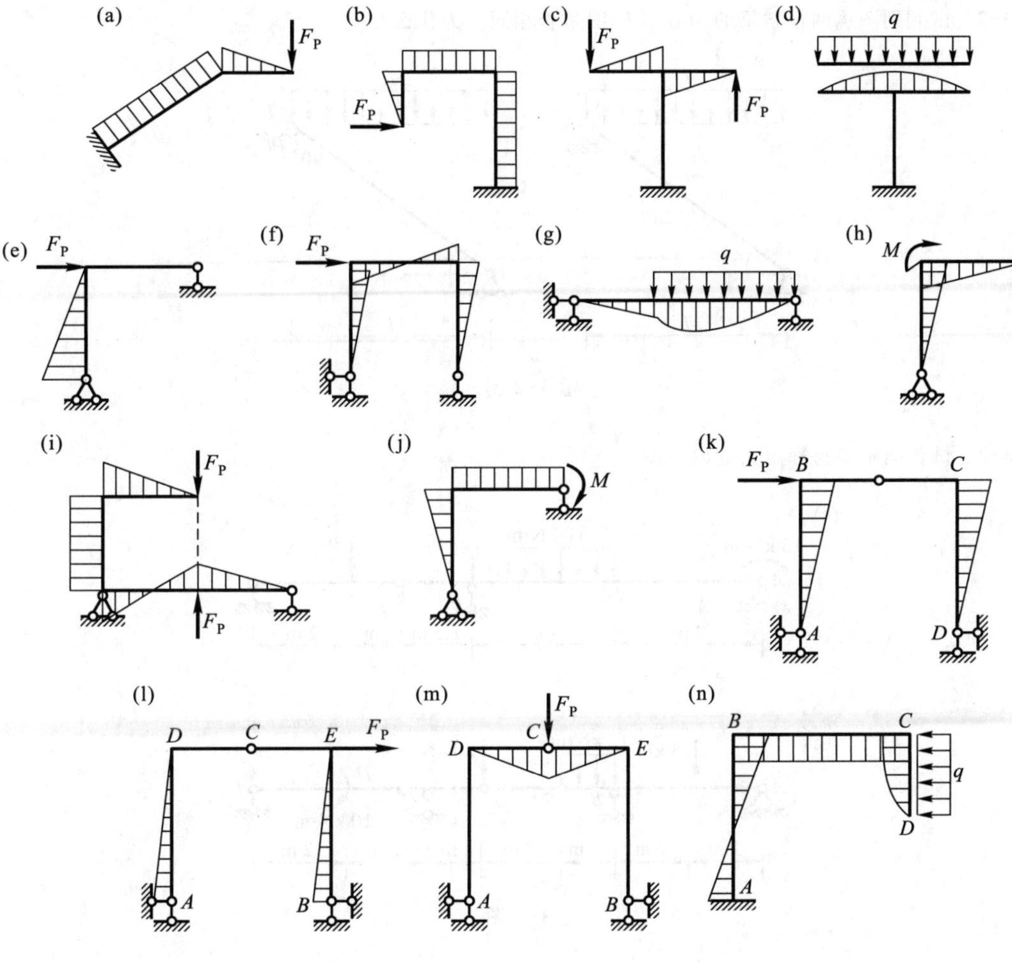

图 3-43

习 题

3-1 试作图示各梁的内力图。

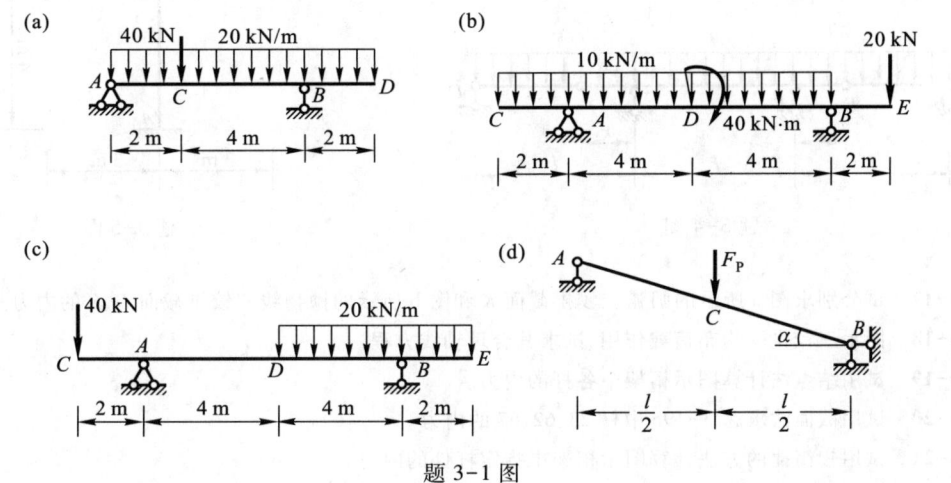

题 3-1 图

3-2 试判别图示两根斜梁的 M、F_Q、F_N 图是否相同。为什么？

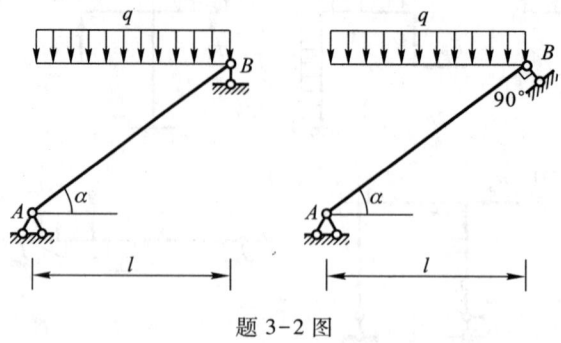

题 3-2 图

3-3 试作图示多跨静定梁的内力图。

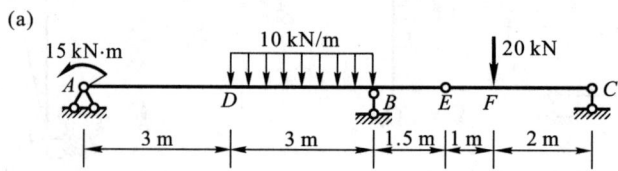

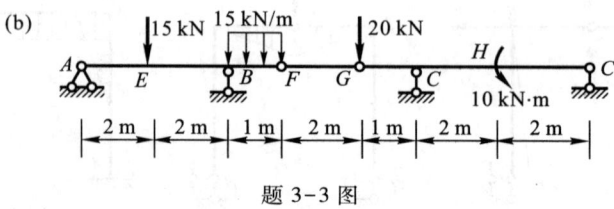

题 3-3 图

3-4 试按图示梁的 BC 跨跨中截面的弯矩与截面 B 和 C 的弯矩绝对值相等的条件，确定 E、F 两铰的位置。

3-5~3-16 试作图示刚架的内力图，并校核所得结果。

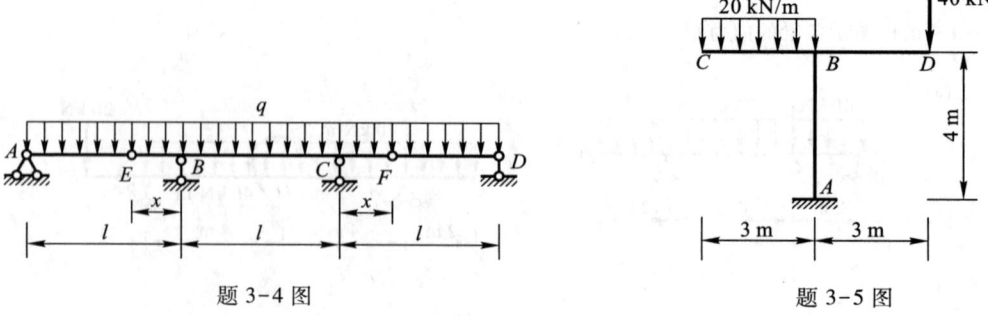

题 3-4 图　　　　题 3-5 图

3-17 试分别求图 a 所示的圆弧三铰拱截面 K 和图 b 所示的抛物线三铰拱截面 D、E 的内力。

3-18 图示三铰拱受均布荷载作用，试求其合理轴线方程。

3-19 试用结点法计算图示桁架中各杆的内力。

3-20 试用截面法求题 3-19c 中杆 23、62、67 的内力。

3-21 试用较简捷的方法计算图示桁架中指定杆件的内力。

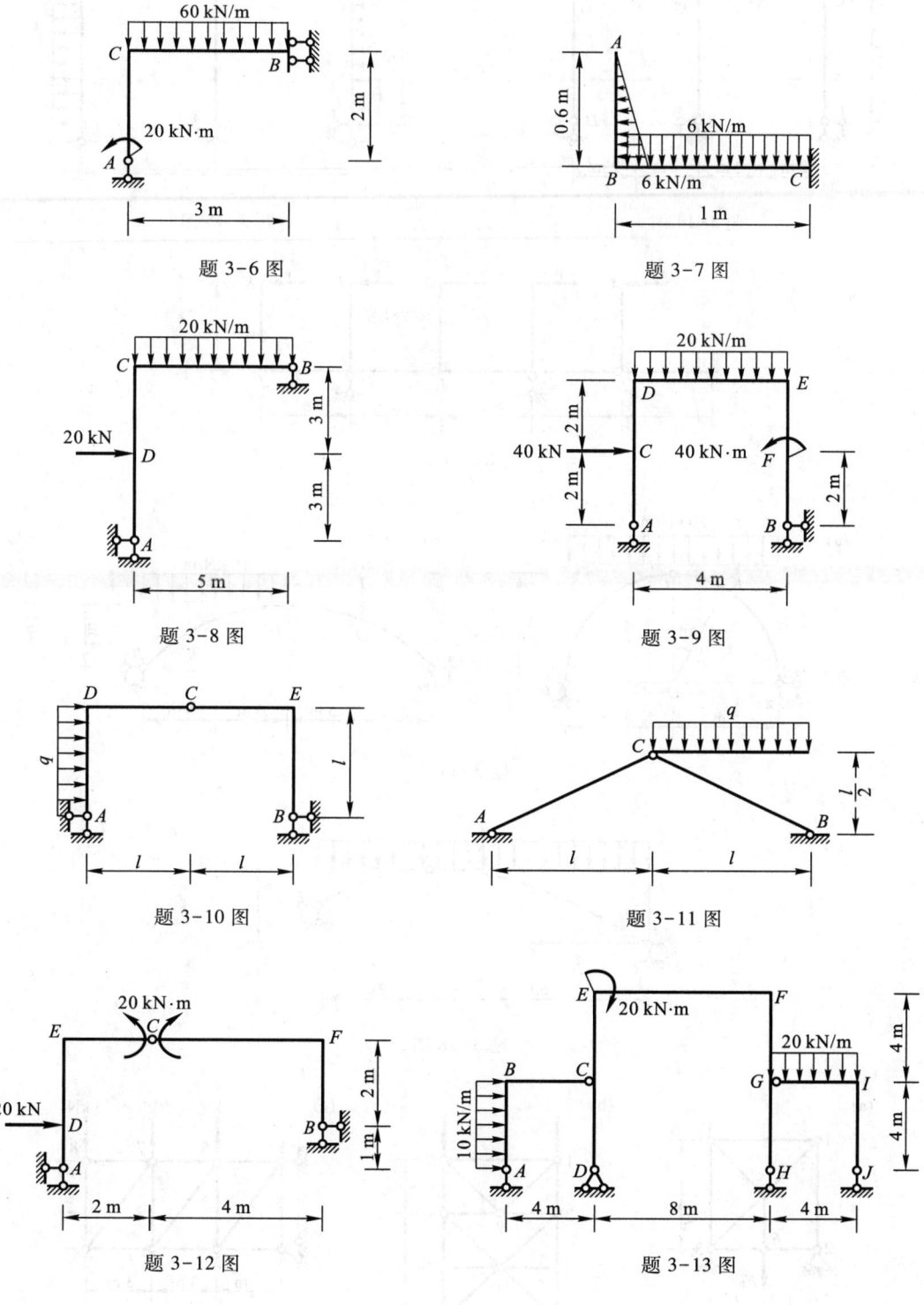

题 3-6 图　　题 3-7 图

题 3-8 图　　题 3-9 图

题 3-10 图　　题 3-11 图

题 3-12 图　　题 3-13 图

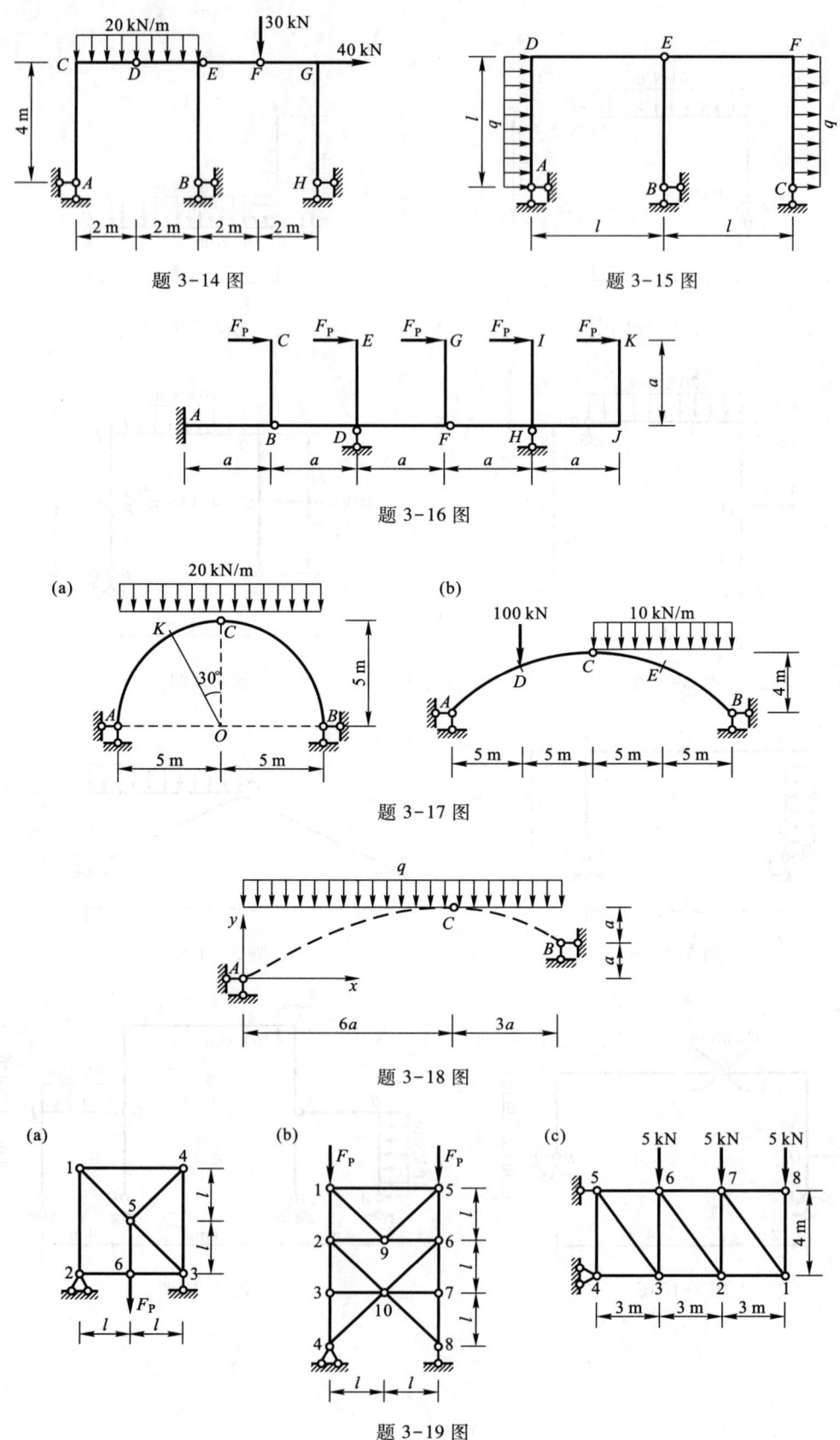

题 3-14 图　　题 3-15 图

题 3-16 图

题 3-17 图

题 3-18 图

题 3-19 图

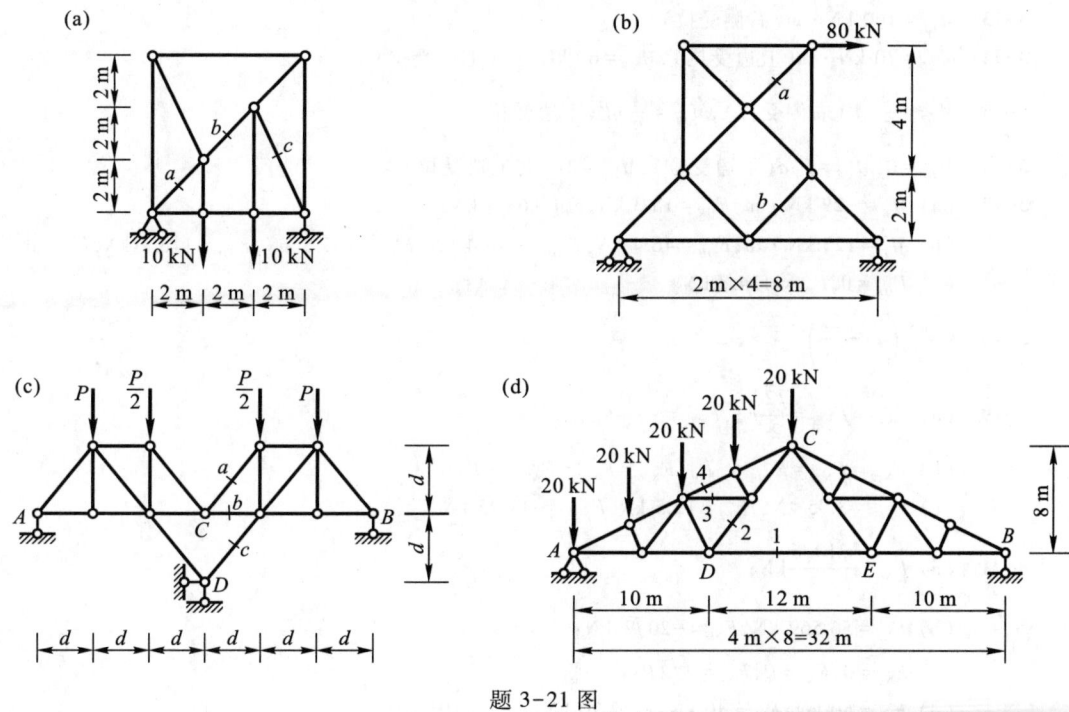

题 3-21 图

3-22 图示组合屋架承受均布荷载 $q=20$ kN/m 作用。试求各二力杆的轴力,并绘出各梁式杆的弯矩图。

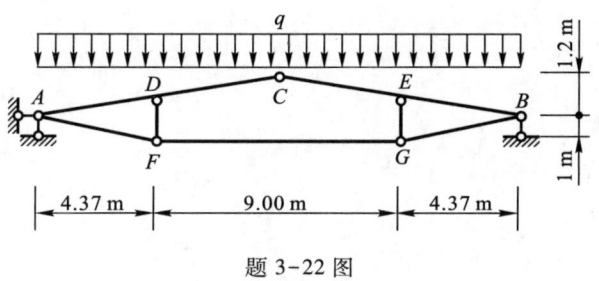

题 3-22 图

习题部分答案

3-1 （a） $M_C = 120$ kN·m（下边受拉）； （b） $M_D^L = 30$ kN·m（下边受拉）；
（c） $M_D = 20$ kN·m（下边受拉）； （d） $M_C = 0.25 F_P l$（下边受拉）

3-3 （a） $M_D = 5$ kN·m； （b） $M_H^R = -15$ kN·m, $M_E = 11.25$ kN·m

3-4 $x = 0.125 l$

3-5 $M_{AB} = 30$ kN·m（左侧受拉）

3-6 $M_{AB} = 250$ kN·m（下边受拉）, $M_{CA} = 20$ kN·m（左侧受拉）

3-7 $M_{CB} = 3.36$ kN·m（上边受拉）

3-8 $M_{CA} = 60$ kN·m（右侧受拉）

3-9 $M_{ED} = 120$ kN·m（上边受拉）, $M_{FB} = 80$ kN·m（右侧受拉）

3-10 $M_{DA} = q l^2 / 4$（右侧受拉）

3-12 $M_{DE} = 22.5$ kN·m（右侧受拉）, $M_{EC} = 27.5$ kN·m（下边受拉）

3-13　$M_{CD} = 160$ kN·m(右侧受拉)

3-14　$M_{ED} = 70$ kN·m(上边受拉),$M_{GF} = 60$ kN·m(上边受拉)

3-15　$M_{DA} = \dfrac{3}{2}ql^2$(右侧受拉),$M_{FE} = \dfrac{1}{2}ql^2$(下边受拉)

3-16　$M_{DB} = 0$,$M_{DF} = F_P a$(下边受拉),$M_{HF} = 2F_P a$(上边受拉)

3-17　(a) $M_K = -29$ kN·m,$F_{QK} = 18.3$ kN,$F_{NK} = 68.3$ kN;

　　　(b) $M_D = 125$ kN·m,$F_{QD}^L = 46.4$ kN,$F_{QD}^R = -46.4$ kN,$F_{ND}^L = 153.2$ kN,$F_{ND}^R = 116.1$ kN,$M_E = 0$,
　　　　$F_{QE} = 0$,$F_{NE} = 134.7$ kN

3-18　$y = \dfrac{x}{27}\left(21 - \dfrac{2x}{a}\right)$

3-19　(a) $F_{N51} = F_{N54} = \dfrac{\sqrt{2}}{2}F_P$,$F_{N14} = -\dfrac{1}{2}F_P$;

　　　(b) $F_{N12} = F_{N23} = F_{N34} = -F_P$,$F_{N56} = F_{N67} = F_{N78} = -F_P$;

　　　(c) $F_{N67} = 3.75$ kN,$F_{N62} = 12.5$ kN,$F_{N23} = -11.25$ kN

3-21　(a) $F_{Nc} = -\dfrac{10\sqrt{5}}{3}$ kN;

　　　(b) $F_{Na} = 56.569$ kN,$F_{Nb} = -20\sqrt{2}$ kN;

　　　(c) $F_{Na} = 0$,$F_{Nb} = P$,$F_{Nc} = -\sqrt{2}P$;

　　　(d) $F_{N1} = 50$ kN,$F_{N2} = 40$ kN,$F_{N3} = 20$ kN,$F_{N4} = -105$ kN

3-22　$F_{NFG} = 358$ kN,$F_{NAF} = 367$ kN,$F_{NFD} = -81.9$ kN,$M_{DC} = 15.5$ kN·m(下边受拉)

第四章 虚功原理和结构位移计算

§4-1 结构位移的概念

一、结构的位移

结构在荷载作用下会产生内力,同时产生变形。由于变形,结构上各点的位置将会发生改变。杆件结构中杆件的横截面除移动外,还将发生转动。这些移动和转动统称为结构的位移。此外,结构在如温度改变、支座位移等其他因素的影响下,也会发生位移。

例如图4-1a所示简支梁,在荷载作用下梁的形状由直变弯,如图4-1b所示。这时,横截面 mm 的形心 C 移动了一个距离 CC',称为点 C 的线位移。同时截面 mm 还转动了一个角度 φ_C,称为截面 C 的角位移或转角。

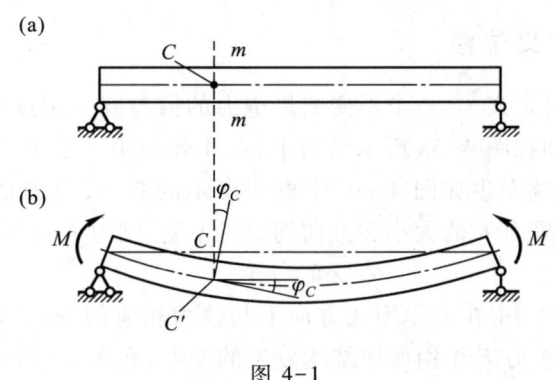

图 4-1

又如图4-2a所示结构,在内侧温度升高的影响下发生如图中虚线所示的变形。此时,点 C 移到 C',即点 C 的线位移为 CC'。若将 CC' 沿水平和竖向分解(图4-2b),则分量 $C''C'$ 和 CC'' 分别称为点 C 的水平位移和竖向位移。同样,截面 C 还转动了一个角度 φ_C,这就是截面 C 的角位移。

在结构设计中,除了要考虑结构的强度外,还要计算结构的位移以验算其刚度。验算刚度的目的是保证结构在使用过程中不致发生过大的变形。

计算结构位移的另一重要目的,是为超静定结构的计算打下基础。在计算超静定结构的反力和内力时,除利用静力平衡条件外,还必须考虑结构的位移条件。这样,位移的计算就成为解算超静定结构时必然会遇到的问题。

此外,在结构的制作、安装等过程中,常须预先知道结构位移后的位置,以便采取一定的施工措施,因而也需要计算其位移。

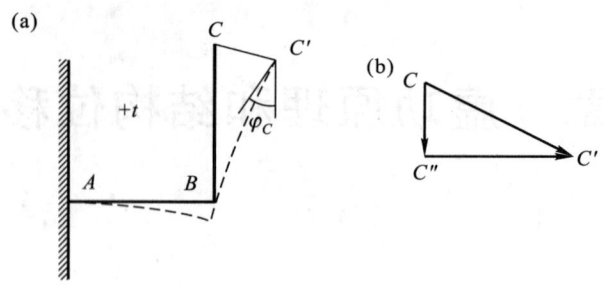

图 4-2

本章所研究的是线性变形体系位移的计算。所谓线性变形体系是指位移与荷载大小成比例的结构体系,荷载对这种体系的影响可以叠加,而且当荷载全部撤除时,由荷载引起的位移也完全消失。这样的体系中应力与应变的关系符合胡克定律,且变形是微小的,因此在计算结构的反力和内力时,可认为结构的几何形状和尺寸以及荷载的位置和方向保持不变。

对于位移与荷载不呈线性关系的非线性变形体系,若材料的物理性质是非线性的,则称为物理非线性;而当体系的变形过大,以致需要按变形后的几何位置来进行计算,即为几何非线性;本书第十二章和第十一章将分别涉及这些问题。线性变形体系和非线性变形体系统称为变形体系。

二、广义力和广义位移

力学中功的概念可定义为:一个不变的集中力的值与其作用点沿力作用线方向所发生的位移的乘积。例如在图 4-3a 所示结构中,点 A 处作用一个集中力 F,待平衡后由于某种其他原因,结构继续发生如图 4-3b 中虚线所示的变形,力 F 的作用点由 A 移动到 A'。在移动过程中,如果力 F 的大小和方向均保持不变,则力 F 所作功为

$$W = F\Delta$$

式中 Δ 是 A 点的线位移 AA' 在力作用线方向上与该力相应的分位移。为了清晰表述,在图 4-3a 中没有标明由于力 F 作用而使结构发生的变形,在图 4-3b 中则没有标明使结构发生变形的原因。

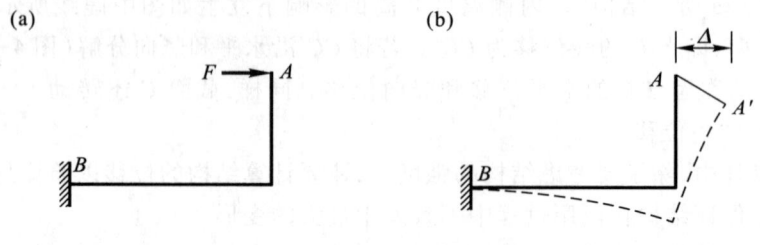

图 4-3

对于其他形式的力或力系所作的功,也常用两个因子的乘积来表示,其中与力相应的因子称为<u>广义力</u>,而另一个与位移相应的因子称为<u>广义位移</u>。这样,便可用统一而紧凑的形式将功表示为广义力与广义位移的乘积。下面对几种力系所作的功加以说明。

如图 4-4a 所示结构，在 A、B 两点受有一对大小相等、方向相反并沿 AB 连线作用的力 F。当此结构由于某种其他原因发生如图 4-4b 中虚线所示的变形时，A、B 两点分别移至 A' 和 B'。设以 Δ_A 和 Δ_B 分别代表 A、B 两点沿 AB 连线方向的分位移，则这一对力 F 所作的功(作功过程中两力大小和方向保持不变)为

$$W = F\Delta_A + F\Delta_B = F(\Delta_A + \Delta_B) = F\Delta$$

式中 $\Delta = \Delta_A + \Delta_B$ 代表 A、B 两点沿其连线方向的相对线位移。

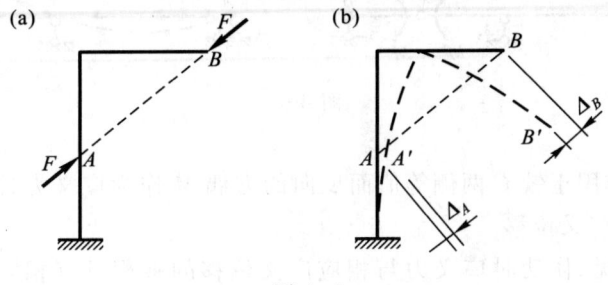

图 4-4

由上式可见，广义力是作用于 A、B 两点并沿该两点连线作用的一对等值而反向的力 F，而 A、B 两点沿力的方向的相对线位移 Δ 则为广义位移。

又如图 4-5a 所示结构，在 C、D 两结点上作用着与杆 CD 相垂直的等值而反向的两个力 F。设由于某种其他原因使结构发生位移时，C、D 两点分别移于 C'、D' 的位置(图 4-5b)，并用 Δ_C 和 Δ_D 分别表示 C、D 两点沿力 F 方向的分位移，则这两个力 F 所作的功(作功过程中两力大小和方向保持不变)为

$$W = F\Delta_C + F\Delta_D = F(\Delta_C + \Delta_D) = Fd \cdot \frac{\Delta_C + \Delta_D}{d}$$

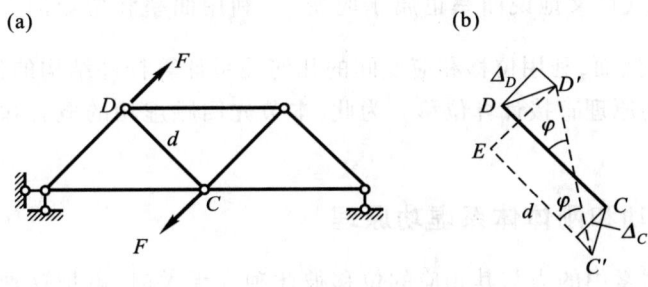

图 4-5

式中 d 为 CD 杆长，所以 Fd 即代表两个等值而反向的力 F 所形成的力偶 $M = Fd$。又注意到在微小变形假设的前提下，结构变形时的位移是微小的。因此，在图 4-5b 中，当 CD 杆的转角为 φ 时，则有

$$\varphi \approx \frac{ED'}{EC'} = \frac{\Delta_C + \Delta_D}{d}$$

故两力所作总功可写为

$$W = M\varphi$$

因而所取的广义力为力偶 M，广义位移为 CD 杆的转角 φ。

再如图 4-6a 所示铰 C 两侧受等值而反向的力偶 M 作用的多跨静定梁 AB，当由于某种其他原因发生图 4-6b 中虚线所示的变形时，铰 C 两侧力偶所作总功（作功过程中 M 的大小保持不变）为

$$W = M\alpha + M\beta = M(\alpha + \beta) = M\varphi$$

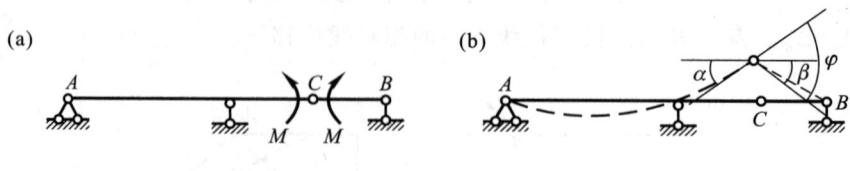

图 4-6

由上式可知，可取作用于铰 C 两侧等值而反向的力偶 M 作为广义力，而取铰 C 两侧截面的相对转角 φ 作为广义位移。

由以上例子可见，作功时广义力与相应广义位移的乘积具有相同的量纲，即功的量纲。根据广义力和广义结构的方向是否一致，所作的功也有正负之分。

§4-2 刚体体系虚功原理及其应用

位移计算从本质上说是一个几何问题。例如简支梁在荷载作用下产生弯曲变形，假设忽略剪切变形对位移的影响，则它的位移和曲率之间近似的几何关系为

$$\kappa = \left| \frac{d^2 y}{dx^2} \right|$$

式中 κ 为梁的曲率（广义地说曲率也属于应变）。利用曲率和弯矩的关系式 $\dfrac{M}{EI} = \kappa$，即可求得梁的挠度 y。然而，利用位移和应变间的几何关系计算杆件结构的位移并不方便，因此工程上常用虚功原理直接计算位移。为此，本节先回顾虚功的概念和刚体体系虚功原理的两种应用。

一、外力虚功和刚体体系虚功原理

当作功两个因素中的力与其相应的位移彼此独立无关时，就把这种功称为<u>虚功</u>。作用在结构上的外力（包括荷载和支承反力）所作的<u>虚功</u>，称为<u>外力虚功</u>，以 W 表示。

在虚功中力和位移是彼此独立无关的两个因素，例如上节示例中作功的力取自图 4-3a 至图 4-6a，而位移则取自图 4-3b 至图 4-6b。因此，可将构成虚功的两个因素分别看成属于同一结构的两种彼此无关的状态，其中力系所属状态称为<u>力状态</u>（图 4-3a～图 4-6a），位移所属状态称为<u>位移状态</u>（图 4-3b～图 4-6b）。

刚体系<u>虚功原理</u>可表述为：在具有理想约束的刚体体系上，如果力状态中的力系能满足平衡条件，位移状态中的刚体位移能与约束几何相容，则外力虚功之和等于零。即

$$W = 0 \tag{4-1}$$

上式称为刚体体系的<u>虚功方程</u>。

二、虚功原理的两种应用

由于在虚功原理中力状态和位移状态彼此独立,因此在应用时可根据不同的需要,对其中一个状态进行虚设,而另一个状态则是问题的实际状态。下面分别讨论两种不同的虚设状态以及它们的应用。

1. 虚设位移状态——求未知力

图 4-7a 以荷载作用下的静定梁为力状态,现欲求 B 端支座的未知反力 X[①]。去掉与 X 相应的约束,让所得机构转动微小角度 φ,得到图 4-7b 所示的位移状态,荷载 F_P 和反力 X 产生的相应虚位移分别为 Δ_P 和 Δ_X,根据式(4-1)有

$$X\Delta_X - F_P\Delta_P = 0$$

按几何关系 $\dfrac{\Delta_P}{\Delta_X} = \dfrac{a\varphi}{l\varphi} = \dfrac{a}{l}$,由此得

$$X = F_P \dfrac{\Delta_P}{\Delta_X} = \dfrac{a}{l}$$

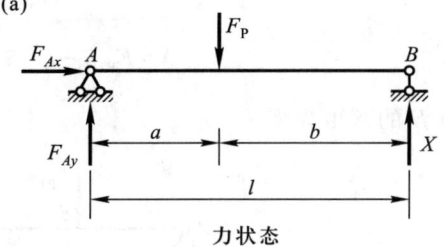

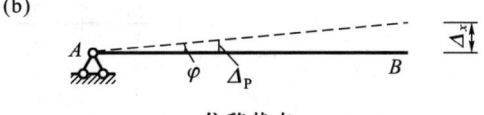

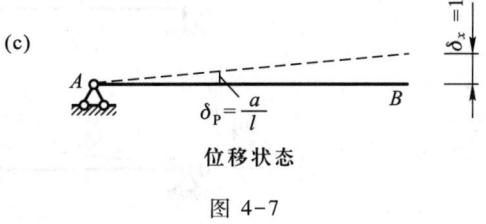

图 4-7

在虚设位移与给定力系之间应用虚功原理,这种形式的应用即为<u>虚位移原理</u>,它不仅可用来求外力,还可用来求内力。

如沿未知力 X 的方向虚设单位位移 $\delta_X = 1$,则位移状态如图 4-7c 所示。计算过程会得到简化。这种沿未知力方向虚设单位位移的方法称为<u>虚单位位移法</u>。

【**例 4-1**】 试利用虚单位位移法求图 4-8a 所示多跨静定梁的支座反力 F_{By} 和截面 E 处的弯矩 M_E。

解:(1)求支座反力 F_{By}

先去掉支座 B 的链杆代以相应的未知力 X,得到图 4-8b 所示的机构,令此机构沿 X 的正方向发生虚单位位移 $\{\delta_X\} = 1$(为了书写方便,以后均简记为 $\delta_X = 1$)[②],则得图 4-8c 所示的虚位移图,由几何关系可求得

$$\delta_1 = \dfrac{1}{2}, \quad \delta_2 = \dfrac{3}{4}$$

虚功方程为

$$X \times 1 - F_{P1}\delta_1 - F_{P2}\delta_2 = 0$$

故

$$X = F_{P1}\delta_1 + F_{P2}\delta_2 = F_P \times \dfrac{1}{2} + 2F_P \times \dfrac{3}{4} = 2F_P$$

[①] 这里的未知力 X 属广义未知力,其使用见本书符号表说明第 2 点对广义物理量的说明。以下类同。

[②] 这里的单位位移 $\delta_X = 1$ 属单位物理量,其使用见本书符号表说明第 3 点对单位量的说明。以下类同。

(2) 求 M_E

解除 E 处的抗弯约束,取相应的机构如图 4-8d 所示,使此机构沿 X 的正方向发生相对的虚单位转角(图 4-8e),即 $\delta_X = 1$。由几何关系求得

$$\delta_1 = a, \quad \delta_2 = \frac{a}{2}$$

虚功方程为

$$X \times 1 - F_{P1}\delta_1 + F_{P2}\delta_2 = 0$$

故

$$X = F_{P1}\delta_1 - F_{P2}\delta_2 = F_P a - 2F_P \frac{a}{2} = 0$$

即截面 E 的弯矩为零。

(a)
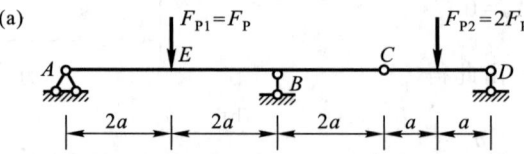

(b)
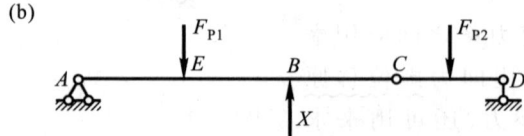

(c)
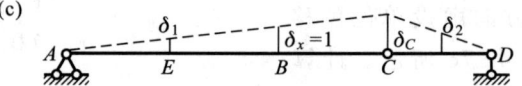

(d)
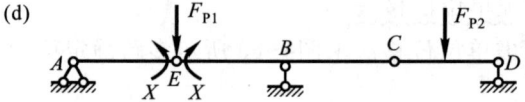

(e)
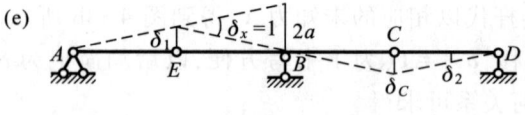

图 4-8

根据虚位移原理建立的虚功方程实质上是静力平衡方程,其特点是将一个静力平衡问题转化为几何问题,即利用虚位移之间的几何关系来计算给定力系中的未知力。

2. 虚设力状态——求未知位移

图 4-9a 所示一静定梁,它的支座 B 向下移动已知距离 c,现欲求点 C 的竖向位移 Δ_{CV}。为此,可虚设一个力状态如图 4-9b 所示。根据式(4-1)有

$$F_P \Delta_{CV} - F_{By} c = 0$$

由此得

$$\Delta_{CV} = F_{By} \frac{c}{F_P} = \frac{F_P a}{l} \frac{c}{F_P} = \frac{a}{l} c$$

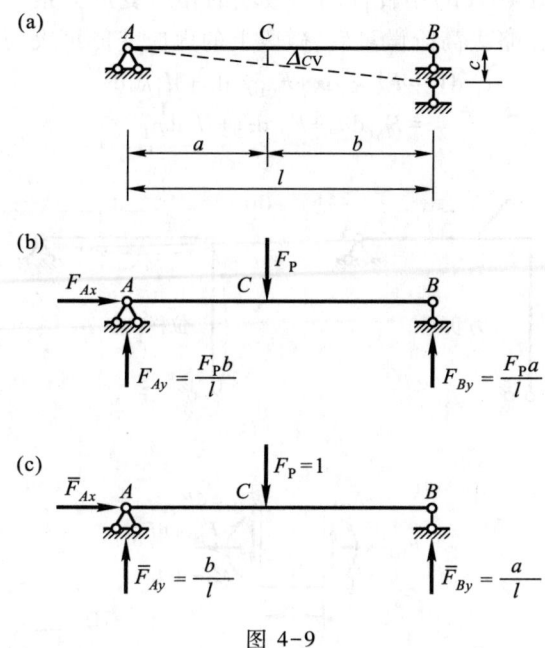

图 4-9

考虑计算简便,可在虚设力系中令 $\{F_P\}=1$(为了书写方便,以后均简记为 $F_P=1$)。如图 4-9c 所示,可得

$$\Delta_{CV} = \overline{F}_{By}c = \frac{a}{l}c$$

上述计算在虚设力系与给定位移状态之间应用虚功原理,这种形式的应用即为<u>虚力原理</u>。这种沿所求位移方向虚设单位荷载 $F_P=1$ 的方法称为<u>虚单位荷载法</u>。

根据虚力原理建立的虚功方程,实质上是未知位移 Δ_{CV} 与已知支座位移 c 之间的几何方程。这个方法的特点是把一个寻求未知位移的几何问题转化为静力平衡问题,即利用虚设力系中 $\overline{F}_{By}$ 与 $F_P=1$ 之间的静力平衡关系来计算实际位移状态中的未知位移 Δ_{CV}。

§4-3 变形体体系的虚功原理和位移计算一般公式

在推导结构位移计算公式时,需应用变形体体系的虚功原理。但是,不同于刚体体系的虚功原理,在变形体上不仅外力作虚功,而且还要考虑因变形而产生的虚应变能。为此,本节将先给出变形直杆虚应变能的表达式,然后再利用虚单位荷载法导出结构位移计算的一般公式。

一、变形直杆的虚应变能表达式

当力状态的外力因结构位移状态的位移作虚功时,力状态的内力也因位移状态的相对变形而作虚功,这种虚功称为<u>虚应变能</u>,以 V 表示。

对于杆件结构,设力状态(图 4-10a)中杆件任一微段 dx 的内力为 F_{N1}、F_{Q1}、M_1(图

4-10c);而位移状态(图 4-10b)中杆件同一微段的相对变形为正应变 ε_2、切应变 γ_2 和曲率 κ_2(图 4-10d、e、f)。在略去高阶微量后,微段上的虚应变能可表为

$$dV = F_{N1}\varepsilon_2 dx + F_{Q1}\gamma_2 dx + M_1\kappa_2 dx$$
$$= F_{N1}du_2 + F_{Q1}dv_2 + M_1 d\varphi_2$$

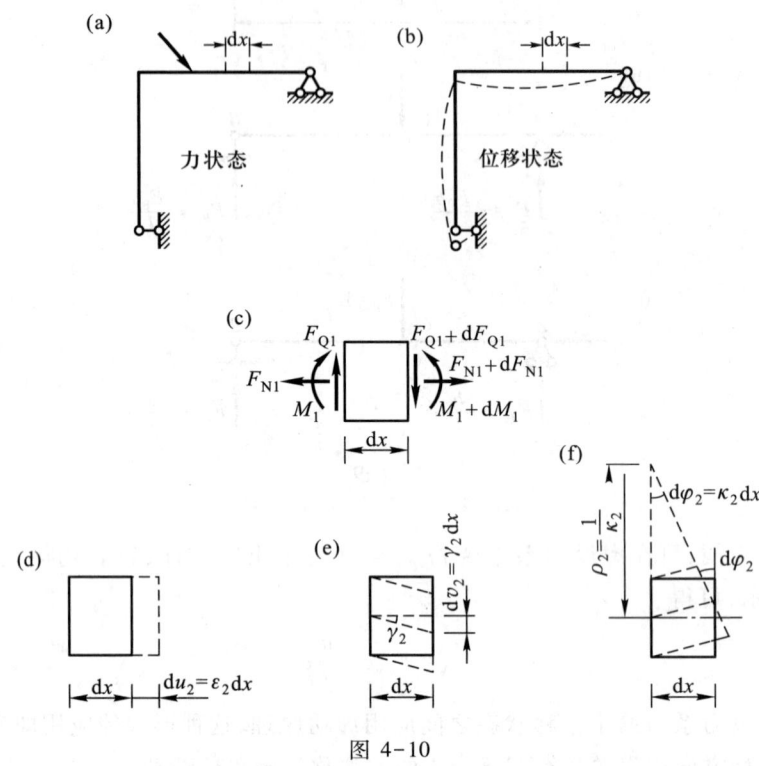

图 4-10

将上式表示的微段虚应变能沿杆长进行积分,然后对结构所有杆件求和,即得杆件结构的虚应变能为

$$V = \sum \int F_{N1}\varepsilon_2 dx + \sum \int F_{Q1}\gamma_2 dx + \sum \int M_1\kappa_2 dx$$
$$= \sum \int F_{N1}du_2 + \sum \int F_{Q1}dv_2 + \sum \int M_1 d\varphi_2$$

二、变形体体系虚功原理

变形体体系的虚功原理可表述为:设变形体体系在力系作用下处于平衡状态(力状态),又设该变形体体系由于其他原因产生符合约束条件的微小连续变形(位移状态),则力状态的外力在位移状态的位移上所作的虚功,恒等于力状态的内力在位移状态的相应变形上所作的虚功,即虚应变能。简写为

外力虚功 W = 虚应变能 V

对于杆件结构,虚功原理可用下式表达

$$W = \sum \int F_{N1}\varepsilon_2 dx + \sum \int F_{Q1}\gamma_2 dx + \sum \int M_1\kappa_2 dx$$
$$= \sum \int F_{N1}du_2 + \sum \int F_{Q1}dv_2 + \sum \int M_1 d\varphi_2 \tag{4-2}$$

式(4-2)称为变形体体系的虚功方程。变形体体系虚功原理同样有两种应用,这里只讲述与计算结构位移直接相关的虚力原理。

三、利用虚力原理计算结构位移

图 4-11a 所示为某一结构,由于荷载 F_{P1} 和 F_{P2}、支座 A 的位移 c_1 和 c_2 等各种因素的作用而发生如图中虚线所示的变形,这一状态称为结构的<u>实际状态</u>。现要求出实际状态中 D 点的水平位移 Δ,所以应将实际状态作为结构的位移状态。

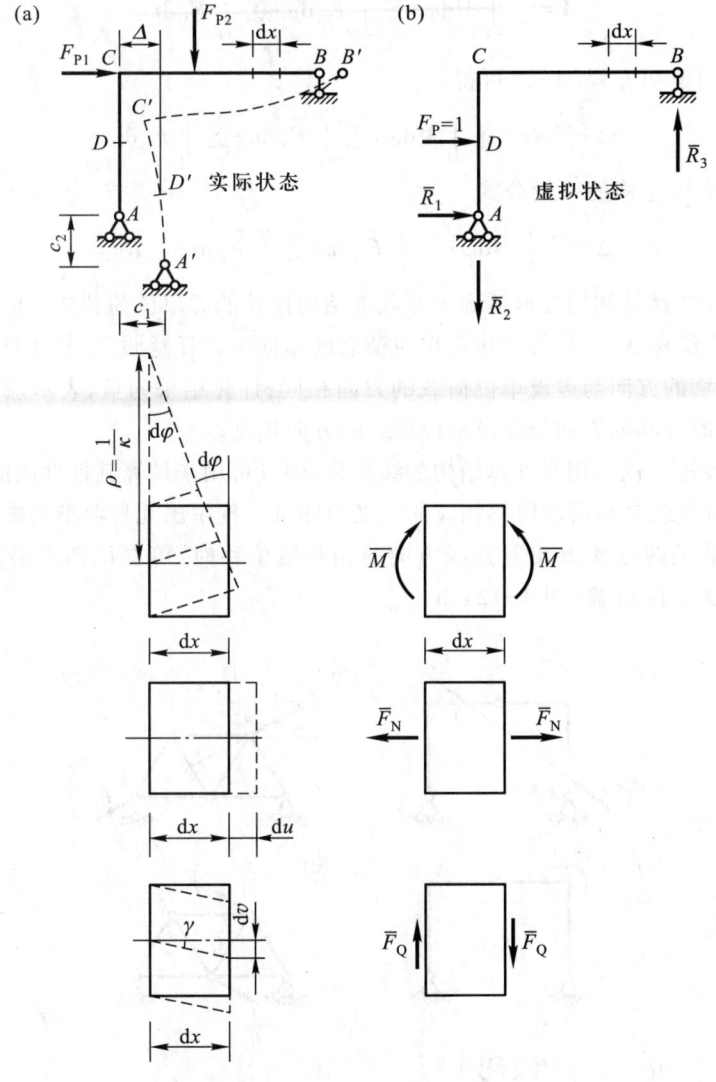

图 4-11

为了利用虚功方程求得 D 点的水平位移,应选取如图 4-11b 所示的虚设力状态作为<u>虚拟状态</u>,即在该结构的 D 点处沿水平方向加上一个单位荷载 $F_P=1$。这时,虚拟状态中 A 处的支座反力分别为 $\overline{R}_1$、$\overline{R}_2$,B 处的反力为 $\overline{R}_3$,结构在单位力和相应支座反力的作用下维持平衡,其内力用 $\overline{M}$、$\overline{F}_N$、$\overline{F}_Q$ 来表示。虚拟状态中虚设力系的外力(包括反力)在实际状

态相应位移上所作的总虚功为

$$W = 1 \cdot \Delta + \bar{R}_1 c_1 + \bar{R}_2 c_2 = \Delta + \sum \bar{R} c$$

式中 $\bar{R}$ 表示虚拟状态中的广义支座反力，c 表示实际状态中的广义支座位移，$\sum \bar{R} c$ 表示支座反力所作虚功之和。

以 $d\varphi$、du、dv 表示实际状态中微段的变形，则虚拟状态内力在实际状态变形上产生的总虚应变能为

$$V = \sum \int_l \bar{M} d\varphi + \sum \int_l \bar{F}_N du + \sum \int_l \bar{F}_Q dv$$

由变形体体系的虚功方程(4-2)可得

$$\Delta + \sum \bar{R} c = \sum \int_l \bar{M} d\varphi + \sum \int_l \bar{F}_N du + \sum \int_l \bar{F}_Q dv$$

由此即得计算结构位移的一般公式

$$\Delta = \sum \int_l \bar{M} d\varphi + \sum \int_l \bar{F}_N du + \sum \int_l \bar{F}_Q dv - \sum \bar{R} c \tag{4-3}$$

上述计算方法就是利用变形体虚力原理求结构位移的虚单位荷载法。应用这个方法每次只能求得一个位移 Δ[①]。计算时虚设单位荷载的指向可以任意假定，若计算出来的结果为正，表示实际位移的方向与虚设单位荷载的方向相同，计算结果为负，表示虚设单位荷载所作的虚功为负，即位移的方向与虚设单位荷载的方向相反。

虚单位荷载法不仅可用来计算结构的线位移，而且可用来计算其他性质的位移，只要虚拟状态中的单位荷载是与所求位移相应的广义力即可。现举出几种典型的虚拟状态如下：

当求结构的某两点 A、B 沿其连线方向的相对线位移时，可在该两点沿其连线加上两个方向相反的虚单位荷载（图 4-12a、b）。

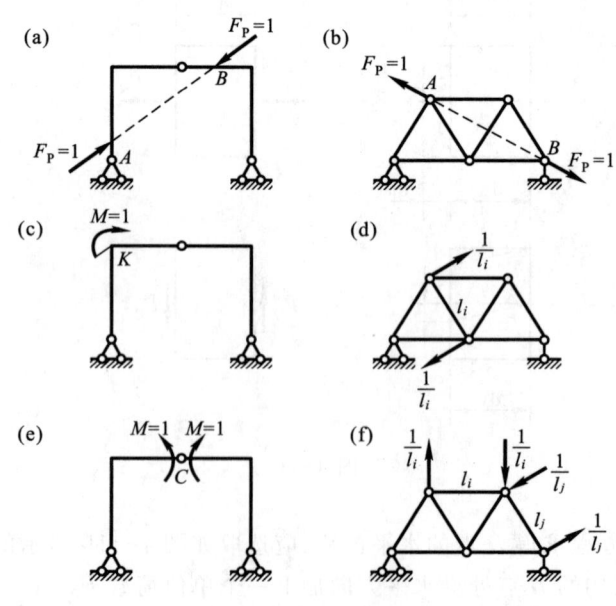

图 4-12

---

① 这里的位移 Δ 属于广义位移，其使用见本书符号表说明第 2 点对广义物理量的说明。以下类同。

当求梁或刚架某一截面 K 的角位移时,可在该截面处加上一个单位力偶(图4-12c);求桁架中某一杆件 i 的角位移时,则应加一对构成单位力偶的集中力(图4-12d),其中每一个集中力大小为 $\frac{1}{l_i}$,各作用于该杆的两端并须与该杆垂直,这里的 l_i 为杆件 i 的长度。

当求梁或刚架上两个截面的相对角位移时,可在这两个截面上加两个方向相反的单位力偶,例如图4-12e所示为求铰 C 处左右两侧截面的相对角位移的虚拟状态;当求桁架中两根杆件的相对角位移时,则应加上由两对力构成的方向相反的单位力偶,例如图4-12f所示为求 i、j 两杆相对转角的虚拟状态。

§4-4 荷载作用下的位移计算

如果结构只受到荷载作用的影响,以 M_P、F_{NP}、F_{QP} 表示结构实际状态的内力,则在实际状态下微段的变形分别为

$$\left.\begin{aligned} \mathrm{d}\varphi &= \kappa \mathrm{d}x = \frac{M_P}{EI}\mathrm{d}x \\ \mathrm{d}u &= \varepsilon \mathrm{d}x = \frac{F_{NP}}{EA}\mathrm{d}x \\ \mathrm{d}v &= \gamma \mathrm{d}x = \frac{kF_{QP}}{GA}\mathrm{d}x \end{aligned}\right\} \tag{a}$$

式中 EI、EA 和 GA 分别是杆件的抗弯、抗拉和抗剪刚度;k 为截面的切应力分布不均匀系数,它只与截面的形状有关,当截面为矩形时,$k=1.2$。将式(a)代入式(4-3)并注意到无支座移动(即 $c=0$),得

$$\Delta = \sum \int_l \frac{\overline{M} M_P}{EI}\mathrm{d}x + \sum \int_l \frac{\overline{F}_N F_{NP}}{EA}\mathrm{d}x + \sum \int_l \frac{k\overline{F}_Q F_{QP}}{GA}\mathrm{d}x \tag{4-4}$$

式中 $\overline{M}$、$\overline{F}_N$、$\overline{F}_Q$ 代表虚拟状态中由于单位荷载所产生的内力。在静定结构中,上述内力均可通过静力平衡条件求得,故不难利用式(4-4)求出相应的位移。

在梁和刚架中,轴向变形和剪切变形的影响非常小,可以略去,其位移的计算只考虑弯曲变形一项已足够精确。这样,式(4-4)可简化为

$$\Delta = \sum \int_l \frac{\overline{M} M_P}{EI}\mathrm{d}x \tag{4-5}$$

在一般实体拱中,其位移的计算只考虑弯曲变形一项也足够精确。但是,在扁平拱中,除弯矩外,有时尚需考虑轴向变形对位移的影响。

在桁架中只有轴力的作用,且每一杆件的内力及截面都沿杆长不变,故其位移的计算公式为

$$\Delta = \sum \frac{\overline{F}_N F_{NP} l}{EA} \tag{4-6}$$

应该指出,在计算由于内力所引起的变形时,没有考虑杆件曲率对变形的影响,这只有对直杆才是正确的,用于曲杆的计算则是近似的。不过,在常用的结构中,例如拱结构

或具有曲杆的刚架等,其曲率对变形的影响都很微小,可以略去不计。

【**例 4-2**】 试求图 4-13a 所示等截面简支梁中点 C 的竖向位移 Δ_{CV}。已知 $EI=$ 常数。

解：在点 C 加一向下竖向单位荷载作为虚拟状态（图 4-13b），分别求出实际荷载和单位荷载作用下梁的弯矩。设以 A 为坐标原点，则当 $0 \leq x \leq \dfrac{l}{2}$ 时，有

$$\overline{M} = \frac{1}{2}x, \quad M_P = \frac{q}{2}(lx - x^2)$$

因为对称,所以由式(4-5)得

$$\Delta_{CV} = 2\int_0^{l/2} \frac{1}{EI} \cdot \frac{x}{2} \cdot \frac{q}{2}(lx - x^2)\,\mathrm{d}x = \frac{q}{2EI}\int_0^{l/2}(lx^2 - x^3)\,\mathrm{d}x = \frac{5ql^4}{384EI}(\downarrow)$$

计算结果为正,说明点 C 竖向位移的方向与虚拟单位荷载的方向相同,即向下。

【**例 4-3**】 试求图 4-14a 所示单阶柱柱顶 B 的水平位移 Δ_{BH}。

解：因所求位移是柱顶的水平位移,所以在点 B 加一水平单位荷载作为虚拟状态（图 4-14b）。设以 B 为坐标原点,若规定弯矩 M 以使柱的左侧受拉为正,则有

$$\overline{M} = x, \quad M_P = \frac{1}{2}x^2$$

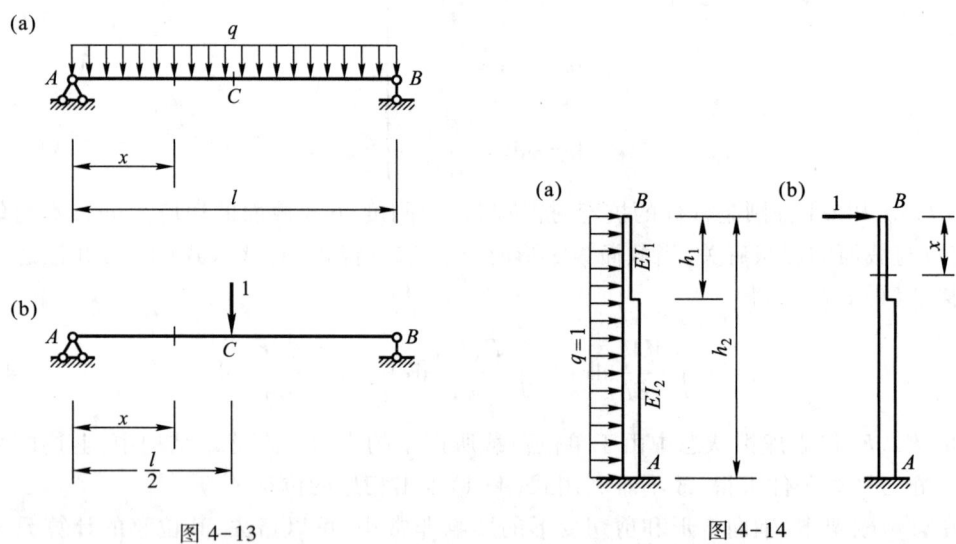

图 4-13

图 4-14

因该柱上、下两段的抗弯刚度不同,所以将以上 $\overline{M}$ 和 M_P 代入式(4-5)求位移时,应分段进行积分,于是得

$$\Delta_{BH} = \int_0^{h_2} \frac{\overline{M}M_P}{EI}\mathrm{d}x = \frac{1}{EI_1}\int_0^{h_1} x\frac{x^2}{2}\mathrm{d}x + \frac{1}{EI_2}\int_{h_1}^{h_2} x\frac{x^2}{2}\mathrm{d}x$$

$$= \frac{h_1^4}{8EI_1} + \frac{h_2^4 - h_1^4}{8EI_2} = \frac{1}{8E}\left(\frac{h_1^4}{I_1} + \frac{h_2^4 - h_1^4}{I_2}\right)(\rightarrow)$$

计算结果为正,表示点 B 水平位移向右。

【**例 4-4**】 试求图 4-15a 所示结构 C 端的水平位移 Δ_{CH} 和角位移 φ_c。已知 EI 为常数。

解：略去轴向变形和剪切变形的影响,只计算弯曲变形一项。在荷载作用下,弯矩的变化如图 4-15b 所示。假定弯矩以使刚架内侧受拉为正。

(1) 求 C 端的水平位移时,可在 C 端加上一水平单位荷载作为虚拟状态,其方向取为向左,如图 4-15c 所示。

两种状态的弯矩为

横梁 BC 上 $\quad \bar{M} = 0, \quad M_P = -\frac{1}{2}qx^2$

立柱 AB 上 $\quad \bar{M} = x, \quad M_P = -\frac{1}{2}ql^2$

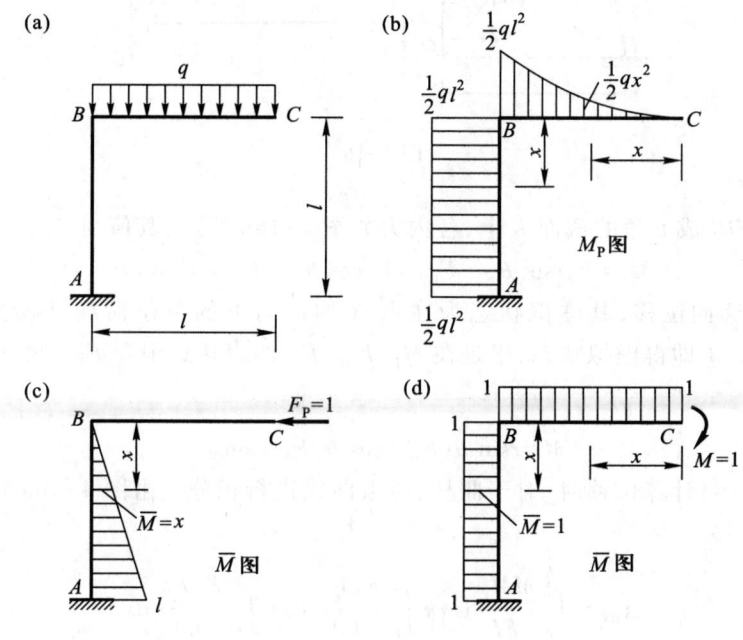

图 4-15

代入式(4-5),得 C 端水平位移为

$$\Delta_{CH} = \sum \int \frac{\bar{M} M_P}{EI} dx = \frac{1}{EI} \int_0^l x\left(-\frac{1}{2}ql^2\right) dx = -\frac{ql^4}{4EI}(\rightarrow)$$

计算结果为负,表示实际位移与所设虚拟单位荷载的方向相反,即向右。

(2) 求 C 端的角位移时,可在 C 端加一单位力偶作为虚拟状态,其方向设为顺时针方向,如图 4-15d 所示。

两种状态的弯矩为

横梁 BC 上 $\quad \bar{M} = -1, \quad M_P = -\frac{1}{2}qx^2$

立柱 AB 上 $\quad \bar{M} = -1, \quad M_P = -\frac{1}{2}ql^2$

代入式(4-5),得 C 端角位移为

$$\varphi_c = \frac{1}{EI}\int_0^l (-1)\left(-\frac{1}{2}qx^2\right)dx + \frac{1}{EI}\int_0^l (-1)\left(-\frac{1}{2}ql^2\right)dx = \frac{2ql^3}{3EI}(\curvearrowright)$$

计算结果为正,表示 C 端转动的方向与虚设力偶的方向相同,为顺时针方向转动。

【例 4-5】 试求图 4-16a 所示圆弧形曲杆点 B 的竖向位移。I 及 A 都为常数,曲率的影响忽略不计。

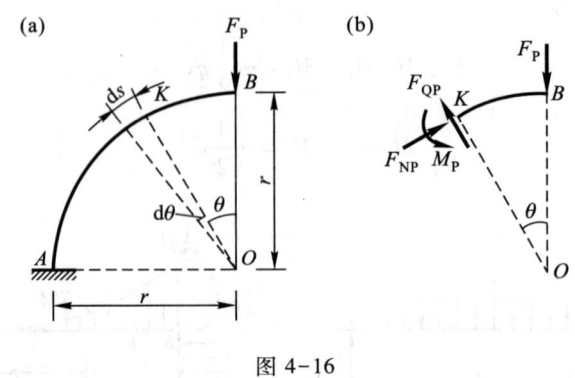

图 4-16

解: 在与 OB 成 θ 角的截面 K 上,各内力如图 4-16b 所示,其值为

$$M_P = F_P r\sin\theta, \quad F_{QP} = F_P \cos\theta, \quad F_{NP} = F_P \sin\theta$$

求 B 点的竖向位移,其虚拟状态为在点 B 加一向下的单位荷载,因此只需要在图 4-16b 中令 $F_P=1$ 即得虚拟状态,于是在 M_P、F_{QP}、F_{NP} 的表达式中令 $F_P=1$,即得虚拟状态的内力为

$$\overline{M} = r\sin\theta, \quad \overline{F}_Q = \cos\theta, \quad \overline{F}_N = \sin\theta$$

利用式(4-4)计算位移时,对于曲杆,应沿曲线进行积分。由图 4-16a 知 $ds = rd\theta$,所以有

$$\Delta_{BV} = \int_B^A \frac{\overline{M}M_P}{EI}ds + k\int_B^A \frac{\overline{F}_Q F_{QP}}{GA}ds + \int_B^A \frac{\overline{F}_N F_{NP}}{EA}ds$$

$$= \frac{F_P r^3}{EI}\int_0^{\frac{\pi}{2}} \sin^2\theta d\theta + k\frac{F_P r}{GA}\int_0^{\frac{\pi}{2}} \cos^2\theta d\theta + \frac{F_P r}{EA}\int_0^{\frac{\pi}{2}} \sin^2\theta d\theta$$

$$= \frac{\pi}{4}\left(\frac{F_P r^3}{EI} + k\frac{F_P r}{GA} + \frac{F_P r}{EA}\right)$$

若截面为矩形 $b \cdot h$,则

$$k = 1.2, \quad I = \frac{1}{12}bh^3 = \frac{1}{12}Ah^2 \text{ 或 } A = \frac{12I}{h^2}$$

另外,设 $G = 0.4E$,于是

$$\Delta_{BV} = \frac{\pi F_P r^3}{4EI}\left[1 + \frac{1}{4}\left(\frac{h}{r}\right)^2 + \frac{1}{12}\left(\frac{h}{r}\right)^2\right] = \frac{\pi F_P r^3}{4EI}\left[1 + \frac{1}{3}\left(\frac{h}{r}\right)^2\right] \quad (\downarrow)$$

截面高度 h 一般远较 r 为小,因此上式方括号中第二项远小于 1,由此可见剪切变形及轴向变形的影响甚微,因而在受弯杆件中通常可将其略去而只计算弯曲变形一项的影响。

【例 4-6】 试求图 4-17a 所示木桁架下弦中间结点 5 的挠度。设各杆的截面面积均为 $A = 0.12 \text{ m} \times 0.12 \text{ m} = 0.0144 \text{ m}^2$,$E = 850 \times 10^7 \text{ Pa}$。

解: 虚拟状态如图 4-17b 所示。实际状态和虚拟状态所产生的杆件内力均列在表 4-1 中,根据式(4-6)

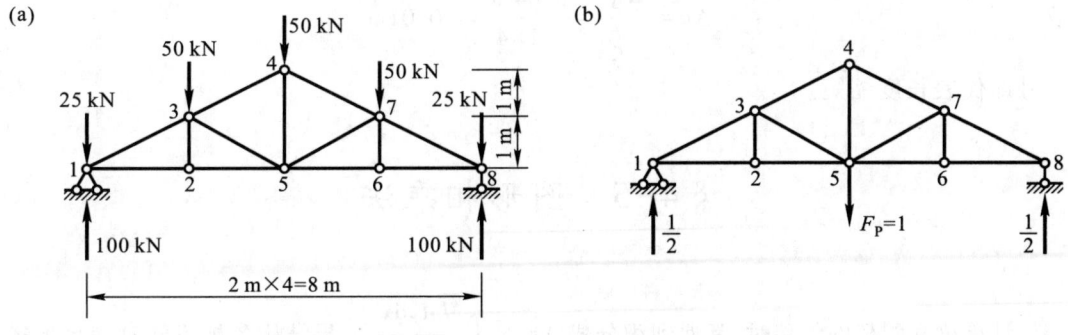

图 4-17

$$\Delta = \sum \frac{\overline{F}_N F_{NP} l}{EA}$$

将 $\overline{F}_N F_{NP} l$ 也列入表 4-1 进行计算。由此可得所求结点 5 的挠度为

$$\Delta_{5V} = \frac{(625\sqrt{5} + 1\,300)\ \text{kN}\cdot\text{m}}{850\times 10^4\,\text{kN/m}^2 \times 0.014\,4\,\text{m}^2} = 0.022\,04\ \text{m} = 2.204\ \text{cm}(\downarrow)$$

正号表示结点 5 的挠度向下。

表 4-1 挠度的计算

杆 件		l/m	$\overline{F}_N$	F_{NP}/kN	$\overline{F}_N F_{NP} l$/(kN·m)
上弦	1-3	$\sqrt{5}$	$-0.5\sqrt{5}$	$-75\sqrt{5}$	$187.5\sqrt{5}$
	3-4	$\sqrt{5}$	$-0.5\sqrt{5}$	$-50\sqrt{5}$	$125\sqrt{5}$
	4-7	$\sqrt{5}$	$-0.5\sqrt{5}$	$-50\sqrt{5}$	$125\sqrt{5}$
	7-8	$\sqrt{5}$	$-0.5\sqrt{5}$	$-75\sqrt{5}$	$187.5\sqrt{5}$
下弦	1-2	2	1	150	300
	2-5	2	1	150	300
	5-6	2	1	150	300
	6-8	2	1	150	300
竖杆	2-3	1	0	0	0
	4-5	2	1	50	100
	6-7	1	0	0	0
斜杆	3-5	$\sqrt{5}$	0	$-25\sqrt{5}$	0
	5-7	$\sqrt{5}$	0	$-25\sqrt{5}$	0
					$\sum = 625\sqrt{5} + 1\,300$

为使桁架在承受荷载后不致因跨中下垂而影响使用，工程上常采用一种称为"起拱"的技术，即在制作时用减短下弦杆原有长度的办法（相当于制造误差）使装配后的桁架下弦略微向上拱起。按照规范要求，本题桁架的起拱高度应为跨度的 1/200，即 $8\ \text{m}\times\dfrac{1}{200} = 0.04\ \text{m} = 4\ \text{cm}$，现按虚力原理计算每根下弦杆应减短的尺寸 Δu。设虚单位力方向朝上，故下弦杆的内力均为 $\overline{F}_N = -1$，由式（4-3）

$$\Delta_{5V} = \sum \int_l \overline{F}_N\,\mathrm{d}u = \sum \overline{F}_N \int_l \mathrm{d}u = \sum \overline{F}_N \Delta u$$

故
$$\Delta u = \frac{\Delta_{5V}}{\sum \overline{F}_N} = \frac{0.04 \text{ m}}{-1 \times 4} = -0.01 \text{ m}$$

负号即代表长度缩短。

§4-5 图形相乘法

计算梁和刚架的位移时，常遇到积分式 $\Delta = \sum \int \frac{\overline{M} M_P \mathrm{d}x}{EI}$，如果结构各杆段同时满足下述条件：第一，杆段的 EI 为常数；第二，杆段轴线为直线；第三，杆段的 $\overline{M}$ 图和 M_P 图中至少有一个为直线图形，则该积分式可通过 $\overline{M}$ 和 M_P 两个弯矩图之间逐段相乘的方法求得解答。

现以图 4-18 所示杆段的两个弯矩图来作说明，假设其中 M_P 图为任意形状，而 $\overline{M}$ 图为直线图形，并取

$$\overline{M} = x \tan \alpha + b$$

代入积分式，则有

$$\int \frac{\overline{M} M_P \mathrm{d}x}{EI} = \frac{1}{EI} \left(\tan \alpha \int x M_P \mathrm{d}x + b \int M_P \mathrm{d}x \right)$$

$$= \frac{1}{EI} \left(\tan \alpha \int x \mathrm{d}A_P + b \int \mathrm{d}A_P \right)$$

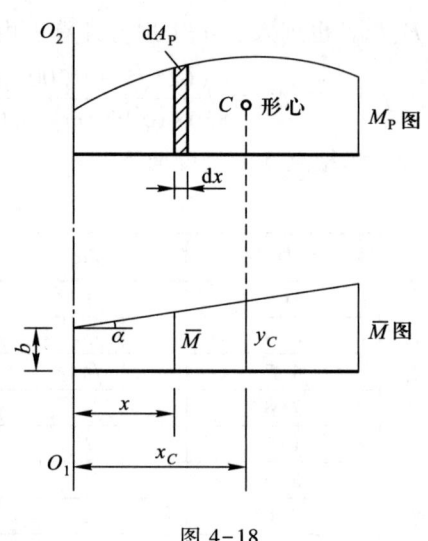

图 4-18

式中 $\mathrm{d}A_P$ 表示 M_P 图的微分面积，因积分 $\int x \mathrm{d}A_P$ 表示 M_P 图的面积 A_P 对于 $O_1 O_2$ 轴的静矩。这个静矩可以写成

$$\int x \mathrm{d}A_P = A_P x_C$$

式中 x_C 是 M_P 图的形心到 $O_1 O_2$ 轴的距离。$\int \mathrm{d}A_P$ 则为 M_P 图的面积 A_P。因此，得

$$\int \frac{\overline{M} M_P \mathrm{d}x}{EI} = \frac{1}{EI} A_P (x_C \tan \alpha + b)$$

又因

$$x_C \tan \alpha + b = y_C$$

为 $\overline{M}$ 图中与 M_P 图形心相对应的竖标，故得

$$\int \frac{\overline{M} M_P \mathrm{d}x}{EI} = \frac{1}{EI} A_P y_C \tag{4-7}$$

由此可见，当上述条件同时被满足时，积分式 $\int \frac{\overline{M} M_P \mathrm{d}x}{EI}$ 之值就等于 M_P 图（任意图形）的面积 A_P 乘以 $\overline{M}$ 图（直线图形）上与 M_P 图形心位置对应的竖标 y_C，再除以 EI。所得结果符号按 A_P 与 y_C 在基线的同一侧为正，否则为负确定。这就是图形相乘法，简称图乘法。

应当注意 y_C 必须从直线图形上取得。当 $\overline{M}$ 图形由若干段直线组成时,应该分段图乘。如图 4-19 所示情况,有

$$\sum \int \frac{\overline{M} M_P \mathrm{d}x}{EI} = \frac{1}{EI}(A_{P1}y_1 + A_{P2}y_2 + A_{P3}y_3)$$

应用图乘法时,如遇到弯矩图的形心位置或面积不易确定的复杂情况,则可将该图形分解为几个易于确定形心位置和面积的部分,并将这些部分分别与另一图形相乘,然后再将所得结果相加,即得两图相乘之值。但这种情况下,需要特别注意图乘项符号的选取。

例如图 4-20 所示的两个梯形相乘时,可不必找出梯形的形心,而将其中一个梯形(设为 M_P 图的 ABCD)分解为两个三角形 ABD 和 ADC,并以 M'_P 和 M''_P 分别表示任一截面的弯矩 M_P 在这两个三角形中所含的竖标,将 $M_P = M'_P + M''_P$ 代入计算位移的积分式中,便得

$$\int \frac{\overline{M} M_P \mathrm{d}x}{EI} = \frac{1}{EI}\left(\int \overline{M} M'_P \mathrm{d}x + \int \overline{M} M''_P \mathrm{d}x \right)$$

4-1 梯形公式

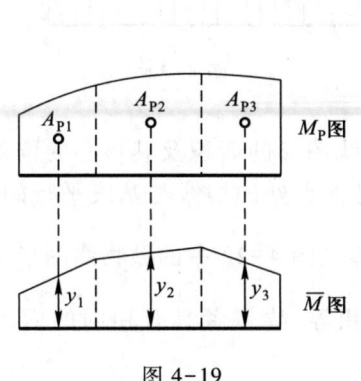

图 4-19

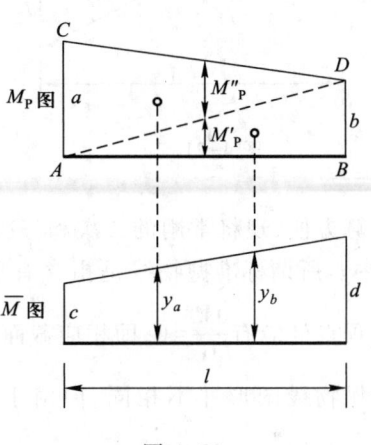

图 4-20

上式表明:可将三角形 ABD 和 ADC 分别与 $\overline{M}$ 图相乘,再将所得结果相加后除以 EI,即得所求位移,有

$$\int \frac{\overline{M} M_P \mathrm{d}x}{EI} = \frac{1}{EI}\left(\frac{bl}{2}y_b + \frac{al}{2}y_a \right)$$

式中

$$y_b = \frac{1}{3}c + \frac{2}{3}d, \quad y_a = \frac{2}{3}c + \frac{1}{3}d$$

又如图 4-21 所示两个图形都成直线变化,但均含有不同符号的两部分,在进行图乘时,可将其中一个图形(设为 M_P 图)分解为 ABD 和 ABC 两个三角形,由于原图形任一截面的竖标 M_P 等于这两部分所含竖标 M'_P 和 M''_P 的代数和,故同样可按上述方法求出

$$\int \frac{\overline{M} M_P \mathrm{d}x}{EI} = \frac{1}{EI}\left(\frac{bl}{2}y_b + \frac{al}{2}y_a \right)$$

式中

$$y_b = \frac{2}{3}d - \frac{1}{3}c, \quad y_a = \frac{2}{3}c - \frac{1}{3}d$$

对于图 4-22a 所示均布荷载作用区段的 M_P 图,可根据第三章中用过的叠加法,将 M_P 图看作是由两端弯矩竖标所连成的梯形 $ABDC$(当一端弯矩为零时则为三角形)与相应简支梁在均布荷载作用下的弯矩图叠加而成,后者即虚线 CD 与曲线之间所包含的部分。因此,同样将 M_P 图分解为上述两个图形并分别与 $\overline{M}$ 图相乘,然后取其代数和,即可方便地得到结果。

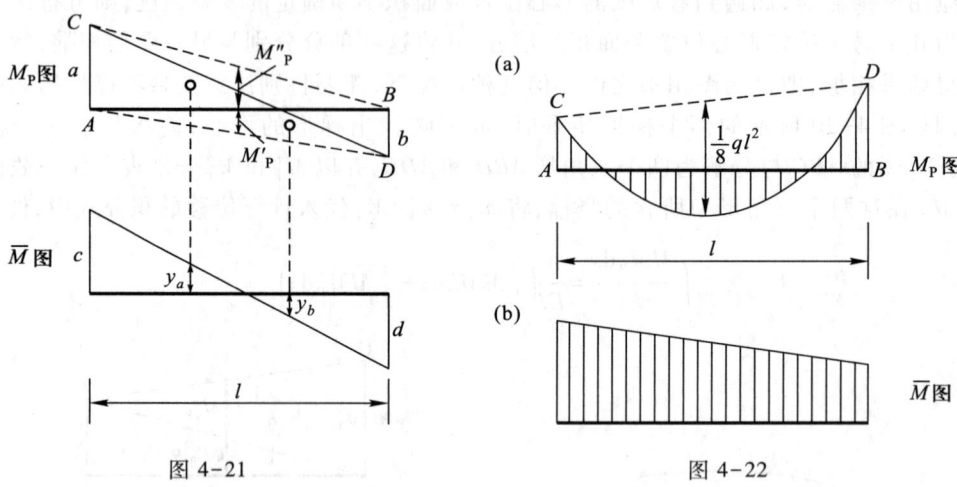

图 4-21　　　　　　　图 4-22

为计算方便,现将常用的二次和三次标准抛物线图形的面积及其形心的位置表示于图 4-23 中。所谓标准抛物线是指含有顶点在内且顶点处的切线与基线平行的抛物线,其图形在顶点处应有 $\dfrac{\mathrm{d}M}{\mathrm{d}x}=0$,即相应截面的剪力为零。图 4-22 中的抛物线图形虽然其形状与标准抛物线图形并不相同,但由于对应竖标相等,故二者具有相同的面积和形心位置。

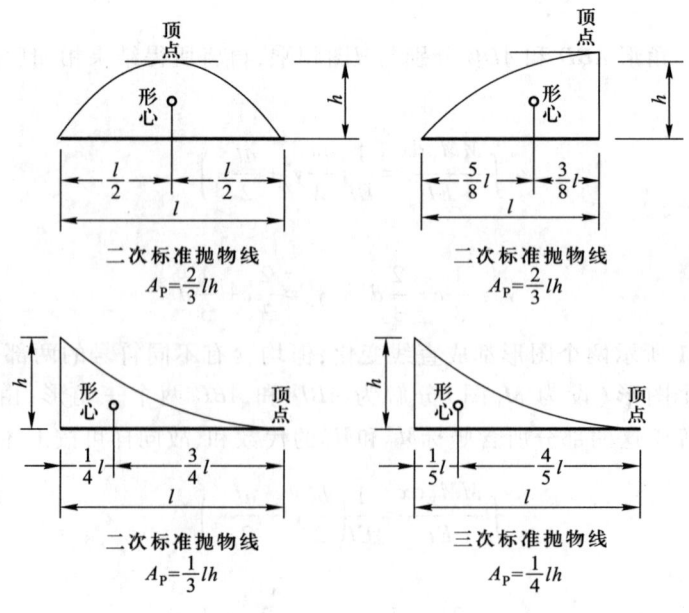

图 4-23

【例 4-7】 试求图 4-24a 所示简支梁 A 端的角位移 φ_A 和中点 C 的竖向位移 Δ_{CV}。EI 为常数。

解： 荷载作用下弯矩图和两个单位弯矩图如图 4-24b、c、d 所示。

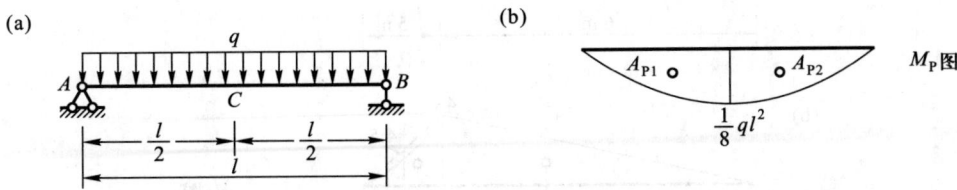

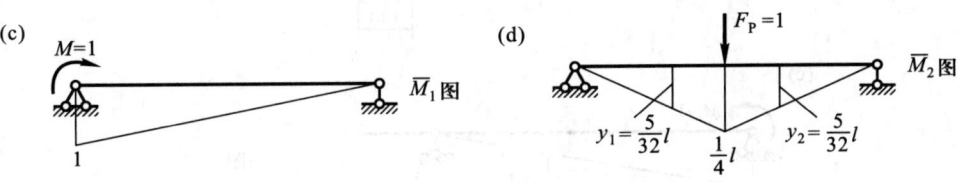

图 4-24

将图 4-24b 与图 4-24c 相乘，则得

$$\varphi_A = \frac{1}{EI}\left(\frac{2}{3}l \times \frac{ql^2}{8}\right) \times \frac{1}{2} = \frac{ql^3}{24EI}(\curvearrowright)$$

将图 4-24b 与图 4-24d 相乘，则得

$$\Delta_{CV} = \frac{1}{EI}(A_{P1}y_1 + A_{P2}y_2) = \frac{2}{EI}\left(\frac{2}{3} \times \frac{l}{2} \times \frac{ql^2}{8}\right) \times \frac{5}{32}l = \frac{5ql^4}{384EI}(\downarrow)$$

【例 4-8】 试求图 4-25a 所示伸臂梁 A 端的角位移 φ_A 及 C 端的竖向位移 Δ_{CV}。$EI = 5 \times 10^4 \text{ kN} \cdot \text{m}^2$。

解： 先作出 M_P 图及两个 $\overline{M}$ 图如图 4-25b、c、d 所示。将图 4-25b 与图 4-25c 相乘，则得

$$\varphi_A = -\frac{1}{5 \times 10^4 \text{ kN} \cdot \text{m}^2} \times \frac{1}{2} \times 48 \text{ kN} \cdot \text{m} \times 6 \text{ m} \times \frac{1}{3} \times 1 = -9.6 \times 10^{-4} \text{ rad}(\curvearrowleft)$$

式中所用负号是因为相乘的两个图形不在基线的同侧。结果的负号表示 φ_A 的实际转动方向与 $M=1$ 的方向相反，即 φ_A 是逆时针方向转动的。

为了计算 Δ_{CV} 值，需将图 4-25b 与图 4-25d 相乘。此时，AB 区段图乘并无任何困难，而对承受均布荷载的 BC 区段，由于 M_P 图不是标准抛物线图形，故可将 M_P 图看作是由 B、C 两端的弯矩竖标所连成的三角形图形与相应简支梁在均布荷载作用下的标准抛物线图形（即图 4-25b 中虚线与曲线之间所包含的面积）叠加而成。将上述两图形分别与图 4-25d 的相应部分相乘，可得

$$\Delta_{CV} = \frac{1}{5 \times 10^4 \text{ kN} \cdot \text{m}^2} \times \left(\frac{1}{2} \times 48 \text{ kN} \cdot \text{m} \times 6 \text{ m} \times \frac{2}{3} \times 1.5 \text{ m} + \frac{1}{2} \times 48 \text{ kN} \cdot \text{m} \times 1.5 \text{ m} \times \frac{2}{3} \times 1.5 \text{ m} - \frac{2}{3} \times 4.5 \text{ kN} \cdot \text{m} \times 1.5 \text{ m} \times \frac{1.5 \text{ m}}{2}\right)$$

$$= 3.5 \times 10^{-3} \text{ m} = 3.5 \text{ mm}(\downarrow)$$

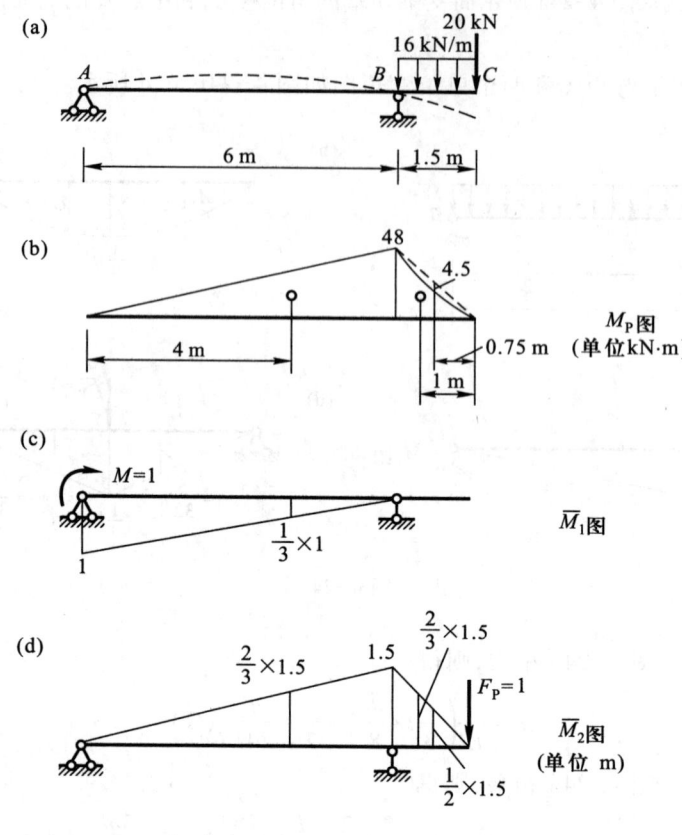

图 4-25

【例 4-9】 试求图 4-26a 所示刚架 C 点的水平位移 Δ_{CH}。EI 为常数。

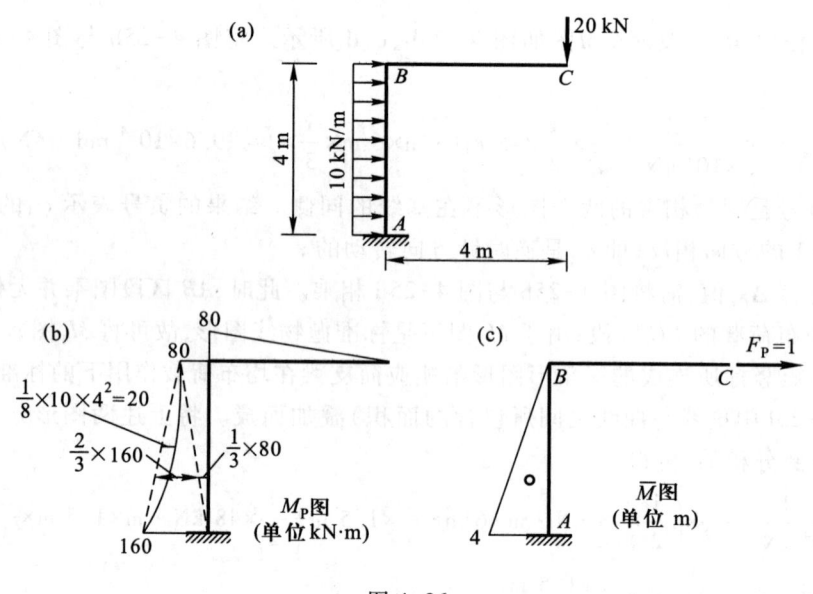

图 4-26

解: 作出 M_P 图和 $\overline{M}$ 图如图 4-26b、c 所示。因为 $\overline{M}$ 图中的 BC 段弯矩为零,故只需在 AB 段进行图乘。由于 M_P 图 AB 段的曲线图形无法确定面积、形心,故应将其视为由虚线和竖标连成的梯形与相同范围内标准抛物线图形的叠加。在 $\overline{M}$ 图与 M_P 图进行图乘的过程中,对于 M_P 图中的梯形部分,竖标可以取自 $\overline{M}$ 图也可取自 M_P 图;对于 M_P 图中的曲线图形,即标准抛物线图形,竖标只能取自 $\overline{M}$ 图。因此

$$\Delta_{CH} = \frac{1}{EI}\left[\frac{1}{2} \times 4 \text{ m} \times 4 \text{ m} \times \left(\frac{1}{3} \times 80 \text{ kN} \cdot \text{m} + \frac{2}{3} \times 160 \text{ kN} \cdot \text{m}\right)\right] -$$

$$\left(\frac{2}{3} \times 20 \text{ kN} \cdot \text{m} \times 4 \text{ m}\right) \times \left(\frac{1}{2} \times 4 \text{ m}\right)$$

$$= \frac{960 \text{ kN} \cdot \text{m}^3}{EI}(\rightarrow)$$

【例 4-10】 试求图 4-27a 所示刚架 C、D 两点之间的相对水平位移 $\Delta_{(C-D)H}$。各杆抗弯刚度均为 EI。

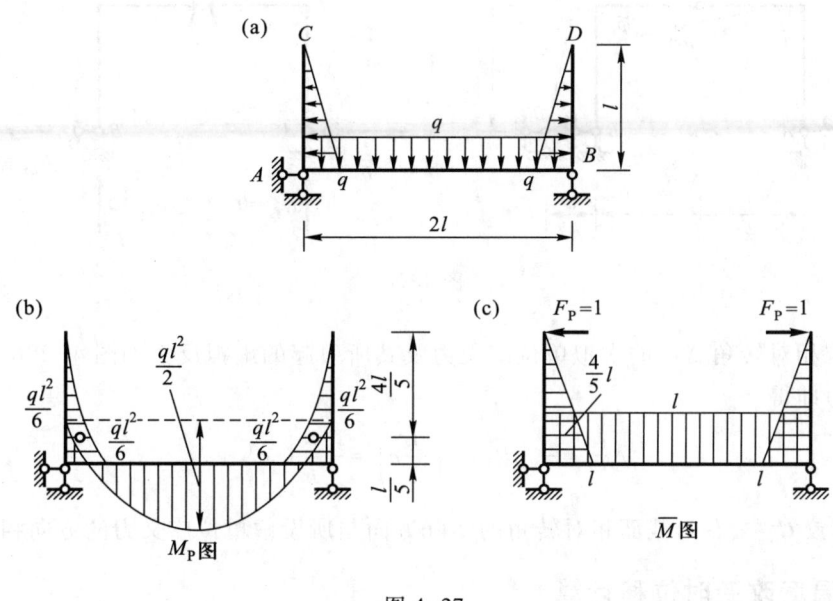

图 4-27

解: 先作出 M_P 图(图 4-27b),其中 AC、BD 两杆的弯矩图是三次标准抛物线图形。

因为要计算 C、D 两点之间的相对水平位移,须沿两点的连线加上一对方向相反的单位荷载作为虚拟状态,并绘出 $\overline{M}$ 图(图 4-27c)。将图 4-27b 与图 4-27c 相乘,得

$$\Delta_{(C-D)H} = \frac{2}{EI}\left(\frac{1}{4}l \times \frac{ql^2}{6}\right) \times \frac{4l}{5} + \frac{1}{EI}\left(2l \times \frac{ql^2}{6}\right)l - \frac{1}{EI}\left(\frac{2}{3} \times 2l \times \frac{ql^2}{2}\right)l$$

$$= \frac{1}{EI}\left(\frac{ql^4}{15} + \frac{ql^4}{3} - \frac{2ql^4}{3}\right) = -\frac{4ql^4}{15EI}(\rightarrow \leftarrow)$$

计算结果是负值,说明 C、D 两点实际的相对水平位移与虚拟力的指向相反,即 C、D 两点是相互靠近而不是远离。

§4-6 静定结构支座位移和温度改变时的位移计算

一、支座位移时位移计算

在静定结构中,支座移动和转动并不使结构产生应力和应变,但却使结构产生刚体位移。因此,位移的计算公式(4-3)简化成如下形式:

$$\Delta = -\sum \bar{R}c \tag{4-8}$$

式中 $\sum \bar{R}c$ 为虚拟状态的反力在实际状态的支座位移上所作虚功之和。

【例 4-11】 如图 4-28a 所示结构,若支座 B 发生向右水平移动,移动距离为 a,试求铰 C 左、右两侧截面的相对转角 $\Delta\varphi_C$。

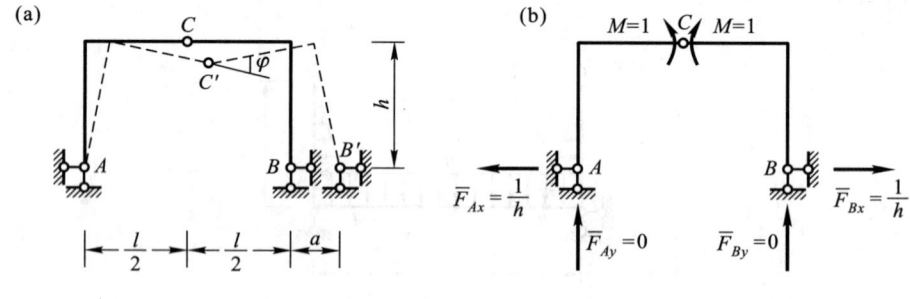

图 4-28

解: 求相对转角 $\Delta\varphi_C$ 的虚拟单位广义力及其所引起的虚拟反力如图 4-28b 所示。利用式(4-8)即得

$$\Delta\varphi_C = -\sum \bar{R}c = -\left(\frac{1}{h}a\right) = -\frac{a}{h} \; (\supset\subset)$$

负号表明,铰 C 左、右两截面相对转角的实际方向与所设虚单位广义力的方向相反。

二、温度改变时位移计算

图 4-29a 所示结构,由于温度改变而产生变形,计算其位移时,同样可采用单位荷载法。例如求点 C 的竖向位移 Δ,可选取图 4-29b 所示虚拟状态,即在点 C 处加一个竖向的单位荷载,这时结构的内力用 $\bar{M}$、$\bar{F}_N$、$\bar{F}_Q$ 表示。此时,利用计算位移的一般公式(4-3),并注意到支座位移为零(则 $\sum \bar{R}c = 0$),有

$$\Delta = \sum \int_l \bar{M} d\varphi + \sum \int_l \bar{F}_N du + \sum \int_l \bar{F}_Q dv \tag{a}$$

式中 $d\varphi$、du、dv 为实际状态中杆件微段 dx 由于温度改变产生的变形(图 4-29c)。计算时假定温度沿截面高度 h 按直线规律变化,变形后截面仍将保持为平面。当杆件截面对称于形心轴(即 $h_1 = h_2$)时,则其形心轴处的温度改变 t 为

$$t = \frac{1}{2}(t_1 + t_2)$$

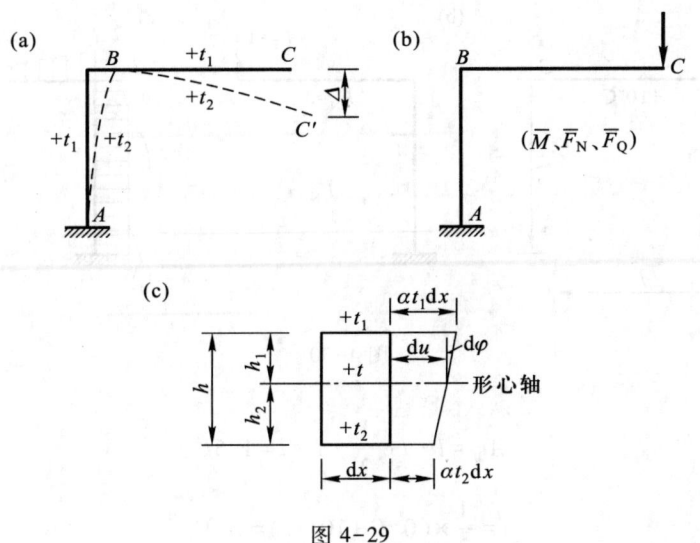

图 4-29

如果杆件截面不对称于形心轴(即 $h_1 \neq h_2$),则 $t = \dfrac{t_1 h_2 + t_2 h_1}{h}$。

若以 α 表示材料的线膨胀系数,则杆件微段 dx 由于温度改变所产生的变形分别为

$$du = \alpha t\, dx$$

和

$$d\varphi = \frac{\alpha(t_1 - t_2)\, dx}{h} = \frac{\alpha \Delta t}{h} dx$$

式中 $\Delta t = t_1 - t_2$ 为杆件上、下两面温度改变之差。由于温度改变并不引起切应变,即 $\gamma = 0$,因此 $dv = 0$。

将以上变形代入式(a),得

$$\Delta = \sum (\pm) \alpha \int \overline{M} \frac{\Delta t}{h} dx + \sum (\pm) \alpha \int \overline{F}_N t\, dx \tag{4-9}$$

这就是静定结构由于温度改变引起位移的计算公式。应用时对于式中的正负($\pm$)符号可按如下办法确定:比较实际状态的变形与虚拟状态的相应内力,若二者方向相同,则取正号;反之则取负号。若每一杆件沿杆长上的温度改变相同,且截面尺寸不变,则式(4-9)可写为

$$\Delta = \sum (\pm) \alpha \frac{\Delta t}{h} A_{\overline{M}} + \sum (\pm) \overline{F}_N \alpha t l \tag{4-10}$$

式中 l 为杆件的长度,$A_{\overline{M}}$ 代表 $\overline{M}$ 图的面积。

必须指出,在计算由于温度改变所引起的位移时,不能略去轴向变形的影响。

【例 4-12】 试求图 4-30a 所示结构由于杆件一边的温度升高 10 ℃ 时,在点 C 所产生的竖向位移。各杆的截面相同,且关于形心轴对称。

解: 在点 C 加一竖向单位荷载,算出各杆的轴力 $\overline{F}_N$ 并绘出 $\overline{M}$ 图,如图 4-30b、c 所示。图中虚线所示的弧形表示杆件弯曲的方向。可以看出各杆实际的弯曲方向都与虚拟的相反,且两杆的尺寸及温度改变都相同,故两杆的 $A_{\overline{M}}$ 可合并计算。

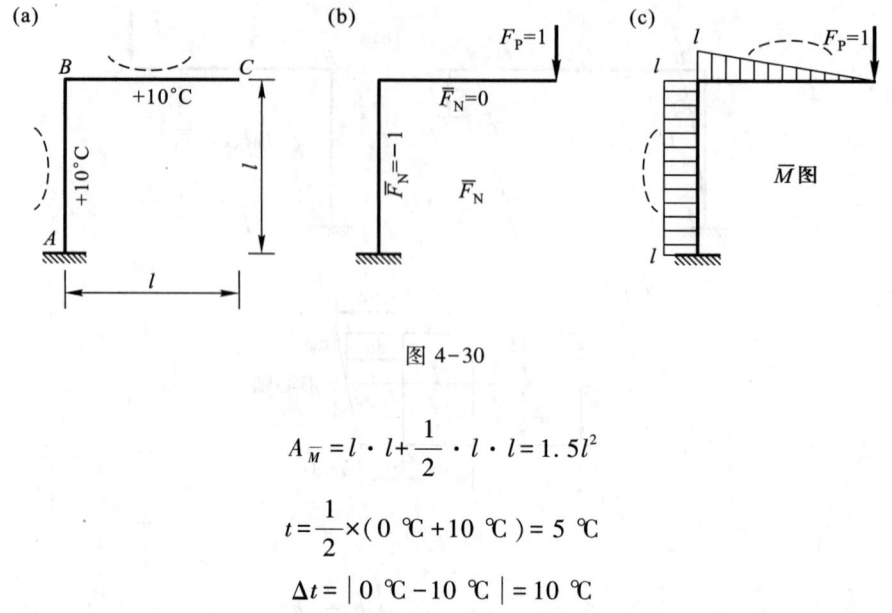

图 4-30

$$A_{\overline{M}} = l \cdot l + \frac{1}{2} \cdot l \cdot l = 1.5l^2$$

$$t = \frac{1}{2} \times (0\ ℃ + 10\ ℃) = 5\ ℃$$

$$\Delta t = |0\ ℃ - 10\ ℃| = 10\ ℃$$

以上温度各值均为绝对值,这是因为求温度改变所引起的位移时,其正负号将由虚拟内力和实际变形方向是否一致决定。在目前情况下,温度改变将使立柱伸长,而虚拟轴力为压力,故轴向变形影响的一项应取负值;对于弯曲变形的影响,同样理由也应取负值。因此,由式(4-10)得 C 点的竖向位移为

$$\Delta_{CV} = -15\alpha \frac{l^2}{h} - 5\alpha l\ (\uparrow)$$

§4-7 线性变形体系的互等定理

线性变形体系有四个互等定理,其中最基本的是功的互等定理,其他互等定理均可由其导出,它们对于超静定结构的计算非常重要。

一、功的互等定理

图 4-31a 及图 4-31b 所示为同一结构,分别承受一组外力 F_1 和另一组外力 F_2 的两种状态。设以 M_1、F_{N1}、F_{Q1} 代表第一组力 F_1 所产生的内力,以 M_2、F_{N2}、F_{Q2} 代表第二组力 F_2 所产生的内力。现在来研究这两组力按不同的次序先后作用于结构上时所产生的虚功,并由此推出功的互等定理。

如图 4-31c 所示,若先施加力 F_1,待达到弹性平衡后再施加 F_2,此时如以 W_{12} 代表第一组外力由于第二组力 F_2 的影响所作的虚功,则由虚功原理有

$$W_{12} = \sum \int M_1 \mathrm{d}\varphi_2 + \sum \int F_{N1} \mathrm{d}u_2 + \sum \int F_{Q1} \mathrm{d}v_2$$

$$= \sum \int M_1 \frac{M_2 \mathrm{d}x}{EI} + \sum \int F_{N1} \frac{F_{N2} \mathrm{d}x}{EA} + \sum \int k F_{Q1} \frac{F_{Q2} \mathrm{d}x}{GA}$$

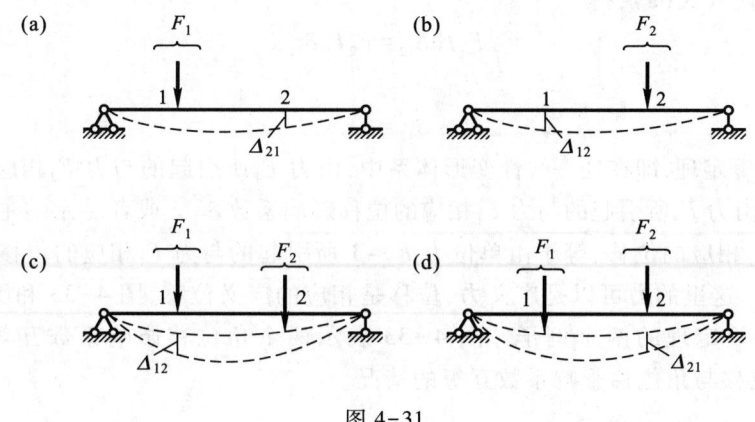

图 4-31

若先施加力 F_2,待达到弹性平衡后再施加力 F_1(图 4-31d),第二组外力由于第一组力 F_1 的影响所作的虚功为

$$W_{21} = \sum \int M_2 d\varphi_1 + \sum \int F_{N2} du_1 + \sum \int F_{Q2} dv_1$$

$$= \sum \int M_2 \frac{M_1 dx}{EI} + \sum \int F_{N2} \frac{F_{N1} dx}{EA} + \sum \int k F_{Q2} \frac{F_{Q1} dx}{GA}$$

显然

$$W_{12} = W_{21} \qquad (4-11)$$

即

$$\sum F_1 \Delta_{12} = \sum F_2 \Delta_{21} \qquad (4-12)$$

式中 Δ_{12} 及 Δ_{21} 分别代表与 F_1 及 F_2 相应的位移,$\sum$ 表示包括结构上全部外力所作的虚功。

上面所得到的公式就是功的互等定理,即第一状态的外力在第二状态的位移上所作的虚功,等于第二状态的外力在第一状态的位移上所作的虚功。

功的互等定理适用于线弹性结构,两种状态中的外界因素除荷载作用还可以包括支座位移,不过在计算外力虚功时必须把反力所作的虚功包括在内。

二、位移互等定理

应用上述功的互等定理,可研究下面一种特殊情况,如图 4-32a、b 所示的 I、II 两种状态。状态 I 只承受力 F_1,状态 II 只承受力 F_2,Δ_{21} 表示由 F_1 引起的与 F_2 相应的位移,Δ_{12} 表示因力 F_2 引起的与力 F_1 相应的位移。这里在位移符号下加两个下标,记为 Δ_{ij},其中第一个下标 i 表示位移与力 F_i 相应,第二个下标 j 表示位移由力 F_j 引起。

由功的互等定理可得

$$F_1 \Delta_{12} = F_2 \Delta_{21} \qquad (a)$$

在线性变形体系中,位移 Δ_{ij} 与力 F_j 的比值是一个常数,称为位移影响系数,它等于 F_j 为单位力时所引起的与力 F_i 相应的位移,记为 $\delta_{ij} = \dfrac{\Delta_{ij}}{F_j}$,则

$$\Delta_{ij} = F_j \delta_{ij} \qquad (b)$$

将式(b)代入式(a),得

$$F_1 F_2 \delta_{12} = F_2 F_1 \delta_{21}$$

由此得

$$\delta_{12} = \delta_{21} \tag{4-13}$$

这就是位移互等定理,即在任一线性变形体系中,由力 F_1 所引起的与力 F_2 相应的位移影响系数 δ_{21},等于由力 F_2 所引起的与力 F_1 相应的位移影响系数 δ_{12}。或者说,由单位力 $F_1=1$ 所引起的与力 F_2 相应的位移,等于由单位力 $F_2=1$ 所引起的与力 F_1 相应的位移。

应当指出,这里的力可以是广义力,位移是相应的广义位移,图 4-33 和图 4-34 所示为应用位移互等定理的两个例子。图 4-33 表示两个角位移影响系数互等的情况,图 4-34 表示线位移与角位移影响系数互等的情况。

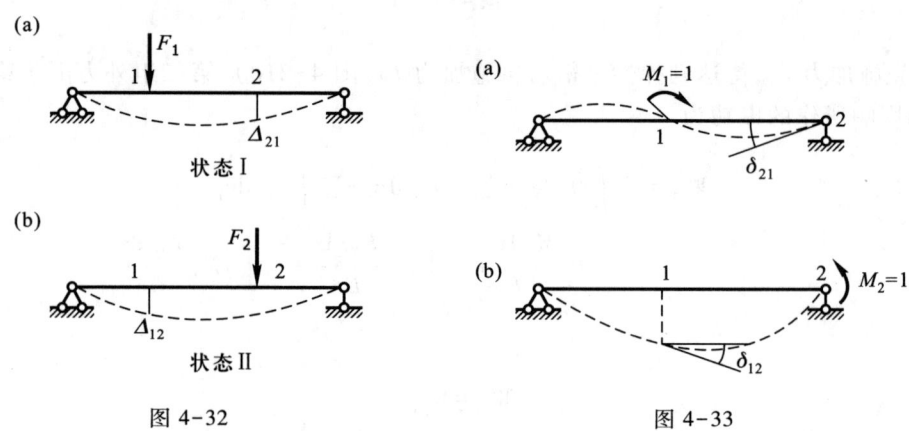

图 4-32   图 4-33

三、反力互等定理

这是功的互等定理另一种特殊情况。它说明了超静定结构在两个支座分别产生单位位移时相应反力的互等关系。

图 4-35 所示为两个支座分别产生单位位移的两种状态:其中图 4-35a 表示支座 1 发生单位位移 $\Delta_1=1$ 的状态,设此时支座 2 产生的反力为 r_{21};图 4-35b 则表示支座 2 发生

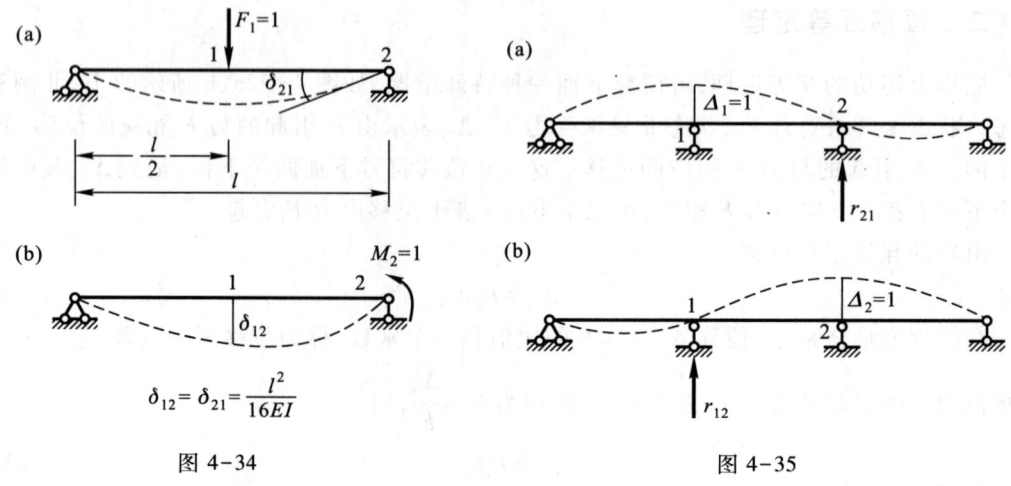

图 4-34   图 4-35

单位位移 $\Delta_2=1$ 的状态,此时支座 1 产生的反力为 r_{12}。与前述相仿,r_{12}、r_{21} 也称为反力影响系数,其符号的第一个下标表示反力所在的位置,第二个下标表示产生反力的单位位移所在位置。其他支座的反力由于所对应的另一状态的相应位移都等于零,因而不作虚功,故未在图中一一绘出。根据功的互等定理,同样可以证明

$$r_{12}=r_{21} \tag{4-14}$$

上式就是反力互等定理,即支座 1 由于支座 2 的单位位移所引起的反力 r_{12},等于支座 2 由于支座 1 的单位位移所引起的反力 r_{21}。这一定理适用于结构中任何两个约束上的反力。但应注意,在两种状态中,同一约束的反力和位移在作功的关系上应该是相对应的。

同样,由于位移是广义位移,所以反力也是广义反力。图 4-36 表示反力互等的另一例子,$r_{12}=r_{21}$ 表示支座 1 的反力影响系数与支座 2 的反力偶影响系数互等。

四、反力与位移互等定理

功的互等定理的又一特殊情况,是说明一种状态的反力与另一状态中的位移具有绝对值互等的关系。以图 4-37 所示两种状态为例,其中图 4-37a 表示单位荷载 $F_{P2}=1$ 作用于点 2 时,支座 1 的反力偶影响系数为 r_{12},其指向取如图所示;图 4-37b 则表示当支座 1 沿 r_{12} 方向发生一单位转角 $\varphi_1=1$ 时,点 2 沿 F_{P2} 方向的位移影响系数为 δ_{21}。对此两种状态应用功的互等定理,有

$$r_{12}\varphi_1+F_{P2}\delta_{21}=0$$

故得

$$r_{12}=-\delta_{21} \tag{4-15}$$

上式即为反力与位移互等定理,它表明:由于单位荷载引起的某一支座反力影响系数,与因此支座发生单位位移所引起的与该单位荷载相应的位移影响系数绝对值相等,但符号相反。

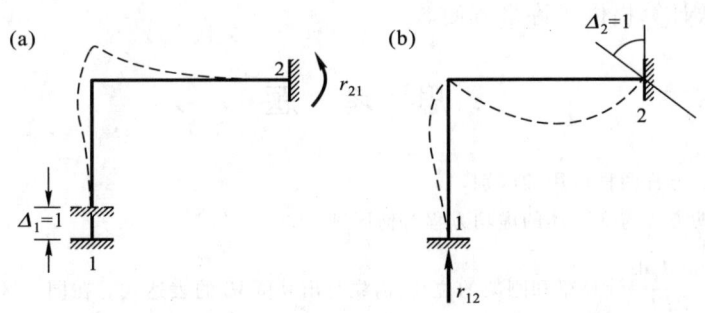

图 4-36

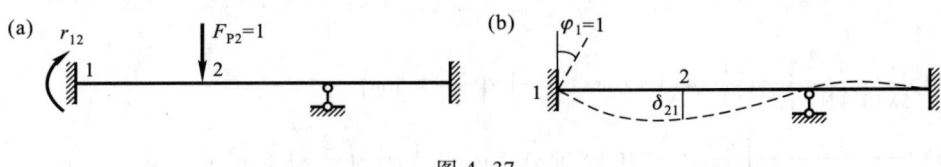

图 4-37

§4-8 小结与讨论

作为静定结构分析的重要组成部分和超静定结构分析的引导,本章内容中虚功原理的阐述为位移计算提供理论依据,积分和图形相乘计算位移的方法是解决实际工程问题的有效手段,而互等定理为结构分析计算另辟蹊径提供帮助。

结构的位移包括刚体位移和变形位移,位移计算作为一个几何问题,其中刚体位移较易用简单的几何关系判断,简单的变形位移也可根据曲率与位移的微分关系求得,但最好的办法不是几何方法,而是基于虚功原理的计算方法。

本章强调广义力和广义位移的对应关系,从刚体体系的虚功原理出发,并在考虑杆件因变形具有虚应变能后,从前者过渡到变形体体系的虚功原理。同时,针对虚功原理两种应用形式进行了较为深入的讨论:虚设位移状态的虚位移原理等价于静力平衡条件,将在求解影响线的机动法中得到应用;而虚设力系的虚力原理等价于变形协调条件,则为寻求未知位移提供了可能。本章在建立杆件结构虚功方程的基础上提供了结构位移计算的一般公式,它与结构是否静定无关。

针对结构的不同形式和引起位移的多种外因,本章将结构位移计算的一般公式具体化。对荷载作用下结构的位移计算,从积分和图形相乘的角度提供了不同的解决途径,其中图乘法是结构分析和工程计算中最常用的手段,它原理虽然简单,实际应用却需要熟练的技巧。荷载引起的位移源于材料的变形,计算中离不开杆件的刚度,所有位移计算结果均以 EI 或 EA 作分母,须谨防遗漏。由于内力计算和内力图绘制是正确计算结构位移的先决条件,这就要求读者不断加强练习,提高内力分析的能力。

互等定理除可直接用于计算外,更多应用在超静定结构的分析中,它为力法方程和位移法方程的系数计算提供了许多方便。

思 考 题

1. 试说明虚功方程两种应用的区别。
2. 刚体的虚功方程与变形体的虚功方程有何区别?
3. 用 $\Delta = \sum \int_l \dfrac{\overline{M} M_P \mathrm{d}x}{EI}$ 计算梁和刚架的位移,需先写出 $\overline{M}$ 和 M_P 的表达式。在同一区段内写这两个弯矩表达式时,可否将坐标原点分别取在不同的位置? 为什么?
4. 例 4-8 中求 C 端的竖向位移时,BC 段图乘(图 4-38)时,下面两种算式计算是否都正确? 试述其理由。

(1) $\dfrac{1}{5\times10^4 \text{ kN}\cdot\text{m}^2} \times \left(\dfrac{1}{3}\times 48 \text{ kN}\cdot\text{m}\times 1.5 \text{ m}\right) \times \left(\dfrac{3}{4}\times 1.5 \text{ m}\right)$

(2) $\dfrac{1}{5\times10^4 \text{ kN}\cdot\text{m}^2} \times \left[\left(\dfrac{1}{3}\times\dfrac{1}{2}\times 16 \text{ kN/m}\times 1.5 \text{ m}^2\times 1.5 \text{ m}\right)\times\left(\dfrac{3}{4}\times 1.5 \text{ m}\right) + \right.$

$\left.\left(\dfrac{1}{2}\times 20 \text{ kN}\times 1.5 \text{ m}\times 1.5 \text{ m}\right)\times\left(\dfrac{2}{3}\times 1.5 \text{ m}\right)\right]$

5. 若用单位荷载法求图 4-39 所示简支斜梁中点 C 的竖向线位移和垂直于杆轴方向的线位移,应如何分别选取虚拟状态?利用图乘法计算这两个线位移(只考虑弯曲变形的影响)应如何进行?将它们与相应水平简支梁中点挠度值比较,看有何不同?

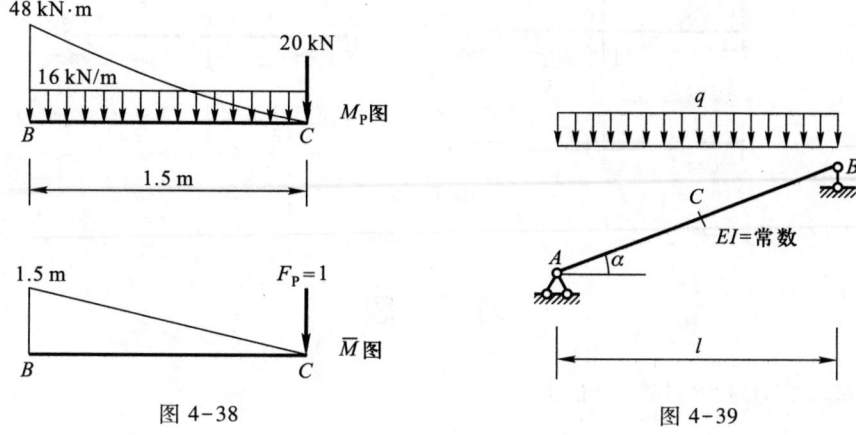

图 4-38　　　　　　　　　　图 4-39

6. 试用图 4-40a 和图 4-40b 所示状态说明反力与位移互等定理。

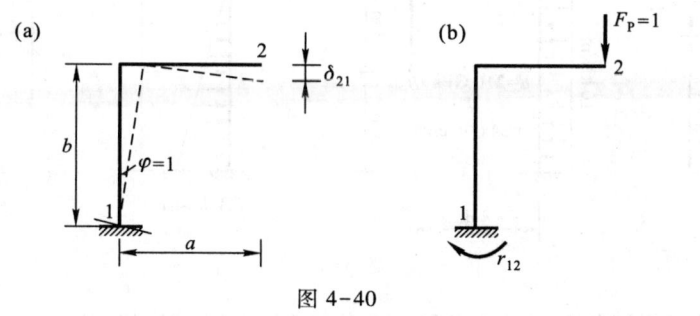

图 4-40

7. 试用图 4-41a、b 所示两种状态说明位移互等定理。设 $EI=$ 常数,计算出 δ_{21} 和 δ_{12},并就二者是否相同加以说明。

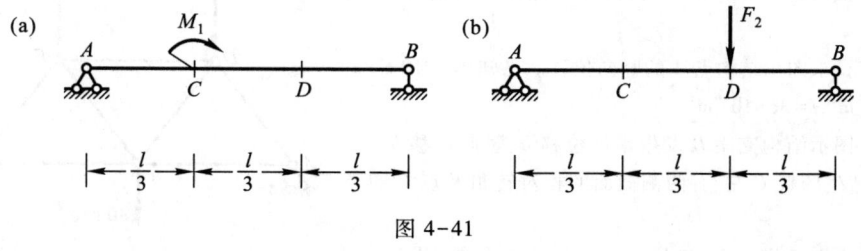

图 4-41

8. 已知图 4-42a 所示结构的弯矩图,试用功的互等定理求图 4-42b 所示结构由于左端 A 转动 φ_A 角而使梁中点产生的挠度 Δ_{CV}。

9. 求桁架中某一杆件的角位移时,应在该杆加一个单位力偶(图 4-12d)作为虚拟状态。构成单位力偶的每一个集中力必为 $\dfrac{1}{l_i}$,分别作用于该杆的两端且必须与该杆垂直。试问为什么?能否在该杆中点处加一个单位力偶求此位移?

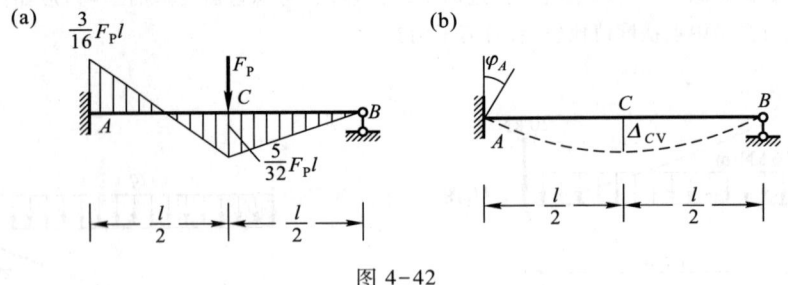

图 4-42

习 题

4-1 试求图示结构 B 点的水平位移。

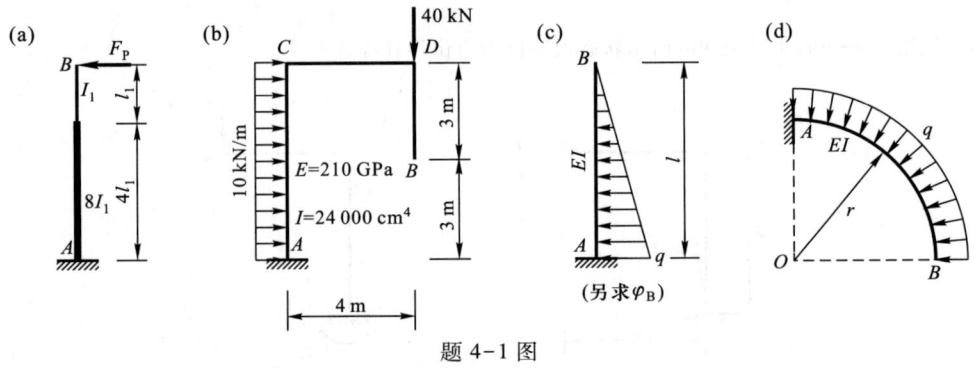

题 4-1 图

4-2 试求图示桁架结点 B 的竖向位移,已知桁架各杆的 $EA=21\times10^4$ kN。

4-3 试用图乘法求图示结构中 B 处的转角和 C 处的竖向位移。$EI=$ 常数。

4-4 试求图示结构点 C 的竖向位移。

4-5 试求题 3-10 所示结构铰 C 两侧截面的相对转角,$EI=$ 常数。

4-6 试求图示结构点 A 的竖向位移。已知 $E=210$ GPa,$A=12\times10^{-4}$ m^2,$I=36\times10^{-6}$ m^4。

4-7 图示结构支座 B 发生水平位移 a、竖向位移 b。试求由此而产生的铰 C 左、右两侧截面的相对转角及点 C 的竖向位移。

4-8 在图示桁架中,杆件 GD 由于制造误差,比原设计长度短 1 cm。试求因此所引起结点 G 的竖向位移。

4-9 图示三铰刚架若其内部温度升高 30 ℃,试求点 C 的竖向位移。已知各杆截面均为矩形,且高度 h 相同,线膨胀系数为 α。

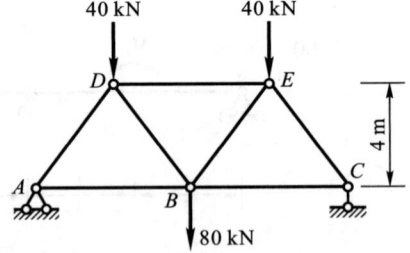

题 4-2 图

4-10 已知图 a 在支座 B 下沉 $\Delta_{BV}=1$ 时,点 D 的竖向位移 $\Delta_{DV}=\dfrac{11}{16}$。试作图 b 所示结构的弯矩图。

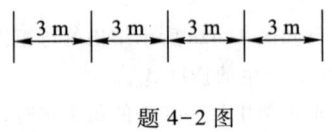

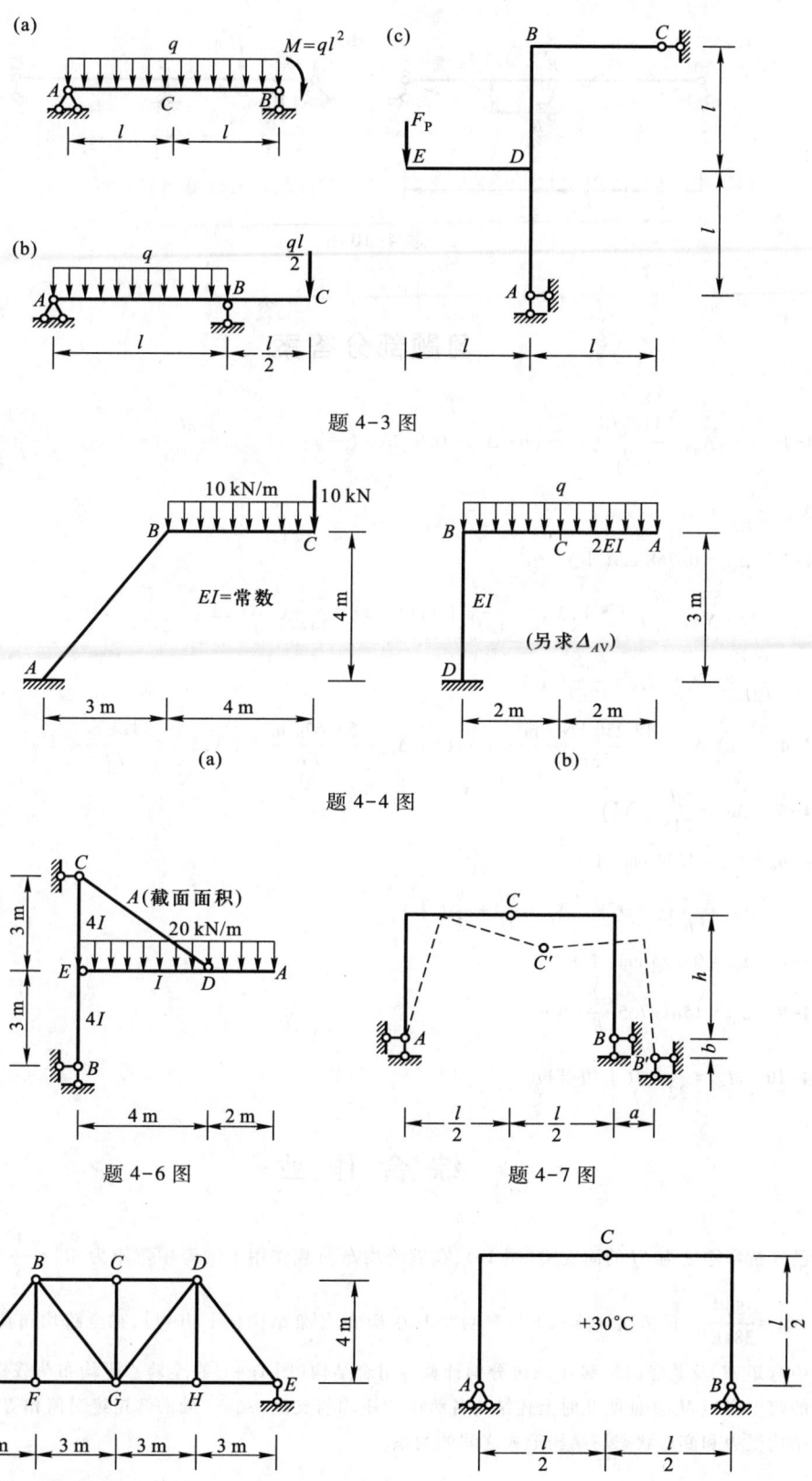

题 4-3 图

题 4-4 图

题 4-6 图

题 4-7 图

题 4-8 图

题 4-9 图

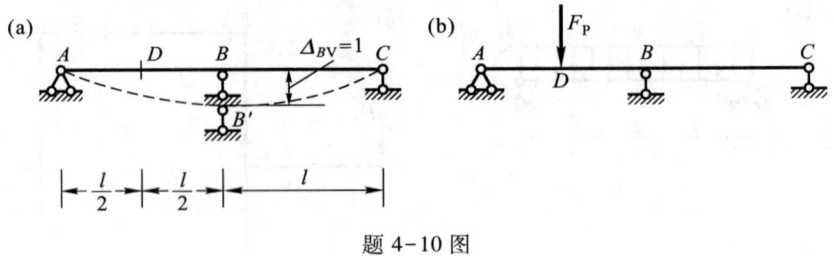

题 4-10 图

习题部分答案

4-1 (a) $\Delta_{BH} = \dfrac{11 F_P l_1^3}{2EI_1}(\leftarrow)$; (b) $\Delta_{BH} = 0.833 \text{ cm}(\leftarrow)$; (c) $\Delta_{BH} = \dfrac{ql^4}{30EI}(\leftarrow)$, $\varphi_B = \dfrac{ql^3}{24EI}(\curvearrowleft)$;

(d) $\Delta_{BH} = \dfrac{qr^4}{2EI}(\leftarrow)$

4-2 $\Delta_{BV} = 0.768 \text{ cm}(\downarrow)$

4-3 (a) $\varphi_B = \dfrac{ql^3}{3EI}(\curvearrowright)$, $\Delta_{CV} = \dfrac{ql^4}{24EI}(\uparrow)$; (b) $\varphi_B = \dfrac{ql^3}{24EI}(\curvearrowright)$, $\Delta_{CV} = \dfrac{ql^4}{24EI}(\downarrow)$;

(c) $\varphi_B = \dfrac{F_P l^2}{12EI}(\curvearrowright)$, $\Delta_{CV} = \dfrac{F_P l^3}{12EI}(\downarrow)$

4-4 (a) $\Delta_{CV} = \dfrac{18\,250 \text{ kN} \cdot \text{m}^3}{3EI}(\downarrow)$; (b) $\Delta_{CV} = \dfrac{53.67q \text{ m}^4}{EI}(\downarrow)$; $\Delta_{AV} = \dfrac{112q \text{ m}^4}{EI}(\downarrow)$

4-5 $\Delta \varphi_C = \dfrac{ql^3}{24EI}(\supset\subset)$

4-6 $\Delta_{AV} = 4.84 \text{ cm}(\downarrow)$

4-7 $\Delta \varphi_C = \dfrac{\alpha}{h}(\curvearrowright\curvearrowleft)$, $\Delta_{CV} = \dfrac{\alpha l}{4h} + \dfrac{b}{2}(\downarrow)$

4-8 $\Delta_{GV} = 0.625 \text{ cm}(\uparrow)$

4-9 $\Delta_{CV} = 15\alpha l + 7.5 \dfrac{\alpha l^2}{h}(\uparrow)$

4-10 $M_{BC} = \dfrac{3}{32} F_P l$（上边受拉）

综合作业

已知抗弯刚度为 EI 的简支梁（图 1a），在满跨均布荷载作用下的跨中弯矩为 $M_C^0 = \dfrac{1}{8} ql^2$，其竖向位移为 $\Delta_{CV}^0 = \dfrac{5ql^4}{384EI}$。试依次计算以下抗弯刚度仍为 EI 的各梁结构（图 1b~f），在全跨均布荷载作用下主跨跨中弯矩 M_C 及其竖向位移 Δ_{CV}，再分别计算各组合结构（图 1g~i）在全跨水平均布荷载作用下上弦杆节间的跨中弯矩 M_C。证明此时上述结构各跨中弯矩均与支座（结点）处的弯矩绝对值相等，并请进一步分析结构受力和变形状态与结构形式之间的关系。

(a)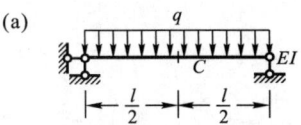

(b)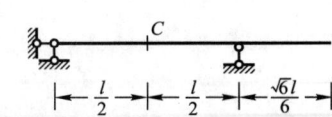

(g)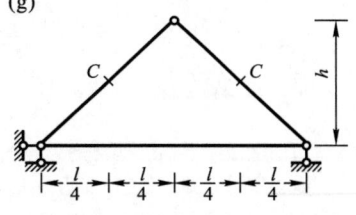

(c)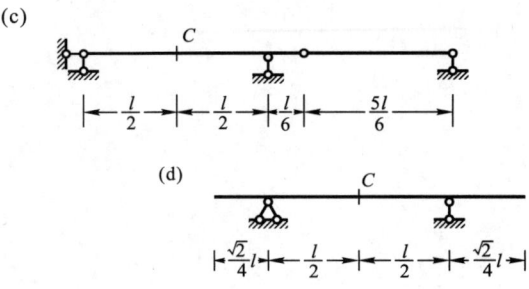

(d)

(h)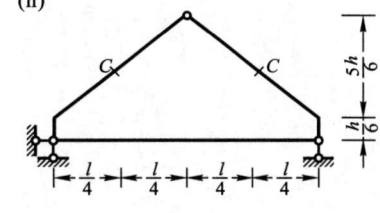

(e)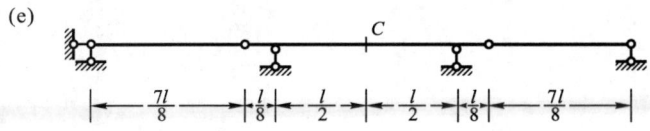

(i)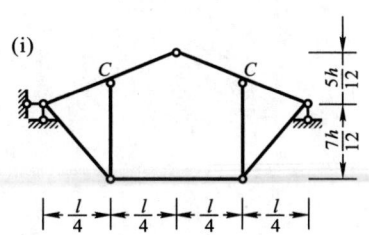

(f)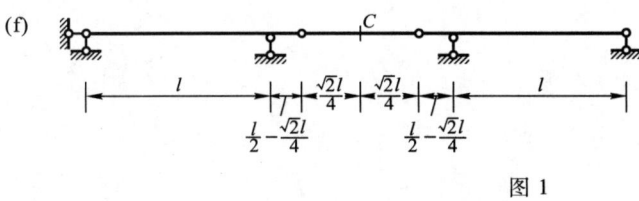

图 1

综合作业部分答案

(b)(c) $M_C = \dfrac{2}{3}M_C^0 = \dfrac{1}{12}ql^2$, $\Delta_{CV} = \dfrac{3}{5}\Delta_{CV}^0 = \dfrac{3ql^4}{384EI}$

(d)(e)(f) $M_C = \dfrac{1}{2}M_C^0 = \dfrac{1}{16}ql^2$, $\Delta_{CV} = \dfrac{2}{5}\Delta_{CV}^0 = \dfrac{ql^4}{192EI}$

(g) $M_C = \dfrac{1}{4}M_C^0 = \dfrac{1}{32}ql^2$

(h) $M_C = \dfrac{1}{6}M_C^0 = \dfrac{1}{48}ql^2$

(i) $M_C = \dfrac{1}{24}M_C^0 = \dfrac{1}{192}ql^2$

第2篇 超静定结构

第二篇 国情定性分析

第五章 力 法

§5-1 超静定结构概述和力法基本概念

超静定结构是工程中的常用结构。前已述及,超静定结构的反力和内力不能完全由静力平衡条件确定。例如图 5-1a 所示连续梁,它的水平反力虽可由静力平衡条件求出,但其竖向反力只凭静力平衡条件无法确定,因此不能进一步求出其全部内力。又如图 5-1b 所示的加劲梁,虽然它的反力可由静力平衡条件求得,但却不能确定杆件的内力。因此,这两个结构都是超静定结构。

分析以上两个结构的几何组成,可知它们都具有多余约束。多余约束的约束力称为<u>多余约束力</u>(简称多余力)。如图 5-1a 所示连续梁,可认为支座链杆 B 是多余约束,其多余力为 F_{By}(图 5-1c)。又如图 5-1b 所示加劲梁,其中的 BD 杆可视为多余约束,多余力即该杆的轴力 F_N(图 5-1d)。超静定结构在去掉多余约束后变为静定结构。

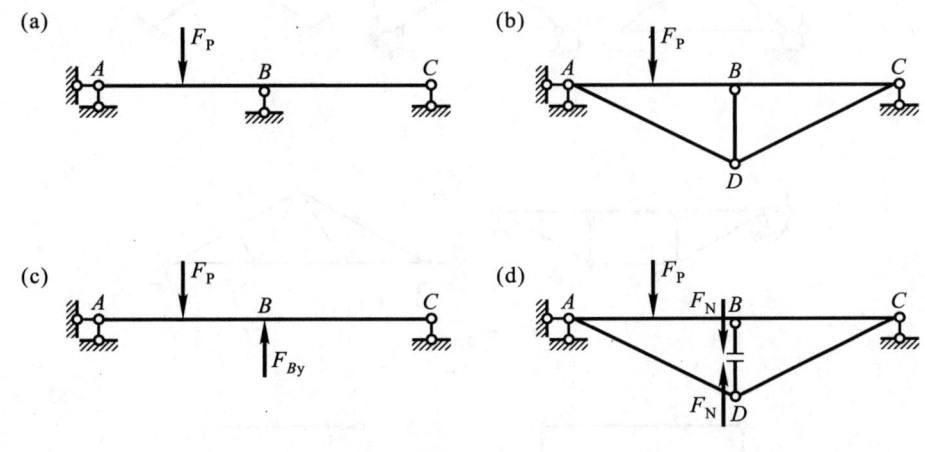

图 5-1

常见的超静定结构类型有:超静定梁(图 5-2)、超静定刚架(图 5-3)、超静定桁架(图 5-4)、超静定拱(图 5-5)、超静定组合结构(图 5-6)和铰接排架(图 5-7)等。

计算超静定结构最基本的方法为力法和位移法,此外还有各种派生出来的方法,如力矩分配法就是由位移法派生出来的。这些计算方法将在本章和下一章中分别介绍。

在掌握静定结构内力和位移计算的基础上,下面讨论求解超静定结构的方法。

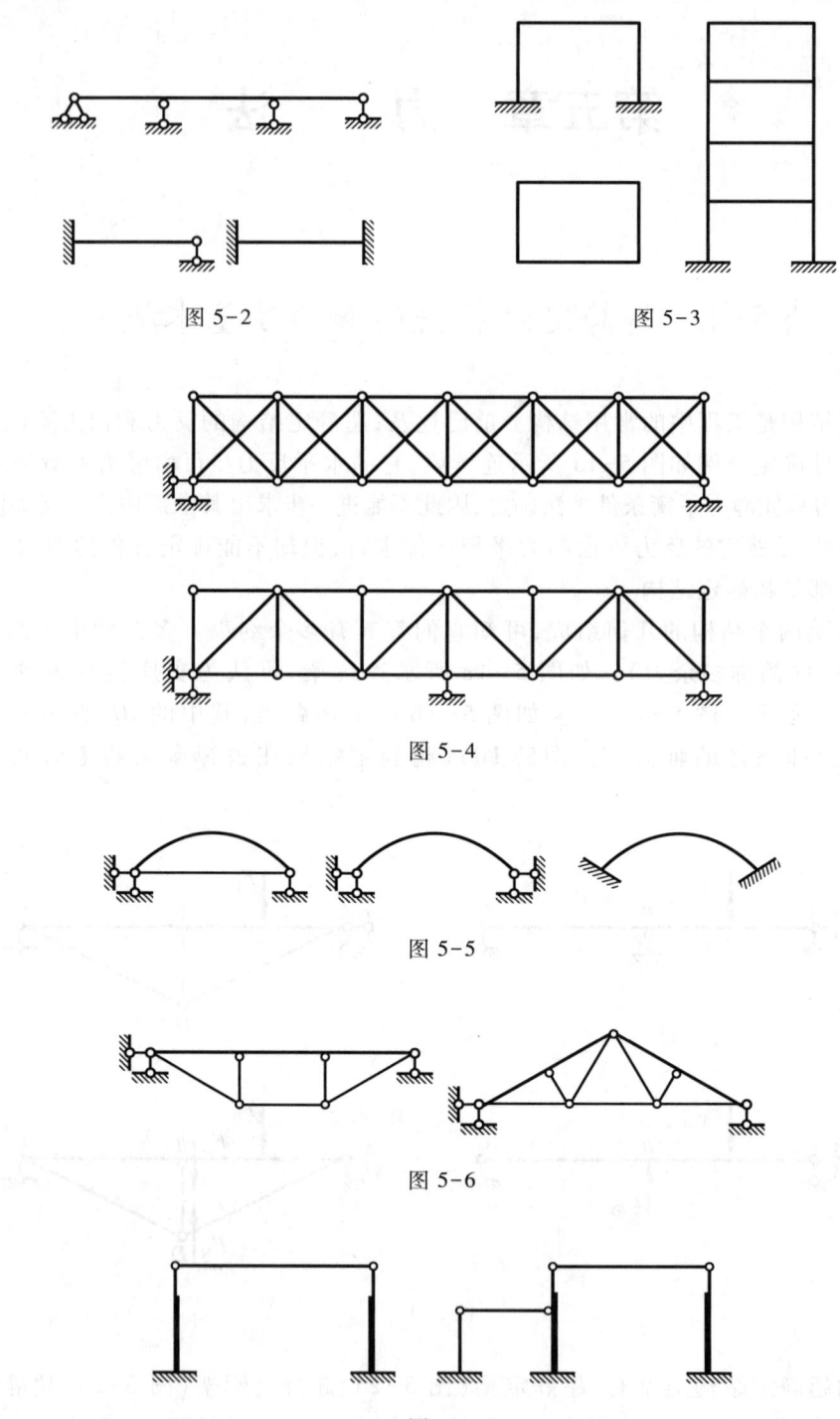

图 5-2

图 5-3

图 5-4

图 5-5

图 5-6

图 5-7

5-1 超静定梁

5-2 超静定刚架

5-3 超静定桁架

5-4 超静定拱

先以一个简单的例子加以说明。设有图 5-8a 所示一端固定另一端铰支的梁,它是具有一个多余约束的超静定结构。如果以右支座链杆作为多余约束,在去掉该约束后得到一个静定结构,称为力法的<u>基本结构</u>。在基本结构上,若以多余力 X_1 代替多余约束的作用,并施加原有荷载 q,则得到图 5-8b 所示同时受荷载 q 和多余力 X_1 作用的体系,该体系称为力法的**基本体系**。基本体系上作用的原荷载 q 是已知的，而多余力 X_1 是未知的，只要能设法求出多余力，则原结构的计算可通过基本体系解决。如果单从平衡条件考虑，X_1 可取任何数值，相应的反力、内力和位移各不相同，点 B 可能发生大小不同的竖向位移。为了确定 X_1，还必须从变形协调角度考虑位移条件。注意到原结构支座 B 处受竖向支座链杆约束，点 B 的竖向位移为零。因此，只有当 X_1 的数值恰与原结构右支座链杆上的反力相等时，才能使基本结构在原荷载 q 和多余力 X_1 共同作用下，点 B 的竖向位移（即沿 X_1 方向的位移）Δ_1 等于零。所以，用来确定 X_1 的位移条件是：在原荷载和多余力共同作用下，基本结构在去掉多余约束处的相应位移应与原结构对应的位移相等。由上可见，为了唯一确定超静定结构的反力和内力，必须同时考虑静力平衡条件和位移条件。

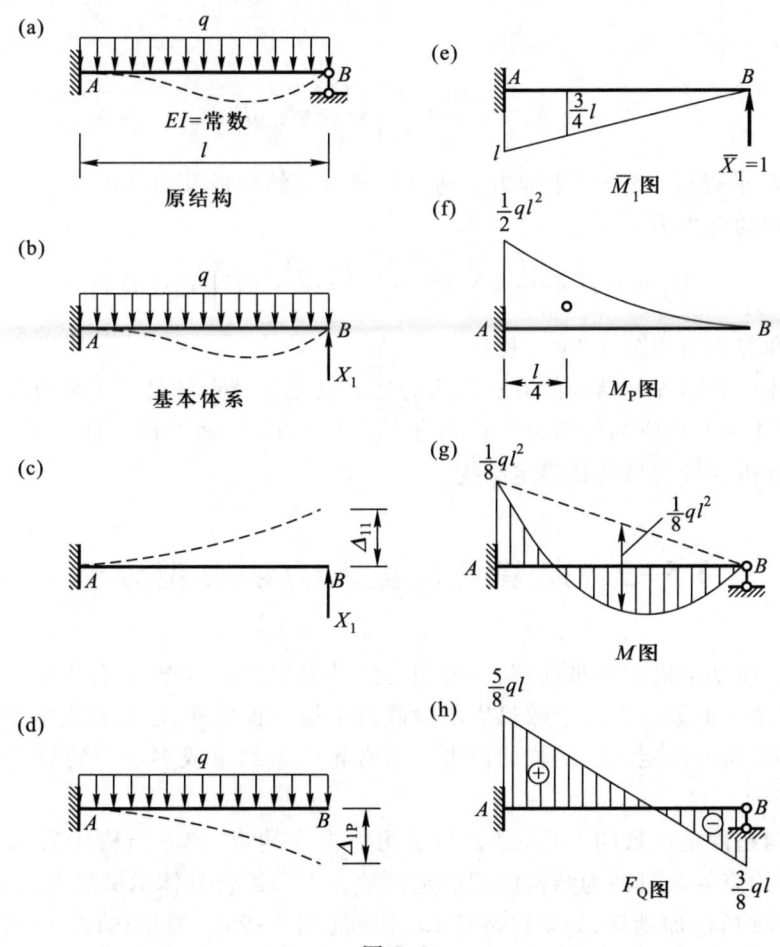

图 5-8

若令 Δ_{11} 及 Δ_{1P} 分别表示基本结构在多余力 X_1 及荷载 q 单独作用时，点 B 沿 X_1 方向的位移（图 5-8c、d），其符号都以沿 X_1 方向为正。根据叠加原理及 $\Delta_1 = 0$，有

$$\Delta_1 = \Delta_{11} + \Delta_{1P} = 0$$

再令 δ_{11} 表示 X_1 为单位力 $\overline{X}_1 = 1$①时，点 B 沿 X_1 方向所产生的位移，则 $\Delta_{11} = \delta_{11} X_1$，于是上

---

① 这里的单位力 $\overline{X} = 1$ 属单位物理量，其使用见本书符号表说明第 3 点对单位量的说明。以下类同。

式可写成力法方程

$$\delta_{11}X_1 + \Delta_{1P} = 0 \tag{5-1}$$

由于 δ_{11} 和 Δ_{1P} 都是基本结构在已知外力作用下的位移，均可按第四章所述计算位移的方法求得，多余力即可由式(5-1)确定。这里采用图乘法计算 δ_{11} 及 Δ_{1P}。先分别绘出 $\overline{X}_1 = 1$ 和荷载 q 单独作用在基本结构上的弯矩图 $\overline{M}_1$(图 5-8e)和 M_P(图 5-8f)，然后求得

$$\delta_{11} = \frac{1}{EI} \times \frac{l^2}{2} \times \frac{2l}{3} = \frac{l^3}{3EI}$$

$$\Delta_{1P} = -\frac{1}{EI}\left(\frac{1}{3}l \times \frac{ql^2}{2}\right) \times \frac{3}{4}l = -\frac{ql^4}{8EI}$$

由式(5-1)有

$$X_1 = -\frac{\Delta_{1P}}{\delta_{11}} = \frac{ql^4}{8EI} \times \frac{3EI}{l^3} = \frac{3}{8}ql$$

多余力 X_1 求得后，完全可用静力平衡条件确定原结构的反力和内力。

例如 A 端的弯矩为

$$M_{AB} = X_1 l - ql \times \frac{l}{2} = \frac{3}{8}ql^2 - \frac{1}{2}ql^2 = -\frac{1}{8}ql^2 (上边受拉)$$

最后弯矩图和剪力图如图 5-8g、h 所示。

以上所述计算超静定结构的方法称为力法。其基本特点就是以多余力作为基本未知量，根据基本体系上相应的位移条件首先将多余力求出，后面的计算即与静定结构无异。力法可用来分析各种类型的超静定结构。

§5-2 超静定次数和力法典型方程

由上节所述基本概念不难理解，一般用力法计算超静定结构时，首先应确定多余约束的个数，即多余力的数目。这个数目表示除静力平衡方程之外，还需补充多少个力法方程以求解多余力，从而确定所给结构的内力。通常将多余约束或多余力的数目称为结构的**超静定次数**。

确定结构超静定次数的方法，是去掉结构的多余约束，使原结构成为一个静定的结构，则所去掉约束的数目即为结构的超静定次数。下面结合具体示例加以说明。

如图 5-9a 所示加劲梁，如果将链杆 CD 切断(图 5-9b)，原结构成为一个静定结构，一根链杆相当于一个约束，所以原结构具有一个多余约束，是一次超静定结构。

去掉多余约束使超静定结构成为静定结构，可以有多种不同方式。如图 5-10a 所示单跨梁，可以把支座链杆 B 去掉使结构成为静定的悬臂梁(图 5-10b)，它是具有一个多余约束的超静定结构。如果在原结构的固定支座 A 处将转动方向的约束去掉，使之成为固定铰支座。因固定支座有三个约束，改成固定铰支座相当于去掉一个约束，这时与所去约束对应的多余力是固定端截面的弯矩，于是得到图 5-10c 所示的简支梁。对于同一个超静定结构，去掉多余约束的方式不同，所得基本结构也不同，但去掉多余约束的数目应该一样，即原结构的超静定次数。

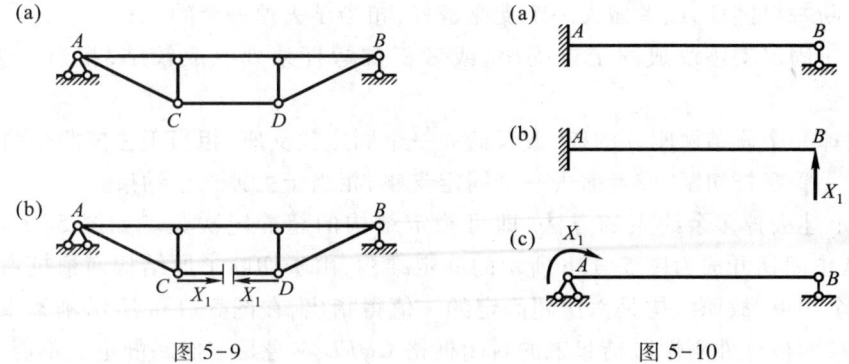

图 5-9　　　　　　　　图 5-10

图 5-11a 所示刚架，可将 A、B 两固定支座改成固定铰支座，则得图 5-11b 所示静定结构，原结构是二次超静定。也可去掉中间铰 C 得到图 5-11c 所示静定结构。去掉一个单铰也相当于去掉两个约束，原结构仍为二次超静定。

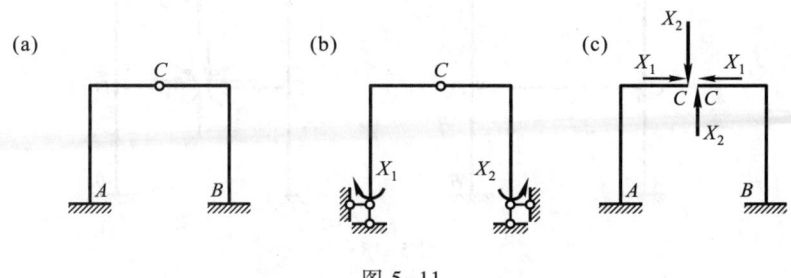

图 5-11

图 5-12a 所示刚架，将 B 端固定支座撤去得图 5-12b 所示悬臂刚架，原结构是三次超静定。如果将原结构从横梁中间切断，得到图 5-12c 所示两个悬臂刚架，切断抗弯杆相当于去掉三个约束。还可将原结构横梁中点及两支座处改成铰结，得图 5-12d 所示三铰刚架，把抗弯杆某处改成铰结相当于去掉一个约束，总共去掉三个约束。

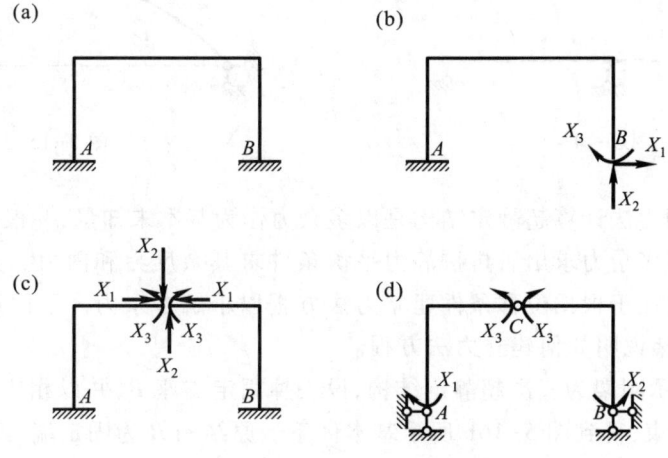

图 5-12

归纳起来,在超静定结构上去掉多余约束的方法通常有如下几种:

1. 切断一根链杆,或者撤去一个支座链杆,相当于去掉一个约束;
2. 将一固定支座改成固定铰支座,或者将抗弯杆某处改成铰结,相当于去掉一个约束;
3. 去掉一个联结两刚片的铰,或者撤去一个固定铰支座,相当于去掉两个约束;
4. 将一受弯杆切断,或者撤去一个固定支座,相当于去掉三个约束。

应用上述去掉多余约束的方法,即可确定结构的超静定次数。如图 5-13a 所示结构,将它从中间切开成为图 5-13b 所示的静定结构,由于切断了原结构两根抗弯杆,相当于去掉六个约束,故原结构是六次超静定的。值得指出,在图 5-13a 所示刚架中,由 CD、DF、FE、EC 四根杆件刚性联结起来的封闭框格 $CDFE$ 本身是三次超静定。不能误认为将原结构撤去一个固定支座以后就成为静定结构,因为虽然去掉三个约束,而 $CDFE$ 部分仍有多余约束,其内力无法由静力平衡条件确定。

5-5 封闭框格的超静定次数

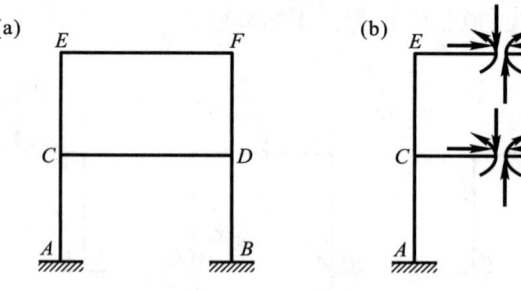

图 5-13

去掉多余约束方式不同,同一超静定结构的基本结构就有不同形式,但应注意,所有基本结构必须几何不变,对保证其几何不变性的必要约束绝对不能去掉。如图 5-14 所示连续梁,其水平支座链杆就绝对不能去掉,否则将成为常变体系。又如图 5-15 所示两铰拱,其任一竖向支座链杆也绝对不能去掉,否则将成为瞬变体系。

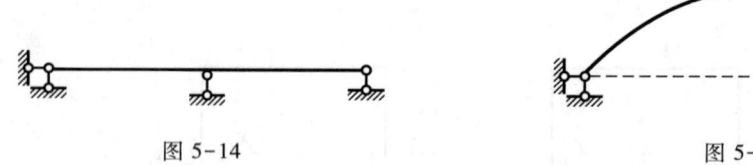

图 5-14   图 5-15

如前所述,用力法计算超静定结构是以多余力作为基本未知量,并根据相应的位移条件求解多余力,待多余力求出后再按静力平衡条件求其余反力和内力。力法解算一般超静定结构的关键,在于根据位移条件建立力法方程以求解多余力。下面通过受荷载作用的三次超静定刚架说明如何建立力法方程。

图 5-16a 所示刚架为三次超静定结构,设去掉固定支座 B,并以相应的多余力 X_1、X_2 和 X_3 代替所去约束,得到图 5-16b 所示基本体系。原结构 B 为固定端,没有水平位移、竖向位移和转角,承受荷载 F_{P1}、F_{P2} 和三个多余力 X_1、X_2、X_3 作用的基本结构,相应也有三个位移条件,即点 B 沿 X_1 方向的位移(水平位移)Δ_1、沿 X_2 方向的位移(竖向位移)Δ_2 和沿

X_3 方向的位移(转角)Δ_3 都等于零。

令 δ_{11}、δ_{21} 和 δ_{31} 分别表示当 $\bar{X}_1 = 1$ 单独作用时,基本结构上点 B 沿 X_1、X_2 和 X_3 方向的位移(图 5-16c);δ_{12}、δ_{22} 和 δ_{32} 分别表示当 $\bar{X}_2 = 1$ 单独作用时,基本结构上点 B 沿 X_1、X_2 和 X_3 方向的位移(图 5-16d);δ_{13}、δ_{23} 和 δ_{33} 分别表示当 $\bar{X}_3 = 1$ 单独作用时,基本结构上点 B 沿 X_1、X_2 和 X_3 方向的位移(图 5-16e);Δ_{1P}、Δ_{2P} 和 Δ_{3P} 分别表示当荷载 F_{P1}、F_{P2} 单独作用时,基本结构上点 B 沿 X_1、X_2 和 X_3 方向的位移(图 5-16f)。根据叠加原理,位移条件可写成

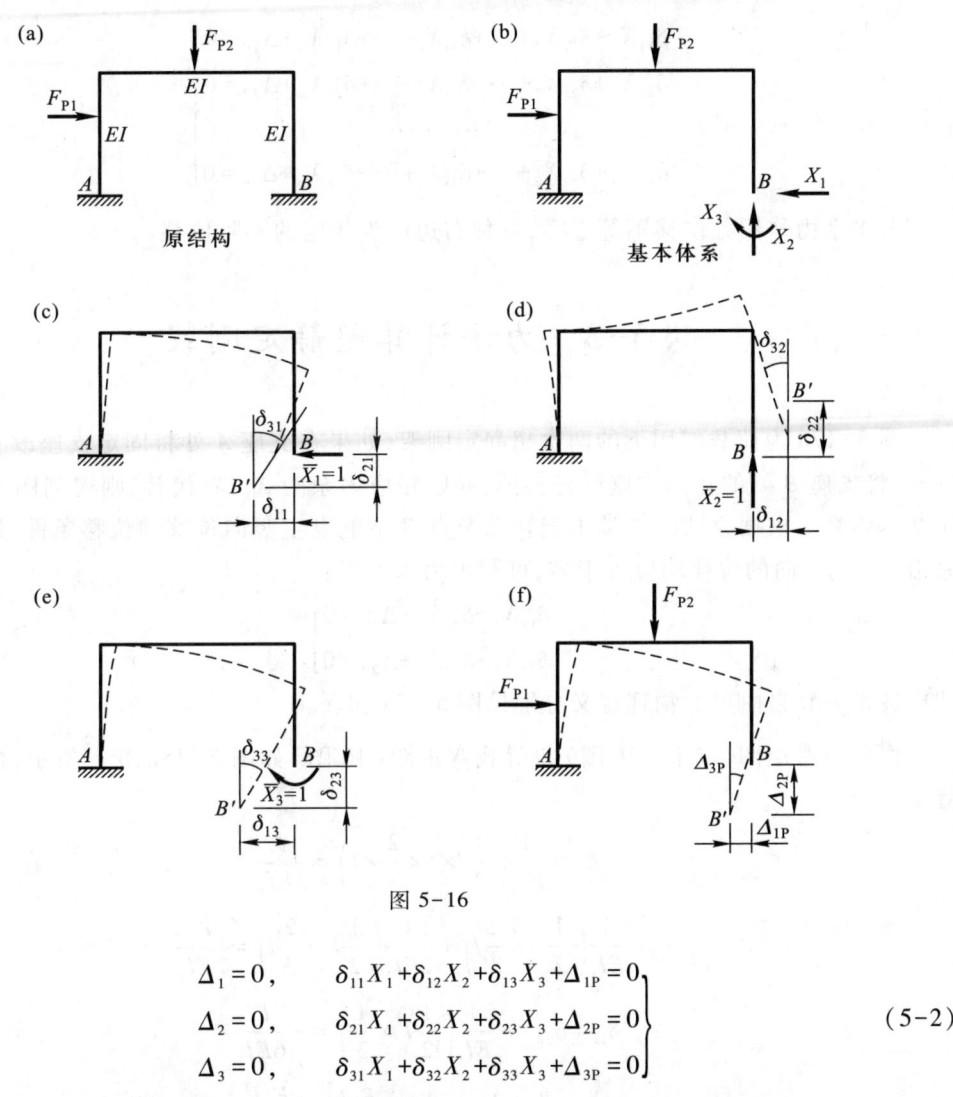

图 5-16

$$\left.\begin{array}{ll} \Delta_1 = 0, & \delta_{11}X_1 + \delta_{12}X_2 + \delta_{13}X_3 + \Delta_{1P} = 0 \\ \Delta_2 = 0, & \delta_{21}X_1 + \delta_{22}X_2 + \delta_{23}X_3 + \Delta_{2P} = 0 \\ \Delta_3 = 0, & \delta_{31}X_1 + \delta_{32}X_2 + \delta_{33}X_3 + \Delta_{3P} = 0 \end{array}\right\} \quad (5-2)$$

这就是根据位移条件建立的求解多余力 X_1、X_2 和 X_3 的方程组。其物理意义为:基本体系在全部多余力和已知荷载作用下,在去掉多余约束处(现为点 B)产生的位移应与原结构相应的位移相等。上列方程主斜线(从 δ_{11} 至 δ_{33})上的系数 δ_{ii} 称为主系数,其余的系数 δ_{ik} 称为副系数,Δ_{iP} 称为自由项。所有系数和自由项都是基本结构在去掉多余约束处沿某一多余力方向的位移,因而可根据第四章位移计算方法求得,并规定与所设多余力方向一致时为正。所以,主系数总为正,而副系数和自由项则可能为正、为负或为零。根据位移互等定理可知,副系数存在互等关系,即

$$\delta_{ik}=\delta_{ki}$$

方程(5-2)通常称为荷载作用下的**力法典型方程**。

系数和自由项求得后,即可解算典型方程求得各多余力,然后再按照分析静定结构的方法求原结构的内力。

n 次超静定结构,共有 n 个多余力,每个多余力对应一个多余约束,也就对应一个已知的位移条件,故可按 n 个位移条件建立 n 个方程。当多余力作用处已知位移为零时,力法典型方程可写为

$$\left.\begin{array}{l}\delta_{11}X_1+\delta_{12}X_2+\cdots+\delta_{1i}X_i+\cdots+\delta_{1n}X_n+\Delta_{1P}=0\\ \delta_{21}X_1+\delta_{22}X_2+\cdots+\delta_{2i}X_i+\cdots+\delta_{2n}X_n+\Delta_{2P}=0\\ \cdots\cdots\cdots\cdots\\ \delta_{n1}X_1+\delta_{n2}X_2+\cdots+\delta_{ni}X_i+\cdots+\delta_{nn}X_n+\Delta_{nP}=0\end{array}\right\}$$

若多余力作用处位移不等于零,方程右边应为相应的实际位移。

§5-3 力法计算超静定刚架

图 5-17a 为荷载作用下的两次超静定刚架,如果在支座 A 处将固定支座改为固定铰支座,将支座 B 处的竖向支座链杆去掉,并以相应多余力 X_1、X_2 代替,则得到图 5-17b 所示基本体系。根据原结构 A 端不能转动及点 B 不能发生竖向位移的位移条件,即基本体系沿 X_1、X_2 方向的位移均应等于零,可写出力法方程:

$$\left.\begin{array}{l}\delta_{11}X_1+\delta_{12}X_2+\Delta_{1P}=0\\ \delta_{21}X_1+\delta_{22}X_2+\Delta_{2P}=0\end{array}\right\}$$

式中各系数和自由项的物理意义分别见图 5-17c、d、e。

作单位弯矩图($\overline{M}_1$图、$\overline{M}_2$图)和荷载弯矩图(M_P图)如图 5-18a、b、c 所示,由图乘法算得

$$\delta_{11}=\frac{1}{EI_1}\left(\frac{1}{2}l\times 1\times\frac{2}{3}\times 1\right)=\frac{l}{3EI_1}$$

$$\delta_{22}=\frac{1}{EI_1}\left(\frac{1}{2}l^2\times\frac{2}{3}l\right)+\frac{1}{2EI_1}\left(\frac{1}{2}l^2\times\frac{2}{3}l\right)=\frac{l^3}{2EI_1}$$

$$\delta_{12}=\delta_{21}=-\frac{1}{EI_1}\left(\frac{1}{2}l^2\times\frac{1}{3}\right)=-\frac{l^2}{6EI_1}$$

$$\Delta_{1P}=\frac{1}{EI_1}\left(\frac{1}{2}l\times 1\times\frac{1}{3}\times\frac{F_Pl}{2}\right)=\frac{F_Pl^2}{12EI_1}$$

$$\Delta_{2P}=-\frac{1}{EI_1}\left(\frac{1}{2}l\times\frac{F_Pl}{2}\times\frac{2}{3}l\right)-\frac{1}{2EI_1}\left(\frac{1}{2}\times\frac{l}{2}\times\frac{F_Pl}{2}\times\frac{5}{6}l\right)=-\frac{7F_Pl^3}{32EI_1}$$

代入力法方程并整理得

$$\frac{1}{3}X_1-\frac{l}{6}X_2+\frac{F_Pl}{12}=0$$

$$-\frac{1}{6}X_1 + \frac{l}{2}X_2 - \frac{7F_P l}{32} = 0$$

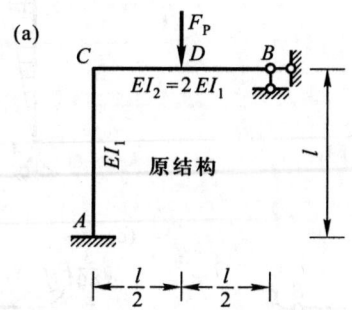

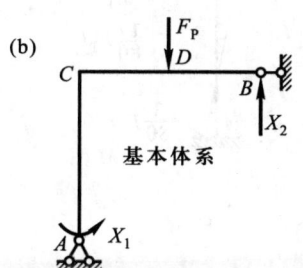

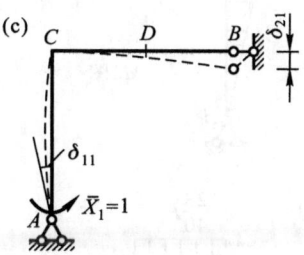

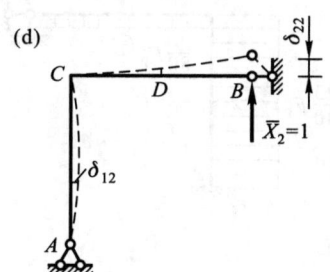

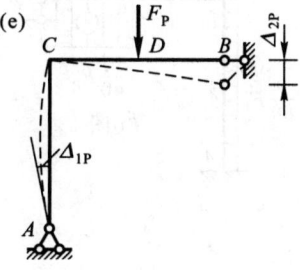

图 5-17

联立解得

$$X_1 = -\frac{3}{80}F_P l, \quad X_2 = \frac{17}{40}F_P$$

多余力求得后，最后弯矩可由基本体系直接求得或按叠加原理计算：

$$M = X_1 \overline{M}_1 + X_2 \overline{M}_2 + M_P$$

例如，AC 杆 C 端的弯矩（设使杆件外侧受拉为正）为

$$M_{CA} = \left(-\frac{3}{80}F_P l\right) \times 0 + \left(\frac{17}{40}F_P\right)(-l) + \frac{F_P l}{2} = \frac{3}{40}F_P l$$

根据基本结构上荷载和多余力作用的情况，应将刚架分段，计算各控制截面弯矩后，作最后弯矩图如图 5-18d 所示。

剪力图和轴力图在多余力求得后，不难按绘制静定结构内力图的方法作出。剪力图和轴力图见图 5-18e、f。

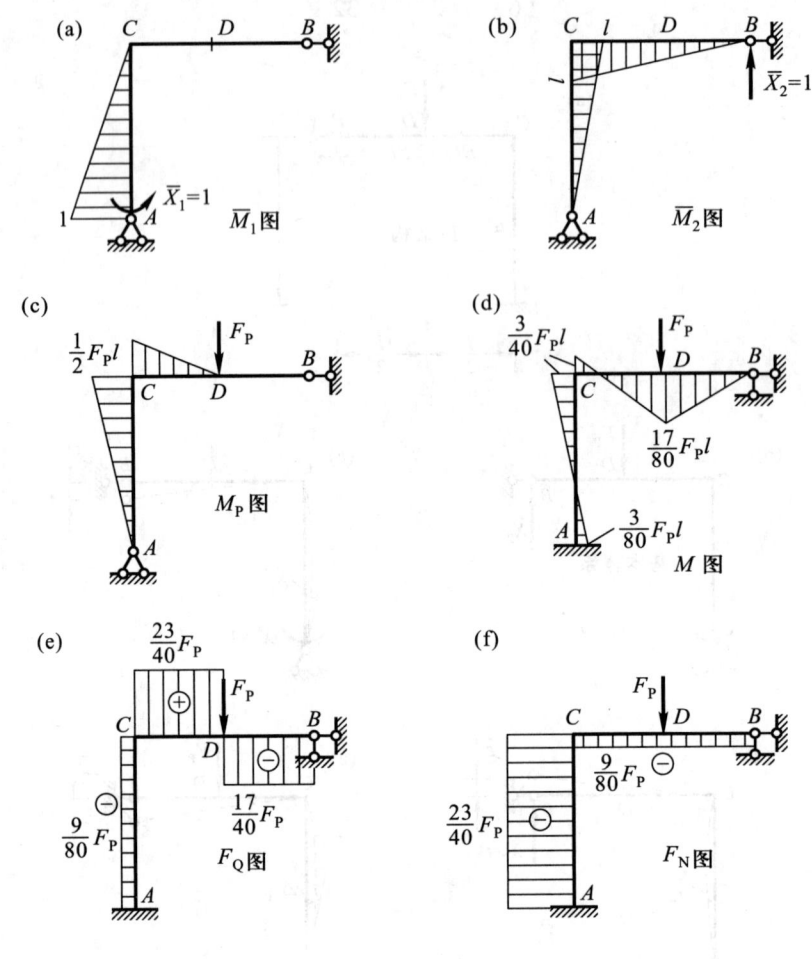

图 5-18

由此例可以看出,若结构各杆弹性模量 E 相同,则荷载作用下结构的反力和内力只与各杆惯性矩的比值有关。当各杆所用材料不同时,结构的反力和内力就与各杆抗弯刚度 EI 的比值有关。这是超静定结构的一个重要特性。由于这一特性,在计算荷载作用下的结构内力时,为简便起见,各杆件的刚度可采用其比值。

根据以上所述,可将力法计算超静定结构的步骤归纳如下:

1. 确定基本未知量数目。
2. 去掉结构的多余约束得到基本结构,并以多余力代替相应多余约束。
3. 根据基本结构在多余力和原荷载(或其他外因)共同作用下,在多余力作用点沿多余力方向的位移应与原结构相应位移相同的条件,建立力法方程。为此,需要:

(1) 作出基本结构的单位内力图和荷载内力图(或列出内力表达式);
(2) 按照求位移的方法计算系数和自由项。

4. 解力法方程,求出多余力。
5. 利用叠加原理或按分析静定结构的方法绘出原结构的内力图,也称最后内力图。

6. 校核。

最后内力图的校核可分两步。第一步是静力平衡校核,取结点或结构某一部分为隔离体,检查内力是否平衡。但这种校核不能发现建立和解算力法方程的错误。因为正确的单位内力图和荷载内力图满足平衡条件,将单位内力图乘以多余力再与荷载内力图叠加,不论多余力正确与否,其结果仍然满足平衡条件。

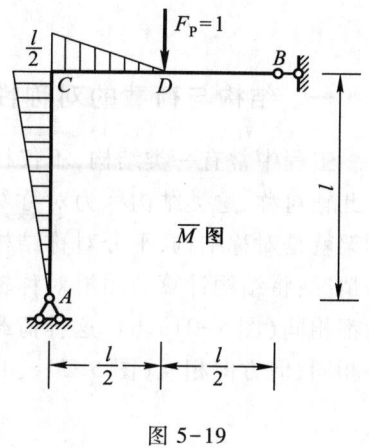

图 5-19

第二步是位移条件校核。为此,须先讨论超静定结构的位移计算。由于图 5-17a 所示超静定刚架位移与图 5-17b 所示基本体系位移相等。为了计算简便,超静定结构位移计算常在其基本体系上进行。例如欲计算原结构(图 5-17a)梁 CB 中点 D 的竖向位移,可将其转换为求图 5-17b 所示基本体系的位移。根据单位荷载法,将虚拟力作用于基本结构即得计算该位移的虚拟状态(图 5-19)。由于基本结构静定,所以虚拟状态的弯矩图根据平衡条件即可绘出。而图 5-17b 所示基本体系的弯矩图也就是原结构的最后弯矩图(图 5-18d),将图 5-19 和图 5-18d 所示弯矩图图乘,便得所求位移

$$\Delta_{DV} = \frac{1}{2EI_1} \times \frac{1}{2} \times \frac{l}{2} \times \frac{l}{2} \times \left(\frac{2}{3} \times \frac{3}{40} F_P l - \frac{1}{3} \times \frac{17}{80} F_P l \right) +$$

$$\frac{1}{EI_1} \times \frac{1}{2} \times \frac{l}{2} \times l \times \left(\frac{2}{3} \times \frac{3}{40} F_P l - \frac{1}{3} \times \frac{3}{80} F_P l \right)$$

$$= \frac{31 F_P l^3}{3\,840 EI_1} = 0.008\,07 \frac{F_P l^3}{EI_1} (\downarrow)$$

上述计算超静定结构位移的方法优点在于虚拟状态是静定的,所以比较简便。当超静定结构通过力法或其他方法绘出最后内力图后,就可用这种方法计算超静定结构的任一位移。例如图 5-17a 所示刚架支座 A 的角位移,也可用这种方法计算。但支座 A 是固定支座,角位移应等于零,于是可以利用这一已知的位移条件,校核所求得的最后内力图。图 5-17a 所示刚架支座 A 的角位移等于图 5-17b 所示基本体系的相应位移,将虚拟力 $M=1$ 作用于基本结构的截面 A,便得到计算该位移的虚拟状态(图 5-18a)。根据图 5-18a 与图 5-18d 所示弯矩图,图乘计算 A 截面的角位移为

$$\varphi_A = \frac{1}{EI_1} \times \frac{1}{2} \times 1 \times l \times \left(\frac{1}{3} \times \frac{3}{40} F_P l - \frac{2}{3} \times \frac{3}{80} F_P l \right) = 0$$

可知该位移条件得到满足,这就是用力法计算图 5-17a 所示刚架,建立力法方程的第一个位移条件。除此之外,还可利用基本体系中点 B 的竖向位移为零或其他已知位移条件进行校核。

§5-4 对称结构计算

一、结构与荷载的对称性

工程中常有一类结构，不仅杆件构成的几何图形轴对称，而且杆件的刚度及支承也关于此轴对称，这类结构称为**对称结构**，该轴线即为对称轴。例如图 5-20a、b 所示的两个刚架就是对称结构，平分对称结构的中线即对称轴。作用在对称结构上的荷载有两种特殊情况：将结构计算简图沿对称轴对折，若结构两部分所受荷载作用线重合，且大小和方向都相同（图 5-21a、b），这种荷载称为正对称荷载；如果两部分所受荷载作用线重合且大小相同，但方向相反（图 5-21c、d），这种荷载称为反对称荷载。

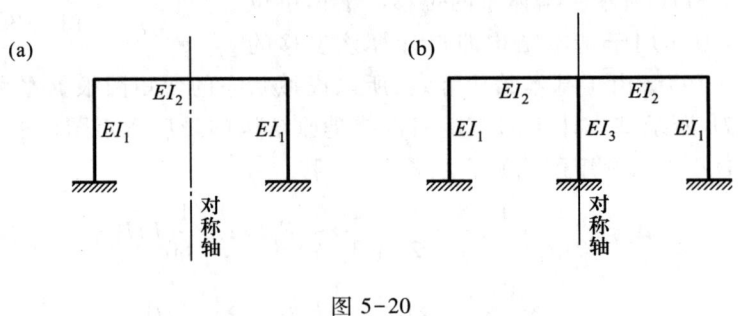

图 5-20

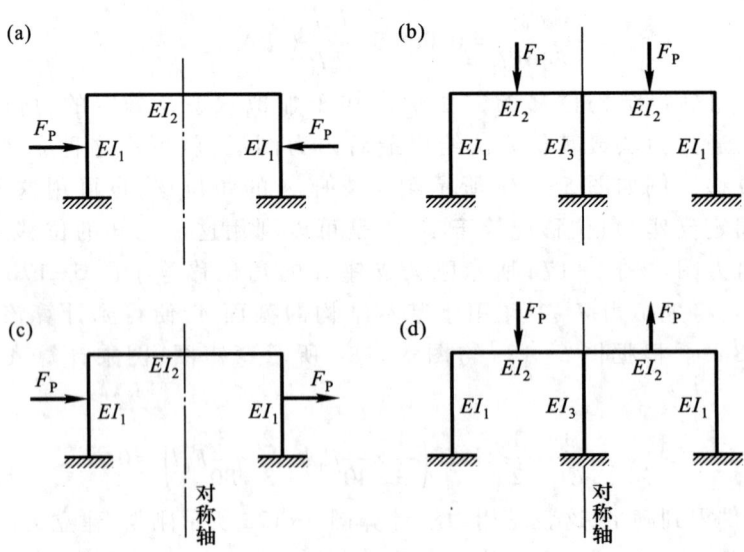

图 5-21

二、利用对称性计算

下面讨论图 5-22a 所示对称结构受荷载作用时的受力和变形特点，并由此得出利用对称性简化计算的方法。将刚架从 CD 杆的中点 K 处切开，并代以相应的多余力 X_1、X_2、

X_3，得图 5-22b 所示对称的基本结构。因为原结构中 CD 杆连续，K 处左右两侧截面不能发生水平和竖直相对移动，也没有相对转动。据此可写出力法方程如下：

$$\left.\begin{array}{l}\delta_{11}X_1+\delta_{12}X_2+\delta_{13}X_3+\Delta_{1P}=0\\ \delta_{21}X_1+\delta_{22}X_2+\delta_{23}X_3+\Delta_{2P}=0\\ \delta_{31}X_1+\delta_{32}X_2+\delta_{33}X_3+\Delta_{3P}=0\end{array}\right\}$$

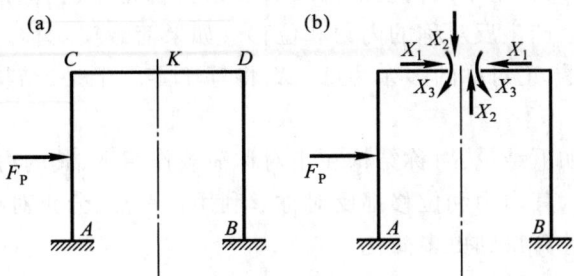

图 5-22

以上方程组的第一式表示基本体系切口两侧截面沿水平方向的相对位移为零，第二式表示切口两侧截面沿竖直方向的相对位移为零，第三式表示切口两侧截面的相对转角为零。力法方程的系数和自由项代表基本结构切口两侧截面的相对位移，例如在 $\overline{X}_1=1$ 单独作用下基本结构的变形如图 5-23 虚线所示，δ_{11} 为切口两侧截面的相对水平位移，δ_{31} 为切口两侧截面的相对转角，δ_{21}（切口两侧截面的相对竖向位移）为零，图中没有画出。

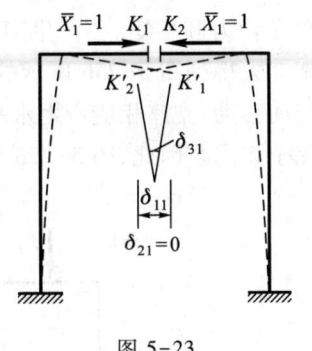

图 5-23

为计算系数，分别绘出单位弯矩图如图 5-24a、b、c 所示。因为 $\overline{X}_1$ 和 $\overline{X}_3$ 正对称，所以 $\overline{M}_1$ 和 $\overline{M}_3$ 图是正对称图形；而 $\overline{X}_2$ 反对称，所以 $\overline{M}_2$ 图是反对称图形。而杆件的刚度对称，所以图乘计算系数必然有

$$\delta_{12}=\delta_{21}=0$$
$$\delta_{23}=\delta_{32}=0$$

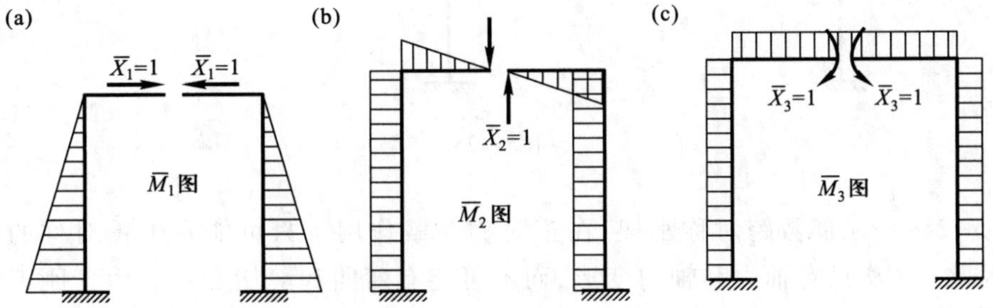

图 5-24

力法方程变为

$$\left.\begin{array}{l}\delta_{11}X_1+\delta_{13}X_3+\Delta_{1P}=0\\ \delta_{31}X_1+\delta_{33}X_3+\Delta_{3P}=0\end{array}\right\}$$

和
$$\delta_{22}X_2+\Delta_{2P}=0$$

由第三式可直接求得 X_2，由第一、第二两式联立解出 X_1 和 X_3。由上述可知，对称的超静定结构，如果从结构的对称轴处去掉多余约束，选取对称的基本结构，则可使原方程分为两组，求解的阶数下降并使某些副系数为零，从而使力法方程的计算得到简化。

进一步考虑，如果荷载正对称，M_P 图是正对称图形，则 $\Delta_{2P}=0$，故 $X_2=0$，即反对称的多余力为零。作用在对称基本结构上的荷载和多余力都是正对称，故结构的受力和变形状态必然正对称，不会产生反对称的内力和位移。如果荷载反对称，M_P 图也是反对称，自由项 Δ_{1P}、Δ_{3P} 均等于零，正对称的多余力 X_1、X_3 将等于零。于是，结构的受力和变形状态也必然反对称。

根据上述，可得如下结论：对称结构在正对称荷载作用下，其内力和位移都是正对称；在反对称荷载作用下，其内力和位移都反对称。利用这一点，分析对称刚架可取半个刚架进行计算，有可能使计算得到更多简化。

三、半刚架

图 5-25a 所示奇数跨对称刚架受正对称荷载作用，其内力和变形只能正对称分布，对称轴上的截面 C 不能发生水平移动和转动，只能发生竖向移动；该截面的内力只可能存在轴力和弯矩，不产生剪力。这种情况如同截面 C 受到定向支座的约束，把右半部分刚架弃去得到图 5-25b 所示的半刚架。定向支座约束了截面 C 的水平移动和转动，允许产生竖向移动，支座相应产生水平反力和反力偶，无竖向分力，截面 C 的受力和约束与原来情况完全相同。因此，图 5-25b 所示刚架的受力和变形与图5-25a中左半刚架也完全相同。

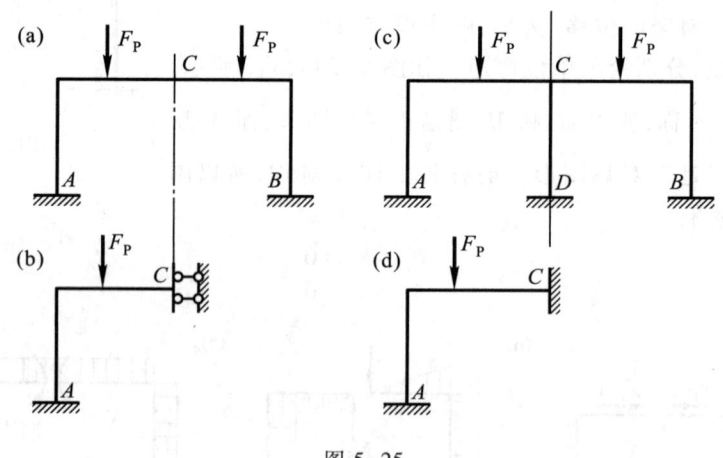

图 5-25

图 5-25c 所示偶数跨对称刚架，在正对称荷载作用下只可能发生正对称的内力和变形，因此柱 CD 只有轴力和轴向变形，而不可能有弯曲和剪切变形。由于刚架分析中一般不考虑轴向变形的影响，所以对称轴上的截面 C 不会发生任何位移，故可取图 5-25d 所示半刚架，C 截面取为固定支座。柱 CD 的轴力等于图 5-25d 支座 C 竖向反力的 2 倍。

图 5-26a 所示奇数跨对称刚架，在反对称荷载作用下内力反对称，对称轴上的截面 C 只有剪力，不存在轴力和弯矩。由于刚架的变形反对称，所以截面 C 可以水平移动和转

动,不会产生竖向位移。因此,截取半刚架时可在 C 处用一根竖向支座链杆代替原有约束(图 5-26b)。

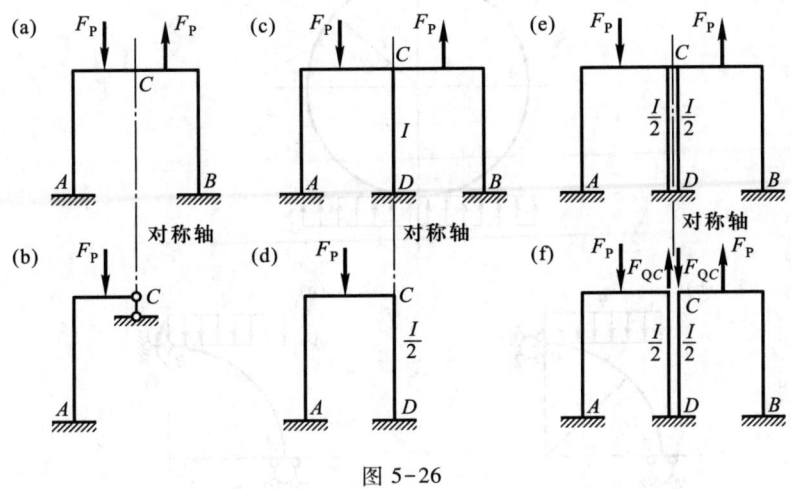

图 5-26

图 5-26c 所示偶数跨对称刚架,在反对称荷载作用下内力和变形都是反对称的。取半刚架时,设想将处于对称轴上的竖柱用两根惯性矩为 $\frac{I}{2}$ 的竖柱代替(图 5-26e)。由于荷载反对称,截面 C 只有剪力 F_{QC}(图 5-26f),且仅分别在 $\frac{I}{2}$ 柱中产生拉力和压力,而在求原柱内力时应将两 $\frac{I}{2}$ 柱的内力叠加,剪力 F_{QC} 对原结构的内力和变形无影响,可将其略去,从而得到如图 5-26d 所示的半刚架。

计算出半刚架的内力后,另一半刚架的内力利用对称或反对称性质即可求得。如对称刚架上作用的任意荷载(图 5-27a),可先将其分解为正对称和反对称两组(图 5-27b、c),分别取半刚架计算,再将两组结果叠加,即得原结构的内力。

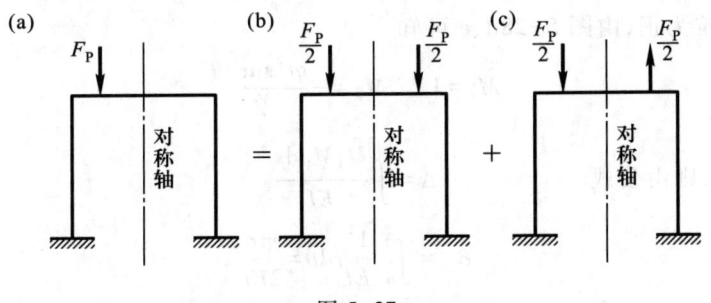

图 5-27

【例 5-1】 图 5-28a 所示结构,EI = 常数。试作 M 图。

解:本题为封闭圆环在平衡力系作用下的受力问题,它是三次超静定结构。若以过圆心的水平和竖向直线作为该结构的两根对称轴,利用对称性可取结构的四分之一计算,如图5-28b所示。这是一次超静定结构,图 5-28c 所示为基本体系,力法方程为

$$\delta_{11}X_1 + \Delta_{1P} = 0$$

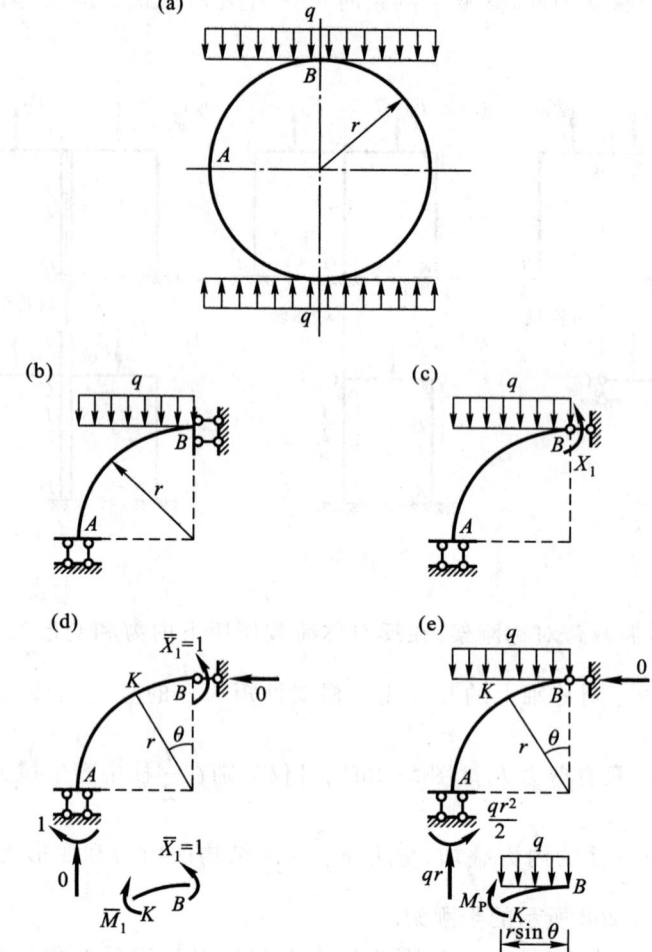

图 5-28

对于曲杆结构通常曲率的影响忽略不计,位移计算也常只考虑弯曲变形的影响。设弯矩以内侧受拉为正,由图 5-28d、e 可知

$$\overline{M}_1 = 1, \quad M_P = -\frac{qr^2\sin^2\theta}{2}$$

注意到 $ds = rd\theta$,则由公式

$$\Delta = \int \frac{\overline{M}_1 M_P ds}{EI}$$

可得

$$\delta_{11} = \int_0^{\frac{\pi}{2}} \frac{1^2}{EI} r d\theta = \frac{\pi r}{2EI}$$

$$\Delta_{1P} = \int_0^{\frac{\pi}{2}} \frac{1}{EI} \times 1 \times \left(-\frac{qr^2\sin^2\theta}{2}\right) r d\theta = -\frac{qr^3}{2EI}\int_0^{\frac{\pi}{2}} \sin^2\theta d\theta = -\frac{q\pi r^3}{8EI}$$

所以

$$X_1 = -\frac{\Delta_{1P}}{\delta_{11}} = \frac{q\pi r^3}{8EI} \times \frac{2EI}{\pi r} = \frac{qr^2}{4}$$

按 $M = X_1 \overline{M}_1 + M_P = \frac{qr^2}{4} - \frac{qr^2\sin^2\theta}{2}$ 可作出结构的弯矩图,如图 5-29 所示。

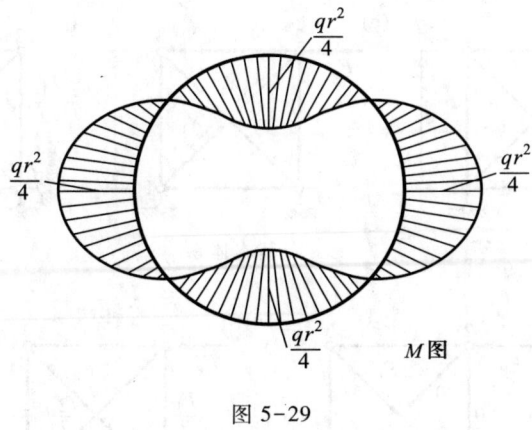

图 5-29

§5-5 力法计算其他超静定结构

求解不同类型的超静定结构,关键在于根据各自特点去掉多余约束,建立力法方程,按前述位移计算方法求出系数和自由项再行求解。下面分别举例说明用力法计算荷载作用下的超静定桁架、排架、组合结构和两铰拱。

一、超静定桁架

超静定桁架各杆只产生轴力,计算系数和自由项时只考虑轴力影响。

【例 5-2】 试计算图 5-30a 所示超静定桁架。已知各杆的材料和截面面积都相同。

解:此桁架是一次超静定结构。现将杆 12 切断并代以多余力 X_1,其基本体系如图 5-30b 所示。根据切口处两侧截面的轴向相对位移等于零的条件,可建立力法方程如下:

$$\delta_{11}X_1+\Delta_{1P}=0$$

为计算系数和自由项,先分别求出单位多余力和荷载分别作用于基本结构时所产生的轴力,如图 5-30c、d 所示,按式(4-6)计算,得

$$\delta_{11}=\sum\frac{\overline{F}_{N1}^2 l}{EA}=\frac{1}{EA}\left[\left(-\frac{1}{\sqrt{2}}\right)^2\times a\times 4+1^2\times\sqrt{2}\,a\times 2\right]=\frac{2\times(1+\sqrt{2})\,a}{EA}$$

$$\Delta_{1P}=\sum\frac{\overline{F}_{N1}F_{NP}l}{EA}=\frac{1}{EA}\left[\left(-\frac{1}{\sqrt{2}}\right)\times(-F_P)\times a\times 2+1\times\sqrt{2}\,F_P\times\sqrt{2}\,a\right]=\frac{(2+\sqrt{2})F_P a}{EA}$$

代入力法方程后求解,得

$$X_1=-\frac{\Delta_{1P}}{\delta_{11}}=\frac{-(2+\sqrt{2})F_P a}{EA}\times\frac{EA}{2\times(1+\sqrt{2})\,a}=-\frac{\sqrt{2}}{2}F_P$$

原结构各杆轴力按下式计算:

$$F_N=-\frac{\sqrt{2}}{2}F_P\overline{F}_{N1}+F_{NP}$$

结果示于图 5-30e。

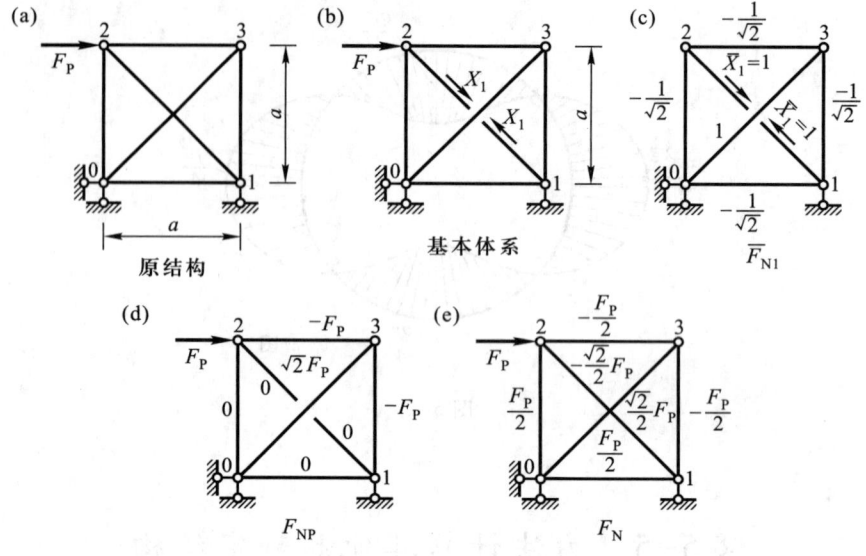

图 5-30

计算须注意,虽然杆 12 被切断,但在多余力作用下轴力并不为零,δ_{11} 的算式必须将与其相应的项 $\dfrac{1^2 \times \sqrt{2}\, a}{EA}$ 包括在内。

请读者进一步考虑,若以除去杆 12 的桁架作为基本结构,那么力法方程的建立和求解会有什么不同?

二、铰结排架

装配式单层厂房(图 1-1)主要承重结构是由屋架(屋面大梁)、柱子和基础组成的横向排架(图 5-31a),计算柱子内力时,通常将屋架视为一根轴向刚度为无限大的杆件,简称为横梁。变截面的单阶柱上端与横梁铰结,下端与基础刚结。计算简图如图 5-31b 所示,称为<u>铰结排架</u>。铰结排架的超静定次数等于排架的跨数,其基本结构由切断各跨横梁得到。

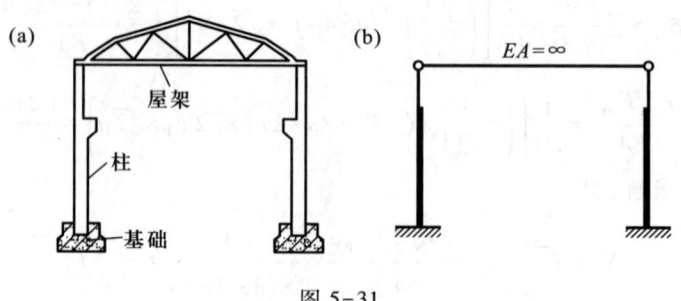

图 5-31

【**例 5-3**】 试用力法计算图 5-32a 所示两跨不等高铰结排架。

解:此排架是两次超静定的。将两根横梁切断并代以多余力 X_1、X_2,便得图 5-32b 所示的基本体系。根据横梁切口两侧截面轴向相对位移为零的条件,可建立力法方程为

$$\left.\begin{array}{r}\delta_{11}X_1+\delta_{12}X_2+\Delta_{1P}=0\\ \delta_{21}X_1+\delta_{22}X_2+\Delta_{2P}=0\end{array}\right\}$$

绘出单位弯矩图和荷载弯矩图如图 5-32c、d、e 所示。据此可求得系数和自由项如下：

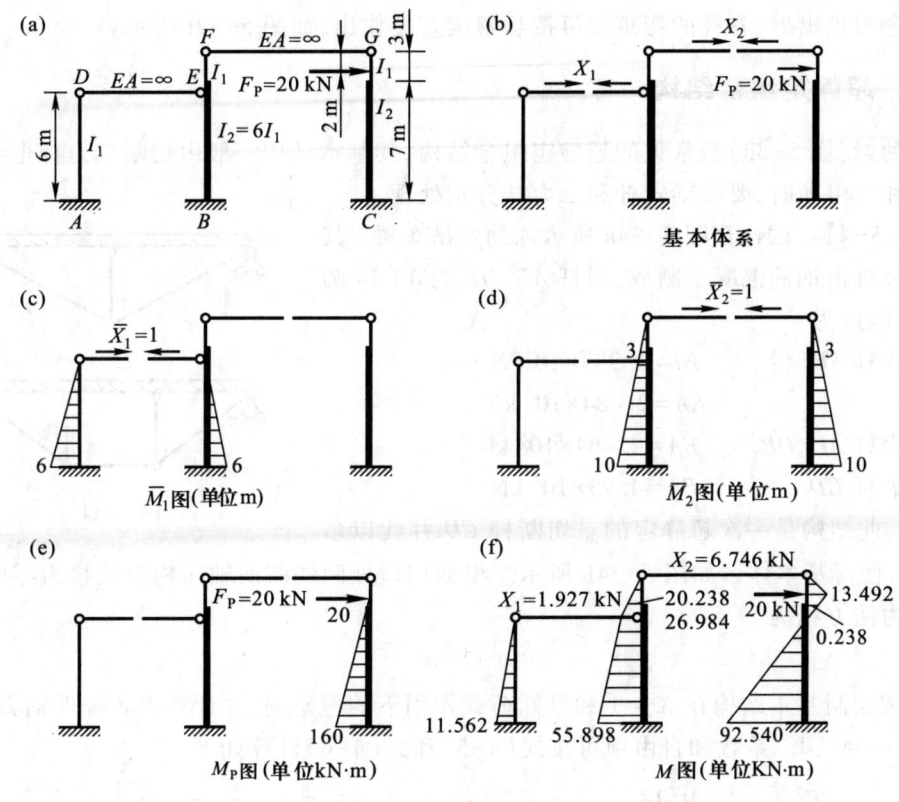

图 5-32

$$\delta_{11}=\frac{1}{EI_1}\left(\frac{1}{2}\times 6\text{ m}\times 6\text{ m}\times\frac{2}{3}\times 6\text{ m}\right)+\frac{1}{EI_2}\left(\frac{1}{2}\times 6\text{ m}\times 6\text{ m}\times\frac{2}{3}\times 6\text{ m}\right)=\frac{504\text{ m}^3}{EI_2}$$

$$\delta_{22}=\frac{2}{EI_1}\left(\frac{1}{2}\times 3\text{ m}\times 3\text{ m}\times\frac{2}{3}\times 3\text{ m}\right)+\frac{2}{EI_2}\left[\frac{1}{2}\times 7\text{ m}\times 10\text{ m}\times\left(\frac{2}{3}\times 10\text{ m}+\frac{1}{3}\times 3\text{ m}\right)+\right.$$

$$\left.\frac{1}{2}\times 7\text{ m}\times 3\text{ m}\times\left(\frac{1}{3}\times 10\text{ m}+\frac{2}{3}\times 3\text{ m}\right)\right]=\frac{2\,270\text{ m}^3}{3EI_2}$$

$$\delta_{12}=\delta_{21}=-\frac{1}{EI_2}\times\frac{1}{2}\times 6\text{ m}\times 6\text{ m}\times\left(\frac{2}{3}\times 10\text{ m}+\frac{1}{3}\times 4\text{ m}\right)=-\frac{144\text{ m}^3}{EI_2}$$

$$\Delta_{1P}=0$$

$$\Delta_{2P}=-\left\{\frac{1}{EI_1}\times\frac{1}{2}\times 1\text{ m}\times 20\text{ kN}\cdot\text{m}\times\left(\frac{2}{3}\times 3\text{ m}+\frac{1}{3}\times 2\text{ m}\right)+\frac{1}{EI_2}\left[\frac{1}{2}\times 7\text{ m}\times 160\text{ kN}\cdot\text{m}\times\right.\right.$$

$$\left.\left.\left(\frac{2}{3}\times 10\text{ m}+\frac{1}{3}\times 3\text{ m}\right)+\frac{1}{2}\times 7\text{ m}\times 20\text{ kN}\cdot\text{m}\times\left(\frac{1}{3}\times 10\text{ m}+\frac{2}{3}\times 3\text{ m}\right)\right]\right\}=-\frac{14\,480\text{ kN}\cdot\text{m}^3}{3EI_2}$$

代入力法方程并消去 $\dfrac{\text{m}^3}{EI_2}$，得

$$\left.\begin{array}{l}504X_1 - 144X_2 = 0 \\ -144X_1 + \dfrac{2\,270}{3}X_2 - \dfrac{14\,480 \text{ kN}}{3} = 0\end{array}\right\}$$

解得

$$X_1 = 1.927 \text{ kN}, \quad X_2 = 6.746 \text{ kN}$$

多余力求出后,各柱的弯矩图可按悬臂梁直接作出,如图 5-32f 所示。

三、超静定组合结构

加劲梁(图 5-33)是常见的超静定组合结构,其基本结构一般由切断二力杆得到。计算系数和自由项时,要按梁式杆和二力杆分别处理。

【**例 5-4**】 试计算图 5-34a 所示加劲式吊车梁。其横梁和竖杆由钢筋混凝土制成,斜杆 AD、DB 为 16Mn 圆钢,各杆刚度为

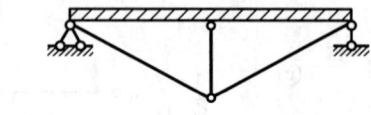

梁式杆 AB　　　　$EI = 1.989 \times 10^4 \text{ kN} \cdot \text{m}^2$
　　　　　　　　　$EA = 2.484 \times 10^6 \text{ kN}$
二力杆 AD、DB　　$EA = 2.464 \times 10^5 \text{ kN}$
二力杆 CD　　　　$EA = 4.95 \times 10^5 \text{ kN}$

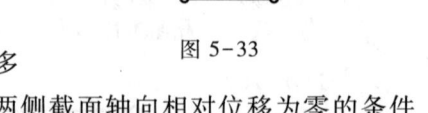

图 5-33

解:此结构是一次超静定的。切断杆 CD 并代以多余力 X_1,便得基本体系如图 5-34b 所示。根据切口处两侧截面轴向相对位移为零的条件可建立力法方程为

$$\delta_{11}X_1 + \Delta_{1P} = 0$$

分别绘制基本结构在 $\bar{X}_1 = 1$ 和已知荷载作用下的弯矩图,并计算出各杆件轴力,结果示于图 5-34c、d。系数和自由项可按式(4-5)和式(4-6)计算如下:

$$\delta_{11} = \sum \frac{\bar{F}_{N1}^2 l}{EA} + \sum \int \frac{\bar{M}_1^2 \mathrm{d}x}{EI} = \frac{1}{2.464 \times 10^5 \text{ kN}} \times \left[\left(-\frac{\sqrt{10}}{2}\right)^2 \times \sqrt{10} \text{ m}\right] \times 2 +$$

$$\frac{1}{2.484 \times 10^6 \text{ kN}} \times \left[\left(\frac{3}{2}\right)^2 \times 6 \text{ m}\right] + \frac{1}{4.95 \times 10^5 \text{ kN}}(1^2 \times 1 \text{ m}) +$$

$$\frac{1}{1.989 \times 10^4 \text{ kN} \cdot \text{m}^2} \times \left[\left(\frac{1}{2} \times \frac{3}{2}\text{m} \times 3 \text{ m}\right) \times \left(\frac{2}{3} \times \frac{3}{2} \text{ m}\right)\right] \times 2$$

$$= (6.417\,0 + 0.543\,5 + 0.202\,0 + 22.624\,4) \times 10^{-5} \text{ m/kN} = 29.786\,9 \times 10^{-5} \text{ m/kN}$$

$$\Delta_{1P} = \sum \frac{\bar{F}_{N1}F_{NP}l}{EA} + \sum \int \frac{\bar{M}_1 M_P \mathrm{d}x}{EI} = 0 + \frac{1}{1.989 \times 10^4 \text{ kN} \cdot \text{m}^2} \times \left[\left(\frac{1}{2} \times 83.475 \text{ kN} \cdot \text{m} \times 1.5 \text{ m}\right) \times \right.$$

$$\left(\frac{2}{3} \times \frac{3}{4} \text{ m}\right) + \left(\frac{1}{2} \times 83.475 \text{ kN} \cdot \text{m} \times 1.5 \text{ m}\right) \times \left(\frac{2}{3} \times \frac{3}{4} \text{ m} + \frac{1}{3} \times \frac{3}{2} \text{ m}\right) +$$

$$\left(\frac{1}{2} \times 55.65 \text{ kN} \cdot \text{m} \times 1.5 \text{ m}\right) \times \left(\frac{1}{3} \times \frac{3}{4} \text{ m} + \frac{2}{3} \times \frac{3}{2} \text{ m}\right) +$$

$$\left.\left(\frac{1}{2} \times 55.65 \text{ kN} \cdot \text{m} \times 3 \text{ m}\right) \times \left(\frac{2}{3} \times \frac{3}{2} \text{ m}\right)\right]$$

$$= 1\,154.129\,0 \times 10^{-5} \text{ m}$$

$$X_1 = -\frac{\Delta_{1P}}{\delta_{11}} = \frac{-1\,154.129\,0 \times 10^{-5}\,\text{m}}{29.786\,9 \times 10^{-5}\,\text{m/kN}} = -38.746\,\text{kN}$$

最后内力按下列公式计算：

$$M = -38.746\,\text{kN}\ \overline{M}_1 + M_P$$

$$F_N = -38.746\,\text{kN}\ \overline{F}_{N1} + F_{NP}$$

其结果如图 5-34e 所示。

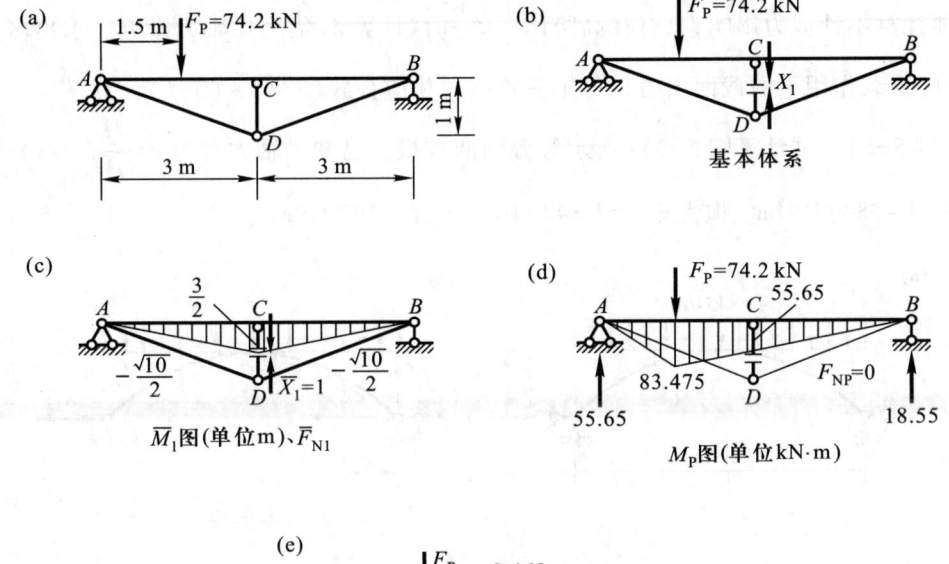

图 5-34

从本例中可以看到，梁式杆轴向变形的影响只占 δ_{11} 计算中的 $\dfrac{0.543\,5}{29.786\,9} = 1.8\%$，它对计算结果的影响很小，一般不予考虑。从利用叠加法计算横梁弯矩的过程中可以看到，二力杆的加劲作用随竖杆压力增大而加强，使横梁下侧受拉弯矩逐渐减小，而结点 C 梁上侧受拉弯矩渐趋加大。请问随二力杆刚度的变化，其加劲作用的极端情况是什么？此时横梁弯矩的分布如何变化？

四、超静定拱

超静定拱是土木工程常用到的结构形式。主要有图 5-35a 所示的两铰拱和图 5-35b 所示的无铰拱两类，它们的特点和用途与第三章所述的三铰拱类似。拱在计算力法的系数和自由项时一般不考虑曲率的影响，仍可采用第四章的相应公式。这里，只介绍两铰拱的计算。

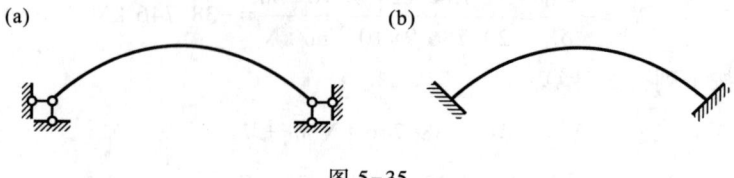

图 5-35

两铰拱是一次超静定结构,计算时通常取水平推力为多余力建立力法方程。系数和自由项计算不计剪力影响,只有在高跨比 $\frac{f}{l}<\frac{1}{3}$ 时,计算 δ_{11} 需考虑轴力影响。求出多余力后,竖向荷载作用下的截面内力仍可用三铰拱的相应公式(3-4)~(3-6)计算。

【例 5-5】 试计算图 5-36a 所示等截面两铰拱。已知拱轴方程为 $y=\frac{4f}{l^2}x(l-x)$,拱截面面积 $A=384\times10^{-3}\,\text{m}^2$,惯性矩 $I=1\,843\times10^{-6}\,\text{m}^4$,$E=192\,\text{GPa}$。

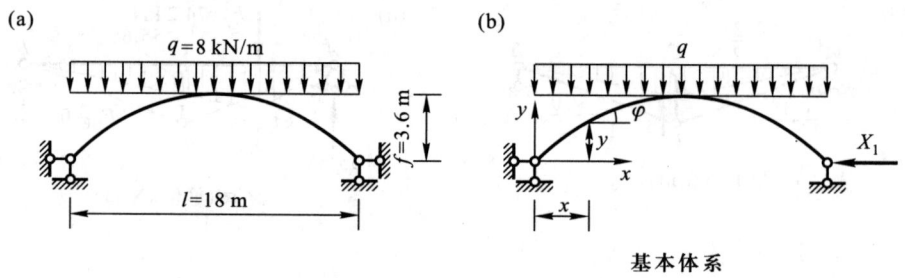

图 5-36

解:取图 5-36b 所示的基本体系,力法方程为

$$\delta_{11}X_1+\Delta_{1P}=0$$

若弯矩以内侧受拉为正,轴力以受压为正,则

$$\overline{M}_1=-y,\quad \overline{F}_{N1}=\cos\varphi,\quad M_P=\frac{q}{2}x(l-x)$$

因拱的高跨比 $\frac{f}{l}=\frac{3.6}{18}=\frac{1}{5}<\frac{1}{3}$,故计算 δ_{11} 时需考虑轴力的影响。又当 $\frac{f}{l}<\frac{1}{4}$,可近似地取 $\mathrm{d}s\approx\mathrm{d}x$,$\cos\varphi\approx1$。故

$$\delta_{11}=\frac{1}{EI}\int_0^l(-y)^2\mathrm{d}x+\frac{1}{EA}\int_0^l\mathrm{d}x$$

$$=\frac{1}{EI}\int_0^l\left[\frac{4f}{l^2}x(l-x)\right]^2\mathrm{d}x+\frac{1}{EA}\int_0^l\mathrm{d}x=\frac{16f^2l}{30EI}+\frac{l}{EA}$$

$$=\frac{16\times(3.6\,\text{m})^2\times18\,\text{m}}{30\times192\times10^6\,\text{kN/m}^2\times1\,843\times10^{-6}\,\text{m}^4}+\frac{18\,\text{m}}{192\times10^6\,\text{kN/m}^2\times384\times10^{-3}\,\text{m}^2}$$

$$=3\,518.45\times10^{-7}\,\text{m/kN}$$

$$\Delta_{1P}=\frac{-1}{EI}\int_0^l yM_P\mathrm{d}x$$

$$= -\frac{1}{EI}\int_0^l \frac{4f}{l^2}x(l-x)\left[\frac{q}{2}x(l-x)\right]dx = \frac{-qfl^3}{15EI}$$

$$= \frac{-8\text{ kN/m}\times 3.6\text{ m}\times(18\text{ m})^3}{15\times 192\times 10^6\text{ kN/m}^2\times 1\,843\times 10^{-6}\text{ m}^4} = -316.44\times 10^{-4}\text{ m}$$

故
$$X_1 = -\frac{\Delta_{1P}}{\delta_{11}} = 89.94\text{ kN}$$

5-6 带拉杆的两铰拱

多余力 X_1 求得后，即可计算拱中各截面的内力，并作出内力图，这里从略。

有时为了不使两铰拱的水平推力传给下部支承结构，可采用带拉杆（其轴向刚度为 E_1A_1）的两铰拱。对于这种结构，应以拉杆内力作为多余力，它的计算方法和步骤同上，但在计算系数 δ_{11} 时，除应考虑拱的变形外，还需考虑拉杆自身轴向变形的影响 $\dfrac{l}{E_1A_1}$。

§5-6 支座位移和温度改变时的力法计算

一、支座位移的作用

计算支座位移的影响与计算荷载的作用在基本思路和具体方法上是一致的，唯一区别在于力法方程中位移条件的应用和自由项的计算。

如图 5-37a 所示刚架，支座 A 由于外因发生位移，向右水平移动 a，向下竖向移动 b，沿顺时针方向转动 φ 角。分析时取基本体系如图 5-37b 所示。根据基本结构在多余力 X_1、X_2 和支座位移共同影响下应与原结构具有相同位移的条件，即 $\Delta_1 = 0$ 和 $\Delta_2 = \varphi$，可建立力法方程如下：

$$\left.\begin{array}{l}\delta_{11}X_1 + \delta_{12}X_2 + \Delta_{1\Delta} = 0 \\ \delta_{21}X_1 + \delta_{22}X_2 + \Delta_{2\Delta} = \varphi\end{array}\right\}$$

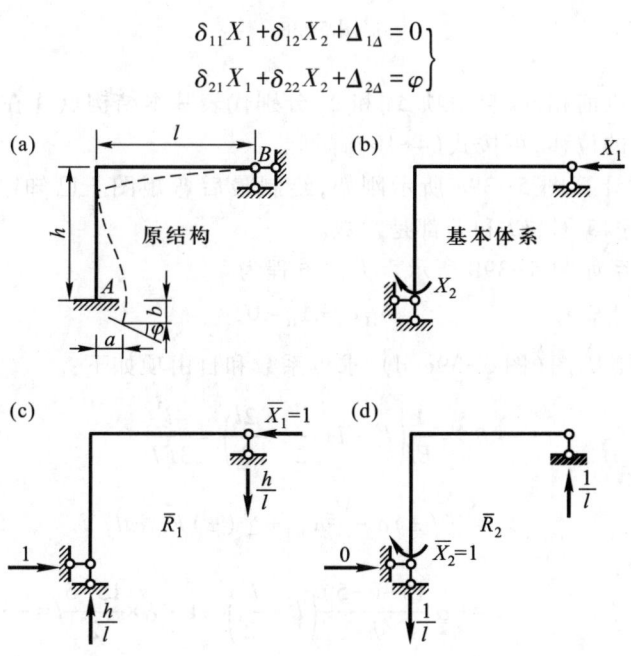

图 5-37

式中系数计算和以前完全一样。自由项 $\Delta_{1\Delta}$、$\Delta_{2\Delta}$ 分别代表基本结构由于支座位移在去掉多余约束处沿 X_1、X_2 方向引起的位移,可按式(4-8)计算。由图5-37c、d所示的虚拟反力,可得

$$\Delta_{1\Delta} = -\sum \bar{R}_1 c = -\left(1 \cdot a - \frac{h}{l} \cdot b\right) = -a + \frac{h}{l}b, \quad \Delta_{2\Delta} = -\sum \bar{R}_2 c = -\left(\frac{1}{l} \cdot b\right) = -\frac{b}{l}$$

从力法方程求出多余力后,因支座位移在静定的基本结构上不产生内力,故最后弯矩图只由多余力引起,即

$$M = X_1 \bar{M}_1 + X_2 \bar{M}_2$$

二、温度改变的作用

超静定结构受温度改变作用时,用力法分析的关键也是自由项的计算。

图 5-38a 所示两次超静定结构,受到温度改变的影响,杆件外侧温度升高 t_1,内侧温度升高 t_2。分析时,按基本体系(图 5-38b)在去掉多余约束处的位移应与原结构相符的条件,可列出温度改变下的力法方程

$$\left.\begin{array}{l}\delta_{11}X_1 + \delta_{12}X_2 + \Delta_{1t} = 0 \\ \delta_{21}X_1 + \delta_{22}X_2 + \Delta_{2t} = 0\end{array}\right\}$$

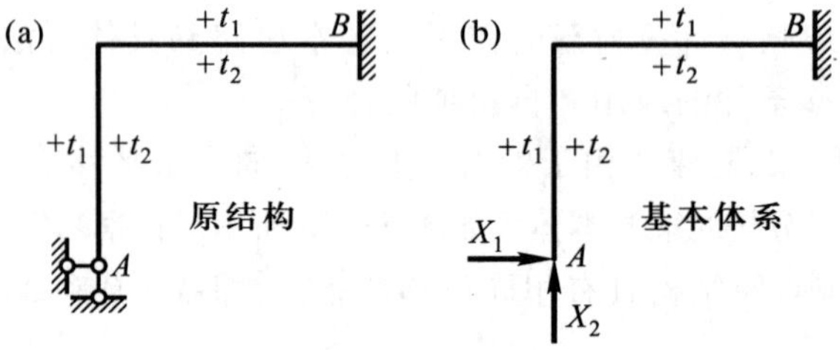

图 5-38

其中系数的计算和以前相同,自由项 Δ_{1t} 和 Δ_{2t} 分别代表基本结构点 A 在 X_1 和 X_2 方向上由于温度改变所引起的位移,可按式(4-10)计算。

【例 5-6】 试计算图 5-39a 所示刚架,绘制最后弯矩图。已知刚架外侧温度降低 5 ℃,内侧温度升高 15 ℃,EI 和 h 都是常数。

解:取基本体系如图 5-39b 所示。力法方程为

$$\delta_{11}X_1 + \Delta_{1t} = 0$$

计算 $\bar{F}_{N1}$ 并绘制 $\bar{M}_1$ 图(图 5-39c、d),求得系数和自由项如下:

$$\delta_{11} = \frac{1}{EI}\left(l^2 \cdot l + \frac{l^2}{2} \cdot \frac{2l}{3}\right) = \frac{4l^3}{3EI}$$

$$\Delta_{1t} = \sum (\pm)\alpha \frac{\Delta t}{h} A_{\bar{M}_1} + \sum (\pm)\bar{F}_{N1}\alpha tl$$

$$= -\alpha \frac{15-(-5)}{h}\left(l^2 + \frac{l^2}{2}\right) - 1 \cdot \alpha \times \frac{15-5}{2}l = -5\alpha l\left(\frac{6l}{h} + 1\right)$$

所以

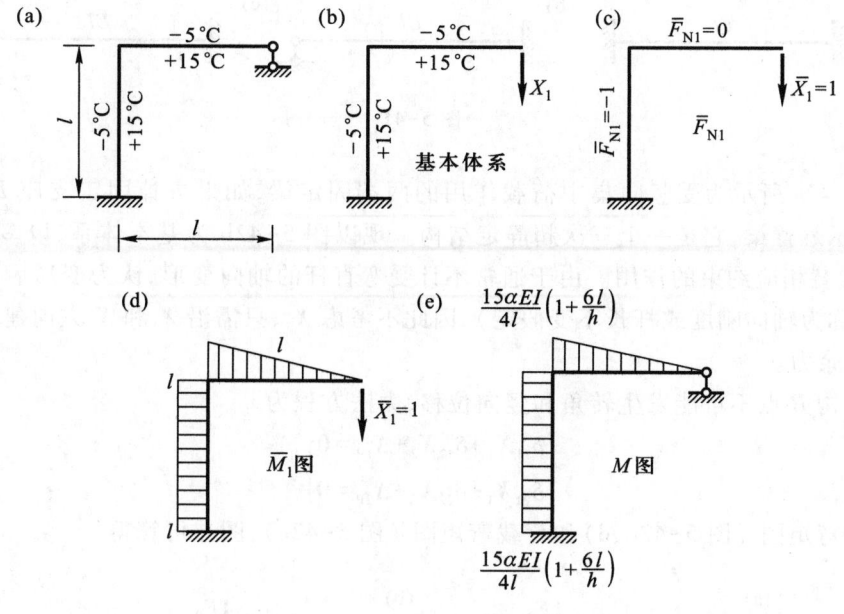

图 5-39

$$X_1 = -\frac{\Delta_{1t}}{\delta_{11}} = \frac{15\alpha EI}{4l^2}\left(\frac{6l}{h}+1\right)$$

以 X_1 乘以 $\overline{M}_1$ 图即得最后弯矩图,如图 5-39e 所示,杆件在温度低的一侧受拉,这也与温度改变时的静定结构有所不同。由计算结果可以看出,在支座位移和温度改变的影响下,超静定结构的内力与各杆 EI 的绝对值有关,这不同于荷载作用下的情况。

§5-7 等截面单跨超静定梁的杆端内力

在下一章位移法和力矩分配法的计算过程中,需要用到单跨超静定梁受荷载作用及杆端发生位移时的杆端内力。这些内力简称杆端力,可用力法求得。

为计算需要,杆端内力的正方向采用如下规定:对杆端而言,弯矩以顺时针方向为正,对结点或支座而言,则以逆时针方向为正。现以图 5-40 所示梁为例:荷载作用下杆端弯矩的实际方向如图所示,A 端弯矩 M_{AB} 对杆端为逆时针方向,对支座为顺时针方向,故为负值,B 端弯矩 M_{BA} 的实际方向与正向规定相符,故为正值。显然,这里弯矩的正负符号规定与材料力学有所不同,应引起注意。杆端剪力的正负符号规定不变,与以往相同。

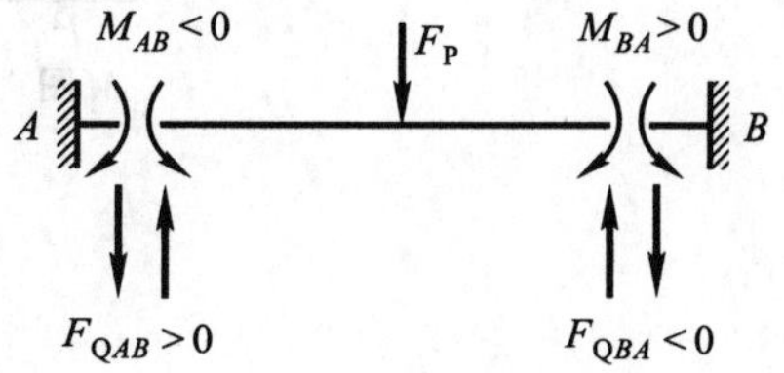

单跨超静定梁仅由荷载作用产生的杆端弯矩,通常称为固端弯矩,并以 M_{AB}^F 和 M_{BA}^F 表示,相应的杆端剪力称为固端剪力,以 F_{QAB}^F 和 F_{QBA}^F 表示。今后主要用到图 5-41 所示的三类等截面单跨超静定梁。下面着重对两端固定梁杆端内力的计算进行讨论。

图 5-40

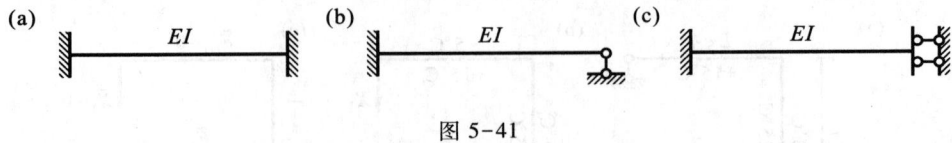

图 5-41

图 5-42a 所示为受竖向集中荷载作用的两端固定梁，如果去掉固定支座 B，得到图 5-42b 所示悬臂梁，它是一个三次超静定结构。现以图 5-42b 为基本体系，以多余力 X_1、X_2 和 X_3 代替相应约束的作用。由于通常不计受弯直杆的轴向变形，认为变形后杆长仍保持不变（称为轴向刚度或杆长不变假定），因此不考虑 X_3，只需沿 X_1 和 X_2 方向建立位移条件求解多余力。

原结构 B 点不可能发生转角和竖向位移，力法方程为

$$\left.\begin{array}{l}\delta_{11}X_1+\delta_{12}X_2+\Delta_{1P}=0\\ \delta_{21}X_1+\delta_{22}X_2+\Delta_{2P}=0\end{array}\right\}$$

作出单位弯矩图（图 5-42c、d）和荷载弯矩图（图 5-42e），图乘可算得

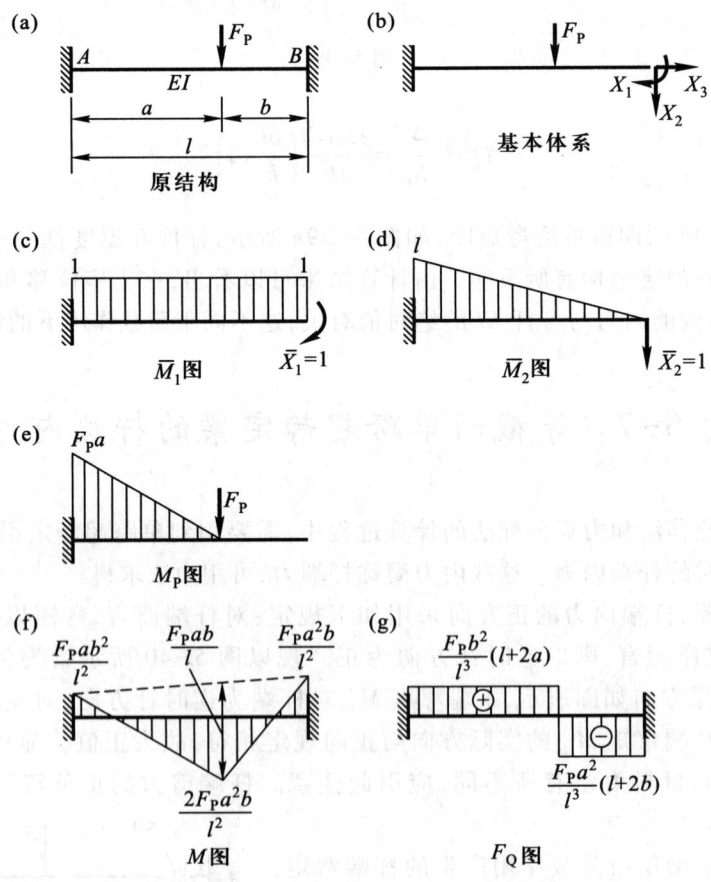

图 5-42

$$\delta_{11}=\frac{1}{EI}\times 1\cdot l\times 1=\frac{l}{EI}$$

$$\delta_{22} = \frac{1}{EI} \times \frac{1}{2} \cdot l \cdot l \times \frac{2l}{3} = \frac{l^3}{3EI}$$

$$\delta_{12} = \delta_{21} = \frac{1}{EI} \times \frac{1}{2} \cdot l \cdot l \times 1 = \frac{l^2}{2EI}$$

$$\Delta_{1P} = \frac{1}{EI} \times \frac{F_P a^2}{2} \times 1 = \frac{F_P a^2}{2EI}$$

$$\Delta_{2P} = \frac{1}{EI} \times \frac{F_P a^2}{2} \times \left(b + \frac{2}{3}a\right) = \frac{F_P a^2}{6EI}(3b+2a)$$

将以上系数和自由项代入方程,并消去 $\frac{1}{EI}$,得

$$\left. \begin{array}{l} lX_1 + \dfrac{l^2}{2}X_2 + \dfrac{F_P a^2}{2} = 0 \\ \dfrac{l^2}{2}X_1 + \dfrac{l^3}{3}X_2 + \dfrac{F_P a^2}{6}(3b+2a) = 0 \end{array} \right\}$$

解联立方程组,得

$$X_1 = \frac{F_P a^2 b}{l^2}, \quad X_2 = -\frac{F_P a^2(l+2b)}{l^3}$$

即梁 AB 的 B 端弯矩和剪力为

$$M_{BA}^F = \frac{F_P a^2 b}{l^2}, \quad F_{QBA}^F = -\frac{F_P a^2(l+2b)}{l^3}$$

由静力平衡条件可求得 A 端的弯矩和剪力为

$$M_{AB}^F = -\frac{F_P ab^2}{l^2}, \quad F_{QAB}^F = \frac{F_P b^2(l+2a)}{l^3}$$

最后弯矩图和剪力图如图 5-42f、g 所示。

现从受力和变形两方面,对两端固定梁(图 5-43a)与相应简支梁(图 5-43b)作一个对照。受力上,简支梁(图 5-43d)各截面均承受正弯矩(为了便于说明,仍以使梁下缘纤维受拉的弯矩为正),梁下缘纤维受拉。两端固定梁(图 5-43c)由于多余约束存在,梁上出现弯矩为零的 C、D 两点,CD 范围内梁承受正弯矩,下缘纤维受拉,CD 范围外梁承受负弯矩,上缘纤维受拉,内力分布较简支梁均匀,弯矩绝对值一般也较简支梁小。变形上,两根梁的变形曲线大致如图中虚线所示。简支梁满跨下缘受拉,变形曲线下凸。两端固定梁的 CD 范围内,下缘受拉变形曲线下凸,CD 范围外上凸,变形整体小于前者。计算简图中梁轴线上弯矩为零的点称为<u>反弯点</u>,变形曲线上对应的点即为拐点。此外,勾画变形曲线轮廓时,除参考弯矩图判断弯曲方向外,还要使曲线满足支座约束条件,保持曲线光滑平顺,并注意结点位移的实际情况。

图 5-44a 所示为一等截面两端固定梁,固定端 A 顺时针转动角度 φ_A。现计算其支座反力并作弯矩图和剪力图。

同前述,取图 5-44b 所示基本体系,可写出力法方程为

$$\left. \begin{array}{l} \delta_{11}X_1 + \delta_{12}X_2 + \Delta_{1c} = 0 \\ \delta_{21}X_1 + \delta_{22}X_2 + \Delta_{2c} = 0 \end{array} \right\}$$

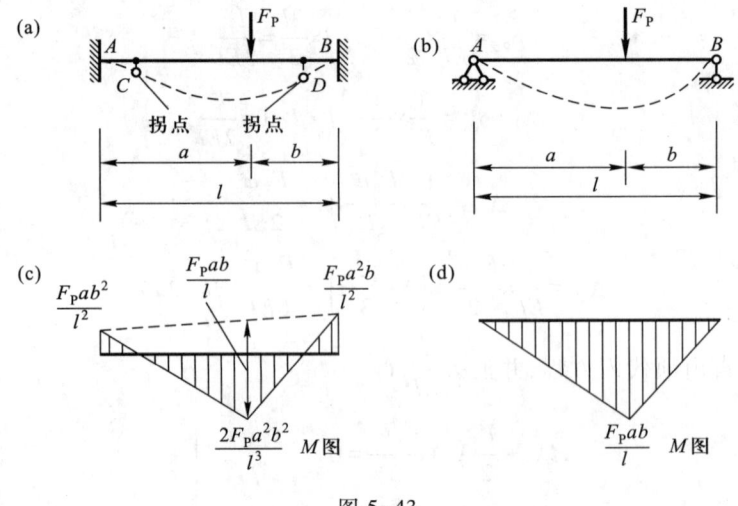

图 5-43

为求得系数和自由项,作出单位弯矩图 $\bar{M}_1$ 图、$\bar{M}_2$ 图(图 5-44c、d),各系数与前例同。Δ_{1c}、Δ_{2c} 分别为基本结构由于支座 A 转动 φ_A 后,点 B 沿 X_1 方向的转角和沿 X_2 方向的竖向位移。按式(4-8)计算,得

$$\Delta_{1c} = -(-1 \cdot \varphi_A) = \varphi_A$$
$$\Delta_{2c} = -(-l \cdot \varphi_A) = l\varphi_A$$

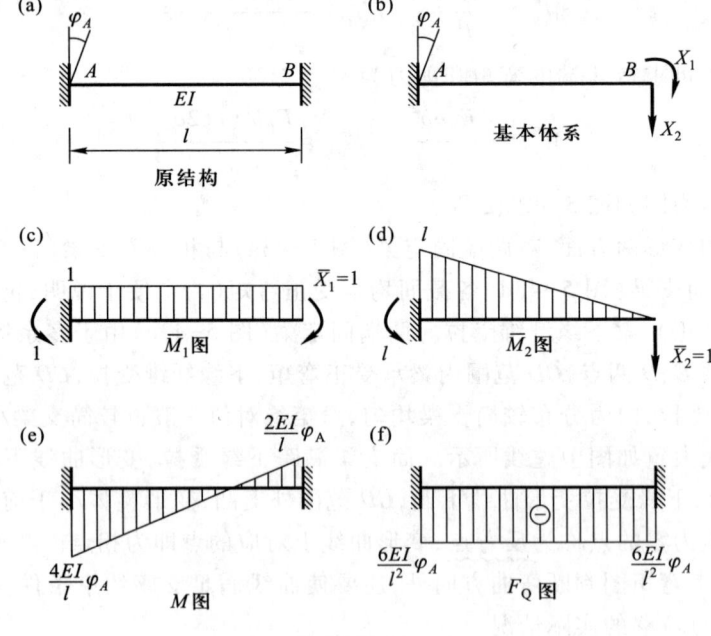

图 5-44

将系数和自由项代入力法方程,可得

$$\left.\begin{array}{r}\dfrac{l}{EI}X_1 + \dfrac{l^2}{2EI}X_2 + \varphi_A = 0 \\ \dfrac{l^2}{2EI}X_1 + \dfrac{l^3}{3EI}X_2 + l\varphi_A = 0\end{array}\right\}$$

解得
$$X_1 = \frac{2EI}{l}\varphi_A, \quad X_2 = -\frac{6EI}{l^2}\varphi_A$$

即
$$M_{BA} = \frac{2EI}{l}\varphi_A, \quad F_{QBA} = -\frac{6EI}{l^2}\varphi_A$$

由静力平衡条件得
$$M_{AB} = \frac{4EI}{l}\varphi_A, \quad F_{QAB} = -\frac{6EI}{l^2}\varphi_A$$

最后弯矩图和剪力图如图 5-44e、f 所示。

图 5-45a 所示等截面两端固定梁,两支座在垂直于梁轴方向发生相对线位移 Δ_{AB}(也称为侧移)。这种情况同样可用力法计算,所得弯矩图和剪力图如图 5-45b、c 所示。

对于一端固定另一端定向支承的等截面梁,可以利用对称性,将其视为对称外因作用下两端固定梁的一半,从而转变为两端固定梁的计算问题。例如图 5-46a 为 A 端固定 B 端定向支承的等截面梁,A 端发生单位转角。图 5-46b 为抗弯刚度 EI 与前者相同但跨度为前者 2 倍的两端固定梁,两端发生正对称单位转角。后者的杆端弯矩由表 5-1 得出:

$$M_{AA'} = 4 \times \frac{EI}{2l} - 2 \times \frac{EI}{2l} = \frac{EI}{l} = i_{AB}$$

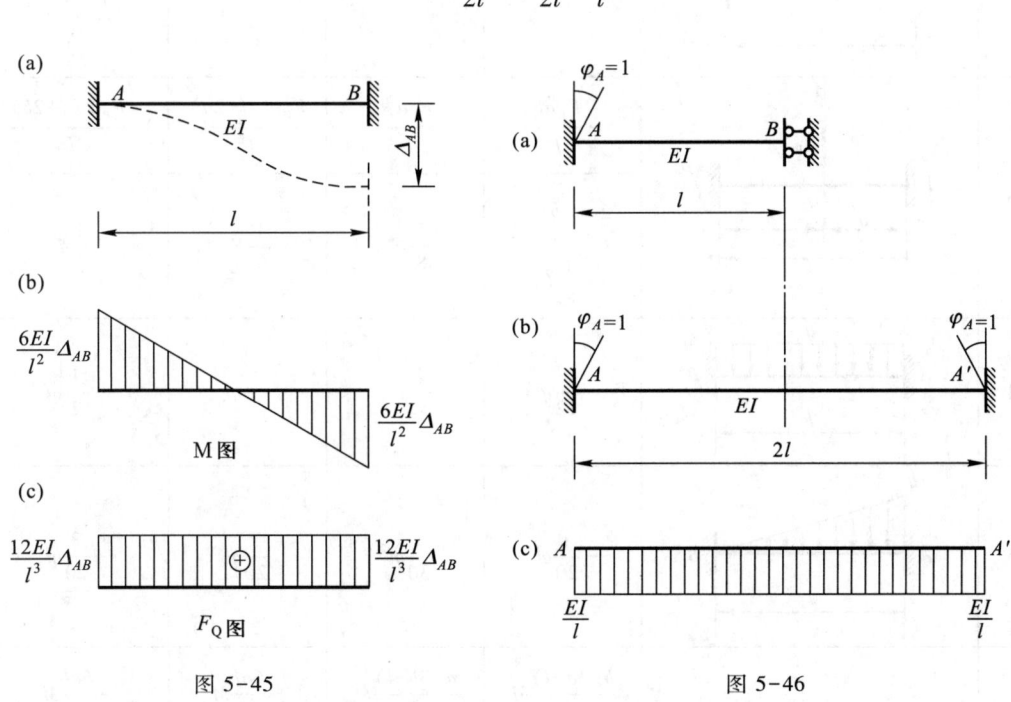

图 5-45　　　　图 5-46

其中 $i_{AB} = \dfrac{EI}{l}$ 是杆 AB 的抗弯刚度与其跨度之比值,称为杆 AB 的线抗弯刚度,简称线刚度。梁 AA' 的弯矩图如图 5-46c 所示,因此一端固定另一端定向支承的等截面梁 AB 的杆端弯矩即为

$$M_{AB} = i_{AB} = \frac{EI}{l}, \quad M_{BA} = -i_{AB} = -\frac{EI}{l}$$

这种梁在其他因素影响下的杆端力同样可按此方法求得，不再赘述。

显然，也可将一端固定一端铰支梁视为反对称外因作用下两端固定梁的半结构，具体做法作为练习请读者思考。

为便于应用，对各种单跨超静定梁在不同外因作用下的杆端力进行计算后，将结果统一列于表 5-1，其中支座转动和移动引起的杆端力称为形常数，荷载作用下产生的杆端力称为载常数。

表 5-1　等截面单跨超静定梁的杆端弯矩和剪力

编号	梁的简图	弯矩 M_{AB}	弯矩 M_{BA}	剪力 F_{QAB}	剪力 F_{QBA}
1	$\varphi=1$ 图	$\dfrac{4EI}{l}=4i$	$\dfrac{2EI}{l}=2i$	$-\dfrac{6EI}{l^2}=-6\dfrac{i}{l}$	$-\dfrac{6EI}{l^2}=-6\dfrac{i}{l}$
2	支座沉降 1 图	$-\dfrac{6EI}{l^2}=-6\dfrac{i}{l}$	$-\dfrac{6EI}{l^2}=-6\dfrac{i}{l}$	$12\dfrac{EI}{l^3}=12\dfrac{i}{l^2}$	$12\dfrac{EI}{l^3}=12\dfrac{i}{l^2}$
3	集中力 F_P 图	$-\dfrac{F_P ab^2}{l^2}$ 当 $a=b=\dfrac{l}{2}$ ： $-\dfrac{1}{8}F_P l$	$\dfrac{F_P a^2 b}{l^2}$ ； $\dfrac{1}{8}F_P l$	$\dfrac{F_P b^2(l+2a)}{l^3}$ ； $\dfrac{1}{2}F_P$	$-\dfrac{F_P a^2(l+2b)}{l^3}$ ； $-\dfrac{1}{2}F_P$
4	均布荷载 q 图	$-\dfrac{1}{12}ql^2$	$\dfrac{1}{12}ql^2$	$\dfrac{1}{2}ql$	$-\dfrac{1}{2}ql$
5	三角形荷载 q 图	$-\dfrac{1}{20}ql^2$	$\dfrac{1}{30}ql^2$	$\dfrac{7}{20}ql$	$-\dfrac{3}{20}ql$
6	力偶 M 图	$\dfrac{b(3a-l)}{l^2}M$ 当 $a=b=\dfrac{l}{2}$ ： $\dfrac{1}{4}M$	$\dfrac{a(3b-l)}{l^2}M$ ； $\dfrac{1}{4}M$	$-\dfrac{6ab}{l^3}M$ ； $-\dfrac{3}{2l}M$	$-\dfrac{6ab}{l^3}M$ ； $-\dfrac{3}{2l}M$

续表

编号	梁的简图	弯矩		剪力	
		M_{AB}	M_{BA}	F_{QAB}	F_{QBA}
7	$\varphi=1$ 图	$\dfrac{3EI}{l}=3i$		$-\dfrac{3EI}{l^2}=-3\dfrac{i}{l}$	$-\dfrac{3EI}{l^2}=-3\dfrac{i}{l}$
8	图	$-\dfrac{3EI}{l^2}=-3\dfrac{i}{l}$		$\dfrac{3EI}{l^3}=3\dfrac{i}{l^2}$	$\dfrac{3EI}{l^3}=3\dfrac{i}{l^2}$
9	F_P 图	$-\dfrac{F_P ab(l+b)}{2l^2}$ 当 $a=b=\dfrac{l}{2}$ $-\dfrac{3}{16}F_P l$		$\dfrac{F_P b(3l^2-b^2)}{2l^3}$ $\dfrac{11}{16}F_P$	$-\dfrac{F_P a^2(2l+b)}{2l^3}$ $-\dfrac{5}{16}F_P$
10	q 图	$-\dfrac{1}{8}ql^2$		$\dfrac{5}{8}ql$	$-\dfrac{3}{8}ql$
11	q 图	$-\dfrac{1}{15}ql^2$		$\dfrac{4}{10}ql$	$-\dfrac{1}{10}ql$
12	q 图	$-\dfrac{7}{120}ql^2$		$\dfrac{9}{40}ql$	$-\dfrac{11}{40}ql$
13	M 图	$\dfrac{l^2-3b^2}{2l^2}M$ 当 $a=l,b=0$ $\dfrac{M}{2}$	M	$-\dfrac{3(l^2-b^2)}{2l^3}M$ $-\dfrac{3M}{2l}$	$-\dfrac{3(l^2-b^2)}{2l^3}M$ $-\dfrac{3M}{2l}$
14	$\varphi=1$ 图	$\dfrac{EI}{l}=i$	$-\dfrac{EI}{l}=-i$		

续表

编号	梁的简图	弯矩		剪力	
		M_{AB}	M_{BA}	F_{QAB}	F_{QBA}
15	F_P作用于距A端a处,距B端b处,A固定B滚动支座	$-\dfrac{F_P a(l+b)}{2l}$ 当$a=l, b=0$ $-\dfrac{F_P l}{2}$	$-\dfrac{F_P a^2}{2l}$ $-\dfrac{F_P l}{2}$	F_P F_P	F_P
16	均布荷载q,A固定B滚动支座,跨度l	$-\dfrac{1}{3}ql^2$	$-\dfrac{1}{6}ql^2$	ql	

注:表中 EI 为等截面梁的抗弯刚度,$i=\dfrac{EI}{l}$ 为线抗弯刚度。

当单跨超静定梁同时受荷载及支座位移作用时,其杆端力可根据叠加原理,由表5-1中相应各栏杆端力叠加而得。

图 5-47a 所示两端固定的等截面梁,其杆端弯矩和剪力为

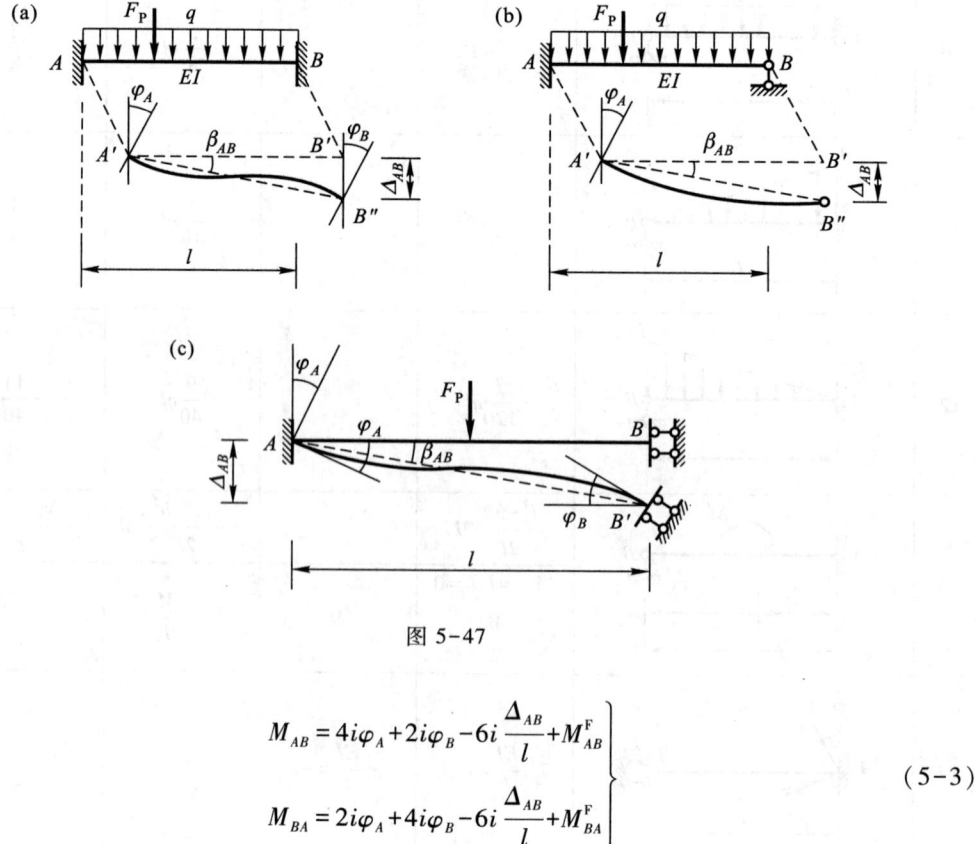

图 5-47

$$\left.\begin{array}{l} M_{AB} = 4i\varphi_A + 2i\varphi_B - 6i\dfrac{\Delta_{AB}}{l} + M_{AB}^{F} \\ M_{BA} = 2i\varphi_A + 4i\varphi_B - 6i\dfrac{\Delta_{AB}}{l} + M_{BA}^{F} \end{array}\right\} \qquad (5-3)$$

$$F_{QAB} = -6\frac{i}{l}\varphi_A - 6\frac{i}{l}\varphi_B + 12\frac{i}{l}\cdot\frac{\Delta_{AB}}{l} + F_{QAB}^F \left.\begin{matrix}\\\\\end{matrix}\right\}$$
$$F_{QBA} = -6\frac{i}{l}\varphi_A - 6\frac{i}{l}\varphi_B + 12\frac{i}{l}\cdot\frac{\Delta_{AB}}{l} + F_{QBA}^F$$
(5-4)

图 5-47b 所示 A 端固定 B 端铰支的等截面梁，其杆端弯矩和剪力为

$$M_{AB} = 3i\varphi_A - 3i\frac{\Delta_{AB}}{l} + M_{AB}^F \left.\begin{matrix}\\\\\end{matrix}\right\}$$
$$M_{BA} = 0$$
(5-5)

$$F_{QAB} = -3\frac{i}{l}\varphi_A + 3\frac{i}{l}\cdot\frac{\Delta_{AB}}{l} + F_{QAB}^F \left.\begin{matrix}\\\\\end{matrix}\right\}$$
$$F_{QBA} = -3\frac{i}{l}\varphi_A + 3\frac{i}{l}\cdot\frac{\Delta_{AB}}{l} + F_{QBA}^F$$
(5-6)

同样，A 端固定 B 端定向支承的等截面梁（图 5-47c），其杆端弯矩和剪力为

$$M_{AB} = i\varphi_A - i\varphi_B + M_{AB}^F \left.\begin{matrix}\\\\\end{matrix}\right\}$$
$$M_{BA} = -i\varphi_A + i\varphi_B + M_{BA}^F$$
(5-7)

$$F_{QAB} = F_{QAB}^F \left.\begin{matrix}\\\\\end{matrix}\right\}$$
$$F_{QBA} = 0$$
(5-8)

式中 M^F、F_Q^F 分别为各类单跨梁在不同荷载作用下的固端弯矩和固端剪力（载常数），可直接从表 5-1 查出。

式(5-3)~(5-8)称为等截面直杆的**转角位移方程**，表达了杆件两端内力与所受荷载及两端位移之间的关系。公式中杆件两端相对线位移 Δ_{AB} 与杆长 l 的比值可写成

$$\beta_{AB} = \frac{\Delta_{AB}}{l}$$

称为杆件 AB 的**弦转角**。规定 φ_A、φ_B 的符号以顺时针方向转动为正，Δ_{AB} 以使杆件顺时针转动（即弦转角以顺时针方向转动）时为正。图 5-47 所示 φ_A、φ_B、Δ_{AB} 或 β_{AB} 都为正。

转角位移方程虽是从单跨超静定梁导出，但所表示的杆端力与杆端位移及荷载间的关系，对刚架中任一等截面受弯直杆都适用。如图 5-48a 所示刚架，在荷载作用下其变形曲线如虚线所示，结点 C 的转角为 φ_C，结点 D 的转角为 φ_D。根据前述轴向刚度假定，C、D 两点的水平位移均为 Δ，两点的竖向位移均为零。考虑杆件的杆端位移应与相应的结点位移相等，各杆的变形状态及受力情况分别如图 5-48b、c、d 所示。因此，杆 AC 的杆端弯矩可按式(5-3)和表 5-1 写出：

$$M_{AC} = 2i\varphi_C - 6i\frac{\Delta}{l} - \frac{1}{12}ql^2 \left.\begin{matrix}\\\\\end{matrix}\right\}$$
$$M_{CA} = 4i\varphi_C - 6i\frac{\Delta}{l} + \frac{1}{12}ql^2$$
(a)

式中等号右边是将 AC 视为两端固定梁时，分别在杆端位移 φ_C、Δ 和均布荷载 q 三种外因单独作用下的杆端弯矩。

水平位移 Δ 使杆件 CD 发生刚体平动，不产生内力，故杆 CD 应视为两端固定梁，在 φ_C 和 φ_D 作用下的杆端弯矩为

$$M_{CD} = 4i\varphi_C + 2i\varphi_D \left.\begin{matrix}\\\\\end{matrix}\right\}$$
$$M_{DC} = 2i\varphi_C + 4i\varphi_D$$
(b)

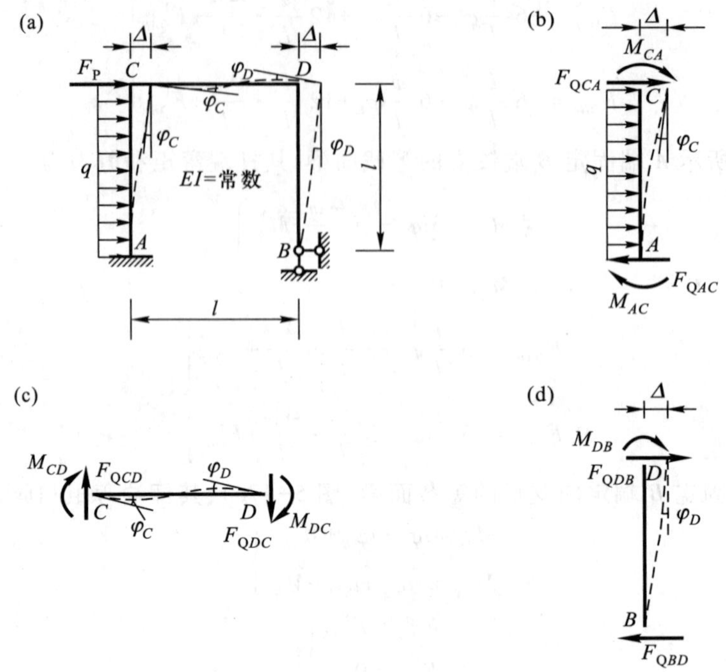

图 5-48

DB 杆则视为 D 端固定 B 端铰支的梁，受 φ_D 和 Δ 两种外因作用，故有

$$\left.\begin{array}{l} M_{DB} = 3i\varphi_D - 3i\dfrac{\Delta}{l} \\ M_{BD} = 0 \end{array}\right\} \qquad (\text{c})$$

各杆的杆端剪力同样可按相应公式和表 5-1 得出。也可以杆件为隔离体，利用平衡条件从杆端弯矩直接求解。

由上可知，若能求得刚架的结点位移（如图 5-48a 中的 φ_C、φ_D、Δ），则可计算杆件的杆端弯矩，再利用平衡条件即可求得杆端剪力，进而解出任一截面的任一内力。下一章位移法就是以结点位移作为基本未知量解算超静定结构的另一种方法。

§5-8 小结与讨论

力法是求解超静定结构最传统、也最具普遍性的方法。通过本章的学习，除掌握力法原理及应用外，还应学会在已有知识和未知领域之间搭建桥梁，将未知逐步引向已知的思想方法。

确认结构的超静定次数并选定适当的基本结构后，力法着眼于把超静定结构的受力和变形转化为基本体系的相应计算，其关键在于建立两者间的联系。这就需要在满足平衡条件的前提下建立体现变形协调的力法方程，特别是不同外因作用下选择不同基本结构时位移条件的不同，其中奥妙绝非死记典型方程、套用惯常模式所能代替。力法的系数和自由项，实质都是基本结构在不同外因作用下的位移，需要根据实际情况解算。超静定结构位移依然能用虚功原理计算，但选取力法基本结构作虚拟状态可使工作量大为减少。

对称结构是工程中经常使用的形式,通过对结构对称性的分析,为利用多种不同方式简化计算提供了条件。借助这一分析过程,能够加深对结构受力和变形特点的认识。

本章最后介绍的超静定梁杆端内力的概念,既属力法应用,也为位移法的引入做了必要准备。

思 考 题

1. 图 5-49b、c 都可作为力法计算图 5-49a 所示超静定结构的基本体系。试问用不同基本体系计算时,其位移条件各是什么?要求分别写出其力法方程。截断二力杆(基本体系Ⅰ)是否会使基本结构变成几何可变?

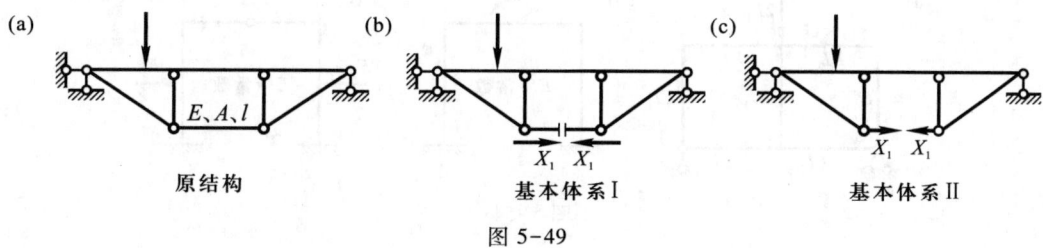

图 5-49

2. 试为图 5-50 所示连续梁计算选取最为简便的力法基本结构。

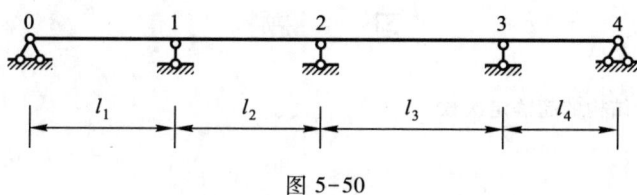

图 5-50

3. 欲使力法解算超静定结构得到简化,应该从哪些方面去考虑。力法中的基本结构是否一定为静定结构?

4. 试以最简单的方式计算图 5-51 所示超静定结构的内力,以此说明理想桁架的由来。

5. 试问图 5-52 所示连续梁弯矩图轮廓是否正确?为什么?

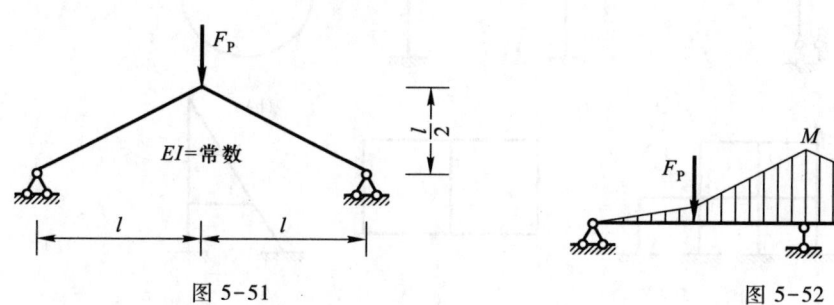

图 5-51　　　　　　　　　图 5-52

5-7 超静定结构在支座位移及温度变化作用下的位移计算

6. 超静定结构在支座位移作用下,其内力与杆件刚度有什么关系?

7. 计算超静定结构在支座位移、温度改变时的位移,能否与计算其在荷载作用下的位移一样,以结构的最后弯矩图与虚拟弯矩图图乘得到?为什么?

8. 图 5-53a、b 所示分别为具有抗移(转)弹性支座的超静定梁。k 为刚度系数,即弹性支座产生单位线(角)位移时所施加的力(力偶)。分别取悬臂(简支)梁为基本结构,试建立力法方程求解,并进一步讨论梁内力与 k 的关系。

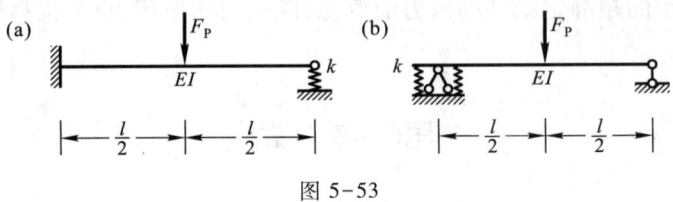

图 5-53

9. 试利用对称性对图 5-54 所示对称结构作简化计算。

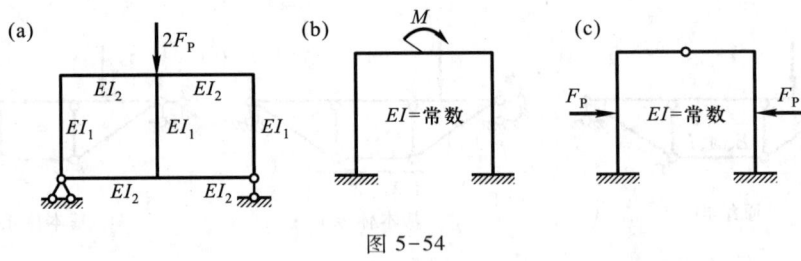

图 5-54

10. A 端固定 B 端定向支承梁,当两端产生相对线位移 Δ_{AB} 时的杆端内力是多少?

习　题

5-1 试确定图示结构的超静定次数。

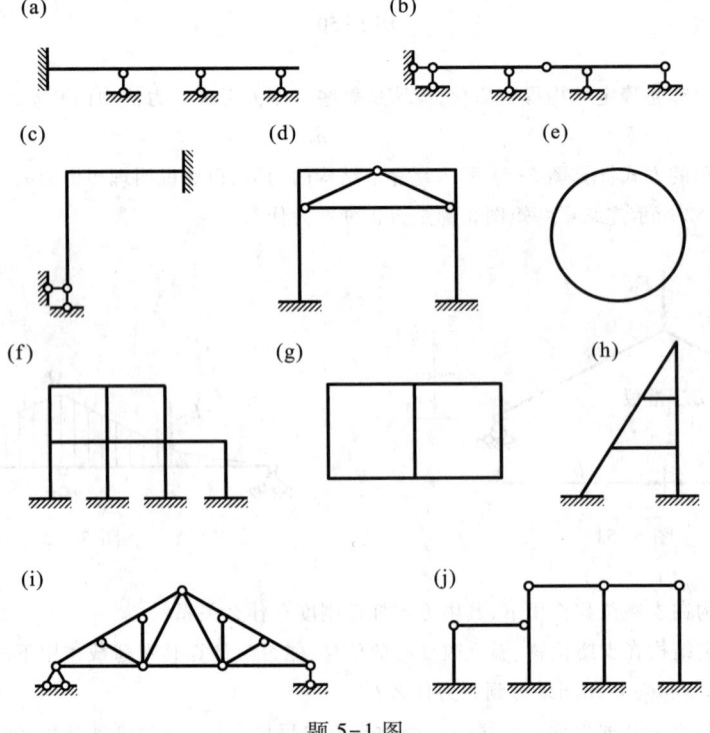

题 5-1 图

5-2 试用力法计算图示结构,并绘出弯矩图。

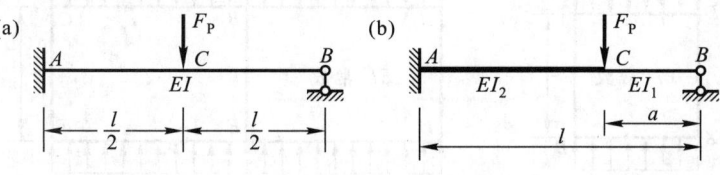

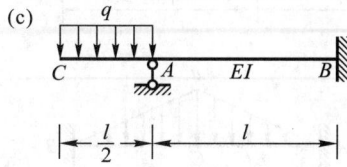

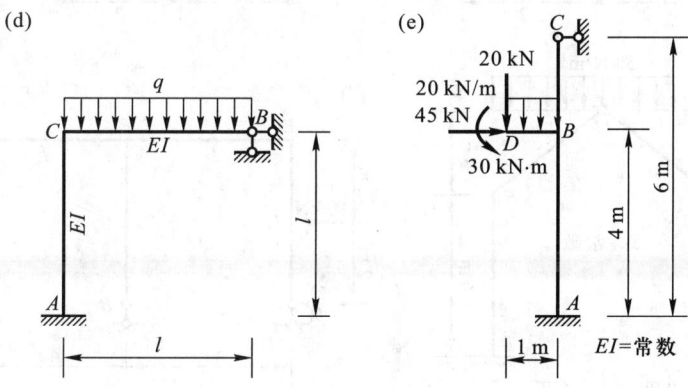

题 5-2 图

5-3 试利用较为简便的方法计算图示对称结构的内力,并绘出弯矩图。

5-4 试用力法计算图示桁架。各杆 $EA=$ 常数。

5-5 试用力法计算图示铰接排架,绘出其弯矩图,并计算点 C 的水平位移。已知 $I_2/I_1=5.77$, $I_2=12.3\times10^{-3}$ m^4, $E=25.5$ GPa。

5-6 试用力法计算图示组合结构中各链杆的轴力,并绘出横梁的弯矩图。已知横梁 $EI=10^4$ kN·m^2,链杆的 $E_1A_1=15\times10^4$ kN。

5-7 试求题 5-2 图 a 点 C 的竖向位移。

5-8 试求题 5-2 图 d 截面 C 的转角。

5-9 试计算图示抛物线两铰拱中拉杆及截面 K 的内力。$y=\dfrac{4f}{l^2}x(l-x)$, $EI=5\times10^3$ kN·m^2, $EA=3.6\times10^6$ kN, $E_1A_1=2\times10^5$ kN。

5-10 试绘出图示结构的 M 图,并求杆端 A 的转角。杆件截面为矩形,高 $h=\dfrac{l}{10}$, α、E、I 均为常数。

5-11 题 5-4 图所示桁架的杆 12 制作时比原设计短 1%,现将其拉伸安装,试求桁架中各杆的内力。

5-12 试绘出图示连续梁的 M 图并校核。已知 $I=36\times10^{-4}$ m^4, $E=3\times10^7$ kPa。

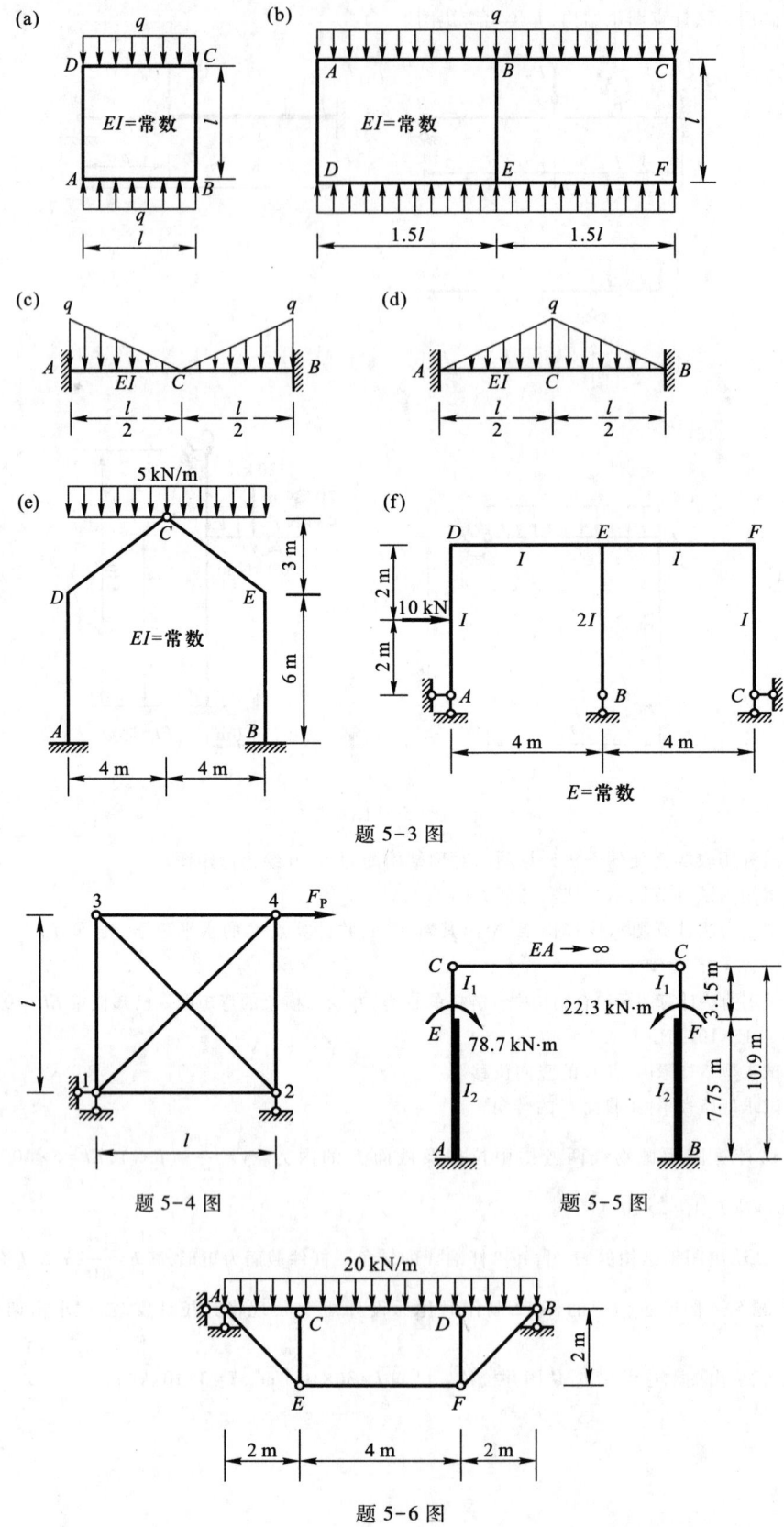

题 5-3 图

题 5-4 图

题 5-5 图

题 5-6 图

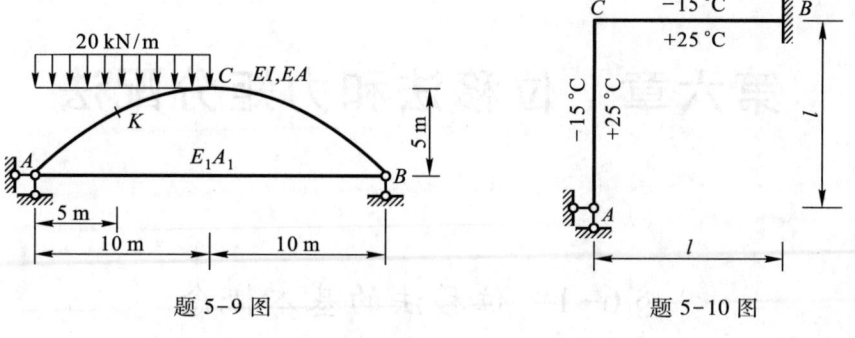

题 5-9 图   题 5-10 图

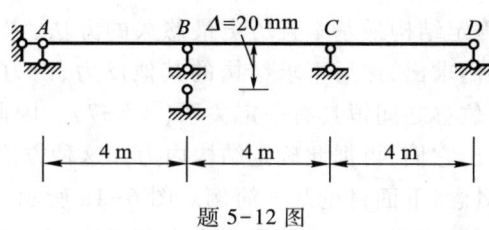

题 5-12 图

习题部分答案

5-2 (a) $M_{AB} = \dfrac{3}{16}F_P l$（上边受拉）；(b) $F_{By} = \dfrac{F_P}{2} \cdot \dfrac{2l^3 - 3l^2 a + a^3}{l^3 - \left(1 - \dfrac{I_2}{I_1}\right)a^3}$；(c) $M_{BA} = \dfrac{ql^2}{16}$（下边受拉）；

(d) $M_{AC} = \dfrac{ql^2}{28}$（右侧受拉），$F_{By} = \dfrac{3}{7}ql(\uparrow)$，$F_{Bx} = \dfrac{3}{28}ql(\leftarrow)$；(e) $M_{AB} = 60 \text{ kN} \cdot \text{m}$（左侧受拉）

5-3 (a) $M_{AB} = \dfrac{ql^2}{24}$（下边受拉）；(b) $M_{AB} = \dfrac{9}{112}ql^2$（上边受拉），$M_{BA} = \dfrac{27}{112}ql^2$（上边受拉）；(c) $M_{BA} = \dfrac{1}{32}ql^2$；

(d) $M_{CA} = \dfrac{5}{96}ql^2$；(e) $M_{AD} = 17.5 \text{ kN} \cdot \text{m}$（右侧受拉），$M_{DA} = 20.83 \text{ kN} \cdot \text{m}$（左侧受拉）；

(f) $M_{DE} = -\dfrac{55}{7} \text{kN} \cdot \text{m}$（下边受拉）

5-4 $F_{N34} = 0.396 F_P$，$F_{N24} = -0.604 F_P$，$F_{N14} = 0.854 F_P$，$F_{N23} = -0.560 F_P$

5-5 $M_{EA} = 60.7 \text{ kN} \cdot \text{m}$（左侧受拉），$M_{FB} = 4.3 \text{ kN} \cdot \text{m}$（右侧受拉），$\Delta_{CH} = 0.49 \text{ cm}(\rightarrow)$

5-6 $F_{NEF} = 67.3 \text{ kN}$，$M_C = 14.6 \text{ kN} \cdot \text{m}$（上边受拉）

5-7 $\Delta_{CV} = \dfrac{7 F_P l^3}{768 EI}(\downarrow)$

5-8 $\varphi_C = \dfrac{ql^3}{56EI}(\downarrow)$

5-9 $M_K = 125.743 \text{ kN} \cdot \text{m}$（内侧受拉），$F_{QK} = 0.089 \text{ kN}$，$F_{NK} = 111.623 \text{ kN}$（压力）

第六章 位移法和力矩分配法

§6-1 位移法的基本概念

前述力法是分析超静定结构最基本且历史最悠久的方法,它以多余力作为基本未知量,按照位移条件先将它们求出,然后再求结构的其他反力、内力和位移。由于在一定外因作用下,结构的内力和位移之间恒具有一定关系(§5-7)。因此,也可把结构的某些位移作为基本未知量,先求出它们,再据此确定结构内力。这种方法称为位移法。

为说明位移法基本概念,下面讨论几个简例。图6-1a所示为两跨等截面连续梁,在荷载作用下发生如虚线所示变形。该连续梁可看成由杆件 AB、BC 在 B 点刚性联结组成,结点 B 为刚结点。因不考虑受弯直杆的轴向变形,且有竖向链杆支承,故结点 B 不发生

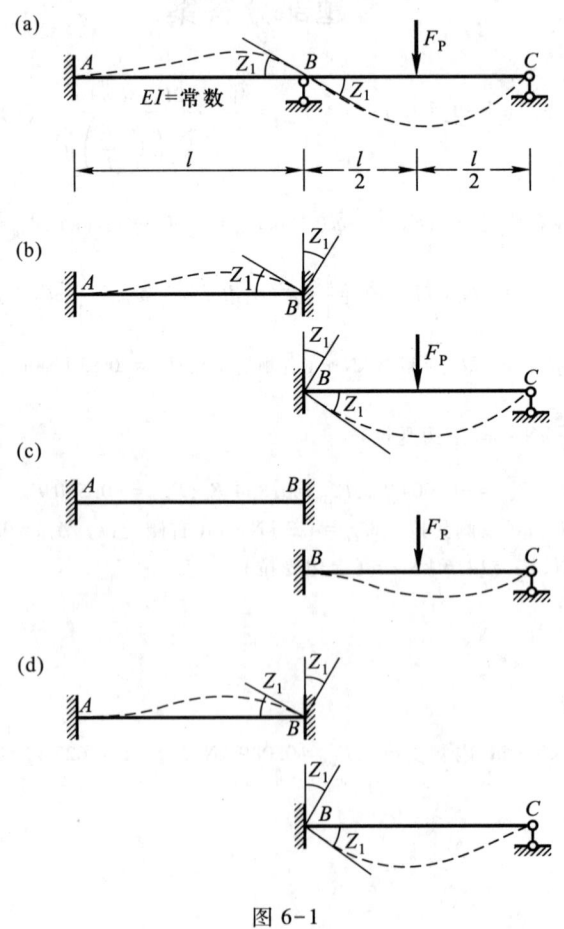

图 6-1

水平和竖向线位移,只产生角位移,设为 Z_1。汇交于该结点的两杆杆端在变形后将转动与结点相同的角度,图 6-1a 杆 AB 的 B 端和杆 BC 的 B 端均发生转角 Z_1。

考察在 B 点刚性联结的 AB、BC 两杆,由于相互约束的性质与固定支座相同,因此其受力和变形情况可用图 6-1b 中的两根单跨梁表示,其中 AB 杆相当于两端固定梁在固定端 B 发生转角 Z_1;BC 杆相当于左端固定右端铰支的单跨梁受荷载 F_P 作用,且在固定端 B 也发生大小为 Z_1 的转角。根据叠加原理,图 6-1b 又可分解为图 6-1c、d 所示两种情况。按转角位移方程式(5-3)、式(5-5)和查表 5-1,即可写出 AB、BC 两杆的杆端弯矩

$$M_{AB} = \frac{2EI}{l}Z_1, \quad M_{BA} = \frac{4EI}{l}Z_1$$

$$M_{BC} = \frac{3EI}{l}Z_1 - \frac{3}{16}F_P l, \quad M_{CB} = 0$$

其中 M_{BC} 的第二项 $-\frac{3}{16}F_P l$,为图 6-1c 的梁 BC,当无支座位移仅由荷载作用所产生的固端弯矩 M_{BC}^F。

若能确定杆件的杆端弯矩,则杆件内力可由平衡条件求得。而上述杆端弯矩表达式中,只有结点 B 的转角 Z_1 是未知量,只有先求得 Z_1 才可确定杆端弯矩。

下面讨论如何求结点 B 的转角 Z_1。假设结点 B 转动任意角度,即 Z_1 无论取何数值,虽然汇交于结点 B 的各杆端有相同转角,结构保持变形协调,但各杆端产生的弯矩值却不一定满足结点 B 的力矩平衡条件,从而造成结构变形和受力不符合实际的情况。因此,应根据结点 B 的力矩平衡条件(图 6-2)确定角位移 Z_1。

$$\sum M_B = 0, \quad M_{BA} + M_{BC} = 0$$

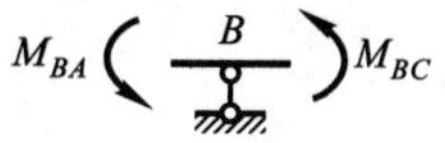

将杆端弯矩值代入后,得

图 6-2

$$\left(\frac{4EI}{l} + \frac{3EI}{l}\right)Z_1 - \frac{3}{16}F_P l = 0$$

所以

$$Z_1 = \frac{3F_P l^2}{112EI}$$

求得结点 B 的转角 Z_1 后,回代杆端弯矩表达式,即可求得各杆杆端弯矩为

$$M_{AB} = \frac{2EI}{l} \times \frac{3F_P l^2}{112EI} = \frac{3}{56}F_P l$$

$$M_{BA} = \frac{4EI}{l} \times \frac{3F_P l^2}{112EI} = \frac{3}{28}F_P l$$

$$M_{BC} = \frac{3EI}{l} \times \frac{3F_P l^2}{112EI} - \frac{3}{16}F_P l = \frac{9}{112}F_P l - \frac{3}{16}F_P l = -\frac{3}{28}F_P l$$

杆端弯矩求得后,即可利用图 6-3a 所示隔离体由平衡条件求出杆端剪力,也可利用式(5-4)、式(5-6)直接算出。结构的弯矩图和剪力图如图 6-3b、c 所示。

又如图 6-4a 所示刚架,在荷载 q 作用下发生如虚线所示变形,结点 1 为刚结点,汇交于该点的两杆产生相同的转角 Z_1。根据受弯直杆轴向刚度假定(§5-7),杆件两端间的距离在变形过程中保持不变。图示刚架支座 2、3 都不能移动,结点 1 与 2、3 间的距离又

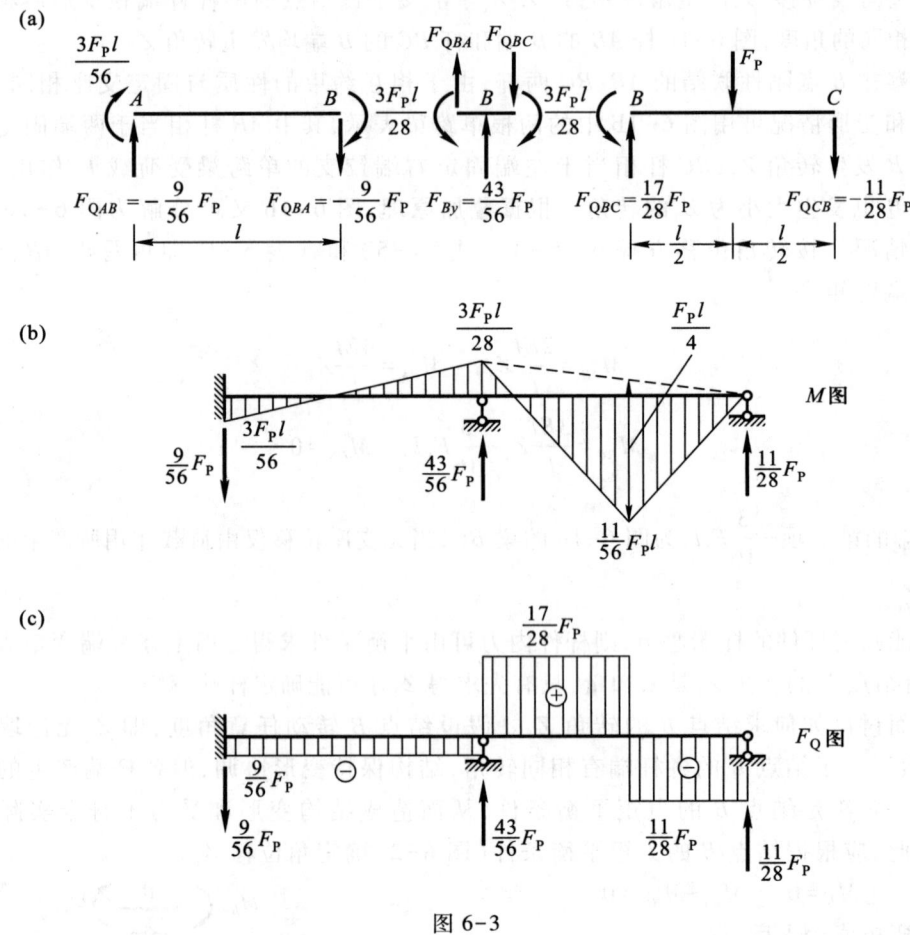

图 6-3

保持不变,结点 1 也不可能发生线位移。图 6-4a 中杆 12 和 13 的变形分别与图 6-4b、c 所示单跨梁相同。只要以单跨梁为基础写出各杆端弯矩表达式,就能利用结点 1 的力矩平衡条件求得该结点的角位移。

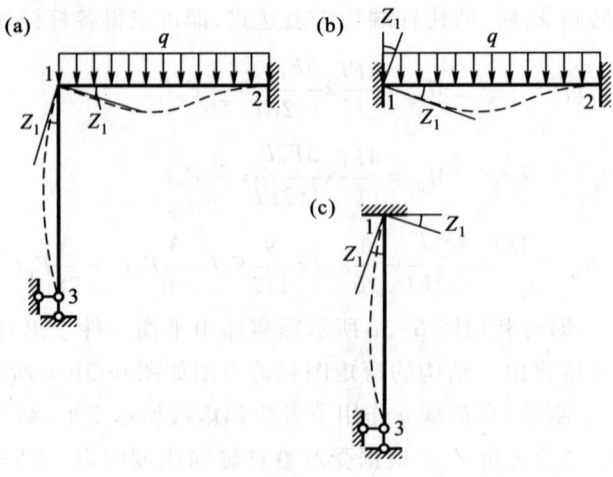

图 6-4

上述结构只有一个刚结点发生角位移，计算时取该角位移为基本未知量。在结构具有若干结点且可能同时发生角位移和线位移的情况下，如图6-5a（同图5-48）所示刚架，C、D两刚结点除分别发生转角$Z_1=\varphi_C$和$Z_2=\varphi_D$外，同时产生相同的水平线位移$Z_3=\Delta$（轴向刚度假定）。只有求出Z_1、Z_2和Z_3这三个基本未知量后才能确定全部杆端弯矩和剪力。这三个结点位移可由结构平衡条件确定，取结点C和D（图6-5b）为隔离体，列出两个力矩平衡方程$\sum M_C=0$和$\sum M_D=0$，分别为

$$M_{CA}+M_{CD}=0, \quad M_{DC}+M_{DB}=0$$

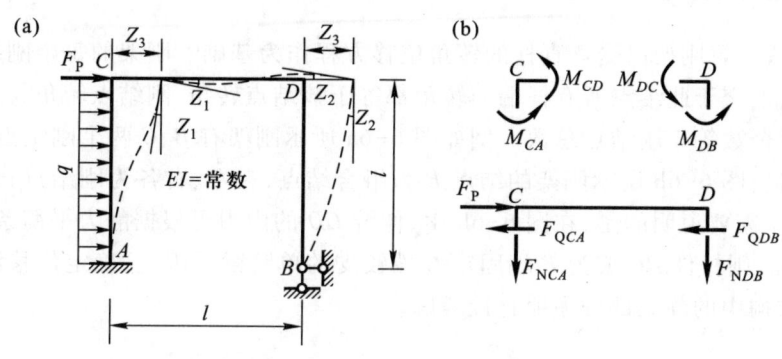

图 6-5

再截取结构包含发生Z_3各结点在内的部分，列出投影平衡方程，即截开柱顶并取柱顶以上横梁CD为隔离体（图6-5b），由$\sum F_x=0$得

$$F_P - F_{QCA} - F_{QDB} = 0$$

将杆端内力表达式代入上述三个平衡方程后，问题即可求解。

综上所述，位移法是以结构的结点位移（转角和独立线位移）作为基本未知量来解题的。若有n个刚结点，则有n个未知转角，需从这些刚结点建立n个力矩平衡方程；若有m个独立结点线位移，需考虑横梁（包含柱端）的平衡建立m个投影平衡方程。根据平衡方程求出结点位移后，便可确定结构内力。从计算原理看，位移法的思路是：

（1）把结构在可动结点处拆开，将各杆分别视为相应的单跨梁。这些梁承受原有荷载，并发生与实际相符的杆端位移，据此写出各杆杆端内力表达式。

（2）将各杆组装成原结构时，考虑结构的变形协调，（杆端位移与相应结点位移相等），并利用刚结点力矩平衡条件及结构某部分的投影平衡条件（一般为横梁部分的剪力平衡条件）获得与基本未知量数目相等的方程，求解各未知结点位移。这类方程称为位移法方程。

值得指出，上述分析以单根杆件的受力分析为基础，要求事先掌握单根杆件杆端力与杆端位移及所受荷载间的关系。这种关系式可从等截面直杆的转角位移方程或表5-1获得。如果能将其他类型杆件（如变截面直杆、曲杆甚至折杆等）的转角位移方程求得，也就能用位移法求解由这些杆件组成的超静定结构。

§6-2 位移法基本未知量的确定

由上节可知,位移法以结点角位移和独立线位移作为基本未知量,用位移法计算结构必须先确定这些结点位移。

一、角位移确定

用位移法计算刚架以受弯直杆的转角位移方程作为基础。刚架的每个刚结点都可能发生角位移,汇交于此结点所有杆端的转角都等于该结点转角,刚结点转角就是角位移基本未知量,其个数等于刚结点总数。例如图 6-6a 所示刚架有 B、C 两个刚结点,故有两个角位移未知量;图 6-6b 所示刚架的结点 B 为组合结点,它左、右各为刚结点,也有两个角位移未知量。需要说明的是,在图 6-6b 中,伸臂 CD 的内力可根据静力平衡条件确定,将伸臂 CD 去掉,则杆件 BC 成为 B 端固定 C 端铰支的单跨梁。因此,确定位移法基本未知量时,可将结构中的静定部分去掉直接考虑。

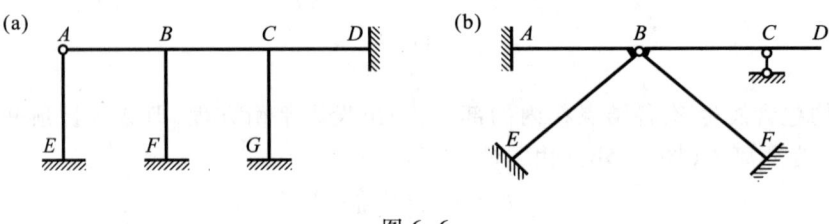

图 6-6

对于横梁抗弯刚度为无穷大的刚架,结点角位移的确定有什么不同,请读者思考分析。

二、线位移确定

由于一点在平面内具有两个移动自由度,平面刚架的每个结点如不受约束,则都有两个线位移。但按轴向刚度假定,受弯直杆变形时两端结点间的距离保持不变,故确定刚架结点的独立线位移时,可先把全部受弯直杆视为刚性链杆,同时把所有刚结点和固定支座分别改为铰结点和固定铰支座,使刚架变成一个铰结链杆体系。然后,再分析该铰结链杆体系的几何组成,凡是可动的结点,用增设附加链杆的方法使其不动,直到该体系成为几何不变体系,则结点在附加链杆方向上的位移即为原结构的独立线位移,所需增设附加链杆的最少数目即为刚架结点的独立线位移个数。例如图 6-7a 所示刚架改成铰结体系后,只需增设 2 根附加链杆就可以成为几何不变体系,如图 6-7b 所示,故有 2 个独立线位移。图6-8a所示刚架改成铰结体系后,只需增设 1 根附加链杆就可以成为几何不变体系,如图 6-8b 所示,故只有 1 个独立线位移,其中悬臂 BC 在计算线位移个数时可以去掉。

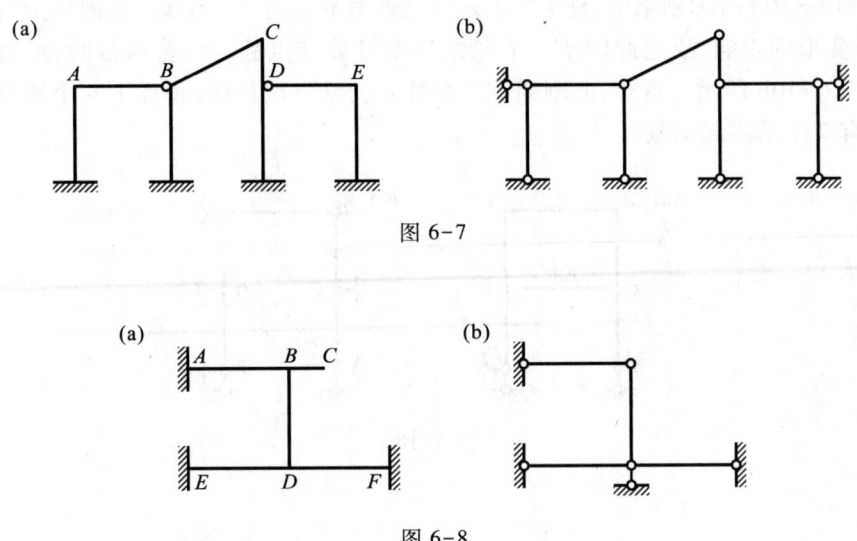

图 6-7

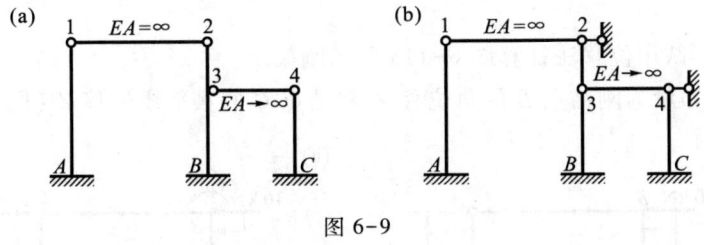

图 6-8

三、位移法基本未知量确定

位移法的基本未知量数目应等于结点的角位移和独立线位移二者之和。它只与结构自身有关,而与作用外因无关。

例如图 6-7a 所示刚架,有 A、B、C、D、E 5 个刚结点,即有 5 个角位移,由图 6-7b 可知刚架有 2 个独立线位移,故共有 7 个基本未知量。图 6-8a 所示刚架,有 B、D 两个刚结点,即有 2 个角位移,由图 6-8b 可知结构有 1 个独立线位移,故该结构共有 3 个基本未知量。

对图 6-9a 所示排架,将其变成铰结体系后,需要增设 2 根附加链杆才能成为几何不变体系,如图 6-9b 所示,故有 2 个独立线位移;确定角位移时注意柱 $2B$ 上的结点 3 是一个组合结点,杆件 $2B$ 由 23 和 3B 两杆在结点 3 处刚性联结形成,故结点 3 有一个转角基本未知量,该排架的位移法基本未知量共有 3 个。

图 6-9

应当注意,以上确定结点独立线位移的方法,是以不计杆件的轴向变形作为前提的。如果需要考虑杆件轴向变形的影响,上述方法就不再适用。当需要考虑杆件轴向变形时,"两端结点间距离保持不变"的假设不成立,就不能再把受弯直杆当作刚性链杆计算结点的独立线位移数目。在这种情况下,除支座外,刚架的每个结点都有两个独立线位移。如果刚架中有需要考虑轴向变形的杆件,则用相应铰结体系计算刚架的结点独立线位移数目时,就不能把这种杆件当作刚性链杆,而应将其从体系中撤去。

例如,在图 6-10a 所示刚架中,杆 CD 是只承受轴力的二力杆,计算刚架的内力时必须考虑其轴向变形的影响,故把此刚架变成铰结体系计算结点独立线位移数时,应将该杆撤去,即如图 6-10b 所示。这样,此刚架有 3 个独立的结点线位移,再加上 4 个刚结点的角位移,共有 7 个基本未知量。

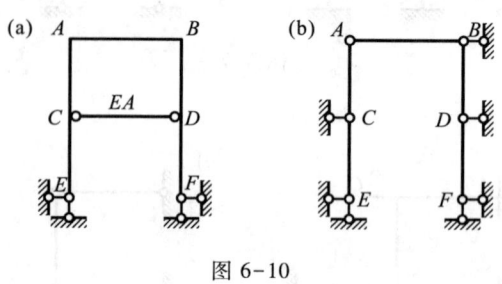

图 6-10

§6-3 用位移法计算超静定刚架

用位移法计算超静定刚架的步骤可归纳如下:

1. 确定基本未知量数目,在计算简图中标明独立的结点位移,一般假定结点角位移为顺时针方向,结点线位移使杆件产生顺时针方向的弦转角;

2. 考虑变形协调条件,根据转角位移方程(或表 5-1),写出用基本未知量表示的杆端弯矩和杆端剪力;

3. 利用刚结点的力矩平衡条件和结构某部分的投影平衡条件(通常为横梁部分的剪力平衡条件),建立求解基本未知量的位移法方程;

4. 解算方程,求出各基本未知量;

5. 将基本未知量代回第 2 步所得的杆端内力表达式,从而求出各杆杆端内力;

6. 作内力图;

7. 校核结构是否满足力矩平衡条件和剪力平衡条件,如都得到满足,则说明计算结果无误。

【例 6-1】 试用位移法计算图 6-11a 所示刚架。

解:基本未知量为刚结点 B 的角位移 Z_1 和结点 C 的水平线位移 Z_2(图 6-11b)。

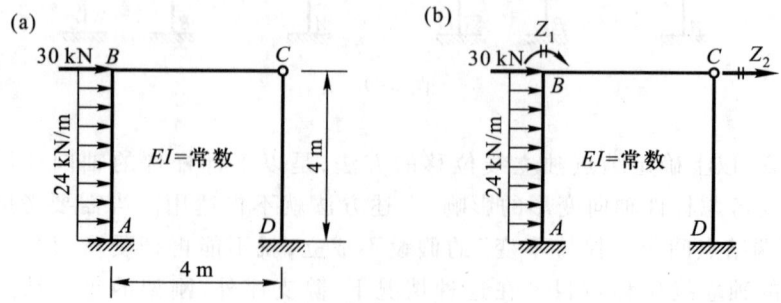

图 6-11

据此利用转角位移方程写出各杆杆端内力表达式如下 $\left(i=\dfrac{EI}{4\mathrm{m}}\right)$：

$$M_{AB}=2iZ_1-\dfrac{6i}{4\mathrm{m}}Z_2-\dfrac{1}{12}\times 24\ \mathrm{kN/m}\times (4\ \mathrm{m})^2=2iZ_1-\dfrac{3i}{2\mathrm{m}}Z_2-32\mathrm{kN\cdot m}$$

$$M_{BA}=4iZ_1-\dfrac{6i}{4\mathrm{m}}Z_2+\dfrac{1}{12}\times 24\ \mathrm{kN/m}\times (4\ \mathrm{m})^2=4iZ_1-\dfrac{3i}{2\mathrm{m}}Z_2+32\mathrm{kN\cdot m}$$

$$M_{BC}=3iZ_1,\quad M_{CB}=M_{CD}=0,\quad M_{DC}=-\dfrac{3i}{4\mathrm{m}}Z_2$$

$$F_{QAB}=-\dfrac{6i}{4\mathrm{m}}Z_1+\dfrac{3i}{4\mathrm{m}^2}Z_2+\dfrac{1}{2}\times 24\ \mathrm{kN/m}\times 4\ \mathrm{m}=-\dfrac{3i}{2\mathrm{m}}Z_1+\dfrac{3i}{4\mathrm{m}^2}Z_2+48\ \mathrm{kN}$$

$$F_{QBA}=-\dfrac{6i}{4\mathrm{m}}Z_1+\dfrac{3i}{4\mathrm{m}^2}Z_2-\dfrac{1}{2}\times 24\ \mathrm{kN/m}\times 4\ \mathrm{m}=-\dfrac{3i}{2\mathrm{m}}Z_1+\dfrac{3i}{4\mathrm{m}^2}Z_2-48\mathrm{kN}$$

$$F_{QBC}=-\dfrac{3i}{4\mathrm{m}}Z_1,\quad F_{QCB}=-\dfrac{3i}{4\mathrm{m}}Z_1,\quad F_{QCD}=\dfrac{3i}{(4\ \mathrm{m})^2}Z_2=\dfrac{3i}{16\ \mathrm{m}^2}Z_2,\quad F_{QDC}=\dfrac{3i}{(4\ \mathrm{m})^2}Z_2=\dfrac{3i}{16\ \mathrm{m}^2}Z_2$$

从结构中取出如图 6-12a、b 所示的两个隔离体，由图 6-12a 的平衡条件 $\sum M_B=0$ 得

$$M_{BA}+M_{BC}=0$$

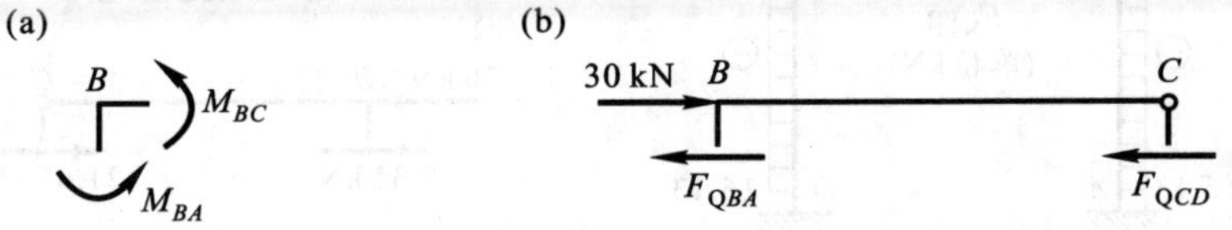

图 6-12

由图 6-12b 的平衡条件 $\sum F_x=0$ 得

$$F_{QBA}+F_{QCD}-30\ \mathrm{kN}=0$$

将以上有关杆端内力的表达式代入，整理后得

$$\left.\begin{array}{l}(3i+4i)Z_1-\dfrac{3i}{2\ \mathrm{m}}Z_2+32\ \mathrm{kN\cdot m}=0\\[2mm] -\dfrac{3i}{2\mathrm{m}}Z_1+\left(\dfrac{3i}{4\ \mathrm{m}^2}+\dfrac{3i}{16\ \mathrm{m}^2}\right)Z_2-78\ \mathrm{kN}=0\end{array}\right\}$$

即

$$\left.\begin{array}{l}7iZ_1-\dfrac{3i}{2\ \mathrm{m}}Z_2+32\mathrm{kN\cdot m}=0\\[2mm] -\dfrac{3i}{2\ \mathrm{m}}Z_1+\dfrac{15i}{16\ \mathrm{m}^2}Z_2-78\ \mathrm{kN}=0\end{array}\right\}$$

解得

$$Z_1=\dfrac{464\ \mathrm{kN\cdot m}}{23i},\quad Z_2=\dfrac{2\ 656\ \mathrm{kN\cdot m^2}}{23i}$$

将 Z_1、Z_2 的结果代回杆端内力表达式,算得

$M_{AB}=-164.87$ kN·m, $M_{BA}=-60.52$ kN·m, $M_{BC}=60.52$ kN·m

$M_{CB}=0$, $M_{CD}=0$, $M_{DC}=-86.61$ kN·m

$F_{QAB}=104.35$ kN, $F_{QBA}=8.35$ kN, $F_{QBC}=-15.13$ kN

$F_{QCB}=-15.13$ kN, $F_{QCD}=21.65$ kN, $F_{QDC}=21.65$ kN

再由结点的平衡条件即可求得各杆的轴力。刚架的 M、F_Q、F_N 图如图 6-13a、b、c 所示。

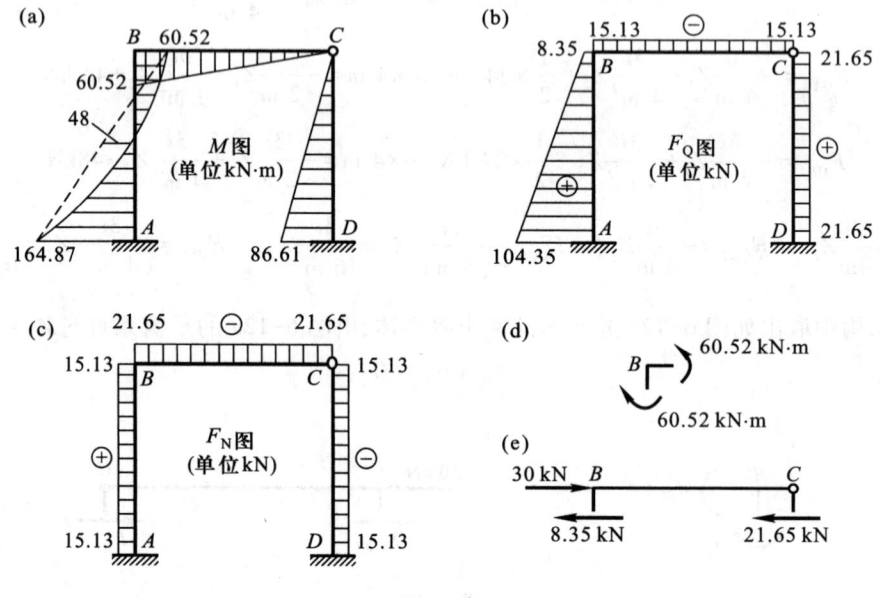

图 6-13

分别取图 6-13d、e 所示隔离体,可知 $\sum M_B=0$ 及 $\sum F_x=0$ 的平衡条件都能满足,故知计算无误。

【例 6-2】 图 6-14a 所示刚架的支座 A 下沉 Δ,试用位移法计算此刚架并绘制其内力图。EI=常数。

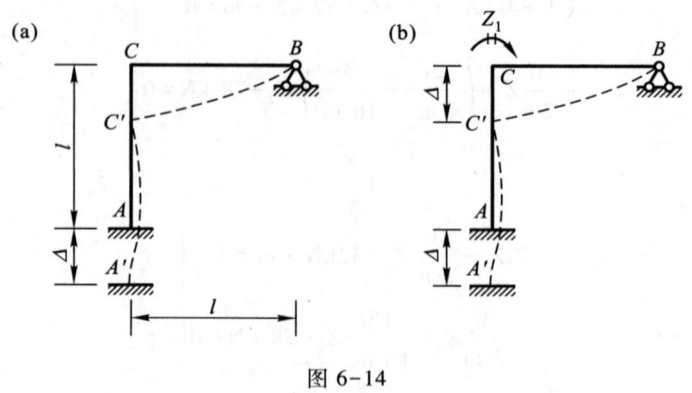

图 6-14

解:基本未知量为结点 C 的角位移 Z_1(图 6-14b)。

由图 6-14b 并利用表 5-1 写出各杆杆端内力如下:

$$M_{AC} = \frac{2EI}{l}Z_1, \quad F_{QAC} = -\frac{6EI}{l^2}Z_1$$

$$M_{CA} = \frac{4EI}{l}Z_1, \quad F_{QCA} = -\frac{6EI}{l^2}Z_1$$

$$M_{CB} = \frac{3EI}{l}Z_1 + \frac{3EI}{l^2}\Delta, \quad F_{QCB} = -\frac{3EI}{l^2}Z_1 - \frac{3EI}{l^3}\Delta$$

$$M_{BC} = 0, \quad F_{QBC} = -\frac{3EI}{l^2}Z_1 - \frac{3EI}{l^3}\Delta$$

由结点 C 的力矩平衡条件 $M_{CA}+M_{CB}=0$ 得

$$\frac{4EI}{l}Z_1 + \frac{3EI}{l}Z_1 + \frac{3EI}{l^2}\Delta = 0$$

解得

$$Z_1 = -\frac{3}{7l}\Delta$$

将其回代杆端内力表达式，算得

$$M_{AC} = -\frac{6EI}{7l^2}\Delta, \quad F_{QAC} = \frac{18EI}{7l^3}\Delta$$

$$M_{CA} = -\frac{12EI}{7l^2}\Delta, \quad F_{QCA} = \frac{18EI}{7l^3}\Delta$$

$$M_{CB} = \frac{12EI}{7l^2}\Delta, \quad F_{QCB} = -\frac{12EI}{7l^3}\Delta$$

$$M_{BC} = 0, \quad F_{QBC} = -\frac{12EI}{7l^3}\Delta$$

再由结点 C 的平衡条件 $\sum F_x=0$、$\sum F_y=0$ 求得

$$F_{NCA} = \frac{12EI}{7l^3}\Delta, \quad F_{NCB} = \frac{18EI}{7l^3}\Delta$$

刚架的内力图如图 6-15a、b、c 所示。

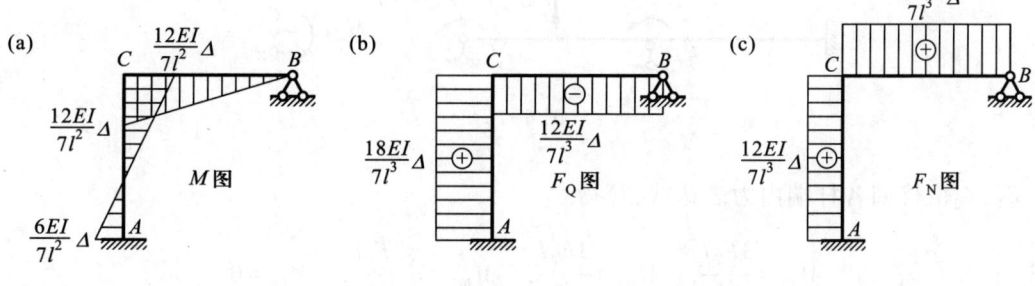

图 6-15

本例中结构没有结点线位移未知量,却存在结点线位移,原因何在?

【例 6-3】 仅利用两端固定梁的转角位移方程,用位移法计算图 6-16a 所示的连续梁。

解:图 6-16a 所示连续梁中,BC 杆受荷载 F_P 作用,B 端和 C 端均发生角位移,若分别用 Z_1 和 Z_2 表示,其杆端力与 Z_1 和 Z_2 有关。根据题意,除结点 B 的角位移 Z_1 仍为基本未知量外,还应将 C 端的角位移 Z_2 作为基本未知量(图 6-16b)。此时,杆 AB 和 BC 均可视为两端固定梁,利用表 5-1 写出各杆的杆端内力如下 $\left(i = \dfrac{EI}{l}\right)$:

$$M_{AB} = 2iZ_1, \quad M_{BA} = 4iZ_1$$

$$M_{BC} = 4iZ_1 + 2iZ_2 - \frac{1}{8}F_P l, \quad M_{CB} = 2iZ_1 + 4iZ_2 + \frac{1}{8}F_P l$$

$$F_{QAB} = -\frac{6i}{l}Z_1, \quad F_{QBA} = -\frac{6i}{l}Z_1$$

$$F_{QBC} = -\frac{6i}{l}Z_1 - \frac{6i}{l}Z_2 + \frac{F_P}{2}, \quad F_{QCB} = -\frac{6i}{l}Z_1 - \frac{6i}{l}Z_2 - \frac{F_P}{2}$$

由图 6-16c、d 所示隔离体的力矩平衡条件 $\sum M_B = 0$、$\sum M_C = 0$ 得

$$\left. \begin{array}{l} M_{BA} + M_{BC} = 0 \\ M_{CB} = 0 \end{array} \right\}$$

将有关杆端内力表达式代入并整理,可得

$$\left. \begin{array}{l} 8iZ_1 + 2iZ_2 - \dfrac{1}{8}F_P l = 0 \\ 2iZ_1 + 4iZ_2 + \dfrac{1}{8}F_P l = 0 \end{array} \right\}$$

解此可得

$$Z_1 = \frac{3F_P l}{112i}, \quad Z_2 = -\frac{5F_P l}{112i}$$

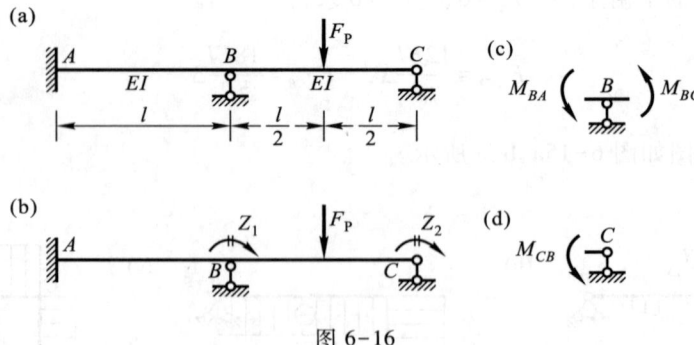

图 6-16

将 Z_1、Z_2 值代回各杆端内力表达式,算得

$$M_{AB} = \frac{3F_P l}{56}, \quad M_{BA} = \frac{3F_P l}{28}, \quad M_{BC} = -\frac{3F_P l}{28}, \quad M_{CB} = 0$$

$$F_{QAB}=-\frac{9}{56}F_P, \quad F_{QBA}=-\frac{9}{56}F_P, \quad F_{QBC}=\frac{17}{28}F_P, \quad F_{QCB}=-\frac{11}{28}F_P$$

本例即图 6-1a 所示连续梁，虽然采用的基本未知量有所不同，但两种计算结果完全一致。在图 6-1 中，取 AB 杆为两端固定梁，BC 杆为 B 端固定 C 端铰支的梁，根据转角位移方程式(5-3)、式(5-5)，相应的基本未知量只需一个，即结点 B 的角位移；对于本例，AB 杆和 BC 杆均取为两端固定梁，相应的基本未知量比前者多一个，即增加了 BC 杆 C 端的角位移 Z_2。实际上，因 BC 杆的 C 端为铰结，所以有 $M_{CB}=0$，即 $2iZ_1+4iZ_2+\frac{F_P l}{8}=0$，故 Z_2 总可用 Z_1 表示，即 Z_2 不是独立的未知转角。对于手算，为计算简便当然宜按前一种未知量少的方法进行分析；但对于电算，则因后一种方法将各杆统一为两端固定梁，便于编写计算程序，故常被采用。

同样，对于图 6-17 所示具有一个结点角位移和线位移的结构。如果将剪力可由平衡条件直接确定的杆件（称为<u>剪力静定杆</u>）CD，视为一端固定一端定向支承梁（其他杆件 AC、CB 不变），则按位移法计算时只需考虑角位移这一未知量，所得结果与将 CD 视为两端固定梁并取上述两个位移为基本未知量时相同。请读者自行计算验证。它表明：只要把剪力静定杆作为一端固定一端定向支承梁，其侧移对应的线位移可不作为位移法的基本未知量，即 Z_2 只是 Z_1 的函数，而非独立的基本未知量。

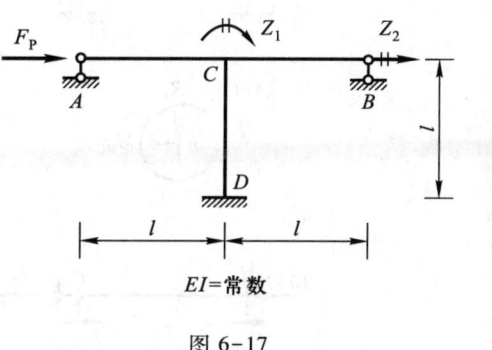

图 6-17

6-1 剪力静定杆例题

§6-4 位移法典型方程

以上介绍了直接利用平衡条件建立位移法方程的原理和步骤，下面以例 6-1 解算过的刚架（图 6-18a）为例，说明建立位移法方程的另一途径。

由例 6-1 已知，该刚架的位移法基本未知量为结点 B 的角位移和 C 点的水平线位移。为使原结构的各杆都成为单跨超静定梁，可采用如下的方法：对图 6-18a 所示刚架，在刚结点 B 上加一个控制该结点转动但不能控制移动的约束，并用"▼"表示，这种约束称为<u>附加刚臂</u>，它的约束作用是使结点 B 不能转动；在结点 C 上加一个控制该结点沿水平方向移动但不能控制转动的<u>附加链杆</u>，使结点 C 不能水平移动。附加刚臂和附加链杆统称为附加约束。这样，结构中刚结点的转动和所有结点的移动都不再发生，得到图 6-18b 所示的结构。分析其中每一杆件两端的约束情况，可知 AB 杆如同两端固定的单跨梁，BC、CD 杆如同一端固定另一端铰支的单跨梁。也就是把原结构转化为一个由若干单跨超静定梁组合起来的体系。相对于原结构，这样的组合体系称为位移法的基本结构。

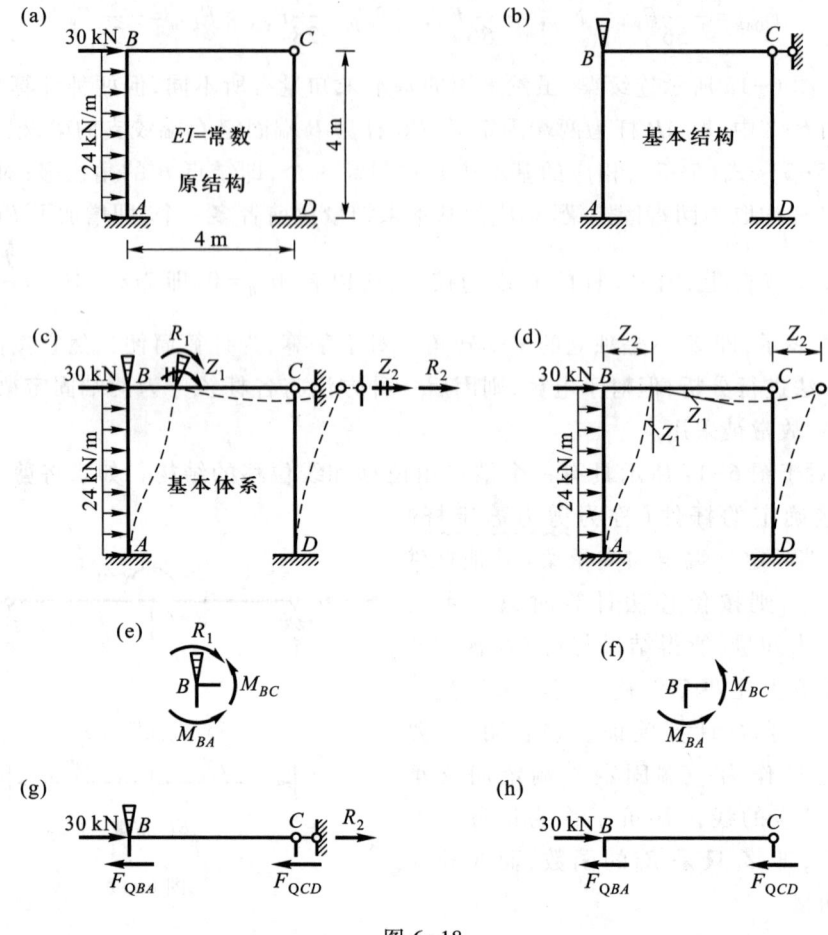

图 6-18

设原结构变形后,结点 B 的角位移为 Z_1,结点 C 的水平线位移为 Z_2。使基本结构承受与原结构相同的荷载,并使其结点 B 处的附加刚臂转动 Z_1,结点 C 处附加链杆发生水平线位移 Z_2,如图 6-18c 所示。将基本结构在荷载和基本未知量(即结点角位移和独立线位移)共同作用下的体系称为基本体系。这样,基本体系中各杆的受力和变形情况与原结构中对应各杆的受力和变形情况(图 6-18d)完全一致。

进一步考察图 6-18c 所示情况,设附加刚臂的反力偶为 R_1,附加链杆的反力为 R_2(方向均与相应位移相同)。从图 6-18c 中截取如图 6-18e、g 所示的两个隔离体,由平衡条件可得

$$\left. \begin{array}{l} R_1 = M_{BA} + M_{BC} \\ R_2 = F_{QBA} + F_{QCD} - 30 \text{ kN} \end{array} \right\}$$

对照图 6-18d 中截取如图 6-18f、h 所示的两个隔离体及其平衡条件 $M_{BA} + M_{BC} = 0$,$F_{QBA} + F_{QCD} - 30 \text{ kN} = 0$,必有基本体系上附加约束的反力偶和反力为零,即 $R_1 = 0$,$R_2 = 0$。由此可见,基本体系上附加约束的反力偶和反力等于零的条件保证了基本体系的受力和变形情况与原结构完全相同。从上面的分析可知,这一条件等价于平衡条件,可以根据这一条件建立位移法方程。

图 6-18c 所示基本体系的受力情况,可视为由图 6-19a、b、c 三种情况叠加而成,故有

$$\left.\begin{array}{l}R_1 = R_{11} + R_{12} + R_{1P} = 0 \\ R_2 = R_{21} + R_{22} + R_{2P} = 0\end{array}\right\} \quad (a)$$

式中 R_{11}、R_{21} 为附加刚臂单独转动 Z_1 时,分别在附加刚臂和附加链杆中所引起的反力偶和反力(图 6-19a);R_{12}、R_{22} 为附加链杆单独移动 Z_2 时,分别在附加刚臂和附加链杆中所引起的反力偶和反力(图 6-19b);R_{1P}、R_{2P} 为荷载单独作用时在附加刚臂和附加链杆中所引起的反力偶和反力(图 6-19c)。在 R_{ij}、R_{iP} 的两个下标中,第一个下标表示该反力偶或反力对应的附加约束编号,第二个下标表示产生该反力偶或反力的原因。

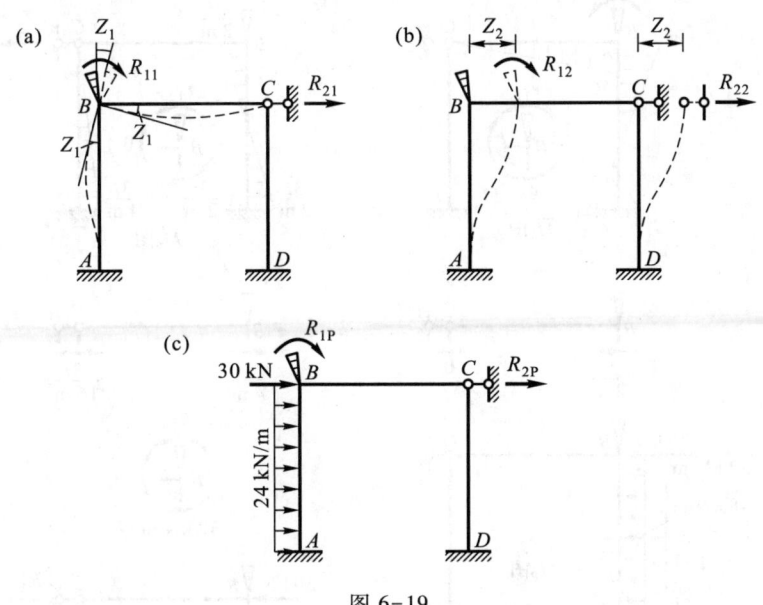

图 6-19

设在基本结构中由于附加刚臂单独发生单位角位移 $\bar{Z}_1 = 1$、附加链杆单独发生单位水平位移 $\bar{Z}_2 = 1$ 时,在附加刚臂中产生的反力偶和附加链杆中产生的反力分别为 r_{11} 和 r_{21}、r_{12} 和 r_{22},根据叠加原理,式(a)可写成

$$\left.\begin{array}{l}r_{11}Z_1 + r_{12}Z_2 + R_{1P} = 0 \\ r_{21}Z_1 + r_{22}Z_2 + R_{2P} = 0\end{array}\right\} \quad (b)$$

对于具有 n 个独立结点位移的结构,共有 n 个基本未知量,为了控制所有结点位移便需要加入 n 个附加约束,根据每一个附加约束的约束反力应等于零的条件,可建立 n 个方程。这时的方程称为<u>位移法典型方程</u>,即

$$\left.\begin{array}{l}r_{11}Z_1 + r_{12}Z_2 + \cdots + r_{1i}Z_i + \cdots + r_{1n}Z_n + R_{1P} = 0 \\ r_{21}Z_1 + r_{22}Z_2 + \cdots + r_{2i}Z_i + \cdots + r_{2n}Z_n + R_{2P} = 0 \\ \cdots\cdots\cdots\cdots \\ r_{n1}Z_1 + r_{n2}Z_2 + \cdots + r_{ni}Z_i + \cdots + r_{nn}Z_n + R_{nP} = 0\end{array}\right\} \quad (6-1)$$

式中 r_{ii} 称为主系数,$r_{ij}(i \neq j)$ 称为副系数,R_{iP} 称为自由项。由反力互等定理得知,副系数是互等的,即 $r_{ij} = r_{ji}$。r_{ij} 和 R_{iP} 的正负号规定与 Z_i 方向一致为正,反之为负。例如,若设附

加刚臂为顺时针转动,则其反力偶以顺时针方向为正。由此可知,主系数恒为正值,且不会等于零。而副系数和自由项则可能为正、为负或为零。

为了求出方程(b)中的系数和自由项,可借助表 5-1 或转角位移方程,绘出基本结构分别在附加约束发生单位位移以及荷载单独作用下的弯矩图,如图 6-20a、b、c 所示。然后,在图中分别取刚结点 B 为隔离体,由力矩平衡条件 $\sum M_B = 0$,可求得

$$r_{11} = 7i, \quad r_{12} = -\frac{3i}{2 \text{ m}}, \quad R_{1P} = 32 \text{ kN·m}$$

它们均为附加刚臂上的反力偶。

6-2 位移法典型方程例题

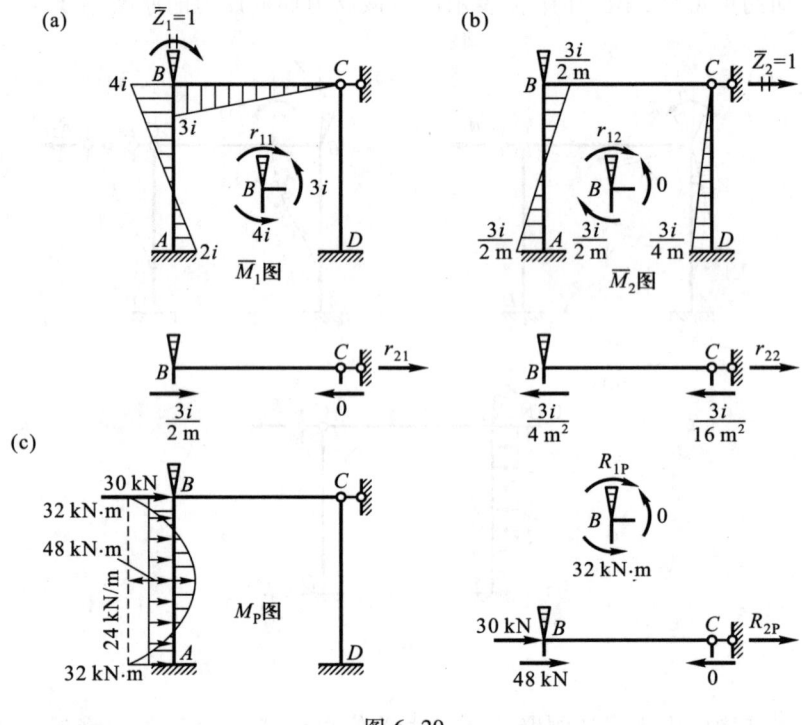

图 6-20

在图 6-20a、b、c 中截开各柱顶取出柱顶以上横梁 BC 部分为隔离体,分别由投影方程 $\sum F_x = 0$,可求得

$$r_{21} = -\frac{3i}{2 \text{ m}}, \quad r_{22} = \frac{15i}{16 \text{ m}^2}, \quad R_{2P} = -78 \text{ kN}$$

它们均为附加链杆上的反力。

将求得的系数及自由项代入位移法典型方程(b),得

$$\left. \begin{array}{r} 7iZ_1 - \dfrac{3i}{2 \text{ m}} Z_2 + 32 \text{ kN·m} = 0 \\ -\dfrac{3i}{2 \text{ m}} Z_1 + \dfrac{15i}{16 \text{ m}^2} Z_2 - 78 \text{ kN} = 0 \end{array} \right\}$$

与例 6-1 得出的位移法方程相同。解方程求得结点位移后,最后弯矩图可按叠加原理由下式计算:

$$M = Z_1 \bar{M}_1 + Z_2 \bar{M}_2 + M_P$$

例如 AB 杆 A 端的弯矩为(弯矩正负按转角位移方程中的规定)

$$M_{AB} = \frac{464 \text{ kN} \cdot \text{m}}{23i} \times 2i + \frac{2656 \text{ kN} \cdot \text{m}^2}{23i} \times \left(-\frac{3i}{2 \text{ m}}\right) + (-32 \text{ kN} \cdot \text{m})$$
$$= -164.87 \text{ kN} \cdot \text{m}$$

最后弯矩图如图 6-13a 所示。截取各杆为隔离体利用平衡条件可求得各杆杆端剪力,截取各结点为隔离体利用平衡条件可求得各杆轴力。剪力图及轴力图分别如图 6-13b、c 所示。

由上所述,采用位移法的基本体系替代原结构进行求解的步骤可归纳如下:

1. 在原结构上加入附加约束,阻止刚结点的转动和各结点的移动,从而得出一个由若干单跨超静定梁组合的体系作为基本结构。

2. 使基本结构承受与原结构同样的荷载,并令各附加约束发生与原结构相同的位移。然后根据基本体系各附加约束上的反力偶和反力为零的条件,建立位移法典型方程。为此需要:

(1) 分别绘出基本结构在每一附加约束发生单位位移时的 $\bar{M}_i$ 图和荷载单独作用下的 M_P 图;

(2) 利用平衡条件求出各系数及自由项。

3. 解算位移法典型方程,求出结点位移。

4. 按叠加原理绘制最后弯矩图,再由平衡条件求出杆端剪力和轴力,作出剪力图和轴力图。

位移法典型方程同样适用于支座位移和温度改变的情况,只是自由项的计算中要单独考虑它们的影响。

最后,将力法与本节介绍的位移法进行比较,以加深理解。

1. 利用力法或位移法计算超静定结构时,都必须同时考虑静力平衡条件和变形协调条件,才能确定结构的受力与变形状态。

2. 力法以多余力作为基本未知量,其数目等于结构多余约束的数目(即超静定次数)。位移法以结构独立的结点位移作为基本未知量,其数目与结构的超静定次数无关。

3. 力法的基本结构一般是从原结构中去掉多余约束后得到的静定结构。位移法的基本结构是在原结构中加入附加约束,以控制结点独立位移后得到的单跨超静定梁的组合体系。

4. 力法中,求解基本未知量的方程是根据原结构的位移条件建立的,体现了原结构的变形协调。位移法中,求解基本未知量的方程根据原结构的平衡条件建立,体现了原结构的静力平衡。

注意到力法典型方程中的系数表示广义单位力在力法基本结构上所引起的广义位移,故将力法方程的系数称为柔度系数,其系数矩阵称为柔度矩阵。位移法典型方程中的系数表示发生广义单位位移时在位移法基本结构的附加约束上的广义约束反力,故将位移法方程的系数称为刚度系数,其系数矩阵称为刚度矩阵。以后,在结构矩阵分析和结构动力分析内容中,习惯将前者称为柔度法,后者称为刚度法。

§6-5 力矩分配法的基本概念

力矩分配法主要用于连续梁和无结点线位移刚架的计算,其特点是不需要建立和解算联立方程组,可以在计算简图上或者列表进行计算,直接求得各杆杆端弯矩。此方法采用轮流放松结点的办法,使所有刚结点逐步达到平衡。计算过程按重复、规则的步骤进行。随着计算轮数的增加,结果将越来越接近真实解答,所以属于渐近法。由于力矩分配法的物理意义清楚,便于掌握,且适合手算,故仍是工程计算中常用的方法。下面先说明力矩分配法的基本概念。关于杆端弯矩和结点转角的正负符号的规定,仍与位移法中的规定相同。

一、转动刚度 S

图 6-21a 所示杆件 AB,A 端为铰支座,B 端为固定支座。当使 A 端转动单位角度 $\varphi=1$ 时,在 A 端所需施加的力矩称为 AB 杆在 A 端的转动刚度,并用 S_{AB} 表示,其中第一个下标代表施力端或称近端,第二个下标代表远端。由于杆件受力情况只与杆件承受的荷载和杆端位移有关,故图 6-21a 所示 AB 杆的变形和受力情况,与图 6-21b 所示两端固定梁当 A 端转动单位角度 $\varphi=1$ 时的情况相同。因此,杆 AB 的转动刚度 S_{AB} 等于图 6-21b 中 A 端产生的弯矩 M_{AB}。对于等截面直杆,$S_{AB}=\dfrac{4EI}{l}=4i$。

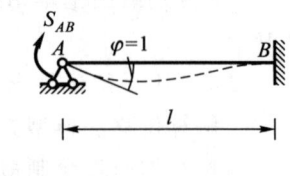

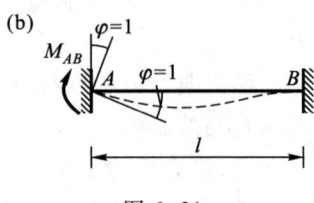

当远端支承情况不同时,等截面直杆施力端的转动刚度 S_{AB} 见表 6-1 所示。

图 6-21

由表 6-1 可见,等截面直杆杆端的转动刚度与该杆的线刚度和远端支承情况有关。杆件的线刚度越大(即 EI 越大或 l 越小),杆端的转动刚度就越大,这时欲使杆端转动一单位角度所需施加的力矩就越大,杆端的转动刚度即表示杆端抵抗转动的能力。

表 6-1 等截面直杆的杆端转动刚度

简 图	A 端转动刚度	说 明
(S_{AB}, EI, $\varphi=1$, l, 远端固定)	$S_{AB}=\dfrac{4EI}{l}=4i$	远端固定
(S_{AB}, EI, $\varphi=1$, l, 远端铰支)	$S_{AB}=\dfrac{3EI}{l}=3i$	远端铰支

简 图	A 端转动刚度	说 明
	$S_{AB} = \dfrac{EI}{l} = i$	远端定向支承

二、分配系数 μ

设有图 6-22a 所示由等截面杆件组成的刚架,只有一个刚结点 1,且只能转动不能移动。当外力矩 M 加于结点 1 时,刚架发生图中虚线所示的变形,各杆的 1 端均发生转角 φ_1,试求杆端弯矩 M_{12}、M_{13}、M_{14}、M_{15}。

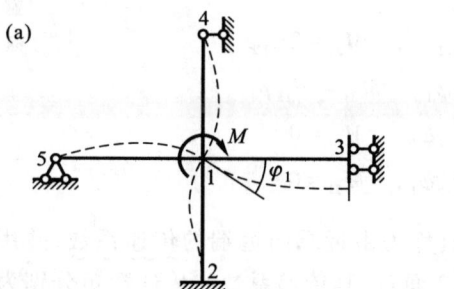 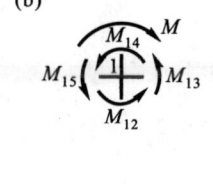

图 6-22

由转动刚度的定义可知

$$M_{1j} = S_{1j}\varphi_1 \quad (j = 2 \sim 5) \tag{a}$$

式中下标 j 为汇交于结点 1 的各杆远端,在本例中即为 2、3、4、5。

利用结点 1(图 6-22b)的力矩平衡条件得

$$M = M_{12} + M_{13} + M_{14} + M_{15} = (S_{12} + S_{13} + S_{14} + S_{15})\varphi_1$$

所以

$$\varphi_1 = \frac{M}{S_{12} + S_{13} + S_{14} + S_{15}} = \frac{M}{\sum_{(1)} S}$$

式中 $\sum_{(1)} S$ 为汇交于结点 1 的各杆件在 1 端的转动刚度之和。将所求得的 φ_1 代入式(a),得

$$M_{1j} = S_{1j} \frac{M}{\sum_{(1)} S} = \frac{S_{1j}}{\sum_{(1)} S} M \quad (j = 2 \sim 5) \tag{b}$$

式(b)表明,各杆近端产生的弯矩与各杆杆端的转动刚度成正比。

设

$$\mu_{1j} = \frac{S_{1j}}{\sum_{(1)} S} \tag{6-2}$$

于是,式(b)可写成

$$M_{1j} = \mu_{1j} M \tag{6-3}$$

μ_{1j} 称为各杆在近端的分配系数。汇交于同一结点的各杆杆端分配系数之和应等于 1,即

$$\sum_{(1)} \mu_{1j} = \mu_{12} + \mu_{13} + \mu_{14} + \mu_{15} = 1$$

显然,杆端弯矩 M_{1j} 相当于将加于结点 1 的外力偶 M 按各杆端的分配系数分配给相应的近端,因而被称为分配弯矩。

三、传递系数 C

在图 6-22 中,当外力矩 M 加于结点 1 时,该结点发生转角 φ_1,各杆的近端和远端所产生的杆端弯矩分别为

$$M_{12} = 4i_{12}\varphi_1, \quad M_{21} = 2i_{12}\varphi_1$$
$$M_{13} = i_{13}\varphi_1, \quad M_{31} = -i_{13}\varphi_1$$
$$M_{14} = 3i_{14}\varphi_1, \quad M_{41} = 0$$
$$M_{15} = 3i_{15}\varphi_1, \quad M_{51} = 0$$

此时,远端弯矩与近端弯矩的比值称为由近端向远端的传递系数,并用 C_{1j} 表示。远端弯矩称之为传递弯矩。例如,对杆 12 而言,其传递系数和传递弯矩分别为

$$C_{12} = \frac{M_{21}}{M_{12}} = \frac{1}{2}, \quad M_{21} = C_{12}M_{12} = \frac{1}{2} \times 4i_{12}\varphi_1 = 2i_{12}\varphi_1$$

即传递弯矩可按下式计算:

$$M_{j1} = C_{1j} M_{1j} \tag{6-4}$$

等截面直杆的传递系数 C 随远端的支承情况而异。它们分别为

远端固定 $\qquad C = \dfrac{1}{2}$

远端定向支承 $\qquad C = -1$

远端铰支 $\qquad C = 0$

由前述可知,对于图 6-22a 所示只有一个刚结点的结构,刚结点上受一力偶 M 作用,则该结点只产生角位移,其解算过程分为两步:首先,按各杆的分配系数求出杆件的近端弯矩,即分配弯矩,这一步称为分配过程;其次,将近端弯矩乘以传递系数便得远端弯矩,即传递弯矩,这一步称为传递过程。经过分配和传递直接得出各杆的杆端弯矩,这种求解方法即为力矩分配法。

只具有一个刚结点的结构承受一般荷载作用,也可用力矩分配法进行计算。如图 6-23a 所示连续梁,在图示荷载作用下,其变形如图中虚线所示。计算时,先在结点 B 加一个附加刚臂,使结点 B 不能转动,于是得到一个由单跨超静定梁组成的基本结构

（图6-23b）。将原结构的荷载作用在基本结构上，杆件的杆端产生固端弯矩。本例的 BC 跨因无荷载作用，所以 $M_{BC}^F = 0$。由于基本结构上汇交于结点 B 处各杆的固端弯矩不能平衡，故附加刚臂必产生反力矩 M_B^F，其值可由图6-23b中所示结点 B 的力矩平衡条件求得

$$M_B^F = M_{BA}^F + M_{BC}^F$$

M_B^F 称为结点 B 的<u>不平衡力矩</u>，其大小等于汇交于该结点的各杆固端弯矩的代数和，以顺时针方向为正。

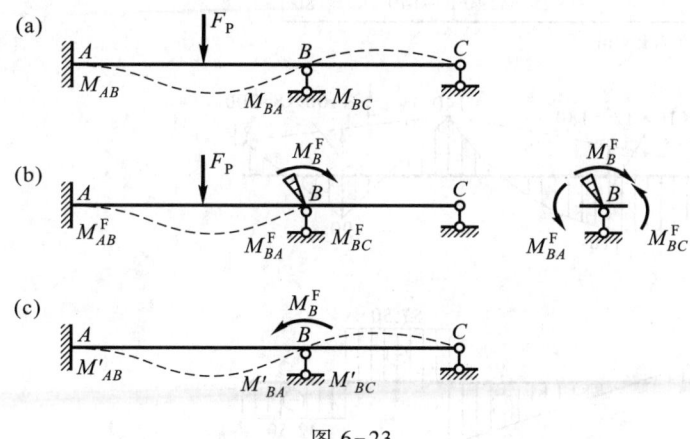

图 6-23

连续梁的结点 B 原来不存在刚臂，也没有反力矩 M_B^F 作用。因此，图6-23b的固端弯矩并不是结构在实际状态下的杆端弯矩，必须对此加以修正。为此，放松结点 B 处的刚臂，消除 M_B^F 的作用，使梁回复到实际状态（图6-23a）。这一过程相当于在结点 B 加一个大小等于 M_B^F，但方向与其相反的外力矩（图6-23c）。将图6-23b和图6-23c所示两种情况叠加，就消去了反力矩，也就放松了刚臂的约束，从而得到图6-23a所示原结构的情况。这就是说，实际状态应为固定状态和放松状态的叠加。将图6-23b和图6-23c所示的杆端弯矩叠加，就是所要求的杆端弯矩。其中前者可由表5-1查得，后者按式（6-3）计算出 B 点各杆端的分配弯矩，按式（6-4）计算各杆远端的传递弯矩。注意在计算分配弯矩时，须将式（6-3）中的 M 代以 $-M_B^F$，即 M 值等于反号的不平衡力矩。

归纳起来，用力矩分配法计算的要点是：在刚结点处加上附加刚臂，求出各杆端产生的固端弯矩，汇交于该刚结点处各杆的固端弯矩之代数和即为该结点的不平衡力矩 M^F；按式（6-2）计算汇交于该刚结点各杆杆端的分配系数，将不平衡力矩反号乘以杆端的分配系数即得近端的分配弯矩，再将分配弯矩乘以传递系数，便得到远端的传递弯矩；各杆端的最后弯矩等于该端的固端弯矩与该端的分配弯矩或传递弯矩之和。可见，只有一个刚结点且无结点线位移的结构，用力矩分配法计算是简便的，而且得到的是精确的解答。

【**例6-4**】 试用力矩分配法计算图6-24a所示的两跨连续梁，绘出梁的弯矩图和剪力图，并计算各支座反力。

解：计算过程通常在梁的下方列表进行，使各类数据与相应杆端对齐。为便于学习，现将各栏的计算说明如下

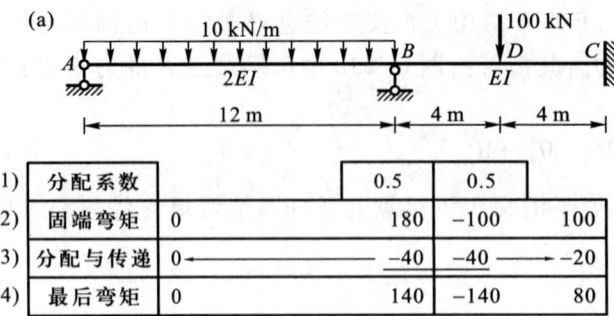

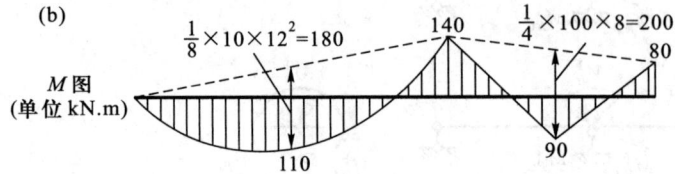

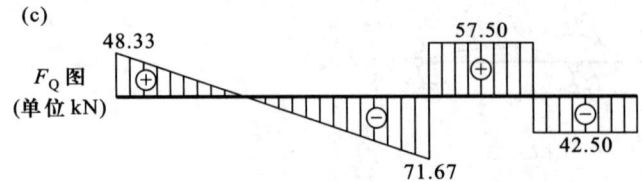

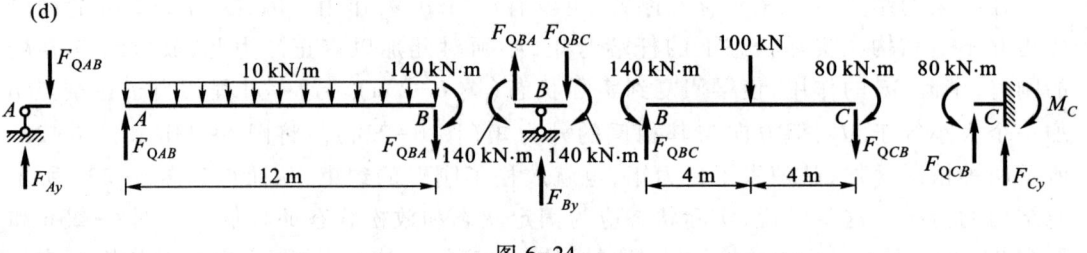

图 6-24

1. 计算结点 B 处各杆端的分配系数。

转动刚度为

$$S_{BA} = 3 \times \frac{2EI}{12 \text{ m}} = 0.5EI/\text{m}, \quad S_{BC} = 4 \times \frac{EI}{8 \text{ m}} = 0.5EI/\text{m}$$

所以

$$\mu_{BA} = 0.5, \quad \mu_{BC} = 0.5$$

且

$$\mu_{BA} + \mu_{BC} = 0.5 + 0.5 = 1$$

将分配系数记在图 6-24a 下面第(1)行内。

2. 按表 5-1 计算固端弯矩。

此时认为刚结点 B 不能转动，即各杆作为单跨超静定梁受荷载作用。于是可得

$$M_{AB}^{F} = 0$$

$$M_{BA}^{F} = \frac{1}{8}ql^2 = \frac{1}{8} \times 10 \text{ kN/m} \times (12 \text{ m}^2) = 180 \text{ kN} \cdot \text{m}$$

$$M_{BC}^{F} = -\frac{1}{8}F_P l = -\frac{1}{8} \times 100 \text{ kN} \times 8 \text{ m} = -100 \text{ kN} \cdot \text{m}$$

$$M_{CB}^{F} = \frac{1}{8}F_P l = \frac{1}{8} \times 100 \text{ kN} \times 8 \text{ m} = 100 \text{ kN} \cdot \text{m}$$

将各固端弯矩记在图 6-24a 的第(2)行内,并得出结点 B 的不平衡力矩为

$$M_B^F = M_{BA}^F + M_{BC}^F = 80 \text{ kN} \cdot \text{m}$$

3. 计算分配弯矩与传递弯矩。

分配弯矩为

$$M_{BA} = 0.5 \times (-80 \text{ kN} \cdot \text{m}) = -40 \text{ kN} \cdot \text{m}$$

$$M_{BC} = 0.5 \times (-80 \text{ kN} \cdot \text{m}) = -40 \text{ kN} \cdot \text{m}$$

传递弯矩为

$$M_{CB} = C_{BC} M_{BC} = \frac{1}{2} \times (-40 \text{ kN} \cdot \text{m}) = -20 \text{ kN} \cdot \text{m}$$

$$M_{AB} = C_{BA} M_{BA} = 0 \times (-40 \text{ kN} \cdot \text{m}) = 0$$

将它们记在图 6-24a 的第(3)行内,并在分配弯矩下划一横线,表示结点 B 已达到平衡。在分配弯矩与传递弯矩之间划一水平方向的箭头,表示弯矩传递方向。

4. 计算杆端最后弯矩。

将以上结果相加,即得最后弯矩,记在图 6-24a 的第(4)行内。由 140 kN·m + (-140 kN·m) = 0 可知满足结点 B 的力矩平衡条件 $\sum M_B = 0$。

5. 根据各杆杆端的最后弯矩,利用叠加法作出连续梁的弯矩图,如图 6-24b 所示。

6. 由图 6-24d 所示隔离体的平衡条件,算得各杆的杆端剪力和梁的支座反力为

$$F_{QAB} = 48.33 \text{ kN}, \quad F_{QBA} = -71.67 \text{ kN}$$

$$F_{QBC} = 57.50 \text{ kN}, \quad F_{QCB} = -42.50 \text{ kN}$$

$$F_{Ay} = 48.33 \text{ kN}(\uparrow), \quad F_{By} = 129.17 \text{ kN}(\uparrow)$$

$$F_{Cy} = 42.50 \text{ kN}(\uparrow), \quad M_C = 80 \text{ kN} \cdot \text{m}(\curvearrowright)$$

剪力图如图 6-24c 所示。

【例 6-5】 试用力矩分配法计算图 6-25 所示刚架的各杆端弯矩。

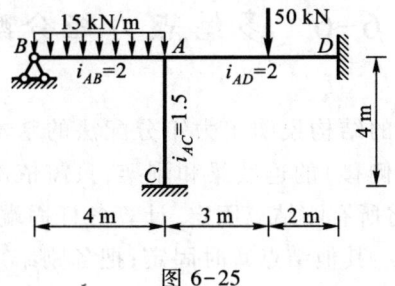

图 6-25

解：按式(6-2)算出各杆端的分配系数

$$\mu_{AB} = \frac{3 \times 2}{3 \times 2 + 4 \times 2 + 4 \times 1.5} = 0.3$$

$$\mu_{AD} = \frac{4 \times 2}{3 \times 2 + 4 \times 2 + 4 \times 1.5} = 0.4$$

$$\mu_{AC} = \frac{4 \times 1.5}{3 \times 2 + 4 \times 2 + 4 \times 1.5} = 0.3$$

按表 5-1 算出各杆的固端弯矩

$$M_{AB}^F = \frac{1}{8} \times 15 \text{ kN/m} \times (4 \text{ m})^2 = 30 \text{ kN} \cdot \text{m}$$

$$M_{AD}^F = -\frac{50 \text{ kN} \times 3 \text{ m} \times (2 \text{ m})^2}{(5 \text{ m})^2} = -24 \text{ kN} \cdot \text{m}$$

$$M_{DA}^F = \frac{50 \text{ kN} \times (3 \text{ m})^2 \times 2 \text{ m}}{(5 \text{ m})^2} = 36 \text{ kN} \cdot \text{m}$$

6-4 含剪力静定杆刚架的无剪力分配法

用力矩分配法计算刚架时,也可列成表格进行,如表 6-2 所示。

表 6-2 杆端弯矩的计算

结　　点	B	A			D	C
杆　　端	BA	AB	AC	AD	DA	CA
分配系数		0.3	0.3	0.4		
固端弯矩	0	30	0	-24	36	0
分配弯矩和传递弯矩	0	-1.80	-1.80	-2.40	-1.20	-0.90
最后弯矩	0	28.20	-1.80	-26.40	34.80	-0.90

注：表中弯矩单位为 kN·m。

与位移法中的讨论类似,若将图 6-17 中的剪力静定杆视为一端固定一端定向支承梁,则其侧移对应的线位移可以不计。结构已无结点线位移,可以用与力矩分配法相同的方式进行计算,称为无剪力分配法。

§6-6 多结点力矩分配

上节以只有一个刚结点的结构说明了力矩分配法的基本原理。对于具有多个刚结点,但无结点线位移(简称无侧移)的连续梁和刚架,只需依次对各结点使用上节所述方法便可求解。其做法是：先将所有刚结点固定,计算各杆固端弯矩；然后将各刚结点轮流放松,即每次只放松一个结点,其他结点暂时固定；把各刚结点的不平衡力矩反号后进行分配与传递,直到传递弯矩小到可略去时为止。这样计算杆端弯矩的方法属于渐近法。

以图 6-26 所示三跨等截面连续梁为例,在荷载作用下,两个中间结点 B、C 将发生转角,设想用附加刚臂使结点 B 和 C 不能转动(以下称为固定结点),得出由三根单跨超静定梁组成的基本结构,并可求得各杆的固端弯矩如下:

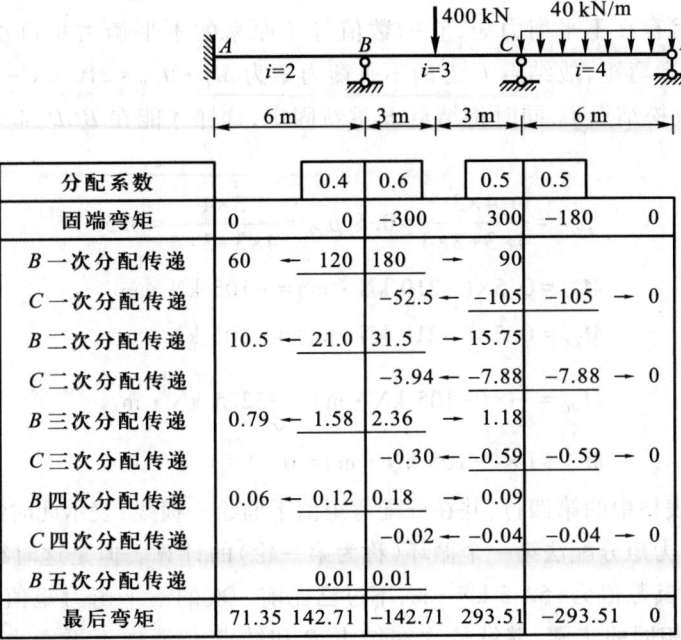

分配系数			0.4	0.6		0.5	0.5	
固端弯矩	0		0	−300		300	−180	0
B 一次分配传递	60	←	120	180	→	90		
C 一次分配传递				−52.5	←	−105	−105	→ 0
B 二次分配传递	10.5	←	21.0	31.5	→	15.75		
C 二次分配传递				−3.94	←	−7.88	−7.88	→ 0
B 三次分配传递	0.79	←	1.58	2.36	→	1.18		
C 三次分配传递				−0.30	←	−0.59	−0.59	→ 0
B 四次分配传递	0.06	←	0.12	0.18	→	0.09		
C 四次分配传递				−0.02	←	−0.04	−0.04	→ 0
B 五次分配传递			0.01	0.01				
最后弯矩	71.35		142.71	−142.71		293.51	−293.51	0

注:表中弯矩单位为 kN·m。

图 6-26

$$M_{AB}^F = 0, \quad M_{BA}^F = 0$$

$$M_{BC}^F = -\frac{1}{8} \times 400 \text{ kN} \times 6 \text{ m} = -300 \text{ kN} \cdot \text{m}$$

$$M_{CB}^F = \frac{1}{8} \times 400 \text{ kN} \times 6 \text{ m} = 300 \text{ kN} \cdot \text{m}$$

$$M_{CD}^F = -\frac{1}{8} \times 40 \text{ kN/m} \times (6 \text{ m})^2 = -180 \text{ kN} \cdot \text{m}, \qquad M_{DC}^F = 0$$

B、C 两结点处的不平衡力矩分别为

$$M_B^F = -300 \text{ kN} \cdot \text{m}, \quad M_C^F = 120 \text{ kN} \cdot \text{m}$$

为消去这两个不平衡力矩,先放松结点 B,而结点 C 仍然固定。此时 ABC 部分可利用上节所述力矩分配和传递的办法进行计算:

$$\mu_{BA} = \frac{4 \times 2}{4 \times 2 + 4 \times 3} = 0.4, \quad \mu_{BC} = \frac{4 \times 3}{4 \times 2 + 4 \times 3} = 0.6$$

$$M_{BA} = -\mu_{BA} M_B^F = 0.4 \times 300 \text{ kN} \cdot \text{m} = 120 \text{ kN} \cdot \text{m}$$

$$M_{BC} = -\mu_{BC} M_B^F = 0.6 \times 300 \text{ kN} \cdot \text{m} = 180 \text{ kN} \cdot \text{m}$$

$$M_{AB} = C_{BA} M_{BA} = \frac{1}{2} \times 120 \text{ kN} \cdot \text{m} = 60 \text{ kN} \cdot \text{m}$$

$$M_{CB} = C_{BC}M_{BC} = \frac{1}{2} \times 180 \text{ kN} \cdot \text{m} = 90 \text{ kN} \cdot \text{m}$$

这样完成了结点 B 的第一次分配和传递,将求得的分配弯矩和传递弯矩记入图 6-26 所示表格的第三行。通过上述运算,结点 B 暂时平衡,在分配弯矩值下面绘一横线表示。这时,结点 C 仍然存在不平衡力矩,它的数值等于原来的不平衡力矩再加上由于放松结点 B 而传来的传递弯矩,故结点 C 上的不平衡力矩为 $M_C^F + M_{CB} = 210 \text{ kN} \cdot \text{m}$。为消去这一不平衡力矩,需放松结点 C,同时将结点 B 重新固定,这样才能在 BCD 部分进行力矩分配和传递

$$\mu_{CB} = \frac{4 \times 3}{4 \times 3 + 3 \times 4} = 0.5, \mu_{CD} = \frac{3 \times 4}{4 \times 3 + 3 \times 4} = 0.5$$

$$M_{CB} = 0.5 \times (-210 \text{ kN} \cdot \text{m}) = -105 \text{ kN} \cdot \text{m}$$

$$M_{CD} = 0.5 \times (-210 \text{ kN} \cdot \text{m}) = -105 \text{ kN} \cdot \text{m}$$

$$M_{BC} = \frac{1}{2} \times (-105 \text{ kN} \cdot \text{m}) = -52.5 \text{ kN} \cdot \text{m}$$

$$M_{DC} = 0 \times (-105 \text{ kN} \cdot \text{m}) = 0$$

上述数字都记在表格中的第四行,并在分配弯矩值下面绘一横线,表示此时结点 C 已暂时平衡。至此,完成了力矩分配法第一个循环(称为第一轮)的计算。但是这时结点 B 上又有了新的不平衡力矩,其数值为 $-52.5 \text{ kN} \cdot \text{m}$,不过已比前一次的不平衡力矩值($-300 \text{ kN} \cdot \text{m}$)小了许多。按照相同的步骤,继续依次在结点 B 和结点 C 消去不平衡力矩,使不平衡力矩绝对值愈来愈小。经过若干轮以后,直到传递弯矩小到可以略去不计时,便可使计算在分配后停止不再传递。此时,结构已非常接近真实的平衡状态。各次计算结果都记在图 6-26 的表格中,再把每一杆端历次的分配弯矩、传递弯矩和原有的固端弯矩相加便得到各杆端的最后弯矩。

整个计算过程是依次放松各刚结点,以消去刚结点的不平衡力矩,得到杆端弯矩的修正值,结点的不平衡力矩绝对值逐渐减小,直至可以忽略。为使计算收敛较快,宜从不平衡力矩绝对值较大的结点开始计算。

力矩分配法的计算步骤可归纳如下:

(1) 各结点按杆端的转动刚度计算其分配系数,并确定相应传递系数。

(2) 计算各杆的固端弯矩和相应各结点的不平衡力矩。

(3) 依次放松各结点以使弯矩平衡。每平衡一个结点时,按分配系数将不平衡力矩反号分配于各杆近端,然后将各杆端所得的分配弯矩乘以传递系数传至远端。将此步骤重复运用,直至杆端的传递弯矩小到可以略去而不需传递时为止。

(4) 将各杆端的固端弯矩与历次的分配弯矩和传递弯矩相加,即得各杆端的最后弯矩。

【例 6-6】 试用力矩分配法计算图 6-27a 所示等截面连续梁,并作弯矩图和剪力图。$EI =$ 常数。

解:此梁的悬臂 EF 为静定部分,这部分的内力根据静力平衡条件可求得为 $M_{EF} = -40 \text{ kN} \cdot \text{m}, F_{QEF} = 20 \text{ kN}$。若将悬臂去掉,而将 M_{EF}、F_{QEF} 作为外力作用于结点 E 的右侧(图 6-27b),结点 E 便成为铰支端。计算分配系数时,有

$$\mu_{DC} = \frac{4 \times \dfrac{EI}{6\text{ m}}}{4 \times \dfrac{EI}{6\text{ m}} + 3 \times \dfrac{EI}{4\text{ m}}} = 0.471, \quad \mu_{DE} = \frac{3 \times \dfrac{EI}{4\text{ m}}}{4 \times \dfrac{EI}{6\text{ m}} + 3 \times \dfrac{EI}{4\text{ m}}} = 0.529$$

计算固端弯矩时，DE 杆相当于 D 端固定、E 端铰支的单跨梁，作用在 E 端的集中力由支座承担，在梁内不产生内力，作用在 E 端的弯矩在 DE 杆产生的固端弯矩为

$$M_{ED}^F = 40 \text{ kN} \cdot \text{m}, \quad M_{DE}^F = 20 \text{ kN} \cdot \text{m}$$

由于远端并不相互干扰，故 B、D 两结点可同时进行分配和传递。全部计算过程均列于图 6-27b 中，省略所有箭头和数值为零的传递弯矩。最后 M 图和 F_Q 图如图 6-27c、d 所示。

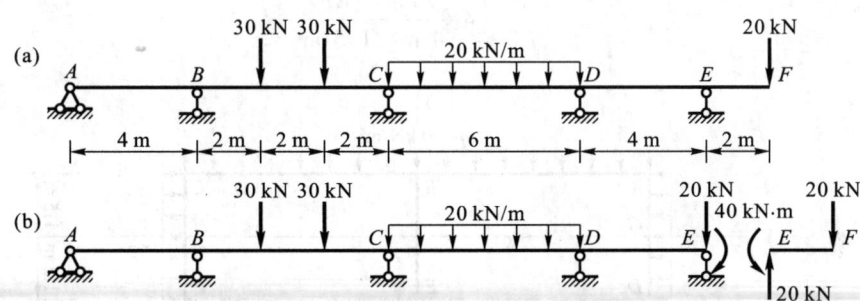

分配系数		0.529	0.471	0.500	0.500	0.471	0.529		
固端弯矩	0	0	−40	40	−60	60	20	40	−40
B、D 分配传递		21.16	18.84	9.42	−18.84	−37.68	−42.32		
C 分配传递			7.36	14.71	14.71	7.36			
B、D 分配传递		−3.89	−3.47	−1.74	−1.74	−3.47	−3.89		
C 分配传递			0.87	1.74	1.74	0.87			
B、D 分配传递		−0.46	−0.41	−0.21	−0.21	−0.41	−0.46		
C 分配传递			0.11	0.21	0.21	0.11			
B、D 分配传递		−0.06	−0.05	−0.03	−0.03	−0.05	−0.06		
C 分配传递			0.02	0.03	0.03	0.02			
B、D 分配		−0.01	−0.01			−0.01	−0.01		
最后弯矩	0	16.74	−16.74	64.13	−64.13	26.74	−26.74	40	−40

注：表中弯矩单位为 kN·m。

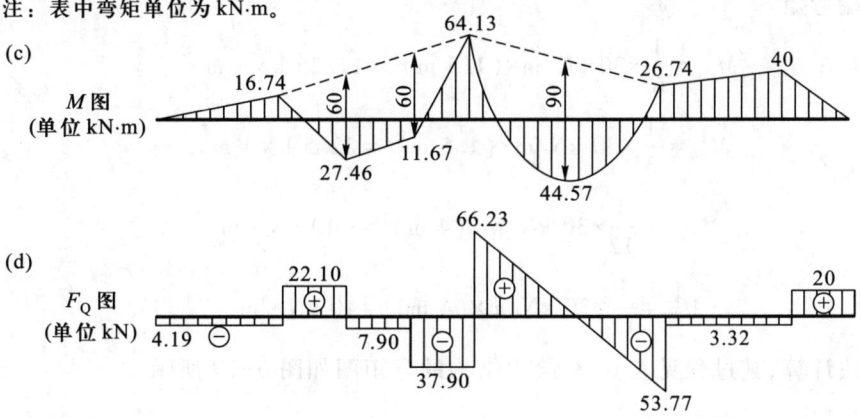

图 6-27

【例 6-7】 试用力矩分配法计算图 6-28a 所示刚架,并绘出其弯矩图。EI = 常数。

解:该刚架具有两根对称轴 xx 和 yy,荷载也关于这两根轴正对称,故可取四分之一结构计算(图 6-28b)。

计算分配系数

$$\mu_{AB} = \frac{4 \times \dfrac{EI}{4\text{ m}}}{4 \times \dfrac{EI}{4\text{ m}} + \dfrac{EI}{1.5\text{ m}}} = 0.6$$

$$\mu_{AG} = \frac{\dfrac{EI}{1.5\text{ m}}}{4 \times \dfrac{EI}{4\text{ m}} + \dfrac{EI}{1.5\text{ m}}} = 0.4$$

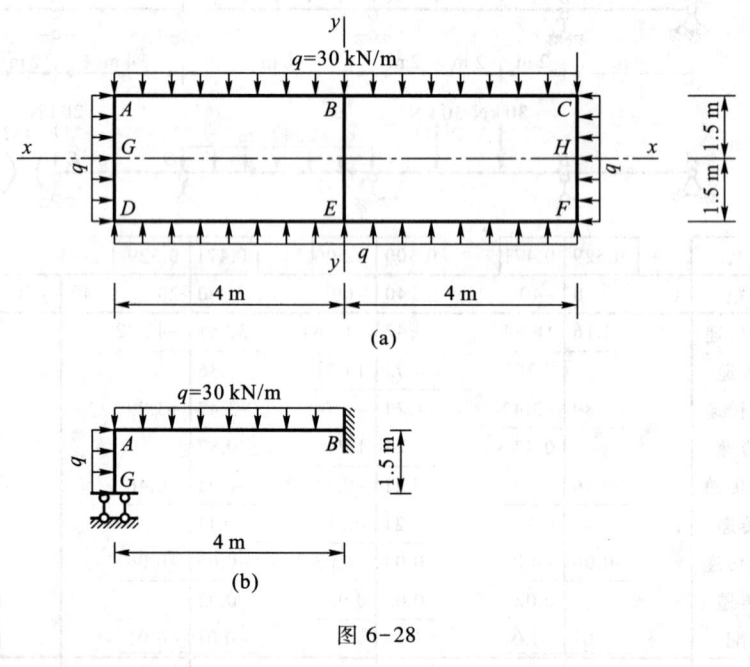

图 6-28

计算固端弯矩

$$M_{GA}^F = \frac{1}{6} \times 30 \text{ kN/m} \times (1.5 \text{ m})^2 = 11.25 \text{ kN} \cdot \text{m}$$

$$M_{AG}^F = \frac{1}{3} \times 30 \text{ kN/m} \times (1.5 \text{ m})^2 = 22.5 \text{ kN} \cdot \text{m}$$

$$M_{AB}^F = -\frac{1}{12} \times 30 \text{ kN/m} \times (4 \text{ m})^2 = -40 \text{ kN} \cdot \text{m}$$

$$M_{BA}^F = \frac{1}{12} \times 30 \text{ kN/m} \times (4 \text{ m})^2 = 40 \text{ kN} \cdot \text{m}$$

按力矩分配法计算,其过程见表 6-3,绘出结构的弯矩图如图 6-29 所示。

表 6-3 杆端弯矩的计算

杆 端	GA	AG	AB	BA
分配系数		0.4	0.6	
固端弯矩	11.25	22.50	-40.00	40.00
分配与传递	-7.00	7.00	10.50	5.25
最后弯矩	4.25	29.50	-29.50	45.25

注:表中弯矩单位为 kN·m。

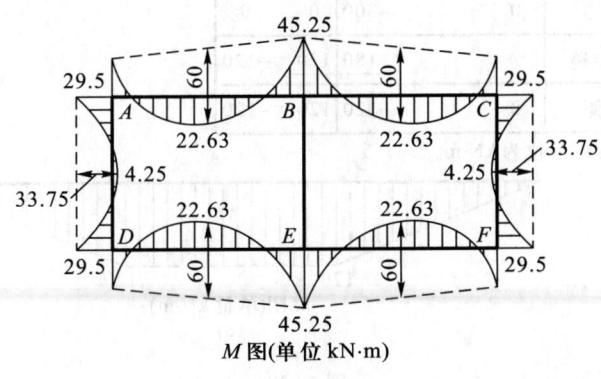

M 图(单位 kN·m)

图 6-29

【例 6-8】 图 6-30a 所示对称的等截面连续梁,支座 B、C 向下发生 2 cm 的线位移。试用力矩分配法计算该结构,并作出其弯矩图。已知 $E=200$ GPa,$I=4\times10^{-4}$ m^4。

解:由于结构对称,外因也正对称,故可取结构的一半(图 6-30b)进行分析。

杆端转动刚度为

$$S_{BA}=3\times\frac{EI}{4\text{ m}}=0.75EI/\text{m},\quad S_{BE}=\frac{EI}{2\text{ m}}=0.5EI/\text{m}$$

分配系数

$$\mu_{BA}=\frac{0.75EI/\text{m}}{0.75EI/\text{m}+0.5EI/\text{m}}=0.6,\quad \mu_{BE}=\frac{0.5EI/\text{m}}{0.75EI/\text{m}+0.5EI/\text{m}}=0.4$$

当结点 B 被固定时,由于 B 支座沉陷在 AB 杆的 B 端引起弯矩

$$M_{BA}^F=-\frac{3EI}{l^2}\Delta=-\frac{3\times200\times10^6\text{ kN/m}^2\times4\times10^{-4}\text{ m}^4}{(4\text{ m})^2}\times2\times10^{-2}\text{ m}=-300\text{ kN}\cdot\text{m}$$

其余 $M_{AB}^F=0,\quad M_{BE}^F=0,\quad M_{EB}^F=0$

此时的杆端弯矩是因支座位移外因引起,广义上也属于固端弯矩,应反号后进行分配和传递,其余计算见图 6-30b,弯矩图如图 6-30c 所示。

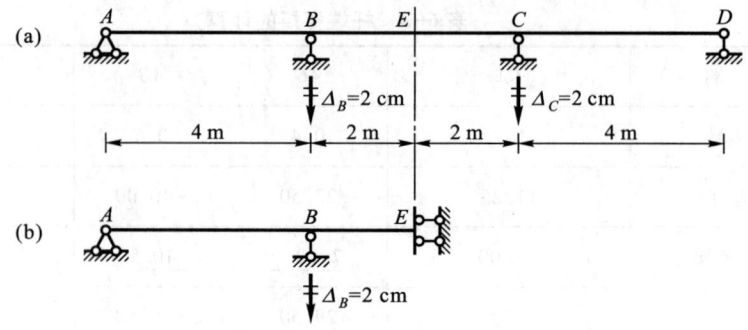

分配系数			0.6	0.4	
固端弯矩	0		−300	0	0
分配与传递			180	120	−120
最后弯矩	0		−120	120	−120

注：表中弯矩单位为 kN·m。

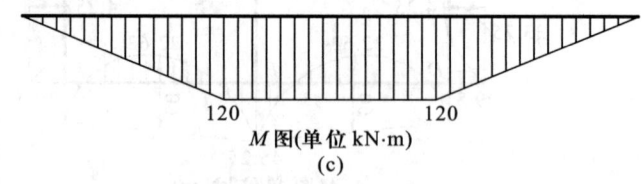

图 6-30

§6-7 超静定结构的受力性质和变形特点

一、超静定结构的特性

1. 超静定结构具有多余约束

从几何组成看，多余约束的存在是超静定结构区别于静定结构的主要特征。由于具有多余约束，相应就有多余力，因此超静定结构的反力和内力仅凭静力平衡条件不能唯一确定，只有在考虑变形协调条件后才能得到唯一解答。

2. 超静定结构整体性好，防护能力强，多余约束如遇到破坏仍可维持几何不变

静定结构是几何不变且无多余约束的体系，若撤除任何一个约束，它就成为几何可变的机构，从而失去了承载能力。如图 6-31a 所示的静定桁架，若任意一根杆件（如 AB 杆）被破坏，即成为机构。

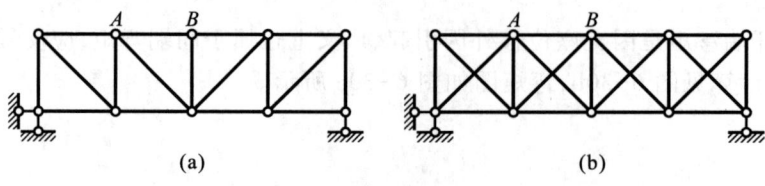

图 6-31

超静定结构则不然,当撤除部分或全部多余约束后,它仍为几何不变体系。例如图 6-31b 所示超静定桁架,只要每个节间被破坏的杆件不超过一根,仍然保持几何不变,因而还有一定承载能力。与静定结构比较,超静定结构具有较强的防护能力。

3. 超静定结构的刚度大,内力和变形分布比较均匀

在荷载、跨度、刚度、结构类型相同的情况下,超静定结构的最大内力和位移一般小于静定结构的相应数值。如图 6-32a 所示的等截面两端固定梁与相应的简支梁(图 6-32b)比较,其弯矩分布较均匀,峰值较小,最大挠度仅为简支梁相应挠度的 $\frac{1}{5}$,这是由于固定支座的约束在杆端产生上侧受拉的负弯矩之故。与图 5-43a 类似,梁上也有两个反弯点,杆件在其两侧弯曲方向相反。超静定结构一般具有较多的反弯点。

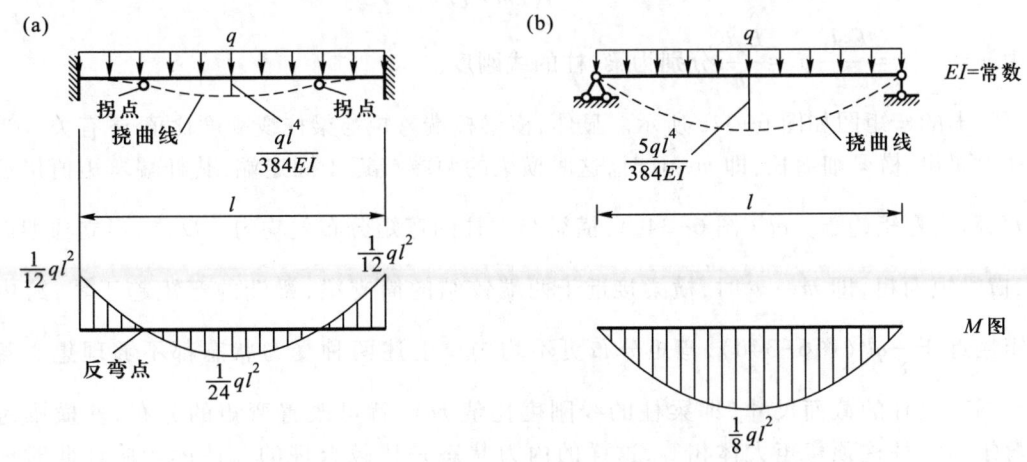

图 6-32

再如图 6-33a 所示三跨连续梁,从中跨荷载 F_P 作用下的弯矩图和变形曲线可以看出,由于两个边跨的支承作用,产生的弯矩和变形分布都比较均匀;但对图 6-33b 所示的多跨静定梁,当承受同样中跨荷载 F_P 时,两个边跨由于中间铰的存在,不能起到支承作用,所以它的弯矩和变形分布就远没有图 6-33a 所示的连续梁均匀。一般来说,由于超静定结构各部分的相互支承,它的内力和变形分布都较均匀,这种特性有利于结构设计。

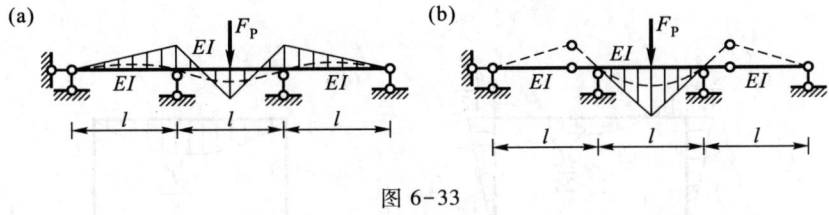

图 6-33

4. 超静定结构在荷载作用下的反力和内力仅与各杆的相对刚度有关

静定结构的内力和反力只按静力平衡条件即可确定,其值与结构的材料性质和截面尺寸无关。超静定结构的全部反力和内力如只按静力平衡条件则无法确定,还必须

同时考虑变形协调条件，即各部分的变形必须符合原结构的联结条件和支承条件，才能得出确定的解答。因此，超静定结构的受力状态与结构的材料性质和截面尺寸有关。在荷载作用下，超静定结构的内力分布只与各杆刚度的相对比值有关，而与其绝对值无关。

因此，在设计超静定结构时，需根据经验或参考同类结构的已有资料预先假设截面尺寸，定出各杆刚度比值，才能进行内力计算。然后根据内力计算的结果来重新合理选择截面尺寸，若假设截面与设计截面相差悬殊，则需进行反复调整。

根据这个特点，还可以通过改变杆件间刚度比值的方法来达到合理调整内力的目的。图 6-34a 为一次超静定刚架，用力法或位移法可求得横梁杆端截面的弯矩为

$$M = \frac{ql^2}{4(2m+3)}$$

式中 $m = \dfrac{i_1}{i_2}$，$i_1 = \dfrac{E_1 I_1}{l}$、$i_2 = \dfrac{E_2 I_2}{h}$ 分别为梁、柱的线刚度。

绘出的弯矩图如图 6-34b 所示。显然，横梁杆端弯矩与梁柱线刚度比值 m 有关。当立柱短而粗、横梁细而长，即 $m \to 0$ 时，这时横梁的两端接近于固定端，其杆端弯矩值接近 $\dfrac{1}{12}ql^2$，跨中弯矩趋于 $\dfrac{1}{24}ql^2$（图 6-34c），横梁与立柱的弯矩分布欠均匀。反之，当立柱细而长、横梁短而粗，即 $m \to \infty$ 时，横梁接近于两端铰结的简支梁，梁端的弯矩趋于零，跨中弯矩接近于 $\dfrac{1}{8}ql^2$（图 6-34d），弯矩分布更不均匀。上述两种受力状态都不够理想。若适当调整梁柱的截面尺寸（即梁柱的线刚度比值 m），就可改善弯矩的分布，使横梁跨中弯矩与立柱柱顶弯矩大体相等，这样的内力状态是比较合理的。请读者验证此时 m 的大小。

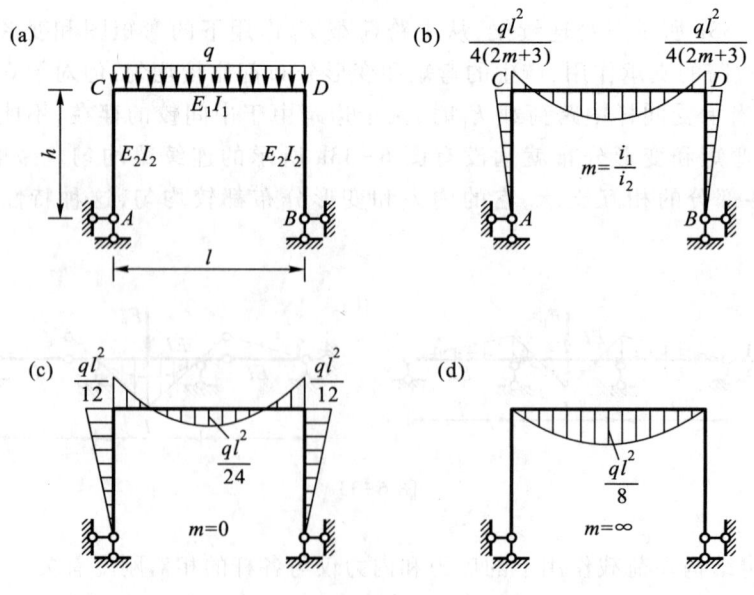

图 6-34

5. 超静定结构在温度变化和支座位移等非荷载因素影响下会产生内力,且内力与各杆刚度的绝对值有关

对于静定结构,除荷载外,其他因素如温度变化、支座位移和制作误差等均不引起内力。但是对于超静定结构,由于存在多余约束,当结构受到这些因素影响发生变形时,都会受到多余约束的限制,因而相应产生内力,而且内力的大小与各杆刚度的绝对值有关。一般来说,各杆刚度绝对值增大,内力也随之增大。

超静定结构的这一特性,在一定条件下会带来不利影响,例如连续梁可能由于地基不均匀沉陷而产生过大的附加内力。但是,在另外的情况下又可能成为有利的方面,例如,可以通过改变支座的高度来调整连续梁的内力,从而得到更合理的内力分布。超静定结构的这一特性也表明,为了提高结构对温度变化和支座位移的抵抗能力,单靠增大截面的尺寸并不是有效的措施,利用设置温度缝和沉降缝以减少其影响的办法,在工程中使用更普遍。

二、计算超静定结构的基本方法

计算超静定结构的基本方法是力法和位移法,它们通常都需要建立和求解联立方程,其基本未知量的多少是影响计算工作量的主要因素。因此,一般说来,凡是多余约束多而结点位移少的结构,采用位移法要比力法简便,反之则力法优于位移法。此外,由于有单跨超静定梁的分析结果,所以在计算典型方程的系数和自由项时,位移法要比力法简单。但对于图 6-35a 所示的结构,左半部只有一个多余约束,而右半部只有一个结点角位移,因此可将力法与位移法混合应用以发挥二者的长处。即对左、右部分各取力法和位移法的基本未知量和基本体系(图 6-35b),分别按位移条件和平衡条件建立方程

$$\left. \begin{array}{l} \Delta_1 = \delta_{11}X_1 + \delta_{12}Z_2 + \Delta_{1P} = 0 \\ R_2 = r_{21}X_1 + r_{22}Z_2 + R_{2P} = 0 \end{array} \right\}$$

再根据各自的力学意义,按力法、位移法分别求出系数和自由项,便可最终求解,请读者自行练习。

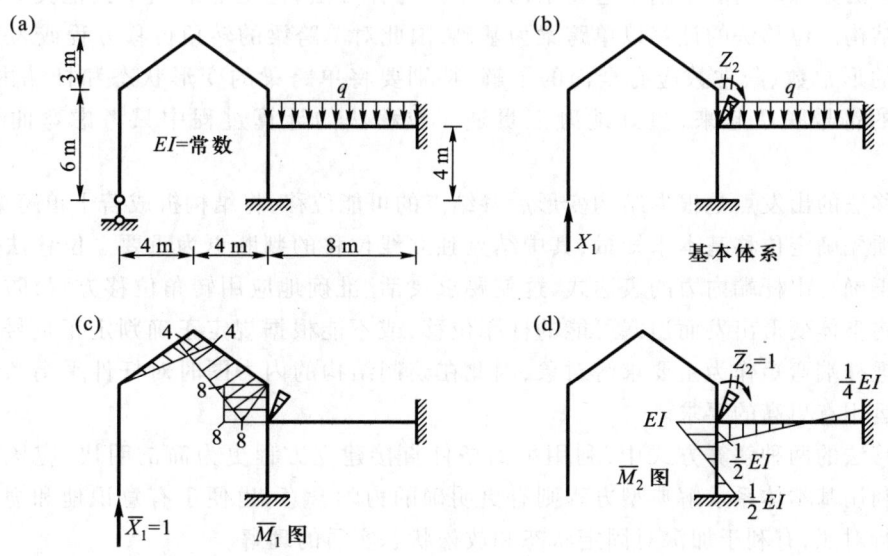

图 6-35

力矩分配法是位移法的变体，它避免了建立和解算联立方程的工作，能直接计算杆端弯矩，适用于手算。在电子计算机被广泛应用的今天，它仍有一定的实用价值。本篇介绍的求解超静定结构的三种方法各有其最适合的应用范围，但如果能把它们和派生出的其他方法结合起来，有时也会取得特别的效果，有兴趣的读者可参阅其他书籍。

三、超静定结构的变形曲线

在超静定结构的内力和变形分析中，已经多次接触到结构受力变形后的形状问题。要确定杆件变形曲线的方程很不容易，复杂情况下考虑结构的整体变形则更为困难，但利用已学过的内容，仍然有可能大致勾绘出变形曲线的形状。为此，除应学会正确绘制弯矩图外，还要注意以下几点：

（1）变形曲线必须满足结构的位移条件，包括支座对杆端的约束或已知的支座位移，保持结点处曲线的连续和变形曲线的光顺。

（2）荷载作用下，变形曲线的凸向应与杆件弯曲的受拉侧保持一致。要注意弯矩图出现反弯点时，变形曲线上应有相应的拐点，其两侧受弯的方向相反。

（3）弯矩越大，变形曲线相应曲率越大。弯矩为零的杆段，杆轴仍为直线。

（4）结构变形时，汇交于刚结点的各杆件杆端之间的夹角保持不变，受弯直杆变形后其原有长度保持不变。

（5）在难以确定结构变形后的形状和位置时，计算（判断）某些结点的位移，有助于变形曲线的绘制。

绘制变形曲线的轮廓，不仅能加深对杆件受力和变形的认识，树立结构整体协调的观念，还会在后面专题部分的学习中受益。

§6-8　小结与讨论

位移法是针对超静定刚架这类结构提出的计算方法，但也能适用于其他类型的结构和静定结构。位移法的计算以单跨梁为基础，因此对单跨梁的转角位移方程或表 5-1 中所列出的形常数、载常数应有全面的了解，特别要将单跨梁的变形状态和杆端内力、杆端位移的符号联系起来，更好地融汇贯通。位移法的计算过程中只考虑弯曲变形的影响。

位移法的出发点是根据结构变形后各结点的可能位移，将结构拆成若干单跨梁分析，因此必须先确定位移基本未知量，其中结点独立线位移的判断更为重要。位移法计算的关键是正确写出杆端内力的表达式，这就要求灵活、准确地应用转角位移方程，防止因未能从结构整体变形出发而遗漏可能的杆端位移，或不能根据规定正确判定正负号。由于位移法把杆端弯矩作为主要求解对象，因此在绘制结构的内力图时对杆件平衡条件和叠加法的运用有更高的要求。

位移法的两种解算方式中，利用平衡条件直接建立方程更为简洁明快，应该熟练掌握。而利用基本体系求解典型方程则有更明确的力学含意，也便于有意识地和力法典型方程进行对照，有利于加深对固定状态和放松状态实质的理解。

力矩分配法作为基于位移法的渐近解法，在计算无结点线位移的结构中使用非常方便。由于概念简单、方法直观，学习起来并无困难，但如果能加深对不准刚臂转动的固定状态和允许刚臂发生转动的放松状态的认识，并从多结点力矩分配和弯矩传递的步骤，体会刚臂逐步转动和弯矩渐趋平衡的过程，就会对其实质有更深刻的理解。

思 考 题

1. 位移法的基本思路是什么？位移法在哪些方面借助了力法的计算结果？

2. 位移法方程是平衡方程，那么在位移法中是否只用平衡条件就可以确定基本未知量，从而确定超静定结构的内力？在位移法中是否满足了结构的位移条件（包括支承条件和变形协调条件）？在力法中又是怎样满足结构的位移条件和平衡条件的？

3. 在什么前提下独立的结点线位移数目等于使与结构相应的铰结体系成为几何不变体系所需添加的最少链杆数？

4. 能否根据"从两个不动点引出两根轴线不在一条直线上的杆件，汇交的结点必然不动"的原则，用添加最少链杆并使所有结点不动的方法确定独立线位移？原因何在？

5. 对于工程中常见的强梁弱柱类刚架，可以假定其横梁抗弯刚度为无穷大（图 6-36），分析并确定其位移法的基本未知量。试问在水平荷载作用下，横梁上是否有弯矩？

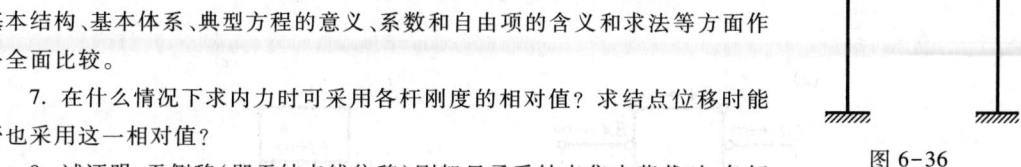

图 6-36

6. 力法与位移法在原理与步骤上有何异同？试将二者从基本未知量、基本结构、基本体系、典型方程的意义、系数和自由项的含义和求法等方面作一全面比较。

7. 在什么情况下求内力时可采用各杆刚度的相对值？求结点位移时能否也采用这一相对值？

8. 试证明：无侧移（即无结点线位移）刚架只承受结点集中荷载时，各杆弯矩为零。

9. 试用位移法解算图 5-31b 所示排架。

（1）若只允许利用等截面直杆的转角位移方程，应如何取基本结构？

（2）若只取柱顶水平线位移为基本未知量，则应先解决什么问题？若横梁抗拉刚度不是无限大，应该如何处理？

10. 位移法是否能够用于静定结构的计算？

11. 什么是转动刚度？什么是分配系数？为什么汇交于同一刚结点处各杆端的分配系数之和等于 1？

12. 什么是不平衡力偶？如何计算不平衡力偶？为什么要将它反号才能进行分配？

13. 力矩分配法只适合于计算无结点线位移的结构，当结构发生支座位移时结点是有线位移的，为什么还可以用力矩分配法计算（例 6-8）？

14. 试就图 6-26 中的计算过程说明结点 B 经过了几次放松才消除了不平衡力矩。每一次放松是否都使该结点转动了同样大小的角度？转动的方向是否相同？

15. 对于某一无结点线位移的结构，用力矩分配法求解后，你能提出两种计算其结点角位移的方法吗？

16. 在力矩分配法的计算过程中，若仅是传递弯矩有误，杆端最后弯矩能否满足结点的力平衡条件？为什么？

17. 例 6-6 也可把 E 作为分配结点进行计算，但 DE 杆的性质和 D、E 两结点的分配系数及 DE 两端的固端弯矩都有所不同，试问应如何解算？

18. 要使图 6-34 所示刚架横梁的跨中弯矩与立柱柱顶弯矩相等，应有什么样的梁柱线刚度比值？

习 题

6-1 试确定下列结构用位移法计算时的基本未知量。

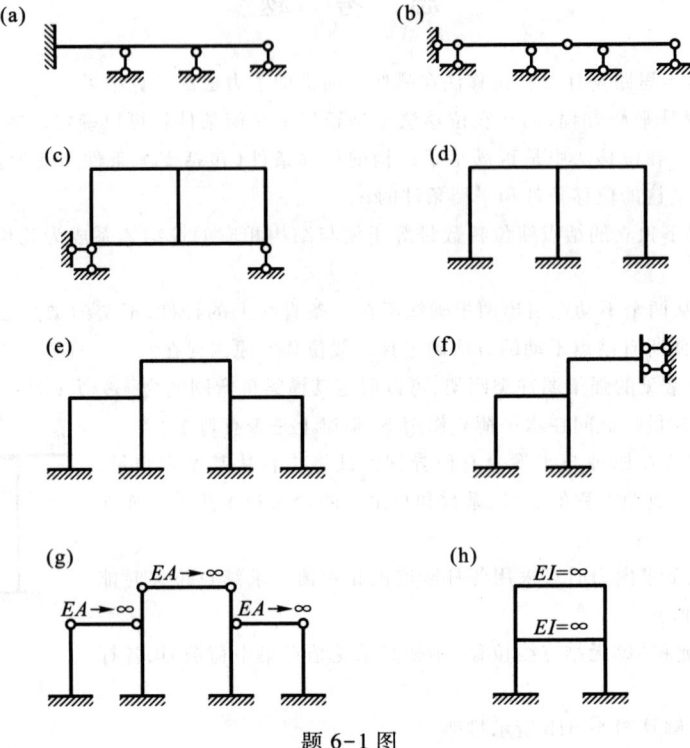

题 6-1 图

6-2 试用位移法计算图示连续梁,并绘出其弯矩图和剪力图。

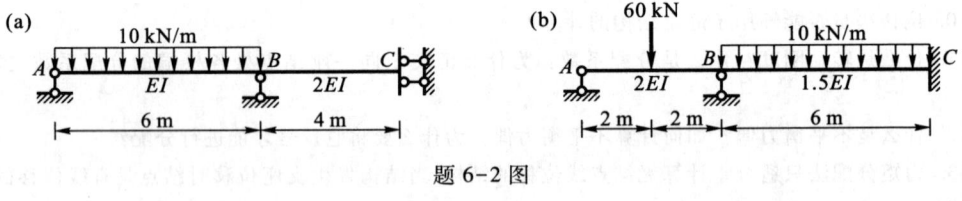

题 6-2 图

6-3 试用位移法计算图示结构,并绘出其弯矩图和剪力图。

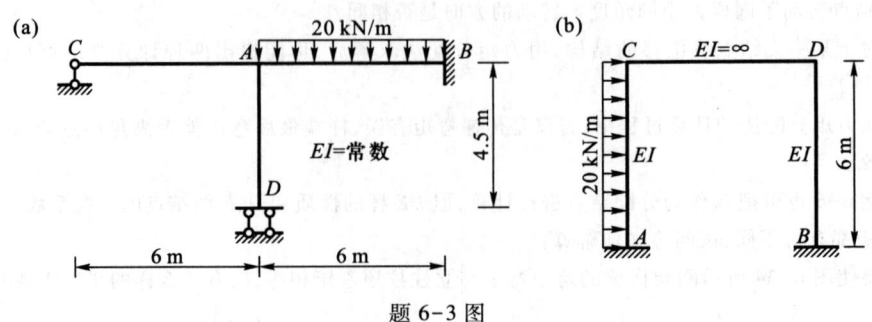

题 6-3 图

6-4 试用位移法计算图示连续梁,并绘出其弯矩图。

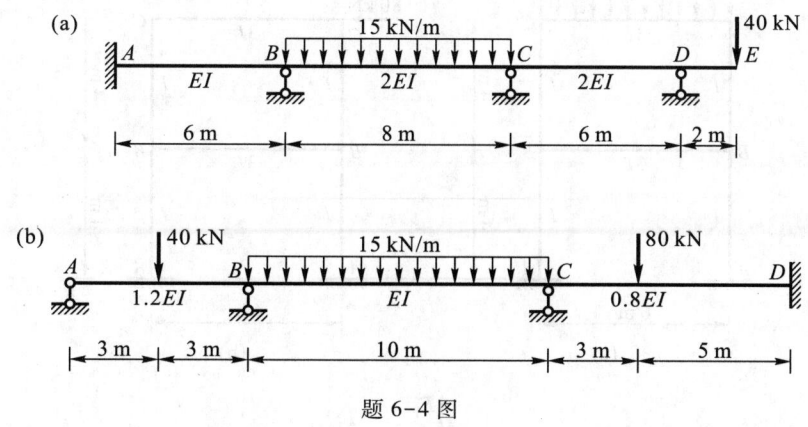

题 6-4 图

6-5 试用位移法计算图示刚架,并绘出其内力图。

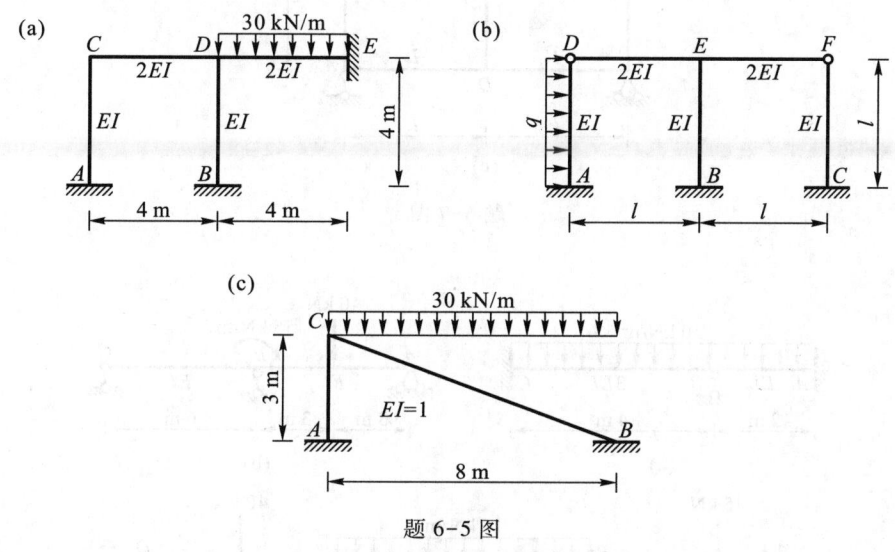

题 6-5 图

6-6 试用位移法计算图示等截面连续梁,梁的抗弯刚度 $EI = 17\,500$ kN·m²,支座 B 下沉 3 cm,支座 C 下沉 2 cm。绘出梁的弯矩图。

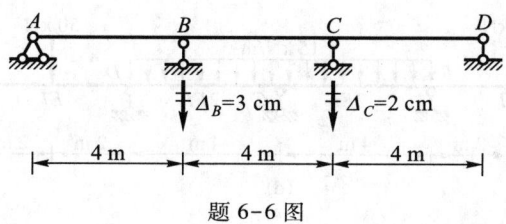

题 6-6 图

6-7 试利用对称性将图示结构取相应的半刚架,采用适宜的方法进行计算并绘制其弯矩图。设 $E = $ 常数。

6-8 试用力矩分配法计算图示连续梁,绘出弯矩图和剪力图,并求支座 B 的反力。

6-9 试用力矩分配法计算图示刚架,并绘出弯矩图。

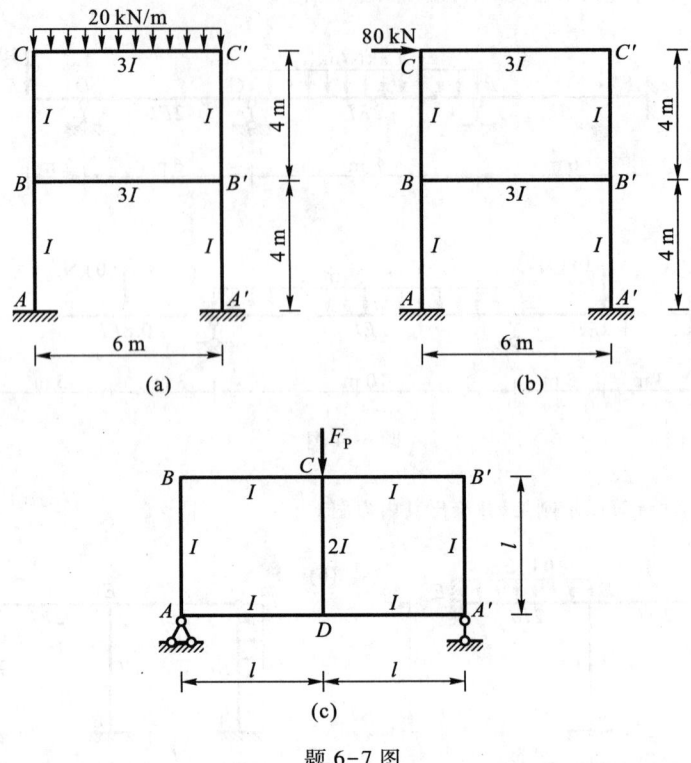

题 6-7 图

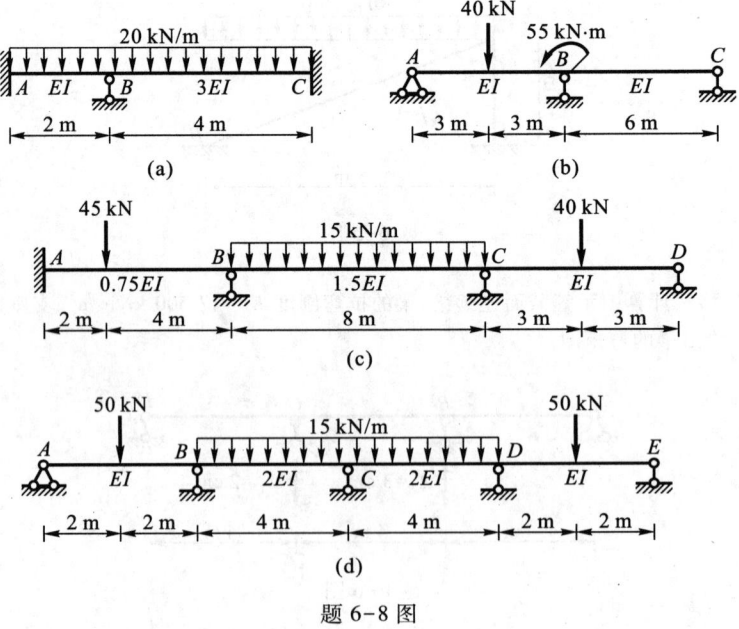

题 6-8 图

6-10 用力矩分配法计算题 5-2d 和题 5-3b。

6-11 用力矩分配法计算题 6-6。

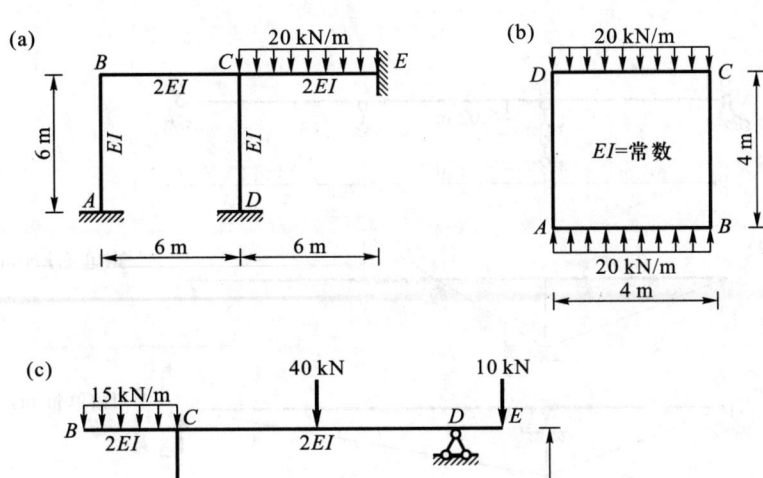

题 6-9 图

习题部分答案

6-2 (a) $M_{BA} = 22.5$ kN·m;(b) $M_{BA} = 36.0$ kN·m

6-3 (a) $M_{AB} = -31.2$ kN·m;(b) $M_{AC} = -150$ kN·m, $F_{QAC} = 90$ kN

6-4 (a) $M_{BA} = 47.6$ kN·m, $M_{CB} = 37.8$ kN·m;(b) $M_{BA} = 100.5$ kN·m, $M_{CD} = -118.6$ kN·m, $M_{DC} = 43.8$ kN·m

6-5 (a) $M_{DE} = -\dfrac{160}{7}$ kN·m, $M_{ED} = \dfrac{340}{7}$ kN·m, $M_{BD} = \dfrac{30}{7}$ kN·m;(b) $M_{AD} = -\dfrac{11}{56}ql^2$, $M_{BE} = -\dfrac{1}{8}ql^2$, $M_{CF} = -\dfrac{1}{14}ql^2$;(c) $M_{AC} = 59.2$ kN·m, $F_{Ax} = 59.2$ kN(→), $M_{BC} = 180.79$ kN·m

6-6 $M_{BA} = -65.625$ kN·m, $M_{CD} = 0$

6-7 (a) $M_{CC'} = -28.70$ kN·m;(b) $M_{BB'} = 143.21$ kN·m;(c) $M_{BA} = \dfrac{3}{28}F_P l$

6-8 (a) $M_{CB} = 32.67$ kN·m;(b) $M_{BA} = -5$ kN·m, $M_{BC} = -50$ kN·m;(c) $M_{AB} = -24.5$ kN·m, $M_{CD} = -68.3$ kN·m;(d) $M_{BA} = 32.73$ kN·m, $M_{CD} = -13.64$ kN·m

6-9 (a) $M_{BA} = -4.3$ kN·m, $M_{CD} = 12.9$ kN·m, $M_{EC} = 72.8$ kN·m;(b) $M_{AB} = 13.33$ kN·m;(c) $M_{CA} = 5$ kN·m, $M_{DC} = 10$ kN·m

综合训练题

题 1 图 a 所示连续梁,在支座 B 发生支座下沉 0.02 m 的影响下,其 M 图如图 b 所示。已知 EI 为常数,$E = 3×10^7$ kPa,$I = 36×10^{-4}$ m^4。现用支座 D 的竖向位移条件进行校核,若分别采用图 c 所示 $\overline{M}_1$ 图或图 d 所示 $\overline{M}_2$ 图与 M 图进行图乘。试问哪一种校核方法是对的,为什么?

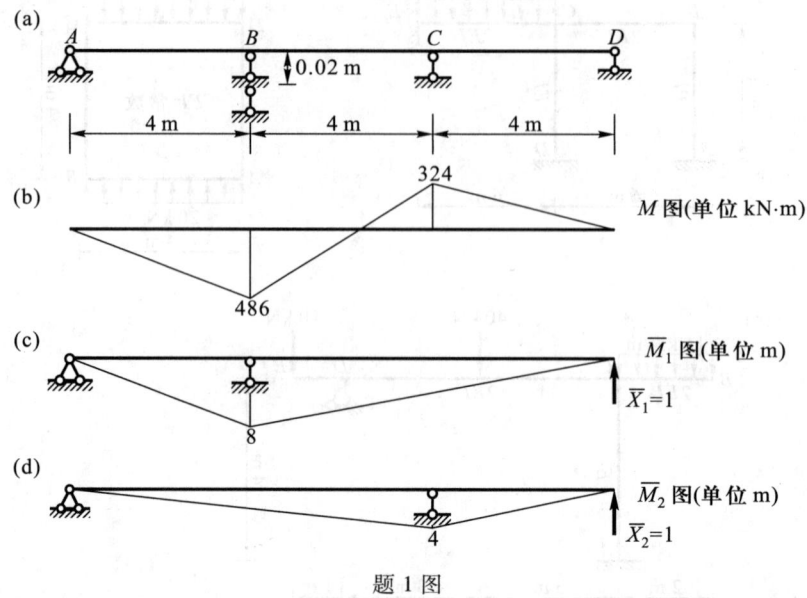

题 1 图

题 2 见图示结构,试能否不用力法、位移法和力矩分配法计算,而较简便地作出其 M 图($EI=$ 常数)。

题 3 试用最简捷的方法求结点 D 的水平位移 Δ_{DH} 及截面 E 的弯矩 M_E。

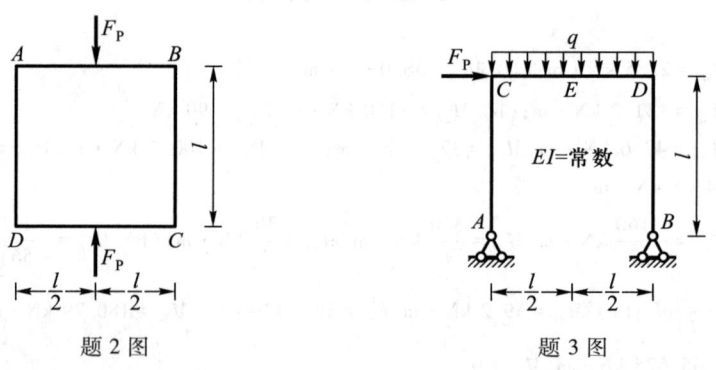

题 2 图   题 3 图

题 4 试用最简捷的方法求柱 AB 的 B 端剪力 F_{QBA}。

题 5 图示结构,已知其结点 C 的转角 $\theta_C = \dfrac{464}{23EI}(\curvearrowright)$,试求结点 D 的水平位移。

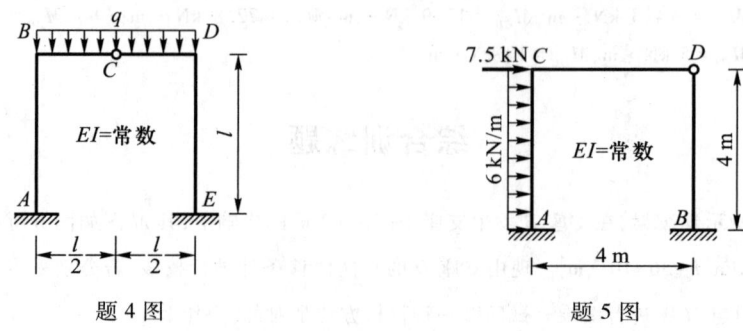

题 4 图   题 5 图

题 6 试用最简捷的方法求图示刚架结点 C 的转角 θ_C。

题 7 试画出图示单跨梁的 M 图轮廓。

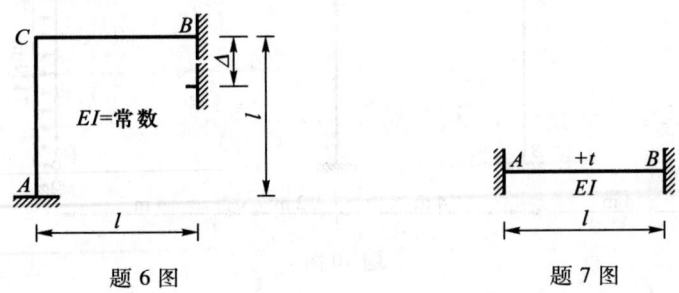

题 6 图　　　　　题 7 图

题 8 图 a 所示变截面梁，在 F 处有 $F_P=1$ 作用，其挠度如图 a 中所示。若将该梁改为图 b 所示情况，试求此时支座 A 的反力 F_{Ay}。

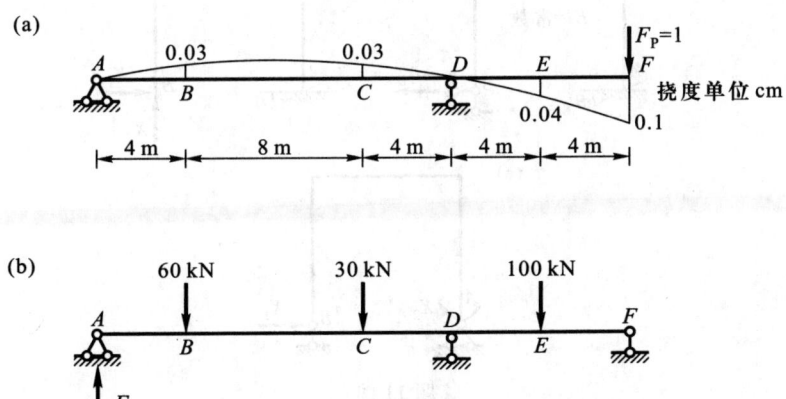

题 8 图

题 9 试用最简捷的方法作出图示结构的 M 图。

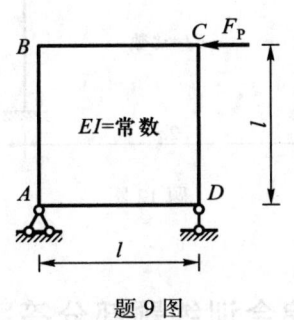

题 9 图

题 10 试作图示结构的 M 图，$EI=$ 常数。

题 11 图 a 所示结构支座 A 发生顺时针转角 θ_A，且支座 B 发生水平位移 Δ_B。试用力法进行计算：

（1）当取图 b 所示基本体系时，列出力法方程；

（2）当取图 c 所示基本体系时，列出力法方程。

（列方程时，其值为零的项不应写出，并求出方程的自由项）

题 12 试作图示结构的 M、F_Q、F_N 图。

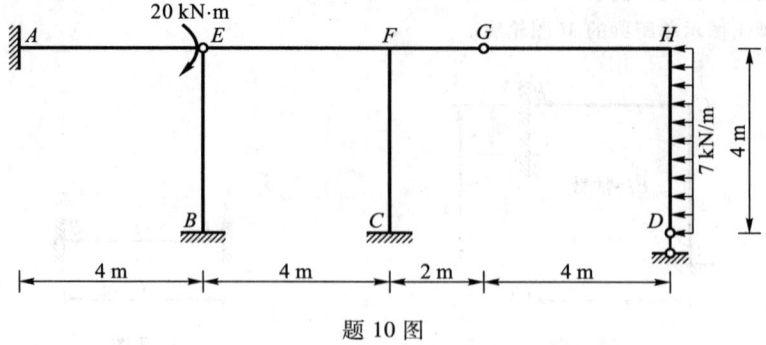

题 10 图

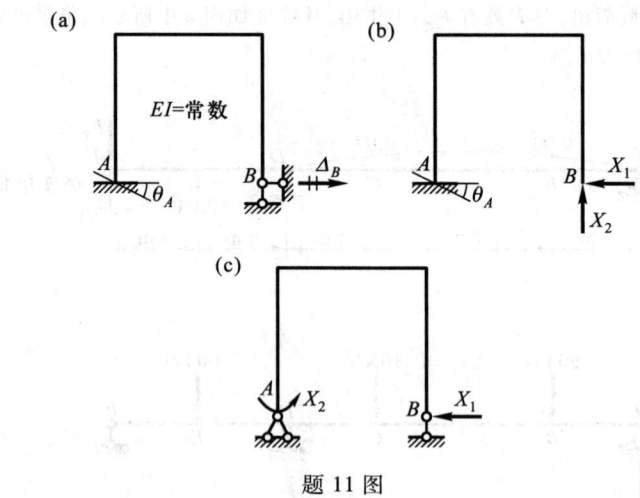

题 11 图

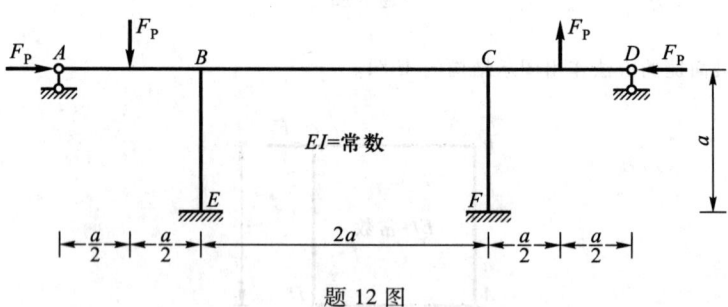

题 12 图

综合训练题部分答案

题 2 $M_{AB} = \dfrac{F_P l}{16}$(外侧受拉)

题 3 $\Delta_{DH} = \dfrac{F_P l^3}{4EI}(\rightarrow)$,$M_E = \dfrac{3}{40}ql^2$(下边受拉)

题 4 $F_{QBA} = -\dfrac{3ql}{16}$

题 5 $\Delta_{DH} = \dfrac{2\,656}{23EI}(\rightarrow)$

题 6 $\theta_C = \dfrac{3\Delta}{4l}(\curvearrowright)$

题 8 $F_{Ay} = 34 \text{ kN}(\uparrow)$

题 9 $M_{BC} = \dfrac{F_P l}{4}$（上侧受拉）

题 10 $M_{CF} = 8 \text{ kN} \cdot \text{m}$（左侧受拉）

题 12 $M_{BA} = \dfrac{3F_P a}{224}$（上侧受拉），$M_{BE} = \dfrac{6F_P a}{224}$（右侧受拉）

第3篇 结构分析其他问题

第3篇 法物分析其他问题

第七章 影响线及其应用

§7-1 影响线的基本概念

一般工程结构除承受恒载外,还将受到各种活载的作用。前面几章讨论结构的内力计算时,荷载的位置固定不动,解决恒载作用下结构的计算问题。当结构受活载作用时,例如桥梁承受行驶的列车、汽车的荷载,厂房的吊车梁承受吊车的荷载(称为移动荷载),结构承受人群、临时设备和风压力的荷载(称为可动荷载)时,结构的反力和内力将随荷载位置的不同而变化。在结构设计中,必须求出活载作用下结构的反力和内力的最大值。结构在移动荷载作用下,不仅不同支座的反力和不同截面的内力变化规律各不相同,而且同一截面上不同内力(如弯矩与剪力)的变化规律也不相同。例如图 7-1 所示简支梁,当汽车由左向右行驶时,反力 F_{Ay} 将逐渐减小,而反力 F_{By} 却逐渐增大。因此,一次只能研究一个反力或某个截面的某一项内力的变化规律。进一步,若要求出该反力或内力的最大值,就必须根据其变化规律先确定产生这一最大值的荷载位置,这一荷载位置称为<u>最不利荷载位置</u>。

7-1 移动荷载示例

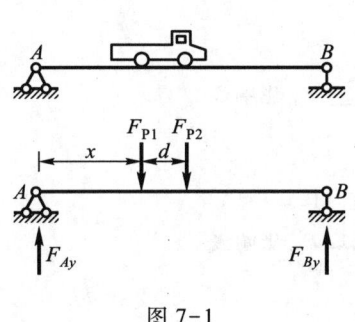

图 7-1

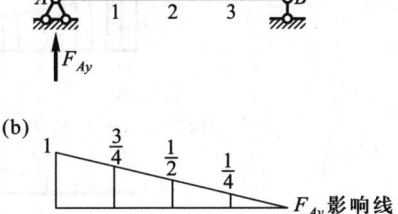

图 7-2

工程实际中的移动荷载通常是由若干个大小、间距不变的竖向荷载组成,其类型是多种多样的,不可能逐一加以研究。为此,可先研究一种最简单荷载的影响规律,即一个竖向单位集中荷载 $F_P=1$ 沿结构移动时,对指定量值(例如某一反力或某截面的某一项内力或位移等)产生的影响,然后根据叠加原理就可进一步研究各种活荷载对该量值的影响。

例如图 7-2a 所示简支梁,当荷载 $F_P=1$ 分别移动到 A、1、2、3、B 各等分点时,反力 F_{Ay} 的数值分别为 1、$\frac{3}{4}$、$\frac{1}{2}$、$\frac{1}{4}$、0。如果以横坐标表示荷载 $F_P=1$ 的位置,以纵坐标表示反力 F_{Ay} 的数值,并将各数值在水平基线上用竖标绘出,再将各竖标顶点连接起来,这样所得的图形(图7-2b)就反映了 $F_P=1$ 在梁上移动时反力 F_{Ay} 的变化规律。这一图形即称为反力 F_{Ay} 的影响线。

由上可见，当一个指向不变(通常竖直向下)的单位集中荷载沿结构移动时，表示某一指定量值变化规律的图形称为该量值的影响线。影响线一经绘出，就可利用它来确定给定活荷载的最不利荷载位置，从而求出该量值的最大值。

§7-2　用静力法作静定梁影响线

利用静力平衡条件作影响线的方法称为静力法。用静力法绘制影响线时，先把荷载 $F_P=1$ 置于任意位置，并根据所选坐标系以 x 表示其作用点的位置坐标，然后利用静力平衡条件求出所研究量值 s 与荷载位置坐标 x 之间的关系，表示这种关系的方程 $s=s(x)$ 称为影响线方程。根据影响线方程即可作出影响线。

一、简支梁影响线

若绘制图7-3a所示简支梁反力 F_{Ay} 影响线，可将荷载 $F_P=1$ 作用于距左支座(坐标原点)距离 x 处，并假定反力方向以向上为正，由 $\sum M_B=0$ 有

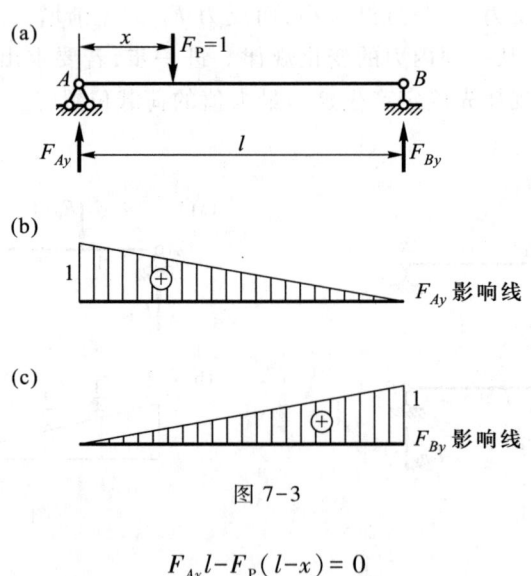

图 7-3

$$F_{Ay}l - F_P(l-x) = 0$$

由此可得

$$F_{Ay} = \frac{F_P(l-x)}{l} = \frac{l-x}{l}$$

这个方程表示反力 F_{Ay} 随荷载 $F_P=1$ 移动而变化的规律，绘成图形即为 F_{Ay} 影响线。从所得方程可知 F_{Ay} 是 x 的一次函数，故其影响线为一直线，只需定出两个竖标即可绘出

当 $x=0$ 时，　　　　　　　　　　$F_{Ay}=1$

当 $x=l$ 时，　　　　　　　　　　$F_{Ay}=0$

即在左支座处取竖标为1的点和右支座处的零点相连，即可绘出 F_{Ay} 影响线(图7-3b)。同理，可绘出反力 F_{By} 影响线如图7-3c所示，两者的量纲为1，并标明影响线符号。

在绘制截面 C(图 7-4a)的弯矩影响线时,先考虑荷载 $F_P=1$ 在截面 C 的左方移动,即令 $0 \leqslant x \leqslant a$。为计算简便,取梁中的 CB 段为隔离体,并规定弯矩以使梁下面纤维受拉为正,由 $\sum M_C=0$ 可得

$$M_C = F_{By} \cdot b = \frac{x}{l}b \quad (0 \leqslant x \leqslant a)$$

由此可知,M_C 影响线在截面 C 以左部分为一直线。即

当 $x=0$ 时,$\quad\quad\quad\quad\quad\quad\quad M_C=0$

当 $x=a$ 时,$\quad\quad\quad\quad\quad\quad\quad M_C=\dfrac{ab}{l}$

在截面 C 处取竖标等于 $\dfrac{ab}{l}$ 的点与左支座处的零点相连,即得荷载 $F_P=1$ 在截面 C 以左移动时 M_C 的影响线(图 7-4b 中的左直线)。

当荷载 $F_P=1$ 在截面 C 以右($a \leqslant x \leqslant l$)移动时,取 AC 段为隔离体,由 $\sum M_C=0$ 即得当 $F_P=1$ 在截面 C 以右移动时 M_C 的影响线方程

$$M_C = F_{Ay} a = \frac{l-x}{l}a \quad (a \leqslant x \leqslant l)$$

当 $x=a$ 时,$\quad\quad\quad\quad\quad\quad\quad M_C=\dfrac{ab}{l}$

当 $x=l$ 时,$\quad\quad\quad\quad\quad\quad\quad M_C=0$

因此,只需把截面 C 处竖标为 $\dfrac{ab}{l}$ 的点与右支座处的零点相连,即可得出当荷载 $F_P=1$ 在截面 C 以右移动时 M_C 的影响线(右直线),其全部影响线如图 7-4b 所示。它由左、右两段直线组成,其交点位于截面 C 处的竖标顶点处。

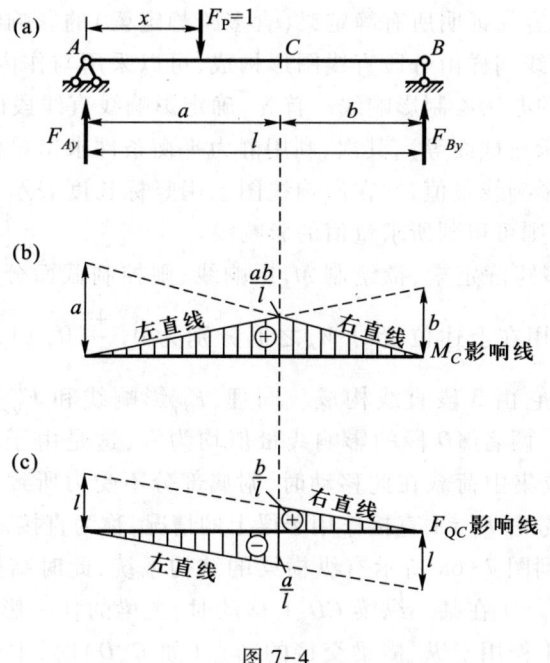

图 7-4

从弯矩影响线方程可以看出,左直线可由反力 F_{By} 影响线的竖标乘以 b 得到,而右直线可由反力 F_{Ay} 影响线的竖标乘以 a 得到。因此,也可以利用 F_{Ay} 和 F_{By} 影响线来绘制 M_C 影响线。由于已假定 $F_P=1$ 是量纲为 1 的单位荷载,故弯矩影响线量值的量纲为长度的量纲。

若绘制截面 C 的剪力影响线,应先将荷载 $F_P=1$ 在截面 C 的左方移动,即令 $0 \leqslant x \leqslant a$。取截面 C 以右部分为隔离体,并规定剪力使隔离体有顺时针转动趋势为正,则

$$F_{QC} = -F_{By} = -\frac{x}{l} \quad (0 \leqslant x \leqslant a)$$

由此可知,F_{QC} 影响线在截面 C 以左的部分(左直线)与支座反力 F_{By} 影响线竖标数值相同,但符号相反。因此,可在右支座处取竖标等于 -1 的点与左支座处的零点相连,并与由截面 C 所引竖线相交,即得出 F_{QC} 影响线的左直线(图 7-4c)。

同样,当荷载 $F_P=1$ 在截面 C 以右移动,即 $a \leqslant x \leqslant l$ 时,取截面 C 以左部分为隔离体,可得

$$F_{QC} = F_{Ay} = \frac{l-x}{l} \quad (a \leqslant x \leqslant l)$$

因此,也可直接利用反力 F_{Ay} 影响线作出 F_{QC} 影响线的右直线(图 7-4c),剪力影响线量值的量纲为 1。除利用影响线方程作影响线外,这种从某量值已知影响线作其他量值影响线的方法,有时也能带来较大的方便。

二、静定梁影响线

如前所述,简支梁的反力和内力影响线方程都是荷载 $F_P=1$ 作用点位置坐标 x 的一次函数。不仅如此,很容易证明所有静定梁(含多跨静定梁)的影响线方程也具有相同性质,其反力和内力影响线同样由分段直线图形构成,可以采用与作内力图类似的方式,即利用分段、定点、连线的办法绘制影响线。首先,确定影响线直线段的控制截面(梁端点、铰结点、支座处、量值所在截面等);其次,利用静力平衡条件求出单位集中荷载位于控制截面位置时所产生的影响线量值,并在影响线图上用竖标长度表示;最后,只要将相邻竖标顶点用直线段相连,则可得到所求量值的影响线。

如图 7-5a 所示多跨静定梁,欲绘制 M_K 影响线,则控制截面分别为 A、K、B、D、C 和 E,计算出当 $F_P=1$ 作用在上述位置时 M_K 之值分别为 0、$\frac{4}{3}$、0、-1、0 和 $\frac{2}{3}$,连线即可得图 7-5b 所示影响线,它由 3 段直线构成。同理,F_{Cy} 影响线和 F_{QC}^L 影响线也可绘出,分别如图 7-5c、d 所示。两者 AD 段的影响线量值均为零,这是由于 AD 段属于多跨静定梁的基本部分,当单位集中荷载在此移动时,附属部分不受力所致。

上述影响线都是考虑 $F_P=1$ 直接作用于梁上的情况,称为直接荷载作用下的影响线。但实际工程中还会遇到图 7-6a 所示有纵横梁的结构系统,此时结构的主梁只承受间接荷载。可以证明,当 $F_P=1$ 在某一纵梁 CD 上移动时,主梁的任一影响线在 CD 区段仍是一段直线。而当 $F_P=1$ 作用于纵、横梁交接的结点(如 C、D)时,主梁在间接荷载和直接荷载作用下的受力情况完全相同,因此结点处间接荷载作用下的影响线竖标也与直接荷

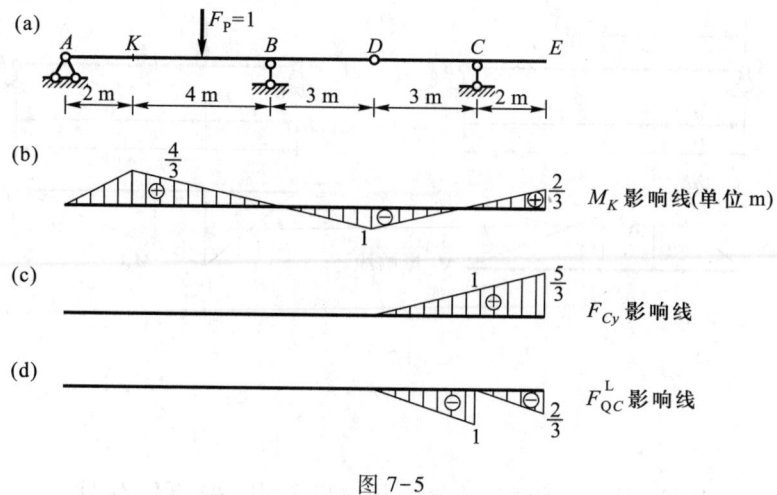

图 7-5

载作用下影响线(图 7-6b)的相应竖标相等。只要将 $F_P=1$ 当作直接荷载作出影响线(用虚线表示),再将结点对应的影响线竖标顶点在每一纵梁范围内以直线相连,就可得到如图 7-6c 所示简支梁在间接荷载作用下的影响线。

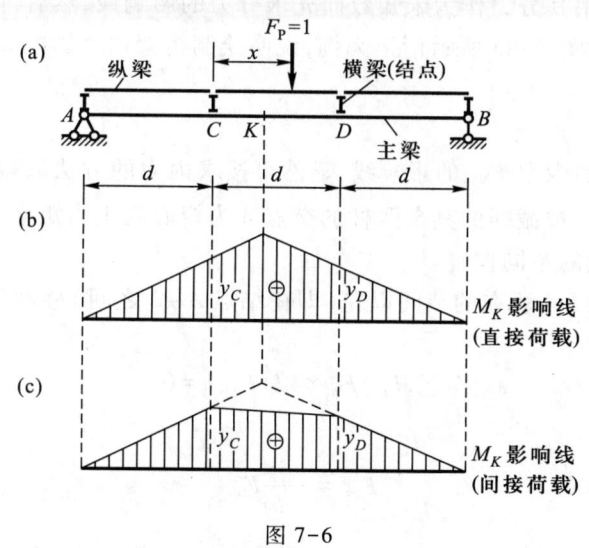

图 7-6

值得指出,影响线与内力图是截然不同的。前者表示当单位集中荷载沿结构移动时,某一指定截面处的某一量值的变化情形;后者表示在固定荷载作用下,某项内力沿结构轴线的分布情形。例如图 7-7a 所示 M_C 影响线与图 7-7b 所示的弯矩图虽然形状类似,但内涵并不相同。与点 K 对应的 M_C 影响线的竖标 y_K,代表荷载 $F_P=1$ 作用于 K 处时,弯矩 M_C 的大小;而与点 K 对应的弯矩图的竖标 M_K,则代表固定荷载 F_P 作用于 C 点时,截面 K 所产生的弯矩。显然,内力图反映的是荷载位置不变,该内力随截面位置移动的变化规律,而某量值的影响线却反映了截面位置一定时,截面上该量值随荷载位置移动的变化规律。

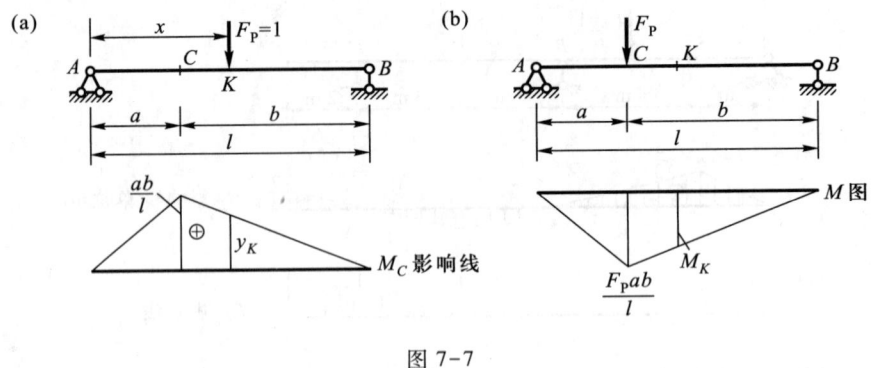

图 7-7

§7-3 用静力法作静定桁架影响线

用静力法作桁架的内力影响线时,首先需根据平衡条件求出它的影响线方程。此时,可利用第三章中介绍过的计算方法——结点法和截面法。此外,为简化计算,求杆件的内力影响线时,还可使用其分力作为未知数而先求分力的影响线,然后再按比例关系求该杆内力的影响线。现以图 7-8a 所示桁架为例,说明绘制桁架内力影响线的方法。

一、截面法

欲求上弦杆 13 的内力 F_{N13} 的影响线,显然可按求内力的方法取截面 I-I 以左或以右部分为隔离体,然后以被截断的其余两杆的交点 4 为矩心列出力矩平衡方程。不过,此时应考虑单位集中荷载的不同位置。

当 $F_P=1$ 在截面 I-I 所在的节间以左(即在结点 $A\sim 2$ 之间)移动时,取右边部分为隔离体,由

$$\sum M_4 = F_{By} \times 4d + F_{13x}h = 0$$

得

$$F_{13x} = -\frac{4d}{h}F_{By}$$

由此可知,F_{13x} 的影响线在 $A\sim 2$ 范围内可由 F_{By} 的影响线乘以倍数 $\left(-\dfrac{4d}{h}\right)$ 得到(见图7-8b左直线)。当 $F_P=1$ 在被截的节间以右(即结点 $4\sim B$ 之间)移动时,取左边部分为隔离体,由

$$\sum M_4 = F_{Ay} \times 2d + F_{13x}h = 0$$

得

$$F_{13x} = -\frac{2d}{h}F_{Ay}$$

由此可知,F_{13x} 的影响线在 $4\sim B$ 范围内可由 F_{Ay} 的影响线乘以倍数 $\left(-\dfrac{2d}{h}\right)$ 得到(见图7-8b右直线)。

由几何关系可以证明,此左右两段直线的交点恰在矩心 4 的下面。至于被截节间(相当于一段纵梁)对应的影响线,根据间接荷载作用下影响线为一直线的性质,可将左、右直线在结点 2 和 4 处的竖标用直线相连得到。不过,此时这一段直线恰好与左直线重合,图 7-8b 所示即为 F_{13x} 的影响线。根据 $\dfrac{F_{13x}}{F_{N13}} = \cos\beta$,只需将 F_{13x} 的影响线竖标乘以 $\dfrac{1}{\cos\beta}$ 便可得到内力 F_{N13} 的影响线(图 7-8c)。

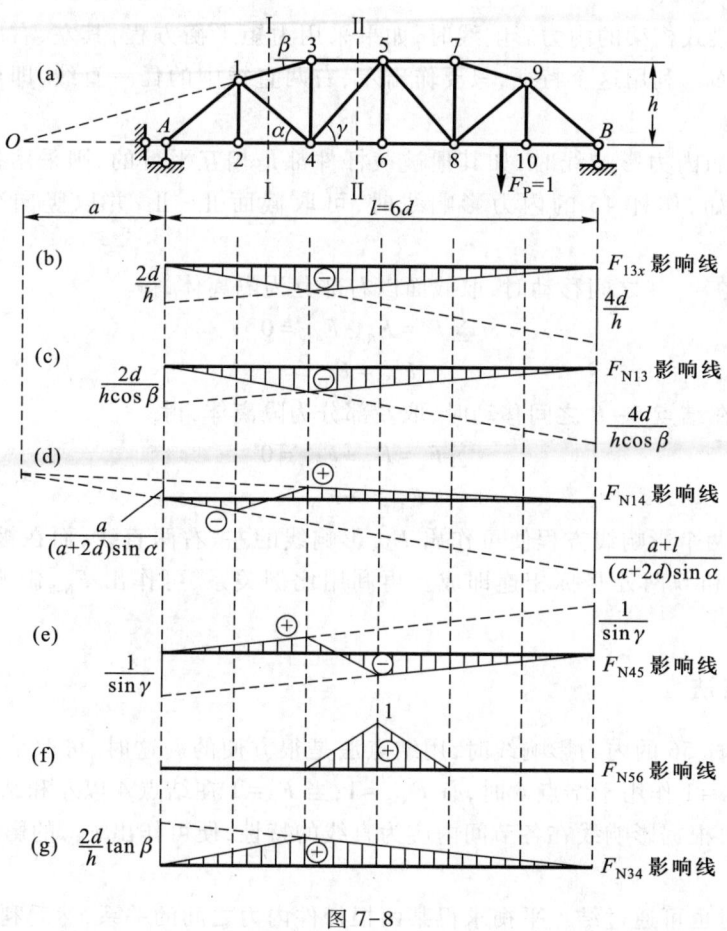

图 7-8

绘制杆 14 的内力影响线,同样可取截面 I-I。除矩心应取杆件 13 和 24 延长线的交点 O 外,为了计算简便,还可将 F_{N14} 在结点 4 处分解为水平分力 F_{14x} 和竖向分力 F_{14y},由 $\sum M_O = 0$ 可求出竖向分力 F_{14y} 的影响线方程。当 $F_P = 1$ 在 $A \sim 2$ 之间移动时,取截面以右部分为隔离体,得

$$\sum M_O = F_{By}(a+l) + F_{14y}(a+2d) = 0$$

故

$$F_{14y} = -\dfrac{a+l}{a+2d} F_{By}$$

当 $F_P = 1$ 在结点 4 以右移动时,取截面以左部分为隔离体,得

$$\sum M_O = F_{Ay}a - F_{14y}(a+2d) = 0$$

故
$$F_{14y} = \frac{a}{a+2d} F_{Ay}$$

按前所述分别以 F_{By} 和 F_{Ay} 的影响线乘以 $\left(-\frac{a+l}{a+2d}\right)$ 和 $\left(\frac{a}{a+2d}\right)$，便可作出左、右两直线，然后将被截节间两端 2 和 4 处的影响线竖标以直线相连，即得 F_{14y} 的影响线。再将 F_{14y} 的影响线竖标乘以 $\frac{1}{\sin\alpha}$，便可得到内力 F_{N14} 的影响线，如图 7-8d 所示。

在作单跨梁式桁架的内力影响线时，如果采用力矩平衡方程，其左、右两直线的交点恒在矩心的下面。利用这个特征，只要作出左、右两直线中的任一直线，即可绘出该量值的全部影响线。

当作腹杆的内力影响线时，如其他被截杆件都是相互平行的，则采用投影平衡方程较为方便。例如，作杆 45 的内力影响线时，可取截面 Ⅱ-Ⅱ，并以竖向分力 F_{45y} 作未知数。

当 $F_P = 1$ 在 $A \sim 4$ 之间移动时，取截面以右部分为隔离体，得
$$\sum F_y = F_{By} - F_{45y} = 0$$
故
$$F_{45y} = F_{By}$$

当 $F_P = 1$ 在结点 $6 \sim B$ 之间移动时，取左部分为隔离体，得
$$\sum F_y = F_{Ay} + F_{45y} = 0$$
故
$$F_{45y} = -F_{Ay}$$

根据以上两个影响线方程便可作出 F_{45y} 影响线的左、右两直线，而在被截断的节间，则以直线将 4 和 6 两处竖标相连即成。再利用比例关系，可作出 F_{N45} 影响线如图 7-8e 所示。

二、结点法

当绘制竖杆 56 的内力影响线时，用结点法是很方便的。这时，可取结点 6 为隔离体来考虑。当 $F_P = 1$ 作用于结点 6 时，有 $F_{N56} = 1$；当 $F_P = 1$ 在结点 4 以左和结点 8 以右移动时，$F_{N56} = 0$。再根据影响线在各节间内应为直线的特性，便可作出 F_{N56} 的影响线如图 7-8f 所示。

此外，有时也可通过结点平衡求得某两根杆件内力之间的关系，然后利用其中已求出的杆件内力影响线去作另一根杆件的内力影响线。例如，杆件 34 的内力 F_{N34} 的影响线就可利用已求出的杆 13 的内力影响线来绘制。由结点 3 的平衡，得
$$\sum F_y = F_{N13} \sin\beta + F_{N34} = 0$$
故
$$F_{N34} = -F_{N13} \sin\beta$$

当荷载 $F_P = 1$ 在下弦移动时，不论荷载处于什么位置，上面求得的 F_{N34} 和 F_{N13} 的关系式都能成立，故只要将 F_{N13} 的影响线乘以倍数（$-\sin\beta$），就可得到 F_{N34} 的影响线，如图 7-8g 所示。

还需指出，在绘制桁架的内力影响线时，应注意荷载 $F_P = 1$ 是沿上弦还是沿下弦移动，因为在这两种情况下，有些杆件的内力影响线可能是不相同的。例如，图 7-9a 所示平行弦桁架，当 $F_P = 1$ 在上弦移动时，杆件 a 的内力 F_{Na} 的影响线如图 7-9b 所示，而当 $F_P = 1$ 在下弦移动时，F_{Na} 的影响线则如图 7-9c 所示，显然二者并不相同。

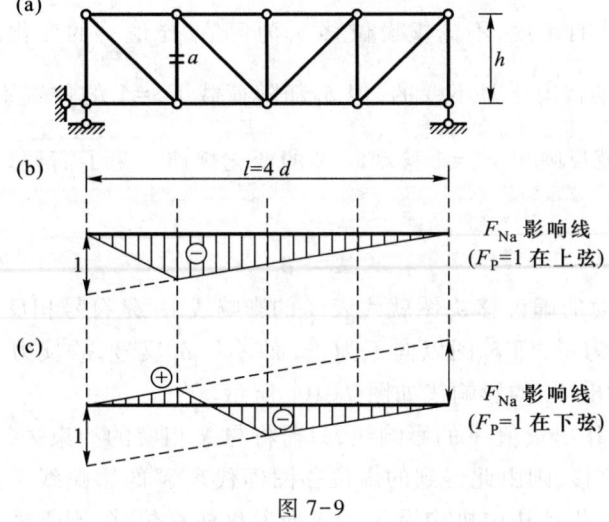

图 7-9

§7-4 用机动法作梁影响线

静定梁的影响线除可以用静力法求得外,还可以用机动法作出。用机动法作影响线是以虚位移原理为依据的,它把求反力和内力影响线的静力问题转化为作位移图的几何问题。先以绘制图 7-10a 所示简支梁的反力 F_{Ay} 影响线为例说明这一方法。

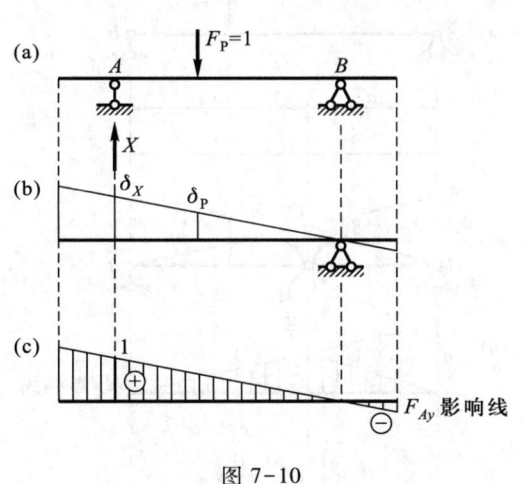

图 7-10

7-2 支座反力影响线示例

为了求出反力 F_{Ay},应将与它相应的约束去掉,以力 X 代替其作用,如图 7-10b 所示。这样,原结构便成为具有一个自由度的机构。使该机构发生任意微小的虚位移,并以 δ_X 和 δ_P 分别表示 X 和 F_P 的作用点沿力方向产生的虚位移,则根据虚位移原理有

$$X\delta_X + F_P\delta_P = 0$$

作影响线时,取 $F_P = 1$,故得

$$X = -\frac{\delta_P}{\delta_X}$$

考虑到体系只有一个自由度,不论虚设位移 δ_X 为何值,比值 $\dfrac{\delta_P}{\delta_X}$ 的变化规律恒为一定。其中 δ_X 在给定虚位移的情况下是不变的,但 δ_P 却随荷载 $F_P=1$ 的位置不同而变化。于是,比值 $\dfrac{\delta_P}{\delta_X}$ 的变化规律就反映出 $F_P=1$ 移动时 X 的变化规律。为了简便计算,令 $\delta_X=1$,则上式变为

$$X = -\delta_P$$

由此可知,使 $\delta_X=1$ 时的虚位移 δ_P 图就代表 X 的影响线,只是符号相反。由于规定 δ_P 是以与力 F_P 的方向一致为正,即 δ_P 图以向下为正,而 X 与 δ_P 反号,故反力 X 的影响线应以向上为正。据此,可作出 F_{Ay} 的影响线如图 7-10c 所示。

综上所述,为了作出量值 X 的影响线,只需将与 X 相应的约束去掉,并使所得机构沿 X 的正向发生单位位移,则由此得到的虚位移图即代表 X 的影响线。这种绘制影响线的方法称为机动法。若机动法中机构沿 X 的正向发生任意位移,则不经计算就能迅速绘出影响线的轮廓,这对于超静定梁的设计是很方便的。

下面再讨论用机动法作图 7-11a 所示简支梁上截面 C 的弯矩影响线。为此,先将与 M_C 相应的约束去掉,即在截面 C 处改刚接为铰接,并以一对大小为 M_C 的弯矩代替原有约束的作用。然后,使 AC 和 BC 两部分沿 M_C 的正向(使梁下面纤维受拉为正)发生虚位移(图 7-11b)。根据虚位移原理,可写出

$$M_C(\alpha+\beta) + F_P\delta_P = 0$$

7-3 弯矩影响线示例与比较

7-4 剪力影响线示例与比较 1

7-5 剪力影响线示例与比较 2

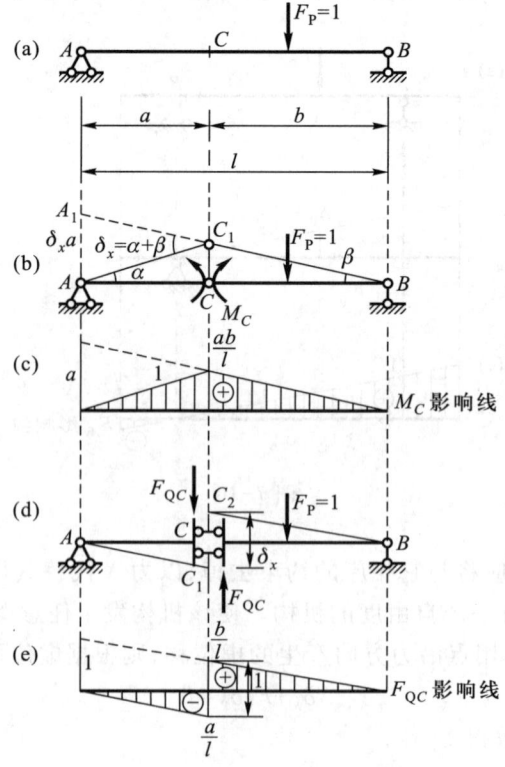

图 7-11

故
$$M_C = -\frac{\delta_P}{\alpha+\beta}$$

式中右边分母的 $\alpha+\beta=\delta_X$ 是铰 C 左右两侧截面的相对转角。考虑到 δ_X 是微小转角,可先求得 $AA_1=\delta_X \cdot a$,再由几何关系求得点 C 的竖向位移 $CC_1=\frac{ab}{l}\delta_X$。若使 $\delta_X=\alpha+\beta=1$,则所得到的虚位移图即表示 M_C 的影响线,如图 7-11c 所示。

同理,绘制剪力 F_{QC} 的影响线时可去掉与 F_{QC} 相应的约束,得到图 7-11d 所示的机构。使其沿 F_{QC} 的正方向(使隔离体有顺时针转动趋势为正)发生虚位移,并写出如下方程:
$$F_{QC}(CC_1+CC_2)+F_P\delta_P = 0$$
得
$$F_{QC} = -\frac{\delta_P}{CC_1+CC_2}$$

若使 $\delta_X=CC_1+CC_2=1$,亦即 C 点左、右两截面在垂直于杆轴(即沿截面)方向的相对位移等于 1,则所得到的虚位移图便代表 F_{QC} 的影响线,如图 7-11e 所示。值得注意的是,在图 7-11d 中,AC 和 CB 两部分是用平行于杆轴的两根链杆相联的,它们之间的相对运动只能在垂直于链杆的方向作平行移动,故在虚位移图中 AC_1 和 BC_2 应互相平行,就是说 F_{QC} 影响线的左、右两直线是相互平行的。

用机动法作静定梁的内力或反力影响线时,原结构去掉约束后成为具有一个自由度的机构。当此机构发生虚位移时,各杆段将如同刚杆那样发生符合约束条件的转动或移动,由此所得到的虚位移图必然由直线段组成。这再次证明静定结构反力和内力的影响线是直线图形。利用机动法,除了绘制影响线外,也可对静力法所绘制的影响线进行校核,读者可自行尝试。

超静定梁的影响线一般都是曲线。用静力法绘制各量值的影响线时,必须先解算超静定结构,得到影响线方程,再依次求出各等分点处的竖标,连成曲线。显然,这样绘制影响线比较繁杂,工程上并不常用。不过,在建筑工程中,通常连续梁承受的活载多为可动均布荷载(如楼面上的人群荷载),这时不必求出影响线竖标的具体数值,只要根据影响线轮廓就可确定该量值的最不利荷载位置,而机动法绘制连续梁影响线的轮廓较为简便。

设有一 n 次超静定连续梁(图 7-12a),欲绘制其上某指定量值 X_K(例如 M_K)的影响线,可先去掉与 X_K 相应的约束,并以 X_K 代替其作用,如图 7-12b 所示。再以所得到的 $n-1$ 次超静定结构作为按力法计算 X_K 的基本体系。根据基本体系在截面 K 处已知的位移条件,可建立如下力法典型方程:
$$\delta_{KK}X_K+\delta_{KP} = 0$$
故得
$$X_K = -\frac{\delta_{KP}}{\delta_{KK}}$$

由位移互等定理 $\delta_{KP}=\delta_{PK}$,于是上式可改写成
$$X_K = -\frac{\delta_{PK}}{\delta_{KK}}$$

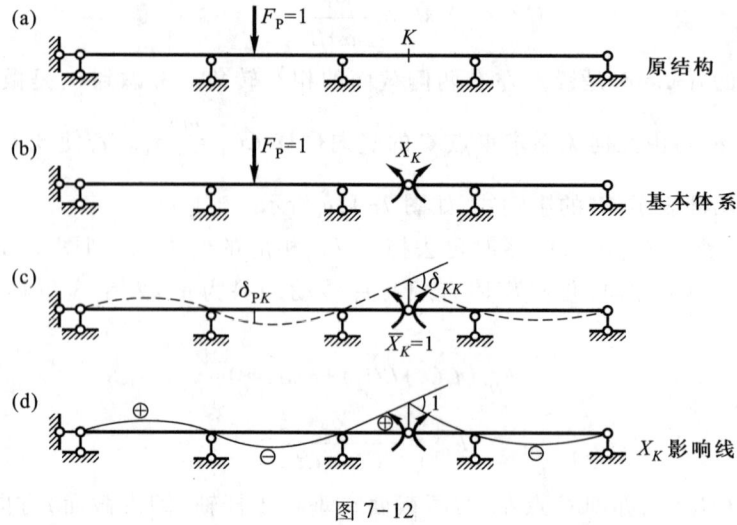

图 7-12

式中 δ_{KK} 代表基本结构由于 $\bar{X}_K = 1$ 的作用,在截面 K 处沿 X_K 方向所引起的相对角位移(图7-12c),它是一个常数且恒为正值。δ_{PK} 代表由于 $\bar{X}_K = 1$ 的作用,在移动荷载 F_P 的方向上所引起的位移,它将随着 $F_P = 1$ 的位置不同而变化,其变化规律的图形如图中虚线所示,即为基本结构由于 $\bar{X}_K = 1$ 的作用所引起的竖向 δ_{PK} 位移图。由此可知,若将 δ_{PK} 位移图的竖标乘以常数 $\left(-\dfrac{1}{\delta_{KK}}\right)$,便得到 X_K 的影响线。因此,δ_{PK} 位移图的轮廓即代表了 X_K 影响线的轮廓。

由于连续梁位移图的轮廓一般可凭直观描绘出来,依据上述机动法原理,毋需进行具体计算,即可迅速确定影响线的大致形状。注意到竖向位移 δ_{PK} 图的竖标是以梁轴线下方为正,而 X_K 与 δ_{PK} 反号,故在用机动法确定 X_K 影响线的轮廓图时,应取梁轴线上方竖标为正,下方为负(图 7-12d)。应用上述原理,不难确定连续梁其他量值影响线的轮廓。图 7-13a、b、c 分别绘出了连续梁剪力 F_{QK}、支座弯矩 M_C 和支座反力 F_{By} 影响线的轮廓。

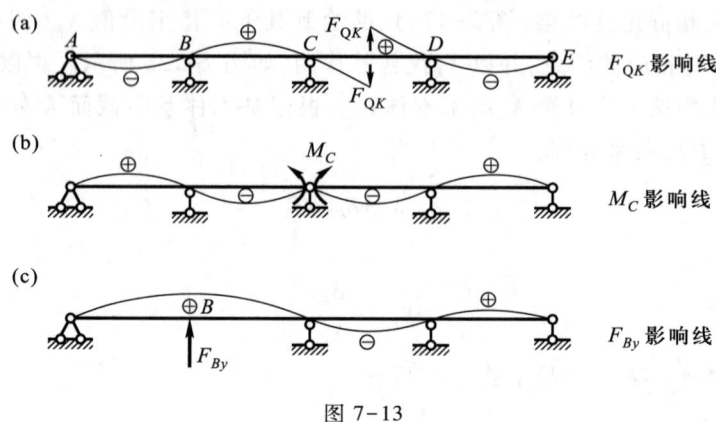

图 7-13

§7-5 影响线的应用

前面已介绍了影响线的绘制方法。下面讨论如何利用某量值的影响线,计算在位置确定的若干集中荷载或分布荷载作用下该量值的大小。作影响线时通常假定单位荷载 $F_P=1$,当利用影响线研究实际荷载对某一量值的影响时,须将荷载和影响线的单位计入,方能得到该量值的单位。

先讨论集中荷载的作用。图 7-14a 所示简支梁截面 C 的剪力影响线如图 7-14b 所示,设有一组集中荷载 F_{P1}、F_{P2}、F_{P3} 作用于梁上,需求出截面 C 的剪力。此时若荷载作用点处 F_{QC} 影响线的竖标依次为 y_1、y_2、y_3,根据叠加原理可知在这组荷载作用下应有

$$F_{QC} = F_{P1}y_1 + F_{P2}y_2 + F_{P3}y_3$$

一般而言,当已知结构的某一量值 S 的影响线时,则在一组竖向集中荷载作用下该量值为

$$S = F_{P1}y_1 + F_{P2}y_2 + \cdots + F_{Pn}y_n = \sum F_{Pi}y_i \tag{7-1}$$

式中 y_i 为 F_{Pi} 作用点处 S 影响线的相应竖标,应用公式时要注意影响线竖标 y_i 的正负号。

以集中荷载的计算为依据,就不难求出分布荷载 q_x(图 7-15a)作用下的影响线量值。为此,将分布荷载沿其长度分为许多无限小的微段 dx。由于每一微段上的荷载 $q_x dx$ 可视为集中荷载,故 mn 区段内分布荷载所产生的量值 F_{QC} 可用下式表达

$$F_{QC} = \int_{x_m}^{x_n} q_x y_x dx$$

若 q_x 为均布荷载(图 7-15b),即 $q_x = q$ 时,则上式变为

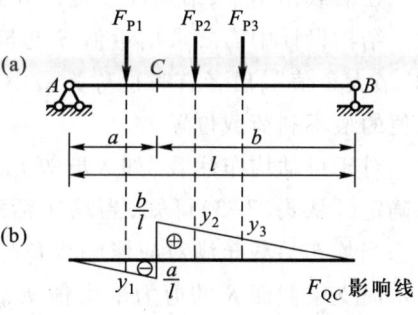

图 7-14

$$F_{QC} = q\int_{x_m}^{x_n} y_x dx = qA$$

式中 A 表示影响线在荷载分布范围(mn 内)的面积。上述两式适用于任一量值的影响线。

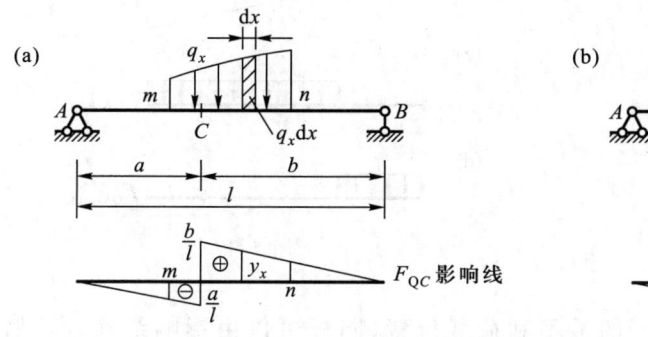
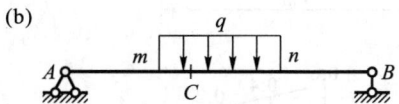
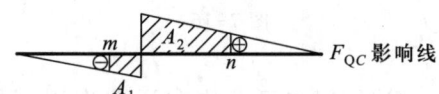

图 7-15

$$S = \int_{x_m}^{x_n} q_x y_x \mathrm{d}x \tag{7-2}$$

当 $q_x = q$ 时,

$$S = q \int_{x_m}^{x_n} y_x \mathrm{d}x = qA \tag{7-3}$$

由上可见,为了求得均布荷载的影响,只需把荷载分布范围内影响线的面积求出,再乘以荷载集度 q。但应注意,在计算面积 A 时应考虑影响线的正、负符号。例如,对于图 7-15b 所示情况,应有

$$A = A_2 - A_1$$

【例 7-1】 试利用图 7-16a 所示简支梁的 F_{QC} 影响线求 F_{QC} 的值。

解:作出 F_{QC} 影响线如图 7-16b 所示,计算有关竖标值。按叠加原理可得

$$F_{QC} = F_P y_D + qA = 20 \text{ kN} \times 0.4 + 10 \text{ kN/m} \times \left(\frac{0.6 + 0.2}{2} \times 2 \text{ m} - \frac{0.2 + 0.4}{2} \times 1 \text{ m} \right)$$
$$= 13 \text{ kN}$$

在活载作用下,结构任一量值 S 除与荷载的大小有关外,还会随荷载的位置变化而变化。结构设计中需要求出量值 S 的最大值 S_{max} 作为设计依据,所谓最大值包括最大正值和"最大负值",后者有时也称为最小值 S_{min}。要解决这个问题,就必须先确定使其发生最大值的最不利荷载位置。

对于可动均布活载(如人群等),由于它可以任意断续布置,故最不利荷载位置很容易确定。从式(7-3)可知,当均布活载布满对应影响线正号面积时,量值 S 将有最大值 S_{max};当均布活载布满对应影响线负号面积时,量值 S 取得最小值 S_{min}。例如,求图 7-17a 所示简支梁截面 K 的剪力最大值 $F_{QK(max)}$ 和最小值 $F_{QK(min)}$ 时,相应的最不利荷载位置分别如图 7-17c、d 所示。

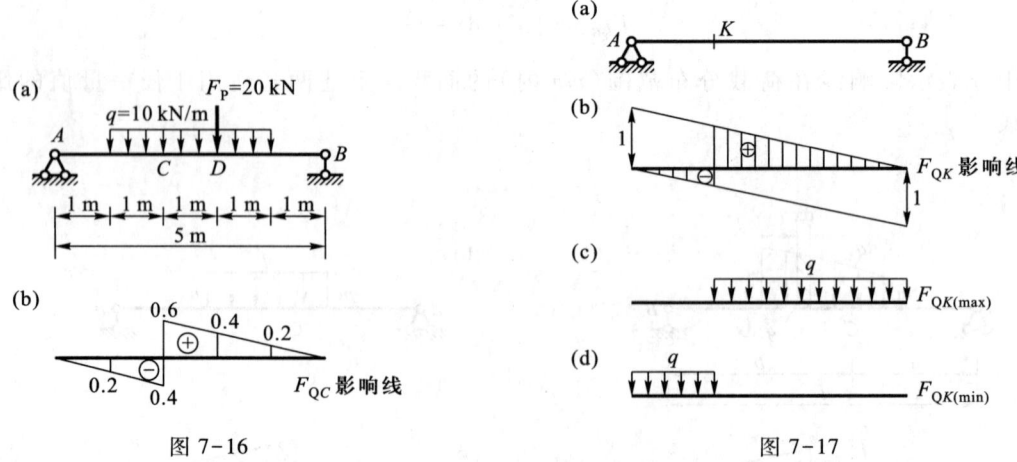

图 7-16   图 7-17

连续梁在可动均布活载作用下的最不利荷载位置,同样可以由影响线确定。如图 7-18a 所示连续梁,欲确定跨中截面 K 的弯矩 M_K 的最不利荷载位置,可先绘出 M_K 影响线的轮廓(图 7-18b)。由前述可知,将均布活载布满影响线正号面积时,即为

$M_{K(\max)}$ 的最不利荷载位置;当均布活载布满影响线负号面积时,则为 $M_{K(\min)}$ 的最不利荷载位置,如图 7-18b 所示。同理,可确定截面 K 的剪力 F_{QK}、支座 n 的竖向链杆反力 F_{ny} 以及第 $n-1$ 个支座处截面弯矩 M_{n-1} 的最大值和最小值的最不利荷载位置,分别如图 7-18c、d、e 所示。

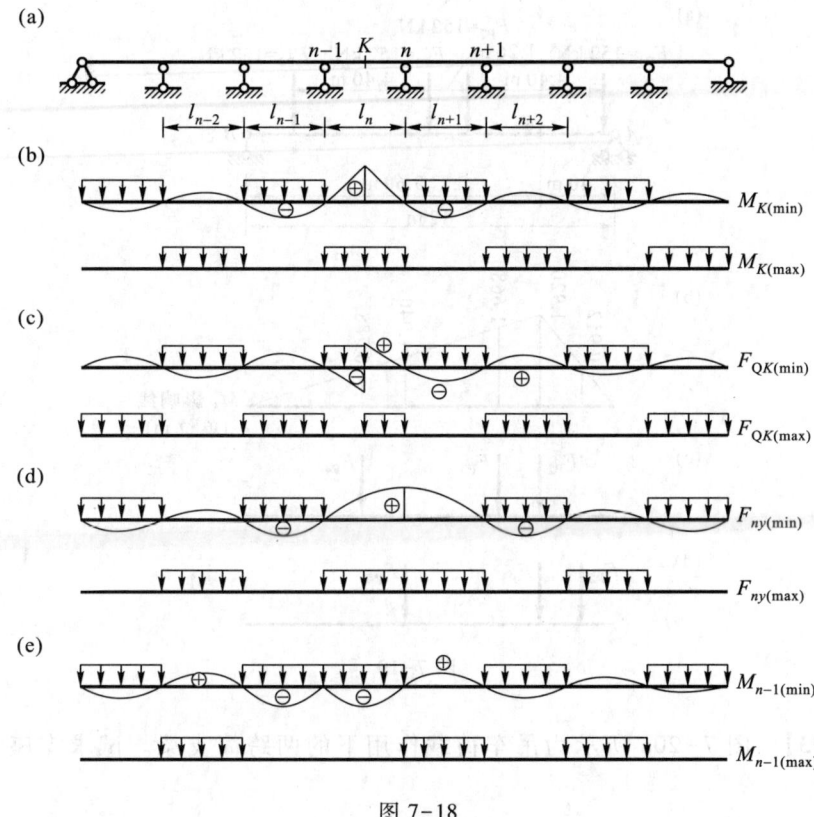

图 7-18

对于一组互相平行且间距不变的移动集中荷载,根据式(7-1)可知,当 $\sum F_{Pi}y_i$ 为最大值时,则相应的荷载位置即为量值 S 的最不利荷载位置。由此推断,最不利荷载位置必然为荷载密集于影响线竖标最大处附近,并有一集中荷载位于影响线顶点。进一步分析可以看出,量值 S 与荷载位置 x 之间是线性关系,其图形由折线组成。那么 S 发生极值的条件就可用其导数(斜率)是否改变符号来判定。量值对荷载位置 x 的一阶导数即为荷载与影响线斜率之积。这就是说,只有当某一集中荷载通过影响线的某一顶点时,该顶点两侧影响线斜率变化才可能导致 S 的导数变号。为分析方便,通常将此荷载称为临界荷载。按照移动活载中有较多荷载停留在影响线区段,较大荷载位于影响线顶点的原则,可以定性判断出可能的临界荷载,并在试算比较后,确定真正的最不利荷载位置。

【例 7-2】 试求图 7-19a 所示简支梁在吊车荷载作用下截面 K 的最大弯矩。

解:先作出 M_K 影响线如图 7-19b 所示。据前述推断,M_K 的最不利荷载位置有如图 7-19c、d 所示两种可能。分别计算对应的 M_K 值并加以比较,即可得出 M_K 的最大值。

对于图 7-19c 所示情况有

$$M_K = 152 \text{ kN} \times (1.920 \text{ m} + 1.668 \text{ m} + 0.788 \text{ m}) = 665.15 \text{ kN} \cdot \text{m}$$

对于图 7-19d 所示情况有

$$M_K = 152 \text{ kN} \times (0.912 \text{ m} + 1.920 \text{ m} + 1.040 \text{ m}) = 588.54 \text{ kN} \cdot \text{m}$$

二者比较可知,图 7-19c 所示为 M_K 的最不利荷载位置,此时

$$M_{K(\max)} = 665.15 \text{ kN} \cdot \text{m}$$

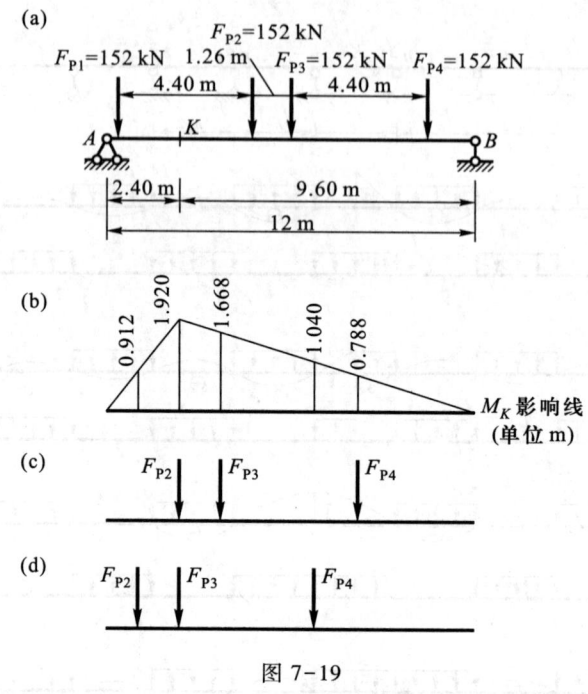

图 7-19

【例 7-3】 图 7-20a 所示为吊车荷载作用下的两跨简支梁。试求支座 B 的最大反力。

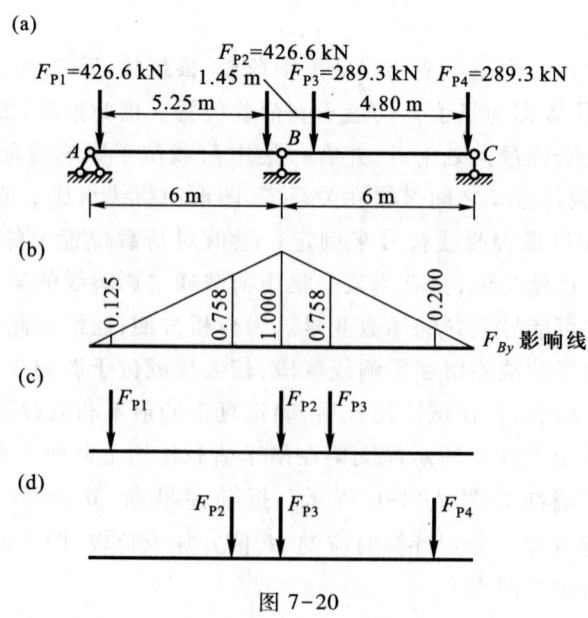

图 7-20

解:该梁 F_{By} 影响线如图 7-20b 所示,其最不利荷载位置有图 7-20c、d 所示两种可能,现分别计算如下:

对于图 7-20c 所示情况有

$$F_{By} = 426.6 \text{ kN} \times (0.125+1.000) + 289.3 \text{ kN} \times 0.758 = 699.21 \text{ kN}$$

对于图 7-20d 所示情况有

$$F_{By} = 426.6 \text{ kN} \times 0.758 + 289.3 \text{ kN} \times (1.000+0.200) = 670.52 \text{ kN}$$

二者比较可知,图 7-20c 所示为最不利荷载位置,相应的 $F_{By(\max)} = 699.21$ kN。

§7-6 简支梁内力包络图

设计承受移动活载的结构时,常需知道它在恒载和活载共同作用下各截面内力(弯矩和剪力)的最大值和最小值,以此作为截面设计的依据。通常将恒载和活载的影响分别考虑,然后再将两者叠加。关于恒载作用下的计算,前面已有详细论述。结构在移动活载作用下,可采用上节所述方法将每一截面内力的最大值求得。如果将结构各截面同类内力的最大值按一定比例在图上用竖标表示,则所得的图形称为该内力的包络图。梁的内力包络图有弯矩包络图和剪力包络图。它们分别表明不论活载处于何种位置,结构各截面所产生的弯矩或剪力值都不会超出相应包络图所示数值的范围。本节仅介绍承受吊车荷载作用的内力包络图。

图 7-21a 示一吊车梁,跨度为 12 m,承受图 7-21b 所示两台桥式吊车荷载作用。绘制其弯矩包络图时,一般将梁分成若干等分(通常为 10 等分),求出各等分点处截面的最大弯矩值,然后按同一比例画出各相应竖标,并将各竖标顶点连成一光滑曲线,即得到如图 7-21c 所示的弯矩包络图。其中截面 2 的弯矩 665.15 kN·m 就是由例 7-2 计算出来的。

值得指出,在弯矩包络图中,跨中截面的最大弯矩并非是梁上各截面最大弯矩中的最大者,通常将后者称为绝对最大弯矩。绝对最大弯矩同时牵涉它所在截面位置的判断以及该截面弯矩最不利荷载位置确定的两方面因素,计算较为麻烦。但按照前面分析,绝对最大弯矩是所在截面的最大弯矩,因此必有某个临界荷载正作用于该截面所在位置。理论分析还可以进一步证明:此临界荷载与梁上所有荷载(也包括它本身)的合力 F 恰好位于梁中点两侧的对称位置(图 7-22a)。按照这一结论,不难求出此临界荷载的位置,而绝对最大弯矩就产生在它所在的截面上。在本题中,F_{P2} 是临界荷载,它与梁上所有荷载合力 F 间的距离为 a,则

$$a = \frac{-F_{P1} \times 4.40 \text{ m} + F_{P3} \times 1.26 \text{ m} + F_{P4} \times (1.26 \text{ m} + 4.40 \text{ m})}{F_{P1} + F_{P2} + F_{P3} + F_{P4}} = 0.63 \text{ m}$$

设 F_{P2} 距梁左端为 x,则

$$x = \frac{l}{2} - \frac{a}{2} = \frac{12 \text{ m} - 0.63 \text{ m}}{2} = 5.685 \text{ m}$$

此时 F_{P2} 作用处截面上(图 7-22b)产生的绝对最大弯矩为

$$M_{\max} = F_{P1} \times 0.676 \text{ m} + F_{P2} \times 2.992 \text{ m} + F_{P3} \times 2.395 \text{ m} + F_{P4} \times 0.310 \text{ m} = 968.70 \text{ kN} \cdot \text{m}$$

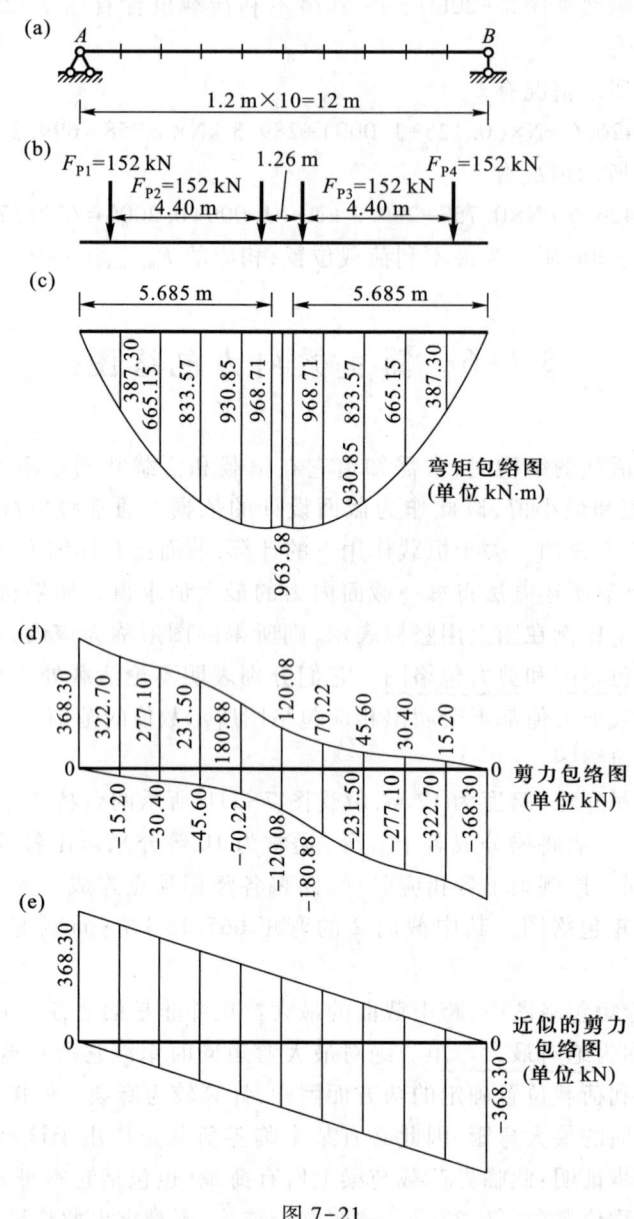

图 7-21

F_{P3} 和 F_{P2} 对称，故也是产生相同的绝对最大弯矩的临界荷载。可以看出，绝对最大弯矩常发生在跨中附近的截面上，其值与跨中截面最大弯矩相差一般为 2% 左右。本例中的绝对最大弯矩分别发生在距两端为 5.685 m 处，其值比跨中截面最大弯矩 963.68 kN·m 只增加 0.52%，通常不需另行计算。

同理，可绘出剪力包络图如图 7-21d 所示。由于每一截面的剪力可能发生最大正值和最大负值，故剪力包络图有两根曲线。实际设计中，由于用到的主要是支座处附近截面的剪力值，故通常只将两端支座处截面上的最大剪力和最小剪力求出，用直线分别将两端相应的竖标相连（图 7-21e），近似地作为所求的剪力包络图。

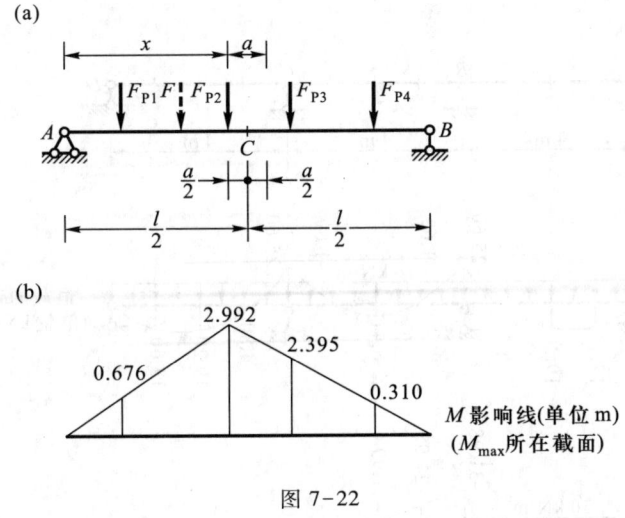

图 7-22

必须指出,上述的内力包络图仅在某种吊车荷载作用下所得,活载不同包络图也不同。设计时还须将其与恒载作用下相应的内力图叠加,作出恒载与活载共同作用下的内力包络图才能作为设计的依据。

§7-7 连续梁内力包络图

由梁(主梁和次梁)、板组成的肋形楼盖和水池顶盖,其中的板、次梁、主梁一般都按连续梁计算,受到恒载和活载的共同作用。为了保证结构在各种可能出现的荷载作用下都能安全使用,必须求出各截面可能产生的最大内力和最小内力,并将其作为结构设计的依据。

对结构的任一截面,恒载作用所产生的弯矩是固定不变的,而活载作用下所引起的弯矩则随着活载分布不同而改变。在研究可动均布活载时,由于最大和最小弯矩的最不利荷载位置总是在若干跨内布满荷载(图 7-18),弯矩的最大和最小值总是由每跨单独布满活载时的弯矩值叠加求得,故可按每一跨单独布满活载的情况逐一作出相应的弯矩图。然后对任一截面,将这些弯矩图中对应的所有正(负)弯矩值与恒载作用下的相应弯矩值相加,便得到该截面的最大(小)弯矩。将各截面的最大弯矩和最小弯矩在同一图中按一定的比例用竖标表示,并将竖标顶点分别连成两条曲线,所得图形即为连续梁的弯矩包络图。该图表明连续梁在已知恒载和活载共同作用下各个截面可能产生弯矩的极限,不论活载如何分布,各个截面的弯矩都不会超出这一范围。

在结构设计中,有时还需要作出表明连续梁各截面在恒载和活载共同作用下的最大剪力和最小剪力变化的剪力包络图,其绘制原则与弯矩包络图相同。实际设计中,主要用到各支座附近截面上的剪力值。因此,通常只要将各跨两端靠近支座截面上的最大剪力和最小剪力求出,作相应的竖标并在每跨中用直线相连,就可近似地作出所求的剪力包络图。

内力包络图在结构设计中是很有用的,它清楚地表明了连续梁各截面内力变化的极限情形,根据它可以合理选择截面尺寸。在设计钢筋混凝土梁时,也是配置钢筋的重要依据。下面以图 7-23a 所示三跨等截面连续梁为例,具体说明弯矩包络图和剪力包络图的绘制方法。设梁上的恒载 $q = 16$ kN/m,活载 $p = 30$ kN/m。

(a)
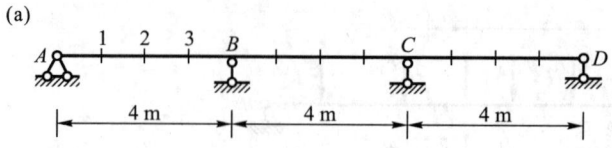

(b)
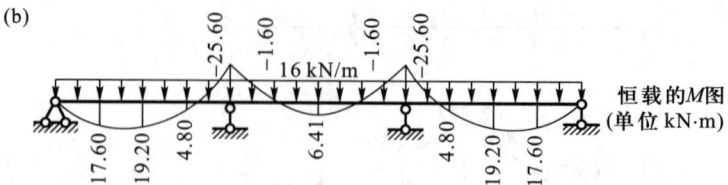
恒载的M图
(单位 kN·m)

(c)
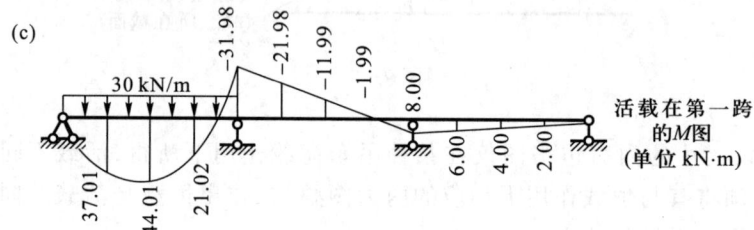
活载在第一跨的M图
(单位 kN·m)

(d)
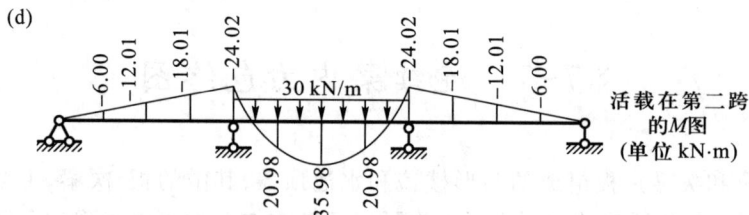
活载在第二跨的M图
(单位 kN·m)

(e)
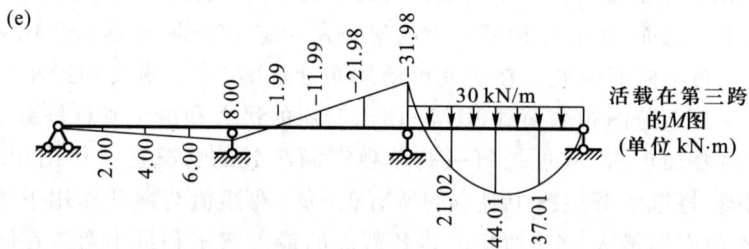
活载在第三跨的M图
(单位 kN·m)

(f)
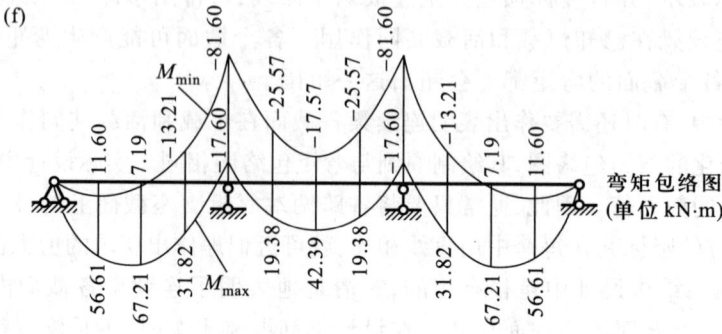
弯矩包络图
(单位 kN·m)

图 7-23

一、作弯矩包络图

1. 作出恒载作用下的弯矩图(图 7-23b)和各跨分别承受活载时的弯矩图(图 7-23c、d、e)。

2. 将梁的各跨分为若干等分(现将每跨分为 4 等分),对每一等分点截面,将恒载弯矩图中该截面处的竖标值与各种活载弯矩图中对应的正(负)竖标值相加,即得各截面的最大(小)弯矩值。例如,在支座 B 处,

$$M_{B(\max)} = (-25.60 \text{ kN} \cdot \text{m}) + 8.00 \text{ kN} \cdot \text{m} = -17.60 \text{ kN} \cdot \text{m}$$
$$M_{B(\min)} = (-25.60 \text{ kN} \cdot \text{m}) + (-31.98 \text{ kN} \cdot \text{m}) + (-24.02 \text{ kN} \cdot \text{m})$$
$$= -81.60 \text{ kN} \cdot \text{m}$$

3. 将各截面的最大弯矩值和最小弯矩值在同一图中按相同比例用竖标画出,并将竖标顶点分别以曲线相连,即得弯矩包络图,如图 7-23f 所示。

由上可知,计算第一跨跨中附近某截面的最大正弯矩(例如 $M_{2(\max)}$)时,对于活载的影响只考虑了图 7-23c、e 两种情况,亦即图 7-24a 所示活载。计算支座 B 处的最大负弯矩(即 $M_{B(\min)}$)时,只考虑了图 7-23c、d 两种情况,亦即图 7-24b 所示活载。这些活载布置也就是相应量值的最不利荷载位置,这与 §7-5 中所述的规律完全相同,分别如图 7-18b 的 $M_{k(\max)}$ 和 e 的 $M_{n-1(\min)}$ 所示。

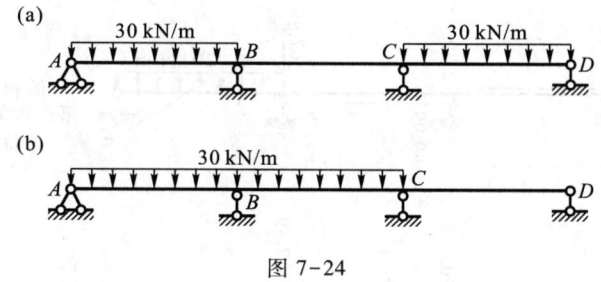

图 7-24

二、作剪力包络图

1. 作出恒载作用下的剪力图(图 7-25a)和各跨分别承受活载时的剪力图(图 7-25b、c、d)。

2. 将恒载剪力图中各支座左右两侧截面处的竖标值和各种活载剪力图中对应的正(负)竖标值相加,便得到相应截面的最大(小)剪力值。

3. 把各跨两端截面(即支座侧边的截面)上的最大剪力值和最小剪力值竖标顶点分别用直线相连,即得剪力包络图如图 7-25e 所示。

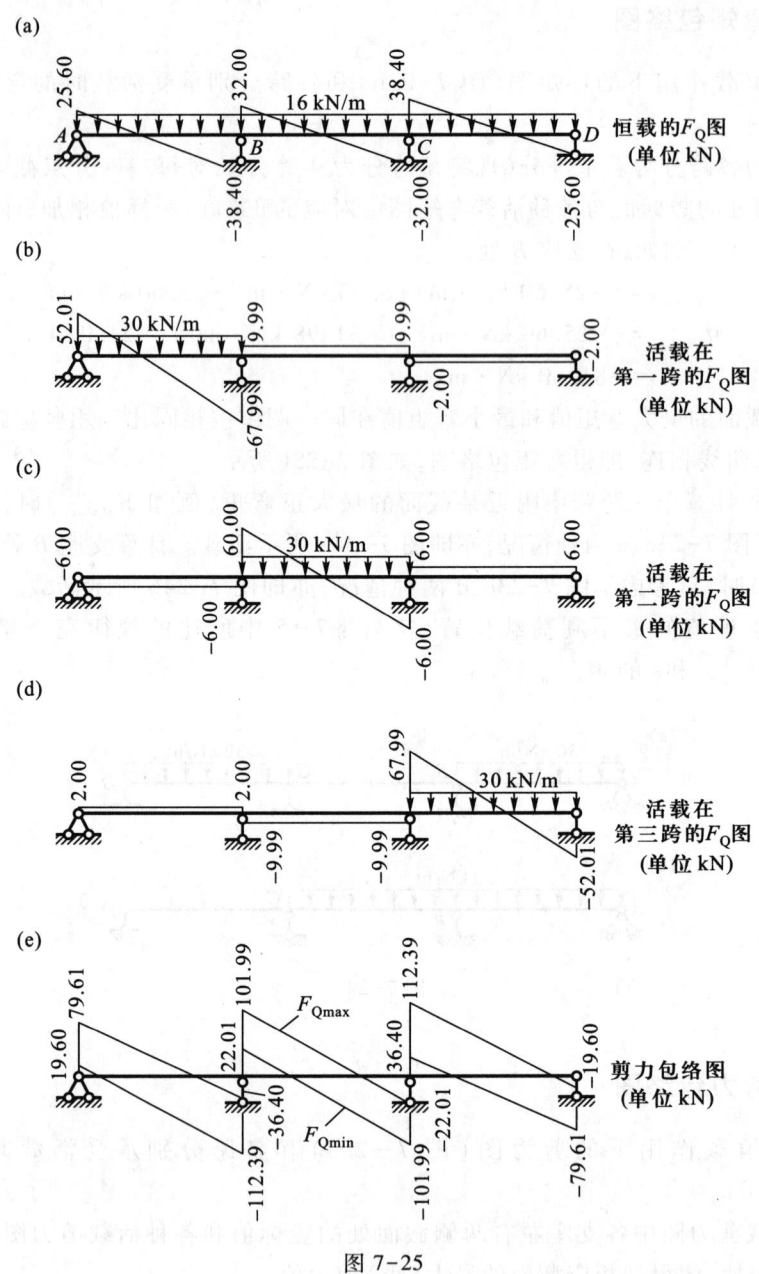

图 7-25

§7-8 小结与讨论

影响线是与结构分析密切相关但又有所不同的新概念,它所考虑的是量值与单位集中荷载位置间的关系。这些量值除支座反力之外,都是结构的内力,但内力影响线却与内力图有原则区别:影响线竖标是固定截面在移动荷载作用下的内力,变量是荷载的位置;内力图竖标则是不同截面在位置不变荷载作用下的内力,变动的是截面位置。通过对简支梁影响线和内力图的比较，可以帮助加深对其本质差别的认识。

静力法和机动法是绘制影响线的两种方法。静力法是作影响线最基本的方法，它从静力平衡条件出发，在建立影响线方程时，将荷载的位置坐标作为变量考虑，并需注意它有与影响线分段相应的适用范围。掌握静定结构影响线都是直线图形的特性，可以为影响线的绘制带来很多方便。机动法可以同时确定静定结构影响线的形状和竖标，能够不经计算直接绘制影响线轮廓的优点，又为确定超静定梁的最不利荷载位置提供了方便。

利用影响线和叠加原理确定结构的最不利荷载位置，在工程实践中十分重要，而据此作出的内力包络图则成为结构设计的基本依据。

思 考 题

1. 试问影响线上任一点的横坐标与纵坐标各代表什么意义？
2. 试问作某内力影响线与在固定荷载下求该内力有何异同？
3. 试问在什么情况下影响线方程必须分段列出？
4. 试问图 7-10 中的 δ_P 和 δ_X 含意是什么？δ_P 图与影响线关系如何？
5. 为何可以利用影响线来求得恒载作用下的内力？
6. 何谓最不利荷载位置？何谓临界荷载？
7. 试问内力包络图与内力图、影响线有何区别？三者各有何用途？

习 题

7-1 试用静力法绘出图示悬臂梁的 F_{Ay}、M_A、F_{QC}、M_C 影响线。

7-2 试用静力法绘出图示结构横梁 AB 的 M_D 和 F_{QD} 影响线。

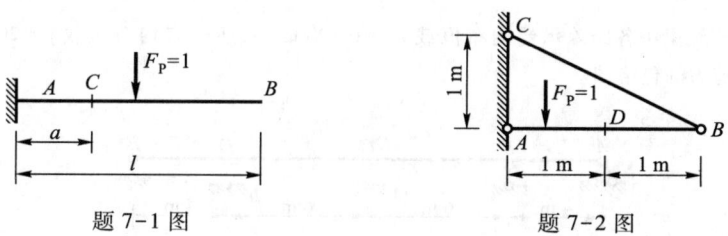

题 7-1 图　　　　　　　　题 7-2 图

7-3 试用静力法绘出图示静定梁的 M_A、F_{By}、M_D、F_{QD}、F_{QB}^L、F_{QB}^R 影响线。

7-4 试用静力法绘出图示多跨静定梁 M_A、F_{QC}、M_D、M_K、F_{QK} 的影响线。

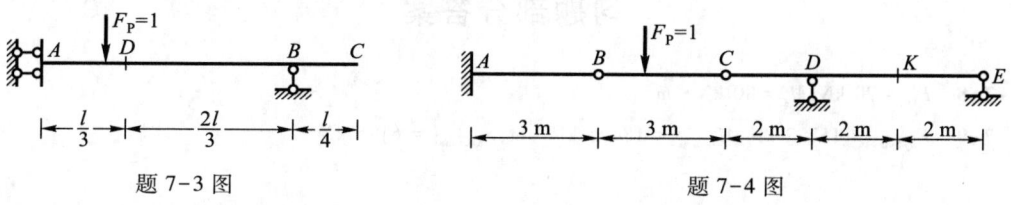

题 7-3 图　　　　　　　　题 7-4 图

7-5 试作图示桁架中指定杆件的内力或其任一分力的影响线，分别考虑 $F_P=1$ 在上弦和下弦移动时的情形。

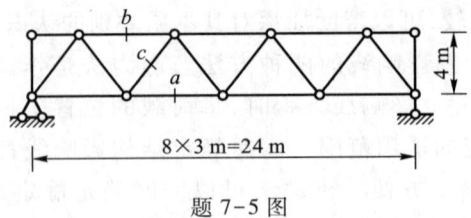

题 7-5 图

7-6 试作图示桁架中指定杆件的内力或其任一分力的影响线。

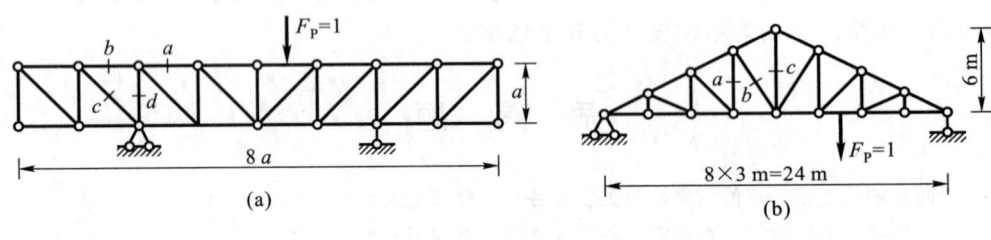

题 7-6 图

7-7 试用机动法绘出(a)题 7-1,(b)题 7-3,(c)题 7-4 的影响线并与静力法结果进行比较。

7-8 对图示荷载作用下的伸臂梁,试分别利用其 F_{QC}、M_C 影响线求截面 C 的剪力和弯矩。

7-9 试求图示简支梁在移动荷载作用下的 F_{Ay}、M_C 和 F_{QC} 的最大值。

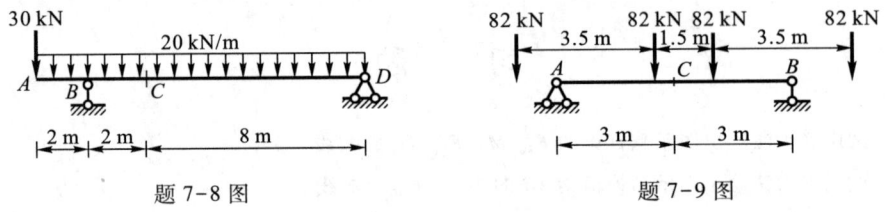

题 7-8 图   题 7-9 图

7-10 图示连续梁中各跨除承受均布恒载 $q = 10 \text{ kN/m}$ 外,还受有均布活载 $p = 20 \text{ kN/m}$ 的作用。试绘制其弯矩和剪力的包络图。

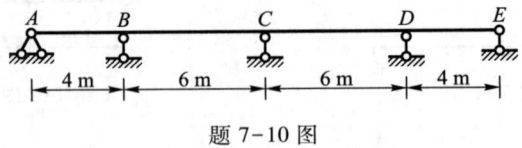

题 7-10 图

习题部分答案

7-8 $F_{QC} = 70 \text{ kN}, M_C = 80 \text{ kN} \cdot \text{m}$

7-9 $F_{Ay(\max)} = 157.2 \text{ kN}, M_{C(\max)} = 184.5 \text{ kN} \cdot \text{m}, F_{QC(\max)} = 61.5 \text{ kN}$

第八章 矩阵位移法

§8-1 矩阵位移法的概念和单元刚度矩阵

用力法和位移法求解超静定结构时,随着基本未知量数目增大,需要建立和求解的联立方程个数也增多,计算工作冗繁、困难。20世纪60年代以后,随着结构分析方法和计算技术的飞速发展,应用电子计算机进行结构矩阵分析的方法迅速普及推广。

在结构矩阵分析中,运用矩阵进行运算,不仅使公式紧凑、形式规则,而且便于实现计算过程程序化,因而适宜用计算机自动进行数值计算。

结构矩阵分析的两种基本方法是矩阵位移法(刚度法)和矩阵力法(柔度法),前者在计算中采用结点位移作为基本未知量,后者则采用多余力作为基本未知量。矩阵位移法比矩阵力法便于编制通用的程序,因而在工程界应用较为广泛。

矩阵位移法与位移法在本质上并无区别,二者的差异仅在于矩阵位移法是从电算这一角度出发,在求解过程中以矩阵作为组织运算的数学工具。在杆件结构的矩阵位移法中,把复杂的结构视为有限个单元(杆件)的集合,各单元彼此在结点处连接而组成整体,因而解算时须先把结构分解成有限个单元和结点,即对结构进行离散;继而对单元进行分析,建立单元杆端力与杆端位移之间的关系;然后,根据变形协调条件、静力平衡条件使离散化的结构恢复为原结构,并形成结构刚度方程,再求解结构的结点位移和杆端内力。矩阵位移法的基本思路是"先分后合",即先将结构离散,然后再集合,通过一分一合的过程,把复杂结构的计算转化为简单杆件的分析与综合问题。其解题过程可分为两大步骤,即:

(1) 单元分析——研究单元的力学特性;
(2) 整体分析——考虑单元的集合,研究结构刚度方程的组成原理和求解方法。

以下先讨论单元分析。

一、单元的划分

杆件结构一般把每根杆件作为一个单元。为计算方便,只采用等截面直杆这种形式简单的单元,并规定荷载只作用于结点处。根据这一要求,划分单元的结点应该是杆件汇交点、结构支承点和截面突变点等,这些结点都是根据结构本身的构造特征来确定的,故称为构造结点,例如图8-1所示结构的点1~6。此外,对于集中荷载作用处(图8-1中的点7),为保证结构只承受结点荷载,可将它作为结点处理,这种结点称为非构造结点(单元承受荷载的另一种处理方法,是将它改用等效结点荷载替代,这将在§8-4中讨论)。结构的所有结点确定后,结点间

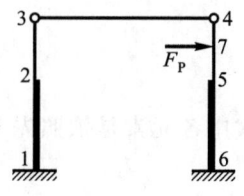

图 8-1

的单元也就被确定。

对于结构中曲杆或变截面杆件,可沿轴线将其分段,每段均作为等截面直杆单元处理,其截面近似按该段中点处的截面计算,分段点也属非构造结点。显然,采用这种处理方法,单元划分得越细,其计算结果将越接近真实情况。

二、单元的杆端位移和杆端力

一般的杆件单元,每一杆端有三个杆端位移:两个线位移和一个角位移。与此相应,每一杆端有三个杆端力:两个集中力和一个力矩。

例如图 8-2 所示等截面杆单元 e,它的两端分别用 i、j 表示,取图示的 $O\bar{x}\bar{y}$ 坐标系,其中 $\bar{x}$ 轴与单元的轴线重合,以 i 为单元的始端,j 为单元的末端,并以由 i 到 j 的方向为正。这种就某一单元建立的坐标系称为<u>单元坐标系</u>或<u>局部坐标系</u>。

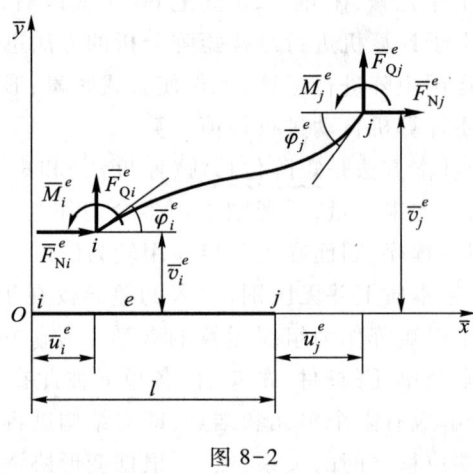

图 8-2

单元 e 受力变形后到达图示的新位置,现设 i 端的杆端位移为 $\bar{u}_i^e$、$\bar{v}_i^e$ 和 $\bar{\varphi}_i^e$(即轴向位移、切向位移和转角),相应的杆端力为 $\bar{F}_{Ni}^e$、$\bar{F}_{Qi}^e$ 和 $\bar{M}_i^e$(即轴力、剪力和弯矩);j 端的杆端位移为 $\bar{u}_j^e$、$\bar{v}_j^e$ 和 $\bar{\varphi}_j^e$,相应的杆端力为 $\bar{F}_{Nj}^e$、$\bar{F}_{Qj}^e$ 和 $\bar{M}_j^e$。它们的正负号规定如下:就单元 e 而言,$\bar{u}$ 和 $\bar{F}_N$ 以沿 $\bar{x}$ 轴的正向为正;$\bar{v}$ 或 $\bar{F}_Q$ 以沿 $\bar{y}$ 轴的正向为正;$\bar{\varphi}$ 和 $\bar{M}$ 以逆时针方向为正。据此,图中所示的杆端位移和杆端力都是正的。显然,这里杆端力和杆端位移的符号规定与材料力学的规定不同,也与前述各章的规定有所差别,需加以注意。

如果用 $\bar{\boldsymbol{F}}^e$ 和 $\bar{\boldsymbol{\delta}}^e$ 分别表示单元坐标系下单元 e 的杆端力列向量和杆端位移列向量,有

$$\left.\begin{array}{l} \bar{\boldsymbol{F}}^e = (\bar{F}_{Ni}^e \quad \bar{F}_{Qi}^e \quad \bar{M}_i^e \quad \bar{F}_{Nj}^e \quad \bar{F}_{Qj}^e \quad \bar{M}_j^e)^{\mathrm{T}} \\ \bar{\boldsymbol{\delta}}^e = (\bar{u}_i^e \quad \bar{v}_i^e \quad \bar{\varphi}_i^e \quad \bar{u}_j^e \quad \bar{v}_j^e \quad \bar{\varphi}_j^e)^{\mathrm{T}} \end{array}\right\} \quad (8-1)$$

式中各元素是依照先 i 端后 j 端,且按 $\bar{x}$、$\bar{y}$、$\bar{\varphi}$ 的顺序排列。

三、单元刚度矩阵的一般形式

现就图 8-2 所示的单元 e，建立由单元杆端位移确定杆端力的转换矩阵——单元刚度矩阵。为此，需先求出由各杆端位移单独作用引起的各种杆端力，分别如图 8-3 所示。其中 E 为材料的弹性模量，l 为杆长，A 为截面面积，I 为截面的惯性矩。从图 8-3 可以看出，杆端力与杆端位移之间的关系与单元尺寸和材料性质有关。应用叠加原理，即可得到杆端力与杆端位移之间的关系如下：

$$\left. \begin{aligned} \bar{F}_{Ni}^e &= \frac{EA}{l}\bar{u}_i^e - \frac{EA}{l}\bar{u}_j^e \\ \bar{F}_{Qi}^e &= \frac{12EI}{l^3}\bar{v}_i^e + \frac{6EI}{l^2}\bar{\varphi}_i^e - \frac{12EI}{l^3}\bar{v}_j^e + \frac{6EI}{l^2}\bar{\varphi}_j^e \\ \bar{M}_i^e &= \frac{6EI}{l^2}\bar{v}_i^e + \frac{4EI}{l}\bar{\varphi}_i^e - \frac{6EI}{l^2}\bar{v}_j^e + \frac{2EI}{l}\bar{\varphi}_j^e \\ \bar{F}_{Nj}^e &= -\frac{EA}{l}\bar{u}_i^e + \frac{EA}{l}\bar{u}_j^e \\ \bar{F}_{Qj}^e &= -\frac{12EI}{l^3}\bar{v}_i^e - \frac{6EI}{l^2}\bar{\varphi}_i^e + \frac{12EI}{l^3}\bar{v}_j^e - \frac{6EI}{l^2}\bar{\varphi}_j^e \\ \bar{M}_j^e &= \frac{6EI}{l^2}\bar{v}_i^e + \frac{2EI}{l}\bar{\varphi}_i^e - \frac{6EI}{l^2}\bar{v}_j^e + \frac{4EI}{l}\bar{\varphi}_j^e \end{aligned} \right\} \quad (8-2)$$

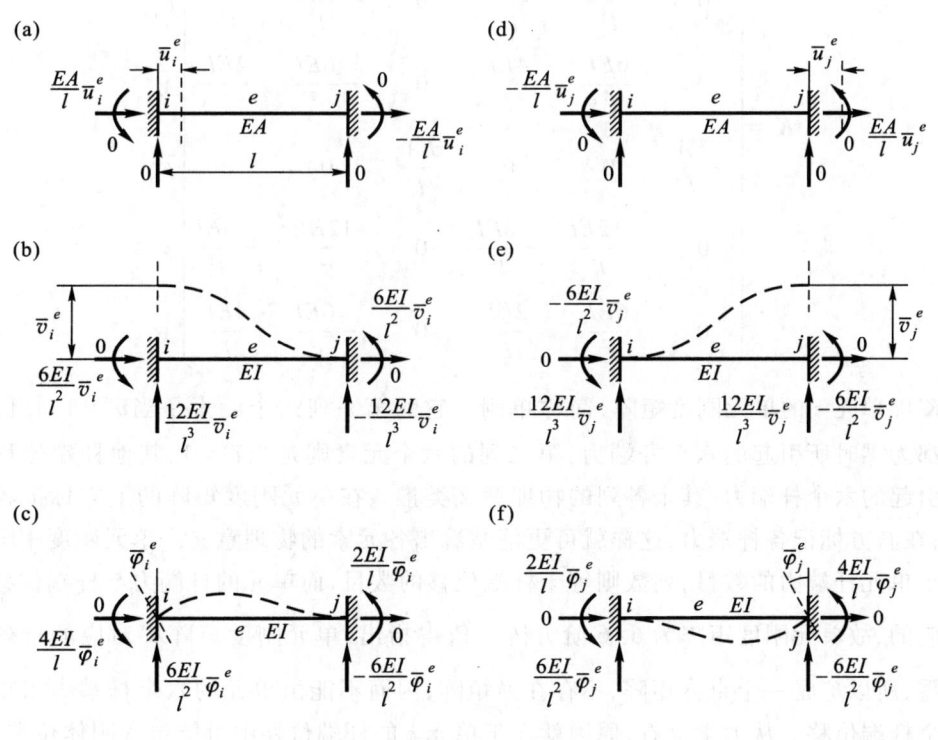

图 8-3

写成矩阵形式有

$$\begin{pmatrix} \bar{F}^e_{Ni} \\ \bar{F}^e_{Qi} \\ \bar{M}^e_i \\ \bar{F}^e_{Nj} \\ \bar{F}^e_{Qj} \\ \bar{M}^e_j \end{pmatrix} = \begin{pmatrix} \dfrac{EA}{l} & 0 & 0 & -\dfrac{EA}{l} & 0 & 0 \\ 0 & \dfrac{12EI}{l^3} & \dfrac{6EI}{l^2} & 0 & -\dfrac{12EI}{l^3} & \dfrac{6EI}{l^2} \\ 0 & \dfrac{6EI}{l^2} & \dfrac{4EI}{l} & 0 & -\dfrac{6EI}{l^2} & \dfrac{2EI}{l} \\ -\dfrac{EA}{l} & 0 & 0 & \dfrac{EA}{l} & 0 & 0 \\ 0 & -\dfrac{12EI}{l^3} & -\dfrac{6EI}{l^2} & 0 & \dfrac{12EI}{l^3} & -\dfrac{6EI}{l^2} \\ 0 & \dfrac{6EI}{l^2} & \dfrac{2EI}{l} & 0 & -\dfrac{6EI}{l^2} & \dfrac{4EI}{l} \end{pmatrix} \begin{pmatrix} \bar{u}^e_i \\ \bar{v}^e_i \\ \bar{\varphi}^e_i \\ \bar{u}^e_j \\ \bar{v}^e_j \\ \bar{\varphi}^e_j \end{pmatrix} \qquad (8-3)$$

式(8-3)即单元 e 的刚度方程,可简写成

$$\bar{F}^e = \bar{K}^e \bar{\delta}^e \qquad (8-4)$$

其中

$$\bar{K}^e = \begin{matrix} & \bar{u}^e_i=1 & \bar{v}^e_i=1 & \bar{\varphi}^e_i=1 & \bar{u}^e_j=1 & \bar{v}^e_j=1 & \bar{\varphi}^e_j=1 & \\ & \begin{pmatrix} \dfrac{EA}{l} & 0 & 0 & -\dfrac{EA}{l} & 0 & 0 \\ 0 & \dfrac{12EI}{l^3} & \dfrac{6EI}{l^2} & 0 & -\dfrac{12EI}{l^3} & \dfrac{6EI}{l^2} \\ 0 & \dfrac{6EI}{l^2} & \dfrac{4EI}{l} & 0 & -\dfrac{6EI}{l^2} & \dfrac{2EI}{l} \\ -\dfrac{EA}{l} & 0 & 0 & \dfrac{EA}{l} & 0 & 0 \\ 0 & -\dfrac{12EI}{l^3} & -\dfrac{6EI}{l^2} & 0 & \dfrac{12EI}{l^3} & -\dfrac{6EI}{l^2} \\ 0 & \dfrac{6EI}{l^2} & \dfrac{2EI}{l} & 0 & -\dfrac{6EI}{l^2} & \dfrac{4EI}{l} \end{pmatrix} & \begin{matrix} \bar{F}^e_{Ni} \\ \bar{F}^e_{Qi} \\ \bar{M}^e_i \\ \bar{F}^e_{Nj} \\ \bar{F}^e_{Qj} \\ \bar{M}^e_j \end{matrix} \end{matrix} \qquad (8-5)$$

$\bar{K}^e$ 即单元 e 的单元刚度矩阵,简称单刚。它的第一列六个元素是当 $\bar{u}^e_i=1$、其他杆端位移都为零时所引起的六个杆端力;第二列的六个元素则是当 $\bar{v}^e_i=1$、其他杆端位移都为零时引起的六个杆端力;其余各列的物理意义类推。在单元刚度矩阵的上方标记各杆端位移,在右方标记各杆端力,这样就可更清楚看出各元素的物理意义。单元刚度矩阵的行数等于单元杆端力的数目,列数则等于杆端位移的数目,而单元的杆端力与杆端位移是一一对应的,故单元刚度矩阵为 6×6 阶方阵。值得指出,单元刚度矩阵 $\bar{K}^e$ 对应的行列式之值为零,所以 $\bar{K}^e$ 是一个奇异矩阵,不存在逆矩阵,因而不能由单元的六个杆端力求得单元的六个杆端位移。从力学上看,原因就在于单元 e 的杆端位移中可能包含刚体位移,在单元不受约束时,刚体位移无法确定。此外,单元刚度矩阵还是一个对称方阵,处于对角线两侧对称位置上的元素互等。从各元素的物理意义和反力互等定理,可知这一结论正确。

四、两端无线位移时的单元刚度矩阵

式(8-5)是平面杆件结构中单元刚度矩阵的一般表达式。这种单元因其两端不受任何约束,所以又称为自由单元(图 8-2)。当单元两端受到约束,不产生任何线位移而只发生角位移时,可以建立单元两端杆端弯矩与角位移间的关系式,并得到相应单元刚度矩阵。在连续梁或无结点线位移的刚架中,各单元在杆端只有角位移而没有线位移,就可以采用这种单元刚度矩阵。

对图 8-4 所示的此类单元,由图 8-3c、f 可得

$$\begin{pmatrix} \overline{M}_i^e \\ \overline{M}_j^e \end{pmatrix} = \begin{pmatrix} \dfrac{4EI}{l} & \dfrac{2EI}{l} \\ \dfrac{2EI}{l} & \dfrac{4EI}{l} \end{pmatrix} \begin{pmatrix} \overline{\varphi}_i^e \\ \overline{\varphi}_j^e \end{pmatrix} \tag{8-6}$$

相应的单元刚度矩阵为

$$\overline{K}^e = \begin{pmatrix} \dfrac{4EI}{l} & \dfrac{2EI}{l} \\ \dfrac{2EI}{l} & \dfrac{4EI}{l} \end{pmatrix} \begin{matrix} \overline{\varphi}_i^e = 1 & \overline{\varphi}_j^e = 1 \\ \overline{M}_i^e \\ \overline{M}_j^e \end{matrix} \tag{8-7}$$

式(8-6)、式(8-7)也可从式(8-3)、式(8-5)中除去与轴向位移相应的 1、4 行和列及与切向位移相应的 2、5 行和列得到。注意到对图 8-4 所示单元已附加了两端不能发生线位移的约束条件,单元没有刚体位移发生,故其单元刚度矩阵为非奇异矩阵。单元中元素的物理意义同前,不再赘述。

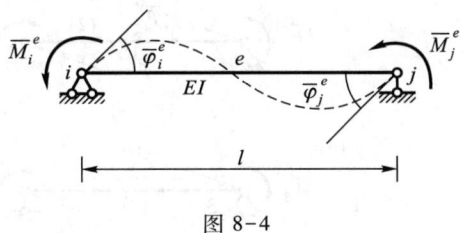

图 8-4

将图 8-4 所示单元的单元刚度矩阵写成一般形式

$$\overline{K}^e = \begin{pmatrix} \overline{k}_{ii}^e & \overline{k}_{ij}^e \\ \overline{k}_{ji}^e & \overline{k}_{jj}^e \end{pmatrix} \begin{matrix} i & j \\ i \\ j \end{matrix} \tag{8-8}$$

式中 i、j 分别代表单元的始端和末端,将其标注在矩阵的右侧和上方,分别称为用单元局部码表示的行码和列码。

将式(8-8)代入式(8-6),得到单元刚度方程的一般形式

$$\begin{pmatrix} \overline{M}_i^e \\ \overline{M}_j^e \end{pmatrix} = \begin{pmatrix} \overline{k}_{ii}^e & \overline{k}_{ij}^e \\ \overline{k}_{ji}^e & \overline{k}_{jj}^e \end{pmatrix} \begin{pmatrix} \overline{\varphi}_i^e \\ \overline{\varphi}_j^e \end{pmatrix} \tag{8-9}$$

展开得到单元刚度方程的另一形式

$$\overline{M}_i^e = \overline{k}_{ii}^e \overline{\varphi}_i^e + \overline{k}_{ij}^e \overline{\varphi}_j^e \tag{8-10}$$

$$\overline{M}_j^e = \overline{k}_{ji}^e \overline{\varphi}_i^e + \overline{k}_{jj}^e \overline{\varphi}_j^e \tag{8-11}$$

§8-2 结构刚度矩阵

本节以连续梁为例,讨论矩阵位移法的第二步——整体分析。

结构计算必须满足平衡条件和变形协调条件。矩阵位移法在单元分析的基础上,利用结构变形协调条件和平衡条件建立结构刚度方程,并进行后续计算。研究所得结构刚度矩阵的形成规律,可推出直接形成结构刚度矩阵的方法。

图 8-5a 所示三跨连续梁分为三个单元,编号为(1)~(3),四个结点,编号为1~4。各单元统一以左端为始端、右端为末端,采用图示的坐标系 $O\bar{x}\bar{y}$。

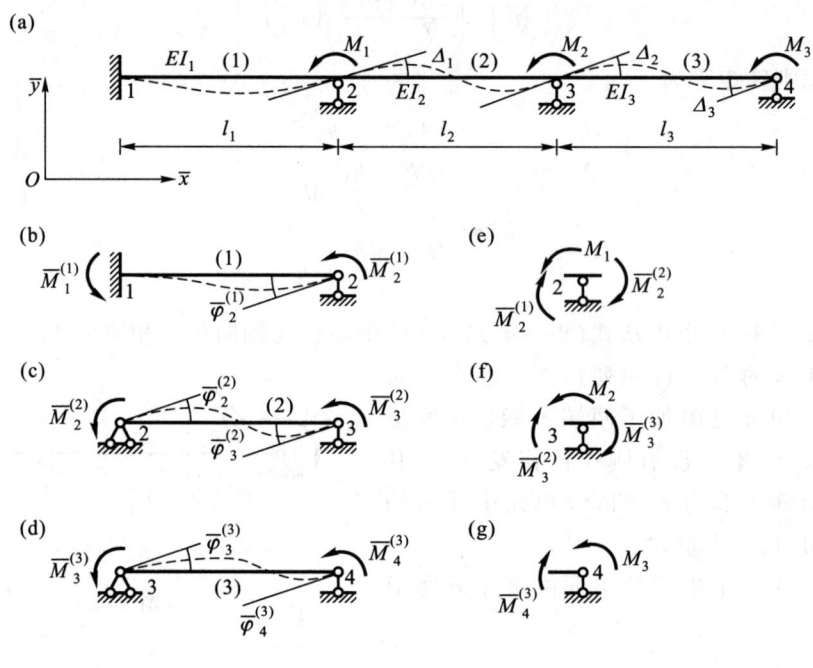

图 8-5

现取结构的结点位移列向量为

$$\Delta = (\Delta_1 \quad \Delta_2 \quad \Delta_3)^T$$

其中 $\Delta_i(i=1,2,3)$ 为第 i 个结点角位移,以逆时针方向为正,它们是矩阵位移法的基本未知量。相应的结点荷载(作用在结点上的集中力偶)列向量为

$$F_P = (M_1 \quad M_2 \quad M_3)^T$$

其中 M_i 代表与第 i 个结点角位移相应的荷载,以与 Δ_i 方向一致为正。下标 1、2、3 是从结构整体对结点位移和结点荷载的统一编号,称为结构总码。

为导出结点荷载列向量 F_P 与结点位移列向量 Δ 间的关系式,应考虑结点的力矩平衡条件和结点与杆端的变形协调条件。为此,取图 8-5e、f、g 所示结点为隔离体,建立相应的力矩平衡方程

$$\left.\begin{aligned}M_1 &= \bar{M}_2^{(1)} + \bar{M}_2^{(2)} \\ M_2 &= \bar{M}_3^{(2)} + \bar{M}_3^{(3)} \\ M_3 &= \bar{M}_4^{(3)}\end{aligned}\right\} \quad (a)$$

式中的 $\bar{M}_2^{(1)}$、$\bar{M}_2^{(2)}$、$\bar{M}_3^{(2)}$、$\bar{M}_3^{(3)}$、$\bar{M}_4^{(3)}$ 分别为各单元的杆端弯矩。连续梁各结点与相应杆端的变形协调条件为

$$\left.\begin{aligned}\bar{\varphi}_1^{(1)} &= 0 \\ \bar{\varphi}_2^{(1)} &= \bar{\varphi}_2^{(2)} = \Delta_1 \\ \bar{\varphi}_3^{(2)} &= \bar{\varphi}_3^{(3)} = \Delta_2 \\ \bar{\varphi}_4^{(3)} &= \Delta_3\end{aligned}\right\} \quad (b)$$

对照图 8-5b、c、d，由式(8-9)分别列出单元刚度方程，并考虑式(b)中相应的变形协调条件，则得

单元(1)

$$\begin{pmatrix}\bar{M}_1^{(1)} \\ \bar{M}_2^{(1)}\end{pmatrix} = \begin{pmatrix}\bar{k}_{11}^{(1)} & \bar{k}_{12}^{(1)} \\ \bar{k}_{21}^{(1)} & \bar{k}_{22}^{(1)}\end{pmatrix}\begin{pmatrix}\bar{\varphi}_1^{(1)} \\ \bar{\varphi}_2^{(1)}\end{pmatrix} = \begin{pmatrix}\bar{k}_{11}^{(1)} & \bar{k}_{12}^{(1)} \\ \bar{k}_{21}^{(1)} & \bar{k}_{22}^{(1)}\end{pmatrix}\begin{pmatrix}0 \\ \Delta_1\end{pmatrix} \quad (c)$$

其单元刚度矩阵为

$$\bar{K}^{(1)} = \begin{pmatrix}\bar{k}_{11}^{(1)} & \bar{k}_{12}^{(1)} \\ \bar{k}_{21}^{(1)} & \bar{k}_{22}^{(1)}\end{pmatrix}\begin{matrix}1 \\ 2\end{matrix} = \begin{pmatrix}\bar{k}_{11}^{(1)} & \bar{k}_{12}^{(1)} \\ \bar{k}_{21}^{(1)} & \bar{k}_{22}^{(1)}\end{pmatrix}\begin{matrix}0 \\ 1\end{matrix}$$

（上方列码分别为 1 2 和 0 1）

式中标注在单元刚度矩阵旁用局部码表示的行码和列码(1,2)，通过单元杆端位移与结构结点位移的对应关系，转为用结构总码表示的行码和列码(0,1)，这种处理方式称为换码。同理

单元(2)

$$\begin{pmatrix}\bar{M}_2^{(2)} \\ \bar{M}_3^{(2)}\end{pmatrix} = \begin{pmatrix}\bar{k}_{22}^{(2)} & \bar{k}_{23}^{(2)} \\ \bar{k}_{32}^{(2)} & \bar{k}_{33}^{(2)}\end{pmatrix}\begin{pmatrix}\bar{\varphi}_2^{(2)} \\ \bar{\varphi}_3^{(2)}\end{pmatrix} = \begin{pmatrix}\bar{k}_{22}^{(2)} & \bar{k}_{23}^{(2)} \\ \bar{k}_{32}^{(2)} & \bar{k}_{33}^{(2)}\end{pmatrix}\begin{pmatrix}\Delta_1 \\ \Delta_2\end{pmatrix} \quad (d)$$

$$\bar{K}^{(2)} = \begin{pmatrix}\bar{k}_{22}^{(2)} & \bar{k}_{23}^{(2)} \\ \bar{k}_{32}^{(2)} & \bar{k}_{33}^{(2)}\end{pmatrix}\begin{matrix}2 \\ 3\end{matrix} = \begin{pmatrix}\bar{k}_{22}^{(2)} & \bar{k}_{23}^{(2)} \\ \bar{k}_{32}^{(2)} & \bar{k}_{33}^{(2)}\end{pmatrix}\begin{matrix}1 \\ 2\end{matrix}$$

（上方列码分别为 2 3 和 1 2）

单元(3)

$$\begin{pmatrix}\bar{M}_3^{(3)} \\ \bar{M}_4^{(3)}\end{pmatrix} = \begin{pmatrix}\bar{k}_{33}^{(3)} & \bar{k}_{34}^{(3)} \\ \bar{k}_{43}^{(3)} & \bar{k}_{44}^{(3)}\end{pmatrix}\begin{pmatrix}\bar{\varphi}_3^{(3)} \\ \bar{\varphi}_4^{(3)}\end{pmatrix} = \begin{pmatrix}\bar{k}_{33}^{(3)} & \bar{k}_{34}^{(3)} \\ \bar{k}_{43}^{(3)} & \bar{k}_{44}^{(3)}\end{pmatrix}\begin{pmatrix}\Delta_2 \\ \Delta_3\end{pmatrix} \quad (e)$$

$$\bar{K}^{(3)} = \begin{pmatrix}\bar{k}_{33}^{(3)} & \bar{k}_{34}^{(3)} \\ \bar{k}_{43}^{(3)} & \bar{k}_{44}^{(3)}\end{pmatrix}\begin{matrix}3 \\ 4\end{matrix} = \begin{pmatrix}\bar{k}_{33}^{(3)} & \bar{k}_{34}^{(3)} \\ \bar{k}_{43}^{(3)} & \bar{k}_{44}^{(3)}\end{pmatrix}\begin{matrix}2 \\ 3\end{matrix}$$

（上方列码分别为 3 4 和 2 3）

将式(c)、式(d)、式(e)代入式(a)并整理,可得

$$\left.\begin{array}{l}M_1 = (\bar{k}_{22}^{(1)}+\bar{k}_{22}^{(2)})\Delta_1 + \bar{k}_{23}^{(2)}\Delta_2 \\ M_2 = \bar{k}_{32}^{(2)}\Delta_1 + (\bar{k}_{33}^{(2)}+\bar{k}_{33}^{(3)})\Delta_2 + \bar{k}_{34}^{(3)}\Delta_3 \\ M_3 = \bar{k}_{43}^{(3)}\Delta_2 + \bar{k}_{44}^{(3)}\Delta_3\end{array}\right\}$$

这就是反映结点荷载列向量和结点位移列向量之间关系的结构刚度方程,可写成如下矩阵形式:

$$\begin{pmatrix}M_1 \\ M_2 \\ M_3\end{pmatrix} = \begin{pmatrix}(\bar{k}_{22}^{(1)}+\bar{k}_{22}^{(2)}) & \bar{k}_{23}^{(2)} & 0 \\ \bar{k}_{32}^{(2)} & (\bar{k}_{33}^{(2)}+\bar{k}_{33}^{(3)}) & \bar{k}_{34}^{(3)} \\ 0 & \bar{k}_{43}^{(3)} & \bar{k}_{44}^{(3)}\end{pmatrix}\begin{pmatrix}\Delta_1 \\ \Delta_2 \\ \Delta_3\end{pmatrix} \quad (f)$$

还可缩写为
$$F_P = K\Delta \quad (8-12)$$

式中

$$K = \begin{pmatrix}(\bar{k}_{22}^{(1)}+\bar{k}_{22}^{(2)}) & \bar{k}_{23}^{(2)} & 0 \\ \bar{k}_{32}^{(2)} & (\bar{k}_{33}^{(2)}+\bar{k}_{33}^{(3)}) & \bar{k}_{34}^{(3)} \\ 0 & \bar{k}_{43}^{(3)} & \bar{k}_{44}^{(3)}\end{pmatrix}\begin{matrix}1 \\ 2 \\ 3\end{matrix} \quad (g)$$

（列码 1　2　3）

就是结构刚度矩阵,在它的右侧和上方分别是用结构总码表示的行码和列码。

考察式(g)可知,结构刚度矩阵中各元素都是由各单元刚度矩阵的相关元素组成的。进一步还可看出,单元刚度矩阵元素在结构刚度矩阵中的位置,是由它换码后所对应的结构总码决定的:该元素在单元刚度矩阵中换码后的行码,就是它在结构刚度矩阵所处位置的行数,而换码所得的列码,就是它在结构刚度矩阵中的列数。这样,只要根据元素对应的总码,就可将本例三个单元刚度矩阵中的相关元素直接集合形成结构刚度矩阵。

具体实施时,不必列出如式(c)~式(e)所示的单元刚度方程和式(f)所示的结构刚度方程,而是直接对各单元刚度矩阵进行换码。换码时对于数值为零的杆端位移(如本例单元(1)的1端转角),换码时总码的行码和列码都应取为"0"。在把元素从单元刚度矩阵送往结构刚度矩阵的过程中,除了对应行码和列码中的一个为"0"或两个均为"0"的元素(如$\bar{K}^{(1)}$中的$\bar{k}_{11}^{(1)}$、$\bar{k}_{12}^{(1)}$和$\bar{k}_{21}^{(1)}$)外,其余所有元素均按其行码和列码送入结构刚度矩阵中的相应位置。例如$\bar{K}^{(2)}$中的元素$\bar{k}_{32}^{(2)}$行码为2,列码为1,故应放在K的第2行第1列,余类推。

若K中的同一位置有多个元素,则应予以叠加。如$\bar{K}^{(1)}$中的$\bar{k}_{22}^{(1)}$和$\bar{K}^{(2)}$中的$\bar{k}_{22}^{(2)}$,行码和列码同为1,故K中第1行第1列的元素为$(\bar{k}_{22}^{(1)}+\bar{k}_{22}^{(2)})$。最后,对$K$中的空白位置用"0"元素填补,即可得到如式(g)所示的结构刚度矩阵。

上述先对单元刚度矩阵换码,再按以结构总码表示的行码和列码,分别将各单元刚度矩阵元素置于结构刚度矩阵相应位置(通常称为"对号入座"),直接形成结构刚度矩阵的方法称为<u>直接刚度法</u>。在形成结构刚度矩阵前,已考虑结构位移边界条件(如支座链杆线位移为零、固定端转角为零)的直接刚度法属于<u>先处理法</u>。

将所得结构刚度矩阵代入式(8-12)，即可求得结点位移为

$$\pmb{\Delta} = \pmb{K}^{-1}\pmb{F}_\mathrm{P} \tag{8-13}$$

利用求出的结点位移，根据变形协调条件将式(8-9)中的杆端位移代之以相应的结点位移，即可计算各单元的杆端弯矩，并画出弯矩图。

用"对号入座"的方法直接形成结构刚度矩阵，必须在各单元刚度矩阵换码后才能实现。此时矩阵右侧从上往下与上方从左往右，总码的排列是完全相同的，故可将其写成列向量并用 $\pmb{\lambda}^e$ 表示。因 $\pmb{\lambda}^e$ 中的元素决定了单元刚度矩阵各元素在结构刚度矩阵内的位置，故将 $\pmb{\lambda}^e$ 称为单元 e 的定位向量。对于上例有

$$\pmb{\lambda}^{(1)} = (0\ \ 1)^\mathrm{T},\ \pmb{\lambda}^{(2)} = (1\ \ 2)^\mathrm{T},\ \pmb{\lambda}^{(3)} = (2\ \ 3)^\mathrm{T}$$

显然，换码与确定单元定位向量是完全一致的，一般在确定单元定位向量后换码更方便。

【**例 8-1**】 试用直接刚度法建立图 8-6a 所示连续梁的结构刚度矩阵，并计算各杆的杆端弯矩。

解：结点编号、单元划分以及结点位移编号均示于图 8-6b，并采用图示的 $O\bar{x}\bar{y}$ 坐标系。

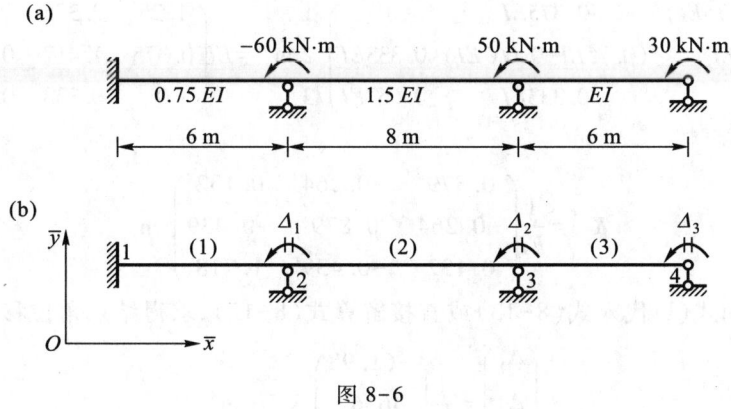

图 8-6

结点位移列向量为

$$\pmb{\Delta} = (\Delta_1\ \ \Delta_2\ \ \Delta_3)^\mathrm{T}$$

相应的结点荷载列向量为

$$\pmb{F}_\mathrm{P} = \begin{pmatrix} -60 \\ 50 \\ 30 \end{pmatrix} \mathrm{kN\cdot m} \tag{h}$$

列出各单元定位向量，建立单元刚度矩阵并按定位向量进行换码，得

单元(1)　$\pmb{\lambda}^{(1)} = (0\ \ 1)^\mathrm{T}$

$$\bar{\pmb{K}}^{(1)} = \begin{pmatrix} \dfrac{4\times(0.75EI)}{6\ \mathrm{m}} & \dfrac{2\times(0.75EI)}{6\ \mathrm{m}} \\ \dfrac{2\times(0.75EI)}{6\ \mathrm{m}} & \dfrac{4\times(0.75EI)}{6\ \mathrm{m}} \end{pmatrix}\begin{matrix}0\\1\end{matrix} = \begin{pmatrix} 0.5EI & 0.25EI \\ 0.25EI & 0.5EI \end{pmatrix}\begin{matrix}0\\1\end{matrix}\ \mathrm{m}^{-1} \tag{i}$$

单元(2)　　$\boldsymbol{\lambda}^{(2)} = (1\ \ 2)^{\mathrm{T}}$

$$\overline{\boldsymbol{K}}^{(2)} = \begin{pmatrix} \dfrac{4\times(1.5EI)}{8\ \mathrm{m}} & \dfrac{2\times(1.5EI)}{8\ \mathrm{m}} \\ \dfrac{2\times(1.5EI)}{8\ \mathrm{m}} & \dfrac{4\times(1.5EI)}{8\ \mathrm{m}} \end{pmatrix}\begin{matrix}1\\2\end{matrix} = \begin{pmatrix} 0.75EI & 0.375EI \\ 0.375EI & 0.75EI \end{pmatrix}\begin{matrix}1\\2\end{matrix}\ \mathrm{m}^{-1} \tag{j}$$

单元(3)　　$\boldsymbol{\lambda}^{(3)} = (2\ \ 3)^{\mathrm{T}}$

$$\overline{\boldsymbol{K}}^{(3)} = \begin{pmatrix} \dfrac{4EI}{6\ \mathrm{m}} & \dfrac{2EI}{6\ \mathrm{m}} \\ \dfrac{2EI}{6\ \mathrm{m}} & \dfrac{4EI}{6\ \mathrm{m}} \end{pmatrix}\begin{matrix}2\\3\end{matrix} = \begin{pmatrix} 0.667EI & 0.333EI \\ 0.333EI & 0.667EI \end{pmatrix}\begin{matrix}2\\3\end{matrix}\ \mathrm{m}^{-1} \tag{k}$$

将所有单元刚度矩阵的各元素,按其行码和列码直接送入结构刚度矩阵,可得

$$\boldsymbol{K} = \begin{pmatrix} (0.5EI+0.75EI) & 0.375EI & 0 \\ 0.375EI & (0.75EI+0.667EI) & 0.333EI \\ 0 & 0.333EI & 0.667EI \end{pmatrix}\begin{matrix}1\\2\\3\end{matrix}\ \mathrm{m}^{-1} = EI\begin{pmatrix} 1.25 & 0.375 & 0 \\ 0.375 & 1.417 & 0.333 \\ 0 & 0.333 & 0.667 \end{pmatrix}\begin{matrix}1\\2\\3\end{matrix}\ \mathrm{m}^{-1}$$

则

$$\boldsymbol{K}^{-1} = \frac{1}{EI}\begin{pmatrix} 0.879 & -0.264 & 0.132 \\ -0.264 & 0.879 & -0.439 \\ 0.132 & -0.439 & 1.718 \end{pmatrix}\ \mathrm{m} \tag{l}$$

将式(h)和式(l)代入式(8-13)或直接解算式(8-12),求得结点角位移为

$$\begin{pmatrix} \Delta_1 \\ \Delta_2 \\ \Delta_3 \end{pmatrix} = \frac{1}{EI}\begin{pmatrix} -61.98 \\ 46.62 \\ 21.67 \end{pmatrix}\ \mathrm{kN\cdot m^2}$$

根据单元定位向量,从所得结点角位移中确定相应的杆端位移,并分别利用式(i)、式(j)、式(k)所示单元刚度矩阵,求得各单元的杆端弯矩为

单元(1)

$$\overline{\varphi}_1^{(1)} = 0,\quad \overline{\varphi}_2^{(1)} = \Delta_1 = -\frac{61.98\ \mathrm{kN\cdot m^2}}{EI}$$

$$\begin{pmatrix} \overline{M}_1^{(1)} \\ \overline{M}_2^{(1)} \end{pmatrix} = \begin{pmatrix} 0.5EI & 0.25EI \\ 0.25EI & 0.5EI \end{pmatrix}\mathrm{m}^{-1}\begin{pmatrix} 0 \\ -\dfrac{61.98}{EI} \end{pmatrix}\mathrm{kN\cdot m^2}$$

$$= \begin{pmatrix} -15.50 \\ -30.99 \end{pmatrix}\ \mathrm{kN\cdot m}$$

单元(2)

$$\overline{\varphi}_2^{(2)} = \Delta_1 = -\frac{61.98\ \mathrm{kN\cdot m^2}}{EI},\quad \overline{\varphi}_3^{(2)} = \Delta_2 = \frac{46.62\ \mathrm{kN\cdot m^2}}{EI}$$

$$\begin{pmatrix} \overline{M}_2^{(2)} \\ \overline{M}_3^{(2)} \end{pmatrix} = \begin{pmatrix} 0.75EI & 0.375EI \\ 0.375EI & 0.75EI \end{pmatrix} \text{m}^{-1} \begin{pmatrix} -\dfrac{61.98}{EI} \\ \dfrac{46.62}{EI} \end{pmatrix} \text{kN} \cdot \text{m}^2$$

$$= \begin{pmatrix} -29.00 \\ 11.72 \end{pmatrix} \text{kN} \cdot \text{m}$$

单元(3)

$$\overline{\varphi}_3^{(3)} = \Delta_2 = \frac{46.62 \text{ kN} \cdot \text{m}^2}{EI}, \quad \overline{\varphi}_4^{(3)} = \Delta_3 = \frac{21.67 \text{ kN} \cdot \text{m}^2}{EI}$$

$$\begin{pmatrix} \overline{M}_3^{(3)} \\ \overline{M}_4^{(3)} \end{pmatrix} = \begin{pmatrix} 0.667EI & 0.333EI \\ 0.333EI & 0.667EI \end{pmatrix} \text{m}^{-1} \begin{pmatrix} \dfrac{46.62}{EI} \\ \dfrac{21.67}{EI} \end{pmatrix} \text{kN} \cdot \text{m}^2 = \begin{pmatrix} 38.31 \\ 29.98 \end{pmatrix} \text{kN} \cdot \text{m}$$

所得结果满足各结点的力矩平衡条件(读者可自行验证),计算结果无误。

§8-3 单元刚度矩阵的坐标变换

在§8-2中建立结构刚度矩阵时,各单元的单元坐标系坐标方向完全相同,但在一般结构中,各单元坐标系的坐标方向不尽相同,这就不便进行整体分析。为了利用结构力的平衡条件和变形协调条件,须选用一个统一的<u>结构坐标系</u>(又称<u>整体坐标系</u>),将各结点的力和位移都以沿该坐标系坐标方向的分量表示。相应各单元的杆端力和杆端位移也采用沿结构坐标系坐标方向的分量表示。这样,表示结构坐标系下单元杆端力列向量和杆端位移列向量之间变换关系的单元刚度矩阵,一般与单元坐标系下的单元刚度矩阵不同。结构坐标系下的单元刚度矩阵,可通过对单元坐标系下的单元刚度矩阵进行坐标变换获得。

如图 8-7a 所示单元 e,$O\overline{x}\overline{y}$ 为单元坐标系,Oxy 为结构坐标系。在单元坐标系 $O\overline{x}\overline{y}$ 下,单元杆端力如式(8-1)所示,即

$$\overline{F}^e = (\overline{F}_{Ni}^e \quad \overline{F}_{Qi}^e \quad \overline{M}_i^e \quad \overline{F}_{Nj}^e \quad \overline{F}_{Qj}^e \quad \overline{M}_j^e)^T$$

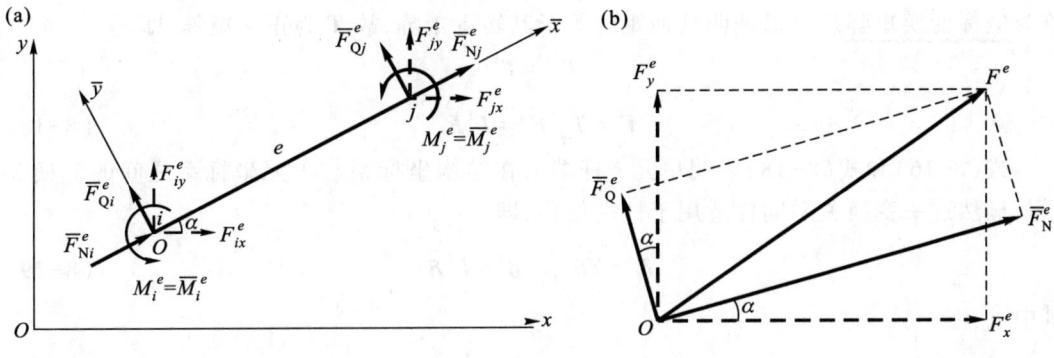

图 8-7

在结构坐标系 Oxy 下,单元杆端力表示为

$$\boldsymbol{F}^e = (F_{ix}^e \quad F_{iy}^e \quad M_i^e \quad F_{jx}^e \quad F_{jy}^e \quad M_j^e)^{\mathrm{T}} \tag{8-14}$$

设从 x 轴转到与 $\bar{x}$ 轴的角度为 α,以逆时针为正,由静力等效(图 8-7b)可得

$$\left.\begin{aligned}
\bar{F}_{Ni}^e &= F_{ix}^e \cos\alpha + F_{iy}^e \sin\alpha \\
\bar{F}_{Qi}^e &= -F_{ix}^e \sin\alpha + F_{iy}^e \cos\alpha \\
\bar{M}_i^e &= M_i^e \\
\bar{F}_{Nj}^e &= F_{jx}^e \cos\alpha + F_{jy}^e \sin\alpha \\
\bar{F}_{Qj}^e &= -F_{jx}^e \sin\alpha + F_{jy}^e \cos\alpha \\
\bar{M}_j^e &= M_j^e
\end{aligned}\right\} \tag{a}$$

将式(a)写成矩阵形式,可得

$$\begin{pmatrix} \bar{F}_{Ni}^e \\ \bar{F}_{Qi}^e \\ \bar{M}_i^e \\ \bar{F}_{Nj}^e \\ \bar{F}_{Qj}^e \\ \bar{M}_j^e \end{pmatrix} = \begin{pmatrix} \cos\alpha & \sin\alpha & 0 & 0 & 0 & 0 \\ -\sin\alpha & \cos\alpha & 0 & 0 & 0 & 0 \\ 0 & 0 & 1 & 0 & 0 & 0 \\ 0 & 0 & 0 & \cos\alpha & \sin\alpha & 0 \\ 0 & 0 & 0 & -\sin\alpha & \cos\alpha & 0 \\ 0 & 0 & 0 & 0 & 0 & 1 \end{pmatrix} \begin{pmatrix} F_{ix}^e \\ F_{iy}^e \\ M_i^e \\ F_{jx}^e \\ F_{jy}^e \\ M_j^e \end{pmatrix} \tag{8-15}$$

或简写成

$$\bar{\boldsymbol{F}}^e = \boldsymbol{T}\boldsymbol{F}^e \tag{8-16}$$

其中

$$\boldsymbol{T} = \begin{pmatrix} \cos\alpha & \sin\alpha & 0 & 0 & 0 & 0 \\ -\sin\alpha & \cos\alpha & 0 & 0 & 0 & 0 \\ 0 & 0 & 1 & 0 & 0 & 0 \\ 0 & 0 & 0 & \cos\alpha & \sin\alpha & 0 \\ 0 & 0 & 0 & -\sin\alpha & \cos\alpha & 0 \\ 0 & 0 & 0 & 0 & 0 & 1 \end{pmatrix} \tag{8-17}$$

称为<u>坐标变换矩阵</u>。可以证明其逆矩阵等于其转置矩阵,故 $\boldsymbol{T}$ 为正交矩阵,即

$$\boldsymbol{T}^{-1} = \boldsymbol{T}^{\mathrm{T}}$$

故

$$\boldsymbol{F}^e = \boldsymbol{T}^{-1}\bar{\boldsymbol{F}}^e = \boldsymbol{T}^{\mathrm{T}}\bar{\boldsymbol{F}}^e \tag{8-18}$$

式(8-16)和式(8-18)表明单元 e 杆端力在结构坐标系与单元坐标系之间的变换关系。显然这一变换关系同样适用于杆端位移,即

$$\bar{\boldsymbol{\delta}}^e = \boldsymbol{T}\boldsymbol{\delta}^e, \quad \boldsymbol{\delta}^e = \boldsymbol{T}^{\mathrm{T}}\bar{\boldsymbol{\delta}}^e \tag{8-19}$$

其中

$$\boldsymbol{\delta}^e = (u_i^e \quad v_i^e \quad \varphi_i^e \quad u_j^e \quad v_j^e \quad \varphi_j^e)^{\mathrm{T}} \tag{8-20}$$

称为结构坐标系下的杆端位移列向量。

将式(8-16)、式(8-19)代入式(8-4),有

$$TF^e = \bar{K}^e T\delta^e$$

上式两边分别左乘 $T^{-1} = T^T$,可得

$$F^e = T^T \bar{K}^e T\delta^e$$

令

$$K^e = T^T \bar{K}^e T \tag{8-21}$$

则有

$$F^e = K^e \delta^e \tag{8-22}$$

式(8-21)是单元刚度矩阵进行坐标变换的一般公式,当单元坐标系与结构坐标系一致(即 $\alpha = 0$)时,有 $K^e = \bar{K}^e$。式(8-22)即结构坐标系下单元 e 的刚度方程。其中 K^e 为结构坐标系下的单元刚度矩阵,它可根据单元坐标系下的单元刚度矩阵 $\bar{K}^e$ [式(8-5)]和坐标变换矩阵 T [式(8-17)]按式(8-21)求得,即

$$K^e = \begin{pmatrix} \dfrac{EA}{l}\cos^2\alpha + \dfrac{12EI}{l^3}\sin^2\alpha & \left(\dfrac{EA}{l} - \dfrac{12EI}{l^3}\right)\cos\alpha\sin\alpha & -\dfrac{6EI}{l^2}\sin\alpha \\ \left(\dfrac{EA}{l} - \dfrac{12EI}{l^3}\right)\cos\alpha\sin\alpha & \dfrac{EA}{l}\sin^2\alpha + \dfrac{12EI}{l^3}\cos^2\alpha & \dfrac{6EI}{l^2}\cos\alpha \\ -\dfrac{6EI}{l^2}\sin\alpha & \dfrac{6EI}{l^2}\cos\alpha & \dfrac{4EI}{l} \\ -\left(\dfrac{EA}{l}\cos^2\alpha + \dfrac{12EI}{l^3}\sin^2\alpha\right) & -\left(\dfrac{EA}{l} - \dfrac{12EI}{l^3}\right)\cos\alpha\sin\alpha & \dfrac{6EI}{l^2}\sin\alpha \\ -\left(\dfrac{EA}{l} - \dfrac{12EI}{l^3}\right)\cos\alpha\sin\alpha & -\left(\dfrac{EA}{l}\sin^2\alpha + \dfrac{12EI}{l^3}\cos^2\alpha\right) & -\dfrac{6EI}{l^2}\cos\alpha \\ -\dfrac{6EI}{l^2}\sin\alpha & \dfrac{6EI}{l^2}\cos\alpha & \dfrac{2EI}{l} \\[6pt] -\left(\dfrac{EA}{l}\cos^2\alpha + \dfrac{12EI}{l^3}\sin^2\alpha\right) & -\left(\dfrac{EA}{l} - \dfrac{12EI}{l^3}\right)\cos\alpha\sin\alpha & -\dfrac{6EI}{l^2}\sin\alpha \\ -\left(\dfrac{EA}{l} - \dfrac{12EI}{l^3}\right)\cos\alpha\sin\alpha & -\left(\dfrac{EA}{l}\sin^2\alpha + \dfrac{12EI}{l^3}\cos^2\alpha\right) & \dfrac{6EI}{l^2}\cos\alpha \\ \dfrac{6EI}{l^2}\sin\alpha & -\dfrac{6EI}{l^2}\cos\alpha & \dfrac{2EI}{l} \\ \dfrac{EA}{l}\cos^2\alpha + \dfrac{12EI}{l^3}\sin^2\alpha & \left(\dfrac{EA}{l} - \dfrac{12EI}{l^3}\right)\cos\alpha\sin\alpha & \dfrac{6EI}{l^2}\sin\alpha \\ \left(\dfrac{EA}{l} - \dfrac{12EI}{l^3}\right)\cos\alpha\sin\alpha & \dfrac{EA}{l}\sin^2\alpha + \dfrac{12EI}{l^3}\cos^2\alpha & -\dfrac{6EI}{l^2}\cos\alpha \\ \dfrac{6EI}{l^2}\sin\alpha & -\dfrac{6EI}{l^2}\cos\alpha & \dfrac{4EI}{l} \end{pmatrix} \tag{8-23}$$

这个 6×6 的方阵可表示为如下一般形式：

$$K^e = \begin{pmatrix} k_{11}^e & k_{12}^e & k_{13}^e & k_{14}^e & k_{15}^e & k_{16}^e \\ k_{21}^e & k_{22}^e & k_{23}^e & k_{24}^e & k_{25}^e & k_{26}^e \\ k_{31}^e & k_{32}^e & k_{33}^e & k_{34}^e & k_{35}^e & k_{36}^e \\ k_{41}^e & k_{42}^e & k_{43}^e & k_{44}^e & k_{45}^e & k_{46}^e \\ k_{51}^e & k_{52}^e & k_{53}^e & k_{54}^e & k_{55}^e & k_{56}^e \\ k_{61}^e & k_{62}^e & k_{63}^e & k_{64}^e & k_{65}^e & k_{66}^e \end{pmatrix} \begin{matrix} 1 \\ 2 \\ 3 \\ 4 \\ 5 \\ 6 \end{matrix} \quad (8-24)$$

在单元刚度矩阵的右侧和上方是用 1～6 表示的行码和列码，依次代表单元 i 端和 j 端沿 x、y、φ 方向的编码，属于局部码。每个元素两个下标中的第一个表示该杆端力的位置和方向，第二个表明引起该杆端力的单位杆端位移的位置和方向。例如，元素 k_{12}^e 表示单元 e 仅在 i 端发生沿 y 方向的单位线位移时，在 i 端沿 x 方向所引起的杆端力；k_{26}^e 则表示单元 e 仅在 j 端发生沿 φ 方向的单位角位移时，在 i 端沿 y 方向所引起的杆端力。

§8-4 非结点荷载处理

除作用在结点上的集中力或集中力偶这类结点荷载外，实际问题中还常有作用在单元上的非结点荷载。对于非结点荷载，计算中需要将其变换为相应的结点荷载，并将经变换所得的结点荷载称为<u>等效结点荷载</u>。非结点荷载处理按结点位移等效原则进行，即保证结构在等效结点荷载作用下产生的结点位移与非结点荷载作用时完全相同。现以图 8-8a 所示刚架为例说明，变换时考虑杆件的轴向变形，此时结构结点位移列向量为 $\Delta = (\Delta_1 \quad \Delta_2 \quad \Delta_3 \quad \Delta_4 \quad \Delta_5 \quad \Delta_6)^T$。

将刚架分为三个单元，其结构坐标系和单元坐标系如图所示，在单元（1）和单元（2）中有非结点荷载作用，需变换为等效结点荷载。其变换步骤如下：

（1）考虑杆件轴向变形时，结点 2、3 均有沿 x 和 y 方向的独立线位移，并有角位移，需按图 8-8b 所示添加附加约束，使各单元成为图 8-8c 中的两端固定梁。此时各单元在非结点荷载作用下产生的单元坐标系下固端力可由表 5-1 查得，具体是

单元（1） 单元（2）

$$\overline{F}^{F(1)} = \begin{pmatrix} 0 \\ 5 \text{ kN} \\ 5 \text{ kN} \cdot \text{m} \\ \hdashline 0 \\ 5 \text{ kN} \\ -5 \text{ kN} \cdot \text{m} \end{pmatrix}, \quad F^{F(2)} = \overline{F}^{F(2)} = \begin{pmatrix} 0 \\ 12 \text{ kN} \\ 8 \text{ kN} \cdot \text{m} \\ \hdashline 0 \\ 12 \text{ kN} \\ -8 \text{ kN} \cdot \text{m} \end{pmatrix} \begin{matrix} 1 \\ 2 \\ 3 \\ 4 \\ 5 \\ 6 \end{matrix}$$

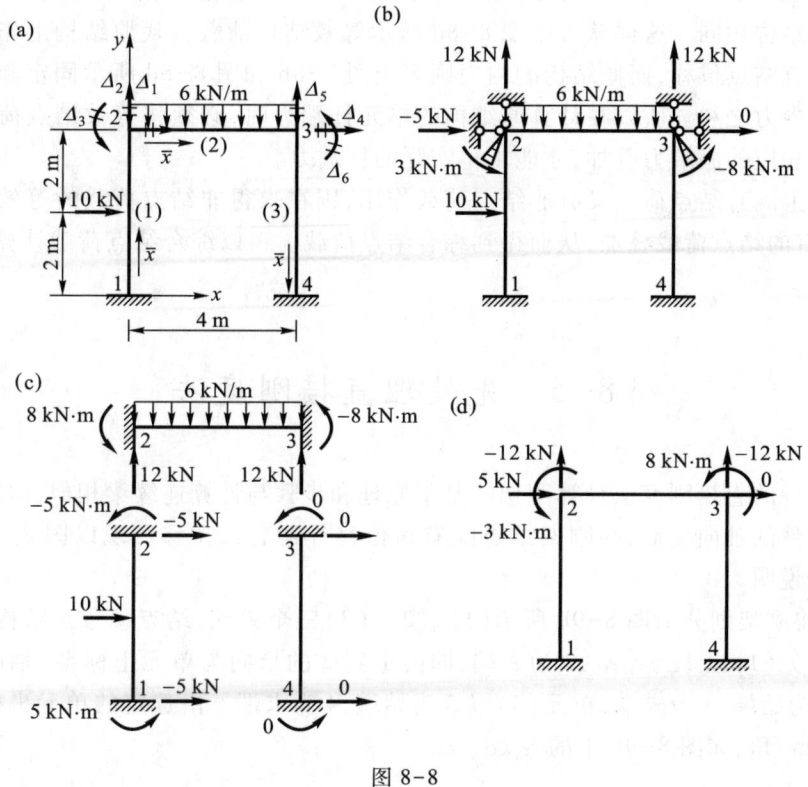

图 8-8

利用坐标变换,将单元(1)的固端力从单元坐标系转为结构坐标系,并标出相应的定位向量:

$$\boldsymbol{F}^{F(1)} = \boldsymbol{T}^T \overline{\boldsymbol{F}}^{F(1)} = \begin{pmatrix} -5 \text{ kN} \\ 0 \\ 5 \text{ kN}\cdot\text{m} \\ \hdashline -5 \text{ kN} \\ 0 \\ -5 \text{ kN}\cdot\text{m} \end{pmatrix} \begin{matrix} 0 \\ 0 \\ 0 \\ 1 \\ 2 \\ 3 \end{matrix}$$

(2)根据定位向量或结构总码计算各附加约束上的约束反力(图 8-8b),并将其反号作用在结构上,即得到如图 8-8d 所示的等效结点荷载,即

$$\boldsymbol{F}_{PE} = -\left(\frac{\sum \boldsymbol{F}_2^F}{\sum \boldsymbol{F}_3^F} \right) = -\begin{pmatrix} (-5+0) \text{ kN} \\ (0+12) \text{ kN} \\ (-5+8) \text{ kN}\cdot\text{m} \\ \hdashline 0 \\ 12 \text{ kN} \\ -8 \text{ kN}\cdot\text{m} \end{pmatrix} = \begin{pmatrix} 5 \text{ kN} \\ -12 \text{ kN} \\ -3 \text{ kN}\cdot\text{m} \\ \hdashline 0 \\ -12 \text{ kN} \\ 8 \text{ kN}\cdot\text{m} \end{pmatrix} \begin{matrix} 1 \\ 2 \\ 3 \\ 4 \\ 5 \\ 6 \end{matrix}$$

将图 8-8b、d 两种情况叠加,则图 8-8b 中各附加约束上的反力与图 8-8d 中相应的等效结点荷载抵消,就如同解除了附加约束的作用,使结构回复到原来的受力状态。由于在图

8-8b 所示情况下各结点位移均为零，可以断定在图 8-8d 所示等效结点荷载作用下，各结点的位移与原结构相同。这样就可用图 8-8d 所示等效结点荷载替代原结构上作用的非结点荷载以计算结点位移，而原结构的内力则等于图 8-8b 和图 8-8d 所示固定和放松两种状态下结构内力之和。所以在计算原结构的单元杆端力时，必须将等效结点荷载作用下的杆端力与相应的固端力叠加，才能求得实际的杆端力。

若结构上既有结点荷载又有非结点荷载作用，则在求得非结点荷载的等效结点荷载后，应与原有的结点荷载叠加，从而得到综合结点荷载。再以综合结点荷载计算原结构的结点位移。

§8-5　先处理直接刚度法

用先处理的直接刚度法计算刚架的基本原理和步骤与计算连续梁相似，但对于刚架，如果考虑杆件的轴向变形，则刚架结点除有角位移外还有线位移。现以图 8-9a 所示刚架为例进行说明。

首先，将刚架划分为图 8-9b 所示(1)、(2)、(3) 三个单元，结点编号及结构坐标系如图所示。单元(1)以 1 为始端，2 为末端，即由 1 到 2 的指向为单元坐标系 $\bar{x}$ 轴的方向；单元(2)以 2 为始端，3 为末端；单元(3)以 3 为始端，4 为末端。由选定的单元坐标系，可确定各单元的 α 角，如图 8-9b 中的 α_1、α_2、α_3。

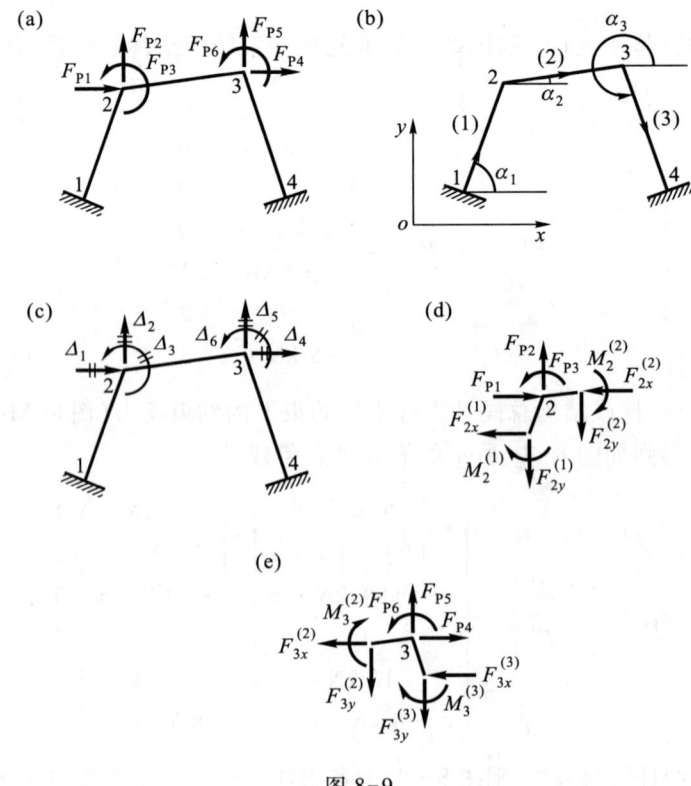

图 8-9

其次,将未知(即未受支座约束)的结点位移编号(图 8-9c),并建立其列向量

$$\boldsymbol{\Delta} = (\Delta_1 \quad \Delta_2 \quad \Delta_3 \quad \Delta_4 \quad \Delta_5 \quad \Delta_6)^T \tag{a}$$

相应的结点荷载列向量(图 8-9a)为

$$\boldsymbol{F}_P = (F_{P1} \quad F_{P2} \quad F_{P3} \quad F_{P4} \quad F_{P5} \quad F_{P6})^T \tag{b}$$

其中下标 1~6 是结点位移分量(或结点荷载分量)在结构中的统一编号,即结构总码。

为建立结构刚度方程,先分别将各单元的 E、I、A、l、α 代入式(8-23),求得各单元在结构坐标系下的单元刚度矩阵,并按式(8-22)列出各单元刚度方程。若将其刚度矩阵用式(8-24)的一般形式表示,对于单元(1)则为

$$\begin{pmatrix} F_{1x}^{(1)} \\ F_{1y}^{(1)} \\ M_1^{(1)} \\ F_{2x}^{(1)} \\ F_{2y}^{(1)} \\ M_2^{(1)} \end{pmatrix} = \begin{pmatrix} k_{11}^{(1)} & k_{12}^{(1)} & k_{13}^{(1)} & k_{14}^{(1)} & k_{15}^{(1)} & k_{16}^{(1)} \\ k_{21}^{(1)} & k_{22}^{(1)} & k_{23}^{(1)} & k_{24}^{(1)} & k_{25}^{(1)} & k_{26}^{(1)} \\ k_{31}^{(1)} & k_{32}^{(1)} & k_{33}^{(1)} & k_{34}^{(1)} & k_{35}^{(1)} & k_{36}^{(1)} \\ k_{41}^{(1)} & k_{42}^{(1)} & k_{43}^{(1)} & k_{44}^{(1)} & k_{45}^{(1)} & k_{46}^{(1)} \\ k_{51}^{(1)} & k_{52}^{(1)} & k_{53}^{(1)} & k_{54}^{(1)} & k_{55}^{(1)} & k_{56}^{(1)} \\ k_{61}^{(1)} & k_{62}^{(1)} & k_{63}^{(1)} & k_{64}^{(1)} & k_{65}^{(1)} & k_{66}^{(1)} \end{pmatrix} \begin{pmatrix} u_1^{(1)} \\ v_1^{(1)} \\ \varphi_1^{(1)} \\ u_2^{(1)} \\ v_2^{(1)} \\ \varphi_2^{(1)} \end{pmatrix}$$

根据位移边界条件及变形协调条件

$$\left. \begin{array}{l} u_1^{(1)} = 0, \quad v_1^{(1)} = 0, \quad \varphi_1^{(1)} = 0 \\ u_2^{(1)} = \Delta_1, \quad v_2^{(1)} = \Delta_2, \quad \varphi_2^{(1)} = \Delta_3 \end{array} \right\}$$

则得

$$\begin{pmatrix} F_{1x}^{(1)} \\ F_{1y}^{(1)} \\ M_1^{(1)} \\ F_{2x}^{(1)} \\ F_{2y}^{(1)} \\ M_2^{(1)} \end{pmatrix} = \begin{pmatrix} k_{11}^{(1)} & k_{12}^{(1)} & k_{13}^{(1)} & k_{14}^{(1)} & k_{15}^{(1)} & k_{16}^{(1)} \\ k_{21}^{(1)} & k_{22}^{(1)} & k_{23}^{(1)} & k_{24}^{(1)} & k_{25}^{(1)} & k_{26}^{(1)} \\ k_{31}^{(1)} & k_{32}^{(1)} & k_{33}^{(1)} & k_{34}^{(1)} & k_{35}^{(1)} & k_{36}^{(1)} \\ k_{41}^{(1)} & k_{42}^{(1)} & k_{43}^{(1)} & k_{44}^{(1)} & k_{45}^{(1)} & k_{46}^{(1)} \\ k_{51}^{(1)} & k_{52}^{(1)} & k_{53}^{(1)} & k_{54}^{(1)} & k_{55}^{(1)} & k_{56}^{(1)} \\ k_{61}^{(1)} & k_{62}^{(1)} & k_{63}^{(1)} & k_{64}^{(1)} & k_{65}^{(1)} & k_{66}^{(1)} \end{pmatrix} \begin{pmatrix} 0 \\ 0 \\ 0 \\ \Delta_1 \\ \Delta_2 \\ \Delta_3 \end{pmatrix}$$

对于单元(2)、单元(3)列出同样形式的方程,进行类似处理。然后,由结点 2(图 8-9d)和结点 3(图 8-9e)的平衡条件 $\sum F_x = 0$、$\sum F_y = 0$ 及 $\sum M = 0$,建立结构整体平衡方程,经过与§8-2 所述的相同计算过程,整理后得到的结构刚度方程为

$$\begin{pmatrix} F_{P1} \\ F_{P2} \\ F_{P3} \\ F_{P4} \\ F_{P5} \\ F_{P6} \end{pmatrix} = \begin{pmatrix} k_{44}^{(1)}+k_{11}^{(2)} & k_{45}^{(1)}+k_{12}^{(2)} & k_{46}^{(1)}+k_{13}^{(2)} & k_{14}^{(2)} & k_{15}^{(2)} & k_{16}^{(2)} \\ k_{54}^{(1)}+k_{21}^{(2)} & k_{55}^{(1)}+k_{22}^{(2)} & k_{56}^{(1)}+k_{23}^{(2)} & k_{24}^{(2)} & k_{25}^{(2)} & k_{26}^{(2)} \\ k_{64}^{(1)}+k_{31}^{(2)} & k_{65}^{(1)}+k_{32}^{(2)} & k_{66}^{(1)}+k_{33}^{(2)} & k_{34}^{(2)} & k_{35}^{(2)} & k_{36}^{(2)} \\ k_{41}^{(2)} & k_{42}^{(2)} & k_{43}^{(2)} & k_{44}^{(2)}+k_{11}^{(3)} & k_{45}^{(2)}+k_{12}^{(3)} & k_{46}^{(2)}+k_{13}^{(3)} \\ k_{51}^{(2)} & k_{52}^{(2)} & k_{53}^{(2)} & k_{54}^{(2)}+k_{21}^{(3)} & k_{55}^{(2)}+k_{22}^{(3)} & k_{56}^{(2)}+k_{23}^{(3)} \\ k_{61}^{(2)} & k_{62}^{(2)} & k_{63}^{(2)} & k_{64}^{(2)}+k_{31}^{(3)} & k_{65}^{(2)}+k_{32}^{(3)} & k_{66}^{(2)}+k_{33}^{(3)} \end{pmatrix} \begin{pmatrix} \Delta_1 \\ \Delta_2 \\ \Delta_3 \\ \Delta_4 \\ \Delta_5 \\ \Delta_6 \end{pmatrix}$$

式中

$$K = \begin{bmatrix} k_{44}^{(1)}+k_{11}^{(2)} & k_{45}^{(1)}+k_{12}^{(2)} & k_{46}^{(1)}+k_{13}^{(2)} & k_{14}^{(2)} & k_{15}^{(2)} & k_{16}^{(2)} \\ k_{54}^{(1)}+k_{21}^{(2)} & k_{55}^{(1)}+k_{22}^{(2)} & k_{56}^{(1)}+k_{23}^{(2)} & k_{24}^{(2)} & k_{25}^{(2)} & k_{26}^{(2)} \\ k_{64}^{(1)}+k_{31}^{(2)} & k_{65}^{(1)}+k_{32}^{(2)} & k_{66}^{(1)}+k_{33}^{(2)} & k_{34}^{(2)} & k_{35}^{(2)} & k_{36}^{(2)} \\ k_{41}^{(2)} & k_{42}^{(2)} & k_{43}^{(2)} & k_{44}^{(2)}+k_{11}^{(3)} & k_{45}^{(2)}+k_{12}^{(3)} & k_{46}^{(2)}+k_{13}^{(3)} \\ k_{51}^{(2)} & k_{52}^{(2)} & k_{53}^{(2)} & k_{54}^{(2)}+k_{21}^{(3)} & k_{55}^{(2)}+k_{22}^{(3)} & k_{56}^{(2)}+k_{23}^{(3)} \\ k_{61}^{(2)} & k_{62}^{(2)} & k_{63}^{(2)} & k_{64}^{(2)}+k_{31}^{(3)} & k_{65}^{(2)}+k_{32}^{(3)} & k_{66}^{(2)}+k_{33}^{(3)} \end{bmatrix} \begin{matrix} 1 \\ 2 \\ 3 \\ 4 \\ 5 \\ 6 \end{matrix}$$

为结构刚度矩阵。将其与各单元结构坐标系的单元刚度矩阵对照，可以看出结构刚度矩阵的元素均由各单元刚度矩阵的元素集合而成，其集成规则与§8-2所述类似，具体步骤如下：

（1）换码。根据位移边界条件和变形协调条件，在各单元刚度矩阵的局部码与结构总码间建立对应关系，同时决定各单元定位向量（若结点位移受支承约束，则定位向量中相应元素为"0"），如单元（1）定位向量为 $\boldsymbol{\lambda}^{(1)} = (0\ 0\ 0\ 1\ 2\ 3)^T$。再用定位向量表示单元刚度矩阵的行码和列码，并分别在 $\boldsymbol{K}^{(1)}$ 的右侧和上方标出：

8-1 考虑轴向变形的矩形刚架组装结构刚度矩阵

$$\boldsymbol{K}^{(1)} = \begin{bmatrix} k_{11}^{(1)} & k_{12}^{(1)} & k_{13}^{(1)} & k_{14}^{(1)} & k_{15}^{(1)} & k_{16}^{(1)} \\ k_{21}^{(1)} & k_{22}^{(1)} & k_{23}^{(1)} & k_{24}^{(1)} & k_{25}^{(1)} & k_{26}^{(1)} \\ k_{31}^{(1)} & k_{32}^{(1)} & k_{33}^{(1)} & k_{34}^{(1)} & k_{35}^{(1)} & k_{36}^{(1)} \\ k_{41}^{(1)} & k_{42}^{(1)} & k_{43}^{(1)} & k_{44}^{(1)} & k_{45}^{(1)} & k_{46}^{(1)} \\ k_{51}^{(1)} & k_{52}^{(1)} & k_{53}^{(1)} & k_{54}^{(1)} & k_{55}^{(1)} & k_{56}^{(1)} \\ k_{61}^{(1)} & k_{62}^{(1)} & k_{63}^{(1)} & k_{64}^{(1)} & k_{65}^{(1)} & k_{66}^{(1)} \end{bmatrix} \begin{matrix} 0 \\ 0 \\ 0 \\ 1 \\ 2 \\ 3 \end{matrix}$$

这样在单元（1）的换码中，用结构总码代替了单元局部码。同样，单元（2）和单元（3）的定位向量分别为

$$\boldsymbol{\lambda}^{(2)} = (1\ 2\ 3\ 4\ 5\ 6)^T$$

$$\boldsymbol{\lambda}^{(3)} = (4\ 5\ 6\ 0\ 0\ 0)^T$$

读者可以自己进行换码练习。

（2）对号入座。换码后，将各单元刚度矩阵中对应行码和列码均为非"0"的所有元素，按其行码和列码"对号入座"，分别送入结构刚度矩阵中相应位置。如在上述 $\boldsymbol{K}^{(1)}$ 中，只有虚线方框内的各元素需要送到结构刚度矩阵，它们所处的位置也就是结构刚度矩阵 $\boldsymbol{K}$ 中虚线方框所示的位置。对应行码和列码中有一个为"0"或两个均为"0"的元素不再进入结构刚度矩阵。然后，将同一位置来自不同单元刚度矩阵的元素叠加，便可最终形成结构刚度矩阵。

§8-6 刚架计算示例

先处理直接刚度法计算刚架的步骤可概括如下：

1. 划分单元并对结点和单元进行编号，选取结构坐标系和单元坐标系，同时对未知结点位移和相应的结点荷载编码排序。

2. 建立按总码顺序排列的结点位移列向量和相应的综合结点荷载列向量(包括对非结点荷载的处理)。

3. 对式(8-5)单元坐标系下的单元刚度矩阵进行坐标变换,或按式(8-23)直接列出各单元在结构坐标系下的单元刚度矩阵,根据位移边界条件和变形协调条件写出各单元的定位向量,对单元进行换码。

4. 将各单元刚度矩阵中有关元素按定位向量所示的行码和列码送到结构刚度矩阵中的相应位置。如果同一位置上有多个元素,则应将这些元素叠加,最终得到结构刚度矩阵。

5. 从结构刚度方程 $K\Delta = F_P$ 求解自由结点位移。

6. 利用单元定位向量将杆端位移用相应的结点位移表示,计算结构坐标系下的单元杆端力,再按式(8-16)变换为单元坐标系下的单元杆端力。若单元受非结点荷载作用,则还需叠加相应的固端力才可得到实际的杆端力。

【例 8-2】 试计算图 8-10a 所示刚架的内力。设各杆的弹性模量和截面尺寸相同,$E = 210 \text{ GPa}, A = 0.4 \text{ m}^2, I = 0.04 \text{ m}^4$。

解:1. 如图 8-10b 所示,将刚架划分为(1)、(2)两个单元,结点编号为 1、2、3,结点位移编号为 Δ_1、Δ_2、Δ_3,结构坐标系为 Oxy,单元(1)取 $i \to 1, j \to 2, \alpha_1 = 0$,单元(2)取 $i \to 2, j \to 3, \alpha_2$ 如图所示。

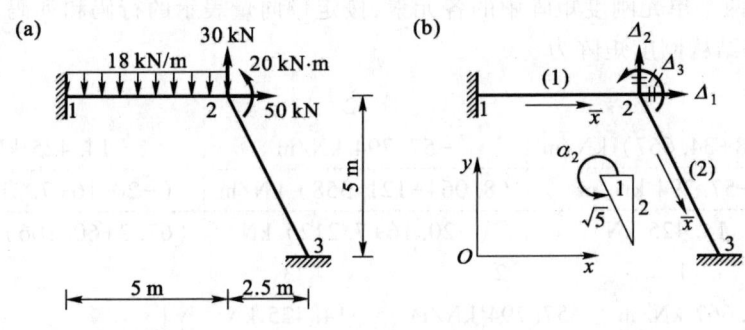

图 8-10

2. 结点位移列向量为

$$\Delta = (\Delta_1 \quad \Delta_2 \quad \Delta_3)^T$$

按§8-4 的方法将单元(1)上的非结点荷载转化为等效结点荷载,然后与原有的结点荷载叠加,相应的综合结点荷载列向量为

$$F_P = \begin{pmatrix} F_{P1} \\ F_{P2} \\ F_{P3} \end{pmatrix} = \begin{pmatrix} 0 \\ -45 \text{ kN} \\ 37.5 \text{ kN} \cdot \text{m} \end{pmatrix} + \begin{pmatrix} 50 \text{ kN} \\ 30 \text{ kN} \\ 20 \text{ kN} \cdot \text{m} \end{pmatrix} = \begin{pmatrix} 50 \text{ kN} \\ -15 \text{ kN} \\ 57.5 \text{ kN} \cdot \text{m} \end{pmatrix}$$

3. 建立结构坐标系下的单元刚度矩阵并换码

单元(1) 因 $\alpha_1 = 0$,可按式(8-5)求 $K^{(1)}$,且 $\lambda^{(1)} = (0 \quad 0 \quad 0 \quad 1 \quad 2 \quad 3)^T$,故得

$$\boldsymbol{K}^{(1)} = \overline{\boldsymbol{K}}^{(1)} = 10^5 \times \begin{pmatrix} \overset{0}{168 \text{ kN/m}} & \overset{0}{0} & \overset{0}{0} & \overset{1}{-168 \text{ kN/m}} & \overset{2}{0} & \overset{3}{0} \\ 0 & 8.064 \text{ kN/m} & 20.16 \text{ kN} & 0 & -8.064 \text{ kN/m} & 20.16 \text{ kN} \\ 0 & 20.16 \text{ kN} & 67.2 \text{ kN}\cdot\text{m} & 0 & -20.16 \text{ kN} & 33.6 \text{ kN}\cdot\text{m} \\ -168 \text{ kN/m} & 0 & 0 & 168 \text{ kN/m} & 0 & 0 \\ 0 & -8.064 \text{ kN/m} & -20.16 \text{ kN} & 0 & 8.064 \text{ kN/m} & -20.16 \text{ kN} \\ 0 & 20.16 \text{ kN} & 33.6 \text{ kN}\cdot\text{m} & 0 & -20.16 \text{ kN} & 67.2 \text{ kN}\cdot\text{m} \end{pmatrix} \begin{matrix} 0 \\ 0 \\ 0 \\ 1 \\ 2 \\ 3 \end{matrix}$$

单元（2） $\sin\alpha_2 = -\dfrac{2}{\sqrt{5}} = -0.8944$，$\cos\alpha_2 = \dfrac{1}{\sqrt{5}} = 0.4472$，按式（8-23）求 $\boldsymbol{K}^{(2)}$，且 $\boldsymbol{\lambda}^{(2)} = (1 \ 2 \ 3 \ 0 \ 0 \ 0)^\text{T}$，故得

$$\boldsymbol{K}^{(2)} = 10^5 \times \begin{pmatrix} \overset{1}{34.667 \text{ kN/m}} & \overset{2}{-57.794 \text{ kN/m}} & \overset{3}{14.425 \text{ kN}} & \overset{0}{-34.667 \text{ kN/m}} & \overset{0}{57.794 \text{ kN/m}} & \overset{0}{14.425 \text{ kN}} \\ -57.794 \text{ kN/m} & 121.358 \text{ kN/m} & 7.212 \text{ kN} & 57.794 \text{ kN/m} & -121.358 \text{ kN/m} & 7.212 \text{ kN} \\ 14.425 \text{ kN} & 7.212 \text{ kN} & 60.106 \text{ kN}\cdot\text{m} & -14.425 \text{ kN} & -7.212 \text{ kN} & 30.053 \text{ kN}\cdot\text{m} \\ -34.667 \text{ kN/m} & 57.794 \text{ kN/m} & -14.425 \text{ kN} & 34.667 \text{ kN/m} & -57.794 \text{ kN/m} & -14.425 \text{ kN} \\ 57.794 \text{ kN/m} & -121.358 \text{ kN/m} & -7.212 \text{ kN} & -57.794 \text{ kN/m} & 121.358 \text{ kN/m} & -7.212 \text{ kN} \\ 14.425 \text{ kN} & 7.212 \text{ kN} & 30.053 \text{ kN}\cdot\text{m} & -14.425 \text{ kN} & -7.212 \text{ kN} & 60.106 \text{ kN}\cdot\text{m} \end{pmatrix} \begin{matrix} 1 \\ 2 \\ 3 \\ 0 \\ 0 \\ 0 \end{matrix}$$

4. 将上述两个单元刚度矩阵中的各元素，按定位向量表示的行码和列码，用"对号入座"的方法可得结构刚度矩阵为

$$\boldsymbol{K} = 10^5 \times \begin{pmatrix} \overset{1}{(168+34.667) \text{ kN/m}} & \overset{2}{-57.794 \text{ kN/m}} & \overset{3}{14.425 \text{ kN}} \\ -57.794 \text{ kN/m} & (8.064+121.358) \text{ kN/m} & (-20.16+7.212) \text{ kN} \\ 14.425 \text{ kN} & (-20.16+7.212) \text{ kN} & (67.2+60.106) \text{ kN}\cdot\text{m} \end{pmatrix} \begin{matrix} 1 \\ 2 \\ 3 \end{matrix}$$

$$= 10^5 \times \begin{pmatrix} \overset{1}{202.667 \text{ kN/m}} & \overset{2}{-57.794 \text{ kN/m}} & \overset{3}{14.425 \text{ kN}} \\ -57.794 \text{ kN/m} & 129.422 \text{ kN/m} & -12.948 \text{ kN} \\ 14.425 \text{ kN} & -12.948 \text{ kN} & 127.306 \text{ kN}\cdot\text{m} \end{pmatrix} \begin{matrix} 1 \\ 2 \\ 3 \end{matrix}$$

结构刚度方程为

$$\boldsymbol{K}\boldsymbol{\Delta} = \boldsymbol{F}_\text{P}$$

5. 解结构刚度方程求结点位移

$$\boldsymbol{\Delta} = \boldsymbol{K}^{-1}\boldsymbol{F}_\text{P}$$

即

$$\begin{pmatrix} \boldsymbol{\Delta}_1 \\ \boldsymbol{\Delta}_2 \\ \boldsymbol{\Delta}_3 \end{pmatrix} = 10^{-5} \times \begin{pmatrix} 202.667 \text{ kN/m} & -57.794 \text{ kN/m} & 14.425 \text{ kN} \\ -57.794 \text{ kN/m} & 129.422 \text{ kN/m} & -12.948 \text{ kN} \\ 14.425 \text{ kN} & -12.948 \text{ kN} & 127.306 \text{ kN}\cdot\text{m} \end{pmatrix}^{-1} \begin{pmatrix} 50 \text{ kN} \\ -15 \text{ kN} \\ 57.5 \text{ kN}\cdot\text{m} \end{pmatrix}$$

$$= 10^{-9} \times \begin{pmatrix} 56.732 \text{ m/kN} & 24.945 \text{ m/kN} & -3.891 \text{ 1/kN} \\ 24.945 \text{ m/kN} & 89.029 \text{ m/kN} & 6.228 \text{ 1/kN} \\ -3.891 \text{ 1/kN} & 6.228 \text{ 1/kN} & 79.625 \text{ 1/(kN} \cdot \text{m)} \end{pmatrix} \begin{pmatrix} 50 \text{ kN} \\ -15 \text{ kN} \\ 57.5 \text{ kN} \cdot \text{m} \end{pmatrix}$$

$$= \begin{pmatrix} 2.238\ 7 \times 10^{-6} \text{ m} \\ 2.699\ 3 \times 10^{-7} \text{ m} \\ 4.290\ 5 \times 10^{-6} \text{ rad} \end{pmatrix}$$

6. 计算各单元的杆端力

单元(1) 因 $\alpha_1 = 0$，可将杆端位移以相应的结点位移表示后，按式(8-4)计算单元坐标系下的杆端力，但该单元有非结点荷载作用，还须叠加相应的固端力。实际的杆端力为

$$\begin{pmatrix} \overline{F}_{N1}^{(1)} \\ \overline{F}_{Q1}^{(1)} \\ \overline{M}_{1}^{(1)} \\ \overline{F}_{N2}^{(1)} \\ \overline{F}_{Q2}^{(1)} \\ \overline{M}_{2}^{(1)} \end{pmatrix} = \begin{pmatrix} F_{1x}^{(1)} \\ F_{1y}^{(1)} \\ M_{1}^{(1)} \\ F_{2x}^{(1)} \\ F_{2y}^{(1)} \\ M_{2}^{(1)} \end{pmatrix}$$

$$= 10^5 \times \begin{pmatrix} 168 \text{ kN/m} & 0 & 0 & -168 \text{ kN/m} & 0 & 0 \\ 0 & 8.064 \text{ kN/m} & 20.16 \text{ kN} & 0 & -8.064 \text{ kN/m} & 20.16 \text{ kN} \\ 0 & 20.16 \text{ kN} & 67.2 \text{ kN} \cdot \text{m} & 0 & -20.16 \text{ kN} & 33.6 \text{ kN} \cdot \text{m} \\ -168 \text{ kN/m} & 0 & 0 & 168 \text{ kN/m} & 0 & 0 \\ 0 & -8.064 \text{ kN/m} & -20.16 \text{ kN} & 0 & 8.064 \text{ kN/m} & -20.16 \text{ kN} \\ 0 & 20.16 \text{ kN} & 33.6 \text{ kN} \cdot \text{m} & 0 & -20.16 \text{ kN} & 67.2 \text{ kN} \cdot \text{m} \end{pmatrix}$$

$$\begin{pmatrix} 0 \\ 0 \\ 0 \\ 2.238\ 7 \times 10^{-6} \text{ m} \\ 2.699\ 3 \times 10^{-7} \text{ m} \\ 4.290\ 5 \times 10^{-6} \text{ rad} \end{pmatrix} + \begin{pmatrix} 0 \\ 45 \text{ kN} \\ 37.5 \text{ kN} \cdot \text{m} \\ 0 \\ 45 \text{ kN} \\ -37.5 \text{ kN} \cdot \text{m} \end{pmatrix} = \begin{pmatrix} -37.610 \text{ kN} \\ 53.432 \text{ kN} \\ 51.372 \text{ kN} \cdot \text{m} \\ 37.610 \text{ kN} \\ 36.568 \text{ kN} \\ -9.212 \text{ kN} \cdot \text{m} \end{pmatrix}$$

计算中，如何利用单元定位向量从结点位移向量中对应选取单元杆端位移，请读者考虑。

单元(2) 将杆端位移以相应的结点位移表示后按式(8-22)计算结构坐标系下的杆端力

$$\begin{pmatrix} F_{2x}^{(2)} \\ F_{2y}^{(2)} \\ M_2^{(2)} \\ F_{3x}^{(2)} \\ F_{3y}^{(2)} \\ M_3^{(2)} \end{pmatrix} = 10^5 \times \begin{pmatrix} 34.667 \text{ kN/m} & -57.794 \text{ kN/m} & 14.425 \text{ kN} & -34.667 \text{ kN/m} & 57.794 \text{ kN/m} & 14.425 \text{ kN} \\ -57.794 \text{ kN/m} & 121.358 \text{ kN/m} & 7.212 \text{ kN} & 57.794 \text{ kN/m} & -121.358 \text{ kN/m} & 7.212 \text{ kN} \\ 14.425 \text{ kN} & 7.212 \text{ kN} & 60.106 \text{ kN}\cdot\text{m} & -14.425 \text{ kN} & -7.212 \text{ kN} & 30.053 \text{ kN}\cdot\text{m} \\ -34.667 \text{ kN/m} & 57.794 \text{ kN/m} & -14.425 \text{ kN} & 34.667 \text{ kN/m} & -57.794 \text{ kN/m} & -14.425 \text{ kN} \\ 57.794 \text{ kN/m} & -121.358 \text{ kN/m} & -7.212 \text{ kN} & -57.794 \text{ kN/m} & 121.358 \text{ kN/m} & -7.212 \text{ kN} \\ 14.425 \text{ kN} & 7.212 \text{ kN} & 30.053 \text{ kN}\cdot\text{m} & -14.425 \text{ kN} & -7.212 \text{ kN} & 60.106 \text{ kN}\cdot\text{m} \end{pmatrix}$$

$$\begin{pmatrix} 2.2387 \times 10^{-6} \text{ m} \\ 2.6993 \times 10^{-7} \text{ m} \\ 4.2905 \times 10^{-6} \text{ rad} \\ 0 \\ 0 \\ 0 \end{pmatrix} = \begin{pmatrix} 12.390 \text{ kN} \\ -6.568 \text{ kN} \\ 29.212 \text{ kN}\cdot\text{m} \\ -12.390 \text{ kN} \\ 6.568 \text{ kN} \\ 16.318 \text{ kN}\cdot\text{m} \end{pmatrix}$$

再按式(8-16)计算单元坐标系下的杆端力,得

$$\begin{pmatrix} \bar{F}_{N2}^{(2)} \\ \bar{F}_{Q2}^{(2)} \\ \bar{M}_2^{(2)} \\ \bar{F}_{N3}^{(2)} \\ \bar{F}_{Q3}^{(2)} \\ \bar{M}_3^{(2)} \end{pmatrix} = \begin{pmatrix} 0.4472 & -0.8944 & 0 & 0 & 0 & 0 \\ 0.8944 & 0.4472 & 0 & 0 & 0 & 0 \\ 0 & 0 & 1 & 0 & 0 & 0 \\ 0 & 0 & 0 & 0.4472 & -0.8944 & 0 \\ 0 & 0 & 0 & 0.8944 & 0.4472 & 0 \\ 0 & 0 & 0 & 0 & 0 & 1 \end{pmatrix} \begin{pmatrix} 12.390 \text{ kN} \\ -6.568 \text{ kN} \\ 29.212 \text{ kN}\cdot\text{m} \\ -12.390 \text{ kN} \\ 6.568 \text{ kN} \\ 16.318 \text{ kN}\cdot\text{m} \end{pmatrix}$$

$$= \begin{pmatrix} 11.415 \text{ kN} \\ 8.144 \text{ kN} \\ 29.212 \text{ kN}\cdot\text{m} \\ -11.415 \text{ kN} \\ -8.144 \text{ kN} \\ 16.318 \text{ kN}\cdot\text{m} \end{pmatrix}$$

7. 根据各单元杆端力作内力图(图 8-11)

值得注意的是,本章对杆端力符号的规定与以往不同。作 M 图时应注意弯矩对杆端的作用是以逆时针方向为正,从而判断受拉的一侧。作 F_Q、F_N 图时,要注意计算得到的剪力和轴力是以与单元坐标系的正向相同为正,据此判断出它们的实际方向,才能确定轴力是拉力还是压力,剪力是正还是负,最后再作内力图。

8. 校核

取结点 2 为隔离体(图 8-12),根据平衡条件

$\sum F_x = 50 \text{ kN} - 37.610 \text{ kN} - 12.390 \text{ kN} = 0$

$\sum F_y = 30 \text{ kN} - 36.568 \text{ kN} + 6.568 \text{ kN} = 0$

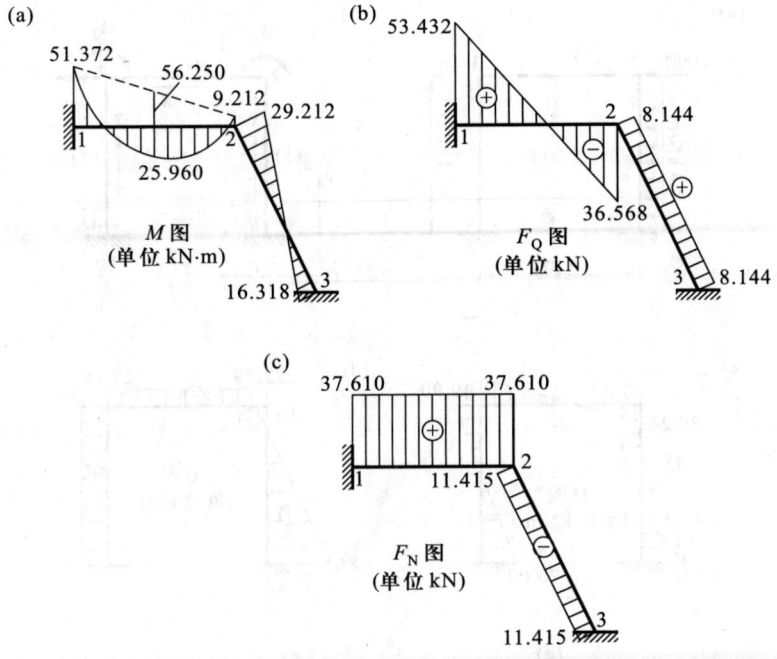

图 8-11

$\sum M = 20 \text{ kN} \cdot \text{m} + 9.212 \text{ kN} \cdot \text{m} - 29.212 \text{ kN} \cdot \text{m} = 0$

可知满足全部平衡条件，故计算结果无误。

【例 8-3】 试计算图 8-13a 所示刚架的内力。设各杆的弹性模量和截面尺寸相同，$E = 30 \text{ GPa}$，$A = 0.24 \text{ m}^2$，$I = 0.0128 \text{ m}^4$。不考虑轴向变形的影响。

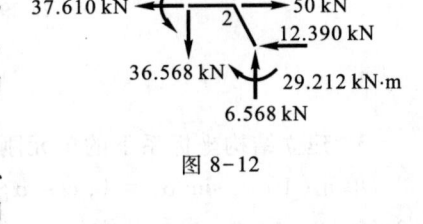

图 8-12

解：1. 如图 8-13b 所示，将刚架划分为（1）、（2）、（3）三个单元，结点编号为 1~4。在不考虑轴向变形情况下，结点 2 和结点 3 的水平线位移相等，故独立的结点线位移只有一个，用 Δ_1 表示，结点角位移分别为 Δ_2、Δ_3。结构坐标系为 Oxy。单元（1）取 $i \to 1, j \to 2$，单元（2）取 $i \to 2, j \to 3$，单元（3）取 $i \to 4, j \to 3$，故 $\alpha_1 = \dfrac{\pi}{2}, \alpha_2 = 0, \alpha_3 = \dfrac{\pi}{2}$。

2. 结点位移列向量为

$$\boldsymbol{\Delta} = (\Delta_1 \quad \Delta_2 \quad \Delta_3)^{\mathrm{T}}$$

将单元（1）上的均布荷载转化为等效结点荷载后，与原有结点荷载叠加，得相应的综合结点荷载列向量为

$$\boldsymbol{F}_{\mathrm{P}} = \begin{pmatrix} F_{\mathrm{P1}} \\ F_{\mathrm{P2}} \\ F_{\mathrm{P3}} \end{pmatrix} = \begin{pmatrix} 48 \text{ kN} \\ 32 \text{ kN} \cdot \text{m} \\ 0 \end{pmatrix} + \begin{pmatrix} 20 \text{ kN} \\ 0 \\ 0 \end{pmatrix} = \begin{pmatrix} 68 \text{ kN} \\ 32 \text{ kN} \cdot \text{m} \\ 0 \end{pmatrix}$$

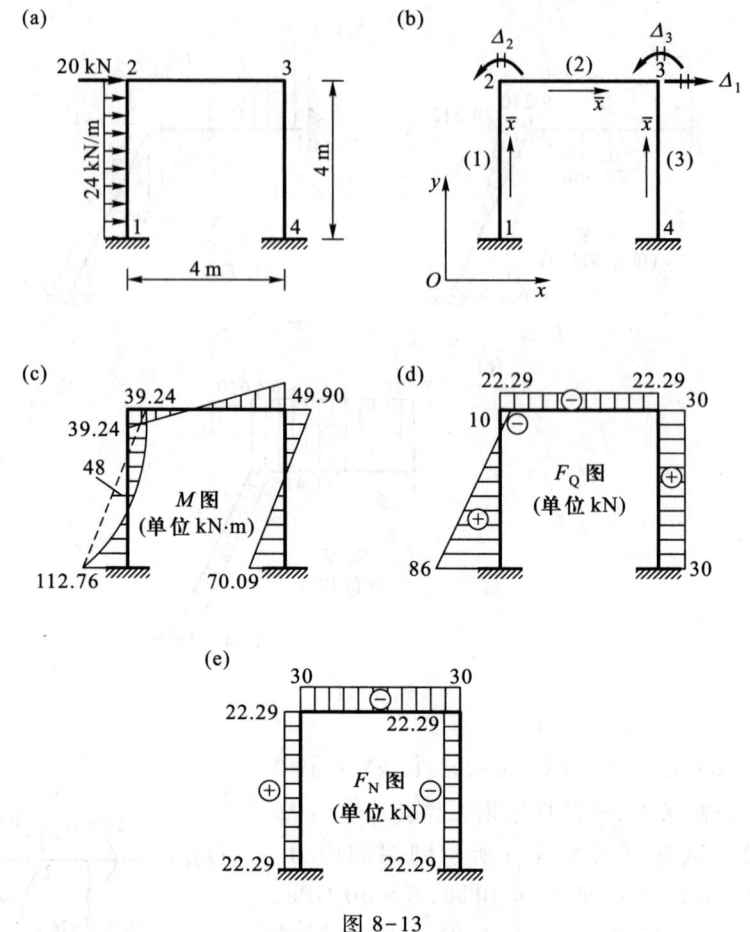

图 8-13

3. 建立结构坐标系下的单元刚度矩阵,确定单元定位向量并换码

单元(1)　$\sin \alpha_1 = 1$, $\cos \alpha_1 = 0$, 按式(8-23)求 $K^{(1)}$, 单元定位向量 $\lambda^{(1)} = (0\ 0\ 0\ 1\ 0\ 2)^T$, 故有

$$K^{(1)} = 10^4 \times \begin{pmatrix} 7.2\ \text{kN/m} & 0 & -14.4\ \text{kN} & -7.2\ \text{kN/m} & 0 & -14.4\ \text{kN} \\ 0 & 180\ \text{kN/m} & 0 & 0 & -180\ \text{kN/m} & 0 \\ -14.4\ \text{kN} & 0 & 38.4\ \text{kN}\cdot\text{m} & 14.4\ \text{kN} & 0 & 19.2\ \text{kN}\cdot\text{m} \\ -7.2\ \text{kN/m} & 0 & 14.4\ \text{kN} & 7.2\ \text{kN/m} & 0 & 14.4\ \text{kN} \\ 0 & -180\ \text{kN/m} & 0 & 0 & 180\ \text{kN/m} & 0 \\ -14.4\ \text{kN} & 0 & 19.2\ \text{kN}\cdot\text{m} & 14.4\ \text{kN} & 0 & 38.4\ \text{kN}\cdot\text{m} \end{pmatrix} \begin{matrix} 0 \\ 0 \\ 0 \\ 1 \\ 0 \\ 2 \end{matrix}$$

单元(2)　因 $\alpha_2 = 0$ 可按式(8-5)求 $K^{(2)}$。由于 Δ_1 只会使单元(2)发生刚体平移而不引起内力,所以单元(2)的受力情况仅与2、3两端转角 Δ_2、Δ_3 有关。在确定定位向量时,Δ_1 的总码应为"0",据此有 $\lambda^{(2)} = (0\ 0\ 2\ 0\ 0\ 3)^T$, 故

$$\boldsymbol{K}^{(2)} = 10^4 \times \begin{pmatrix} 180 \text{ kN/m} & 0 & 0 & -180 \text{ kN/m} & 0 & 0 \\ 0 & 7.2 \text{ kN/m} & 14.4 \text{ kN} & 0 & -7.2 \text{ kN/m} & 14.4 \text{ kN} \\ 0 & 14.4 \text{ kN} & 38.4 \text{ kN} \cdot \text{m} & 0 & -14.4 \text{ kN} & 19.2 \text{ kN} \cdot \text{m} \\ -180 \text{ kN/m} & 0 & 0 & 180 \text{ kN/m} & 0 & 0 \\ 0 & -7.2 \text{ kN/m} & -14.4 \text{ kN} & 0 & 7.2 \text{ kN/m} & -14.4 \text{ kN} \\ 0 & 14.4 \text{ kN} & 19.2 \text{ kN} \cdot \text{m} & 0 & -14.4 \text{ kN} & 38.4 \text{ kN} \cdot \text{m} \end{pmatrix} \begin{matrix} 0 \\ 0 \\ 2 \\ 0 \\ 0 \\ 3 \end{matrix}$$

单元(3) $\sin \alpha_3 = 1, \cos \alpha_3 = 0$,按式(8-23)求 $\boldsymbol{K}^{(3)}$,且 $\boldsymbol{\lambda}^{(3)} = (0 \ 0 \ 0 \ 1 \ 0 \ 3)^\text{T}$,故有

$$\boldsymbol{K}^{(3)} = 10^4 \times \begin{pmatrix} 7.2 \text{ kN/m} & 0 & -14.4 \text{ kN} & -7.2 \text{ kN/m} & 0 & -14.4 \text{ kN} \\ 0 & 180 \text{ kN/m} & 0 & 0 & -180 \text{ kN/m} & 0 \\ -14.4 \text{ kN} & 0 & 38.4 \text{ kN} \cdot \text{m} & 14.4 \text{ kN} & 0 & 19.2 \text{ kN} \cdot \text{m} \\ -7.2 \text{ kN/m} & 0 & 14.4 \text{ kN} & 7.2 \text{ kN/m} & 0 & 14.4 \text{ kN} \\ 0 & -180 \text{ kN/m} & 0 & 0 & 180 \text{ kN/m} & 0 \\ -14.4 \text{ kN} & 0 & 19.2 \text{ kN} \cdot \text{m} & 14.4 \text{ kN} & 0 & 38.4 \text{ kN} \cdot \text{m} \end{pmatrix} \begin{matrix} 0 \\ 0 \\ 0 \\ 1 \\ 0 \\ 3 \end{matrix}$$

4. 将以上单元刚度矩阵中的各元素,按定位向量表示的行码和列码,用"对号入座"的方法可得结构刚度矩阵为

$$\boldsymbol{K} = 10^4 \times \begin{pmatrix} (7.2+7.2) \text{ kN/m} & 14.4 \text{ kN} & 14.4 \text{ kN} \\ 14.4 \text{ kN} & (38.4+38.4) \text{ kN} \cdot \text{m} & 19.2 \text{ kN} \cdot \text{m} \\ 14.4 \text{ kN} & 19.2 \text{ kN} \cdot \text{m} & (38.4+38.4) \text{ kN} \cdot \text{m} \end{pmatrix} \begin{matrix} 1 \\ 2 \\ 3 \end{matrix}$$

$$= 10^4 \times \begin{pmatrix} 14.4 \text{ kN/m} & 14.4 \text{ kN} & 14.4 \text{ kN} \\ 14.4 \text{ kN} & 76.8 \text{ kN} \cdot \text{m} & 19.2 \text{ kN} \cdot \text{m} \\ 14.4 \text{ kN} & 19.2 \text{ kN} \cdot \text{m} & 76.8 \text{ kN} \cdot \text{m} \end{pmatrix} \begin{matrix} 1 \\ 2 \\ 3 \end{matrix}$$

结构刚度方程为

$$\boldsymbol{K}\boldsymbol{\Delta} = \boldsymbol{F}_\text{P}$$

即

$$10^4 \times \begin{pmatrix} 14.4 \text{ kN/m} & 14.4 \text{ kN} & 14.4 \text{ kN} \\ 14.4 \text{ kN} & 76.8 \text{ kN} \cdot \text{m} & 19.2 \text{ kN} \cdot \text{m} \\ 14.4 \text{ kN} & 19.2 \text{ kN} \cdot \text{m} & 76.8 \text{ kN} \cdot \text{m} \end{pmatrix} \begin{pmatrix} \Delta_1 \\ \Delta_2 \\ \Delta_3 \end{pmatrix} = \begin{pmatrix} 68 \text{ kN} \\ 32 \text{ kN} \cdot \text{m} \\ 0 \end{pmatrix}$$

5. 利用 $\boldsymbol{\Delta} = \boldsymbol{K}^{-1}\boldsymbol{F}_\text{P}$ 或直接解结构刚度方程求结点位移,得

$$\begin{pmatrix} \Delta_1 \\ \Delta_2 \\ \Delta_3 \end{pmatrix} = 10^{-4} \times \begin{pmatrix} 6.269 \ 8 \text{ m} \\ -0.496 \ 0 \text{ rad} \\ -1.051 \ 6 \text{ rad} \end{pmatrix}$$

6. 计算各单元的杆端力

单元(1) $\sin \alpha_1 = 1, \cos \alpha_1 = 0$,将杆端位移以相应的结点位移表示后,按式(8-22)计算结构坐标系下的单元杆端力,因该单元受均布荷载作用,还须叠加相应的固端力,于是实际的杆端力为

$$\begin{pmatrix} F_{1x}^{(1)} \\ F_{1y}^{(1)} \\ M_1^{(1)} \\ F_{2x}^{(1)} \\ F_{2y}^{(1)} \\ M_2^{(1)} \end{pmatrix} = 10^4 \times \begin{pmatrix} 7.2 \text{ kN/m} & 0 & -14.4 \text{ kN} & -7.2 \text{ kN/m} & 0 & -14.4 \text{ kN} \\ 0 & 180 \text{ kN/m} & 0 & 0 & -180 \text{ kN/m} & 0 \\ -14.4 \text{ kN} & 0 & 38.4 \text{ kN·m} & 14.4 \text{ kN} & 0 & 19.2 \text{ kN·m} \\ -7.2 \text{ kN/m} & 0 & 14.4 \text{ kN} & 7.2 \text{ kN/m} & 0 & 14.4 \text{ kN} \\ 0 & -180 \text{ kN/m} & 0 & 0 & 180 \text{ kN/m} & 0 \\ -14.4 \text{ kN} & 0 & 19.2 \text{ kN·m} & 14.4 \text{ kN} & 0 & 38.4 \text{ kN·m} \end{pmatrix}$$

$$\begin{pmatrix} 0 \\ 0 \\ 0 \\ 6.269\,8 \text{ m} \\ 0 \\ -0.496\,0 \text{ rad} \end{pmatrix} \times 10^{-4} + \begin{pmatrix} -48 \text{ kN} \\ 0 \\ 32 \text{ kN·m} \\ -48 \text{ kN} \\ 0 \\ -32 \text{ kN·m} \end{pmatrix} = \begin{pmatrix} -86.000 \text{ kN} \\ 0 \\ 112.762 \text{ kN·m} \\ -10.000 \text{ kN} \\ 0 \\ 39.239 \text{ kN·m} \end{pmatrix}$$

再按式(8-16)转换为单元坐标系下的杆端力,得

$$\begin{pmatrix} \overline{F}_{N1}^{(1)} \\ \overline{F}_{Q1}^{(1)} \\ \overline{M}_1^{(1)} \\ \overline{F}_{N2}^{(1)} \\ \overline{F}_{Q2}^{(1)} \\ \overline{M}_2^{(1)} \end{pmatrix} = \begin{pmatrix} 0 & 1 & 0 & 0 & 0 & 0 \\ -1 & 0 & 0 & 0 & 0 & 0 \\ 0 & 0 & 1 & 0 & 0 & 0 \\ 0 & 0 & 0 & 0 & 1 & 0 \\ 0 & 0 & 0 & -1 & 0 & 0 \\ 0 & 0 & 0 & 0 & 0 & 1 \end{pmatrix} \begin{pmatrix} -86.000 \text{ kN} \\ 0 \\ 112.762 \text{ kN·m} \\ -10.000 \text{ kN} \\ 0 \\ 39.239 \text{ kN·m} \end{pmatrix}$$

$$= \begin{pmatrix} 0 \\ 86.000 \text{ kN} \\ 112.762 \text{ kN·m} \\ 0 \\ 10.000 \text{ kN} \\ 39.239 \text{ kN·m} \end{pmatrix}$$

值得指出,由于忽略了轴向变形的影响,因此不能算出杆端轴力,计算时得到的轴力数值为零。在各单元剪力求出后,只要分别取结点为隔离体,利用平衡条件即可求得各杆端轴力。

单元(2) 因 $\alpha_2 = 0$,将杆端位移以相应的结点位移表示后,可按式(8-4)计算单元坐标系下的杆端力,得

$$\begin{pmatrix} \overline{F}_{N2}^{(2)} \\ \overline{F}_{Q2}^{(2)} \\ \overline{M}_2^{(2)} \\ \overline{F}_{N3}^{(2)} \\ \overline{F}_{Q3}^{(2)} \\ \overline{M}_3^{(2)} \end{pmatrix} = \begin{pmatrix} F_{2x}^{(2)} \\ F_{2y}^{(2)} \\ M_2^{(2)} \\ F_{3x}^{(2)} \\ F_{3y}^{(2)} \\ M_3^{(2)} \end{pmatrix} = 10^4 \times \begin{pmatrix} 180 \text{ kN/m} & 0 & 0 & -180 \text{ kN/m} & 0 & 0 \\ 0 & 7.2 \text{ kN/m} & 14.4 \text{ kN} & 0 & -7.2 \text{ kN/m} & 14.4 \text{ kN} \\ 0 & 14.4 \text{ kN} & 38.4 \text{ kN·m} & 0 & -14.4 \text{ kN} & 19.2 \text{ kN·m} \\ -180 \text{ kN/m} & 0 & 0 & 180 \text{ kN/m} & 0 & 0 \\ 0 & -7.2 \text{ kN/m} & -14.4 \text{ kN} & 0 & 7.2 \text{ kN/m} & -14.4 \text{ kN} \\ 0 & 14.4 \text{ kN} & 19.2 \text{ kN·m} & 0 & -14.4 \text{ kN} & 38.4 \text{ kN·m} \end{pmatrix}$$

$$\begin{pmatrix} 0 \\ 0 \\ -0.496\,0\text{ rad} \\ 0 \\ 0 \\ -1.051\,6\text{ rad} \end{pmatrix} \times 10^{-4} = \begin{pmatrix} 0 \\ -22.285\text{ kN} \\ -39.237\text{ kN}\cdot\text{m} \\ 0 \\ 22.285\text{ kN} \\ -49.905\text{ kN}\cdot\text{m} \end{pmatrix}$$

单元(3) $\sin\alpha_3=1,\cos\alpha_3=0$,按式(8-22)可得结构坐标系下的杆端力为

$$\begin{pmatrix} F_{4x}^{(3)} \\ F_{4y}^{(3)} \\ M_4^{(3)} \\ F_{3x}^{(3)} \\ F_{3y}^{(3)} \\ M_3^{(3)} \end{pmatrix} = 10^4 \times \begin{pmatrix} 7.2\text{ kN/m} & 0 & -14.4\text{ kN} & -7.2\text{ kN/m} & 0 & -14.4\text{ kN} \\ 0 & 180\text{ kN/m} & 0 & 0 & -180\text{ kN/m} & 0 \\ -14.4\text{ kN} & 0 & 38.4\text{ kN}\cdot\text{m} & 14.4\text{ kN} & 0 & 19.2\text{ kN}\cdot\text{m} \\ -7.2\text{ kN/m} & 0 & 14.4\text{ kN} & 7.2\text{ kN/m} & 0 & 14.4\text{ kN} \\ 0 & -180\text{ kN/m} & 0 & 0 & 180\text{ kN/m} & 0 \\ -14.4\text{ kN} & 0 & 19.2\text{ kN}\cdot\text{m} & 14.4\text{ kN} & 0 & 38.4\text{ kN}\cdot\text{m} \end{pmatrix}$$

$$\begin{pmatrix} 0 \\ 0 \\ 0 \\ 6.269\,8\text{ m} \\ 0 \\ -1.051\,6\text{ rad} \end{pmatrix} \times 10^{-4} = \begin{pmatrix} -30.000\text{ kN} \\ 0 \\ 70.094\text{ kN}\cdot\text{m} \\ 30.000\text{ kN} \\ 0 \\ 49.904\text{ kN}\cdot\text{m} \end{pmatrix}$$

再按式(8-16)可得单元坐标系下的杆端力为

$$\begin{pmatrix} \overline{F}_{N4}^{(3)} \\ \overline{F}_{Q4}^{(3)} \\ \overline{M}_4^{(3)} \\ \overline{F}_{N3}^{(3)} \\ \overline{F}_{Q3}^{(3)} \\ \overline{M}_3^{(3)} \end{pmatrix} = \begin{pmatrix} 0 & 1 & 0 & 0 & 0 & 0 \\ -1 & 0 & 0 & 0 & 0 & 0 \\ 0 & 0 & 1 & 0 & 0 & 0 \\ 0 & 0 & 0 & 0 & 1 & 0 \\ 0 & 0 & 0 & -1 & 0 & 0 \\ 0 & 0 & 0 & 0 & 0 & 1 \end{pmatrix} \begin{pmatrix} -30.000\text{ kN} \\ 0 \\ 70.094\text{ kN}\cdot\text{m} \\ 30.000\text{ kN} \\ 0 \\ 49.904\text{ kN}\cdot\text{m} \end{pmatrix}$$

$$= \begin{pmatrix} 0 \\ 30.000\text{ kN} \\ 70.094\text{ kN}\cdot\text{m} \\ 0 \\ -30.000\text{ kN} \\ 49.904\text{ kN}\cdot\text{m} \end{pmatrix}$$

7. 根据所得的各单元杆端剪力和弯矩,可作出如图8-13c、d所示的弯矩图和剪力图,再利用剪力图作出轴力图(图8-13e)。请读者依据结点位移相应的平衡条件自行校核上述计算结果。

§8-7 几个应用问题

前面介绍了直接刚度法中的先处理法,并着重叙述了采用这一方法计算刚架的过程。这里再就应用中的几个问题作简要说明。

一、计算忽略轴向变形的矩形刚架

对于例 8-3 所示不计轴向变形的矩形刚架,除了可以按所述先处理法的步骤求出解答外,还可以不经坐标变换,直接利用单元坐标系下的单元刚度矩阵形成结构刚度矩阵。具体做法如下:

(1) 从式(8-5)中删去与轴向变形相关的第一、四行和列,从而得到不计轴向变形的单元坐标系下的单元刚度矩阵,即

8-2 忽略轴向变形的矩形刚架组装结构刚度矩阵

$$\bar{K}^e = \begin{pmatrix} \dfrac{12EI}{l^3} & \dfrac{6EI}{l^2} & -\dfrac{12EI}{l^3} & \dfrac{6EI}{l^2} \\ \dfrac{6EI}{l^2} & \dfrac{4EI}{l} & -\dfrac{6EI}{l^2} & \dfrac{2EI}{l} \\ -\dfrac{12EI}{l^3} & -\dfrac{6EI}{l^2} & \dfrac{12EI}{l^3} & -\dfrac{6EI}{l^2} \\ \dfrac{6EI}{l^2} & \dfrac{2EI}{l} & -\dfrac{6EI}{l^2} & \dfrac{4EI}{l} \end{pmatrix} \begin{matrix} \bar{v}_i^e & \bar{\varphi}_i^e & \bar{v}_j^e & \bar{\varphi}_j^e \\ \bar{F}_{Qi}^e \\ \bar{M}_i^e \\ \bar{F}_{Qj}^e \\ \bar{M}_j^e \end{matrix}$$

相应的定位向量亦为四阶列向量。

(2) 只要将矩形刚架所有水平梁单元以左端作为单元始端,所有竖直柱单元以上端作为单元始端,便可在单元的杆端位移和结构的结点位移间建立完全对应的关系,从而能够利用单元定位向量,直接由各单元坐标系下的刚度矩阵,通过"对号入座"的方式形成结构刚度矩阵,而无需再对单元刚度矩阵进行坐标变换。现仍以例 8-3 说明,其结点位移列向量和综合结点荷载列向量不变。

单元(1)在上述单元坐标下,其定位向量为 $\boldsymbol{\lambda}^{(1)} = (1\ 2\ 0\ 0)^T$,单元坐标系下的刚度矩阵为

$$\bar{K}^{(1)} = 10^4 \times \begin{pmatrix} 7.2\ \text{kN/m} & 14.4\ \text{kN} & -7.2\ \text{kN/m} & 14.4\ \text{kN} \\ 14.4\ \text{kN} & 38.4\ \text{kN}\cdot\text{m} & -14.4\ \text{kN} & 19.2\ \text{kN}\cdot\text{m} \\ -7.2\ \text{kN/m} & -14.4\ \text{kN} & 7.2\ \text{kN/m} & -14.4\ \text{kN} \\ 14.4\ \text{kN} & 19.2\ \text{kN}\cdot\text{m} & -14.4\ \text{kN} & 38.4\ \text{kN}\cdot\text{m} \end{pmatrix} \begin{matrix} 1 \\ 2 \\ 0 \\ 0 \end{matrix}$$

单元(2)和单元(3)的定位向量分别为 $\boldsymbol{\lambda}^{(2)} = (0\ 2\ 0\ 3)^T$ 和 $\boldsymbol{\lambda}^{(3)} = (1\ 3\ 0\ 0)^T$,且 $\bar{K}^{(2)} = \bar{K}^{(3)} = \bar{K}^{(1)}$,对上述矩阵按各自的定位向量进行换码,并以"对号入座"方法形成结构刚度矩阵,其形式与例 8-3 中所得的完全相同,以下结点位移的计算不再赘述。

(3) 在计算单元杆端力时,只要依据单元定位向量从结点位移中取出相应的杆端位

移,就可以利用式(8-4)直接求出单元坐标系下的杆端力,单元(1)还应叠加单元坐标系下的固端力

$$\begin{pmatrix} \overline{F}_{Q2}^{(1)} \\ \overline{M}_{2}^{(1)} \\ \overline{F}_{Q1}^{(1)} \\ \overline{M}_{1}^{(1)} \end{pmatrix} = 10^4 \times \begin{pmatrix} 7.2 \text{ kN/m} & 14.4 \text{ kN} & -7.2 \text{ kN/m} & 14.4 \text{ kN} \\ 14.4 \text{ kN} & 38.4 \text{ kN} \cdot \text{m} & -14.4 \text{ kN} & 19.2 \text{ kN} \cdot \text{m} \\ -7.2 \text{ kN/m} & -14.4 \text{ kN} & 7.2 \text{ kN/m} & -14.4 \text{ kN} \\ 14.4 \text{ kN} & 19.2 \text{ kN} \cdot \text{m} & -14.4 \text{ kN} & 38.4 \text{ kN} \cdot \text{m} \end{pmatrix}$$

$$\begin{pmatrix} 6.2698 \text{ m} \\ -0.4960 \text{ rad} \\ 0 \\ 0 \end{pmatrix} \times 10^{-4} + \begin{pmatrix} -48 \text{ kN} \\ -32 \text{ kN} \cdot \text{m} \\ -48 \text{ kN} \\ 32 \text{ kN} \cdot \text{m} \end{pmatrix}$$

$$= \begin{pmatrix} -10.000 \text{ kN} \\ 39.239 \text{ kN} \cdot \text{m} \\ -86.000 \text{ kN} \\ 112.762 \text{ kN} \cdot \text{m} \end{pmatrix}$$

结果与例 8-3 是否相同,请读者自行判断。之所以不必进行坐标变换,而能直接把单元坐标系下刚度矩阵的元素直接送到结构刚度矩阵,完全是由于定位向量在这两者间建立了一一对应的关系。以单元(1)为例,试想如果不是把单元的始端设在上端而是放在下端,对应关系不再成立,这样的做法就行不通了。

二、用直接刚度法分析平面桁架

在桁架中,通常将每根杆件作为一个单元,单元的两端只有轴力作用,因而只有轴向变形,如图 8-14 所示,由图 8-3a、d 及式(8-2)可得在单元坐标系下的单元刚度方程为

$$\begin{pmatrix} \overline{F}_{Ni}^{e} \\ \overline{F}_{Nj}^{e} \end{pmatrix} = \begin{pmatrix} \dfrac{EA}{l} & -\dfrac{EA}{l} \\ -\dfrac{EA}{l} & \dfrac{EA}{l} \end{pmatrix} \begin{pmatrix} \overline{u}_{i}^{e} \\ \overline{u}_{j}^{e} \end{pmatrix}$$

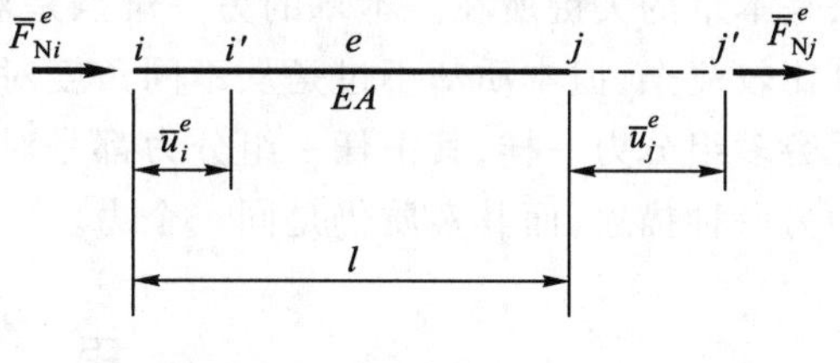

图 8-14

相应的单元刚度矩阵为

$$\overline{\boldsymbol{K}}^{e} = \dfrac{EA}{l} \begin{pmatrix} 1 & -1 \\ -1 & 1 \end{pmatrix}$$

在结构坐标系下,桁架每一结点有沿水平方向和竖直方向的两个位移分量,相应的结点荷载分量为水平集中力和竖向集中力。单元的刚度矩阵为

$$\boldsymbol{K}^{e} = \dfrac{EA}{l} \begin{pmatrix} \cos^2\alpha & \cos\alpha\sin\alpha & -\cos^2\alpha & -\cos\alpha\sin\alpha \\ \cos\alpha\sin\alpha & \sin^2\alpha & -\cos\alpha\sin\alpha & -\sin^2\alpha \\ -\cos^2\alpha & -\cos\alpha\sin\alpha & \cos^2\alpha & \cos\alpha\sin\alpha \\ -\cos\alpha\sin\alpha & -\sin^2\alpha & \cos\alpha\sin\alpha & \sin^2\alpha \end{pmatrix}$$

该单元刚度矩阵可通过式(8-21)的坐标变换或直接从式(8-23)中剔除与 EI 有关

的各项得出。桁架的计算同样可按直接刚度法的解算步骤进行。

三、后处理的直接刚度法

这种方法与前述先处理方法的区别在于：先不考虑支承对结点位移的约束作用，即认为全部结点都有可能发生位移。据此，对全部结点位移统一编码，此时结构的整体刚度矩阵(又称原始刚度矩阵)的阶数等于全部结点位移的个数。形成整体刚度矩阵后再考虑支承的约束条件，对其进行修改(去掉与被约束位移相关的行和列)后得到结构刚度矩阵。由于这种方法是将支承条件的处理放在形成整体刚度矩阵之后进行，故称为后处理直接刚度法，简称后处理法。其计算步骤可参考其他教材。

8-3 后处理法例题

§8-8 小结与讨论

结构矩阵分析是基于结构力学原理，以矩阵作为表述工具，用计算机对结构进行计算的结构分析方法，而矩阵位移法是几乎所有工程应用软件的理论基础。

为了满足电算的要求，矩阵位移法采用了最原始也是最规范的办法建立结构刚度方程。从手算的角度看，确实十分繁琐，但也恰好适应了计算程序怕乱不嫌繁的编制要求。在本章内容中，从原理到示例都是以手算为例予以说明，主要是为了便于读者理解和学习。要真正全面掌握，还应对计算程序(见附录 A 基于 MATLAB 开发的平面杆件结构静力分析程序)有所了解并上机实践，才能在基本原理和程序编制相结合的更高层面上，掌握用计算机对结构进行分析的能力。

本章以反映单元特征和结构整体之间关系的定位向量为主线，了解其在结点荷载形成、结构刚度矩阵建立和单元杆端力计算这三个环节中的作用，掌握刚度集成的概念和方法是本章的关键所在。本章的另一难点是对坐标变换的理解，从表面上看坐标变换的运算比较复杂，但本质却不过是从不同角度对同一事物的不同表达，如同一个力可以分解成无穷多组分力一样，其中任一组分力都是对该力的某一种描述，这种描述可以通过变换成为另一种描述，而其实质仍是同一个力。

思 考 题

1. 试述矩阵位移法与位移法的异同。
2. 什么叫单元刚度矩阵？其每一元素的物理意义是什么？
3. 对单元刚度矩阵进行坐标变换的目的是什么？
4. 用直接刚度法形成结构刚度矩阵时，将单元刚度矩阵中各元素按定位向量"对号入座"，其实质是什么？
5. 什么叫等效结点荷载？如何求得？"等效"是指什么效果相等？
6. 能否用矩阵位移法计算静定结构？它与计算超静定结构有何不同？

习 题

8-1 试求图示连续梁的结构刚度矩阵。

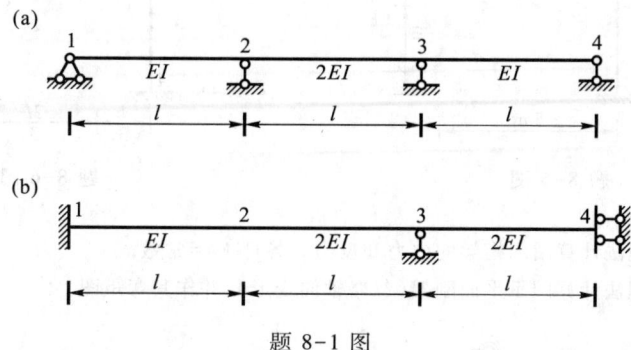

题 8-1 图

8-2 试求图示刚架(考虑轴向变形)的综合结点荷载。

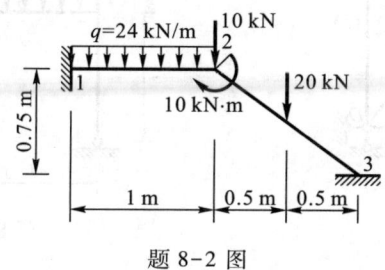

题 8-2 图

8-3 试求图示结构的结构刚度矩阵。设各杆 EA、EI 均为常数。

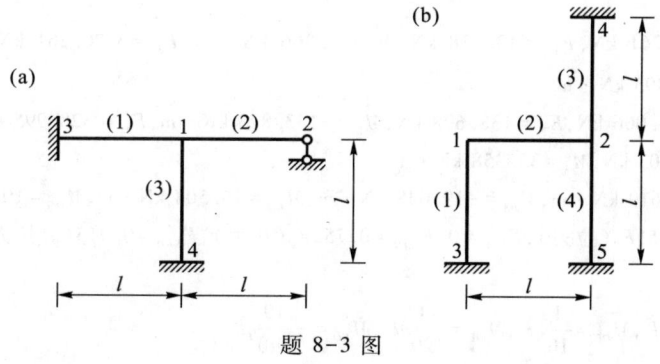

题 8-3 图

8-4 试用直接刚度法计算题 8-2 图所示刚架各杆的内力(考虑轴向变形)。设 $A = 10^{-3}$ m^2,$I = 10^{-5}$ m^4,$E = 200$ GPa,各杆 E、A、I 相同。

8-5 试用直接刚度法计算图示刚架(考虑轴向变形)。设 $A = 0.5$ m^2,$I = \dfrac{1}{24}$ m^4,$E = 30$ GPa,各杆 E、A、I 相同。

8-6 试用先处理法计算图示平面刚架的杆端力(忽略轴向变形)。设 $F_P = 40$ kN,$l = 6$ m,$EI = $ 常数。

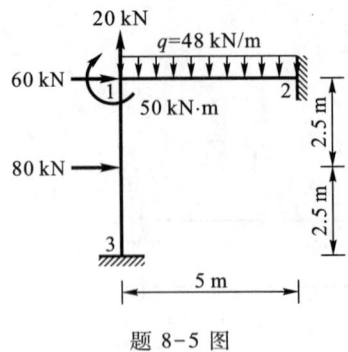
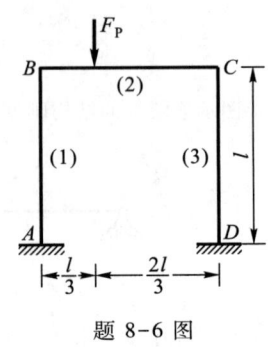

题 8-5 图　　　　　题 8-6 图

8-7 试用先处理法计算图示桁架的内力和反力。各杆 $EA=$ 常数。

8-8 试用先处理法计算图示平面刚架（忽略轴向变形），并作其弯矩图。

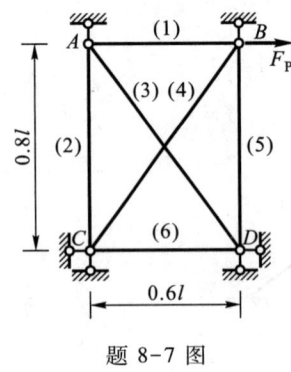
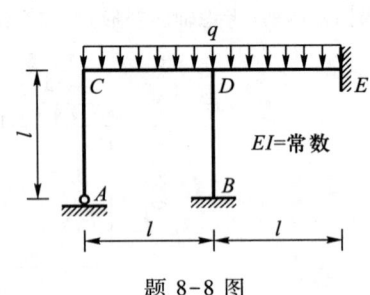

题 8-7 图　　　　　题 8-8 图

习题部分答案

8-4　$F_{1x}=20.261$ kN, $F_{1y}=13.138$ kN, $M_1=4.366$ kN·m, $F_{3x}=-20.261$ kN, $F_{3y}=40.862$ kN, $M_3=-8.895$ kN·m

8-5　$F_{2x}=-111.006$ kN, $F_{2y}=138.698$ kN, $M_2=-133.873$ kN·m, $F_{3x}=-28.995$ kN, $F_{3y}=81.303$ kN, $M_3=35.358$ kN·m

8-6　$M_{AB}=-7.619$ kN·m, $M_{BA}=-19.048$ kN·m, $M_{CD}=16.508$ kN·m, $M_{DC}=10.159$ kN·m

8-7　$F_{NAB}=0.451F_P$（拉力）, $F_{NAC}=0$, $F_{NAD}=0.752F_P$（压力）, $F_{NBC}=0.915F_P$（拉力）, $F_{NBD}=0$, $F_{NCD}=0$

8-8　$M_{CD}=\dfrac{3}{80}ql^2$, $M_{DC}=\dfrac{1}{10}ql^2$, $M_{DE}=\dfrac{11}{120}ql^2$, $M_{ED}=-\dfrac{19}{240}ql^2$

第九章 计算简图选取和结构简化分析

§9-1 弹性支承和次内力

在结构设计中,涉及结构力学的内容主要包括以下两个方面:将实际结构简化为理想的力学模型,即选取计算简图;对计算简图进行力学分析,即计算内力、位移等。

前面各章主要介绍杆件结构的力学分析原理和计算方法,关于选取计算简图的基本知识只在第一章扼要进行过介绍。为了加深对选取计算简图原则和方法的理解,并使读者掌握某些复杂杆件结构和非杆件结构的简化分析方法,本章将对结构的计算简图和简化分析方法作进一步讨论。这里先从支座和结点的简化,引入弹性支承和次内力的概念。

一、支座简化与弹性支承

前面已讲到的活动铰支座、固定铰支座、固定支座和定向支座,统称为刚性支座,其特点是支座对结构不是完全约束就是完全不约束,支座反力的大小与支座的变形无关,从而认为支座是完全刚性的。此外,还有一类弹性支座,支座对结构的约束具有弹性,它所提供的支座反力与支座的相应位移成正比,这个比例称为弹性支座的刚度系数。根据约束的不同,分为抗移和抗转弹性支座(图5-53)。可以看出,理想的刚性支座实际上是弹性支座的特例,即对应抗移和抗转"弹簧"的刚度系数为零或无穷大的极端情况。刚性支座是对工程实践中弹性支座的简化,当支承刚度远大于或小于结构刚度时,可以将结构的支座视具体情况简化为某种刚性支座,但当支承刚度与结构刚度相近时,则应将支座作为弹性支座。

弹性支座还可推广为弹性支承的概念,即讨论结构的某部分和相邻其他部分间的联结关系。利用弹性支承的概念,可以把承受荷载的一部分从结构中分离出来,而把周围部分视为它的弹性支座,还可以把结构中相联两部分看作互为弹性支承,而两部分提供弹性支承的强弱程度正好相反。

二、结点简化与次内力

如前所述,结点简化时,除考虑结点的实际构造情况和相应受力特点外,有时还要考虑结构的几何组成情况。图9-1a和b所示分别为钢桁架和钢筋混凝土刚架,尽管两者的结点构造都接近于刚结点,但前者的几何不变性仅依赖于杆件的布置,因此可将结点视为铰结点而把结构作为桁架计算,而后者却要靠结点的刚性才能保持几何不变,所以只能把结构作为刚架计算。

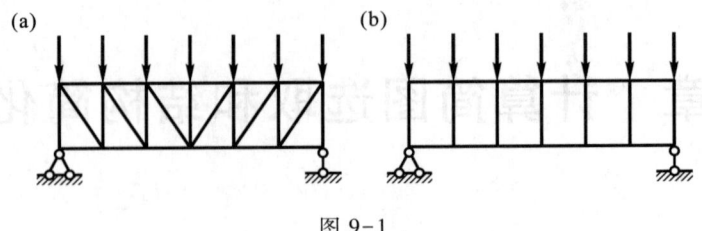

图 9-1

把刚结点作为铰结点,究竟会对内力计算带来什么影响呢?现以图 9-2a 所示三角形桁架为例简要说明。将结点作为刚结点时,这是一个三次超静定刚架(图 9-2c),按力法计算可取对应的铰结桁架(图 9-2d)为基本体系,以刚结点的弯矩为多余力。它在结点荷载 F_P 作用下只产生轴力 F_{NP},若自由项 Δ_{iP} 计算只考虑弯矩的影响,而 $M_P=0$,则

$$\Delta_{iP} = \sum \int \frac{\overline{M}_i M_P}{EI} ds = 0 \quad (i=1,2,3)$$

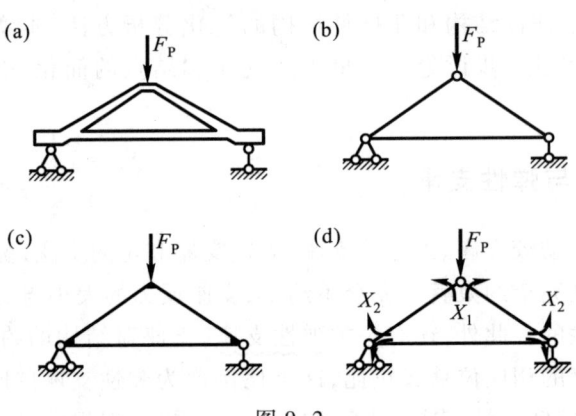

图 9-2

力法方程变成齐次方程,故 $X_1=X_2=X_3=0$,此时刚结体系的弯矩和轴力分别为

$$M = \overline{M}_1 X_1 + \overline{M}_2 X_2 + \overline{M}_3 X_3 + M_P = \sum_{i=1}^{3} \overline{M}_i X_i + M_P = 0$$

$$F_N = \overline{F}_{N1} X_1 + \overline{F}_{N2} X_2 + \overline{F}_{N3} X_3 + F_{NP} = \sum_{i=1}^{3} \overline{F}_{Ni} X_i + F_{NP} = F_{NP}$$

与铰结桁架(图 9-2b)的内力完全相同,这就是前面讲述的主内力,即桁架的轴力。

若计算自由项时还考虑轴力对位移的影响,则

$$\Delta_{iP} = \sum \int \frac{\overline{M}_i M_P}{EI} ds + \sum \int \frac{\overline{F}_{Ni} F_{NP}}{EA} ds \neq 0 \quad (i=1,2,3)$$

从力法方程中解出的 X_1、X_2 和 X_3 不会全为零,结构除 F_{NP} 外还会出现弯矩 $M = \sum_{i=1}^{3} \overline{M}_i X_i$ 和附加轴力 $F_N = \sum_{i=1}^{3} \overline{F}_{Ni} X_i$,这就是相应于主内力的次内力,也是把刚结点作为铰结点计算产生的差异。

第一章已述及选取计算简图的原则是:

(1) 尽可能正确反映实际结构的主要工作特性,以使计算结果精确可靠;
(2) 必须抓住主要矛盾,忽略次要因素,力求计算简便。

第一原则是指选取计算简图时要从实际出发,全面考虑结构的整体布置和细部构造,了解结构的实际受力状态。第二原则是对影响结构受力状态的因素,要分清主次。选定计算简图的过程,是对结构的布置和构造以及受力状态进行分析和简化的过程。选择计算简图虽有一般规律可循,但因影响因素很多,所以要特别注意灵活处理。

实际工程结构往往比较复杂,通常都是由许多构件通过各种方式相互联结组成。分析约束特点、确定约束性质,对各种约束进行合理简化,是确定计算简图的重要问题。决定约束性质的主要因素是结构各部分刚度的比值,即结构各部分的相对刚度,这是经常需要用到的重要概念。下面,分别讨论对实际结构的化简和简化计算。

§9-2 空间结构分解为平面结构

一、取平面单元计算

1. 单层厂房(参见图 1-1)是一个空间结构,其平面布置如图 9-3a 所示,它的横向是一个个由基础、柱和屋架组成的排架(图 9-3b),排架沿厂房纵向等间距(一般为 6 m)排列,各排架之间用纵向构件如屋面板、吊车梁、系杆和纵向支撑等相联。作用于厂房结构上的恒载和风、雪等荷载,一般沿纵向均匀分布。因此,可取图 9-3a 中阴影线所示部分为计算单元,并按平面排架计算。

这样的简化计算一般能反映厂房结构的主要受力特点,常被采用。但当厂房结构的屋面刚度较大而两端设置山墙时,结构的整体刚性提高,如仍按上述简化方法计算,则容易产生较大误差。因此,更为精确的方法是考虑厂房结构空间整体作用的分析方法。

一般说来,如果一个空间结构包含多个平面单元,平面单元之间又存在着空间联系,当平面单元本身刚度大、空间联系刚度小时,可从空间结构中取出平面单元按平面结构计算。

2. 图 9-4a 为多跨多层房屋的柱网平面布置,梁与柱组成一个空间刚架体系。从抵抗侧移来看,结构的横向刚度较小,纵向刚度较大。为保证结构的承载能力,通常取抗侧移能力较弱的横向刚架(图 9-4b)进行计算,同时考虑竖向荷载和横向水平荷载(风载和地震力)的作用。对于纵向刚架(图 9-4c),一般只验算地震力的影响,由于迎风面积小,风载不大,抵抗的柱子多,风载所产生的内力可以忽略。

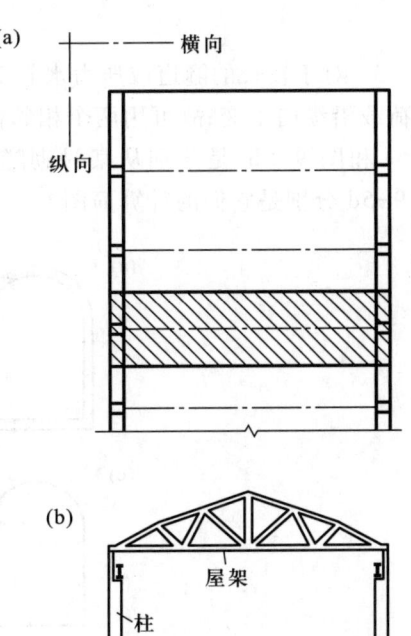

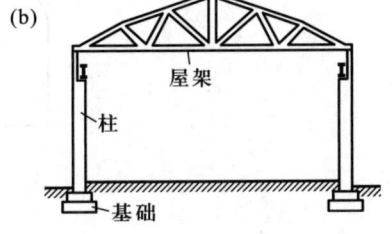

图 9-3

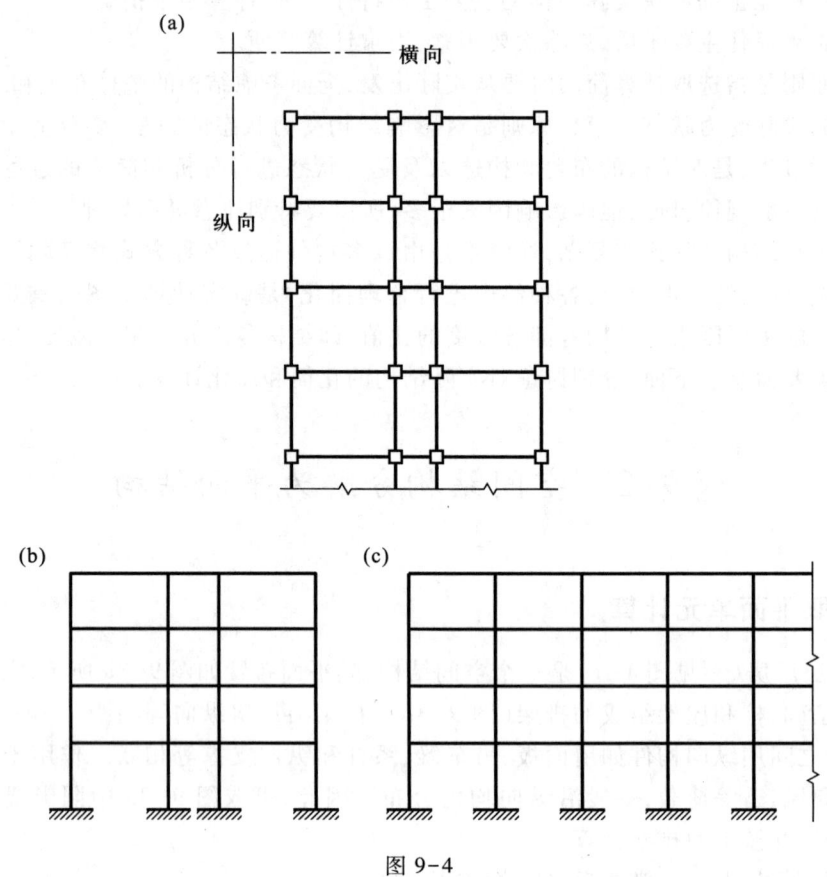

图 9-4

3. 对于较长的隧道或压力水管等结构，因其各横向截面的几何形状和尺寸相同，所受荷载沿纵向不变，故可用两个相邻横截面取出一个平面单元按平面结构计算。例如图 9-5a 和图 9-5b 是分别从某衬砌隧洞和压力水管中取出的一个平面单元，图 9-5c 和图 9-5d 分别是它们的计算简图。

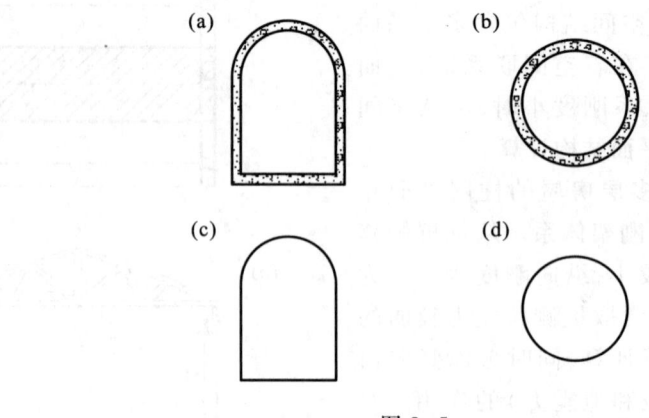

图 9-5

二、沿纵向和横向分别按平面结构计算

图 9-6a 所示为水利工程中常见的钢筋混凝土 U 形渡槽,槽身两端简支在支墩或支架上。横截面如图 9-6b 所示,在槽身顶部沿纵向按间距 a 设置横杆。在支墩附近,槽身底部做成平面便于放置。

U 形渡槽是一个长柱形薄壳结构,设计时常用简化分析方法,设泊松比 $\mu=0$ 并沿纵向和横向分别按平面结构计算。

沿纵向将整个槽身看作支承在支墩上的 U 形截面简支梁,梁上承受均布荷载(包括水重和自重),计算简图如图 9-6c 所示。由此可算出横截面的内力,从而进行纵向配筋。

沿横向用两个横截面 Ⅰ-Ⅰ 和 Ⅱ-Ⅱ 截取一段槽身作为计算单元,计算简图如图 9-6d 所示,这是一个顶部有横杆的 U 形曲杆结构。计算单元上除水压力和自重(图中只画出水压力)作用外,还有计算单元两端横截面上的切应力,分析时将其简化合成为图 9-6d 所示沿切线方向作用的力,大小为两截面上切应力合力之差。计算单元在这些力作用下处于平衡状态,用力法可算出曲杆内力,据此进行环向配筋。

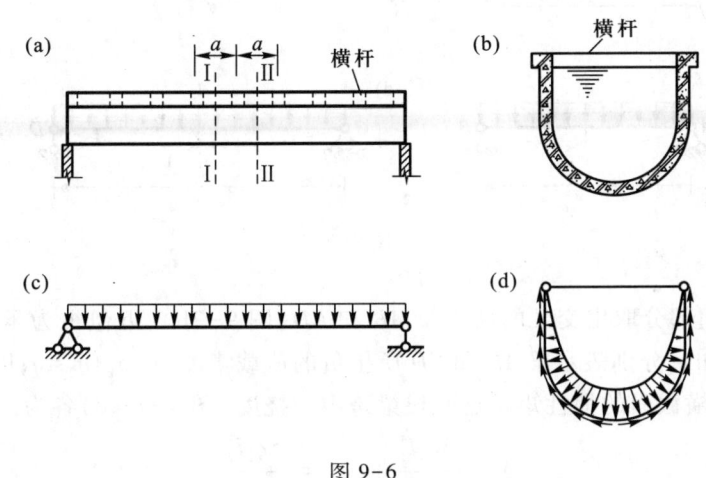

图 9-6

在给水排水工程构筑物中,一些较大的过水槽也可仿此方法进行纵向和横向分析。

§9-3 板壳结构简化为交叉体系

实际工程的交叉梁系是一种常见的交叉杆件体系,板壳结构有时可简化为交叉杆件体系进行分析。

板壳结构是一种薄壁结构,它的几何特征是厚度远小于另外两个方向的尺度,因此又可称为面结构。板壳中平分厚度的面称为中面,板的中面为平面,壳的中面为曲面。土木工程中常采用板壳结构作为屋盖和楼盖承重,水池等构筑物也属于板壳结构。现仅就薄板进行分析。

一、矩形薄板的简化计算

图 9-7a 为四边简支的矩形板,边长为 l_1 和 l_2,承受垂直于板面的均布横向荷载 q。现用图 9-7a 中虚线所示的交叉梁系作为计算简图,板所受荷载由交叉梁系沿两个方向传到支座。

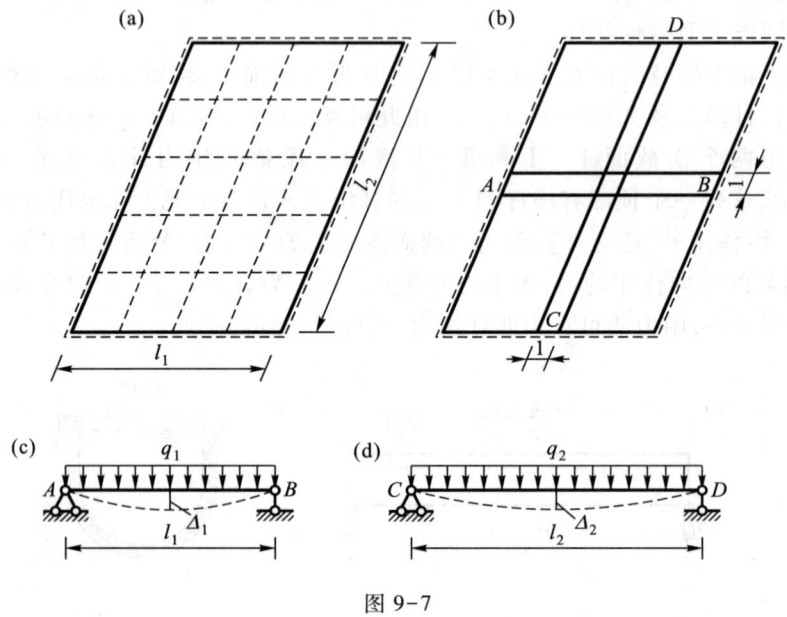

图 9-7

从板的中间部分取出交叉的两根梁 AB 和 CD(图 9-7b),近似视为承受均布荷载的简支梁。以 q_1 和 q_2 分别表示梁 AB 和 CD 所担负的荷载集度,且 $q_1+q_2=q$;以 I_1 和 I_2 分别表示梁 AB 和 CD 横截面的惯性矩。这两根梁跨中的挠度(图 9-7c、d)各为

$$\Delta_1 = \frac{5q_1 l_1^4}{384 EI_1}, \quad \Delta_2 = \frac{5q_2 l_2^4}{384 EI_2}, \tag{a}$$

因两根梁的交叉点处挠度相等,即 $\Delta_1 = \Delta_2$,且 $I_1 = I_2$,则由式(a)得

$$\frac{q_1}{q_2} = \frac{l_2^4}{l_1^4} \tag{b}$$

显然,如果 $l_2 > l_1$,则 $q_1 > q_2$。

由此可知,大部分荷载将沿短边方向传到支座。当 $l_2/l_1 > 3$ 时,$q_1 > 81 q_2$,即荷载 q 的绝大部分将沿短边方向传递。设计中近似认为荷载只由短边承担,长边不起作用。

考虑刚度概念作一般分析,由式(a)得

$$\frac{q_1}{q_2} = \frac{EI_1/l_1^4}{EI_2/l_2^4} \tag{c}$$

式中 $\frac{EI}{l^4}$ 反映某方向的抗弯刚度,EI 越大(或 l 越小)则刚度越大。如果 $\frac{EI_1}{l_1^4} > \frac{EI_2}{l_2^4}$,则 $q_1 > q_2$。由此得知,大部分荷载将沿刚度大的方向传递。如果两个方向的刚度相近,则荷载为双向传递,如果两个方向的刚度相差悬殊,则荷载主要是单向传递。

根据以上分析,设计中把四边支承的矩形板分为两类:
(1) 当长边与短边长度之比不小于 3.0 时,宜按沿短边方向受力的单向板计算;
(2) 当长边与短边长度之比大于 2.0,但小于 3.0 时,宜按双向板计算;当长边与短边长度之比不大于 2.0 时,应按双向板计算。

单向板可取单位宽度的板条作为计算单元,按梁计算。双向板的分析属于弹性力学的薄板小挠度弯曲问题,设计中使用按弹性力学方法编制成的表格,计算最大挠度和内力。

二、矩形水池池壁的简化计算

工程设计对于池壁高为 h、长边为 a、短边为 b 的矩形水池,可根据上述矩形板传力特点,由不同的长高比,取不同的计算简图。现以单格矩形水池为例说明如下。

当池壁长高比为 0.5~2.0 时,将沿竖直和水平两个方向传力,则池壁应按双向板计算。若池壁长高比为 2.0~3.0,池壁沿竖向传力,则应按单向板处理。工程中常用的小容量贮水池(图 9-8a)属于这种情况。

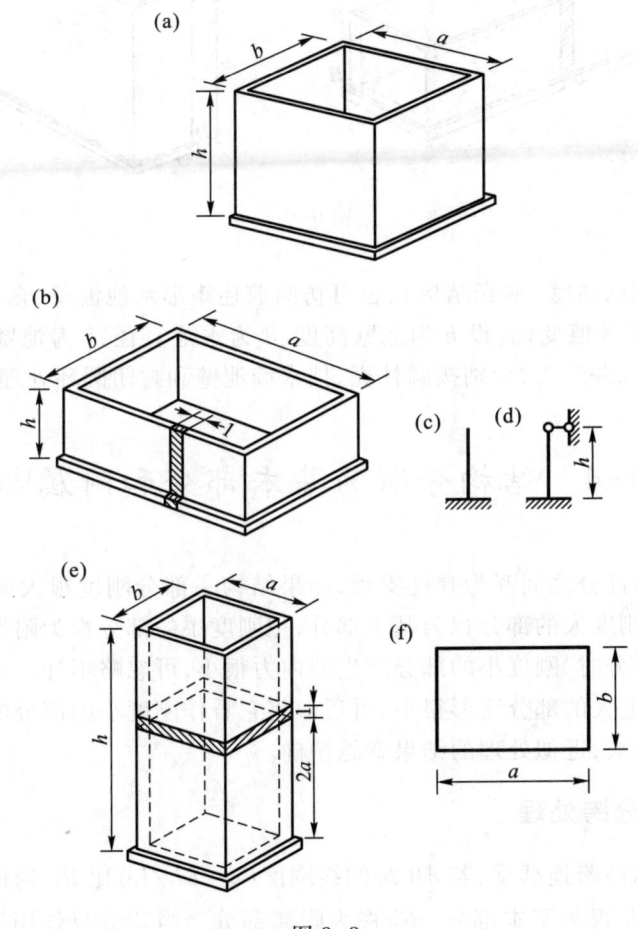

图 9-8

图 9-8b 所示水池为长高比大于 3.0 的浅池,池壁所受荷载主要沿竖向传递,可取单位宽度的竖条为计算单元。由于底板刚度远大于池壁,故可取图 9-8c 所示竖向悬臂梁计算。若水池有顶盖,则计算简图改为下端固定上端铰支的梁(图 9-8d),工程上统称为

挡水墙式池壁。

若水池两边长高比均小于 0.5(图 9-8e),作为深池的池壁,高度在 2a 以上的部分主要沿水平方向传力,可截取单位高度的水平板带作计算单元,计算简图为图 9-8f 所示的封闭刚架;而高度在 2a 以下的池壁则按双向板计算。

若长边和短边的长高比分属不同情况,必须根据实际情况灵活处理。如图 9-9a 所示浅池,长边的长高比大于 3.0,则长向(如 ACGF)按挡水墙式池壁计算。短边的长高比为 0.5~2.0,则短向池壁(如 ABDC)按双向板计算。又如图 9-9b 所示深池,短边长高比虽小于 0.5,但长边的长高比却大于 0.5,因此不能按封闭刚架处理,对短向池壁(如 ABCD)按水平传力的单向板计算,而长向需根据其长高比的具体数值按双向板或挡水墙式池壁计算。

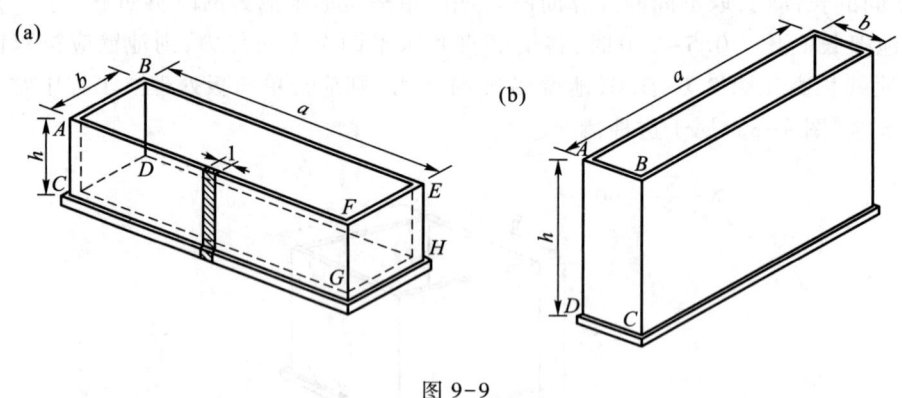

图 9-9

对于圆形水池的池壁(薄壳结构),也可仿照前述矩形水池池壁(薄板结构)的简化方式,根据 $h^2/(d\delta)$ 的数值变化(设 h 为池壁高度、d 为水池直径、δ 为池壁厚度),将其分为一般圆池、浅池和深井三类,分别按圆柱壳、挡水墙池壁和封闭圆环处理。

§9-4 结构分解为基本部分和附属部分

超静定结构各部分之间互为弹性支承,如果结构一部分刚度很大而另一部分刚度很小,则可近似地把刚度大的部分视为基本部分,把刚度小的部分视为附属部分。当荷载只作用在刚度大的部分时,刚度小的部分产生的内力很小,可忽略不计。当荷载只作用在刚度小的部分时,刚度大的部分变形很小,可近似将它看作刚度小的部分的刚性支承。这两部分的刚度相差越大,近似处理的结果就越精确。

一、连续梁分跨处理

图 9-10a 所示两跨连续梁,若 AB 跨的线刚度($i_1 = EI_1/l_1$)比 BC 跨的线刚度($i_2 = EI_2/l_2$)大很多,可将 AB 视为基本部分,BC 视为附属部分。当荷载只作用于 AB 跨时,因 BC 跨产生的内力很小,可将其忽略不计,AB 跨可按图 9-10b 所示简图近似计算。当荷载只作用在 BC 跨内(图 9-10c),因 AB 跨变形很小,BC 跨可按左端固定右端铰支的单跨梁(图 9-10d)计算,求得左端 B 的支座反力后,将其反向作用于 AB 跨的右端(图 9-10e),便可计算 AB 跨的内力。这种简化,只要 $i_1/i_2 \geq 20$,其结果的误差将在 5% 以内。

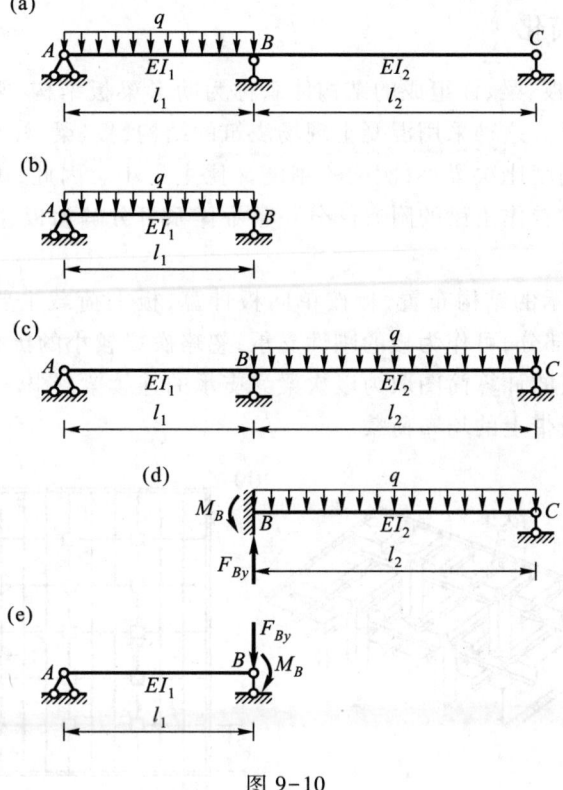

图 9-10

二、排架主附跨单独计算

图 9-11a 所示厂房排架，右跨为主跨，左跨为附跨，如果主跨排架柱的刚度比附跨排架柱的刚度大很多，则可将主跨和附跨单独计算。计算附跨时，主跨被当作附跨的刚性支承，忽略 C 点的水平位移后，它成为附跨的固定铰支座，得到图 9-11b 的计算简图。在荷载 q 的作用下，求得附跨的内力和支座 C 的反力 F_{Cx}、F_{Cy}。主跨计算简图如图 9-11c 所示，主跨除本身荷载 F_P 作用外，还在 C 点承受附跨传来的力 F_{Cx}、F_{Cy}，由此求得主跨内力。

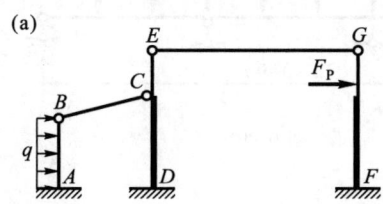

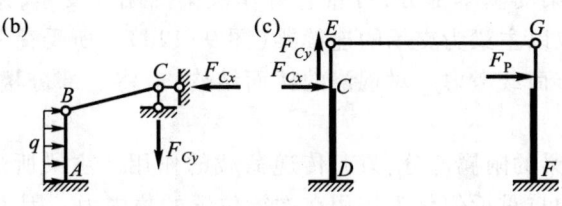

图 9-11

三、肋形楼盖简化

图 9-12a 所示由板、梁、柱组成的结构体系称为肋形梁板结构,常用作房屋结构的屋盖、楼盖以及水池顶盖。这种采用混凝土现场浇筑的结构,板、梁、柱形成一个整体。考虑在一般情况下,板的刚度比次梁小,次梁的刚度又比主梁小。因此,可将板看作次梁的附属部分,又把板和次梁看作主梁的附属部分。整个体系可分解为板、次梁和主梁几类构件分开进行计算。

根据图 9-12b 所示的结构布置,板按单向板计算,板上荷载主要沿短跨方向传给次梁。次梁是板的基本部分,可作为板的刚性支承,忽略次梁较小的抗扭刚度后可将其简化为链杆支座。据此,板的计算简图取为以次梁为支承的连续梁(图9-12c),此梁即为单位宽度的板带,承受此板带上的均布荷载。

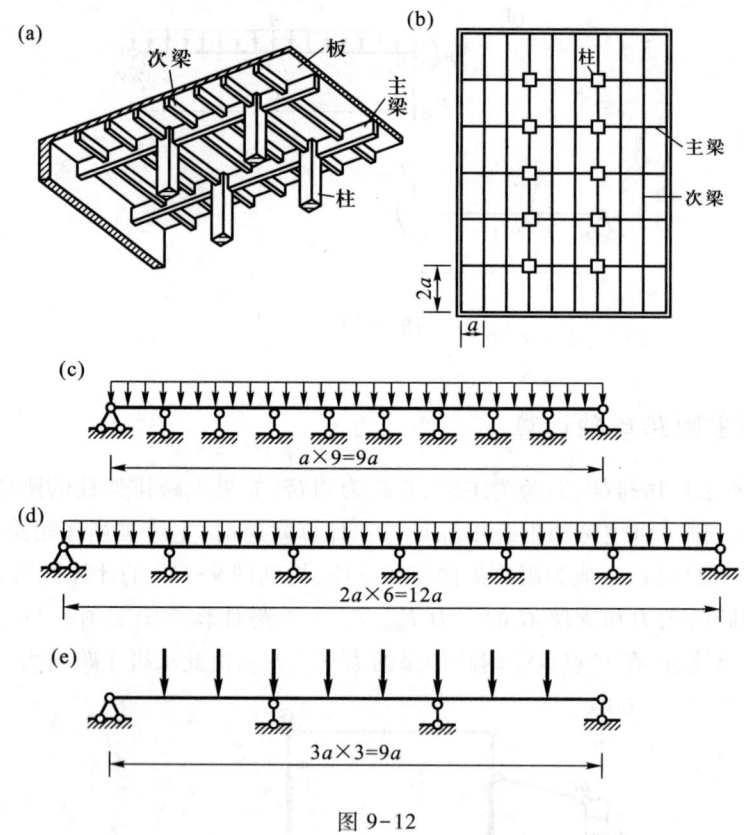

图 9-12

分析次梁时,楼面如采用预制结构,可将板看作次梁的附属部分,它只传递荷载,不起约束作用。主梁是次梁的基本部分,可将它看作次梁的刚性支承,忽略主梁的抗扭刚度后,次梁的计算简图取以主梁为支承的连续梁(图 9-12d)。所受荷载包括板传来的荷载和次梁的自重,按均布荷载考虑。对现浇的楼面结构,应将一部分楼板视为梁截面,参与次梁的工作。

板和次梁都是主梁的附属部分,只起传递荷载的作用。主梁所受荷载主要是由次梁传来的集中力,主梁的自重近似化为作用在次梁位置的集中力。因主梁与柱属整体浇筑,其内力按刚架计算较为合理。如果柱的抗弯刚度比主梁的抗弯刚度小很多,则可把柱看作主梁的铰支座,主梁仍可按连续梁计算(图 9-12e)。

实际计算表明,只要主梁的线刚度 i_1 与次梁的线刚度 i_2 的比值大于 $8(i_1/i_2>8)$,则以上简化分析的计算精度已能满足设计要求。

§9-5 忽略次要变形

将结构在荷载作用下产生的变形分为主要变形和次要变形,并将次要变形略去不计,这是对结构简化分析的又一有效途径。以前各章已多次采用这一方法。例如,在计算梁和刚架的位移时,常略去剪切变形和轴向变形,而只考虑弯曲变形的影响;用位移法和力矩分配法计算超静定梁和刚架的内力时,只考虑弯曲变形使计算大为简化。忽略剪切变形或轴向变形,实质上就是假设杆件的抗剪刚度或抗拉(压)刚度为无限大。

下面再从几个方面对忽略次要变形的简化方法作进一步说明。

一、在局部荷载作用下忽略连续梁和无侧移刚架远处的变形

1. 图 9-13a、b、c 所示为各跨跨度和截面都相同的两跨、三跨、四跨连续梁在左端 A 作用单位力偶时的弯矩图。由图可知,相邻支座弯矩的传递系数约为 $\frac{1}{4}$,经两次传递后,弯矩值已降至原值的 7% 左右。这说明,荷载对两跨以外的影响已经很小,可以忽略不计。因此,对于任意跨数的连续梁,如果只有一跨承受荷载,则只需近似地取出该跨和它左右各两跨的五跨连续梁来计算。

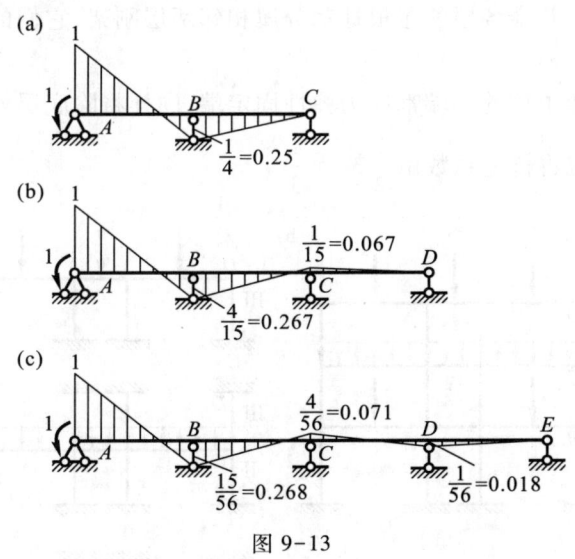

图 9-13

2. 图 9-14a 为一多跨多层无侧移刚架,只在 AB 梁承受局部荷载。由于远处变形迅速减小,故可只取 AB 梁及其相邻梁柱组成的部分(图 9-14b)进行计算。考虑到图 9-14b 所示双十字刚架各梁柱的远端结点有一定弹性而非完全固定,可将除 AB 外其余各杆的线刚度按 0.9 折减,并将传递系数由 $\frac{1}{2}$ 改为 $\frac{1}{3}$ 以作修正。

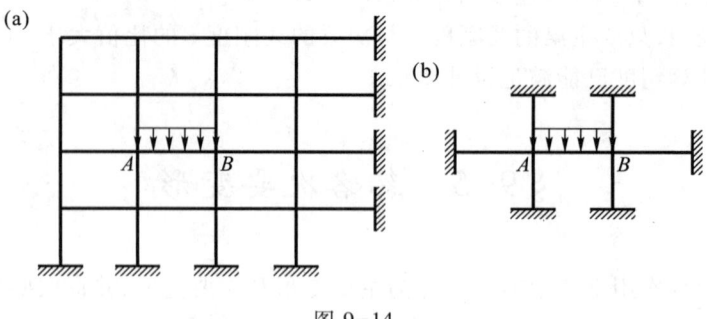

图 9-14

二、在竖向荷载作用下忽略刚架的侧移

刚架在竖向荷载作用下,由于侧移值一般较小可略去不计,将原刚架简化成一个无结点线位移的刚架,采用力矩分配法计算十分简便。一般说来,凡刚架跨数较多、接近对称或横梁相对刚度较大,在竖向荷载作用下,常可略去刚架侧移的影响。

为进一步简化分析,利用上述结论,对承受竖向荷载的多跨多层刚架,工程上常用分层计算法,其近似假定和解题要点可概括为:

(1) 忽略侧移影响,用力矩分配法计算;

(2) 忽略每层梁所受竖向荷载对其他各层的影响,将多层刚架分解,逐层单独进行计算。

例如图 9-15a 所示刚架受竖向荷载作用,按分层法可分为图 9-15b 所示的三个刚架进行计算。除底层外,其余各层的每根柱都分属相邻两层刚架,它们的弯矩应由两部分计算结果叠加得出。

此外,各分层刚架中柱的远端都应为弹性固定端,同样将除底层外其余各层柱的线刚度按 0.9 折减,并相应将传递系数由 $\frac{1}{2}$ 改为 $\frac{1}{3}$。

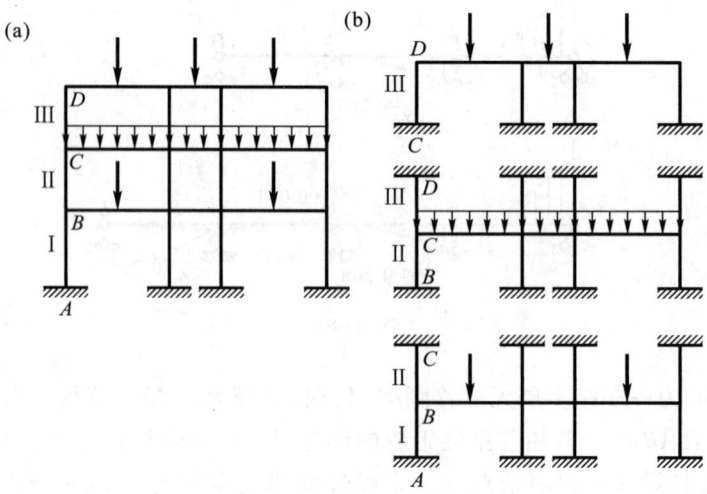

图 9-15

分层计算法所得弯矩在各刚结点上虽不平衡,但一般误差不是很大。如有必要,可对各结点的不平衡力偶作一次分配,但不再传递。

三、在水平荷载作用下忽略刚架的结点转角

承受水平结点荷载的多跨多层刚架,如果横梁刚度比立柱刚度大得多,则刚架变形时的水平位移是主要位移,而结点转角是次要位移。此时刚架各立柱剪力沿杆长不变,其弯矩图都是直线。反弯点法是计算这种刚架常用的近似方法。

忽略刚架次要位移,不计各结点转角,由转角位移方程可知,各层立柱上下两端弯矩相等,反弯点位于柱的中点。但对于底层各柱,下端固定时假定其反弯点位于柱的 $\frac{2}{3}$ 高度处。只要将各柱剪力求出,利用反弯点的已知位置,不难求得各柱端弯矩。

例如图 9-16a 所示刚架,为求得某一层各柱剪力,可用一截面将该层各柱截断,考虑截面以上部分刚架的平衡条件(图 9-16b 所示,图中未标出柱端弯矩),可得

$$\sum F_Q = \sum F_P \tag{a}$$

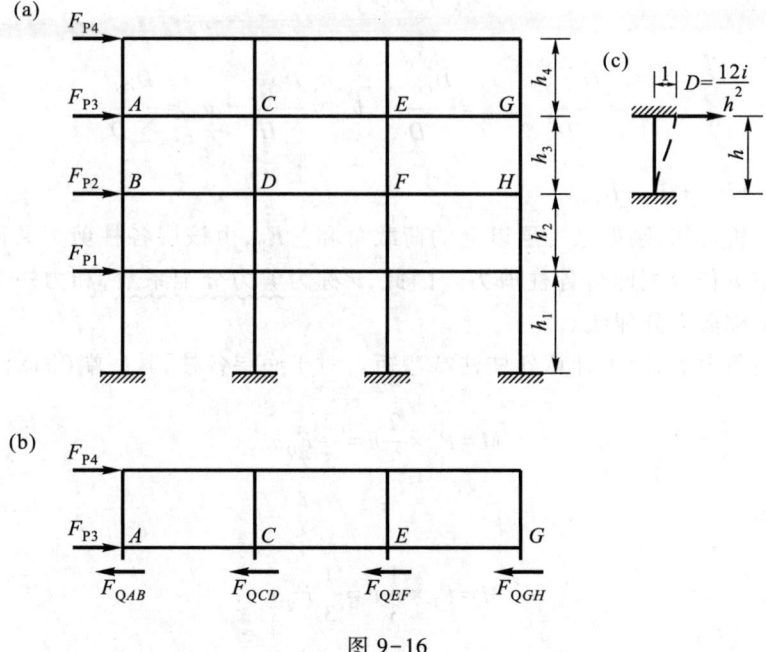

图 9-16

式中 $\sum F_Q$ 表示该层各柱的剪力总和;$\sum F_P$ 表示截面以上所有水平荷载之和,以向右为正。即

$$\sum F_Q = F_{QAB} + F_{QCD} + F_{QEF} + F_{QGH}, \quad \sum F_P = F_{P3} + F_{P4} \tag{b}$$

因同层各柱有相同的相对侧移 Δ 且不计两端转角,则上述各柱剪力为

$$\left.\begin{aligned} F_{QAB} &= \frac{12i_{AB}}{h_3^2}\Delta = D_{AB}\Delta \\ F_{QCD} &= \frac{12i_{CD}}{h_3^2}\Delta = D_{CD}\Delta \\ F_{QEF} &= \frac{12i_{EF}}{h_3^2}\Delta = D_{EF}\Delta \\ F_{QGH} &= \frac{12i_{GH}}{h_3^2}\Delta = D_{GH}\Delta \end{aligned}\right\} \quad (c)$$

式中 $D = \dfrac{12i}{h^2}$ 称为立柱的<u>侧移刚度</u>，即立柱两端产生单位相对侧移但均无转角时的剪力（图9-16c）。由式（a）~（c）可解得

$$\left.\begin{aligned} F_{QAB} &= \nu_{AB}\sum F_P \\ F_{QCD} &= \nu_{CD}\sum F_P \\ F_{QEF} &= \nu_{EF}\sum F_P \\ F_{QGH} &= \nu_{GH}\sum F_P \end{aligned}\right\} \quad (9-1)$$

式中

$$\nu_{AB} = \frac{D_{AB}}{\sum D}, \quad \nu_{CD} = \frac{D_{CD}}{\sum D}, \quad \nu_{EF} = \frac{D_{EF}}{\sum D}, \quad \nu_{GH} = \frac{D_{GH}}{\sum D} \quad (9-2)$$

而 $\sum D = D_{AB} + D_{CD} + D_{EF} + D_{GH}$

由上述分析可知，刚架某一层以上的荷载总和 $\sum F_P$，由该层各柱剪力共同维持平衡，将荷载 $\sum F_P$ 按 ν 值分配即得各柱剪力。因此，ν 称为<u>剪力分配系数</u>，和力矩分配法类似，故反弯点法又称剪力分配法。

求出立柱剪力后，即可计算各柱柱端弯矩。对于底层各柱，其底端（固定端）弯矩为

$$M = F_Q \times \frac{2}{3}h = \frac{2}{3}F_Q h$$

其顶端弯矩为

$$M = F_Q \times \frac{1}{3}h = \frac{1}{3}F_Q h$$

其他各层立柱的上、下端弯矩均为

$$M = \frac{1}{2}F_Q h$$

求得各立柱柱端弯矩后，横梁杆端弯矩可由结点的力矩平衡条件确定。对于中间结点，可先将与该结点相连的柱端弯矩的总和求出，再按两侧横梁的线刚度加以分配。例如结点 C（图9-16），左侧横梁的杆端弯矩 M_{CA} 和右侧横梁的杆端弯矩 M_{CE} 分别为

$$M_{CA} = -\frac{i_{CA}}{i_{CA}+i_{CE}}M_C, \quad M_{CE} = -\frac{i_{CE}}{i_{CA}+i_{CE}}M_C$$

式中 M_C 为结点 C 处上、下柱柱端弯矩之和。

一般多跨多层刚架梁柱的线刚度比值 $(i_b/i_c) \geq 3$，即属强梁弱柱，可采用反弯点法作近似计算。

§9-6 小结与讨论

计算简图的选取和结构的简化分析并非单纯的力学问题，也不是单靠知识传授就可获得的能力，它更多地依赖工程实践和经验累积，本章只是提供了前人经验和可作参考的基本思路。

弹性支承概念的引入和主次内力的讨论，既是后续内容的要求，也使我们对支座和结点的认识向工程实际靠近了一步。把空间结构化为平面结构，使对空间构筑物的计算成为可能。将板壳结构简化为交叉体系，是将未知领域化为已知内容求解的范例。而根据结构各组成部分的相对刚度，近似划分基本部分和附属部分，则可按照"强者多劳"的原则，明确受力顺序，简化求解途径。忽略次要变形，更成为许多近似方法的计算基础。

和第一章所述相同，在上述分析过程中始终贯穿两条原则：一是符合实际，即所有的简化一定要符合结构受力和变形的实际；二是分清主次，不仅要抓住主要矛盾，而且要学会舍弃次要因素，判断简化计算所得结果的近似程度。根据是否在计算简图基础上另行附加某些假定，通常把力法、位移法归于精确法，而将分层计算法、反弯点法称为近似法。

习 题

9-1~9-2 试用近似法计算图示刚架各杆端的弯矩。

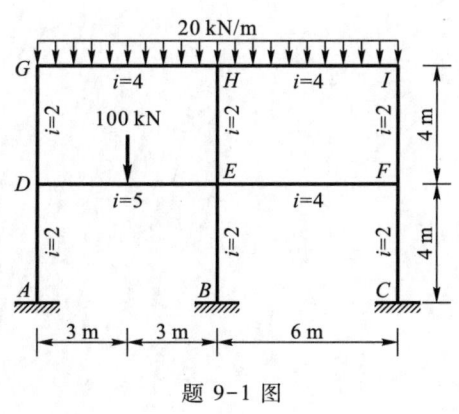

题 9-1 图

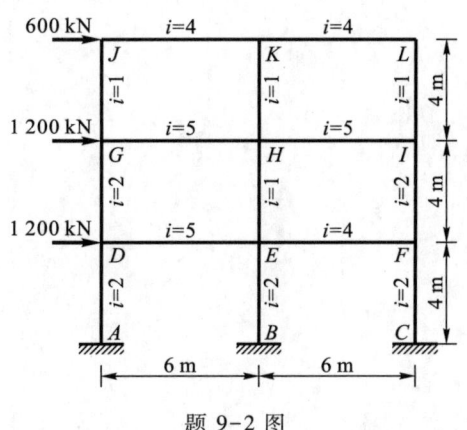

题 9-2 图

习题部分答案

9-1 $M_{DG} = 24.13$ kN·m(内侧受拉), $M_{DE} = 44.04$ kN·m(上侧受拉), $M_{EF} = 29.12$ kN·m(上侧受拉)

9-2 $M_{KJ} = 200$ kN·m(上侧受拉), $M_{IH} = 1\,840$ kN·m(上侧受拉), $M_{ED} = 1\,141$ kN·m(上侧受拉), $M_{AD} = 2\,667$ kN·m(外侧受拉)

第4篇 专 题

第十篇　寺 院

第十章 结构动力分析

§10-1 结构动力分析的基本概念

一、动力分析特点

前述各章讨论结构在静力荷载作用下的计算,主要研究结构处于静力平衡位置时荷载对结构的影响,其特点是荷载的大小、方向和作用点以及所产生的内力、位移等均不随时间发生变化。但实际工程中,绝大多数荷载都是随时间变化的动力荷载。在其作用下,结构的内力、位移等将随时间发生变化。研究动力荷载下结构内力、位移的时间历程(简称结构的动力反应)是本章的主要内容。

动力计算由于考虑结构因振动而产生的惯性力和阻尼力,因而比静力计算复杂得多。为简化计算,工程上往往将那些使结构产生振动很小,以致其惯性力可以略去不计的荷载视为静力荷载,不按动力荷载考虑。这说明区分静力荷载和动力荷载,并不单纯着眼于荷载本身,更看重对结构产生的影响。现在只将那种不仅随时间变化而且使结构产生较大振动影响的荷载视为动力荷载。

研究动力荷载作用下结构的计算原理和方法具有十分重要的意义。例如,在现代高层厂房设计中如何防止机器振动带来的影响,以及在房屋结构中如何考虑对地震的设防等,都需要对动力荷载的影响作深入研究。首先,要确定结构在动力荷载作用下可能产生的最大内力,将其作为设计时强度计算的依据;其次,还需求出结构在动力荷载作用下的最大位移、速度和加速度,使其不超过规范的允许值,以避免振动对人体健康、生产过程和建筑物自身造成有害影响。

结构动力分析包括实验研究和理论分析两个方面。实验研究不仅是理论分析的基础,而且在发展初期还是解决实际问题的主要手段,即使在理论分析和计算工具已逐步完善的今天,对于一些大型复杂的重要工程,实验仍是一种检验和改善设计不可缺少的手段。

在理论分析方面,首先要建立数学模型,然后设法求解。由于结构的质量连续分布,属于无限自由度体系,其振动方程为同时含有截面位置坐标和时间的偏微分方程,除少数简单结构可求得解析解外,绝大多数结构都需采用离散化的方法,将其转化为多自由度体系,再建立只以时间为自变量的常微分方程求解。结构在受迫振动时的动力反应不仅与外部激励有关,而且还与结构本身的动力特性(自振频率、振型和阻尼)有关,研究结构自振特性的自由振动也成为动力计算中一个重要组成部分。归纳起来,结构的动力计算分为两大类,即自由振动(结构自身的动力特性)和受迫振动(结构受激励后的动力反应)。

二、动力荷载分类

动力荷载有时称为干扰力,它是影响结构的外在激励。根据其变化规律及作用特点分为以下几类:

1. 简谐荷载

按正弦函数或余弦函数变化的周期荷载称为简谐荷载,它是工程中最常见的动力荷载。例如图 10-1 所示匀速回转机械,其上偏心质量 m 产生的离心力为 $F_P(t) = mr\theta^2$,它的垂直分力 $F_P \sin\theta t$ 和水平分力 $F_P \cos\theta t$ 就是简谐荷载。

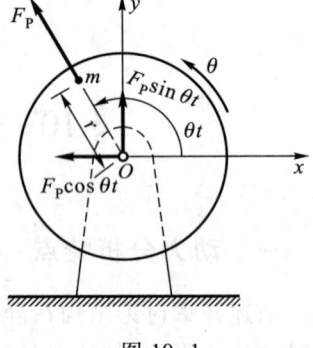

2. 一般周期荷载

是指除简谐荷载以外其他形式的周期荷载。例如图 10-2a 所示曲柄连杆机构(如柴油机、活塞式空气压缩机等)匀速旋转时,其水平干扰力 $F_P(t)$ 的变化规律即为图 10-2b 所示的周期性多波形。

图 10-1

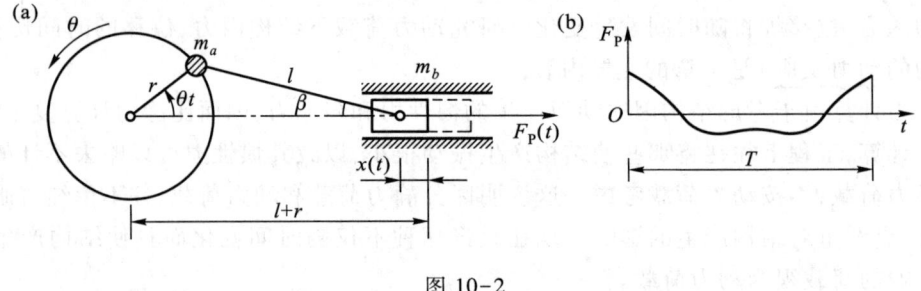

图 10-2

3. 冲击荷载

这类荷载的特点是在很短的时间内,荷载值急剧增大或急剧减小。例如,锻锤对基础的撞击作用以及如图 10-3 所示爆炸型荷载都属于这类荷载。因为在冲击荷载作用下,结构很快达到它的最大反应值,由于阻尼所吸收的能量不大,所以阻尼对这类荷载动力反应的影响相对较小。

4. 随机荷载

这类荷载不仅随时间作复杂变化,而且在基本条件不变的情况下,荷载历程不会重现同一波形,因而不可能对荷载

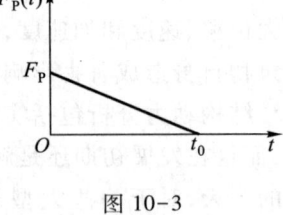

图 10-3

与时间的函数关系作出准确的数学描述。换句话说,它在将来某一时刻的数值是不能预先确定的,因而又有非确定性荷载之称。例如,地震力、风荷载就属于此类荷载,其中地震力就是根据地震时地面运动加速度换算出的干扰作用。

三、振动自由度

动力计算要考虑惯性力的作用,而惯性力又与结构质点的质量运动情况有关,所以确定结构上质量在运动中的位置具有重要意义。由此,把确定运动中任一时刻体系上质量位置所需全部独立参变数的数目称为该体系的振动自由度。

例如图 10-4a 所示简支梁，跨中安置了一台电动机。当梁本身的质量远小于电动机质量时，可不计梁本身的质量，而取图 10-4b 所示的只考虑电动机质量 m 的计算简图。如果不计梁的轴向变形并略去质量 m 所在截面的转动惯性[①]，则质量 m 的位置仅由竖向位移 y 即可确定，故其振动自由度等于 1。这种体系称为<u>单自由度体系</u>。同理，图 10-5 所示体系的自由度也等于 1。因为梁上虽有三个质量，但它们的位置仅由一个几何参变数 α 便可确定。

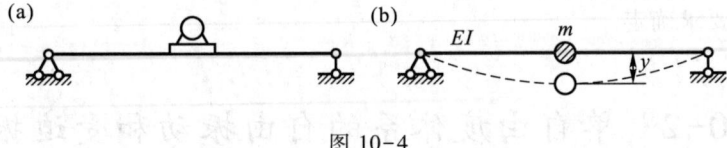

图 10-4

再如图 10-6 所示三层刚架，当考虑结构在水平力作用下做水平振动时，其楼面沿竖向的振动较小，可略去不计，再假定各柱的质量分别集中在柱两端，并忽略刚架各杆的轴向变形，则其振动自由度为 3。凡具有两个及两个以上且为有限数目自由度的体系称为<u>多自由度体系</u>。单自由度体系、多自由度体系均属<u>有限自由度体系</u>。

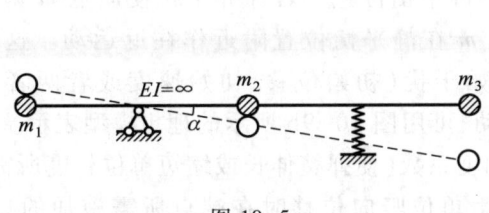

图 10-5

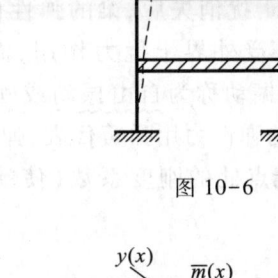

图 10-6

图 10-7 为具有连续分布质量的体系，可将其视为具有无限多个质点，而各个质点的位移又互相独立，故其振动自由度有无限多个，这种体系称为<u>无限自由度体系</u>。凡属需要考虑杆件本身质量的结构都是无限自由度体系。严格地说，一切弹性体系都是无限自由度体系，但在一定条件下，可将其转化为有限自由度体系研究。

把一个无限自由度体系简化为有限自由度体系，除利用上述集中质量概念，将分布质量集中到有限个质点，并以判断质点独立线位移的方法（§6-2）确定其振动自由度外，还可假设近似振动曲线将无限自由度体系化简。例如图 10-8 所示具有分布质量的烟囱，可以假设它的振动曲线为

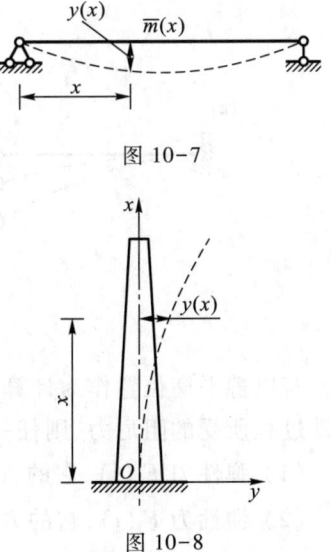

图 10-7

图 10-8

[①] 当不考虑质量 m 所在截面的转动惯性时，可把该质量视为质点。今后，如不特别说明，行文中对二者不加区分，并将所有质量均按质点考虑，不计与质量转动（角位移）相关的振动自由度。但应注意，质量的转动会对体系的振动产生影响（见思考题 6）。

$$y(x) = \sum_{k=1}^{n} a_k \varphi_k(x) = \sum_{k=1}^{n} a_k x^{k+1} = a_1 x^2 + a_2 x^3 + \cdots + a_n x^{n+1}$$

式中 $\varphi_1(x) = x^2$、$\varphi_2(x) = x^3$、$\cdots$、$\varphi_n(x) = x^{n+1}$ 为满足位移边界条件 $y|_{x=0} = 0$ 和 $\dfrac{dy}{dx}\bigg|_{x=0} = 0$ 的已知函数(称为形状函数),$a_1, a_2, \cdots, a_n$ 为待定参数(称为广义坐标)。显然,原体系的振动可借助这 n 个参数反映,于是原体系的振动自由度就由无限多个简化为 n 个,而 n 的多少可根据计算要求确定。

§10-2 单自由度体系的自由振动和受迫振动

单自由度体系的动力分析既是对实际工程问题的简化处理,又是多自由度体系动力分析的基础。

一、自由振动

图 10-9a 所示质量为 m(梁本身质量略去不计)的单自由度体系,当未受外界干扰时,梁在质点重力作用下处于虚线所示的静平衡位置。若外界干扰使质点 m 偏离静平衡位置,在干扰消失后,梁的弹性使质点 m 在静平衡位置附近作往返运动。这种在运动过程中不受外界干扰力作用,而由初始干扰(初始位移、初始速度或者两者共同作用)引起的振动称为自由振动或固有振动,可用图 10-9b 所示的理想模型表示。梁对质点 m 提供的弹性力用弹簧代表,弹簧的刚度系数(使弹簧伸长或缩短单位长度所需的力)应与梁在端点处的刚度系数(使端点产生单位竖向位移时在端点所需施加的集中力)相等。

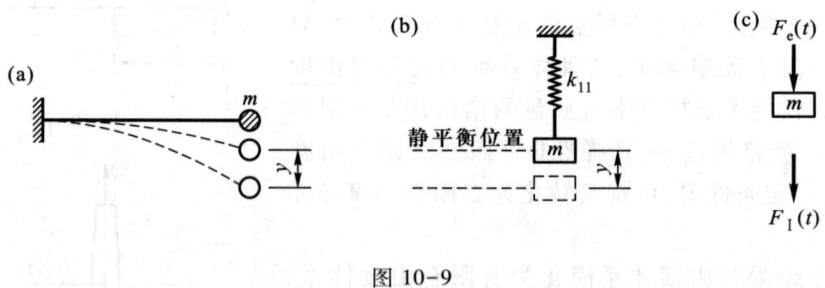

图 10-9

若以静平衡位置作为计算位移的起点,取质点 m 为隔离体,如图 10-9c 所示。略去振动过程所受的阻尼力,则任一瞬时作用在质点 m 上的力为:

(1) 弹性力 $F_e(t)$,它的方向恒与位移 $y(t)$ 方向相反,其值为 $F_e(t) = -k_{11} y(t)$;

(2) 惯性力 $F_I(t)$,它的方向恒与加速度 $\ddot{y}(t)$ 方向相反,其值为 $F_I(t) = -m\ddot{y}(t)$。

根据达朗贝尔原理可列出动力平衡方程 $F_I(t) + F_e(t) = 0$,即

$$m\ddot{y} + k_{11} y = 0 \tag{10-1}$$

式(10-1)即为单自由度体系无阻尼时的自由振动微分方程。若建立方程以静平衡位置作为位移起点,则所得方程与重力无关。

以上建立质点 m 在任一瞬时的动力平衡方程,属于应用刚度系数 k_{11} 的刚度法。对于不便计算刚度系数的体系,也可用柔度法根据位移条件建立振动方程。设以 δ_{11} 表示弹簧的柔度系数(在单位力作用下所产生的位移),则质点 m 的动位移 $y(t)$ 可视为由惯性力引起,其位移方程为

$$y(t) = F_1(t)\delta_{11} = -m\ddot{y}\delta_{11} \tag{a}$$

由于 $\delta_{11} = \dfrac{1}{k_{11}}$,对式(a)稍加整理即可得式(10-1)。两种方式所得的振动微分方程一致,只是建立方程的着眼点有所不同。

将式(10-1)改写为

$$\ddot{y} + \omega^2 y = 0 \tag{10-2}$$

式中

$$\omega = \sqrt{\dfrac{k_{11}}{m}} \tag{10-3}$$

式(10-2)是一个常系数二阶线性齐次微分方程,其通解为

$$y(t) = B\cos\omega t + C\sin\omega t \tag{b}$$

式中积分常数 B、C 由初始条件(初干扰)确定。设初始时刻 $t = 0$ 时,$y(0) = y_0$(初位移),$\dot{y}(0) = v_0$(初速度),则由式(b)可求出

$$B = y_0, \quad C = v_0/\omega$$

于是,位移 $y(t)$ 的表达式可写为

$$y(t) = y_0\cos\omega t + \dfrac{v_0}{\omega}\sin\omega t \tag{10-4}$$

若令

$$y_0 = A\sin\varphi, \quad \dfrac{v_0}{\omega} = A\cos\varphi \tag{c}$$

则式(10-4)还可改写为单项形式

$$y(t) = A\sin(\omega t + \varphi) \tag{10-5}$$

式中 A 和 φ 可由式(c)求得为

$$A = \sqrt{y_0^2 + \left(\dfrac{v_0}{\omega}\right)^2}, \quad \varphi = \arctan\dfrac{y_0\omega}{v_0} \tag{10-6}$$

由式(10-5)可知,无阻尼的自由振动是简谐振动,式中 A 表示质点 m 的最大动位移,称为振幅,φ 称为初相角,$(\omega t + \varphi)$ 称为相位角。

式(10-5)等号右方是一个周期函数,其周期为

$$T = \dfrac{2\pi}{\omega} \tag{10-7}$$

不难验证

$$y(t) = y(t+T), \quad \dot{y}(t) = \dot{y}(t+T)$$

这表明在自振过程中,每经过一段时间 T 后,质点又重复原来的运动,因此 T 被称为结构的自振周期。

自振周期的倒数称为工程频率 f。

$$f = \frac{1}{T} = \frac{\omega}{2\pi} \qquad (10\text{-}8)$$

表示每秒的振动次数,其单位为赫兹(Hz),1 Hz = 1 s^{-1}。

由式(10-8)可知

$$\omega = 2\pi f = \frac{2\pi}{T} \qquad (10\text{-}9)$$

表示 2π 秒内的振动次数,称为自振频率或圆频率,简称频率。

根据式(10-3),可给出结构自振频率 ω 的计算公式

$$\omega = \sqrt{\frac{k_{11}}{m}} = \sqrt{\frac{1}{m\delta_{11}}} \qquad (10\text{-}10)$$

则结构自振周期 T 的计算公式为

$$T = \frac{2\pi}{\omega} = 2\pi \sqrt{\frac{m}{k_{11}}} = 2\pi \sqrt{m\delta_{11}} \qquad (10\text{-}11)$$

式中 k_{11} 和 δ_{11} 是结构沿质点振动方向的刚度系数和柔度系数。结构的自振周期和频率是结构动力特性中很重要的指标,它们只与结构的质量和刚度有关,而与外界干扰无关。计算时采用 δ_{11} 还是 k_{11} 要从结构实际情况出发,扬长避短,选取合适的方法。

【例 10-1】 悬臂梁长度 $l = 1$ m,其末端有一质量 $m = 123$ kg 的发动机(图 10-10),该梁用 8 号工字钢($I = 78$ cm^4)制成,钢材的弹性模量 $E = 2.058 \times 10^5$ MPa,梁的自重略去不计,试求自振频率和周期。

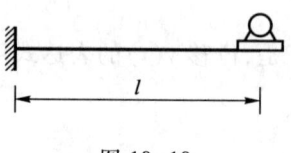

图 10-10

解:$\delta_{11} = \dfrac{l^3}{3EI}$

$$\omega = \sqrt{\frac{1}{m\delta_{11}}} = \sqrt{\frac{3EI}{ml^3}} = \sqrt{\frac{3 \times 2.058 \times 10^{11} \text{ Pa} \times 78 \times 10^{-8} \text{ m}^4}{123 \text{ kg} \times (1 \text{ m})^3}} = 62.57 \text{ s}^{-1}$$

相应

$$T = \frac{2\pi}{\omega} = \frac{2 \times 3.1416}{62.57 \text{ s}^{-1}} = 0.1 \text{ s}$$

【例 10-2】 图 10-11 为三种不同支承的单跨梁,EI = 常数,梁中点有一集中质量 m。当不考虑梁的质量时,试比较三者的自振频率。

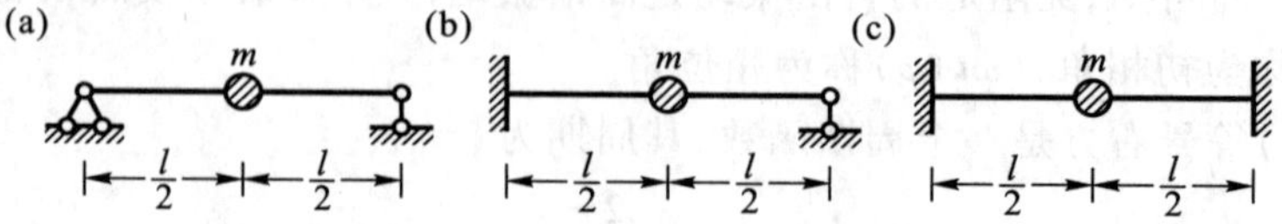

图 10-11

解:按求位移的方法计算三者的柔度系数分别为

$$\delta_{11} = \frac{l^3}{48EI}, \quad \delta_{11} = \frac{7l^3}{768EI}, \quad \delta_{11} = \frac{l^3}{192EI}$$

按式(10-10)即可求得自振频率分别为

$$\omega_a = \sqrt{\frac{48EI}{ml^3}}, \quad \omega_b = \sqrt{\frac{768EI}{7ml^3}}, \quad \omega_c = \sqrt{\frac{192EI}{ml^3}}$$

三者比较 $\omega_a : \omega_b : \omega_c = 1 : 1.512 : 2$，请读者从三种梁的刚度差异作进一步思考，并尝试用刚度法求解。

【例 10-3】 试求图 10-12a 所示刚架的自振频率。略去柱的质量。

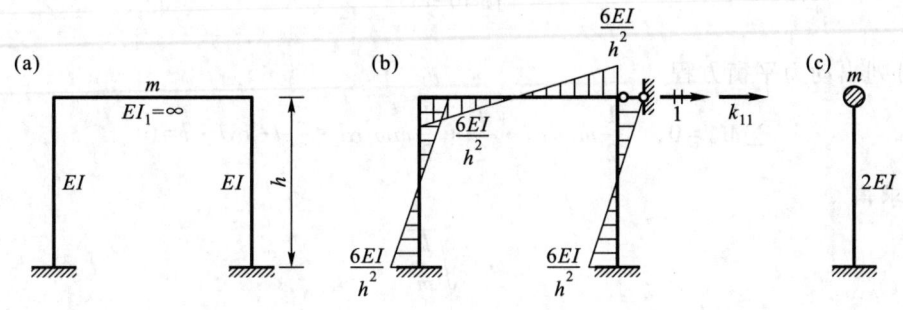

图 10-12

解：不计轴向变形时，横梁各质点的水平位移相同，故属于单自由度体系。作刚架横梁发生单位水平位移时的弯矩图如图 10-12b 所示，根据横梁的平衡条件可求得刚架的刚度系数

$$k_{11} = \frac{24EI}{h^3}$$

代入式（10-10），即得

$$\omega = \sqrt{\frac{k_{11}}{m}} = \sqrt{\frac{24EI}{mh^3}}$$

试计算图 10-12c 所示体系的自振频率，并找出不能将图 10-12a 体系作此简化的原因（提示：两者振动曲线的形状并不相同）。

对简谐振动作进一步分析，由式（10-5）可得

$$\ddot{y}(t) = -A\omega^2 \sin(\omega t + \varphi)$$

故

$$F_I(t) = -m\ddot{y}(t) = mA\omega^2 \sin(\omega t + \varphi)$$

表明无阻尼自由振动中，位移 $y(t)$、加速度 $\ddot{y}(t)$ 和惯性力 $F_I(t)$ 同作按正弦规律变化且相角相同的运动，三者同时达到各自的最大值（称为**幅值**），即当 $\sin(\omega t + \varphi) = 1$ 时，有

$$y^0 = A, \quad \ddot{y}^0 = -\omega^2 A, \quad F_I^0 = m\omega^2 A \tag{10-12}$$

利用此特性，在它们达到幅值时建立振动方程，此时方程中将不再包含时间 t，从而变微分方程为代数方程，使计算得到简化。

【例 10-4】 试求图 10-13a 所示体系的自振频率。

解：设该体系振动时转角的幅值为 α（图 10-13b）。当位移达到幅值时，质点 m_1 和 m_2 上的惯性力也同时达到幅值，由式（10-12）可求得

$$F_{I1}^0 = m_1 \omega^2 A_1 = \frac{1}{2} m \omega^2 \alpha l, \quad F_{I2}^0 = m_2 \omega^2 A_2 = \frac{m}{3} \omega^2 \cdot \frac{3\alpha l}{2} = \frac{1}{2} m \omega^2 \alpha l$$

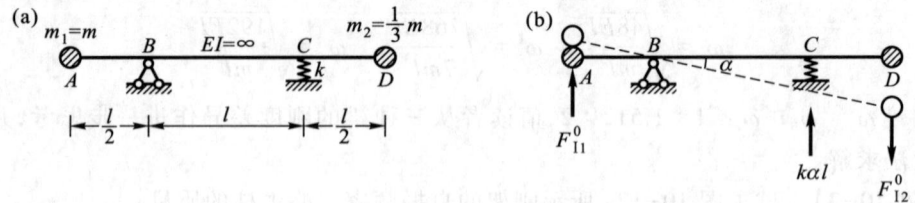

图 10-13

此时,可列出动力平衡方程

$$\sum M_B = 0, \quad \frac{1}{2}m\omega^2\alpha l \cdot \frac{l}{2} + \frac{1}{2}m\omega^2\alpha l \cdot \frac{3}{2}l - k\alpha l \cdot l = 0$$

由此可求得

$$\omega = \sqrt{\frac{k}{m}}$$

二、受迫振动

受迫振动是指体系在干扰力 $F_P(t)$ 作用下所产生的振动。图 10-14a 所示为单自由度体系作受迫振动的模型,由图 10-14b 所示隔离体,可列出振动微分方程为

$$m\ddot{y} + k_{11}y = F_P(t)$$

或写成

$$\ddot{y} + \omega^2 y = \frac{F_P(t)}{m} \tag{10-13}$$

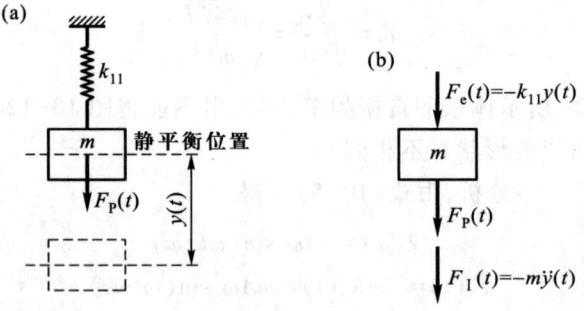

图 10-14

1. 简谐荷载

干扰力为简谐荷载,设其表达式为

$$F_P(t) = F_P \sin\theta t \tag{d}$$

式中 θ 为简谐荷载的圆频率,F_P 为简谐荷载的最大值(干扰力幅值)。将式(d)代入式(10-13)得

$$\ddot{y} + \omega^2 y = \frac{F_P}{m}\sin\theta t \tag{e}$$

这一非齐次微分方程的通解由两部分组成:

$$y = \bar{y} + y^*$$

对应齐次方程的通解 $\bar{y}$ 已求出为

$$\bar{y} = B\cos \omega t + C\sin \omega t$$

设其特解为

$$y^* = D\sin \theta t \tag{f}$$

将式(f)代入式(e),得

$$(-\theta^2 + \omega^2)D\sin \theta t = \frac{F_P}{m}\sin \theta t$$

由此得

$$D = \frac{F_P}{m(\omega^2 - \theta^2)}$$

故

$$y^* = \frac{F_P}{m(\omega^2 - \theta^2)}\sin \theta t$$

于是式(e)的通解为

$$y(t) = B\cos \omega t + C\sin \omega t + \frac{F_P}{m(\omega^2 - \theta^2)}\sin \theta t \tag{g}$$

式中积分常数 B、C 由初始条件确定。设 $t=0$ 时的初始位移和初始速度均为零,则由式(g)可得

$$B = 0, \quad C = -\frac{F_P}{m(\omega^2 - \theta^2)} \cdot \frac{\theta}{\omega}$$

代入式(g)即得受迫振动微分方程在初位移和初速度均为零时的解为

$$y(t) = -\frac{F_P}{m(\omega^2 - \theta^2)} \cdot \frac{\theta}{\omega}\sin \omega t + \frac{F_P}{m(\omega^2 - \theta^2)}\sin \theta t \tag{10-14}$$

组成它的两部分中:第一部分按自振频率 ω 振动,它伴随干扰力作用产生,称为<u>伴生自由振动</u>,由于实际振动存在阻尼(参看§10-3),它将很快衰减;第二部分按干扰力频率 θ 振动,振幅和频率都是恒定的。将两种振动同时存在的开始阶段称为<u>过渡阶段</u>,将伴生自由振动衰减后的阶段称为<u>平稳阶段</u>,此时只剩下按干扰力频率的振动称为<u>纯受迫振动</u>或<u>稳态受迫振动</u>。

以下只讨论纯受迫振动,此时有

$$y(t) = \frac{F_P}{m(\omega^2 - \theta^2)}\sin \theta t = \frac{F_P}{\left(1 - \frac{\theta^2}{\omega^2}\right)} \cdot \frac{1}{m\omega^2}\sin \theta t \tag{h}$$

由于

$$\omega^2 = \frac{k_{11}}{m} = \frac{1}{m\delta_{11}}$$

故

$$\frac{F_P}{m\omega^2} = F_P \delta_{11} = y_{st} \tag{i}$$

式中 y_{st} 为将干扰力幅值 F_P 视为静力荷载作用于体系所引起的位移。将式(i)代入式(h)得

$$y(t) = y_{st}\frac{1}{1 - \frac{\theta^2}{\omega^2}}\sin \theta t \tag{10-15}$$

令

$$\mu = \frac{1}{1 - \frac{\theta^2}{\omega^2}} = \frac{1}{1 - \beta^2} \tag{10-16}$$

式中 $\beta = \dfrac{\theta}{\omega}$ 称为频比。则式(10-15)可改写为

$$y(t) = y_{st}\mu\sin\theta t = y^0\sin\theta t \tag{10-17}$$

式中 $y^0 = \mu y_{st}$ 为简谐荷载作用下动位移的幅值,它等于静位移 y_{st} 乘以系数 μ,故称 μ 为位移动力系数。与位移动力系数相似,同样可以定义内力动力系数。

值得指出,只有干扰力作用于质点的单自由度体系,位移和内力才按同一比例变化,位移动力系数与内力动力系数完全相同,可以不作区分统称为动力系数。对于多自由度体系,不仅位移动力系数与内力动力系数不相同,而且不同截面上的同类动力系数也各不相同(见例10-11),故不能采用统一的动力系数计算动力反应。

为说明单自由度体系在简谐荷载作用下的动力反应,现进一步分析动力系数的变化规律。

(1) 当 $\theta \ll \omega$,即 $\beta \to 0$ 时,$\mu \to 1$

此时结构的动力反应与干扰力幅值产生的静力反应趋于一致,可将简谐荷载视为与其幅值相应的静力荷载。

(2) 当 $\theta < \omega$,即 $\beta < 1$ 时,$\mu > 1$

表明动位移的方向与简谐荷载的方向相同,而且动位移恒大于荷载幅值所产生的静位移。

(3) 当 $\theta = \omega$,即 $\beta = 1$ 时,$\mu \to \infty$ ①

简谐荷载频率与自振频率相同时,动位移和动内力将无限增加,这种现象称之为共振。后面将可看到,由于阻尼存在,共振时内力和位移虽然增加却不会趋于无限大。然而,共振时将产生较大的位移和内力,在设计中应尽量避免,一般规定 θ 与 ω 之值至少应相差25%。

(4) 当 $\theta > \omega$,即 $\beta > 1$ 时,$\mu < 0$

表明动位移 $y(t)$ 的方向与简谐荷载方向相反,这种现象在静力反应中不可能出现。

(5) 当 $\theta \gg \omega$,即 $\beta \to \infty$ 时,$\mu \to 0$

表明质点 m 只在静平衡位置附近作极小的振动。

【例 10-5】 图 10-15 所示简支梁,其上安装有质量为 $m = 2\,000$ kg 的电动机,转动时离心力 $F_P = 1\,960$ N。设梁为 22b 号工字钢($I = 3\,570$ cm^4),$E = 2.058 \times 10^5$ MPa,$[\sigma] = 120$ MPa,试验算发动机转数为 $400 \sim 500$ r/min 时梁的强度。

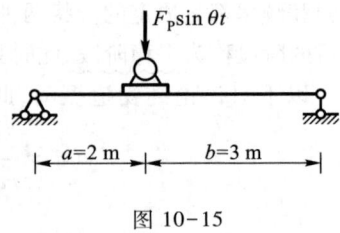

图 10-15

解:利用图乘法可求出 $\delta_{11} = \dfrac{a^2 b^2}{3EI(a+b)}$,故梁的自振频率为

$$\omega = \sqrt{\dfrac{1}{m\delta_{11}}} = \sqrt{\dfrac{3EI(a+b)}{ma^2b^2}} = \sqrt{\dfrac{3 \times 2.058 \times 10^{11}\,\text{Pa} \times 3\,570 \times 10^{-8}\,\text{m}^4 \times 5\,\text{m}}{2\,000\,\text{kg} \times (2\,\text{m})^2 \times (3\,\text{m})^2}}$$
$$= 39.1\,\text{s}^{-1}$$

---

① 当 $\theta = \omega$ 时,微分方程 $\ddot{y}(t) + \omega^2 y(t) = \dfrac{F_P}{m}\sin\theta t$ 的特解为 $y^* = -\dfrac{F_P t}{2m\omega}\cos\omega t$,此时动力位移随时间的加长而增大。

干扰力的频率如下：

转数为 400 r/min 时，$\theta = \dfrac{2\pi \times 400}{60 \text{ s}} = 41.9 \text{ s}^{-1}$

转数为 500 r/min 时，$\theta = \dfrac{2\pi \times 500}{60 \text{ s}} = 52.4 \text{ s}^{-1}$

由于梁的自振频率接近干扰力频率，故考虑改变梁的截面尺寸，现选用 25a 号工字钢 ($I = 5\,023.54 \text{ cm}^4$)，其自振频率为

$$\omega = \sqrt{\dfrac{3 \times 2.058 \times 10^{11} \text{ Pa} \times 5\,023.54 \times 10^{-8} \text{ m}^4 \times 5 \text{ m}}{2\,000 \text{ kg} \times (2 \text{ m})^2 \times (3 \text{ m})^2}} = 46.41 \text{ s}^{-1}$$

该频率位于 41.9 s^{-1} 和 52.4 s^{-1} 之间，说明增大梁的截面尺寸反而使其工作条件恶化。尝试改选较小截面以降低自振频率。用 20b 号工字钢 ($I = 2\,500 \text{ cm}^4$, $W = 250 \text{ cm}^3$) 试算，求得

$$\omega = \sqrt{\dfrac{3 \times 2.058 \times 10^{11} \text{ Pa} \times 2\,500 \times 10^{-8} \text{ m}^4 \times 5 \text{ m}}{2\,000 \text{ kg} \times (2 \text{ m})^2 \times (3 \text{ m})^2}} = 32.7 \text{ s}^{-1}$$

考虑较为不利的情况

$$\mu = \dfrac{1}{1 - \left(\dfrac{41.9 \text{ s}^{-1}}{32.7 \text{ s}^{-1}}\right)^2} = -1.558$$

梁的最大应力为

$$\sigma_{\max} = \dfrac{M_G}{W} + \mu \dfrac{M_P}{W} = \dfrac{1}{W}\left(\dfrac{mg \cdot \alpha \cdot b}{l} + \mu \dfrac{F_P \cdot \alpha \cdot b}{l}\right) = \dfrac{1}{W} \cdot \dfrac{\alpha b}{l}(mg + \mu F_P)$$

$$= \dfrac{1}{250 \times 10^{-6} \text{ m}^3} \times \dfrac{2 \text{ m} \times 3 \text{ m}}{5 \text{ m}} \times (2\,000 \text{ kg} \times 9.8 \text{ m/s}^2 + 1.558 \times 1\,960 \text{ N})$$

$$= 108.73 \times 10^6 \text{ Pa} = 108.73 \text{ MPa} < [\sigma] = 120 \text{ MPa}$$

可见，采用较小截面的梁既可避免共振，又能获得较好的经济效果。

2. 一般动力荷载

一般动力荷载作用下，式(10-13)的特解可利用瞬时冲量作用下的振动导出。图 10-16a 所示为一瞬时荷载，当荷载停留在结构上的时间极短（即 $\Delta t = dt$）时，将 $dI = F_P dt$ 称为**瞬时冲量**。静止体系在瞬时冲量作用下产生的振动可视为一个由初干扰引起的自由振动。为此，需确定由瞬时冲量引起的初位移和初速度。如果质点 m 在瞬时冲量作用之前处于静止状态，根据动量定理

$$m \, dv = dI = F_P dt$$

可得

$$dv = \dfrac{F_P dt}{m}$$

式中 dv 为受冲量作用后质点 m 在 $t = dt$ 时的速度增量。据此，dt 时间内位移增量必为 dt 的二阶微量，可以略去。结构产生的振动与以 dv 为初速度的自由振动相同。以 $y_0 = 0$，$v_0 = \dfrac{F_P dt}{m}$ 代入式(10-4)，则动位移可表示为

$$dy(t) = \dfrac{F_P}{m\omega}\sin\omega t \, dt = \dfrac{dI}{m\omega}\sin\omega t \tag{10-18}$$

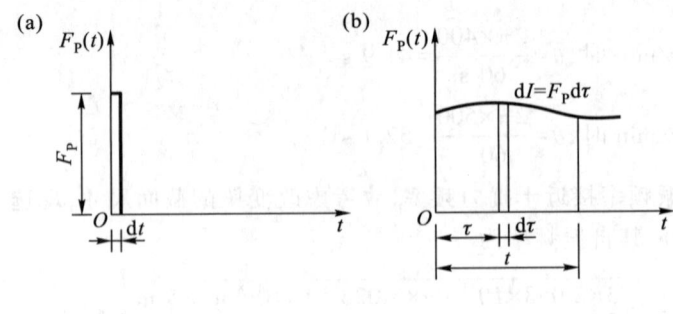

图 10-16

式(10-18)就是 $t=0$ 时瞬时冲量 dI 作用引起的动力反应。

利用上述位移计算公式,可求得任意干扰力作用下的受迫振动方程。图 10-16b 所示为一按任意规律变化的干扰力函数图形,设将时间划分为无限多个微段 dt,每一微段 dt 内的 F_P 值可视为常数,它与时间 dt 的乘积构成一个瞬时冲量 dI。于是,图 10-16b 所示干扰力可看作由无限多个瞬时冲量组成。线性微分方程能够运用叠加原理,故动位移可利用单个瞬时冲量的影响叠加求得。

欲考察某一时间 t 的位移 $y(t)$,则计算时应考虑时间 t 以前各个瞬时冲量 $dI=F_P(\tau)d\tau$ 的影响。根据式(10-18)可知,由单个瞬时冲量 $dI=F_P(\tau)d\tau$ 所产生的位移为

$$dy(t) = \frac{F_P(\tau)}{m\omega}\sin\omega(t-\tau)d\tau$$

式中用 $(t-\tau)$ 代替式(10-18)中的 t,是因为式(10-18)中的 t 是从加力瞬时算起,而现在从加力瞬间 τ 时刻到所求位移时间的时长为 $(t-\tau)$(图 10-16b)。将上式积分,即把所有瞬时冲量产生的位移叠加,求得总位移为

$$y(t) = \frac{1}{m\omega}\int_0^t F_P(\tau)\sin\omega(t-\tau)d\tau \tag{10-19}$$

式(10-19)称为杜哈梅积分。它是初始处于静止状态的单自由度体系在任意动力荷载 $F_P(t)$ 作用下动位移的计算公式。如果初始位移 y_0 和初始速度 v_0 不为零,则总位移应为

$$y(t) = y_0\cos\omega t + \frac{v_0}{\omega}\sin\omega t + \frac{1}{m\omega}\int_0^t F_P(\tau)\sin\omega(t-\tau)d\tau$$

利用它们可以对不同动力荷载作用下的动力反应作进一步分析,具体可参见其他教材。

工程结构所受的地震作用,也可将其化为一般动力荷载求解。例如图 10-17 所示单自由度体系,假定在地震作用下与地基一起作水平运动,设地基的动位移为 $y_g(t)$、加速度为 $\ddot{y}_g$,质点相对地基的位移为 $y(t)$、加速度为 $\ddot{y}$,则质点的总位移为 $y_g(t)+y(t)$。质点的绝对加速度为 $\ddot{y}_g+\ddot{y}$,故其所受的惯性力为 $-m(\ddot{y}_g+\ddot{y})$,由质点的动力平衡条件可得

$$-m(\ddot{y}_g+\ddot{y}) - k_{11}y = 0$$

展开得

$$m\ddot{y} + k_{11}y = -m\ddot{y}_g$$

将其与单自由度体系受迫振动方程比较,可知地震对结构的影响相当于在质点上施加了一个等效动力荷载 $-m\ddot{y}_g$。由于负号仅表明该荷

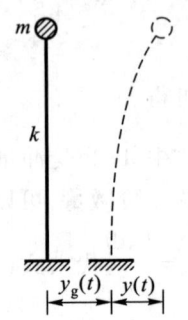

图 10-17

载与地基运动的加速度方向相反,故由杜哈梅积分(式 10-19)可知地震作用下质点发生的位移为

$$y(t) = \frac{1}{\omega}\int_0^t \ddot{y}_g(\tau)\sin\omega(t-\tau)\,d\tau \tag{10-20}$$

§10-3 阻尼对振动的影响

为简化计算,以上讨论均未考虑阻尼的影响,但在实际结构中阻尼确实存在。阻尼的概念建立在振动过程中能量发生损耗的基础上。例如,一个体系如不考虑阻尼,它的自由振动将永远持续下去,然而实际情况表明,如无外部干扰力维持,体系的振动将很快衰减直至消失,这说明存在某种阻力,能逐渐消耗体系原有能量而使运动停止下来。这种物理现象称为**阻尼作用**。

振动中的阻尼有多种来源,例如振动过程中材料之间的内摩擦、结构与支承物之间的摩擦、周围介质的阻力等等。根据不同的阻尼因素可以作出不同的阻尼力假设,其中应用较广泛又便于计算的一种是<u>粘滞阻尼力</u>,它假定阻尼力 $F_c(t)$ 与质点运动速度成正比且与质点的运动方向相反,即

$$F_c(t) = -c\dot{y}$$

式中 c 称为粘滞阻尼系数。由于粘滞阻尼假定阻尼力与速度成正比,因此所得微分方程仍为线性,这就便于振动问题的解算,而其他类型的阻尼力往往可化为等效粘滞阻尼力分析,故这一假定得到广泛应用。

与图 10-14 相比,有阻尼的单自由度体系受迫振动作用在质点 m 上的力,除弹性力 $F_e(t) = -k_{11}y(t)$、干扰力 $F_P(t)$ 和惯性力 $F_I(t) = -m\ddot{y}(t)$ 外,还多了阻尼力 $F_c(t) = -c\dot{y}(t)$。于是,可列出动力平衡方程

$$m\ddot{y} + c\dot{y} + k_{11}y = F_P(t) \tag{10-21}$$

一、有阻尼自由振动

式(10-21)中令 $F_P(t) = 0$,即得考虑粘滞阻尼作用时单自由度体系自由振动的微分方程

$$m\ddot{y} + c\dot{y} + k_{11}y = 0 \tag{a}$$

令阻尼比

$$\xi = \frac{c}{2m\omega} \tag{10-22}$$

且 $\omega^2 = \dfrac{k_{11}}{m}$,则式(a)可改写为

$$\ddot{y} + 2\xi\omega\dot{y} + \omega^2 y = 0 \tag{10-23}$$

这是一个二阶常系数的齐次线性微分方程,其特征方程为

$$r^2 + 2\xi\omega r + \omega^2 = 0$$

其解为

$$r_{1,2} = \omega(-\xi \pm \sqrt{\xi^2 - 1}) \tag{b}$$

方程(10-23)的解取决于式(b)中根号内的数值。现按不同情况分别讨论如下:

(1) $\xi<1$(弱阻尼)

此时,r_1和r_2为两个共轭复数,它们分别为

$$r_{1,2}=-\xi\omega\pm i\omega\sqrt{1-\xi^2}$$

令
$$\omega'=\omega\sqrt{1-\xi^2} \tag{10-24}$$

则方程(10-23)的通解为

$$y(t)=e^{-\xi\omega t}(C_1\cos\omega't+C_2\sin\omega't) \tag{c}$$

积分常数 C_1、C_2 可由初始条件求得

$$C_1=y_0,\quad C_2=\frac{v_0+\xi\omega y_0}{\omega'} \tag{d}$$

于是式(c)可改写为

$$y(t)=e^{-\xi\omega t}\left(y_0\cos\omega't+\frac{v_0+\xi\omega y_0}{\omega'}\sin\omega't\right) \tag{10-25}$$

式(10-25)还可写成如下单项形式

$$y(t)=Ae^{-\xi\omega t}\sin(\omega't+\varphi) \tag{10-26}$$

式中
$$\left. \begin{array}{l} A=\sqrt{y_0^2+\left(\dfrac{v_0+\xi\omega y_0}{\omega'}\right)^2} \\ \varphi=\arctan\dfrac{\omega' y_0}{v_0+\xi\omega y_0} \end{array} \right\} \tag{10-27}$$

由式(10-26)可知,弱阻尼的自由振动是一个圆频率为 ω'、振幅 $Ae^{-\xi\omega t}$ 不断减小的周期性衰减振动,其 $y(t)$ 曲线如图 10-18 所示。弱阻尼下 ξ^2 的值与 1 相比很小,故由式(10-24)计算出的有阻尼自由振动的圆频率 $\omega'\approx\omega$,即阻尼对自振频率的影响不大,可以忽略。若用 A_n 表示某一时刻 t_n 的振幅,A_{n+1} 表示经过一个周期 T' 后的振幅,则有

$$\frac{A_n}{A_{n+1}}=\frac{Ae^{-\xi\omega t_n}}{Ae^{-\xi\omega(t_n+T')}}=e^{\xi\omega T'} \tag{10-28}$$

这表明,相隔一个周期的两个相邻振幅之比为常数,即振幅按等比级数递减。

在有阻尼的振动问题中,阻尼比 ξ 是极为重要的参数,工程上常根据式(10-28)来确定。对其两边取对数,得

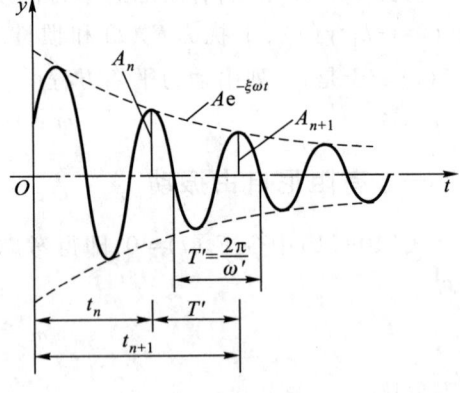

图 10-18

$$\ln\left(\frac{A_n}{A_{n+1}}\right)=\xi\omega T'$$

据此

$$\xi=\frac{1}{\omega T'}\ln\left(\frac{A_n}{A_{n+1}}\right)=\frac{\omega'}{2\pi\omega}\ln\left(\frac{A_n}{A_{n+1}}\right)\approx\frac{1}{2\pi}\ln\left(\frac{A_n}{A_{n+1}}\right) \tag{10-29}$$

利用式(10-29),即可根据实测振幅计算 ξ。

(2) $\xi=1$(临界阻尼)

此时 $r_{1,2}=-\omega$,方程(10-23)的解为

$$y(t) = e^{-\omega t}(C_1 t + C_2)$$

引入初始条件,得

$$y(t) = [y_0(1+\omega t) + v_0 t] e^{-\omega t} \qquad (10\text{-}30)$$

其 $y(t)$ 曲线如图 10-19 所示,体系从初始位移出发,逐渐返回到静平衡位置而无振动发生。这是因为阻尼作用较大,体系受初干扰偏离平衡位置所积蓄的初始能量,在恢复到平衡位置的过程中全部消耗于克服阻尼,没有多余的能量振动。这时的阻尼系数称为<u>临界阻尼系数</u>,并用 c_{cr} 表示。在式(10-22)中令 $\xi=1$,即可知临界阻尼系数为

$$c_{\mathrm{cr}} = 2m\omega = 2\sqrt{mk_{11}} \qquad (10\text{-}31)$$

相应地有

$$\xi = \frac{c}{2m\omega} = \frac{c}{c_{\mathrm{cr}}}$$

故阻尼比即为阻尼系数 c 与临界阻尼系数 c_{cr} 的比值。

(3) $\xi>1$(强阻尼)

此时,r_1 和 r_2 为两个负的实根,方程(10-23)的解为

$$y(t) = e^{-\xi\omega t}\left(C_1 \operatorname{sh}\sqrt{\xi^2-1}\,\omega t + C_2 \operatorname{ch}\sqrt{\xi^2-1}\,\omega t\right) \qquad (10\text{-}32)$$

其 $y(t)$ 曲线大体与图 10-19 相似,也无振动发生。由于实际问题中很少遇到后两种情况,故不再进一步讨论。

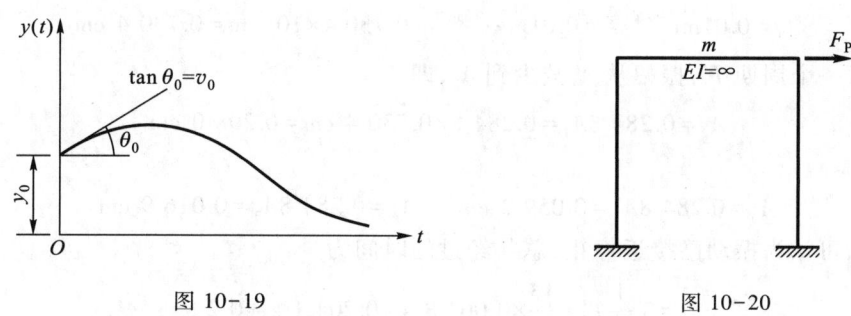

图 10-19 图 10-20

【例 10-6】 图 10-20 所示单层建筑物的计算简图,设横梁的 $EI=\infty$,屋盖系统的质量和柱子的部分质量均集中在横梁处,共计为 m。在刚性横梁处加一水平力 $F_{\mathrm{P}}=9.8$ kN,测得侧移 $A_0=0.5$ cm,然后突然卸荷使结构发生水平自由振动。此时,测得周期 $T'=1.50$ s 及一个周期后刚架的侧移 $A_1=0.4$ cm。试求刚架的阻尼比 ξ 和阻尼系数 c。

解:由式(10-29)求得 $\xi = \dfrac{1}{2\pi}\ln\left(\dfrac{A_0}{A_1}\right) = \dfrac{1}{2\pi}\ln\dfrac{0.5}{0.4} = 0.035\,5$

又

$$\omega = \frac{2\pi}{T} \approx \frac{2\pi}{T'} = \frac{2\pi}{1.50 \text{ s}} = 4.189 \text{ s}^{-1}$$

$$k_{11} = \frac{F_{\mathrm{P}}}{A_0} = \frac{9.8 \text{ kN}}{0.005 \text{ m}} = 1\,960 \text{ kN/m}$$

再由

$$k_{11} = m\omega^2$$

得

$$m = \frac{k_{11}}{\omega^2} = \frac{1\ 960\ \text{kN/m}}{(4.189\ \text{s}^{-1})^2} = 111.695\ \text{t}$$

故阻尼系数
$$c = \xi \times 2m\omega = 0.035\ 5 \times 2 \times 111.695\ \text{t} \times 4.189\ \text{s}^{-1}$$
$$= 33.22\ \text{kN} \cdot \text{s/m}$$

【例 10-7】 设有一基础作竖向自由振动,已知其自振频率 $\omega' \approx \omega = 100\ \text{s}^{-1}$,阻尼比 $\xi = 0.2$,初位移 $y_0 = 0$,初速度 $v_0 = 1\ \text{m/s}$。试求该基础停止振动所需的时间。

解:基础振动时,其竖向振动方程由式(10-25)有
$$y(t) = \frac{v_0}{\omega'} e^{-\xi\omega t} \sin \omega' t = \frac{1\ \text{m/s}}{100\ \text{s}^{-1}} e^{-0.2\omega t} \sin \omega' t = 0.01 \text{m} e^{-0.2\omega t} \sin \omega' t$$

振动周期为
$$T' = \frac{2\pi}{\omega'} = \frac{2 \times 3.141\ 6}{100\ \text{s}^{-1}} = 0.062\ 8\ \text{s}$$

由式(10-28),相邻两振幅之比为
$$A_{n+1}/A_n = e^{-\xi\omega T'} = e^{-1.256} = 0.284\ 8$$

当 t 经过 $T'/4$ (即 $\omega t = \frac{\pi}{2}$) 时,由式(10-25)知位移达到第一次幅值,即
$$A_1 = 0.01 \text{m} e^{-0.2 \cdot \frac{\pi}{2}} = 0.01 \text{m} e^{-0.314\ 2} = 0.730\ 4 \times 10^{-2}\ \text{m} = 0.730\ 4\ \text{cm}$$

此后,经过一个周期 T',振幅从 A_1 减少到 A_2,即
$$A_2 = 0.284\ 8 A_1 = 0.284\ 8 \times 0.730\ 4\ \text{cm} = 0.208\ 0\ \text{cm}$$

同理
$$A_3 = 0.284\ 8 A_2 = 0.059\ 2\ \text{cm}, \quad A_4 = 0.284\ 8 A_3 = 0.016\ 9\ \text{cm}$$

至此,可认为振动已接近停止,总共经过的时间为
$$t = 3\frac{1}{4} T' = \frac{13}{4} \times 0.062\ 8\ \text{s} = 0.204\ 1\ \text{s} \approx 0.2\ \text{s}$$

二、有阻尼受迫振动

利用瞬时冲量的概念,同样可以得到有阻尼(设 $\xi < 1$)单自由度体系在任意动力荷载作用下的杜哈梅积分

$$y(t) = \frac{1}{m\omega'} \int_0^t F_\text{P}(\tau) e^{-\xi\omega(t-\tau)} \sin \omega'(t-\tau) \text{d}\tau \tag{10-33}$$

利用它可以计算开始处于静止状态,后来承受动力荷载(包括简谐荷载)的有阻尼受迫振动。

也可在式(10-21)中令 $F_\text{P}(t) = F_\text{P} \sin \theta t$,即得考虑粘滞阻尼时单自由度体系受简谐荷载作用的振动微分方程
$$m\ddot{y} + c\dot{y} + k_{11} y = F_\text{P} \sin \theta t$$

改写为
$$\ddot{y} + 2\xi\omega\dot{y} + \omega^2 y = \frac{F_\text{P}}{m} \sin \theta t \tag{10-34}$$

设式(10-34)特解为
$$y^* = B_1\cos\theta t + B_2\sin\theta t \tag{e}$$

代入式(10-34)，可得

$$\left.\begin{aligned} B_1 &= \frac{-2\xi\omega\theta}{(\omega^2-\theta^2)^2+4\xi^2\omega^2\theta^2}\cdot\frac{F_P}{m} \\ B_2 &= \frac{\omega^2-\theta^2}{(\omega^2-\theta^2)^2+4\xi^2\omega^2\theta^2}\cdot\frac{F_P}{m} \end{aligned}\right\} \tag{10-35}$$

叠加对应齐次方程的通解(c)，则得方程(10-34)的通解为

$$y = e^{-\xi\omega t}(C_1\cos\omega't + C_2\sin\omega't) + B_1\cos\theta t + B_2\sin\theta t$$

若以开始处于静止状态的初始条件 $y\big|_{t=0}=0$ 和 $v\big|_{t=0}=0$ 代入，可进一步求出

$$C_1 = -B_1, \quad C_2 = -\frac{\xi\omega}{\omega'}B_1 - \frac{\theta}{\omega'}B_2$$

故上述通解可表示为

$$y = -e^{-\xi\omega t}\left[B_1\left(\cos\omega't + \frac{\xi\omega}{\omega'}\sin\omega't\right) + B_2\frac{\theta}{\omega'}\sin\omega't\right] + B_1\cos\theta t + B_2\sin\theta t \tag{10-36}$$

式中振动由两部分组成，一部分振动的频率与干扰力频率 θ 一致，而另一部分的频率则与体系的自振频率 ω' 一致。由于阻尼的作用，频率为 ω' 的那一部分振动(即伴生自由振动)含有因子 $e^{-\xi\omega t}$，它将很快衰减消失，最后只剩下频率为 θ 的那一部分振动(即纯受迫振动或稳态受迫振动)。为讨论平稳阶段纯受迫振动的一些性质，还可将其振动方程改写为单项形式，若命

$$B_1 = -y^0\sin\varphi, \quad B_2 = y^0\cos\varphi \tag{f}$$

则式(e)可表示为

$$y(t) = y^0\sin(\theta t - \varphi) \tag{10-37}$$

式中 y^0 称为有阻尼纯受迫振动位移的幅值，φ 为位移与干扰力之间的相位差。

利用式(f)和式(10-35)可求得

$$\left.\begin{aligned} y^0 &= \frac{1}{\sqrt{(\omega^2-\theta^2)^2+4\xi^2\omega^2\theta^2}}\cdot\frac{F_P}{m} \\ \varphi &= \arctan\left(\frac{2\xi\omega\theta}{\omega^2-\theta^2}\right) \end{aligned}\right\} \tag{10-38}$$

注意到 $y_{st} = \dfrac{F_P}{m\omega^2}$ 和 $\beta = \dfrac{\theta}{\omega}$，则幅值 y^0 可写为

$$y^0 = \frac{1}{\sqrt{(1-\beta^2)^2+4\xi^2\beta^2}}\cdot y_{st} = \mu y_{st} \tag{10-39}$$

式中动力系数

$$\mu = \frac{1}{\sqrt{(1-\beta^2)^2+4\xi^2\beta^2}} \tag{10-40}$$

由上式可知，有阻尼时的动力系数 μ 不仅与频比 β 有关，而且还与阻尼比 ξ 有关。图 10-21 表示动力系数 μ 与频比 β 和阻尼比 ξ 的关系。从该图可以看出：

(1) 当 $\theta \ll \omega$ 时，$\mu \approx 1$。表明当体系振动很慢时，可近似将 $F_\text{p}\sin\theta t$ 作为静力荷载 F_p 计算。

(2) 当 θ 接近 ω 时，μ 增加很快，而且阻尼比 ξ 对 μ 的数值有极大的影响。在 $0.75 < \beta < 1.25$（习惯上称此区域为<u>共振区</u>）的范围内，阻尼力大大减小了受迫振动的位移。但在此范围以外，阻尼对 μ 的影响较小，可按无阻尼计算。

(3) 当 $\theta \gg \omega$ 时，μ 很小。表明质点 m 几乎不动或只作极微小振动。

(4) μ 的最大值并不发生在 $\beta = 1$ 处。利用求极值的方法可知，μ 的最大值发生在 $\beta = \sqrt{1-2\xi^2}$ 处。因 ξ 的值通常都很小，故计算时可近似将 $\beta = 1$ 时 μ 的值作为最大值，此时即为共振，其动力系数可由式（10-40）求得：

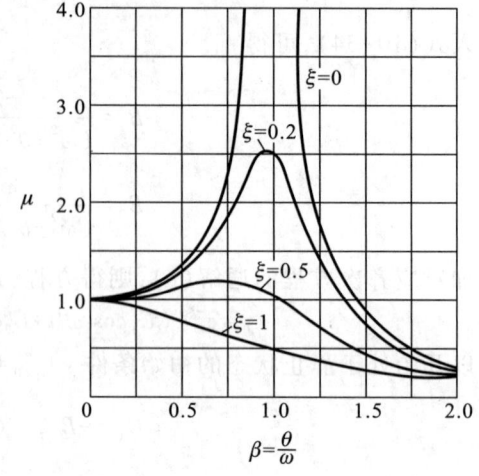

图 10-21

$$\mu = \frac{1}{2\xi} \quad (10\text{-}41)$$

此外，由式（10-37）可知，位移 $y(t)$ 和干扰力 $F_\text{p}(t)$ 不同步，其相位差 φ 由式（10-38）确定，即

$$\varphi = \arctan\left(\frac{2\xi\omega\theta}{\omega^2-\theta^2}\right) = \arctan\frac{2\xi\beta}{1-\beta^2}$$

当 $\beta < 1$ 时，$0 < \varphi < \dfrac{\pi}{2}$；当 $\beta > 1$ 时，$\dfrac{\pi}{2} < \varphi < \pi$；而当 $\beta = 1$ 时，$\varphi = \dfrac{\pi}{2}$。也就是说，只要阻尼存在，位移总是滞后于干扰力。

共振时 $\varphi = \dfrac{\pi}{2}$，位移方程可改写为

$$y(t) = y^0 \sin\left(\theta t - \frac{\pi}{2}\right) = -y_\text{st}\mu\cos\theta t \quad (\text{g})$$

相应地惯性力为

$$F_\text{I}(t) = -m\ddot{y}(t) = -m\theta^2 y_\text{st}\mu\cos\theta t$$

而弹性力为

$$F_\text{e}(t) = -k_{11}y(t) = k_{11}y_\text{st}\mu\cos\theta t$$

注意到 $m\theta^2 = m\omega^2 = k_{11}$，故共振时惯性力恰与弹性力互相平衡（在无阻尼简谐受迫振动中也是如此）。

又由式（g）有

$$\dot{y}(t) = y_\text{st}\mu\cdot\theta\sin\theta t$$

注意到共振时，$\mu = \dfrac{1}{2\xi}$ 和 $\theta = \omega$ 以及 $c = \xi c_\text{cr} = 2\xi m\omega$，则有

$$F_\text{c}(t) = -c\dot{y}(t) = -2\xi m\omega\cdot y_\text{st}\cdot\frac{1}{2\xi}\cdot\omega\sin\theta t = -m\omega^2 y_\text{st}\sin\theta t$$

$$= -k_{11}y_\text{st}\sin\theta t = -F_\text{p}\sin\theta t$$

说明共振时干扰力恰与阻尼力互相平衡，故运动呈现稳态。而在无阻尼受迫振动中，没有阻尼力平衡干扰力，故出现位移、内力无限增大的现象。

§10-4 两个自由度体系的自由振动（柔度法）

对单自由度体系的研究可以使我们了解有关振动的基本概念，并在实用上有重要意义。但是，工程中有很多结构不宜简化为单自由度体系，这不仅因计算模型过于简略影响结果的正确性，而且按单自由度体系计算不能反映结构的某些动力特性。因此，有必要采用更符合实际的多自由度体系。例如图 10-22 所示等截面烟囱，设将其分为五段，从上到下将每两段的质量集中于两段中点，最下面一段集中在基础上，这就将无限自由度体系通过集中质量简化为两个自由度体系。又如图 10-23 所示刚架，计算中通常把柱的质量集中到楼层处，当考虑水平振动时，便成为两个自由度体系。本节以柔度法研究两个自由度体系的自由振动，确定其频率和振型，并借矩阵形式将结论推广到一般多自由度体系。

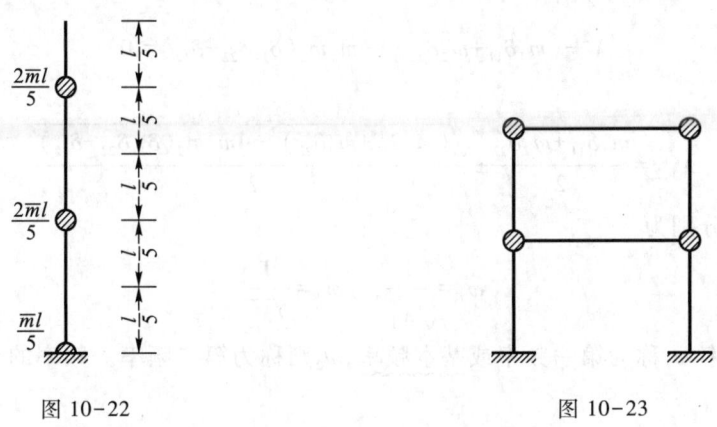

图 10-22　　　　　图 10-23

图 10-24a 所示为两个自由度体系（梁的质量略去不计），质点 m_1 和 m_2 的位移分别为 $y_1(t)$ 和 $y_2(t)$，都从静平衡位置量取并以向下为正。以位移条件建立振动方程时，认为在自由振动过程中的任一瞬时，质点 m_1 和 m_2 的位移是由惯性力 $-m_1\ddot{y}_1(t)$ 和 $-m_2\ddot{y}_2(t)$ 共同作用产生的静力位移。应用叠加原理，可列出位移方程如下：

$$\left.\begin{array}{l} y_1(t) = -m_1\ddot{y}_1(t)\delta_{11} - m_2\ddot{y}_2(t)\delta_{12} \\ y_2(t) = -m_1\ddot{y}_1(t)\delta_{21} - m_2\ddot{y}_2(t)\delta_{22} \end{array}\right\} \quad (10\text{-}42)$$

式中 δ_{11}、δ_{12}、… 的物理意义分别如图 10-24c、d 所示，它们均为结构的柔度系数，相应的求解方法称为柔度法。设体系各质点的运动为同频率、同相位的简谐振动，则质点 m_1、m_2 的位移可表示为

$$\left.\begin{array}{l} y_1(t) = A_1\sin(\omega t + \varphi) \\ y_2(t) = A_2\sin(\omega t + \varphi) \end{array}\right\} \quad (a)$$

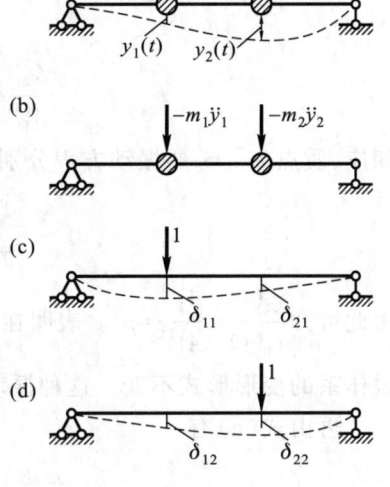

图 10-24

式中 A_1、A_2 分别是质点 m_1、m_2 的振幅,ω 为体系的自振频率。

将式(a)代入方程(10-42)并消去公因子 $\sin(\omega t+\varphi)$,整理后可得

$$\left.\begin{aligned}\left(m_1\delta_{11}-\frac{1}{\omega^2}\right)A_1+m_2\delta_{12}A_2&=0\\ m_1\delta_{21}A_1+\left(m_2\delta_{22}-\frac{1}{\omega^2}\right)A_2&=0\end{aligned}\right\} \quad (b)$$

式(b)是关于 A_1 和 A_2 的齐次线性代数方程组。方程组的零解对应于无振动的情况,不是所要求的解答。为使方程(b)具有非零解,其系数行列式的值必须等于零,即

$$D=\begin{vmatrix}\left(m_1\delta_{11}-\dfrac{1}{\omega^2}\right) & m_2\delta_{12}\\ m_1\delta_{21} & \left(m_2\delta_{22}-\dfrac{1}{\omega^2}\right)\end{vmatrix}=0 \quad (10\text{-}43)$$

式(10-43)可用来确定频率 ω 的值,称为<u>频率方程</u>或<u>特征方程</u>。

令 $\dfrac{1}{\omega^2}=\lambda$,展开后可得

$$\lambda^2-(m_1\delta_{11}+m_2\delta_{22})\lambda+m_1m_2(\delta_{11}\delta_{22}-\delta_{12}^2)=0$$

解得

$$\lambda_{1,2}=\frac{m_1\delta_{11}+m_2\delta_{22}}{2}\pm\frac{\sqrt{(m_1\delta_{11}+m_2\delta_{22})^2-4m_1m_2(\delta_{11}\delta_{22}-\delta_{12}^2)}}{2} \quad (c)$$

频率的两个值分别为

$$\omega_1=\frac{1}{\sqrt{\lambda_1}}, \quad \omega_2=\frac{1}{\sqrt{\lambda_2}}$$

其中较小的频率 ω_1 称为第一频率或<u>基本频率</u>,ω_2 则称为第二频率。频率的个数与振动自由度数目相同。

现将 ω_1、ω_2 分别代入式(b)求相应的 A_1、A_2。由于 ω_1、ω_2 均满足式(10-43),故式(b)中的两个方程必不独立,只能求出 A_1、A_2 的相对值。

先研究 $\omega=\omega_1$ 的情况。此时 A_1 用 $A_1^{(1)}$ 表示、A_2 用 $A_2^{(1)}$ 表示,则由式(b)的第一式,有

$$\frac{A_2^{(1)}}{A_1^{(1)}}=\frac{\dfrac{1}{\omega_1^2}-m_1\delta_{11}}{m_2\delta_{12}}=\frac{\lambda_1-m_1\delta_{11}}{m_2\delta_{12}}=\rho_1 \quad (d)$$

相应,质点 m_1、m_2 的振动方程分别为

$$\left.\begin{aligned}y_1(t)&=A_1^{(1)}\sin(\omega_1t+\varphi)\\ y_2(t)&=A_2^{(1)}\sin(\omega_1t+\varphi)\end{aligned}\right\}$$

由此可知 $\dfrac{y_2(t)}{y_1(t)}=\dfrac{A_2^{(1)}}{A_1^{(1)}}=\rho_1$。表明在振动任一时刻,两质点的位移比值恒为常数 ρ_1,也就是说体系的变形形式不变。这种振动形式称为<u>主振型</u>,简称振型。

再由式(c)有

$$\lambda_1-m_1\delta_{11}=\frac{m_2\delta_{22}-m_1\delta_{11}}{2}+\sqrt{\left(\frac{m_1\delta_{11}-m_2\delta_{22}}{2}\right)^2+m_1m_2\delta_{12}^2}>0$$

注意到对于图 10-24 所示单跨梁 δ_{12} 为正，由式(d)可知
$$\rho_1 > 0$$
它表明当体系按 ω_1 作简谐振动时，两个质点相位相同，相应的振动形式如图 10-25a 所示，称为第一振型或**基本振型**。

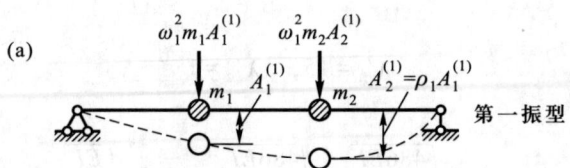

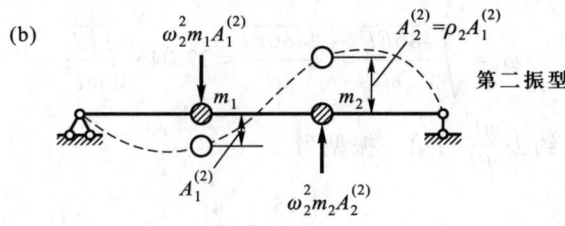

图 10-25

同理，对于 $\omega = \omega_2$ 的情况，有
$$\left. \begin{array}{l} y_1(t) = A_1^{(2)} \sin(\omega_2 t + \varphi) \\ y_2(t) = A_2^{(2)} \sin(\omega_2 t + \varphi) \end{array} \right\}$$
和
$$\frac{A_2^{(2)}}{A_1^{(2)}} = \frac{\dfrac{1}{\omega_2^2} - m_1 \delta_{11}}{m_2 \delta_{12}} = \rho_2 < 0$$

体系相应的振动形式如图 10-25b 所示，称为第二振型。

根据体系振动形式在计算简图上描绘出的曲线称为振型图，其画法与§6-7中结构变形曲线的绘制要求相同，只是需要特别注意质点所在处位移之比（振型）。

【例 10-8】 试确定图 10-26a 所示体系的频率和振型。$EI = $ 常数。

解：对图示体系，先利用图乘法（图10-26b、c）求出柔度系数为
$$\delta_{11} = \delta_{22} = \frac{4l^3}{243EI}, \quad \delta_{12} = \delta_{21} = \frac{7l^3}{486EI}$$
将其代入式(10-43)得
$$D = \begin{vmatrix} \left(\dfrac{4ml^3}{243EI} - \dfrac{1}{\omega^2} \right) & \dfrac{7ml^3}{486EI} \\ \dfrac{7ml^3}{486EI} & \left(\dfrac{4ml^3}{243EI} - \dfrac{1}{\omega^2} \right) \end{vmatrix} = 0$$

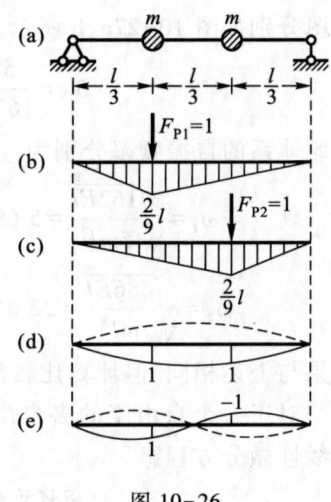

图 10-26

为简便令

$$\lambda' = \frac{486EI}{ml^3} \cdot \frac{1}{\omega^2}$$

可得频率方程如下

$$\begin{vmatrix} (8-\lambda') & 7 \\ 7 & (8-\lambda') \end{vmatrix} = 0$$

解得

$$\lambda'_1 = 15, \quad \lambda'_2 = 1$$

相应频率为

$$\omega_1 = \sqrt{\frac{486EI}{\lambda'_1 ml^3}} = \sqrt{\frac{486EI}{15ml^3}} = 5.692\sqrt{\frac{EI}{ml^3}}$$

$$\omega_2 = \sqrt{\frac{486EI}{\lambda'_2 ml^3}} = \sqrt{\frac{486EI}{ml^3}} = 22.045\sqrt{\frac{EI}{ml^3}}$$

以 ω_1 代入式(d),约去 $\frac{ml^3}{EI}$ 后第一振型为

$$\rho_1 = \frac{A_2^{(1)}}{A_1^{(1)}} = \frac{\frac{15}{486} - \frac{4}{243}}{\frac{7}{486}} = 1$$

即对应于第一频率的简谐振动中,两质点的位移始终保持同向且相等,其振型图如图 10-26d 所示的正对称形式。

同理,第二振型为

$$\rho_2 = \frac{A_2^{(2)}}{A_1^{(2)}} = \frac{\frac{1}{486} - \frac{4}{243}}{\frac{7}{486}} = -1$$

即对应于第二频率的简谐振动如图 10-26e 所示,其振型图为反对称形式。

由本例看出,如果结构本身和质量分布都对称,则其振型不是正对称便是反对称。因此,求自振频率和振型时,可分别就正、反对称的情况取半结构来进行计算。此时的计算简图分别如图 10-27a、b 所示,简化为两个单自由度体系,可分别求得

$$\delta_{11} = \frac{5l^3}{162EI}(正对称), \quad \delta_{11} = \frac{l^3}{486EI}(反对称)$$

故原体系的自振频率分别为

$$\omega_1 = \sqrt{\frac{162EI}{5ml^3}} = 5.692\sqrt{\frac{EI}{ml^3}}, \quad \rho_1 = 1$$

$$\omega_2 = \sqrt{\frac{486EI}{ml^3}} = 22.045\sqrt{\frac{EI}{ml^3}}, \quad \rho_2 = -1$$

结果与上述相同,但计算比较简单。

对于 n 个自由度的多自由度体系,振动方程为 n 阶齐次线性微分方程组

$$\delta M \ddot{y} + y = 0 \qquad (10-44)$$

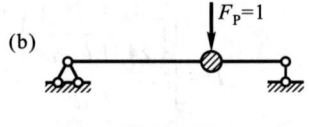

图 10-27

式中 $\boldsymbol{\delta}$ 为结构的柔度矩阵,是对称方阵;$\boldsymbol{M}$ 为质量矩阵,在集中质量时是对角矩阵;$\boldsymbol{y}$ 和 $\ddot{\boldsymbol{y}}$ 分别为位移列向量和加速度列向量。在引入特解

$$\boldsymbol{y} = \boldsymbol{A}\sin(\omega t + \varphi)$$

式中 $\boldsymbol{A}$ 为振幅列向量,并令 $\lambda = \dfrac{1}{\omega^2}$ 后,方程变为自由振动的振型方程

$$(\boldsymbol{\delta M} - \lambda \boldsymbol{I})\boldsymbol{A} = \boldsymbol{0} \tag{e}$$

式中 $\boldsymbol{I}$ 为 n 阶单位矩阵。为使此齐次线性代数方程组有 $\boldsymbol{A}$ 的非零解,必使

$$D = |\boldsymbol{\delta M} - \lambda \boldsymbol{I}| = 0 \tag{10-45}$$

得到多自由度体系的频率方程。展开后为关于 λ 的 n 次代数方程,据此即可求出其 n 个自振频率,从最小的第一频率 ω_1 起始,按由小到大依次排列。

为了确定与第 k 频率 ω_k 对应的振型,现以 $\lambda = \lambda_k$ 代入式(e)得

$$(\boldsymbol{\delta M} - \lambda_k \boldsymbol{I})\boldsymbol{A}^{(k)} = \boldsymbol{0}$$

为书写方便,令

$$\boldsymbol{N}^{(k)} = \boldsymbol{\delta M} - \lambda_k \boldsymbol{I}$$

则上式可写为

$$\boldsymbol{N}^{(k)} \boldsymbol{A}^{(k)} = \boldsymbol{0} \tag{f}$$

由于其系数行列式 $|\boldsymbol{N}^{(k)}| = 0$,因此方程组(f)中只有 $(n-1)$ 个方程独立,仅能求得 $\boldsymbol{A}^{(k)}$ 的相对值。设取第一个质量的振幅 $A_1^{(k)} = 1$,令

$$\frac{1}{A_1^{(k)}}(A_1^{(k)} A_2^{(k)} \cdots A_i^{(k)} \cdots A_n^{(k)})^{\mathrm{T}} = (\Phi_1^{(k)} \Phi_2^{(k)} \cdots \Phi_i^{(k)} \cdots \Phi_n^{(k)})^{\mathrm{T}} = \boldsymbol{\Phi}^{(k)}$$

式中 $\Phi_1^{(k)} = 1$。$\boldsymbol{\Phi}^{(k)}$ 称为规准化振型向量[①],其分量的右上角附标表示振型号,右下角附标表示质点位移编号。

将 $\boldsymbol{A}^{(k)} = A_1^{(k)} \boldsymbol{\Phi}^{(k)}$ 代入式(f)并消去 $A_1^{(k)}$ 后得

$$\boldsymbol{N}^{(k)} \boldsymbol{\Phi}^{(k)} = \boldsymbol{0}$$

写成展开形式:

$$\begin{pmatrix} N_{11}^{(k)} & N_{12}^{(k)} & \cdots & N_{1n}^{(k)} \\ \hline N_{21}^{(k)} & N_{22}^{(k)} & \cdots & N_{2n}^{(k)} \\ \vdots & \vdots & & \vdots \\ N_{n1}^{(k)} & N_{n2}^{(k)} & \cdots & N_{nn}^{(k)} \end{pmatrix} \begin{pmatrix} 1 \\ \hline \Phi_2^{(k)} \\ \vdots \\ \Phi_n^{(k)} \end{pmatrix} = \begin{pmatrix} 0 \\ \hline 0 \\ \vdots \\ 0 \end{pmatrix}$$

将上式的矩阵按虚线分块,并将子块用相应符号表示:

$$\begin{pmatrix} N_{11}^{(k)} & \boldsymbol{N}_{10}^{(k)} \\ \boldsymbol{N}_{01}^{(k)} & \boldsymbol{N}_{00}^{(k)} \end{pmatrix} \begin{pmatrix} 1 \\ \boldsymbol{\Phi}_0^{(k)} \end{pmatrix} = \begin{bmatrix} 0 \\ \boldsymbol{0} \end{bmatrix}$$

则可得出如下两个方程:

$$N_{11}^{(k)} + \boldsymbol{N}_{10}^{(k)} \boldsymbol{\Phi}_0^{(k)} = 0 \tag{g}$$

$$\boldsymbol{N}_{01}^{(k)} + \boldsymbol{N}_{00}^{(k)} \boldsymbol{\Phi}_0^{(k)} = \boldsymbol{0} \tag{h}$$

由式(h)可求得

[①] 因表示振动形式的振型向量只与各分量的比值有关而与其绝对值无关,故可将其乘以任意常数因子而使之规准化。根据所取常数不同,可以得到不同的规准化振型向量。

$$\boldsymbol{\Phi}_0^{(k)} = -(N_{00}^{(k)})^{-1} N_{01}^{(k)}$$

于是规准化振型向量为

$$\boldsymbol{\Phi}^{(k)} = (1 \quad (\boldsymbol{\Phi}_0^{(k)})^{\mathrm{T}})^{\mathrm{T}}$$

如果所求 $\boldsymbol{\Phi}_0^{(k)}$ 正确,它应满足式(g)。

【例 10-9】 试求图 10-28a 所示梁的频率和振型。其质量已按图 10-22 所示方式集中。

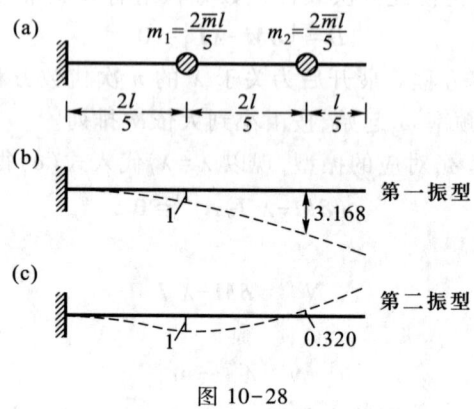

图 10-28

解:由图乘法可求得

$$\delta_{11} = \frac{8l^3}{375EI}, \quad \delta_{12} = \delta_{21} = \frac{4l^3}{75EI}, \quad \delta_{22} = \frac{64l^3}{375EI}$$

而

$$\boldsymbol{M} = \begin{pmatrix} \dfrac{2}{5}\bar{m}l & 0 \\ 0 & \dfrac{2}{5}\bar{m}l \end{pmatrix}$$

故

$$\boldsymbol{\delta M} = \begin{pmatrix} \dfrac{8l^3}{375EI} & \dfrac{4l^3}{75EI} \\ \dfrac{4l^3}{75EI} & \dfrac{64l^3}{375EI} \end{pmatrix} \begin{pmatrix} \dfrac{2}{5}\bar{m}l & 0 \\ 0 & \dfrac{2}{5}\bar{m}l \end{pmatrix}$$

$$= \begin{pmatrix} \dfrac{16\,\bar{m}l^4}{1\,875EI} & \dfrac{8\,\bar{m}l^4}{375EI} \\ \dfrac{8\,\bar{m}l^4}{375EI} & \dfrac{128\,\bar{m}l^4}{1\,875EI} \end{pmatrix} = \dfrac{8\,\bar{m}l^4}{1\,875EI}\begin{pmatrix} 2 & 5 \\ 5 & 16 \end{pmatrix}$$

将其代入式(10-45)有

$$D = |\boldsymbol{\delta M} - \lambda \boldsymbol{I}| = \dfrac{8\,\bar{m}l^4}{1\,875EI}\begin{vmatrix} \left(2 - \dfrac{1\,875EI}{8\,\bar{m}l^4}\lambda\right) & 5 \\ 5 & \left(16 - \dfrac{1\,875EI}{8\,\bar{m}l^4}\lambda\right) \end{vmatrix} = 0$$

令 $\lambda' = \dfrac{1\,875EI}{8\,\bar{m}l^4}\lambda$,相应 $\lambda = \dfrac{8\,\bar{m}l^4}{1\,875EI}\lambda'$。

则频率方程可简化为

$$\begin{vmatrix} (2-\lambda') & 5 \\ 5 & (16-\lambda') \end{vmatrix} = 0$$

展开后得
$$\lambda'^2 - 18\lambda' + 7 = 0$$

解得
$$\lambda' = 9 \pm \sqrt{74}$$

$$\lambda'_1 = 9 + \sqrt{74} = 17.602, \quad \lambda'_2 = 9 - \sqrt{74} = 0.398$$

故有
$$\lambda_1 = \frac{8\bar{m}l^4}{1\,875EI} \times 17.602 = 0.075 \frac{\bar{m}l^4}{EI}$$

$$\lambda_2 = \frac{8\bar{m}l^4}{1\,875EI} \times 0.398 = 1.698 \times 10^{-3} \frac{\bar{m}l^4}{EI}$$

因此
$$\omega_1 = \sqrt{\frac{1}{\lambda_1}} = 3.651 \sqrt{\frac{EI}{\bar{m}l^4}}$$

$$\omega_2 = \sqrt{\frac{1}{\lambda_2}} = 24.268 \sqrt{\frac{EI}{\bar{m}l^4}}$$

再求振型

$$\boldsymbol{N}^{(k)} = \boldsymbol{\delta M} - \lambda_k \boldsymbol{I} = \begin{pmatrix} \left(\frac{16\bar{m}l^4}{1\,875EI} - \lambda_k\right) & \frac{8\bar{m}l^4}{375EI} \\ \frac{8\bar{m}l^4}{375EI} & \left(\frac{128\bar{m}l^4}{1\,875EI} - \lambda_k\right) \end{pmatrix}$$

第一振型：$\lambda_1 = 0.075 \dfrac{\bar{m}l^4}{EI}$

$$\boldsymbol{N}_{00}^{(1)} = \left(\frac{128\bar{m}l^4}{1\,875EI} - 0.075 \frac{\bar{m}l^4}{EI}\right) = \left(-6.733 \times 10^{-3} \frac{\bar{m}l^4}{EI}\right)$$

$$(\boldsymbol{N}_{00}^{(1)})^{-1} = \left(-148.522 \frac{EI}{\bar{m}l^4}\right)$$

$$\boldsymbol{\Phi}_0^{(1)} = -(\boldsymbol{N}_{00}^{(1)})^{-1} \boldsymbol{N}_{01}^{(1)} = -\left(-148.522 \frac{EI}{\bar{m}l^4}\right)\left(\frac{8\bar{m}l^4}{375EI}\right) = (3.168)$$

$$\boldsymbol{\Phi}^{(1)} = (1 \quad 3.168)^T$$

第二振型：$\lambda_2 = 1.698 \times 10^{-3} \dfrac{\bar{m}l^4}{EI}$

$$\boldsymbol{N}_{00}^{(2)} = \left(\frac{128\bar{m}l^4}{1\,875EI} - 1.698 \times 10^{-3} \frac{\bar{m}l^4}{EI}\right) = \left(0.066\,6 \frac{\bar{m}l^4}{EI}\right)$$

$$(\boldsymbol{N}_{00}^{(2)})^{-1} = \left(15.015 \frac{EI}{\bar{m}l^4}\right)$$

$$\boldsymbol{\Phi}_0^{(2)} = -(\boldsymbol{N}_{00}^{(2)})^{-1} \boldsymbol{N}_{01}^{(2)} = -\left(15.015 \frac{EI}{\bar{m}l^4}\right)\left(\frac{8\bar{m}l^4}{375EI}\right) = (-0.320)$$

$$\boldsymbol{\Phi}^{(2)} = (1 \quad -0.320)^T$$

振型图如图 10-28b、c 所示。本例虽只有两个自由度，但同样能够体现多自由度体系矩阵运算的特点。

§10-5　两个自由度体系的自由振动(刚度法)

本节对图 10-29a 所示的两个自由度体系,讨论以刚度法由动平衡条件建立振动微分方程并求解。此外,还将介绍振型的正交性及自由振动微分方程的一般解答。

在列动力平衡方程时,可按 §10-2 所述取质点为隔离体直接建立运动方程,也可不分离质点按第六章位移法处理,即先在 m_1、m_2 处沿位移方向加入附加链杆如图 10-29b 所示,然后再移动链杆使梁发生与实际情况相同的变形并施加相应惯性力。这时体系恢复到原状态并处于瞬时平衡,因而附加链杆上的反力 R_1、R_2 都等于零。据此,可建立动力平衡方程

$$\left.\begin{aligned}R_1 = k_{11}y_1(t) + k_{12}y_2(t) + m_1\ddot{y}_1(t) = 0\\ R_2 = k_{21}y_1(t) + k_{22}y_2(t) + m_2\ddot{y}_2(t) = 0\end{aligned}\right\} \quad (10\text{-}46)$$

式中的系数 k_{11}、k_{12}、…的物理意义分别如图 10-29c、d 所示,均为结构的刚度系数。

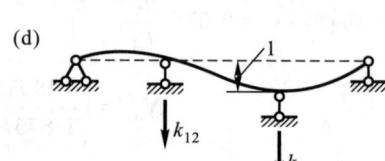

图 10-29

同样设

$$\left.\begin{aligned}y_1(t) = A_1\sin(\omega t + \varphi)\\ y_2(t) = A_2\sin(\omega t + \varphi)\end{aligned}\right\} \quad (a)$$

将其代入式(10-46)所示方程并整理得

$$\left.\begin{aligned}(k_{11} - m_1\omega^2)A_1 + k_{12}A_2 = 0\\ k_{21}A_1 + (k_{22} - m_2\omega^2)A_2 = 0\end{aligned}\right\} \quad (b)$$

为使 A_1、A_2 不全为零,可得其频率方程为

$$D = \begin{vmatrix}(k_{11} - m_1\omega^2) & k_{12}\\ k_{21} & (k_{22} - m_2\omega^2)\end{vmatrix} = 0 \quad (10\text{-}47)$$

展开后得

$$\omega^4 - \left(\frac{k_{11}}{m_1} + \frac{k_{22}}{m_2}\right)\omega^2 + \frac{k_{11}k_{22} - k_{12}^2}{m_1m_2} = 0$$

解出

$$\omega_{1,2}^2 = \frac{1}{2}\left(\frac{k_{11}}{m_1} + \frac{k_{22}}{m_2}\right) \mp \sqrt{\frac{1}{4}\left(\frac{k_{11}}{m_1} + \frac{k_{22}}{m_2}\right)^2 - \frac{k_{11}k_{22} - k_{12}^2}{m_1m_2}}$$

进而可求出 ω_1、ω_2。利用式(b)的第一式还可求出

$$\frac{A_2^{(1)}}{A_1^{(1)}} = \frac{m_1\omega_1^2 - k_{11}}{k_{12}} = \rho_1 \quad 和 \quad \frac{A_2^{(2)}}{A_1^{(2)}} = \frac{m_1\omega_2^2 - k_{11}}{k_{12}} = \rho_2$$

同样可作出振型图。

【例 10-10】　试求图 10-30a 所示刚架的频率和振型。假定横梁刚度为无限大,柱

的质量与横梁相比可略去不计,各层的抗剪刚度(即该层发生单位水平相对位移时各柱剪力之和)为 $K_1 = 196$ MN/m,$K_2 = 98$ MN/m。

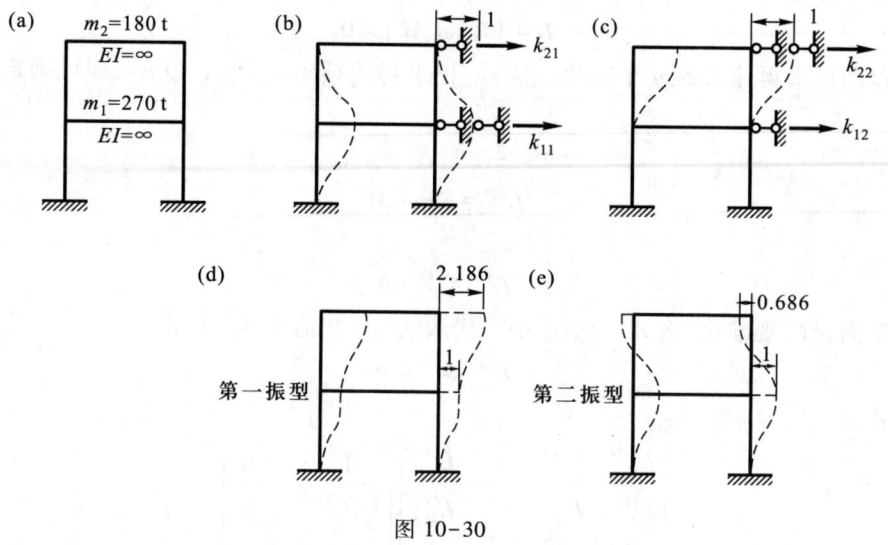

图 10-30

解:由剪力平衡条件求得

$$k_{11} = K_1 + K_2 = 294 \text{ MN/m}, \quad k_{22} = K_2 = 98 \text{ MN/m}$$

$$k_{12} = k_{21} = -K_2 = -98 \text{ MN/m}$$

则频率为

$$\omega_{1,2}^2 = \frac{1}{2}\left(\frac{294\times10^3 \text{ kN/m}}{270 \text{ t}} + \frac{98\times10^3 \text{ kN/m}}{180 \text{ t}}\right) \mp$$

$$\sqrt{\frac{1}{4}\left(\frac{294\times10^3 \text{ kN/m}}{270 \text{ t}} + \frac{98\times10^3 \text{ kN/m}}{180 \text{ t}}\right)^2 - \frac{294\times10^3 \text{ kN/m}\times 98\times10^3 \text{ kN/m} - (-98\times10^3 \text{ kN/m})^2}{270 \text{ t}\times 180 \text{ t}}}$$

$$= (816.667 \mp 521.266) \text{ s}^{-2}$$

即

$$\omega_1^2 = 295.401 \text{ s}^{-2}, \quad \omega_2^2 = 1\,337.933 \text{ s}^{-2}$$

故

$$\omega_1 = 17.187 \text{ s}^{-1}, \quad \omega_2 = 36.578 \text{ s}^{-1}$$

$$\rho_1 = \frac{A_2^{(1)}}{A_1^{(1)}} = \frac{270 \text{ t}\times 295.401 \text{ s}^{-2} - 294\times10^3 \text{ kN/m}}{-98\times10^3 \text{ kN/m}} = 2.186$$

$$\rho_2 = \frac{A_2^{(2)}}{A_1^{(2)}} = \frac{270 \text{ t}\times 1\,337.933 \text{ s}^{-2} - 294\times10^3 \text{ kN/m}}{-98\times10^3 \text{ kN/m}} = -0.686$$

振型图分别如图 10-30d、e 所示。

对于 n 个自由度体系,动平衡方程的形式为

$$\boldsymbol{M}\ddot{\boldsymbol{y}} + \boldsymbol{K}\boldsymbol{y} = \boldsymbol{0} \tag{10-48}$$

式中 $\boldsymbol{K}$ 为结构的刚度矩阵,是对称方阵。若将式(10-48)左乘 $\boldsymbol{K}^{-1}$,并注意到 $\boldsymbol{K}^{-1} = \boldsymbol{\delta}$,则上式可改写为

$$\boldsymbol{\delta}\boldsymbol{M}\ddot{\boldsymbol{y}} + \boldsymbol{y} = \boldsymbol{0}$$

这就是以柔度矩阵表示的振动微分方程(10-44),可见两种形式的方程实质上相同,它们之间可以互相转换。

利用特解 $y = A\sin(\omega t + \varphi)$ 同样得到以刚度矩阵表示的自由振动振型方程

$$(K - \omega^2 M)A = 0 \tag{c}$$

相应的频率方程为

$$D = |K - \omega^2 M| = 0 \tag{10-49}$$

解此方程即可求得体系的 n 个频率。同样，把求得的频率 ω_k 代入式(c)，即可确定体系的振型。

令

$$L^{(k)} = K - \omega_k^2 M$$

则得

$$L^{(k)} A^{(k)} = 0 \tag{d}$$

利用振型向量的规准化，将 $A^{(k)} = A_1^{(k)} \boldsymbol{\Phi}^{(k)}$ 代入式(d)并消去 $A_1^{(k)}$ 后得

$$L^{(k)} \boldsymbol{\Phi}^{(k)} = 0$$

其展开式为

$$\begin{pmatrix} L_{11}^{(k)} & L_{12}^{(k)} & \cdots & L_{1n}^{(k)} \\ L_{21}^{(k)} & L_{22}^{(k)} & \cdots & L_{2n}^{(k)} \\ \vdots & \vdots & & \vdots \\ L_{n1}^{(k)} & L_{n2}^{(k)} & \cdots & L_{nn}^{(k)} \end{pmatrix} \begin{pmatrix} 1 \\ \Phi_2^{(k)} \\ \vdots \\ \Phi_n^{(k)} \end{pmatrix} = \begin{pmatrix} 0 \\ 0 \\ \vdots \\ 0 \end{pmatrix}$$

将矩阵分块，并将子块以相应符号表示，得

$$\begin{pmatrix} L_{11}^{(k)} & L_{10}^{(k)} \\ L_{01}^{(k)} & L_{00}^{(k)} \end{pmatrix} \begin{pmatrix} 1 \\ \boldsymbol{\Phi}_0^{(k)} \end{pmatrix} = \begin{bmatrix} 0 \\ \boldsymbol{0} \end{bmatrix}$$

展开上式，可得两个方程：

$$L_{11}^{(k)} + L_{10}^{(k)} \boldsymbol{\Phi}_0^{(k)} = 0 \tag{e}$$

$$L_{01}^{(k)} + L_{00}^{(k)} \boldsymbol{\Phi}_0^{(k)} = \boldsymbol{0} \tag{f}$$

由式(f)可求得

$$\boldsymbol{\Phi}_0^{(k)} = -(L_{00}^{(k)})^{-1} L_{01}^{(k)}$$

于是可得振型向量

$$\boldsymbol{\Phi}^{(k)} = (1 \quad (\boldsymbol{\Phi}_0^{(k)})^{\mathrm{T}})^{\mathrm{T}}$$

方程(e)可作校核用。具体计算与§10-4柔度法类似，请读者以例10-10自行练习。

多自由度体系的振型具有正交的特性。所谓振型的<u>正交性</u>，是指在多自由度体系中，任意两个不同的主振型间都存在下述正交的性质。

设 ω_i 为第 i 个频率，其相应的振型为 $\boldsymbol{\Phi}^{(i)}$；ω_j 为第 j 个频率，其相应的振型为 $\boldsymbol{\Phi}^{(j)}$。由式(c)可知，它们应满足如下方程：

$$(K - \omega_i^2 M) \boldsymbol{\Phi}^{(i)} = 0 \tag{g}$$

$$(K - \omega_j^2 M) \boldsymbol{\Phi}^{(j)} = 0 \tag{h}$$

现以 $(\boldsymbol{\Phi}^{(j)})^{\mathrm{T}}$ 和 $(\boldsymbol{\Phi}^{(i)})^{\mathrm{T}}$ 分别左乘式(g)和式(h)，得

$$(\boldsymbol{\Phi}^{(j)})^{\mathrm{T}} (K - \omega_i^2 M) \boldsymbol{\Phi}^{(i)} = 0 \tag{i}$$

$$(\boldsymbol{\Phi}^{(i)})^{\mathrm{T}} (K - \omega_j^2 M) \boldsymbol{\Phi}^{(j)} = 0 \tag{j}$$

式(i)和式(j)右方是数值为零的数字，将式(i)左边转置后其值不变，即有

$$(\boldsymbol{\Phi}^{(i)})^{\mathrm{T}}(\boldsymbol{K}^{\mathrm{T}}-\omega_i^2\boldsymbol{M}^{\mathrm{T}})\boldsymbol{\Phi}^{(j)} = 0$$

由于 $\boldsymbol{K}$ 和 $\boldsymbol{M}$ 都是对称方阵,即

$$\boldsymbol{K}^{\mathrm{T}} = \boldsymbol{K}, \quad \boldsymbol{M}^{\mathrm{T}} = \boldsymbol{M}$$

故上式可写为

$$(\boldsymbol{\Phi}^{(i)})^{\mathrm{T}}(\boldsymbol{K}-\omega_i^2\boldsymbol{M})\boldsymbol{\Phi}^{(j)} = 0 \tag{k}$$

将式(j)减去式(k),得

$$(\omega_i^2-\omega_j^2)(\boldsymbol{\Phi}^{(i)})^{\mathrm{T}}\boldsymbol{M}\boldsymbol{\Phi}^{(j)} = 0$$

因 $\omega_i \neq \omega_j$,故得

$$(\boldsymbol{\Phi}^{(i)})^{\mathrm{T}}\boldsymbol{M}\boldsymbol{\Phi}^{(j)} = 0 \quad (i \neq j) \tag{10-50}$$

式(10-50)称为振型的第一正交性,即振型关于质量矩阵的正交条件。

将式(10-50)代入式(j)可得

$$(\boldsymbol{\Phi}^{(i)})^{\mathrm{T}}\boldsymbol{K}\boldsymbol{\Phi}^{(j)} = 0 \quad (i \neq j) \tag{10-51}$$

式(10-51)称为振型的第二正交性,即振型关于刚度矩阵的正交条件。

关于上述正交性,可以例10-10中的振型结果为例验证如下:

$$(1 \quad 2.186)\begin{bmatrix} 270\ \mathrm{t} & 0 \\ 0 & 180\ \mathrm{t} \end{bmatrix}\begin{bmatrix} 1 \\ -0.686 \end{bmatrix} = 0$$

$$(1 \quad 2.186)\begin{bmatrix} 294\ \mathrm{MN/m} & -98\ \mathrm{MN/m} \\ -98\ \mathrm{MN/m} & 98\ \mathrm{MN/m} \end{bmatrix}\begin{bmatrix} 1 \\ -0.686 \end{bmatrix} = 0$$

对于两个自由度体系,第一正交性还可改写为

$$m_1 A_1^{(1)} A_1^{(2)} + m_2 A_2^{(1)} A_2^{(2)} = 0$$

或者

$$\rho_1 \rho_2 = -\frac{m_1}{m_2}$$

可以证明,相应某一振型的惯性力(弹性力)不会在其他振型上做功,这就是振型第一(第二)正交性的物理意义,即某一振型作简谐振动的能量不会转移到其他振型上去。振型的正交性可用于振型计算的校核,并将在振型分解法得到进一步应用。

两个自由度体系按其主振型所作的简谐振动,是在特定初始条件下才能出现的一种运动形式,如对应第一振型,由式(a)应有

$$y_1(0) = A_1^{(1)}\sin\varphi_1, \quad y_2(0) = A_2^{(1)}\sin\varphi_1 = \rho_1 A_1^{(1)}\sin\varphi_1$$
$$v_1(0) = A_1^{(1)}\omega_1\cos\varphi_1, \quad v_2(0) = A_2^{(1)}\omega_1\cos\varphi_1 = \rho_1 A_1^{(1)}\omega_1\cos\varphi_1$$

这表明只有当质点2的初位移和初速度分别为质点1的初位移和初速度的 ρ_1 倍时,上述振动形式才会实现。这种在特定初始条件下出现的运动形式,在数学上属于微分方程组的特解。由此可知,方程(10-42)和(10-46)都有两个特解,特解的线性组合才是方程的通解。就是说,一般情形下,两个自由度体系的自由振动是两个频率及相应主振型振动(称为主振动)的组合,即

$$\left.\begin{array}{l} y_1(t) = A_1^{(1)}\sin(\omega_1 t+\varphi_1) + A_1^{(2)}\sin(\omega_2 t+\varphi_2) \\ y_2(t) = A_2^{(1)}\sin(\omega_1 t+\varphi_1) + A_2^{(2)}\sin(\omega_2 t+\varphi_2) \end{array}\right\}$$

而

$$\frac{A_2^{(1)}}{A_1^{(1)}} = \rho_1, \quad \frac{A_2^{(2)}}{A_1^{(2)}} = \rho_2$$

式中共有四个独立的待定常数 $A_1^{(1)}$（或 $A_2^{(1)}$）、$A_1^{(2)}$（或 $A_2^{(2)}$）、φ_1 和 φ_2。它们可由四个初始条件 $y_1(0)$、$v_1(0)$、$y_2(0)$、$v_2(0)$ 来确定。

推广到一般多自由度体系，对应于每一个频率 ω_k，都有一组特解

$$\boldsymbol{y}^{(k)} = \boldsymbol{A}^{(k)} \sin(\omega_k t + \varphi_k) \tag{10-52}$$

其中，$\boldsymbol{A}^{(k)}$ 为对应于 ω_k 的振幅列向量，$\boldsymbol{y}^{(k)}$ 为对应于 ω_k 的位移列向量。根据线性微分方程的理论可知，方程(10-44)和(10-48)的通解将为

$$\boldsymbol{y} = \sum_{k=1}^{n} \boldsymbol{A}^{(k)} \sin(\omega_k t + \varphi_k) \tag{10-53}$$

式中共有 $2n$ 个待定常数，它们可由 $2n$ 个初始条件 $y(0)$ 及 $\dot{y}(0)$ 确定。由此可知，一般情况下，多自由度体系的自由振动由具有不同频率的简谐振动（即主振动）叠加生成，它不再是简谐运动。

§10-6 简谐荷载下两个自由度体系的受迫振动

为简便起见，本节讨论两个自由度体系在简谐荷载下的受迫振动时，暂不考虑阻尼的影响。图 10-31a 所示两个自由度体系，其上受有同频率的简谐荷载 $F_{P1}\sin\theta t$ 和 $F_{P2}\sin\theta t$ 的作用，其振动微分方程可按位移条件得出：

$$\left.\begin{array}{l} y_1 = -m_1\ddot{y}_1\delta_{11} - m_2\ddot{y}_2\delta_{12} + \Delta_{1P}\sin\theta t \\ y_2 = -m_1\ddot{y}_1\delta_{21} - m_2\ddot{y}_2\delta_{22} + \Delta_{2P}\sin\theta t \end{array}\right\}$$

或写成

$$\left.\begin{array}{l} y_1 + m_1\delta_{11}\ddot{y}_1 + m_2\delta_{12}\ddot{y}_2 = \Delta_{1P}\sin\theta t \\ y_2 + m_1\delta_{21}\ddot{y}_1 + m_2\delta_{22}\ddot{y}_2 = \Delta_{2P}\sin\theta t \end{array}\right\} \tag{10-54}$$

式中

$$\Delta_{iP} = \sum_{j=1}^{k} \delta_{ij} F_{Pj} \tag{10-55}$$

为各简谐荷载的幅值在质点 m_i 处引起的静力位移。简谐荷载不限制个数，也不一定作用在质点上。

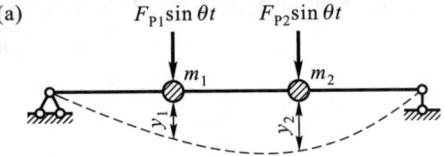

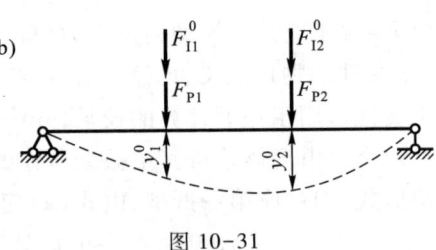

图 10-31

式(10-54)是一个非齐次线性微分方程组，它的通解由两部分组成：一部分是对应齐次微分方程的通解，另一部分是与干扰力相应的特解。其中，齐次方程通解对应于自由振动部分，如同在单自由度体系中曾叙述过的一样，这部分振动由于阻尼影响将很快衰减，故可只考虑剩下的稳态振动部分，即研究方程(10-54)的特解。

此阶段，各质点按干扰力频率作同步简谐振动，即

$$\left.\begin{array}{l} y_1(t) = y_1^0 \sin\theta t \\ y_2(t) = y_2^0 \sin\theta t \end{array}\right\} \tag{10-56}$$

式中 y_1^0 和 y_2^0 为质点 1 和 2 的动位移幅值。

将式(10-56)代入式(10-54)，化简后得位移幅值方程

$$\left.\begin{array}{l}(m_1\delta_{11}\theta^2-1)y_1^0+m_2\delta_{12}\theta^2 y_2^0+\Delta_{1P}=0\\ m_1\delta_{21}\theta^2 y_1^0+(m_2\delta_{22}\theta^2-1)y_2^0+\Delta_{2P}=0\end{array}\right\} \quad (10\text{-}57)$$

解此非齐次代数方程可求得各质点的动位移幅值,回代式(10-56)得到各质点的振动方程,进一步求出各质点的惯性力为

$$\left.\begin{array}{l}F_{11}(t)=-m_1\ddot{y}_1(t)=\theta^2 m_1 y_1^0\sin\theta t\\ F_{12}(t)=-m_2\ddot{y}_2(t)=\theta^2 m_2 y_2^0\sin\theta t\end{array}\right\} \quad (10\text{-}58)$$

引入惯性力幅值

$$\left.\begin{array}{l}F_{11}^0=\theta^2 m_1 y_1^0\\ F_{12}^0=\theta^2 m_2 y_2^0\end{array}\right\} \quad (10\text{-}59)$$

式(10-58)可改写为

$$\left.\begin{array}{l}F_{11}(t)=F_{11}^0\sin\theta t\\ F_{12}(t)=F_{12}^0\sin\theta t\end{array}\right\} \quad (10\text{-}60)$$

由式(10-56)和式(10-60)可知,位移、惯性力和简谐荷载均按同一频率作同步简谐变化,且同时达到幅值。因此,只需先求出惯性力幅值,然后再把它和简谐荷载幅值同时作用于结构,按静力分析方法即可求得最大动位移和最大动内力。

为直接求得惯性力幅值,也可将式(10-59)代入式(10-57),得惯性力幅值方程

$$\left.\begin{array}{l}\left(\delta_{11}-\dfrac{1}{m_1\theta^2}\right)F_{11}^0+\delta_{12}F_{12}^0+\Delta_{1P}=0\\ \delta_{21}F_{11}^0+\left(\delta_{22}-\dfrac{1}{m_2\theta^2}\right)F_{12}^0+\Delta_{2P}=0\end{array}\right\} \quad (10\text{-}61)$$

解此方程即可直接求得惯性力幅值。此外,方程(10-61)的系数行列式为

$$D=\begin{vmatrix}\left(\delta_{11}-\dfrac{1}{m_1\theta^2}\right) & \delta_{12}\\ \delta_{21} & \left(\delta_{22}-\dfrac{1}{m_2\theta^2}\right)\end{vmatrix}=\dfrac{1}{m_1 m_2}\begin{vmatrix}\left(m_1\delta_{11}-\dfrac{1}{\theta^2}\right) & m_2\delta_{12}\\ m_1\delta_{21} & \left(m_2\delta_{22}-\dfrac{1}{\theta^2}\right)\end{vmatrix}$$

当 $\theta=\omega$ 时,由§10-4所述体系的频率方程(10-43)可知 $D=0$,在一般情况下将有 $F_{11}^0=D_1/D=\infty$,$F_{12}^0=D_2/D=\infty$。这就是说,当简谐荷载的频率与体系的自振频率重合时,将会发生共振,因两个自由度体系有两个自振频率,所以有两个共振区[1]。

若 $\theta\ll\omega$ 趋近于零时,位移幅值方程为

$$\left.\begin{array}{l}-y_1^0+\Delta_{1P}=0\\ -y_2^0+\Delta_{2P}=0\end{array}\right\}$$

则有 $y_1^0=\Delta_{1P}$ 和 $y_2^0=\Delta_{2P}$,说明动位移幅值即干扰力幅值产生的静位移。

而当 $\theta\gg\omega$ 而趋于无穷大时,位移幅值方程为

$$\left.\begin{array}{l}m_1\delta_{11}y_1^0+m_2\delta_{12}y_2^0=0\\ m_2\delta_{21}y_1^0+m_2\delta_{22}y_2^0=0\end{array}\right\}$$

---

[1] 也有例外,当干扰力幅值与振型 $\boldsymbol{\Phi}^{(i)}$ 正交,如图10-26a所示对称体系,当两个质量上都受同方向的 $F_P\sin\theta t$ 作用时,其干扰力幅值即与反对称振型 $\boldsymbol{\Phi}^{(2)}$ 正交,当 $\theta=\omega_2$ 时虽导致 $D=0$,但同时 D_1 和 D_2 也等于零,F_{11}^0 和 F_{12}^0 为有限值,并不趋于无限大,从而不发生共振,故共振区只有一个。

此齐次方程只有零解,说明质点几乎不发生振动。这些结论都与单自由度体系受迫振动的情况类似。

两个自由度体系只在质点承受简谐荷载时,也可仿§10-5式(10-46),按刚度法列出动力平衡方程

$$\left.\begin{array}{l}k_{11}y_1+k_{12}y_2+m_1\ddot{y}_1=F_{\mathrm{P}1}\sin\theta t\\k_{21}y_1+k_{22}y_2+m_2\ddot{y}_2=F_{\mathrm{P}2}\sin\theta t\end{array}\right\}$$

将式(10-56)代入上式,得到相应的位移幅值方程

$$\left.\begin{array}{l}(k_{11}-m_1\theta^2)y_1^0+k_{12}y_2^0=F_{\mathrm{P}1}\\k_{21}y_1^0+(k_{22}-m_2\theta^2)y_2^0=F_{\mathrm{P}2}\end{array}\right\} \quad (10\text{-}62)$$

由此求出动位移幅值,进而可计算惯性力幅值和最大动内力。

【例10-11】 试求图10-32a所示体系的最大动位移和动内力图。已知 $\theta=0.6\omega_1=3.4152\sqrt{\dfrac{EI}{ml^3}}$, $m_1=m_2=m$, EI=常数。

解:设以 $F_{\mathrm{I}1}^0$、$F_{\mathrm{I}2}^0$ 分别代表质量 m_1、m_2 的惯性力幅值,柔度系数 δ_{ij} 和自由项 Δ_{iP} 可利用图乘法求得

$$\delta_{11}=\delta_{22}=\frac{4l^3}{243EI},\quad \delta_{12}=\delta_{21}=\frac{7l^3}{486EI},\quad \Delta_{1P}=\frac{4F_{\mathrm{P}}l^3}{243EI},\quad \Delta_{2P}=\frac{7F_{\mathrm{P}}l^3}{486EI}$$

此外, $m_1\theta^2=m_2\theta^2=m\times(3.4152)^2\dfrac{EI}{ml^3}=11.6636\dfrac{EI}{l^3}$

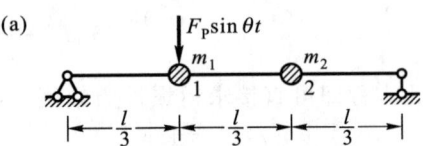

(a)

将上述数值代入方程(10-61),化简后得

$$\left.\begin{array}{l}-0.06928F_{\mathrm{I}1}^0+0.01440F_{\mathrm{I}2}^0+0.01646F_{\mathrm{P}}=0\\0.01440F_{\mathrm{I}1}^0-0.06928F_{\mathrm{I}2}^0+0.01440F_{\mathrm{P}}=0\end{array}\right\}$$

解得

$$F_{\mathrm{I}1}^0=0.2936F_{\mathrm{P}},\quad F_{\mathrm{I}2}^0=0.2689F_{\mathrm{P}}$$

将 $F_{\mathrm{I}1}^0$、$F_{\mathrm{I}2}^0$ 和 F_{P} 作用在结构上(图10-32b),然后按静力计算,可求得

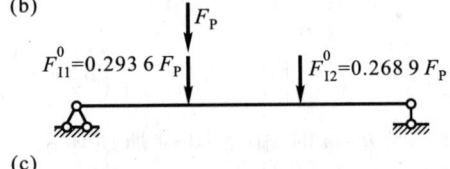

(b)

(c)

$$y_1^0=1.2936F_{\mathrm{P}}\times\frac{4l^3}{243EI}+0.2689F_{\mathrm{P}}\times\frac{7l^3}{486EI}$$
$$=0.02517\frac{F_{\mathrm{P}}l^3}{EI}$$

$$y_2^0=1.2936F_{\mathrm{P}}\times\frac{7l^3}{486EI}+0.2689F_{\mathrm{P}}\times\frac{4l^3}{243EI}$$
$$=0.02306\frac{F_{\mathrm{P}}l^3}{EI}$$

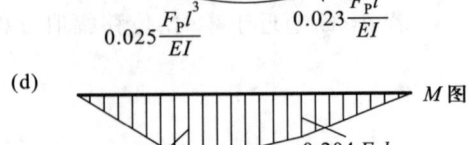

(d)

最大动位移亦可由 $y^0=\dfrac{F_{\mathrm{I}}^0}{m\theta^2}$ 直接求得,其结果如图10-32c所示。同理,可求得最大动内力图如图10-32d、e所示。

截面1处动荷载幅值所产生的静力值分

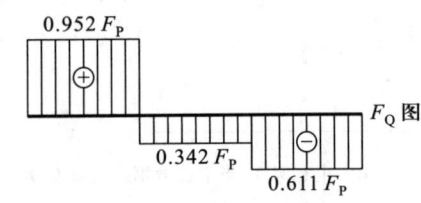

(e)

图10-32

别为

$$y_{st}=\frac{4F_P l^3}{243EI}, \quad M_{st}=\frac{2F_P l}{9}, \quad F_{Qst}^L=\frac{2}{3}F_P, \quad F_{Qst}^R=\frac{1}{3}F_P$$

可求得相应的动力系数分别为

$$\mu_1^y=1.529\ 1, \quad \mu_1^M=1.426\ 5, \quad \mu_1^{QL}=1.428\ 0, \quad \mu_1^{QR}=1.026\ 0$$

由此可见，多自由度体系没有统一的动力系数，这与前述单自由度体系不相同。

对于本例这一类质量也对称分布的对称结构，同样可以利用对称性。将一般动力荷载分解为一组对称和一组反对称的动力荷载后，再分别取其半结构，按单自由度体系的受迫振动计算。由正对称和反对称半结构的自振频率（图 10-27），分别计算动力系数，有

$$\omega_1=5.692\sqrt{\frac{EI}{ml^3}}, \quad \mu_1=\frac{1}{1-(0.6)^2}=1.562\ 5$$

$$\omega_2=22.045\sqrt{\frac{EI}{ml^3}}, \quad \mu_2=\frac{1}{1-\left(\frac{3.415\ 2}{22.045}\right)^2}=1.024\ 6$$

各自按半结构计算并将结果叠加，质点的最大动位移分别为

$$y_{1,2}^0=\mu_1\frac{F_P}{2}\times\frac{5l^3}{162EI}\pm\mu_2\frac{F_P}{2}\times\frac{l^3}{486EI}$$

即

$$y_1^0=0.025\ 17\frac{F_P l^3}{EI}, \quad y_2^0=0.023\ 06\frac{F_P l^3}{EI}$$

质点所在截面的最大动弯矩分别为

$$M_{1,2}=\mu_1\frac{F_P}{2}\times\frac{l}{3}\pm\mu_2\frac{F_P}{2}\times\frac{l}{9}$$

即

$$M_1=0.317F_P l, \quad M_2=0.204F_P l$$

与上述结果相同。

§10-7 振型分解法

讨论多自由度体系受迫振动时，如采用质点位移作为坐标（称为几何坐标），所得振动方程为耦联的微分方程组，必须联立求解。对于简谐荷载作用下的无阻尼受迫振动，平稳阶段中各质点都作同步简谐振动，利用这一特性将微分方程组转化为代数方程组，求解没有困难，如§10-6 所述。然而，当考虑阻尼影响或受一般动力荷载作用时，求解耦联的微分方程组将遇到困难。按振型分解的计算方法就是针对这一问题提出来的，它通过坐标变换解耦，把原来耦联的微分方程组转换成若干独立的微分方程，从而使计算得到简化。

讨论振型分解法之前，先介绍有关坐标变换和广义坐标的概念。为叙述方便，现以图 10-33a 所示两个自由度体系为例扼要说明。

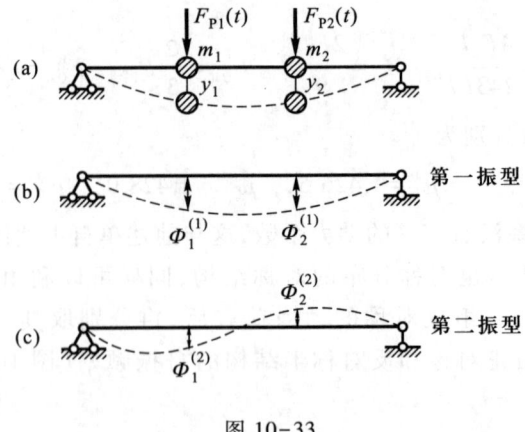

图 10-33

采用几何坐标时,质点位移用向量 $\boldsymbol{y}$ 表示如下:

$$\boldsymbol{y} = (y_1 \quad y_2)^T$$

要使耦联的振动微分方程组解耦,根据线性代数理论,必须通过重新选择基底进行坐标变换。几何坐标的原始基底为

$$\boldsymbol{e}_1 = (1 \quad 0)^T$$
$$\boldsymbol{e}_2 = (0 \quad 1)^T$$

几何坐标即为在此基底上的坐标,它可表示为

$$\boldsymbol{y} = \begin{bmatrix} y_1 \\ y_2 \end{bmatrix} = \begin{bmatrix} y_1 \\ 0 \end{bmatrix} + \begin{bmatrix} 0 \\ y_2 \end{bmatrix} = y_1 \begin{bmatrix} 1 \\ 0 \end{bmatrix} + y_2 \begin{bmatrix} 0 \\ 1 \end{bmatrix} = y_1 \boldsymbol{e}_1 + y_2 \boldsymbol{e}_2$$

若改用振型作基底,即取

$$\boldsymbol{e}'_1 = \boldsymbol{\Phi}^{(1)} = (\Phi_1^{(1)} \quad \Phi_2^{(1)})^T$$
$$\boldsymbol{e}'_2 = \boldsymbol{\Phi}^{(2)} = (\Phi_1^{(2)} \quad \Phi_2^{(2)})^T$$

于是,质点位移可表示为

$$\boldsymbol{y} = \begin{bmatrix} y_1 \\ y_2 \end{bmatrix} = x_1 \boldsymbol{\Phi}^{(1)} + x_2 \boldsymbol{\Phi}^{(2)} = x_1 \begin{pmatrix} \Phi_1^{(1)} \\ \Phi_2^{(1)} \end{pmatrix} + x_2 \begin{pmatrix} \Phi_1^{(2)} \\ \Phi_2^{(2)} \end{pmatrix} \tag{a}$$

写成展开形式,有

$$\left. \begin{aligned} y_1 &= x_1 \Phi_1^{(1)} + x_2 \Phi_1^{(2)} \\ y_2 &= x_1 \Phi_2^{(1)} + x_2 \Phi_2^{(2)} \end{aligned} \right\}$$

将质点位移看作由各振型(图 10-33b、c)分别乘以相应的组合系数后叠加而成,而组合系数 x_1、x_2 都是时间 t 的函数。换句话说,这种方法是将实际位移按振型加以分解,故称为<u>振型分解法</u>。

当取振型为基底时,组合系数 x_1 和 x_2 即此基底上的坐标,与 §10-1 中的 a_k 类似,也是一种广义坐标。

令

$$\boldsymbol{X} = (x_1 \quad x_2)^T \tag{10-63}$$

$$\boldsymbol{\Phi} = (\boldsymbol{\Phi}^{(1)} \quad \boldsymbol{\Phi}^{(2)}) = \begin{pmatrix} \Phi_1^{(1)} & \Phi_1^{(2)} \\ \Phi_2^{(1)} & \Phi_2^{(2)} \end{pmatrix} \tag{10-64}$$

则式(a)可写成

$$\boldsymbol{y} = \boldsymbol{\Phi}\boldsymbol{X} \tag{10-65}$$

式中 $\boldsymbol{\Phi}$ 称为<u>振型矩阵</u>,是以各振型向量作列向量构成的矩阵;$\boldsymbol{X}$ 称为广义坐标列向量。这样,通过基底变换,把原来表示位移的几何坐标 y_1 和 y_2 变换成广义坐标 x_1 和 x_2。

不计阻尼的两个自由度体系,受迫振动方程是

$$\boldsymbol{M}\ddot{\boldsymbol{y}} + \boldsymbol{K}\boldsymbol{y} = \boldsymbol{F}_\mathrm{P}(t) \tag{10-66}$$

将式(10-65)代入式(10-66)得

$$\boldsymbol{M}\boldsymbol{\Phi}\ddot{\boldsymbol{X}} + \boldsymbol{K}\boldsymbol{\Phi}\boldsymbol{X} = \boldsymbol{F}_\mathrm{P}(t)$$

先考虑第一振型,以 $(\boldsymbol{\Phi}^{(1)})^\mathrm{T}$ 左乘上式等号两边,得

$$(\boldsymbol{\Phi}^{(1)})^\mathrm{T}\boldsymbol{M}\boldsymbol{\Phi}\ddot{\boldsymbol{X}} + (\boldsymbol{\Phi}^{(1)})^\mathrm{T}\boldsymbol{K}\boldsymbol{\Phi}\boldsymbol{X} = (\boldsymbol{\Phi}^{(1)})^\mathrm{T}\boldsymbol{F}_\mathrm{P}(t) \tag{b}$$

根据式(10-50)和(10-51)所示的正交条件可知,式中

$$(\boldsymbol{\Phi}^{(1)})^\mathrm{T}\boldsymbol{M}\boldsymbol{\Phi}\ddot{\boldsymbol{X}} = (\boldsymbol{\Phi}^{(1)})^\mathrm{T}\boldsymbol{M}\boldsymbol{\Phi}^{(1)}\ddot{x}_1 + (\boldsymbol{\Phi}^{(1)})^\mathrm{T}\boldsymbol{M}\boldsymbol{\Phi}^{(2)}\ddot{x}_2 = (\boldsymbol{\Phi}^{(1)})^\mathrm{T}\boldsymbol{M}\boldsymbol{\Phi}^{(1)}\ddot{x}_1$$

$$(\boldsymbol{\Phi}^{(1)})^\mathrm{T}\boldsymbol{K}\boldsymbol{\Phi}\boldsymbol{X} = (\boldsymbol{\Phi}^{(1)})^\mathrm{T}\boldsymbol{K}\boldsymbol{\Phi}^{(1)}x_1 + (\boldsymbol{\Phi}^{(1)})^\mathrm{T}\boldsymbol{K}\boldsymbol{\Phi}^{(2)}x_2 = (\boldsymbol{\Phi}^{(1)})^\mathrm{T}\boldsymbol{K}\boldsymbol{\Phi}^{(1)}x_1$$

因此,式(b)可改写为

$$(\boldsymbol{\Phi}^{(1)})^\mathrm{T}\boldsymbol{M}\boldsymbol{\Phi}^{(1)}\ddot{x}_1 + (\boldsymbol{\Phi}^{(1)})^\mathrm{T}\boldsymbol{K}\boldsymbol{\Phi}^{(1)}x_1 = (\boldsymbol{\Phi}^{(1)})^\mathrm{T}\boldsymbol{F}_\mathrm{P}(t) \tag{c}$$

引入以下符号

$$\tilde{m}_1 = (\boldsymbol{\Phi}^{(1)})^\mathrm{T}\boldsymbol{M}\boldsymbol{\Phi}^{(1)} \tag{10-67}$$

$$\tilde{k}_1 = (\boldsymbol{\Phi}^{(1)})^\mathrm{T}\boldsymbol{K}\boldsymbol{\Phi}^{(1)} \tag{10-68}$$

$$\tilde{F}_{\mathrm{P}1}(t) = (\boldsymbol{\Phi}^{(1)})^\mathrm{T}\boldsymbol{F}_\mathrm{P}(t) \tag{10-69}$$

分别称为广义坐标下对应于第1振型的<u>广义质量</u>、<u>广义刚度</u>和<u>广义荷载</u>,它们都是数量。这样,式(c)可改写为

$$\tilde{m}_1 \ddot{x}_1 + \tilde{k}_1 x_1 = \tilde{F}_{\mathrm{P}1}(t) \tag{10-70}$$

方程(10-70)相当于图10-34所示单自由度体系受迫振动的运动方程,通常把图示的等值体系称为原体系对应于第一振型的<u>振子</u>。

此外,由§10-5可知

$$(\boldsymbol{K} - \omega_1^2 \boldsymbol{M})\boldsymbol{A}^{(1)} = \boldsymbol{0}$$

注意到 $\boldsymbol{A}^{(1)} = A_1^{(1)}\boldsymbol{\Phi}^{(1)}$,则上式可改写成

$$\boldsymbol{K}\boldsymbol{\Phi}^{(1)} = \omega_1^2 \boldsymbol{M}\boldsymbol{\Phi}^{(1)}$$

用 $(\boldsymbol{\Phi}^{(1)})^\mathrm{T}$ 左乘上式两方可得

$$\tilde{k}_1 = \omega_1^2 \tilde{m}_1$$

故

$$\omega_1^2 = \frac{\tilde{k}_1}{\tilde{m}_1} \tag{10-71}$$

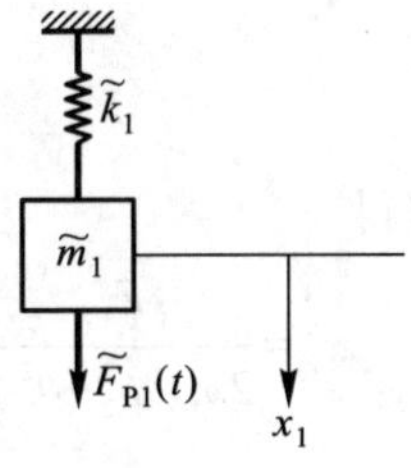

于是式(10-70)可改写为

图 10-34

$$\ddot{x}_1 + \omega_1^2 x_1 = \frac{\widetilde{F}_{P1}(t)}{\widetilde{m}_1} \tag{10-72}$$

再考虑第二振型,同样可以得到类似的结果

$$\ddot{x}_2 + \omega_2^2 x_2 = \frac{\widetilde{F}_{P2}(t)}{\widetilde{m}_2}$$

这样,就把两个自由度体系的受迫振动,通过振型分解变为两个单自由度体系的受迫振动,按此求出广义坐标 x_1 和 x_2 后,即可由式(10-65)求出原有两个自由度体系的动位移。

【**例 10-12**】 试按振型分解法计算例 10-11。

解:由例 10-8 已知 $\omega_1^2 = \dfrac{486EI}{15ml^3} = 32.4\dfrac{EI}{ml^3}$,$\boldsymbol{\Phi}^{(1)} = (1 \quad 1)^T$,$\omega_2^2 = 486\dfrac{EI}{ml^3}$,$\boldsymbol{\Phi}^{(2)} = (1 \quad -1)^T$,又有 $\theta^2 = 0.36\omega_1^2 = 11.664\dfrac{EI}{ml^3}$,则对应于第一振型有

$$\widetilde{m}_1 = (\boldsymbol{\Phi}^{(1)})^T \boldsymbol{M} \boldsymbol{\Phi}^{(1)} = (1 \quad 1)\begin{pmatrix} m & 0 \\ 0 & m \end{pmatrix}\begin{pmatrix} 1 \\ 1 \end{pmatrix} = 2m$$

$$\widetilde{F}_{P1}(t) = (\boldsymbol{\Phi}^{(1)})^T \boldsymbol{F}_P(t) = (1 \quad 1)\begin{pmatrix} F_P \sin\theta t \\ 0 \end{pmatrix} = F_P \sin\theta t$$

由式(10-72)得求解 x_1 的微分方程为

$$\ddot{x}_1 + \omega_1^2 x_1 = \frac{F_P}{2m}\sin\theta t$$

其解可利用§10-2 中简谐荷载下的纯受迫振动求得

$$x_1 = \frac{F_P}{2m(\omega_1^2 - \theta^2)}\sin\theta t = \frac{F_P}{2m} \cdot \frac{1}{(32.4 - 11.664)\dfrac{EI}{ml^3}} \cdot \sin\theta t = 2.411\,3 \times 10^{-2}\frac{F_P l^3}{EI}\sin\theta t$$

对应于第 2 振型有

$$\widetilde{m}_2 = (\boldsymbol{\Phi}^{(2)})^T \boldsymbol{M} \boldsymbol{\Phi}^{(2)} = (1 \quad -1)\begin{pmatrix} m & 0 \\ 0 & m \end{pmatrix}\begin{pmatrix} 1 \\ -1 \end{pmatrix} = 2m$$

$$\widetilde{F}_{P2}(t) = (\boldsymbol{\Phi}^{(2)})^T \boldsymbol{F}_P(t) = (1 \quad -1)\begin{pmatrix} F_P \sin\theta t \\ 0 \end{pmatrix} = F_P \sin\theta t$$

方程为

$$\ddot{x}_2 + \omega_2^2 x_2 = \frac{F_P}{2m}\sin\theta t$$

解得

$$x_2 = \frac{F_P}{2m(\omega_2^2 - \theta^2)} \cdot \sin\theta t = \frac{F_P}{2m} \cdot \frac{1}{(486 - 11.664)\dfrac{EI}{ml^3}} \cdot \sin\theta t = 0.105\,4 \times 10^{-2}\frac{F_P l^3}{EI}\sin\theta t$$

故

$$\begin{pmatrix} y_1 \\ y_2 \end{pmatrix} = \begin{pmatrix} 1 & 1 \\ 1 & -1 \end{pmatrix} \begin{pmatrix} 2.411\ 3 \\ 0.105\ 4 \end{pmatrix} \times 10^{-2} \frac{F_P l^3}{EI} \sin\theta t = \begin{pmatrix} 0.025\ 17 \\ 0.023\ 06 \end{pmatrix} \frac{F_P l^3}{EI} \sin\theta t$$

位移幅值所得结果与例 10-11 相同。

对于有阻尼的多自由度体系受迫振动，由于要考虑阻尼的正交性，情况会复杂一些，这里不再赘述。

§ 10-8 自振频率的近似计算

前已讨论计算自振频率的精确方法，在自由度数目较多时，计算工作很繁重。从实用要求出发，特别在只需求基本频率时，有必要采用近似的计算方法。

一、能量法

根据能量守恒和转化定律，当不考虑阻尼影响时，振动体系在任一时刻的动能 T 和应变能 V 之和应等于常数。由前述可知，相应于每一频率的主振动都是简谐振动，其特征为：当质点处于静力平衡位置瞬间速度最大，此时应变能 $V=0$ 而动能 T 具有极大值；当质点距静力平衡位置最远瞬间速度为零，此时动能 $T=0$ 而应变能 V 具有极大值。在这两个特定时刻应用能量守恒与转化定律，可得

$$T_{\max} = V_{\max}$$

据此求频率近似值的方法称为**能量法**。以具有分布质量的梁为例，设其振动方程为

$$y(x,t) = y(x)\sin(\omega t + \varphi)$$

则其速度为

$$v = \dot{y}(x,t) = y(x)\omega\cos(\omega t + \varphi)$$

式中 $\dot{y}(x,t)$ 为 y 对 t 的一阶导数。

因而其动能为

$$T = \frac{1}{2}\int_0^l \bar{m}(x)v^2 dx = \frac{1}{2}\omega^2\cos^2(\omega t+\varphi)\int_0^l \bar{m}(x)y^2(x)dx$$

式中 $\bar{m}(x)$ 为分布质量。最大动能发生于当 $\cos(\omega t+\varphi)=1$ 的时候，此时有

$$T_{\max} = \frac{1}{2}\omega^2\int_0^l \bar{m}(x)y^2(x)dx$$

应变能为

$$V = \frac{1}{2}\int_0^l \frac{M^2 dx}{EI} = \frac{1}{2}\int_0^l EI[y''(x,t)]^2 dx = \frac{1}{2}\sin^2(\omega t+\varphi)\int_0^l EI[y''(x)]^2 dx$$

式中 $y''(x,t)$ 为 y 对 x 的二阶导数，EI 为梁的抗弯刚度。最大应变能发生在当 $\sin(\omega t+\varphi)=1$ 时，有

$$V_{\max} = \frac{1}{2}\int_0^l EI[y''(x)]^2 dx$$

按 $T_{\max} = V_{\max}$，求得

$$\omega^2 = \frac{\int_0^l EI[y''(x)]^2 dx}{\int_0^l \bar{m}(x) y^2(x) dx} \tag{10-73}$$

如果体系除分布质量 $\bar{m}(x)$ 外,还有集中质量 m_i,则式(10-73)改为

$$\omega^2 = \frac{\int_0^l EI[y''(x)]^2 dx}{\int_0^l \bar{m}(x) y^2(x) dx + \sum_{i=1}^n m_i y_i^2} \tag{10-74}$$

式中 n 表示集中质量的数目。

利用上述公式计算自振频率时,必须用到振动曲线 $y(x)$,而精确的 $y(x)$ 往往未知,只能先假定进行计算,所以结果也具有一定的近似性。通常假定的振动曲线多与第一振型相近,因此求出的也是基本频率的近似值。值得注意的是,假定曲线至少应满足位移边界条件(真实的振动曲线同时满足位移边界条件和动力平衡条件)。通常采用某静力荷载(如单跨梁采用体系自重)作用下的弹性曲线作 $y(x)$,此时应变能 V_{max} 的计算用相应的外力功 W_{max} 来代替更为简便,即

$$V_{max} = W_{max} = \frac{1}{2} \int_0^l q(x) y(x) dx + \frac{1}{2} \sum_{j=1}^m F_{Pj} y_j$$

式中 $q(x)$ 和 F_{Pj} 为作用于所设曲线 $y(x)$ 上的静力荷载。将此代入式(10-74),即得计算频率的另一公式

$$\omega^2 = \frac{\int_0^l q(x) y(x) dx + \sum_{j=1}^m F_{Pj} y_j}{\int_0^l \bar{m}(x) y^2(x) dx + \sum_{i=1}^n m_i y_i^2} \tag{10-75}$$

【例 10-13】 试用能量法计算两端固定梁的自振频率,设梁的 EI 为常数。

解:取梁在自重 q 作用下的弹性曲线作为振动曲线,即

$$y(x) = \frac{ql^4}{24EI} \left(\frac{x^2}{l^2} - 2\frac{x^3}{l^3} + \frac{x^4}{l^4} \right)$$

则

$$y''(x) = \frac{q}{24EI}(2l^2 - 12lx + 12x^2)$$

$$\int_0^l EI[y''(x)]^2 dx = \frac{q^2}{(24)^2 EI} \int_0^l (2l^2 - 12lx + 12x^2)^2 dx = \frac{q^2}{(24)^2 EI} \times \frac{4}{5} l^5$$

$$\int_0^l \bar{m} y^2(x) dx = \frac{\bar{m} q^2}{(24EI)^2} \int_0^l (l^2 x^2 - 2lx^3 + x^4)^2 dx = \frac{\bar{m} q^2}{(24EI)^2} \times \frac{l^9}{630}$$

以此代入式(10-73)即得

$$\omega = \sqrt{\frac{4 \times 630 EI}{5 l^4 \bar{m}}} = \frac{22.45}{l^2} \sqrt{\frac{EI}{\bar{m}}}$$

利用式(10-75)也可得到同样结果。这时有

$$\int_0^l q(x) y(x) dx = \frac{q^2}{24EI} \int_0^l (l^2 x^2 - 2lx^3 + x^4) dx = \frac{q^2}{24EI} \times \frac{l^5}{30}$$

代入得

$$\omega = \sqrt{\frac{q^2 l^5}{24EI \times 30} \times \frac{(24EI)^2 \times 630}{\bar{m}q^2 l^9}} = \frac{22.45}{l^2}\sqrt{\frac{EI}{\bar{m}}}$$

本例精确值为 $\omega = \frac{22.37}{l^2}\sqrt{\frac{EI}{\bar{m}}}$，误差为 0.36%。可见用能量法求基本频率能得到较好结果。

以上推导和示例都以振动曲线 $y(x)$ 计算，如果将振型曲线代入各相应公式，结果将是一样的。因此，按能量法计算时，也可将有关公式中的 $y(x)$ 视为振型曲线，而不再对两者严格区分，这种方法又称为瑞利法。可以证明，按假定振动曲线求得的基本频率都大于实际值。这是因为选择某一曲线代替实际振动曲线时，相当于对体系施加了某种约束，增大了体系的刚度，从而导致频率增大。

二、等效质量法

对于多自由度体系或无限自由度体系，如只求基本频率，也可采用等效质量法。它以单自由度体系代替原体系，并将单自由度体系上的质量 m 称为**等效质量**。等效质量的大小随位置确定，通常将其放在最大位移处。等效质量确定的原则是使体系振动时的动能与原体系动能相等。设具有分布质量 $\bar{m}(x)$ 的杆件按基本振型振动，其位移为

$$y(x,t) = y(x)A(t)$$

振动时其动能为

$$T = \int_0^l \frac{1}{2}\bar{m}(x)[\dot{y}(x,t)]^2 dx = \frac{1}{2}[\dot{A}(t)]^2 \int_0^l \bar{m}(x)y^2(x)dx$$

若以 m 表示此杆件的等效质量，$y_k A(t)$ 表示等效质量 m 所在处 k 点的位移，则等效体系的动能为

$$T^* = \frac{1}{2}my_k^2[\dot{A}(t)]^2$$

令 $T = T^*$，则等效质量 m 的计算公式为

$$m = \int_0^l \bar{m}(x)\left[\frac{y(x)}{y_k}\right]^2 dx \tag{10-76}$$

如同能量法一样，振动曲线 $y(x)$ 未知，需选取满足位移边界条件并与第一振型相近的曲线进行计算。只要求出 m，则基本频率可按公式

$$\omega = \sqrt{\frac{1}{m\delta_{11}}}$$

计算。

【例 10-14】 试用等效质量法求均布质量简支梁的基本频率。

解：设将等效质量集中在梁的中点。选用两种不同的振动曲线分别计算。

（1）选用单位集中荷载作用于梁中点的弹性曲线

$$y(x) = \frac{1}{48EI}(3l^2 x - 4x^3) \quad (0 \leq x \leq l/2)$$

则 $y_k = \frac{l^3}{48EI}$，故

$$\frac{y(x)}{y_k} = \frac{3l^2 x - 4x^3}{l^3} \quad (0 \leq x \leq l/2)$$

代入式(10-76)得

$$m = 2\int_0^{l/2} \bar{m}\left(\frac{3l^2 x - 4x^3}{l^3}\right)^2 dx = \frac{17}{35}\bar{m}l$$

故基本频率为

$$\omega = \sqrt{\frac{1}{m\delta_{11}}} = \sqrt{\frac{1}{\frac{17}{35}\bar{m}l \times \frac{l^3}{48EI}}} = \frac{9.941}{l^2}\sqrt{\frac{EI}{\bar{m}}}$$

与精确值 $\omega = \frac{9.8696}{l^2}\sqrt{\frac{EI}{\bar{m}}}$ 相比，误差为 0.7%。

（2）选用单位均布荷载 $q=1$ 作用下的弹性曲线

$$y(x) = \frac{1}{24EI}(l^3 x - 2lx^3 + x^4)$$

则 $y_k = \frac{5l^4}{384EI}$

故

$$m = \int_0^l \bar{m}\left[\frac{16}{5l^4}(l^3 x - 2lx^3 + x^4)\right]^2 dx = 0.504\bar{m}l$$

$$\omega = \sqrt{\frac{1}{m\delta_{11}}} = \sqrt{\frac{1}{0.504\bar{m}l \cdot \frac{l^3}{48EI}}} = \frac{9.7602}{l^2}\sqrt{\frac{EI}{\bar{m}}}$$

误差为 -1.1%。

比较以上结果可见，第一种情况误差较小。这是由于以集中荷载作用于等效质量处的弹性曲线为振动曲线，在计算 m 时不仅保证了两个体系的动能相等而且也使两者应变能相等，因而这种等效体系比较接近于原体系。

对于均布质量的单跨梁，其等效质量的计算公式也可改写成

$$m = \bar{m}\int_0^l \left[\frac{y(x)}{y_k}\right]^2 dx = \bar{m}l\xi \tag{10-77}$$

式中 ξ 称为等效质量系数。常见单跨梁，当采用集中荷载作用于最大位移处的弹性曲线作为振动曲线时，其等效质量系数 ξ 列于表 10-1 中，可供计算基本频率近似值使用。

表 10-1 等效质量系数

梁端支承形式	ξ	δ_{11}
（两端固定梁）	0.371	$\dfrac{l^3}{192EI}$
（简支梁）	0.486	$\dfrac{l^3}{48EI}$

续表

梁端支承形式	ξ	δ_{11}
（悬臂梁，端部质量 m）	0.236	$\dfrac{l^3}{3EI}$
（一端固定一端铰支，中部质量 m）	0.450	$\dfrac{7l^3}{768EI}$
（一端固定一端定向滑动支座，端部质量 m）	0.371	$\dfrac{l^3}{12EI}$

§10-9 小结与讨论

由于动力荷载是随时间变化的荷载，因此动力分析总是归结为以时间为自变量的微分方程（组）的求解，这就和基于代数方程求解的静力分析有了很大的不同。尽管在分析的过程中，往往设法把动力分析转化为相应的静力问题求解，并且经常借助静力分析的概念和结论，计算动力反应的幅值以满足工程设计的要求，但对所建立的振动微分方程和讨论过程中引入的振型方程、频率方程和幅值方程间的差异与关系应有全面的认识。

动力问题的求解离不开对体系动力特性的讨论，因此对振动的计算总是分为自由振动、受迫振动两大部分，只有通过自由振动明确体系的频率、振型这些特性后，才能在此基础上计算体系在动力荷载下受迫振动的动力反应，包括动位移、动内力等。在计算过程中，要学会从柔度和刚度的概念出发，分别利用位移条件和动力平衡条件建立振动微分方程，并分别作出解答。柔度法和刚度法形式上虽有差别，使用范围也不尽相同，但结论却是完全一致的。

对工程实践中的无限自由度体系进行简化分析都是从最简单的单自由度体系开始，再发展到复杂的多自由度体系。在振型分解的基础上，通过解耦又把多自由度体系变换成单自由度体系，并在它们之间建立了内在联系。分析的过程中，也是从理想的无阻尼振动发展到考虑阻尼的实际存在，从最简单的干扰力——简谐荷载，转到对一般动力荷载的讨论。

对上述不同因素加强对照和归纳，有利于在纷繁的内容中理清头绪，从而正确处理结构的动力计算问题。

思 考 题

1. 怎样区别动力荷载与静力荷载？动力计算与静力计算有什么根本区别？
2. 图 10-9a 所示单自由度体系，为什么在动力平衡中不考虑质点重量？为什么说结构的自振频率和周期是结构的固有性质，怎样去改变它们？
3. 什么是动力系数，在什么情况下位移动力系数与内力动力系数是一样的？

4. 什么是临界阻尼和临界阻尼系数？阻尼对结构自振频率是否有影响？

5. 什么是主振型？请用虚功互等定理，证明图 10-25 所示两种状态中振型对质量的正交性。

6. 用刚度法和柔度法求多自由度体系的频率时各有何优缺点？图 10-35a、b 同为两个自由度体系，请问二者的自由振动是否相同，差别何在？哪种用柔度法较好？哪种用刚度法较好？

7. 对于受简谐荷载作用的两个自由度体系，仍设 $y_1(t) = y_1^0 \sin\theta t$，$y_2(t) = y_2^0 \sin\theta t$。试从动力平衡方程出发，仿照柔度法，导出用刚度法求解惯性力幅值的幅值方程。

8. 多自由度体系在动力荷载作用下，各质点的位移动力系数是否相同？

9. 什么叫广义坐标，你怎样理解坐标变换？

10. 振型分解法提示，在坐标变换中对基底的选择有什么要求？

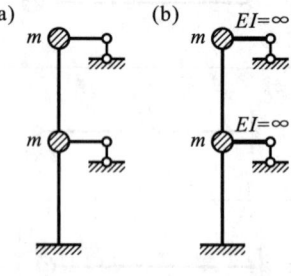

图 10-35

习　题

10-1　试列出图示体系的运动方程（列位移方程或动力平衡方程均可），并计算各系数。

10-1 结构动力学课后习题解答

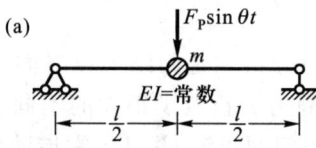

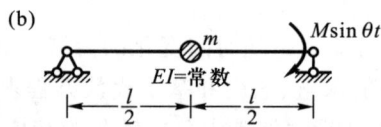

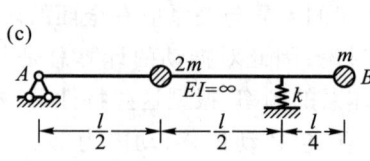

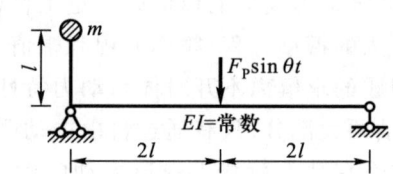

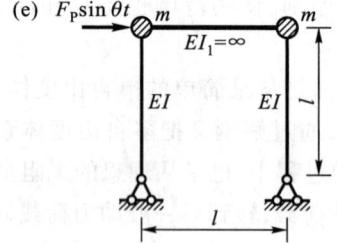

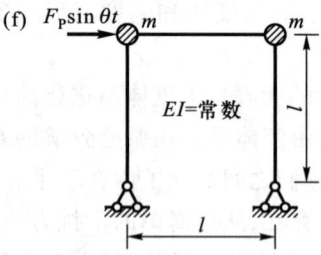

题 10-1 图

10-2　试求图示体系的自振频率。结构的自重可以略去不计。

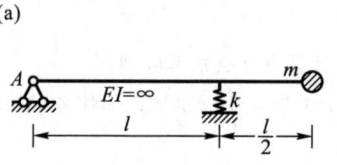

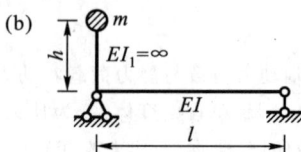

题 10-2 图

10-3 试比较图示两种情况的自振频率,EI = 常数。设 δ 为图 a 所示梁的柔度,$k = \dfrac{4}{\delta}$。

（提示:图 b 所示带弹性支座的静定梁的位移,应等于带弹性支座的刚性梁和图 a 所示带刚性支座的弹性梁相应位移的叠加）。

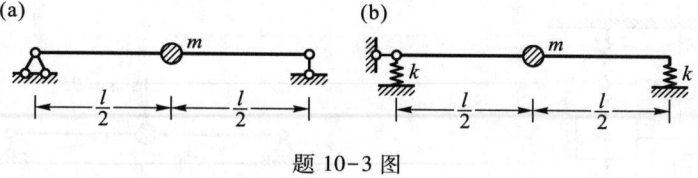

题 10-3 图

10-4 试求图示桁架的自振频率和周期。设各杆截面相同,$A = 2\times10^{-3}$ m^2,$E = 206$ GPa,质量 m 的重量为 $mg = 40$ kN。各杆重量及质量 m 的水平运动略去不计。

10-5 试求图示厂房排架的水平自振频率和周期。设屋盖系统的总质量(柱子的部分质量已集中到屋盖处,无需另加考虑)为 $m = 2$ t,$I_1 = 2\times10^{-3}$ m^4,$I_2 = 1\times10^{-2}$ m^4,$E = 30$ GPa。

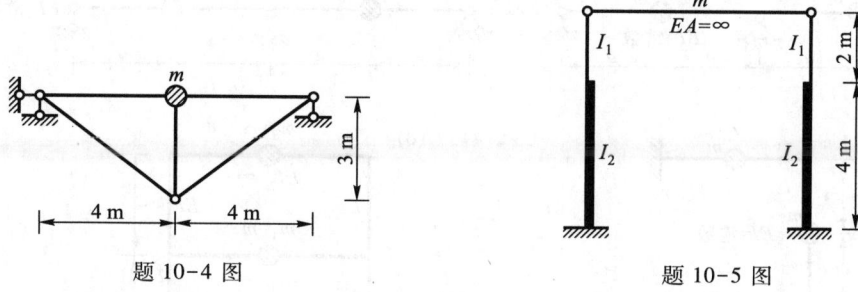

题 10-4 图　　　　题 10-5 图

10-6 在题 10-5 所示排架顶端给以初位移 $y_0 = 1$ mm,然后让其作水平自由振动。试求其顶点的速度和加速度的幅值。

10-7 试求图示简支梁的最大位移。已知 $v_0 = 1\times10^{-2}$ m/s,$E = 24.5$ GPa,$I = 6.4\times10^{-3}$ m^4,$m = 5$ t。

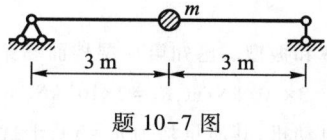

题 10-7 图

10-8 求图示简支梁在 $F_P\sin\theta t$ 作用下引起的中点位移幅值,并比较二者的结果。设 EI = 常数,不考虑阻尼影响,$\theta^2 = 2\omega^2$,$k = \dfrac{4}{\delta}$（δ 为图 a 的柔度,ω 为图 a 的自振频率）。

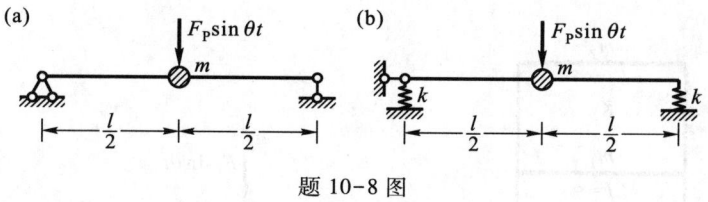

题 10-8 图

10-9 某结构在自振 10 个周期后,振幅降为原来初始位移的 10%(设初速度为零),试求其阻尼比 ξ。

10-10 图示一个重 500 N 的重物悬挂在刚度 $k = 4\times10^3$ N/m 的弹簧上,假定它在简谐力 $F_P\sin\theta t$（$F_P = 50$ N）作用下作竖向振动,已知阻尼系数 $c = 50$ N·s/m。试求:(1) 共振频率;(2) 共振时的振幅;

（3）共振时的相角。

10-11 图示简支梁的中点支承一发动机，其质量为 5 t（梁的质量可略去不计），当发动机转速为 $\theta = 120$ r/min、$\theta = 600$ r/min 时，试求梁的最大弯矩和挠度。已知 $E = 25$ GPa，$I = 6.4 \times 10^{-3}$ m^4，$l = 6$ m，$F_P = 10$ kN，$\xi = 0.05$。

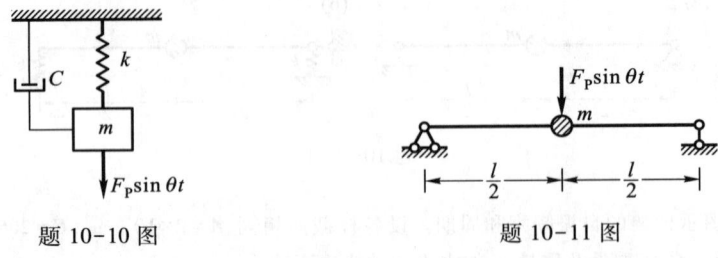

题 10-10 图　　　　题 10-11 图

10-12 试求下列图示结构的自振频率和振型，结构本身自重可略去不计。

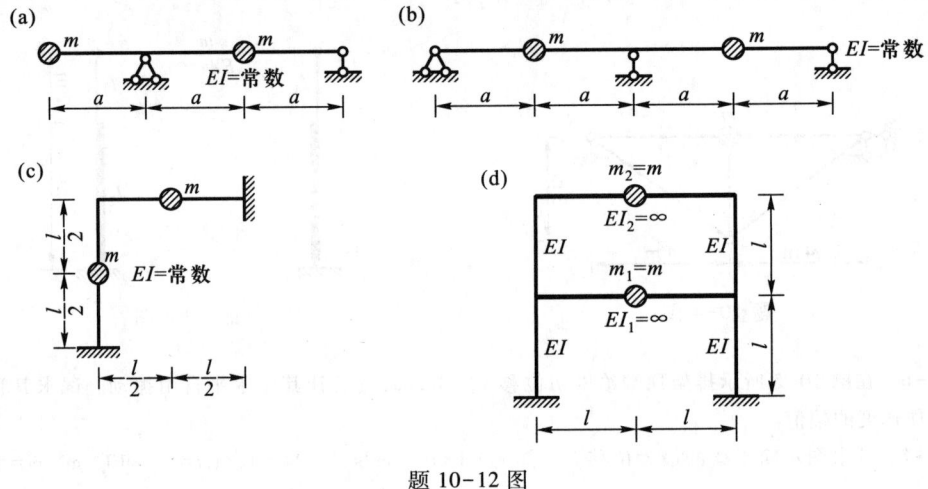

题 10-12 图

10-13 求图示刚架的自振频率和振型。已知第一层楼面和第二层楼面的质量为 $m_1 = m_2 = 100$ t，第一层和第二层抗剪刚度分别为 $K_1 = 3 \times 10^4$ kN/m，$K_2 = 2 \times 10^4$ kN/m，柱的质量可略去不计。

10-14 图示悬臂梁装有两台电动机，其质量均为 $m = 3$ t，干扰力的幅值为 $F_P = 5$ kN。当电动机 C 不开动而电动机 B 在每分钟转动次数分别为 300 次、500 次时，试求梁的最大动弯矩图。已知 $E = 206$ GPa，$I = 2.4 \times 10^{-4}$ m^4。梁的自重可略去不计，并不计阻尼影响。

10-15 图 a 示框架式基础，其计算模型如图 b 所示。其中 $m_1 = 3$ t，$m_2 = 2m_a + m_b = 18$ t，$K_1 = 4$ GN/m、$K_2 = 2$ GN/m，$F_P = 25$ kN，$n = 300$ r/min。试求横梁中点的振幅（不考虑阻尼）。

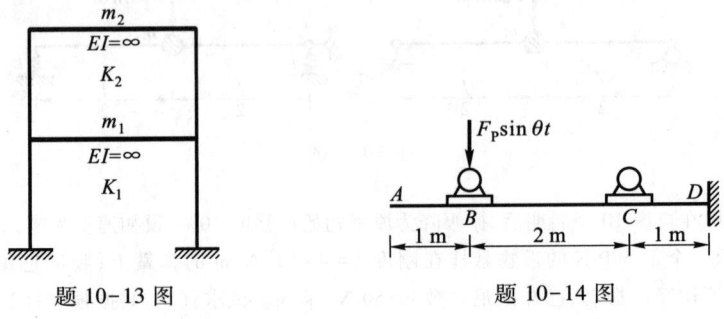

题 10-13 图　　　　题 10-14 图

10-16 求题 10-13 所示刚架的水平位移幅值。假定该刚架第一层楼面上有水平荷载 $F_\text{P}\sin\theta t$ 作用,其中 $F_\text{P} = 2$ kN, $n = 300$ r/min(不计阻尼)。

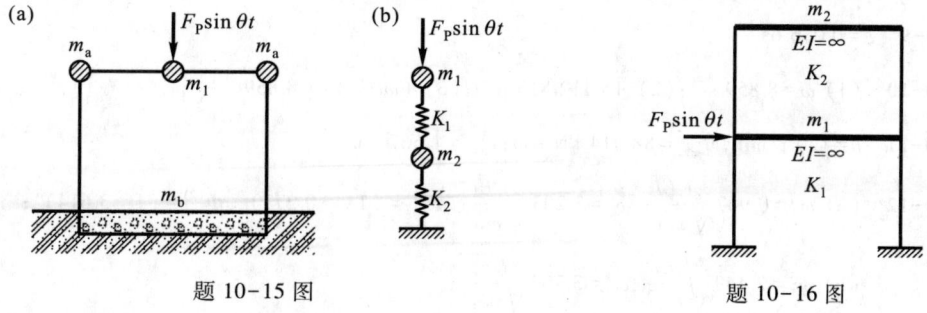

题 10-15 图　　　　　　　题 10-16 图

10-17 试用振型分解法计算题 10-14。
10-18 试用振型分解法计算题 10-16。
10-19 试用能量法求图示简支梁的基本频率。
10-20 试用能量法求图示简支梁的自振频率,已知 $m = 2\bar{m}l$。(1) 设 $y(x) = a\sin\dfrac{\pi x}{l}$;(2) 设 $y(x) = \dfrac{F_\text{P}}{48EI} \cdot (3l^2 x - 4x^3)\left(0 \leq x \leq \dfrac{l}{2}\right)$。

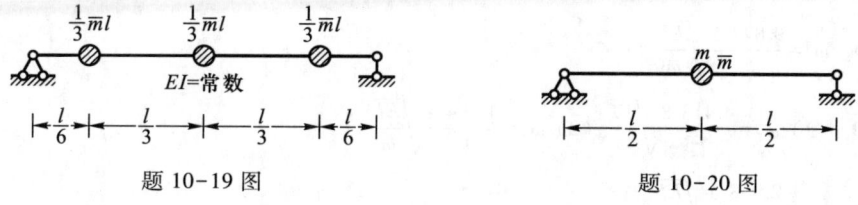

题 10-19 图　　　　　　　题 10-20 图

10-21 试用等效质量法求图示刚架的基本频率。

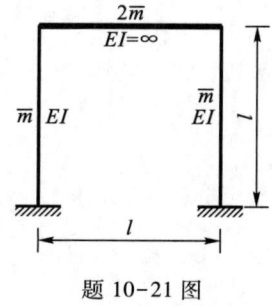

题 10-21 图

习题部分答案

10-2 (a) $\omega = \dfrac{2}{3}\sqrt{\dfrac{k}{m}}$; (b) $\omega = \dfrac{1}{h}\sqrt{\dfrac{3EI}{ml}}$

10-3 (a) $\omega = \sqrt{\dfrac{1}{m\delta}}$; (b) $\omega = 0.943\sqrt{\dfrac{1}{m\delta}}$

10-4 $\omega = 86.51$ s^{-1}, $T = 0.072\,6$ s

10-5 $\omega = 60.24$ s^{-1}, $T = 0.104$ s

10-6 $v_{\max} = 0.060\ 2\ \text{m/s}, a_{\max} = 3.629\ \text{m/s}^2$

10-7 $y_{\max} = 1.527\ \text{mm}$

10-8 $y_a : y_b = 10 : 9$

10-9 $\xi = 0.036\ 6$

10-10 (1) $\omega = 8.859\ \text{s}^{-1}$;(2) $A = 112.813\ \text{mm}$;(3) $(\omega t - \varphi) = \left(8.859t - \dfrac{\pi}{2}\right)$

10-11 $\theta = 120\ \text{r/min}, M_{\max} = 88.914\ \text{kN}\cdot\text{m}, y_{\max} = 1.667\ \text{mm}$

10-12 (a) $\omega_1 = 0.967\sqrt{\dfrac{EI}{ma^3}}, \omega_2 = 3.203\sqrt{\dfrac{EI}{ma^3}}, \boldsymbol{\Phi}^{(1)} = (1\quad -0.277)^{\text{T}}, \boldsymbol{\Phi}^{(2)} = (1\quad 3.614)^{\text{T}}$;

(b) $\omega_1 = 2.449\sqrt{\dfrac{EI}{ma^3}}, \omega_2 = 3.703\sqrt{\dfrac{EI}{ma^3}}$;

(c) $\omega_1 = 10.474\sqrt{\dfrac{EI}{ml^3}}, \omega_2 = 13.856\sqrt{\dfrac{EI}{ml^3}}$;

(d) $\omega_1 = 3.027\ 7\sqrt{\dfrac{EI}{ml^3}}, \omega_2 = 7.926\ 7\sqrt{\dfrac{EI}{ml^3}}$

10-13 $\omega_1 = 10\ \text{s}^{-1}, \omega_2 = 24.494\ 9\ \text{s}^{-1}$

10-14 (1) $M_D = -33.899\ \text{kN}\cdot\text{m}$（上侧受拉）;(2) $M_D = 29.443\ \text{kN}\cdot\text{m}$（下侧受拉）

10-15 $y_1^0 = 0.020\ 5\ \text{mm}$

10-16 $y_1^0 = -0.045\ 9\ \text{mm}, y_2^0 = 0.011\ 7\ \text{mm}$

10-19 $\omega_1 = \dfrac{9.874\ 1}{l^2}\sqrt{\dfrac{EI}{\bar{m}}}$

10-20 (1) $\omega_1 = \dfrac{4.413\ 8}{l^2}\sqrt{\dfrac{EI}{\bar{m}}}$;(2) $\omega_2 = \dfrac{4.394\ 4}{l^2}\sqrt{\dfrac{EI}{\bar{m}}}$

10-21 $\omega_1 = \dfrac{2.958\ 5}{l^2}\sqrt{\dfrac{EI}{\bar{m}}}$

第十一章 结构稳定分析

§11-1 结构稳定分析的基本概念

结构设计除需满足强度条件和刚度条件外,往往还应进行稳定性验算。建筑结构因失稳而坍塌的事故在工程史上并非个别。近年,由于新结构形式的不断涌现和高强度材料的广泛使用,结构更趋向高耸、薄壁和轻型方向,这也对结构的稳定性提出了更高要求。

荷载作用下的结构会保持平衡,但从平衡稳定性的角度考察,其平衡状态却有三种不同形式:稳定平衡、不稳定平衡和随遇平衡。设体系原处于某种平衡状态(例如中心压杆处于直线平衡形式),受外界轻微扰动稍微偏离平衡位置,扰动消除后如体系仍能回复到原有平衡位置,则原来的平衡状态称为<u>稳定平衡</u>;如体系不能回复到平衡位置,且偏离越来越大,则原来的平衡状态称为<u>不稳定平衡</u>;从稳定平衡过渡到不稳定平衡的中间状态称为<u>随遇平衡</u>或中性平衡。当体系处于不稳定平衡状态时,任何扰动都将使它更加远离原有平衡位置,构件产生很大变形,甚至因杆件破坏导致结构丧失承载能力,这种现象称为丧失稳定性,简称失稳。由于结构处于随遇平衡状态时,原有平衡形式已不再稳定,故随遇平衡也可归入不稳定平衡范畴。

结构稳定性问题,按照失稳时材料应力所处阶段,可分为弹性失稳、弹塑性失稳和塑性失稳三类。本章限于讨论结构弹性失稳的基本概念及其计算方法。计算中采用小挠度稳定理论,其主要标志是采用近似公式计算曲率。只有需要得到更精确的解答,才采用依据精确曲率公式的大挠度稳定理论。

结构弹性失稳主要有两种类型:分支点失稳和极值点失稳。下面以压杆为例说明。

一、分支点失稳

图 11-1a 所示为两端铰支理想轴压杆,杆轴为直线且处于中心受压状态。由材料力学可知,当上端压力 F_P 小于欧拉临界值 $F_{Pe}=\dfrac{\pi^2 EI}{l^2}$ 时,杆件受压的平衡状态稳定,即杆件受到某种外因发生微小弯曲,当外因消去后杆件又会恢复到原来的直线平衡状态。图 11-1b 所示为压力 F_P 增长过程中,F_P 与压杆中点挠度 Δ 间的关系曲线,称为 F_P-Δ 曲线。图中平衡路径 OA_1 属于稳定平衡状态(A_1 所对应的压力 F_P 接近但略

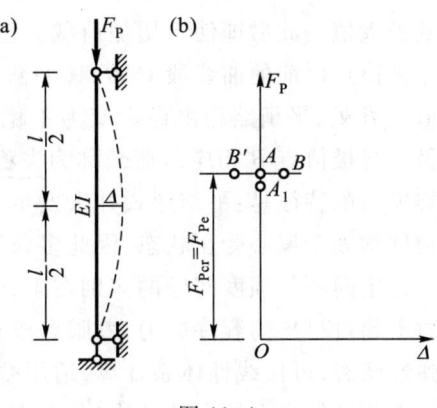

图 11-1

小于 F_{Pe}),当 $F_P=F_{Pe}$ 时(对应于 A 点),体系稍受扰动后,杆件会突然发生弯曲,由原来的直线平衡转变为新的微弯状态平衡形式,其平衡路径如图中 OAB 或 OAB' 所示。图 11-1b 中 A 点就是体系由稳定的直线平衡形式过渡到不稳定的临界点,这一状态称为<u>临界状态</u>,相应的荷载 F_{Pcr} 称为<u>临界荷载</u>。杆件在点 A 的平衡形式既可以是直线也可以是微弯,即平衡形式出现分支现象,此类失稳称为<u>分支点失稳</u>,又称<u>第一类失稳</u>。A 点相应的临界荷载也称为<u>平衡分支荷载</u>或<u>屈曲荷载</u>。

第一类失稳现象不只发生于直杆中心受压,在其他情况下同样也可以出现。例如图 11-2a 中虚线所示承受静水压力的圆弧拱,当水压力 q 达到临界值 q_{cr} 以前,维持截面中心受压的圆弧平衡形式,当 q 达到临界集度 q_{cr} 时,则可能出现新的平衡形式(如图中实线所示),拱将发生压缩和弯曲。图 11-2b 所示在结点承受集中荷载的刚架,在荷载达到临界值以前只有轴向压缩变形,当荷载达到临界值时,则可能出现实线所示同时具有压缩和弯曲变形的新的平衡形式。又如图 11-2c 所示的薄壁工字梁,临界状态之前工字梁只在其腹板所在的竖直平面内弯曲,当 F_P 达到 F_{cr} 时,梁可能从原来的腹板平面内偏离,出现斜弯曲和扭转。由上述可知,第一类失稳的共同特征是:原来的平衡形式变为不稳定,可能出现有本质区别的新平衡形式。

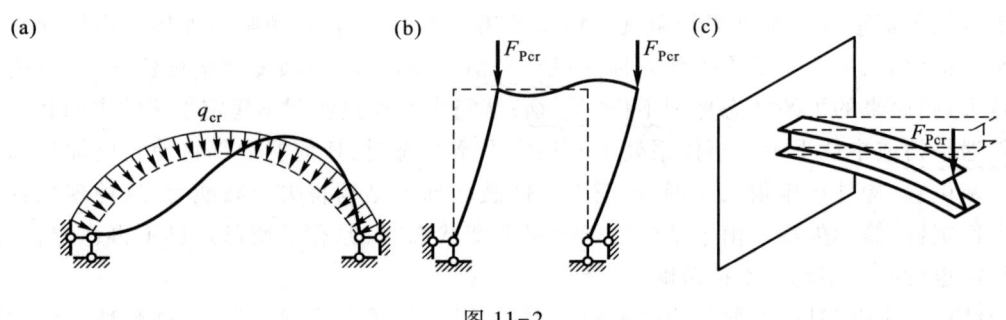

图 11-2

二、极值点失稳

图 11-3a 所示两端铰支承受偏心压力 F_P 的直杆,不论 F_P 值如何,杆件总是同时发生压缩和弯曲。当 F_P 到达某一临界值 F_{Pcr}(F_{Pcr} 小于欧拉临界值 F_{Pe})之前,如果不继续增加压力 F_P,杆件的挠度 Δ 不会自动增加,其 F_P-Δ 曲线如图 11-3b 中 OAB 所示,点 B 处荷载达到极大值。此后即使不增加荷载甚至减小荷载,挠度仍继续增加,如图 11-3b 中 BC 所示。极值点以前的曲线段 OAB,其平衡状态稳定,而在 BC 段,平衡状态是不稳定的。在极值点 B 处,平衡路径由稳定变为不稳定。这种失稳形式称为<u>极值点失稳</u>,又称<u>第二类失稳</u>。与极值点 B 相应的荷载称为<u>失稳荷载</u>或<u>压溃荷载</u>,即为这类失稳的临界荷载。第二类失稳的特征是:平衡形式并未发生质变,而结构丧失承载能力。工程结构中的多数受压构件均处于偏心受压状态,因此多属第二类失稳问题。

稳定问题与强度问题的区别在于,强度问题是结构处于稳定平衡状态,要求构件最大应力不超过材料的容许应力,着眼点放在内力计算上。大多数结构处于应用小挠度理论的弹性状态,可按线性体系计算,适用叠加原理,一般称为线性分析。只有少数应力虽处于弹性范围但变形较大的结构(例如悬索),其变形对计算的影响不能忽略,叠加原理不

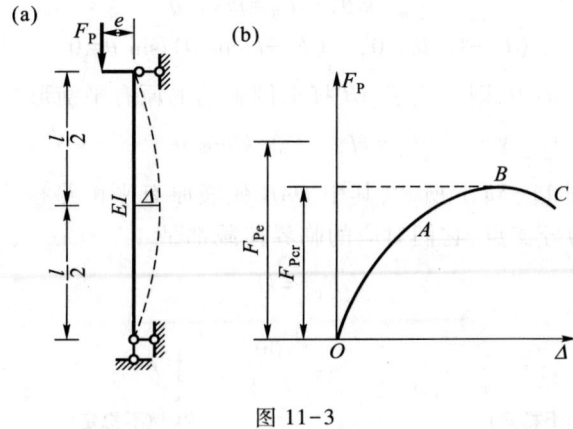

图 11-3

再适用,相关计算称为几何非线性分析。稳定问题与强度问题不同,着眼点不是放在计算最大应力,而是研究荷载与结构抗力间的平衡,看这种平衡是否处于稳定状态,还要找出变形急剧增长的临界点及与此相应的最小荷载(临界荷载)。计算必须在结构变形后的几何位置上进行(大挠度理论),同样属于几何非线性范畴,叠加原理不再适用。

结构稳定计算是结构力学的一个重要专题,本书仅介绍第一类失稳时临界荷载的计算。根据判断平衡稳定性的准则,主要计算方法分为静力法和能量法两大类。第二类失稳常被转化为第一类失稳研究,并以增大安全系数的方式满足压溃荷载的要求。

§11-2 有限自由度体系的稳定计算

与动力分析中的振动自由度类似,稳定计算将确定体系失稳时变形状态所需独立参变数的数目称为该体系的<u>稳定自由度</u>。显然,一般弹性压杆和结构都属于无限自由度体系稳定问题,但弹性支座上由抗弯刚度无限大刚杆组成的压杆体系,则为有限自由度。本节先以单自由度体系为例,进一步说明小挠度理论和大挠度理论下两类稳定问题的实质。再从平衡状态的稳定性说明势能驻值原理,并就多自由度体系讨论静力法和能量法在临界荷载计算中的应用。

一、两类失稳和两种理论

图 11-4a 所示为承受轴压力 F_P 的刚性压杆,下端为固定铰支座,上端为水平弹簧构成的抗移弹性支座,其刚度系数为 k。对此单自由度体系的第一类稳定问题,压杆由竖直位置 AB 发生倾斜至 AB' 时仍保持平衡状态(图11-4b),可按照平衡条件 $\sum M_A = 0$,写出小挠度理论($BB' = l\theta, AB = l$)和大挠度理论($BB' = l\sin\theta, AB = l\cos\theta$)的平衡方程分别为

$$F_P l\theta - F_R l = 0, \quad F_P l\sin\theta - F_R l\cos\theta = 0$$

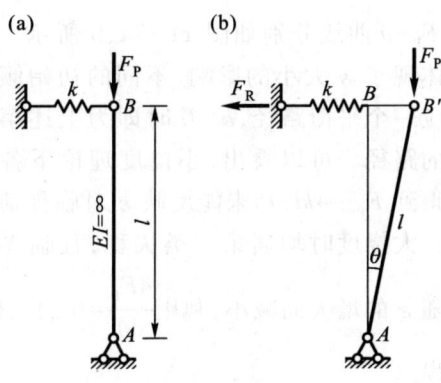

图 11-4

注意到
$$F_R = kl\theta, \quad F_R = kl\sin\theta$$
则得
$$(F_P - kl)l\theta = 0, \quad (F_P - kl\cos\theta)l\sin\theta = 0$$

在两个平衡方程中，若 $\theta = 0$，则对应于 AB 杆未倾斜前的原有平衡形式；若 $\theta \neq 0$，则可得
$$F_P = kl, \quad F_P = kl\cos\theta$$

其 F_P-θ 曲线分别如图 11-5a、b 所示，其中 OAB 代表原有平衡路径 I，AC 表示新平衡路径 II，两线交点 A 即为分支点，它们对应的临界荷载都是
$$F_{P\text{cr}} = kl$$

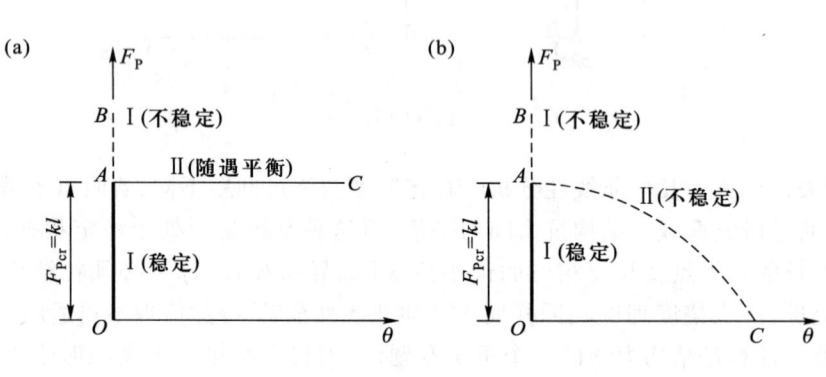

图 11-5

两者虽原有平衡的路径 I 完全相同，但平衡路径 II 上却出现差别：小挠度理论下的路径 II 简化为水平直线，处于随遇平衡；大挠度理论下的荷载随倾角 θ 增加而减小，路径 II 属于不稳定平衡。显然，后者更能反映失稳时的真实状况，而前者则是近似简化导致的假象。

图 11-6a 所示仍然为承受轴压的刚杆，但由于初始倾角 ε 的存在，系统属于第二类稳定问题（图 11-6b）。利用相同的平衡条件，用小挠度理论 $[B'B''=l(\theta+\varepsilon), AB''=l]$ 和大挠度理论 $[B'B''=l\sin(\theta+\varepsilon), AB''=l\cos(\theta+\varepsilon)]$，写出的平衡方程分别为
$$F_P l(\theta+\varepsilon) - F_R l = 0,$$
$$F_P l\sin(\theta+\varepsilon) - F_R l\cos(\theta+\varepsilon) = 0$$

注意到
$$F_R = kl\theta, \quad F_R = kl[\sin(\theta+\varepsilon) - \sin\varepsilon]$$

可求得
$$F_P = kl\frac{\theta}{\theta+\varepsilon}, \quad F_P = kl\cos(\theta+\varepsilon)\left[1 - \frac{\sin\varepsilon}{\sin(\theta+\varepsilon)}\right]$$

其 F_P-θ 曲线分别如图 11-7a、b 所示。图中曲线体现了 ε 大小的影响，不同的初始倾角分别对应一个平衡路径，$\varepsilon = 0$ 时即为上述第一类失稳的路径。可以看出，小挠度理论下各曲线虽可得到 $F_{P\text{cr}} \to kl$，却未能反映 ε 对临界荷载的影响。大挠度时均属第二类失稳，且临界荷载的值随 ε 的增大而减小，利用 $\dfrac{\mathrm{d}F_P}{\mathrm{d}\theta} = 0$ 的条件，还可求出

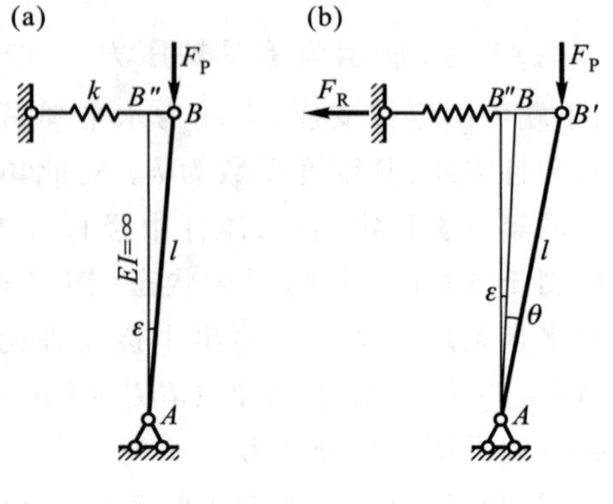

图 11-6

$$F_{\text{Pcr}} = kl(1-\sin^{\frac{2}{3}}\varepsilon)^{\frac{3}{2}}$$

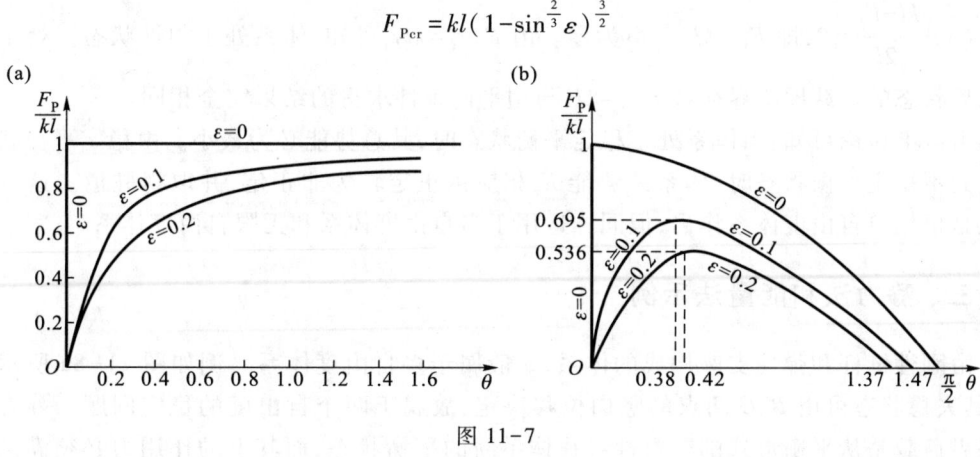

图 11-7

由以上分析可以看出,采用小挠度理论和大挠度理论的差别,仅在于当 θ、ε 很小时,数学上有 $\sin\theta \approx \theta$, $\cos\theta \approx 1$ 和 $\sin(\theta+\varepsilon) \approx \theta+\varepsilon$, $\sin\varepsilon \approx \varepsilon$, $\cos(\theta+\varepsilon) \approx 1$ 而已。结构的稳定分析只有采用大挠度理论才能得出精确结论,但小挠度理论也有实用上的优点,虽存在一定局限性,但通常在第一类稳定问题中能够得到临界荷载的正确解答。

二、势能驻值原理和平衡状态

能量法的势能驻值原理可表述为:在弹性体系的所有几何可能的位移状态中,真实的位移状态应使总势能为驻值。势能驻值条件等价于平衡条件,但平衡状态有稳定、不稳定和中性三种,要判别平衡状态究竟属于哪一种,还必须对总势能作进一步研究。现仍用图 11-4 中刚性直杆的稳定加以说明。取竖直方向的初始平衡位置为参考状态,则体系的总势能 E_p 为弹性支承的应变能 V 与荷载势能 E_p^* 的总和

$$E_p = V + E_p^* = \frac{1}{2}ky_1^2 - F_P \Delta = \frac{kl-F_P}{2l}y_1^2$$

式中 y_1、Δ 分别为弹簧端点的水平位移和竖向位移,且

$$\Delta = l - \sqrt{l^2-y_1^2} = l - l\left(1-\frac{y_1^2}{l^2}\right)^{\frac{1}{2}} \approx l - l\left(1-\frac{y_1^2}{2l^2}\right) = \frac{y_1^2}{2l}$$

可见,总势能是位移 y_1 的二次函数,其值不仅与 y_1 而且也与系数 $\frac{kl-F_P}{2l}$ 有关,现分别讨论如下:

(1) $\frac{kl-F_P}{2l} > 0$,即 $F_P < kl$,则当 $y_1 \neq 0$ 时,E_p 恒为正值,体系正定[①],处于稳定状态。

(2) $\frac{kl-F_P}{2l} < 0$,即 $F_P > kl$,则当 $y_1 \neq 0$ 时,E_p 恒为负值,体系负定,处于不稳定状态。

[①] 设 E_p 是一个对称的实数二次型 $E_p = f(y_1, y_2, \cdots, y_n) = \sum_{i=1}^{n}\sum_{j=1}^{n} a_{ij}y_iy_j$,其中 $a_{ij} = a_{ji}$。对于任意一组不全为零的实数 $c_1, c_2, \cdots, c_n$,如果都有 $f(c_1, c_2, \cdots, c_n) > 0$,则 E_p 称为正定;如果都有 $f(c_1, c_2, \cdots, c_n) \geq 0$,则 E_p 称半正定;如果都有 $f(c_1, c_2, \cdots, c_n) < 0$,则 E_p 称为负定,如果都有 $f(c_1, c_2, \cdots, c_n) \leq 0$,则 E_p 称为半负定。如果不具有上述性质,则称为不定。上述五种情况中的后四种,E_p 统称为非正定。

(3) $\dfrac{kl-F_P}{2l}=0$，即 $F_P=kl$，E_p 恒为零。由 $F_P y_1=kly_1$ 可知，体系处于中性状态。处于这一临界状态的荷载即临界荷载 $F_{Pcr}=kl$，与用平衡条件求得的结果完全相同。

由以上讨论可知：当体系处于稳定平衡状态时，其总势能必为最小。由稳定平衡状态过渡到不稳定平衡状态时，体系总势能 E_p 相应由正定转为非正定，并取得驻值。这一结论虽是根据单自由度体系作出，但同样适用于多自由度体系和无限自由度体系。

三、静力法和能量法示例

由刚性链杆和弹性支座构成的体系，一般属于多自由度体系。例如图 11-8a 所示体系，其失稳状态可由 B、C 两点的竖向位移决定，故属于两个自由度的稳定问题。静力法求临界荷载是从平衡形式的二重性寻找体系新的平衡状态，而其上的作用力必须满足静力平衡条件。能量法则是从临界状态的能量特征出发，以与平衡条件等价的势能驻值原理求解临界荷载。以下用实例说明。

【**例 11-1**】 试分别用静力法和能量法确定图 11-8a 所示刚性链杆体系的临界荷载，并求其失稳时的实际变形形式。已知 $k_1=k$，$k_2=3k$。

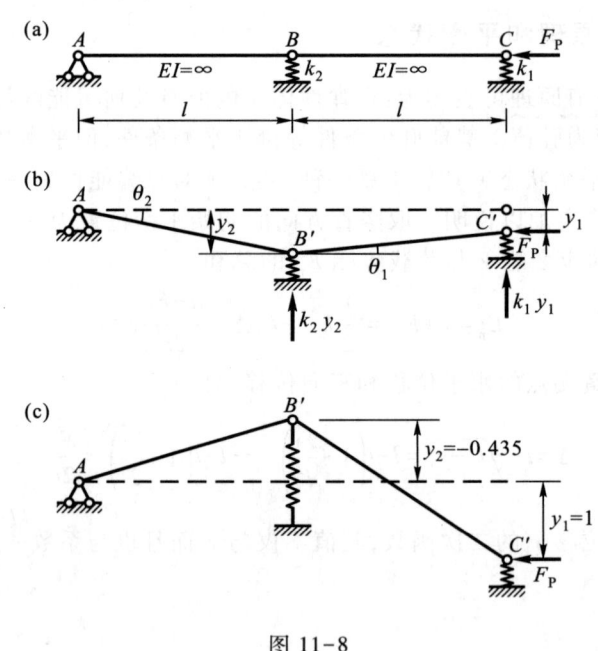

图 11-8

解：设该体系发生如图 11-8b 所示变形，这是两个自由度体系的稳定问题。

（1）静力法

取 $B'C'$ 为隔离体，由 $\sum M_{B'}=0$，

得
$$F_P(y_2-y_1)+k_1 y_1 l=0$$
$$(k_1 l-F_P)y_1+F_P y_2=0 \tag{a}$$

再由整体平衡条件 $\sum M_A=0$，

得
$$(2k_1 l-F_P)y_1+k_2 l y_2=0 \tag{b}$$

将(a)、(b)二式联立,因 y_1、y_2 不能全等于零,故有

$$\begin{vmatrix} (k_1 l - F_P) & F_P \\ (2k_1 l - F_P) & k_2 l \end{vmatrix} = 0$$

此即用以求出临界荷载的稳定方程,展开后得

$$F_P^2 - (2k_1 + k_2) l F_P + k_1 k_2 l^2 = 0 \qquad (c)$$

以 $k_1 = k, k_2 = 3k$ 代入式(c),有

$$F_P^2 - 5kl F_P + 3(kl)^2 = 0$$

解方程求得

$$F_{P1} = 0.697kl, \quad F_{P2} = 4.303kl$$

这两者中较小的即为临界荷载

$$F_{Pcr} = F_{P1} = 0.697kl$$

(2)能量法

体系失稳时刚性杆件不产生变形,故体系的应变能为

$$V = \frac{1}{2} k_1 y_1^2 + \frac{1}{2} k_2 y_2^2$$

荷载势能 E_P^* 等于外力功的负值,为求外力功 W 需先确定 F_P 作用点的水平位移 Δ_C。
当 AB 杆转动 $\theta_2 = y_2/l$ 时,点 B 的水平位移为

$$\Delta_B = l(1 - \cos\theta_2) = 2l\sin^2\left(\frac{\theta_2}{2}\right) \approx \frac{l\theta_2^2}{2} = \frac{y_2^2}{2l}$$

当杆 BC 转动 $\theta_1 = (y_2 - y_1)/l$ 时,BC 间的水平位移为

$$\Delta_{BC} = l(1 - \cos\theta_1) \approx \frac{l\theta_1^2}{2} = \frac{(y_2 - y_1)^2}{2l}$$

故 F_P 作用点的水平位移为

$$\Delta_C = \Delta_B + \Delta_{BC} = \frac{1}{2l}(y_1^2 - 2y_1 y_2 + 2y_2^2)$$

体系的总势能为

$$E_P = V + E_P^* = V - F_P \Delta_C$$

$$= \frac{1}{2} k_1 y_1^2 + \frac{1}{2} k_2 y_2^2 - \frac{F_P}{2l}(y_1^2 - 2y_1 y_2 + 2y_2^2)$$

由势能驻值原理,$\dfrac{\partial E_P}{\partial y_1} = 0, \dfrac{\partial E_P}{\partial y_2} = 0$,则

$$\left. \begin{aligned} (k_1 l - F_P) y_1 + F_P y_2 &= 0 \\ F_P y_1 + (k_2 l - 2F_P) y_2 &= 0 \end{aligned} \right\}$$

稳定方程为

$$\begin{vmatrix} (k_1 l - F_P) & F_P \\ F_P & (k_2 l - 2F_P) \end{vmatrix} = 0$$

形式与静力法所得不同,但展开后

$$F_P^2 - (2k_1 + k_2) l F_P + k_1 k_2 l^2 = 0$$

与式(c)完全相同,求出的临界荷载也是一样的。

(3) 失稳时的变形形式

以 $F_{P1}=0.697kl(F_{P2}=4.303kl)$ 代入式(a)或式(b),可求得 y_2 与 y_1 的比值,据此即可得到与 F_{P1} 或 F_{P2} 相应的失稳形式。现以 $F_{P1}=0.697kl$ 代入式(a)得

$$(kl-0.697kl)y_1+0.697kly_2=0$$

由此有

$$\frac{y_2}{y_1}=-0.435$$

负号表示失稳时,y_2 和 y_1 分别位于基线的两侧,其变形形式如图 11-8c 所示。

同理,可求得第二种失稳形式为

$$\frac{y_2}{y_1}=0.768$$

体系实际的失稳形式只与临界荷载 F_{Pcr} 对应,即图 11-8c 所示。第二种失稳形式仅为理论分析的结果。

§11-3 无限自由度体系的临界荷载(静力法)

用静力法求无限自由度体系的临界荷载,是从丧失稳定时平衡形式将发生质变这一特征出发,首先假定体系已处于新的平衡形式,据此建立平衡微分方程,然后求微分方程通解,并利用边界条件确定临界荷载。

一、等截面压杆

现以图 11-9a 所示一端固定另一端铰支的直杆稳定问题为例,说明静力法的原理和计算步骤。当荷载 F_P 达到临界值时,平衡形式将发生质变。设该杆已处于图示新的曲线平衡状态,图示坐标系下任一截面上的弯矩(图 11-9b)为

$$M=F_P y+F_R(l-x)$$

式中 F_R 为上端链杆支座的反力。

由材料力学可知,弯矩与曲率半径的关系为

$$\frac{EI}{\rho}=-M$$

对于微小弯曲近似取 $\frac{1}{\rho}=y''$,故

$$EIy''+F_P y=-F_R(l-x)$$

为简化令

$$n=\sqrt{\frac{F_P}{EI}} \qquad (11-1)$$

则微分方程可写成

$$y''+n^2 y=-\frac{F_R}{EI}(l-x)$$

其通解为

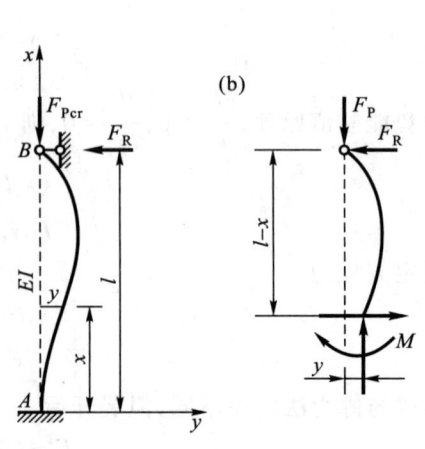

图 11-9

$$y = A\cos nx + B\sin nx - \frac{F_R}{F_P}(l-x) \tag{11-2}$$

式中 A、B 为积分常数，$\frac{F_R}{F_P}$ 也未知。图 11-9 所示杆件的边界条件为

当 $x = 0$ 时　　　　　$y = 0$ 和 $y' = 0$

当 $x = l$ 时　　　　　$y = 0$

据此，可得如下齐次代数方程组

$$\left. \begin{array}{r} A - l\dfrac{F_R}{F_P} = 0 \\ nB + \dfrac{F_R}{F_P} = 0 \\ A\cos nl + B\sin nl = 0 \end{array} \right\} \tag{a}$$

当 $A = B = \dfrac{F_R}{F_P} = 0$ 时，从式（11-2）可知各点位移都等于零，零解相应杆件直线平衡形式，并非所求。临界状态要求 A、B、$\dfrac{F_R}{F_P}$ 不全为零，这只有使式（a）中 A、B、$\dfrac{F_R}{F_P}$ 的系数所组成的行列式等于零。故可得特征方程

$$D = \begin{vmatrix} 1 & 0 & -l \\ 0 & n & 1 \\ \cos nl & \sin nl & 0 \end{vmatrix} = 0 \tag{11-3}$$

展开行列式得

$$\tan nl = nl \tag{11-4}$$

式（11-3）及其展开式（11-4）即为稳定方程。据此求出 nl 后，可由式（11-1）得到临界荷载。

式（11-4）这类超越方程可采用图解法或试算法求解。采用图解法时，以 nl 作为自变量，绘出 $z_1 = nl$ 和 $z_2 = \tan nl$ 的函数图形（图 11-10），由式（11-4）可知，z_1 和 z_2 的第一个交点的横坐标 $nl = 4.493$ 即为稳定方程的最小根。将此值代入式（11-1），即可求出临界荷载为

$$F_{Pcr} = n^2 EI = 20.19\frac{EI}{l^2}$$

试算通常采用弦截法求解。先将式（11-4）改写为

$$f(x) = \tan x - x = 0 \quad (x = nl) \tag{b}$$

用试算找出方程（b）的最小根所在区间，然后以此区间函数曲线的弦线与 x 轴的交点作为式（b）的近似解，经过几次反复计算，即可求得精度较好的解，其具体方法参见高等数学的相关内容。

静力法计算临界荷载的主要步骤可归纳如下：

（1）根据体系发生变形后的中性平衡状态，列

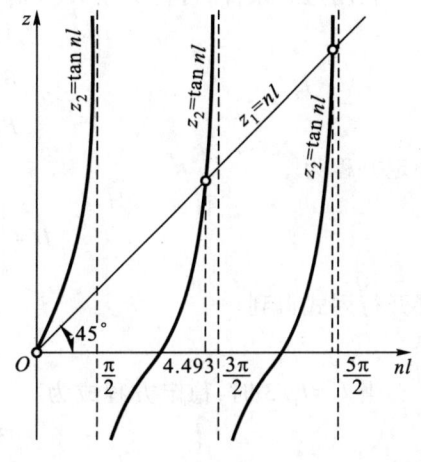

图 11-10

出平衡微分方程。对于杆端受压力 F_P 作用的等截面理想轴压杆,不论其两端为何种支承,其平衡微分方程的形式均可写成

$$y''+n^2y=f(x) \tag{11-5}$$

式中 $n^2=F_P/EI$,$f(x)$ 随压杆支承情况而定。

（2）求出微分方程的通解。式（11-5）所示的二阶常系数线性非齐次微分方程,其通解的形式为

$$y=A\cos nx+B\sin nx+y^* \tag{11-6}$$

若 $f(x)$ 为一次多项式,则有

$$y^*=\frac{EI}{F_P}f(x) \tag{11-7}$$

（3）利用边界条件,导出稳定方程。

（4）解稳定方程,求出 nl 的最小根,进而由式（11-1）求出临界荷载。

【例 11-2】 图 11-11a 所示两端铰支杆件,l_1 部分的刚度为 EI,l_2 部分的刚度为无限大,试求此压杆的稳定方程。若已知 $l_2=l_1/3$,求临界荷载。

解：设新的曲线平衡状态下,刚体部分的倾角为 φ。取图示坐标系,则任一截面的弯矩（图 11-11b）为

$$M=F_P y$$

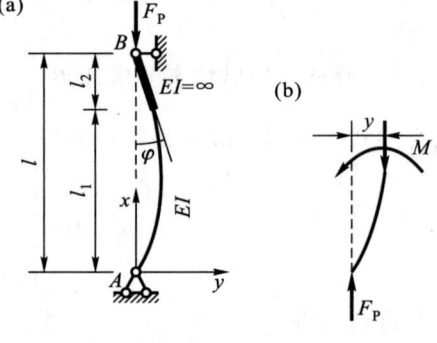

图 11-11

l_1 部分的平衡微分方程由 $EIy''=-M$ 得

$$y''+n_1^2 y=0$$

式中

$$n_1=\sqrt{\frac{F_P}{EI}}$$

方程的通解为

$$y=A\cos n_1 x+B\sin n_1 x$$

边界条件为：当 $x=0$ 时,$y=0$；当 $x=l_1$ 时,$y=\varphi l_2$ 和 $y'=-\varphi$。引用了三个边界条件,是因为除 A、B 外,φ 也未知。

利用边界条件,可得关于 A、B 和 φ 的齐次方程组

$$\left.\begin{array}{r}A=0\\B\sin n_1 l_1-l_2\varphi=0\\Bn_1\cos n_1 l_1+\varphi=0\end{array}\right\}$$

稳定方程为

$$D=\begin{vmatrix}\sin n_1 l_1 & -l_2\\n_1\cos n_1 l_1 & 1\end{vmatrix}=0$$

展开行列式得到

$$\tan n_1 l_1=-n_1 l_2$$

当 $l_2=l_1/3$ 时,稳定方程成为

$$3\tan n_1 l_1+n_1 l_1=0$$

求得方程的最小根为 $n_1 l_1=2.4558$,于是临界荷载为

$$F_{Pcr} = \frac{(n_1 l_1)^2 EI}{l_1^2} = \frac{(2.4558)^2 EI}{(0.75l)^2} = \frac{10.72EI}{l^2}$$

二、变截面压杆

工程中常见两类变截面压杆中,阶形压杆(图 11-12b)通常用静力法求解,对截面沿杆长连续变化压杆(图 11-12a),得到的变系数微分方程求解较为复杂,实际计算时多采用能量法分析。

图 11-13a 示一阶形压杆,其上部刚度为 EI_1,下部刚度为 EI_2。令 y_1、y_2 分别为上部和下部在新平衡形式下的水平位移(图 11-13b),两部分的微分方程分别为

$$EI_1 y_1'' + F_P y_1 = F_P \delta$$
$$EI_2 y_2'' + F_P y_2 = F_P \delta$$

它们的通解为

$$y_1 = A_1 \cos n_1 x + B_1 \sin n_1 x + \delta$$
$$y_2 = A_2 \cos n_2 x + B_2 \sin n_2 x + \delta$$

式中

$$n_1 = \sqrt{\frac{F_P}{EI_1}}, \quad n_2 = \sqrt{\frac{F_P}{EI_2}}$$

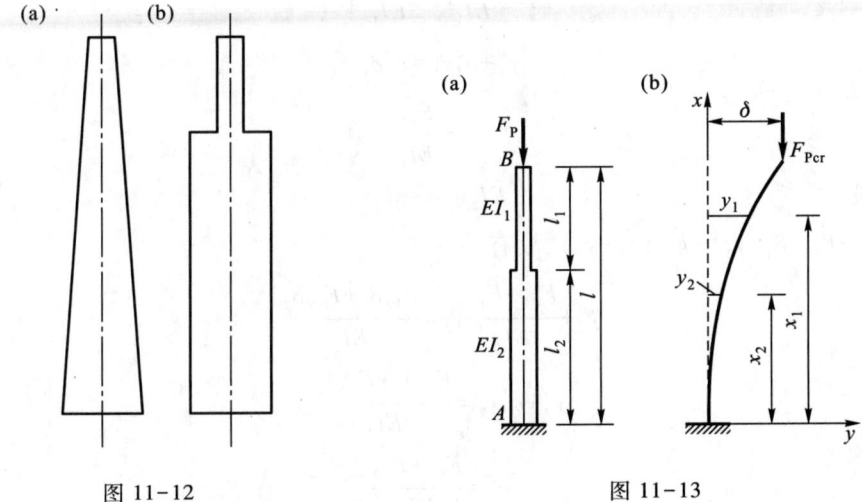

图 11-12   图 11-13

通解共有 A_1、B_1、A_2、B_2、δ 五个待定常数。相应边界条件为:$x=0$ 时 $y_2 = y_2' = 0$;$x=l$ 时 $y_1 = \delta$;$x = l_2$ 时 $y_1 = y_2$,$y_1' = y_2'$。

将边界条件逐一代入通解,便可得到稳定方程,展开后得

$$\tan n_1 l_1 \cdot \tan n_2 l_2 = \frac{n_1}{n_2} \tag{11-8}$$

顶端承受压力 F_{P1},变截面处还作用压力 F_{P2} 的阶形压杆,其稳定方程的推导较为复杂。现以图 11-14a 所示压杆为例说明。

设压杆失稳时,B、C 两截面的水平位移分别 δ_2 和 δ_1,对于 AB 和 BC 两段选取各自坐标系(图 11-14b),则杆段的微分方程分别为

BC 段 $EI_1 y_1'' = -M_1$

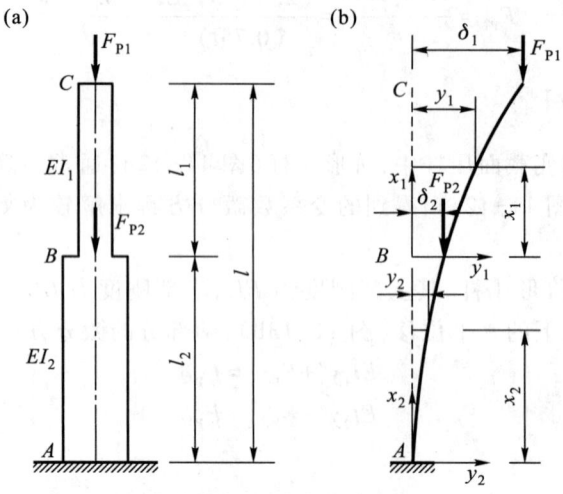

图 11-14

式中 $M_1 = -F_{P1}(\delta_1 - y_1)$,故有

$$y_1'' + \frac{F_{P1}}{EI_1}y_1 = \frac{F_{P1}}{EI_1}\delta_1$$

或

$$y_1'' + n_1^2 y_1 = n_1^2 \delta_1 \tag{c}$$

式中

$$n_1^2 = \frac{F_{P1}}{EI_1}$$

AB 段

$$EI_2 y_2'' = -M_2$$

式中 $M_2 = -F_{P1}(\delta_1 - y_2) - F_{P2}(\delta_2 - y_2)$,故有

$$y_2'' + \frac{F_{P1} + F_{P2}}{EI_2}y_2 = \frac{F_{P1}\delta_1 + F_{P2}\delta_2}{EI_2}$$

或

$$y_2'' + n_2^2 y_2 = \frac{F_{P1}\delta_1 + F_{P2}\delta_2}{EI_2} \tag{d}$$

式中

$$n_2^2 = \frac{F_{P1} + F_{P2}}{EI_2}$$

方程(c)和(d)的通解为

$$\left.\begin{array}{l} y_1 = A_1 \cos n_1 x_1 + B_1 \sin n_1 x_1 + \delta_1 \\ y_2 = A_2 \cos n_2 x_2 + B_2 \sin n_2 x_2 + \dfrac{F_{P1}\delta_1 + F_{P2}\delta_2}{F_{P1} + F_{P2}} \end{array}\right\} \tag{e}$$

式(e)包含六个未知常数 A_1、B_1、δ_1 和 A_2、B_2、δ_2,需利用六个边界条件:$x_2 = 0$ 时 $y_2 = y_2' = 0$;$x_2 = l_2$ 时 $y_2 = \delta_2$;$x_1 = 0$ 时 $y_1 = \delta_2$,$y_1' = (y_2')_{x_2 = l_2}$;$x_1 = l_1$ 时 $y_1 = \delta_1$。据此可得压杆稳定方程,展开后得

$$\tan n_1 l_1 \cdot \tan n_2 l_2 = \frac{n_1}{n_2} \cdot \frac{F_{P1} + F_{P2}}{F_{P1}} \tag{11-9}$$

利用式(11-9)的结果可求图 11-15 所示压杆的临界荷载。此时

$$n_1 = \sqrt{\frac{F_P}{EI_1}} = n, \quad n_2 = \sqrt{\frac{F_{P1}+F_{P2}}{EI_2}} = \sqrt{\frac{6F_P}{1.5EI_1}} = 2n$$

$$n_1 l_1 = \frac{2}{3}nl$$

$$n_2 l_2 = 2n \times \frac{l}{3} = \frac{2}{3}nl$$

如令 $n_1 l_1 = n_2 l_2 = Z$，则稳定方程(11-9)为

$$\tan^2 Z = 3$$

求得

$$\tan Z = \sqrt{3} \text{ 或 } Z = \frac{\pi}{3}$$

即

$$\frac{2}{3}l\sqrt{\frac{F_P}{EI_1}} = \frac{\pi}{3}$$

求得临界荷载为

$$F_{Pcr} = \frac{\pi^2 EI_1}{4l^2} = \frac{2.4674 EI_1}{l^2}$$

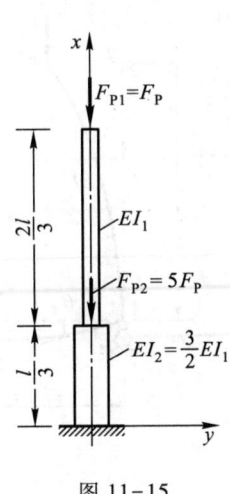

图 11-15

三、弹性支承压杆

稳定计算常把结构中杆端受压力作用的杆件单独取出，验算其局部稳定性，此时与该杆相联其他部分对它的约束作用就可用弹性支承表示。例如图 11-16a 所示铰接排架，在中性平衡状态下将发生图中实线所示变形。压杆 AB 在 B 处发生位移时受到 BDC 部分的约束，其作用相当于图 11-16b 所示 B 端抗移弹性支座，其刚度系数 k 可按图 11-16c 所示柱 CD 在顶端发生单位位移时所需力 r_D 求解，由表 5-1 可得 $k = r_D = 3EI/l^3$。

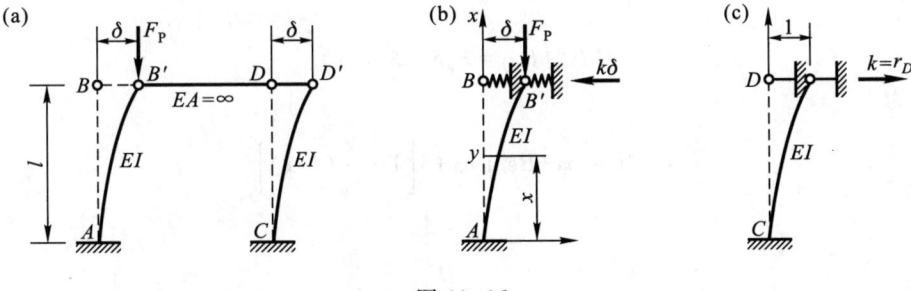

图 11-16

又如图 11-17a 所示结构的压杆 AB，可转化为图 11-17b 所示带抗转弹性支承的压杆，其刚度系数 k 可利用 AC 部分当 A 端发生单位转角时所需力偶求得（图11-17c），显然有 $k = M = 3 \times \frac{2EI}{a} = \frac{6EI}{a}$。

图 11-18 为具有弹性支承压杆常见的几种形式。已知 $EI = $ 常数。现以图 11-18b 为例，说明用静力法求这类压杆临界荷载的方法。

临界状态下任一截面的弯矩为

$$M = -F_P(\delta - y) + k\delta(l - x)$$

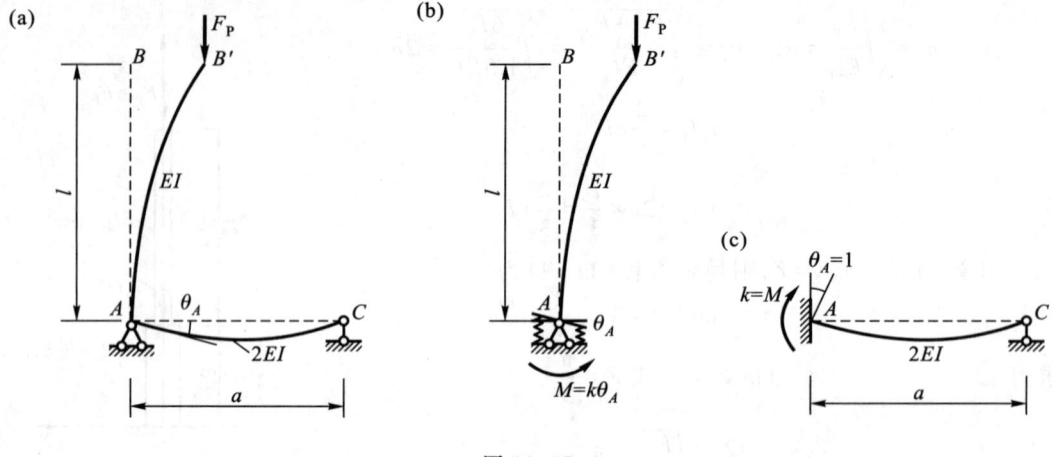

图 11-17

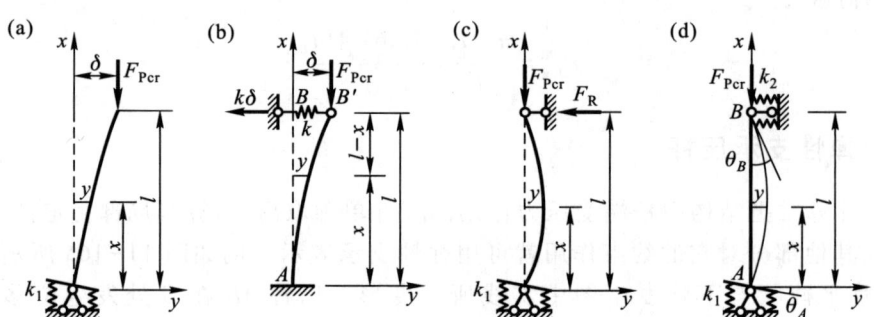

图 11-18

式中 δ 为弹簧端点的水平位移,k 为抗移刚度系数。把 M 代入 $EIy''=-M$,则得平衡微分方程为

$$EIy''+F_P y = F_P\delta - k\delta(l-x)$$

其通解为

$$y = A\cos nx + B\sin nx + \delta\left[1 - \frac{k}{F_P}(l-x)\right]$$

式中

$$n = \sqrt{\frac{F_P}{EI}}$$

引入边界条件 $x=0$ 时 $y=y'=0$ 及 $x=l$ 时 $y=\delta$,则稳定方程为

$$D = \begin{vmatrix} 1 & 0 & \left(1-\dfrac{kl}{n^2 EI}\right) \\ 0 & n & \dfrac{kl}{n^2 EI} \\ \cos nl & \sin nl & 0 \end{vmatrix} = 0$$

即

$$\tan nl = nl - \frac{(nl)^3 EI}{kl^3} \tag{11-10}$$

由此可求得临界荷载。例如图 11-16 所示排架,将 $k=3EI/l^3$ 代入式(11-10),有

$$\tan nl = nl - \frac{(nl)^3}{3}$$

用弦截法可求得

$$nl = 2.204$$

则

$$F_{Pcr} = \frac{(nl)^2 EI}{l^2} = \frac{4.858 EI}{l^2}$$

对于图 11-18a、c 所示压杆,稳定方程分别为

$$nl \tan nl = \frac{k_1 l}{EI} \tag{11-11}$$

和

$$\tan nl = nl \frac{1}{1+(nl)^2 \dfrac{EI}{k_1 l}} \tag{11-12}$$

式中 k_1 代表弹性支承的抗转刚度系数。

由上还可看出,稳定分析的稳定方程、临界荷载和失稳形式与动力分析的频率方程、自振频率和振型,因数学上同属由特征方程、特征值和特征向量构成的特征值问题,故在形式上类似。

§11-4 无限自由度体系的临界荷载(能量法)

用静力法确定无限自由度体系的临界荷载,在复杂的情况下往往遇到困难。例如,变系数微分方程的解答不能积分为有限形式,或边界条件复杂,导出的高阶行列式不易展开求解。在这些情况下,常采用便于计算的能量法,它对临界荷载的求解是以体系在临界状态的能量特征为依据的。

图 11-19a 所示受压弹性直杆,坐标系沿直线平衡位置设定,则对任一几何可能位移,它的总势能为

$$E_p = V + E_p^* = V - F_p \Delta \tag{a}$$

式中 V 为应变能,由材料力学知识可知

$$V = \frac{1}{2} \int_0^l EI(y'')^2 dx \tag{b}$$

Δ 为荷载 F_P 作用点向下的位移,它等于杆长 l 与弹性曲线在直杆轴线上投影之差。现取任一微段 ds(图 11-19b),有

$$d\Delta = ds - dx = \sqrt{(dx)^2 + (dy)^2} - dx$$

$$= (\sqrt{1+(y')^2} - 1) dx \approx \frac{1}{2}(y')^2 dx \tag{c}$$

式中将 $\sqrt{1+(y')^2}$ 按泰勒级数展开,只取级数前两项,即

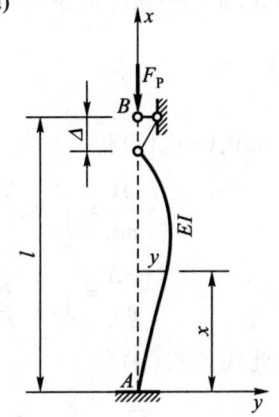

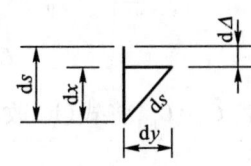

图 11-19

$$\sqrt{1+(y')^2} \approx 1+\frac{1}{2}(y')^2$$

将式(c)对杆长积分,则

$$\Delta = \int_0^l \mathrm{d}\Delta = \frac{1}{2}\int_0^l (y')^2 \mathrm{d}x \tag{d}$$

采用能量法求临界荷载,需要知道杆件弯曲时弹性变形曲线 $y(x)$ 的表达式,而这是未知的。为此须先假定函数 $y(x)$ (称为位移函数),并近似作为变形曲线计算。如果所设函数与实际变形曲线一致,将得到临界荷载的精确解(例 11-1)。鉴于实际变形曲线(必须同时满足平衡微分方程和变形协调条件)难以找到,往往只能采用仅满足变形协调条件(即变形连续和位移边界)的函数,由此得到的临界荷载是近似的,且比实际的临界荷载稍大。这是因为近似的弹性变形曲线,意味着对原体系增加了某些约束,加大了抵抗失稳的能力,使所得临界荷载总大于真实值,所有近似值的下限才是真正的临界荷载,这也与用能量法近似计算频率时情况类同。

无限自由度体系满足位移边界条件的可能位移有无限多个,计算时常将其作为有限自由度体系近似处理。而对于 n 个自由度的体系,其变形曲线可用 n 个独立参数 $a_i(i=1,2,\cdots,n)$ 表示。设 $\varphi_i(x)$ 是已知满足给定位移边界条件的形状函数,a_i 为广义坐标(参见§10-1),则变形曲线 $y(x)$ 可表示为

$$y = \sum_{i=1}^n a_i\varphi_i(x) \tag{11-13}$$

故总势能中 V 和 Δ 都是参数 a_i 的二次式,由式(b)、(d)有

$$V = \frac{1}{2}\int_0^l EI\Big[\sum_{i=1}^n a_i\varphi_i''(x)\Big]^2 \mathrm{d}x \tag{e}$$

$$\Delta = \frac{1}{2}\int_0^l \Big[\sum_{i=1}^n a_i\varphi_i'(x)\Big]^2 \mathrm{d}x \tag{f}$$

由式(a),势能驻值条件可表示为

$$\frac{\partial E_\mathrm{P}}{\partial a_i} = \frac{\partial V}{\partial a_i} - F_\mathrm{P}\frac{\partial \Delta}{\partial a_i} = 0 \quad (i=1,2,\cdots,n) \tag{g}$$

再由式(e)、(f)得

$$\frac{\partial V}{\partial a_i} = \int_0^l EI\Big[\sum_{j=1}^n a_j\varphi_j''(x)\Big]\varphi_i''(x)\mathrm{d}x = \sum_{j=1}^n a_j\int_0^l EI\varphi_i''(x)\varphi_j''(x)\mathrm{d}x$$

$$\frac{\partial \Delta}{\partial a_i} = \int_0^l \Big[\sum_{j=1}^n a_j\varphi_j'(x)\Big]\varphi_i'(x)\mathrm{d}x = \sum_{j=1}^n a_j\int_0^l \varphi_i'(x)\varphi_j'(x)\mathrm{d}x$$

以此代入式(g)得

$$\sum_{j=1}^n a_j\int_0^l \big[EI\varphi_i''(x)\varphi_j''(x) - F_\mathrm{P}\varphi_i'(x)\varphi_j'(x)\big]\mathrm{d}x = 0 \quad (i=1,2,\cdots,n) \tag{h}$$

令

$$C_{ij} = \int_0^l \big[EI\varphi_i''(x)\varphi_j''(x) - F_\mathrm{P}\varphi_i'(x)\varphi_j'(x)\big]\mathrm{d}x \tag{11-14}$$

显然 $C_{ij} = C_{ji}$,将式(h)改写为

$$\sum_{j=1}^n a_jC_{ij} = 0 \quad (i=1,2,\cdots,n) \tag{11-15}$$

展开形式为

$$\left.\begin{array}{l}C_{11}a_1+C_{12}a_2+\cdots+C_{1n}a_n=0\\C_{21}a_1+C_{22}a_2+\cdots+C_{2n}a_n=0\\\cdots\cdots\cdots\cdots\\C_{n1}a_1+C_{n2}a_2+\cdots+C_{nn}a_n=0\end{array}\right\} \quad (11-16)$$

这是关于 n 个未知参数 $a_1, a_2, \cdots, a_n$ 的齐次线性代数方程组。其零解对应于直线平衡 ($y=0$) 不是所要求的解，临界状态的存在要求参数 $a_1, a_2, \cdots, a_n$ 不能全为零，因此必须使方程组的系数行列式等于零，即

$$D=\begin{vmatrix} C_{11} & C_{12} & \cdots & C_{1n} \\ C_{21} & C_{22} & \cdots & C_{2n} \\ \vdots & \vdots & & \vdots \\ C_{n1} & C_{n2} & \cdots & C_{nn} \end{vmatrix}=0 \quad (11-17)$$

式(11-17)即为确定临界荷载的稳定方程。将其展开，可得到一个关于 F_P 的 n 次代数方程，它 n 个根中最小的即为所求临界荷载。这种能量法称为瑞利-里兹法。由于 n 的大小可以根据不同情况选择，因此成为一种灵活、有效的方法，被广泛应用。

为便于实用，现将位移函数几种常用级数表达式列入表 11-1。顺便指出，当只取表 11-1 中级数第一项时，式(g)可表示为

$$F_{\mathrm{Pcr}}=\frac{\int_0^l EI[\varphi_1''(x)]^2 \mathrm{d}x}{\int_0^l [\varphi_1'(x)]^2 \mathrm{d}x} \quad \text{或者} \quad F_{\mathrm{Pcr}}=\frac{\int_0^l EI(y'')^2 \mathrm{d}x}{\int_0^l (y')^2 \mathrm{d}x}=\frac{V}{\Delta} \quad (11-18)$$

这就是计算临界荷载的铁摩辛柯法。

表 11-1　满足位移边界条件的常用级数形式

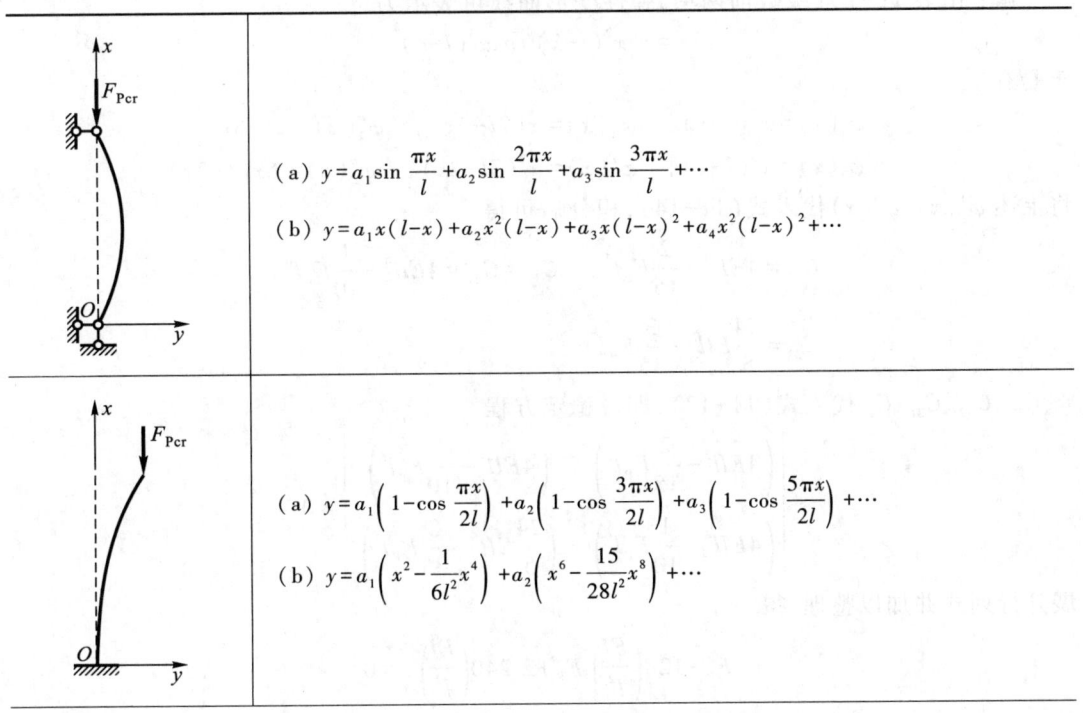

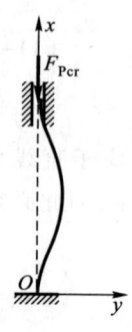	(a) $y = a_1\left(1-\cos\dfrac{2\pi x}{l}\right) + a_2\left(1-\cos\dfrac{6\pi x}{l}\right) + a_3\left(1-\cos\dfrac{10\pi x}{l}\right) + \cdots$ (b) $y = a_1 x^2(l-x)^2 + a_2 x^3(l-x)^3 + \cdots$
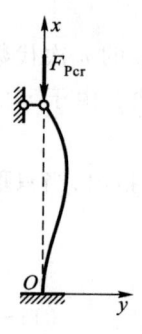	$y = a_1 x^2(l-x) + a_2 x^3(l-x) + \cdots$

【例 11-3】 试用能量法确定图 11-19 所示一端固定另一端铰支直杆的临界荷载。

解：由表 11-1 取级数前两项，弹性变形曲线可表示为

$$y = a_1 x^2(l-x) + a_2 x^3(l-x)$$

于是有

$$\varphi_1(x) = x^2(l-x), \quad \varphi_1'(x) = x(2l-3x), \quad \varphi_1''(x) = 2l-6x$$

$$\varphi_2(x) = x^3(l-x), \quad \varphi_2'(x) = x^2(3l-4x), \quad \varphi_2''(x) = 6x(l-2x)$$

将上述 $\varphi'(x)$、$\varphi''(x)$ 代入式（11-14），积分后可得

$$C_{11} = 4EIl^3 - \frac{2}{15}F_P l^5, \quad C_{12} = C_{21} = 4EIl^4 - \frac{1}{10}F_P l^6,$$

$$C_{22} = \frac{24}{5}EIl^5 - \frac{3}{35}F_P l^7$$

将 C_{11}、C_{12}、C_{21}、C_{22} 代入式（11-17），即得稳定方程

$$\begin{vmatrix} \left(4EIl^3 - \dfrac{2}{15}F_P l^5\right) & \left(4EIl^4 - \dfrac{1}{10}F_P l^6\right) \\ \left(4EIl^4 - \dfrac{1}{10}F_P l^6\right) & \left(\dfrac{24}{5}EIl^5 - \dfrac{3}{35}F_P l^7\right) \end{vmatrix} = 0$$

展开行列式并加以整理，得

$$F_P^2 - 128\left(\dfrac{EI}{l^2}\right)F_P + 2\,240\left(\dfrac{EI}{l^2}\right)^2 = 0$$

由二次方程解出 F_P 的最小根，即为所求的临界荷载

$$F_{Pcr} = 64\left(\frac{EI}{l^2}\right) - \sqrt{\left(64\frac{EI}{l^2}\right)^2 - 2\,240\left(\frac{EI}{l^2}\right)^2} = 20.92\frac{EI}{l^2}$$

将它与精确值$\left(\text{见§11-3}, F_{Pcr} = 20.19\frac{EI}{l^2}\right)$比较，误差约为3.6%。若级数只取一项，会算得 $F_{Pcr} = \dfrac{4EIl^3}{\frac{2}{15}l^5} = \dfrac{30EI}{l^2}$，误差接近50%。

【例 11-4】 试用能量法求图 11-20 所示变截面简支压杆的临界荷载。设已知截面惯性矩为

$$I(x) = \left(4 - 3\frac{x}{l}\right)I_0$$

式中 I_0 为压杆上端截面惯性矩，E 为常数。

解： 由表 11-1 取级数前两项，有 $y(x) = a_1\sin\dfrac{\pi x}{l} + a_2\sin\dfrac{2\pi x}{l}$

则

$$\varphi_1 = \sin\frac{\pi x}{l}, \quad \varphi_2 = \sin\frac{2\pi x}{l}$$

$$\varphi_1' = \frac{\pi}{l}\cos\frac{\pi x}{l}, \quad \varphi_2' = \frac{2\pi}{l}\cos\frac{2\pi x}{l}$$

$$\varphi_1'' = -\left(\frac{\pi}{l}\right)^2\sin\frac{\pi x}{l}, \quad \varphi_2'' = -\left(\frac{2\pi}{l}\right)^2\sin\frac{2\pi x}{l}$$

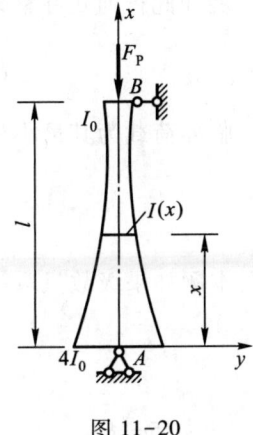

图 11-20

由式(11-14)有

$$C_{11} = \int_0^l \left[EI(x)(\varphi_1'')^2 - F_P(\varphi_1')^2\right]\mathrm{d}x$$

$$= \int_0^l EI_0\left(4 - 3\frac{x}{l}\right)\left(\frac{\pi^2}{l^2}\right)^2\sin^2\frac{\pi x}{l}\mathrm{d}x - F_P\int_0^l\left(\frac{\pi}{l}\right)^2\cos^2\frac{\pi x}{l}\mathrm{d}x$$

$$C_{22} = \int_0^l \left[EI(x)(\varphi_2'')^2 - F_P(\varphi_2')^2\right]\mathrm{d}x$$

$$= \int_0^l EI_0\left(4 - 3\frac{x}{l}\right)\left(\frac{4\pi^2}{l^2}\right)^2\sin^2\frac{2\pi x}{l}\mathrm{d}x - F_P\int_0^l\left(\frac{2\pi}{l}\right)^2\cos^2\frac{2\pi x}{l}\mathrm{d}x$$

$$C_{12} = C_{21} = \int_0^l \left[EI(x)\varphi_1''\varphi_2'' - F_P\varphi_1'\varphi_2'\right]\mathrm{d}x$$

$$= \int_0^l EI_0\left(4 - 3\frac{x}{l}\right)4\left(\frac{\pi^2}{l^2}\right)^2\sin\frac{\pi x}{l}\sin\frac{2\pi x}{l}\mathrm{d}x - F_P\int_0^l 2\left(\frac{\pi}{l}\right)^2\cos\frac{\pi x}{l}\cos\frac{2\pi x}{l}\mathrm{d}x$$

式中需要用到的定积分为

$$\int_0^l \sin^2\frac{\pi x}{l}\mathrm{d}x = \frac{l}{2}, \quad \int_0^l \sin^2\frac{2\pi x}{l}\mathrm{d}x = \frac{l}{2}, \quad \int_0^l \sin\frac{\pi x}{l}\sin\frac{2\pi x}{l}\mathrm{d}x = 0$$

$$\int_0^l \cos^2\frac{\pi x}{l}\mathrm{d}x = \frac{l}{2}, \quad \int_0^l \cos^2\frac{2\pi x}{l}\mathrm{d}x = \frac{l}{2}, \quad \int_0^l \cos\frac{\pi x}{l}\cos\frac{2\pi x}{l}\mathrm{d}x = 0$$

$$\int_0^l x\sin^2\frac{\pi x}{l}\mathrm{d}x = \frac{l^2}{4}, \quad \int_0^l x\sin^2\frac{2\pi x}{l}\mathrm{d}x = \frac{l^2}{4}, \quad \int_0^l x\sin\frac{\pi x}{l}\sin\frac{2\pi x}{l}\mathrm{d}x = \frac{8l^2}{9\pi^2}$$

将其代入上式后可算得

$$C_{11} = \frac{5\pi^4 EI_0}{4l^3} - \frac{\pi^2 F_P}{2l}, \quad C_{22} = \frac{20\pi^4 EI_0}{l^3} - \frac{2\pi^2 F_P}{l},$$

$$C_{12} = C_{21} = -\frac{32\pi^2 EI_0}{3l^3}$$

由稳定方程(11-17)可知有

$$\begin{vmatrix} \dfrac{5\pi^4 EI_0}{4l^3} - \dfrac{\pi^2 F_P}{2l} & -\dfrac{32\pi^2 EI_0}{3l^3} \\ -\dfrac{32\pi^2 EI_0}{3l^3} & \dfrac{20\pi^4 EI_0}{l^3} - \dfrac{2\pi^2 F_P}{l} \end{vmatrix} = 0$$

展开此行列式并整理得

$$F_P^2 - \frac{25\pi^2}{2}\left(\frac{EI_0}{l^2}\right)F_P + \frac{225\pi^4 - 1\,024}{9}\left(\frac{EI_0}{l^2}\right)^2 = 0$$

临界荷载为其最小根

$$F_{Pcr} = 23.168 \frac{EI_0}{l^2}$$

本题如果级数只取一项 $y(x) = a_1 \sin\dfrac{\pi x}{l}$，则相应的稳定方程为

$$D = |C_{11}| = \frac{5\pi^4 EI_0}{4l^3} - \frac{\pi^2 F_P}{2l} = 0$$

求得 $F_{Pcr} = \dfrac{5\pi^2 EI_0}{2l^2} = 24.674\dfrac{EI_0}{l^2}$，与前者相比误差约为 6.5%。

【**例 11-5**】 试用能量法分析图 11-21a 所示底端固定顶端自由的等截面直杆在自重作用下的稳定问题。

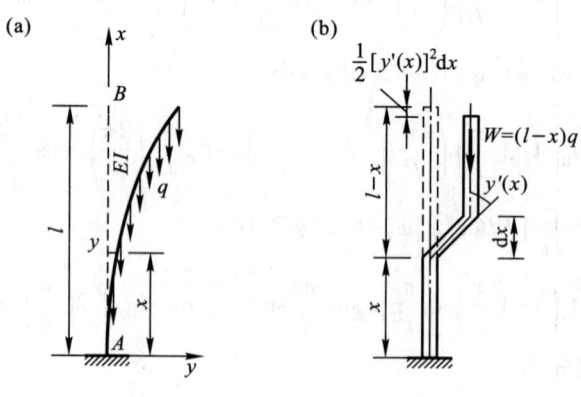

图 11-21

解：由表 11-1 取级数前两项，即

$$y(x) = a_1\left(1 - \cos\frac{\pi x}{2l}\right) + a_2\left(1 - \cos\frac{3\pi x}{2l}\right)$$

于是有

$$y'(x) = \frac{\pi a_1}{2l}\sin\frac{\pi x}{2l} + \frac{3\pi a_2}{2l}\sin\frac{3\pi x}{2l}$$

$$y''(x) = \frac{\pi^2 a_1}{4l^2}\cos\frac{\pi x}{2l} + \frac{9\pi^2 a_2}{4l^2}\cos\frac{3\pi x}{2l}$$

按式(g)直接计算,先求应变能

$$V = \frac{1}{2}\int_0^l EI(y'')^2 dx$$

$$= \frac{EI}{2}\int_0^l \left(\frac{\pi^2 a_1}{4l^2}\cos\frac{\pi x}{2l} + \frac{9\pi^2 a_2}{4l^2}\cos\frac{3\pi x}{2l}\right)^2 dx$$

$$= \frac{1}{2}\left(\frac{EI\pi^4}{32l^3}a_1^2 + \frac{81EI\pi^4}{32l^3}a_2^2\right)$$

再计算自重作功。如图 11—21b 所示微段 dx 的倾角为 $y'(x)$,由微段倾斜而使其上端向下移动 $d\Delta = \frac{1}{2}[y'(x)]^2 dx$,于是 dx 上段自重 $q(l-x)$ 所作功为

$$\frac{1}{2}q(l-x)\cdot [y'(x)]^2 dx$$

式中 q 为自重集度,沿杆长积分,即可得出自重所作的总功为

$$W = \frac{1}{2}q\int_0^l (l-x)\left(\frac{\pi a_1}{2l}\sin\frac{\pi x}{2l} + \frac{3\pi a_2}{2l}\sin\frac{3\pi x}{2l}\right)^2 dx$$

$$= \frac{1}{2}\left[\left(\frac{\pi^2}{16} - \frac{1}{4}\right)a_1^2 + \frac{3}{2}a_1 a_2 + \left(\frac{9\pi^2}{16} - \frac{1}{4}\right)a_2^2\right]q$$

体系的总势能为

$$E_p = V - W$$

$$= \frac{1}{2}\left\{\frac{\pi^4 EI}{32l^3}a_1^2 + \frac{81\pi^4 EI}{32l^3}a_2^2 - \left[\left(\frac{\pi^2}{16} - \frac{1}{4}\right)a_1^2 + \frac{3}{2}a_1 a_2 + \left(\frac{9\pi^2}{16} - \frac{1}{4}\right)a_2^2\right]q\right\}$$

由 $\frac{\partial E_p}{\partial a_1} = 0$ 和 $\frac{\partial E_p}{\partial a_2} = 0$ 分别得到

$$\left.\begin{aligned}\left[\frac{\pi^4 EI}{32l^3} - q\left(\frac{\pi^2}{16} - \frac{1}{4}\right)\right]a_1 - \frac{3}{4}qa_2 &= 0 \\ -\frac{3}{4}qa_1 + \left[\frac{81\pi^4 EI}{32l^3} - q\left(\frac{9\pi^2}{16} - \frac{1}{4}\right)\right]a_2 &= 0\end{aligned}\right\}$$

因 a_1、a_2 不能全为零,故上述方程组对应的系数行列式之值必为零。将此行列式展开得到关于 q 的二次方程,解出其最小根便为临界荷载

$$q_{cr} = 7.838\frac{EI}{l^3}$$

它与静力法所得精确答案 $q_{cr} = 7.834\frac{EI}{l^3}$[①]比较,误差只有 0.051%。若级数只取一项计算,

---

① 参阅 S.P 铁摩辛柯等著,弹性稳定理论,张福范译,第 2 版,科学出版社,第 110 页。

其结果为

$$q_{cr} = \frac{\pi^4 EI}{32 l^3} \bigg/ \left(\frac{\pi^2}{16} - \frac{1}{4}\right) = 8.298 \frac{EI}{l^3}$$

误差超过 5.9%。

§11-5　刚架稳定计算

本节只考虑刚架承受结点集中荷载,且失稳前各杆只受轴力而无弯曲变形的第一类失稳问题。实际上,当刚架横梁受到竖向荷载作用时,可将横梁上的荷载转换为等效结点荷载(§8-4),只近似考虑作用于两端结点的集中荷载,从而将第二类失稳问题简化为第一类失稳问题研究。

计算刚架稳定时,通常采用小挠度理论及杆长不变假定。同时认为刚架失稳时,各杆轴力变化忽略不计,且同一结构所有结点荷载都按相同比例增长(比例加载)。承受结点荷载的刚架,当荷载达到临界值时,压杆将产生弯曲变形,并在新的变形状态下维持平衡(图 11-22)。刚架临界荷载的确定以位移法较为方便,只不过要先讨论轴压杆考虑轴向力效应的转角位移方程,再建立位移法方程。

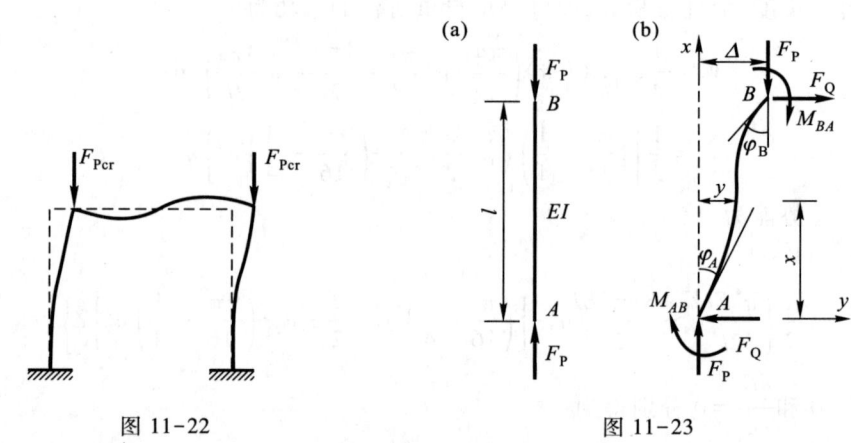

图 11-22　　　　　图 11-23

一、考虑轴向力效应的转角位移方程

图 11-23a 所示两端承受轴力 F_P 的压杆,设其两端的转角分别为 φ_A 和 φ_B,相对线位移为 Δ,杆端弯矩为 M_{AB} 和 M_{BA},剪力为 $F_{QAB} = F_{QBA} = F_Q$。力和位移的方向都以图 11-23b 中所示为正。据此,可建立平衡微分方程

$$EI y'' = -(M_{AB} + F_Q x + F_P y)$$

令

$$u = l\sqrt{\frac{F_P}{EI}} \tag{11-19}$$

则有

$$y'' + \left(\frac{u}{l}\right)^2 y = \frac{-(M_{AB} + F_Q x)}{EI}$$

方程的通解为

$$y = A\cos\frac{ux}{l} + B\sin\frac{ux}{l} - \frac{M_{AB} + F_Q x}{F_P}$$

根据两端的四个位移边界条件,并运用平衡条件

$$F_Q = \frac{-(M_{AB} + M_{BA} + F_P \Delta)}{l}$$

可得杆端力的计算公式如下:

$$\left.\begin{array}{l} M_{AB} = 2i\left[2\varphi_A \xi_1(u) + \varphi_B \xi_2(u) - \dfrac{3\Delta}{l}\eta_1(u)\right] \\[2mm] M_{BA} = 2i\left[2\varphi_B \xi_1(u) + \varphi_A \xi_2(u) - \dfrac{3\Delta}{l}\eta_1(u)\right] \\[2mm] F_{QAB} = F_{QBA} = -\dfrac{6i}{l}\left[(\varphi_A + \varphi_B)\eta_1(u) - \dfrac{2\Delta}{l}\eta_2(u)\right] \end{array}\right\} \quad (11-20)$$

这就是两端固定梁的转角位移方程。式中函数 $\xi_1(u)$、$\xi_2(u)$、$\eta_1(u)$、$\eta_2(u)$ 称为考虑轴向力效应的修正系数,其表达式列于表 11-2。

如果杆 AB 的 B 端为铰支,则杆端弯矩 $M_{BA} = 0$,利用这一条件将式(11-20)中的 φ_B 消去,于是得到一端固定一端铰支梁的转角位移方程

$$\left.\begin{array}{l} M_{AB} = 3i\left(\varphi_A - \dfrac{\Delta}{l}\right)\xi_3(u) \\[2mm] F_{QAB} = F_{QBA} = -\dfrac{3i}{l}\left[\varphi_A \xi_3(u) - \dfrac{\Delta}{l}\eta_3(u)\right] \end{array}\right\} \quad (11-21)$$

式中 $\xi_3(u)$ 和 $\eta_3(u)$ 的表达式亦见表 11-2。当 $F_P = 0$ 时,所有各项修正系数 $\xi_1(u)$、$\xi_2(u)$、$\xi_3(u)$、$\eta_1(u)$、$\eta_2(u)$、$\eta_3(u)$ 均等于 1,于是式(11-20)和(11-21)转为一般的转角位移方程(见§5-7)。

从考虑轴向力效应的转角位移方程可以看出,杆端内力虽不与轴向荷载 F_P 成线性关系,但仍是杆端位移的线性函数。因此稳定问题杆端位移的影响,仍可使用叠加原理,但需注意,在分别考虑任一杆端位移影响时,必须同时加上轴向荷载。由单位位移引起的杆端弯矩和剪力如表 11-2 所示。

表 11-2 考虑轴向力效应等截面直杆的杆端弯矩和剪力

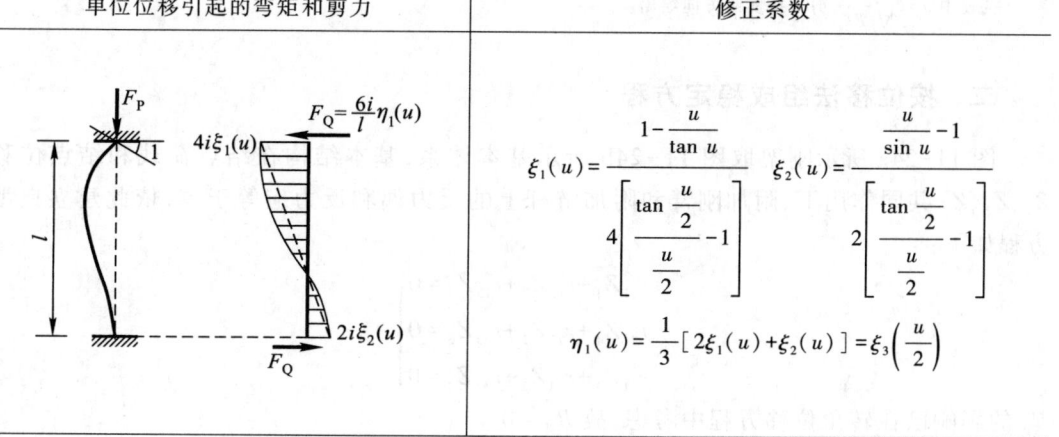

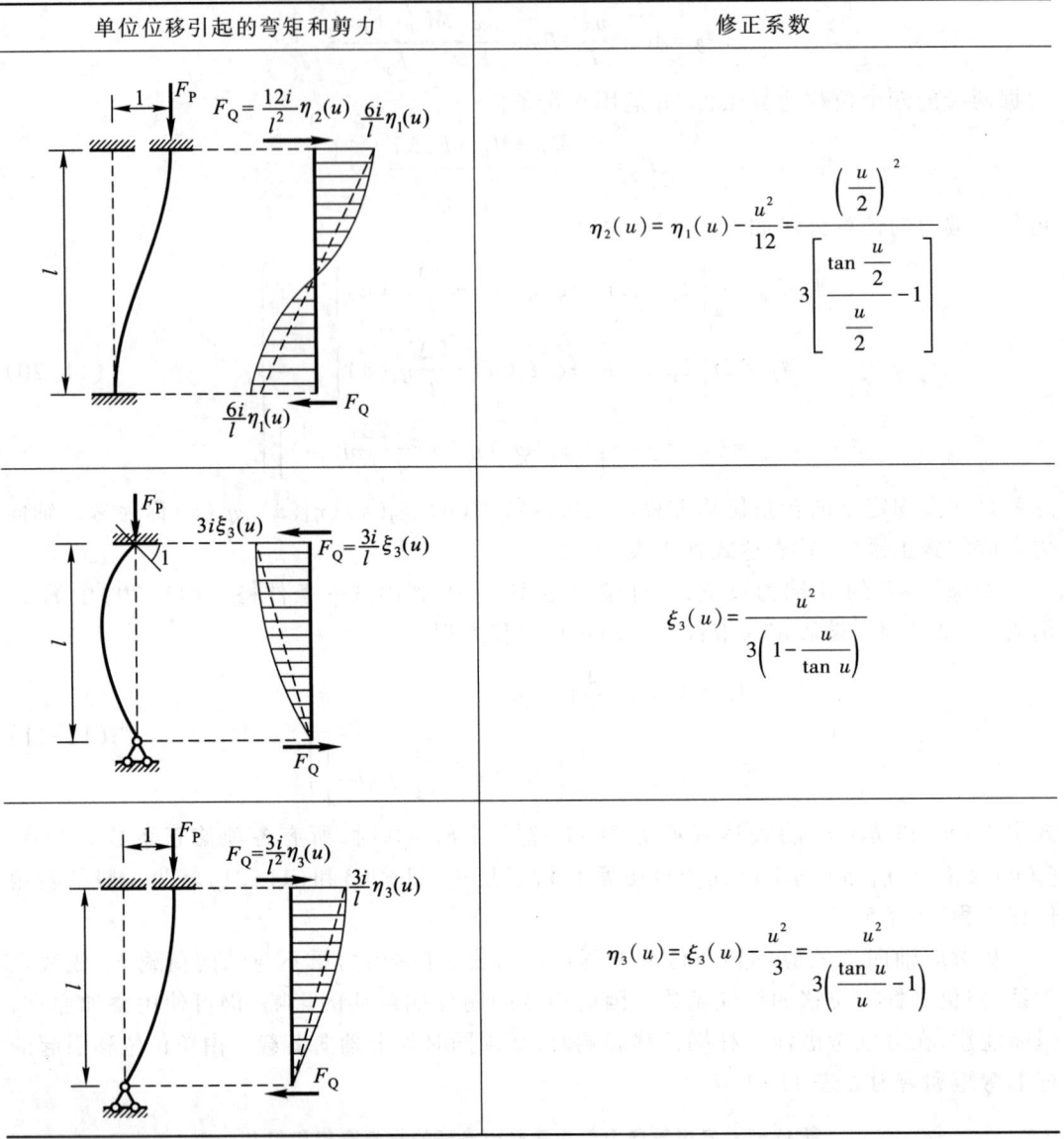

注：表中 $u = l\sqrt{\dfrac{F_P}{EI}}$，剪力按实际方向绘出。

二、按位移法组成稳定方程

图 11-24a 所示刚架取图 11-24b 所示基本体系，基本结构在结点荷载和结点位移 Z_1、Z_2、Z_3 共同作用下，附加刚臂和附加链杆上的反力偶和反力应等于零，依此建立典型方程如下：

$$\left.\begin{array}{l} r_{11}Z_1 + r_{12}Z_2 + r_{13}Z_3 = 0 \\ r_{21}Z_1 + r_{22}Z_2 + r_{23}Z_3 = 0 \\ r_{31}Z_1 + r_{32}Z_2 + r_{33}Z_3 = 0 \end{array}\right\}$$

F_P 的影响已在转角位移方程中考虑，故 $R_{iP} = 0$。

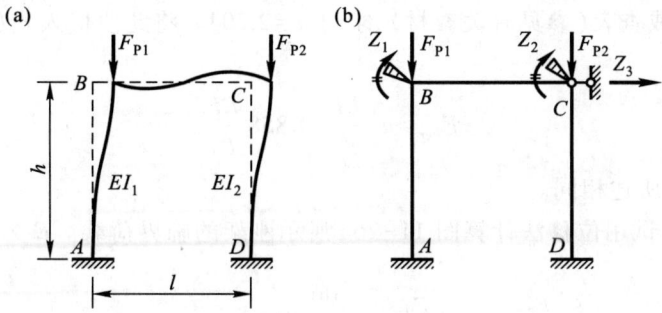

图 11-24

稳定问题要求上述方程有不全为零的解答,故系数行列式的值等于零,稳定方程为

$$D = \begin{vmatrix} r_{11} & r_{12} & r_{13} \\ r_{21} & r_{22} & r_{23} \\ r_{31} & r_{32} & r_{33} \end{vmatrix} = 0 \qquad (11-22)$$

展开行列式解算,即可求得临界荷载。

【例 11-6】 试用位移法求图 11-25a 所示铰接排架的临界荷载。

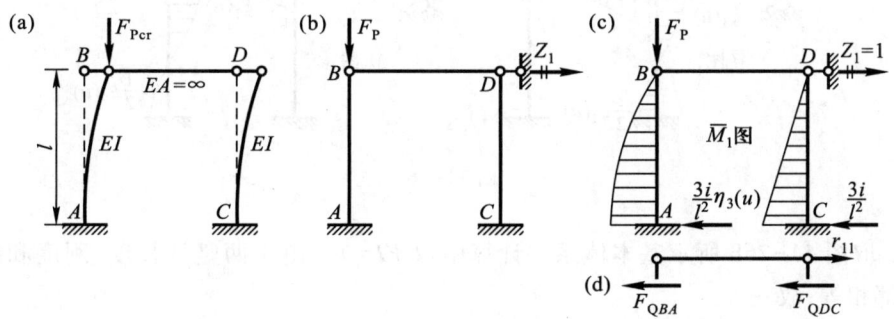

图 11-25

解:结构只有一个独立结点线位移 Z_1,基本体系如图 11-25b 所示。相应的稳定方程为

$$D = r_{11} = 0$$

利用表 11-2,柱 AB 受轴压作用,其 $u = l\sqrt{\dfrac{F_P}{EI}}$,柱 CD 无压力作用,u 值为零,绘出单位弯矩图如图 11-25c 所示。

取图 11-25d 所示隔离体,利用平衡条件可得

$$r_{11} = F_{QBA} + F_{QDC} = \frac{3i}{l^2}[\eta_3(u) + 1]$$

故稳定方程可写成

$$\eta_3(u) + 1 = 0$$

即

$$\eta_3(u) = -1$$

用数值方法或查表(参见有关教材),求得 $u = 2.204$。将此值代入式(11-19),求得临界荷载为

$$F_{Pcr} = u^2 \frac{EI}{l^2} = 4.858 \frac{EI}{l^2}$$

结果与§11-3中所述相同。

【例11-7】 试用位移法计算图11-26a所示刚架的临界荷载。E 为常数。

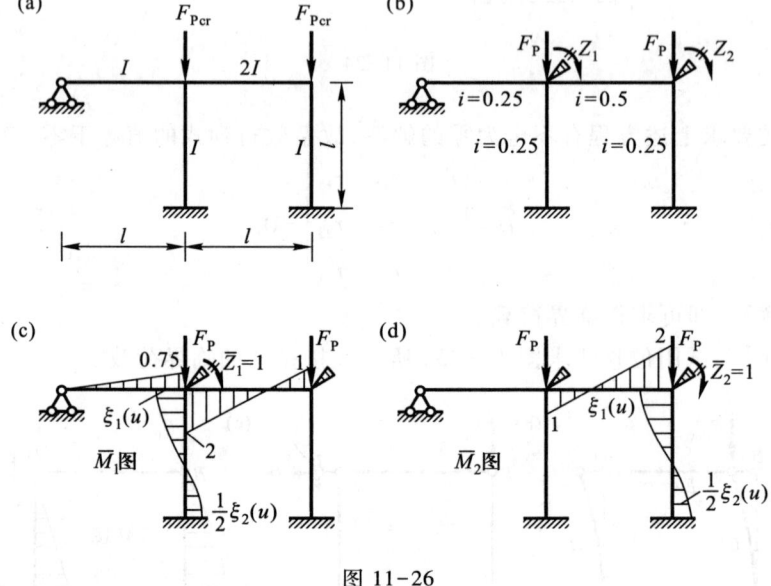

图 11-26

解:取图11-26b所示基本体系。计算中取 $EI = 1$。由于两竖柱长度、刚度和所受轴向压力都相等,故

$$u_1 = u_2 = u = l\sqrt{\frac{F_P}{EI}}$$

图11-26c和d所示为单位弯矩图 $\overline{M}_1$ 和 $\overline{M}_2$。由它们可求得

$$r_{11} = 2.75 + \xi_1(u), \quad r_{22} = 2.00 + \xi_1(u), \quad r_{12} = r_{21} = 1$$

稳定方程为

$$\begin{vmatrix} 2.75 + \xi_1(u) & 1 \\ 1 & 2.00 + \xi_1(u) \end{vmatrix} = 0$$

展开行列式,得

$$[\xi_1(u)]^2 + 4.75\xi_1(u) + 4.5 = 0$$

此方程两根为

$$\xi_1^{(1)}(u) = -1.307, \quad \xi_1^{(2)}(u) = -3.443$$

由数值方法或查表可求得相应 u 值,其较小者为

$$u = 5.46$$

因此,临界荷载为

$$F_{Pcr} = \frac{u^2 EI}{l^2} = 29.81 \frac{EI}{l^2}$$

【例 11-8】 试用位移法求图 11-27a 所示刚架的临界荷载。E 为常数。

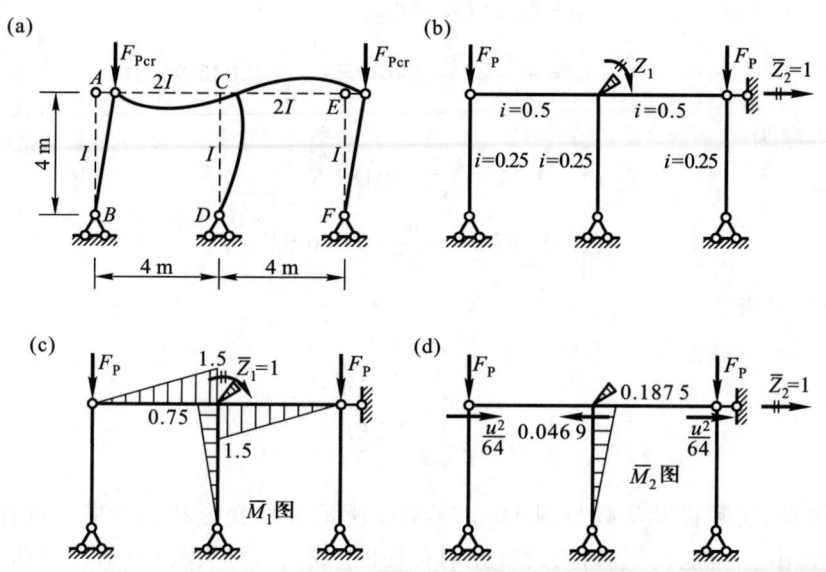

图 11-27

解：对称结构在对称轴压作用下，可能出现不同的失稳形式。第一种失稳可能是两侧受压竖柱在荷载 F_P 作用下发生弯曲，刚架中间柱不发生变形（称为<u>对称失稳</u>）。这种情况相当于两端铰支压杆，其临界荷载为

$$F_{Pcr} = \frac{\pi^2 EI}{l^2}$$

第二种失稳可能如图 11-27a 实线所示（称为<u>反对称失稳</u>）。对于这种情况，须组成稳定方程计算。选取如图 11-27b 所示基本体系，作出单位弯矩图 $\overline{M}_1$ 和 $\overline{M}_2$（图 11-27c、d），取 $EI=1$。通过静力平衡条件可求得各系数如下：

$$r_{11} = 3.75, \quad r_{22} = -\frac{u^2}{32} + 0.0469, \quad r_{12} = r_{21} = -0.1875$$

其中 r_{22} 的计算需加以说明：当发生单位线位移时，对于两端铰支边柱（如图 11-28 所示 AB 柱），其剪力可以通过静力平衡条件求得

$$F_{QAB} = F_{QEF} = -\frac{F_P}{l}$$

将 $F_P = \frac{u^2 EI}{l^2}$ 代入上式，则

$$F_{QAB} = F_{QEF} = -\frac{u^2 EI}{l^3} = -\frac{u^2}{64}$$

中间柱剪力 F_{QCD} 按位移法求得

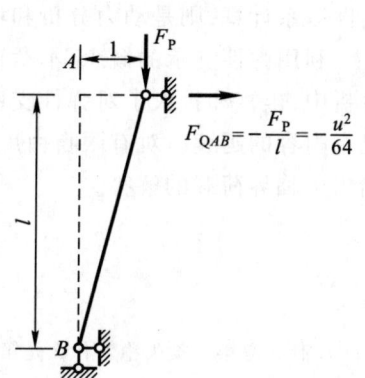

图 11-28

$$F_{QCD} = \frac{3i}{l^2} = \frac{3 \times 0.25}{16} = 0.046\,9$$

故有

$$r_{22} = F_{QAB} + F_{QCD} + F_{QEF}$$
$$= -\frac{u^2}{64} \times 2 + 0.046\,9 = -\frac{u^2}{32} + 0.046\,9$$

组成稳定方程为

$$\begin{vmatrix} 3.75 & -0.187\,5 \\ -0.187\,5 & -\dfrac{u^2}{32} + 0.046\,9 \end{vmatrix} = 0$$

展开并整理,可得

$$u^2 = 1.2$$

故

$$F_{Pcr} = \frac{1.2EI}{l^2}$$

由此可见,实际临界荷载与图 11-27a 实线所示失稳变形状态对应。对称刚架受正对称荷载作用时,可能发生对称失稳(正对称屈曲)或反对称失稳(反对称屈曲)两种失稳形式。因此,可利用对称性取半刚架计算,求得较小的 F_P 即为临界荷载。

§11-6 小结与讨论

结构稳定分析源自材料力学的压杆稳定,但本章从深度和广度上有新的发展。首先从平衡稳定性区分出不同的平衡状态,深入说明两类失稳的根本区别,并指出两类失稳在小挠度理论和大挠度理论上的不同表现,从而涉及对几何非线性问题的研究。

由于失稳时体系已处于新的平衡状态,对该状态利用静力平衡条件建立体系的微分方程,并利用边界条件求解,这属于根据静力准则推出的静力法。从体系总势能在临界状态必然取驻值的原则,可得到计算临界荷载的能量法。能量法用到的位移函数与第十章频率近似计算中的振动曲线本质上是相通的。利用瑞利-里兹法把无限自由度体系转化为多自由度体系计算,则是动力分析和稳定计算中都被用到的一个很有意义的数值计算方法。

利用弹性支承的概念,本章还把单根压杆的计算结果引入到一部分简单结构的稳定分析中,丰富和扩大了对弹性支座的了解和认识。位移法处理刚架稳定问题是静力分析已有内容的延续。对有限自由度体系的稳定问题,本章也从静力法和能量法的不同途径给出了临界荷载的解答。

思 考 题

1. 什么是第一类失稳?什么是第二类失稳?这两种失稳形式的特征有何不同?
2. 稳定问题与强度问题的主要区别是什么?这两类问题在解题时各有什么特点?
3. 扼要说明用静力法求临界荷载的解题思路和主要计算步骤。

4. 弹性支承压杆中的弹簧刚度系数如何求得？对于图11-29所示结构的临界荷载能否按单独取出杆 AB 或杆 CD 的方法计算，为什么？

5. 试扼要说明势能驻值原理的能量特征和瑞利-里兹法求临界荷载的主要计算步骤。

6. 能量法本身是不是近似法？为什么用能量法计算所得的结果一般都是近似解答，且都大于精确解？

7. 用位移法计算刚架的临界荷载与第六章介绍的位移法，两者在解题方法上有何不同？

8. 为什么对称刚架在反对称失稳时的临界荷载值比正对称失稳时一般要小？（提示：可用杆件长度系数的概念粗略加以说明）

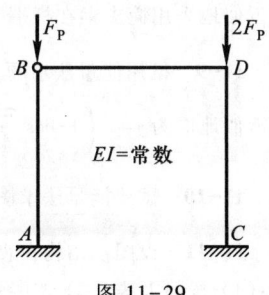

图 11-29

习　题

11-1～11-5　用静力法列出图示压杆的稳定方程，并求出临界荷载。

11-6　试用静力法列出图示压杆的稳定方程。

11-7　用能量法求题11-3的临界荷载。假设失稳时压杆弹性部分的曲线可近似地取为抛物线 $y=\dfrac{ax^2}{l^2}$。

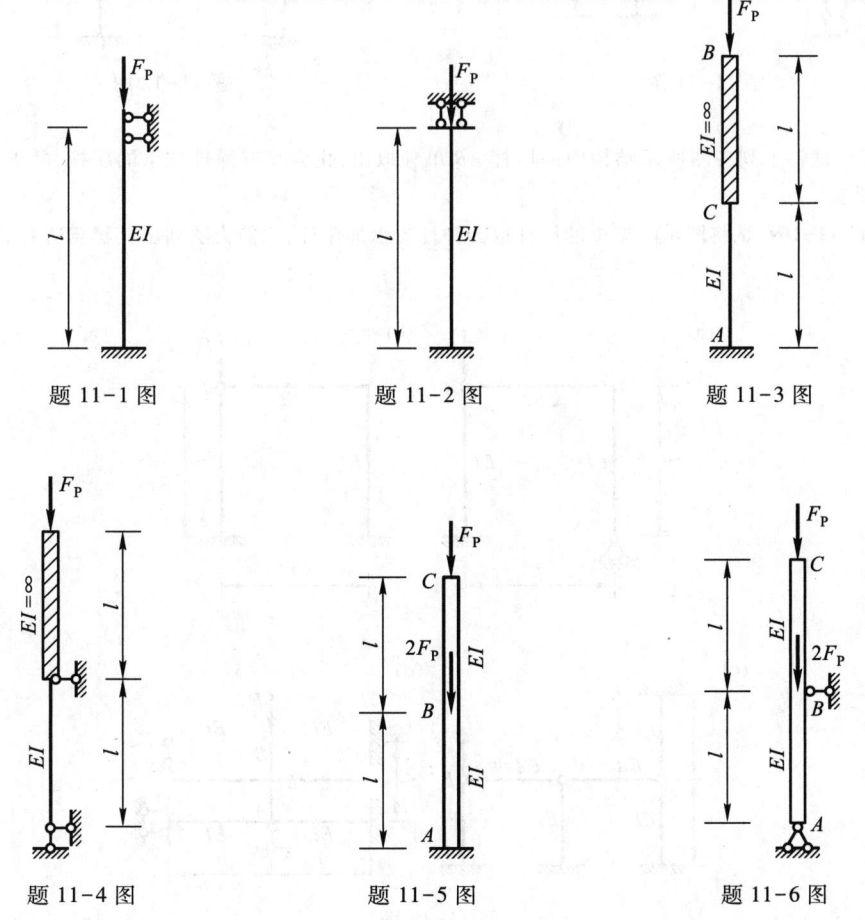

题 11-1 图　　　题 11-2 图　　　题 11-3 图

题 11-4 图　　　题 11-5 图　　　题 11-6 图

11-8 用能量法求题 11-4 的临界荷载。假设失稳时压杆弹性部分的曲线可近似地采用简支梁在杆端受一力偶作用时的挠曲线，即 $y = ax\left(1 - \dfrac{x^2}{l^2}\right)$。

11-9 试用能量法求题 11-5 压杆的临界荷载。设失稳时压杆 AC 的变形曲线近似地取为 $y = a\left(1 - \cos\dfrac{\pi x}{4l}\right)$。

11-10 试用能量法求图示阶形压杆的临界荷载。设取 $y = a\left(1 - \cos\dfrac{\pi x}{2l}\right)$。

11-11 设图示结构在丧失稳定时有如虚线所示的变形形式，试求其临界荷载：(1) 按静力法，(2) 按能量法。

11-12 试用能量法求图示结构的临界荷载。设两柱的近似变形曲线为 $y = \delta\left(1 - \cos\dfrac{\pi x}{2l}\right)$。

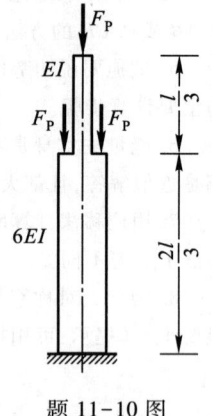

题 11-10 图

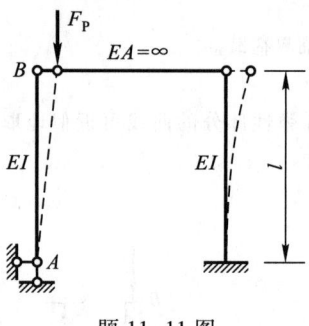

题 11-11 图

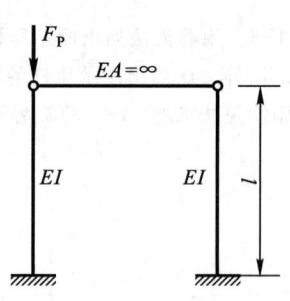

题 11-12 图

11-13 试将下列各图所示结构中的压杆 AB 单独取出，化为具有弹性支承的压杆，并求出弹性支承的刚度系数。

11-14~11-16 试将图示刚架中的压杆取为弹性支承的压杆，用静力法列出其稳定方程，并求出临界荷载。

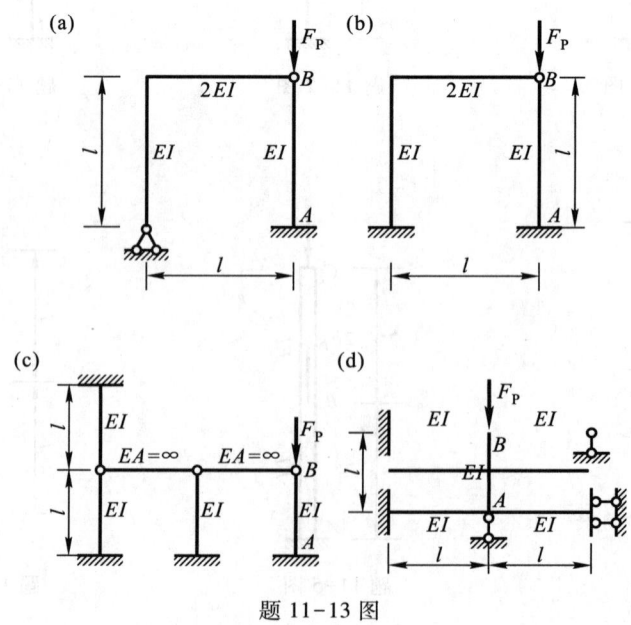

题 11-13 图

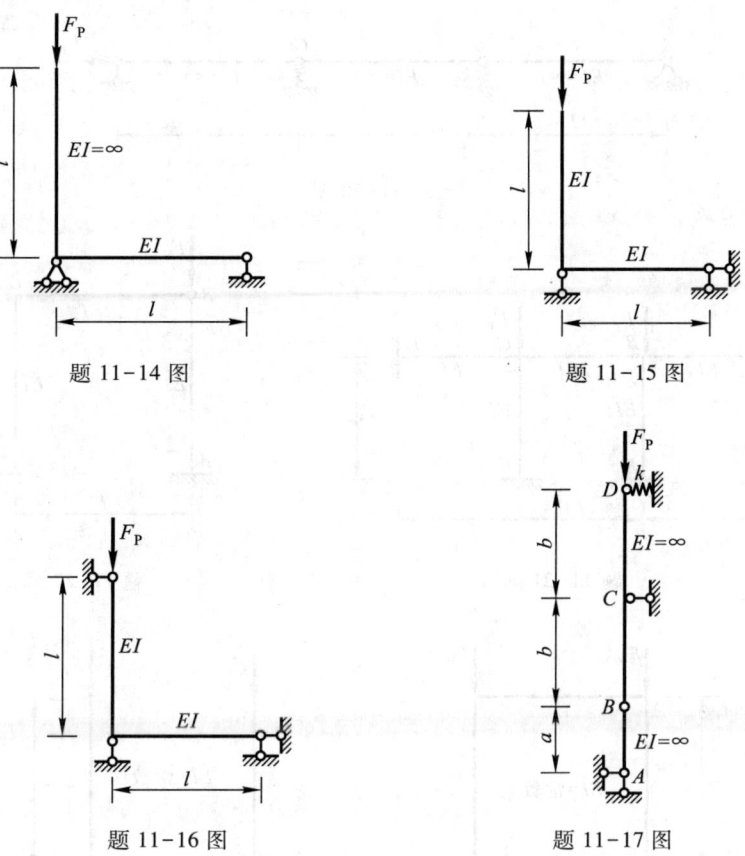

题 11-14 图　　　　题 11-15 图

题 11-16 图　　　　题 11-17 图

11-17 试用静力法和能量法计算图示刚性链杆体系的临界荷载。

11-18～11-19 试用静力法和能量法计算图示刚性链杆体系的临界荷载。设 $k=3EI/l^3$，$k_1=4EI/l$。

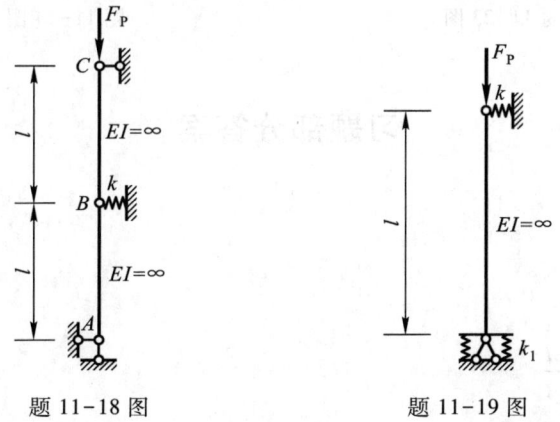

题 11-18 图　　　　题 11-19 图

11-20 试用静力法和能量法求图示刚性链杆体系的临界荷载，并确定其实际的失稳形式。设 $k_1=2k,k_2=k$。

11-21～11-22 试用位移法计算图示刚架的临界荷载。

11-23 试利用对称性，以位移法列出图示刚架在正、反对称失稳时的稳定方程，并求出临界荷载。

11-24 试用对称性求图示结构的临界荷载并确定其实际失稳形式。（提示：对刚架按正、反对称失稳形式取出半刚架后，再按弹性支承压杆用试算法分别计算。）

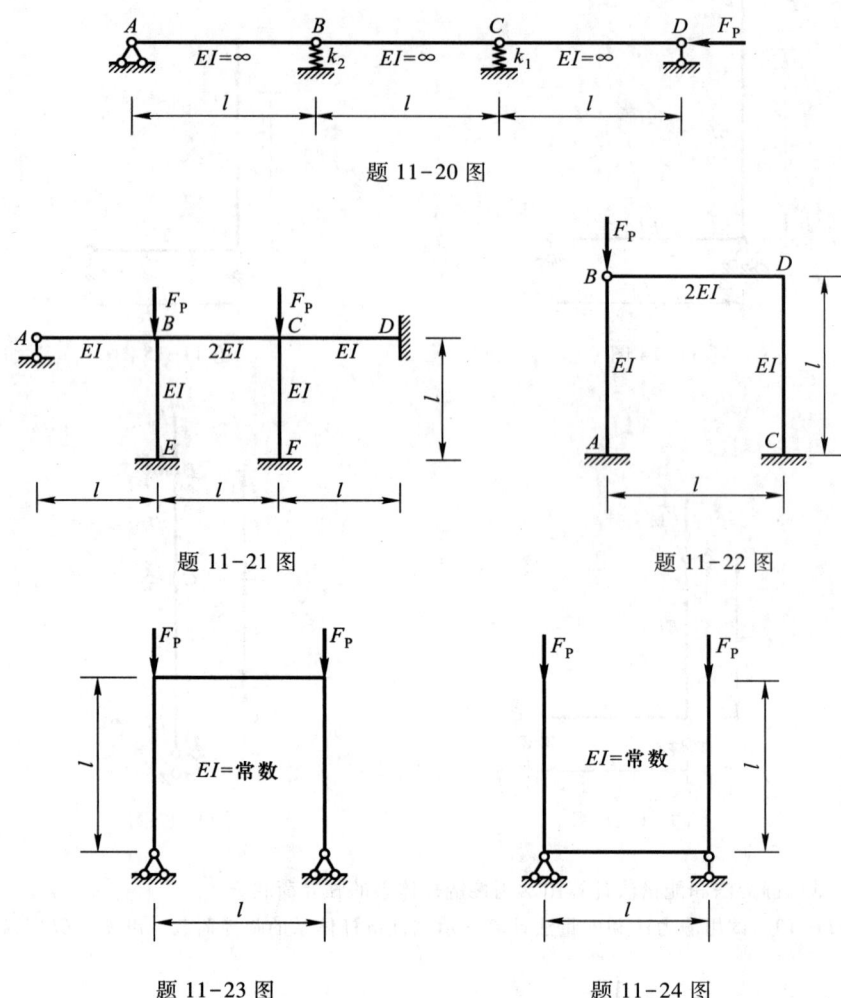

题 11-20 图

题 11-21 图

题 11-22 图

题 11-23 图

题 11-24 图

习题部分答案

11-1 $F_{\text{Pcr}} = \dfrac{4\pi^2 EI}{l^2}$

11-2 $F_{\text{Pcr}} = \dfrac{\pi^2 EI}{l^2}$

11-3 $F_{\text{Pcr}} = \dfrac{0.7401 EI}{l^2}$

11-4 $F_{\text{Pcr}} = \dfrac{\pi^2 EI}{4l^2}$

11-5 $F_{\text{Pcr}} = \dfrac{0.4389 EI}{l^2}$

11-6 $3nl\cot nl + \sqrt{3}\, nl\cot\sqrt{3}\, nl - 1 = 0$, $F_{\text{Pcr}} = \dfrac{1.216 EI}{l^2}$

11-7 $F_{\text{Pcr}} = \dfrac{0.75 EI}{l^2}$

11-8 $F_{Pcr}=\dfrac{2.5EI}{l^2}$

11-9 $F_{Pcr}=\dfrac{0.4524EI}{l^2}$

11-10 $F_{Pcr}=\dfrac{7.9078EI}{l^2}$

11-11 $F_{Pcr}=\dfrac{3EI}{l^2}$

11-12 $F_{Pcr}=\dfrac{4.9348EI}{l^2}$

11-13 (a) $k=\dfrac{2EI}{l^3}$; (b) $k=\dfrac{8.4EI}{l^3}$; (c) $k=\dfrac{9EI}{l^3}$

11-14 $F_{Pcr}=\dfrac{3EI}{l^2}$

11-15 $F_{Pcr}=\dfrac{1.422EI}{l^2}$

11-16 $F_{Pcr}=\dfrac{13.883EI}{l^2}$

11-17 $F_{Pcr}=\dfrac{kab}{2a+b}$

11-18 $F_{Pcr}=\dfrac{1.5EI}{l^2}$

11-19 $F_{Pcr}=\dfrac{7EI}{l^2}$

11-20 $F_{Pcr}=0.4227kl$,实际失稳形式 $y_2/y_1=-2.732$ (y_1、y_2 在基线两侧)

11-21 $F_{Pcr}=\dfrac{31.6969EI}{l^2}$

11-22 $F_{Pcr}=\dfrac{8.8804EI}{l^2}$, $\eta_3(u)=-2.8, u=2.98$

11-23 正对称失稳:$\xi_3(u)=-\dfrac{2}{3}$, $F_P=\dfrac{12.895EI}{l^2}$(正对称);

反对称失稳:$\begin{vmatrix} 2+\xi_3(u) & -\dfrac{1}{l}\xi_3(u) \\ -\dfrac{1}{l}\xi_3(u) & \dfrac{1}{l^2}\xi_3(u) \end{vmatrix}=0$, $\xi_3(u)=0.872, u=1.35, F_{Pcr}=F_P=\dfrac{1.823EI}{l^2}$

(反对称)

11-24 正对称失稳:$nl\tan nl=2, F_{Pcr}=F_P=\dfrac{1.16EI}{l^2}$(正对称);

反对称失稳:$nl\tan nl=6, F_P=\dfrac{1.8213EI}{l^2}$(反对称)

第十二章 结构塑性分析

§12-1 结构塑性分析的基本概念

前面的结构计算都是以线弹性理论为基础的分析,即假定应力与应变间的关系遵循胡克定律,结构的位移与荷载成线性关系,荷载完全卸除后,结构即恢复到原有形状而无任何残余变形。与此相应的结构设计方法是材料力学中的许用应力法,即找出危险截面上的最大正应力 σ_{max},要求其不超过材料的许用应力$[\sigma]$,即

$$\sigma_{max} \leq [\sigma] = \frac{\sigma_u}{k'}$$

式中 σ_u 表示材料的极限应力,对脆性材料(如铸铁)取强度极限 σ_b,对塑性材料(或称延性材料,如软钢)取屈服极限 σ_s;k' 称为安全系数,是大于1的常数。

这个设计方法的最大缺陷,在于以个别危险截面上的最大应力作为衡量整个结构承载能力的尺度。事实上对一般结构,特别是超静定结构,虽然这一应力已达到弹性极限值,但考虑到材料的塑性,整个结构仍能继续承受荷载而不破坏。因此,它不能正确反映结构整体的承载能力,也不够经济。

一、极限状态和极限荷载

按结构极限状态方法设计时,结构的承载能力不局限于材料的弹性阶段,还需要考虑材料的塑性发展,按照最大承载能力计算结构所能承受荷载的极限值,称为极限荷载。结构所处的这种工作状态称为塑性极限状态,简称为极限状态,这种分析方法称为结构的塑性分析。对结构进行塑性分析时,通常假设材料为理想弹塑性材料,且受拉和受压性能完全相同,其应力-应变关系如图 12-1 所示。其中 OA 段称为弹性阶段,在此阶段内应力应变成正比,其比值为弹性模量 $E = \tan \alpha$。当应力达到屈服极限 σ_s 时,材料进入理想塑性阶段 AB,应力保持不变,而应变可以逐步增加。此时,如果在点 C 卸载,则应力-应变关系将从点 C 沿 CD 到达点 D($CD/\!/OA$)。此时,应力减小值 $\Delta\sigma$ 与应变减小值 $\Delta\varepsilon$ 成正比,其比值仍为 E。

下面举例说明结构极限荷载计算全过程。图 12-2a 所示一次超静定结构,横梁 AC 的抗弯刚度为无穷大,AE、BD 和 CD 为三根截面相同的钢杆,$A = 0.785 \text{ cm}^2$,$\sigma_s = 235 \text{ MPa}$。横梁受两个集中力 F_P 的作用,假设荷载按同一比例增加(比例加载)。当结构处于弹性阶段,按弹性分析计算超静定结构的

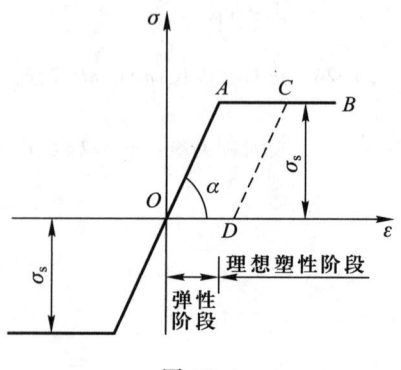

图 12-1

方法（例如力法），求出各钢杆的内力为

$$F_{NAE}=0.51F_P, \quad F_{NBD}=0.98F_P, \quad F_{NCD}=0.72F_P$$

比较三杆内力，当荷载按比例逐渐增加时，BD 杆应力将首先达到屈服极限 σ_s，此时有

$$F_{NBD}=0.98F_P=\sigma_s A=235\times10^3\ \mathrm{kN/m^2}\times0.785\times10^{-4}\ \mathrm{m^2}=18.45\ \mathrm{kN}$$

故

$$F_{Ps}=\frac{18.45\ \mathrm{kN}}{0.98}=18.82\ \mathrm{kN}$$

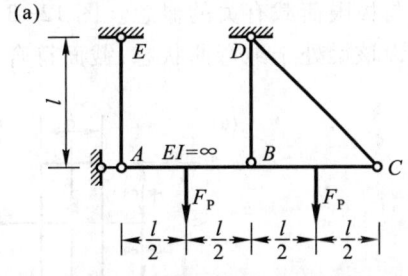

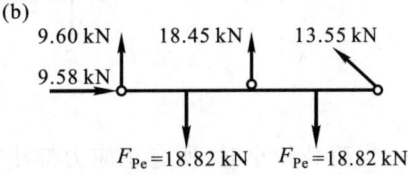

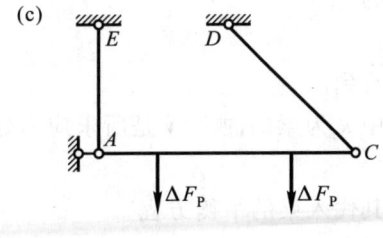

图 12-2

结构受力情况为图 12-2b 所示的弹性极限状态。按照许用应力设计即以此状态作为濒于危险的标志，荷载 $F_{Ps}=18.82\ \mathrm{kN}$ 称为弹性极限荷载。

若荷载继续增加，杆 BD 因进入塑性流动状态，其内力保持为常数 $\sigma_s A=18.45\ \mathrm{kN}$，变形却可继续增加不再起约束作用，而只是作为一个不变的外力作用在结构上。原结构变成横梁由两杆 AE、CD 和水平链杆约束的静定结构，仍可继续承担荷载。设继续增加的荷载为 ΔF_P，则利用图 12-2c 的平衡条件可求得

$$\Delta F_{NAE}=\Delta F_P, \quad \Delta F_{NCD}=\sqrt{2}\Delta F_P$$

因杆 CD 内力（$13.55\ \mathrm{kN}+\sqrt{2}\Delta F_P$）大于杆 AE 内力（$9.60\ \mathrm{kN}+\Delta F_P$），且两杆截面相同，所以当 ΔF_P 达到某一数值时，杆 CD 将比杆 AE 先屈服。此时 BD、CD 两杆均处于塑性流动状态失去约束作用，原结构变成几何可变体系而丧失承载能力。利用杆 CD 进入屈服这一条件可得

$$F_{NCD}=13.55\ \mathrm{kN}+\sqrt{2}\Delta F_P=18.45\ \mathrm{kN}$$

故

$$\Delta F_P=3.46\ \mathrm{kN}$$

则结构濒临破坏时塑性极限状态的极限荷载为

$$F_{Pu}=F_{Ps}+\Delta F_P=18.82\ \mathrm{kN}+3.46\ \mathrm{kN}=22.28\ \mathrm{kN}$$

上述计算从结构弹性阶段开始，通过逐渐增加荷载使结构进入弹塑性阶段，最后到达极限状态，计算过程相当冗繁。求极限荷载的另一途径是不考虑结构加载过程中的弹塑性阶段，只对其极限状态进行塑性分析。两种途径求得的极限荷载完全相同，而后者比前者简便得多，故以后将直接从结构的极限状态出发，介绍求极限荷载的有关方法。

以上可知，按塑性分析求得的极限荷载 F_{Pu} 大于按弹性分析求得的荷载 F_{Ps}，本例二者之比为 $\dfrac{F_{Pu}}{F_{Ps}}=\dfrac{22.28}{18.82}=1.184$。显然，按塑性分析设计更经济些，但它只适用于延性较好的弹塑性材料而非脆性材料，对变形条件控制较严的结构也不宜采用。

二、梁的弹塑性分析

下面以理想弹塑性材料的矩形截面梁为例，说明其不同阶段的受力和变形特点，并引

出与极限荷载有关的概念。图 12-3 所示为梁在不同工作阶段截面正应力的变化情况。假设该梁处于纯弯曲状态,截面符合平面假定。

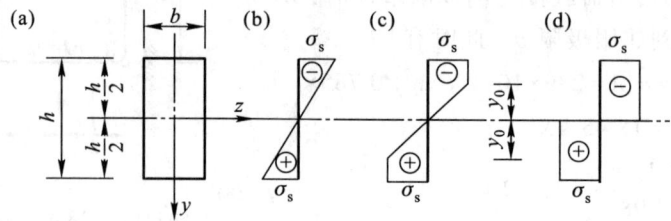

图 12-3

当荷载较小时,所有正应力都小于屈服极限 σ_s,材料处于弹性阶段,其应力-应变关系为

$$\sigma = E\varepsilon$$

注意到

$$\varepsilon = \kappa y$$

式中 κ 为梁的曲率,y 是所求应力处的纤维到中性轴的距离,因此

$$\sigma = E\kappa y$$

将其代入梁的平衡方程

$$M = \int_A \sigma y \mathrm{d}A$$

得

$$M = E\kappa \int_A y^2 \mathrm{d}A = EI\kappa \tag{12-1}$$

弯矩和曲率间的线性关系一直维持到截面边缘的应力达到屈服极限 σ_s 时止(图 12-3b),M 与 κ 的关系如图 12-4 中 OA 段所示。在弹性阶段的终点,可求得

$$M_s = \frac{bh^2}{6}\sigma_s = W\sigma_s \tag{12-2}$$

$$\kappa_s = \frac{W\sigma_s}{EI} = \frac{2}{Eh}\sigma_s \tag{12-3}$$

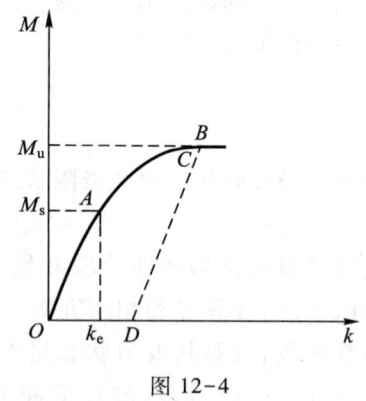

图 12-4

其中 M_s 称为<u>屈服弯矩</u>或<u>弹性极限弯矩</u>,W 是截面模量。

当截面的 M 超过 M_s 后,截面上下两侧将有一定高度的纤维进入塑性流动状态,其应力保持为常数 σ_s,而应变可以继续增加,截面内部靠近中性轴($|y| \leqslant y_0$)的另一部分纤维仍处于弹性状态,这一阶段称为弹塑性阶段,正应力分布如图 12-3c 所示。仍处于弹性阶段的那部分截面称为弹性核,其应力为

$$\sigma = \sigma_s \frac{y}{y_0} \tag{a}$$

式中 y_0 为弹性核的高度。由图 12-3c 所示正应力分布并利用式(a),可求得相应弯矩为

$$M = 2b \left[\int_0^{y_0} \sigma_s \frac{y}{y_0} \cdot y \mathrm{d}y + \int_{y_0}^{\frac{h}{2}} \sigma_s y \mathrm{d}y \right] = b\sigma_s \left(\frac{h^2}{4} - \frac{y_0^2}{3} \right) \tag{12-4}$$

在弹性核的边缘,有

$$\varepsilon = \frac{\sigma_s}{E} = \kappa y_0$$

故

$$y_0 = \frac{\sigma_s}{E\kappa} \tag{b}$$

将式(b)代入式(12-4)得

$$M = b\sigma_s \left[\frac{h^2}{4} - \frac{1}{3}\left(\frac{\sigma_s}{E\kappa}\right)^2 \right] \tag{c}$$

再利用式(12-2)、式(12-3),可将上式改写成

$$M = \frac{M_s}{2}\left[3 - \left(\frac{\kappa_s}{\kappa}\right)^2 \right] \tag{12-5}$$

式(12-5)就是弹塑性阶段弯矩和曲率的非线性关系式,其图形如图12-4中曲线 ACB 段所示。

随着荷载增加,塑性变形区将由外向内扩展到整个截面,中性轴将截面分为两个塑性区,其应力分别为 σ_s 和 $-\sigma_s$ 如图12-3d所示。此时截面弯矩的承载力达到了极限

$$M_u = \left(\frac{bh}{2}\sigma_s\right)\frac{h}{2} = \frac{bh^2}{4}\sigma_s \tag{12-6}$$

式中 M_u 称为<u>极限弯矩</u>或<u>塑性极限弯矩</u>,将式(12-6)和式(12-2)比较

$$\frac{M_u}{M_s} = 1.5$$

可知,矩形截面的塑性极限弯矩为弹性极限弯矩的1.5倍。

由式(c)可知,当 $M \to M_u$ 时 $\kappa \to \infty$,表明图12-4中的曲线 ACB 以水平线 $M=M_u$ 为渐近线。$\kappa \to \infty$ 的几何意义是指两个无限靠近的相邻截面可以沿 M 方向发生有限的相对转动。当 M 趋近于 M_u 时,截面抵抗力不再增加,变形却仍可发展,相当于承受弯矩 M_u 的铰,称为该截面的<u>塑性铰</u>。如果加载至塑性阶段再行卸载,如图12-4中虚线 CD 所示,因应力增量与应变增量仍成线性关系(参见图12-1),故弯矩与曲率的增量关系也是线性的。塑性铰是对进入塑性阶段截面的一种形象说法,它与普通铰的区别在于:普通铰是双向铰,不能传递弯矩,而塑性铰是单向铰,能传递塑性极限弯矩。塑性铰所在截面两侧能沿极限弯矩方向发生有限的相对转角,但若发生反向弯曲变形(相当于图12-4中的卸载情况),则截面将立即恢复弹性而不再具有铰的性质,称为塑性铰的闭合。

以上讨论的是矩形截面梁在纯弯曲下的弹塑性分析,对于承受一般横向荷载的梁,如果不考虑剪切变形的影响,则上述结论同样可以应用。

图12-5a所示为有一根对称轴并在对称平面内作用横向荷载的梁截面,其三个阶段的正应力分布分别如图12-5b、c、d所示。在弹性阶段,因

$$\int \sigma \, dA = \int \frac{My}{I} dA = \frac{M}{I}\int y \, dA = 0$$

故中性轴通过截面形心与形心轴重合,如图12-5b所示。

弹塑性阶段截面正应力分布如图12-5c所示,此时中性轴位置随弯矩 M 的增大而变化,如果 M 已知,则由

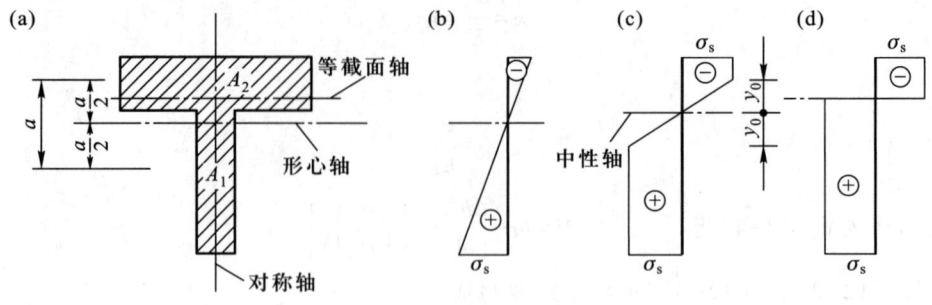

图 12-5

$$\int \sigma dA = 0 \text{ 和 } \int \sigma y dA = M$$

可以确定此时中性轴位置和弹性核高度 y_0。

在塑性流动阶段,受压和受拉区的应力均达到屈服极限 σ_s(图 12-5d)。设 A 为梁截面面积,A_1 为受拉区面积,A_2 为受压区面积,则由 $\int \sigma dA = 0$,得 $\sigma_s A_1 - \sigma_s A_2 = 0$,故

$$A_1 = A_2 = \frac{A}{2}$$

可知截面受拉区和受压区面积相等,中性轴与等截面轴重合。

再由 $M = \int \sigma y dA$ 可求出截面的塑性极限弯矩为

$$M_u = \sigma_s \times \frac{A}{2} a$$

式中 a 为受拉和受压区形心间的距离。由于截面的形心位于受拉和受压区形心连线的中点,因此塑性极限弯矩可写成

$$M_u = 2\sigma_s \times \frac{A}{2} \times \frac{a}{2} = \sigma_s W_u \tag{12-7}$$

式中 $\frac{A}{2} \times \frac{a}{2}$ 为受拉或受压区面积对整个截面形心轴的静矩,$W_u = \frac{1}{2} A a$ 称为塑性截面模量或塑性截面系数。塑性极限弯矩与弹性极限弯矩之比

$$\alpha = \frac{M_u}{M_s} = \frac{\sigma_s W_u}{\sigma_s W} = \frac{W_u}{W} \tag{12-8}$$

式中 α 为与截面形状有关的系数,表示按塑性分析设计时截面承载能力提高的程度。表 12-1 中给出几种常用截面的 α 值。

表 12-1 几种常用截面的 α 值

截面形状	I形	圆环形	矩形	矩形
α	1.15~1.17	1.27($R \gg \delta$)	1.50	1.70

§12-2 用极限平衡法求梁极限荷载

一、静定梁的极限荷载

由于静定梁没有多余约束,所以当梁某截面出现塑性铰后,便成为几何可变体系而破坏。这一可变体系称为破坏机构(简称机构)。此时梁所承受的荷载就是极限荷载 F_{Pu},它可根据极限状态下的弯矩图利用平衡条件推算,也可利用机构的极限平衡,根据虚位移原理求得,现以图 12-6a 所示等截面简支梁为例说明。

该梁只要有一个截面出现塑性铰,就成为机构丧失承载能力。因为是等截面梁,塑性铰将发生在弯矩最大的截面,即荷载 F_P 的作用点 C 处,其极限弯矩如图 12-6b 所示。根据平衡条件可得

$$M_u = \frac{1}{4}F_{Pu}l$$

故

$$F_{Pu} = \frac{4M_u}{l}$$

利用虚位移原理进行计算时,可取机构如图 12-6c 所示。图中假定梁弯矩最大的截面已进入塑性阶段形成塑性铰,并将极限弯矩视为塑性铰处的外力,把各杆段视为刚性杆。设 C 点的虚位移为 Δ,则有 $\theta = \frac{2\Delta}{l}$,虚功方程为

$$F_{Pu}\Delta - M_u 2\theta = 0$$

故

$$F_{Pu} = 2M_u \frac{\theta}{\Delta} = \frac{4M_u}{l}$$

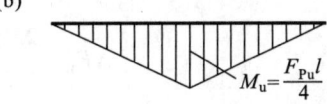

图 12-6

所得结果与平衡条件求得的结果相同。

超静定梁由于具有多余约束,因此当出现一个塑性铰时,它并不会破坏而能承受更大的荷载,只有相继出现更多的塑性铰,并最终使其变成几何可变体系或瞬变体系时,才会丧失承载能力。下面分别讨论单跨超静定梁和连续梁极限荷载的计算。

二、单跨超静定梁极限荷载

图 12-7a 为跨中受集中荷载 F_P 作用的一端固定一端铰支等截面梁。现假定在第一个塑性铰出现前 M 与 F_P 成线性关系[①],由弹性分析绘出梁的弯矩图如图 12-7b 所示。随着荷载增加,将在发生最大弯矩的截面 A 出现第一个塑性铰。设这阶段所加荷载为 F_P,则由

---

① 严格地说,当弯矩最大值所在截面达到弹性极限弯矩前,内力才与外荷载成线性关系。

$$\frac{3F_{\mathrm{P}}l}{16} = M_{\mathrm{u}}$$

得
$$F_{\mathrm{P}} = \frac{16M_{\mathrm{u}}}{3l}$$

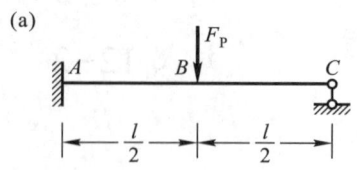

A 端出现塑性铰后，梁的弯矩已达极限不可能再增加，但变形仍在发展。继续增加的荷载 ΔF_{P} 则由图 12-7c 所示的简支梁承担，此时截面 B 的弯矩为 $\frac{\Delta F_{\mathrm{P}}l}{4}$。显然，第二个塑性铰将在截面 B 形成，其弯矩值也达到极限弯矩

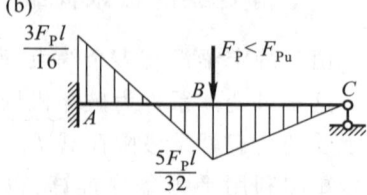

$$M_{\mathrm{u}} = \frac{5F_{\mathrm{P}}l}{32} + \frac{\Delta F_{\mathrm{P}}l}{4} \qquad (\mathrm{a})$$

将先已求出的 $F_{\mathrm{P}} = \frac{16M_{\mathrm{u}}}{3l}$ 代入式（a）可求得

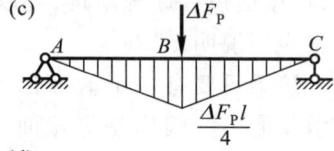

$$\Delta F_{\mathrm{P}} = \frac{2M_{\mathrm{u}}}{3l}$$

由于梁出现两个塑性铰后变成机构，不能再继续承担荷载，故其极限荷载为

$$F_{\mathrm{Pu}} = F_{\mathrm{P}} + \Delta F_{\mathrm{P}} = \frac{16M_{\mathrm{u}}}{3l} + \frac{2M_{\mathrm{u}}}{3l} = \frac{6M_{\mathrm{u}}}{l}$$

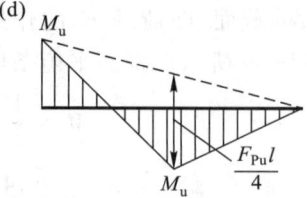

前已指出，这种逐步加载计算极限荷载的方法比较麻烦。但可以根据该梁受力情况，比较容易找出塑性铰位置，直接确定梁的破坏机构（在 A、B 两截面出现弯矩为 M_{u} 的塑性铰）。据此，利用弯矩叠加方法得到图 12-7d 所示极限弯矩图。利用平衡条件可得

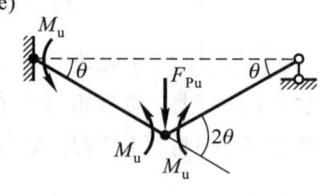

图 12-7

$$\frac{F_{\mathrm{Pu}}l}{4} - \frac{1}{2}M_{\mathrm{u}} = M_{\mathrm{u}}$$

容易求得极限荷载为

$$F_{\mathrm{Pu}} = \frac{6M_{\mathrm{u}}}{l}$$

确定梁的实际破坏机构后，也可应用虚位移原理（见图 12-7e）建立虚功方程

$$F_{\mathrm{Pu}}\left(\frac{l}{2}\theta\right) - M_{\mathrm{u}}\theta - M_{\mathrm{u}} \times 2\theta = 0$$

极限荷载也是

$$F_{\mathrm{Pu}} = \frac{6M_{\mathrm{u}}}{l}$$

可见，由破坏机构求得的极限荷载与逐渐加载所得结果完全相同。如果能事先判别超静定梁的破坏机构，就无需考虑结构弹塑性变形的发展过程，直接利用机构的平衡条件求极限荷载，这种方法称为**极限平衡法**。在运用平衡条件时，既可利用极限弯矩图，也可应用虚位移原理求极限荷载。

【**例 12-1**】 试求图 12-8a 所示等截面两端固定梁的极限荷载。

解：该梁在荷载 F_P 作用下塑性铰将发生于 A、B、C 三个截面，形成破坏机构时，三个截面的弯矩都等于 M_u（图 12-8b）。根据极限弯矩图（图 12-8c）可得

$$\frac{F_{Pu}ab}{l} - M_u = M_u$$

故

$$F_{Pu} = \frac{2M_u l}{ab}$$

用虚位移原理求解时，设虚位移如图 12-8d 所示。注意到虚位移是微小的，有 $BB_1 = (\theta_1 + \theta_2)b$，由比例关系求得 $\Delta = CC_1 = \frac{ab}{l}(\theta_1 + \theta_2)$，虚功方程为

$$F_{Pu}\Delta - M_u\theta_1 - M_u\theta_2 - M_u(\theta_1 + \theta_2) = 0$$

求得

$$F_{Pu} = \frac{2M_u(\theta_1 + \theta_2)}{\Delta} = \frac{2M_u l}{ab}$$

两种算法结果相同。

【**例 12-2**】 试求图 12-9a 所示等截面超静定梁的极限荷载。

解：先作出梁的极限弯矩图，如图 12-9b 所示，由平衡条件求得 $F_{By} = \frac{q_u l}{2} - \frac{M_u}{l}$。设跨中塑性铰发生在距右支座为 x 的截面 C 处，则有

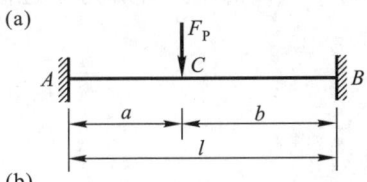

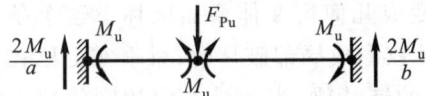

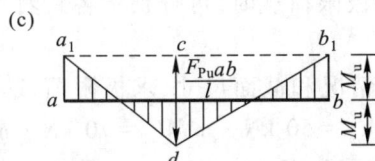

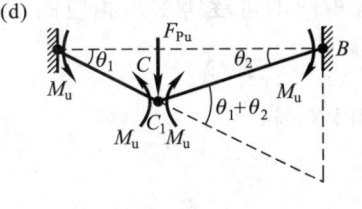

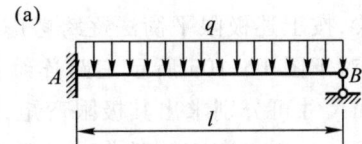

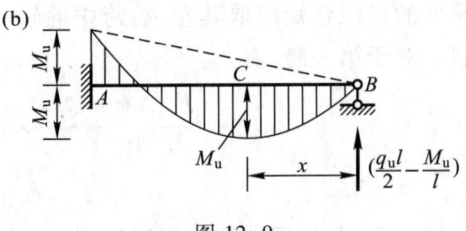

图 12-8

图 12-9

$$M_C = M_u = \left(\frac{q_u l}{2} - \frac{M_u}{l}\right)x - \frac{q_u x^2}{2} \qquad (a)$$

因 M_C 为跨中最大弯矩，它应满足 $\dfrac{dM_C}{dx} = 0$，故有

$$\frac{q_u l}{2} - \frac{M_u}{l} - q_u x = 0 \qquad (b)$$

由式(b)求得

$$q_u = \frac{2M_u}{l(l-2x)} \qquad (c)$$

将式(c)代入式(a)，并整理后可得

$$x^2 + 2lx - l^2 = 0$$

解方程得

$$x = (-1 \pm \sqrt{2})l$$

舍去不合理的负根，得跨中塑性铰的位置为

$$x = (\sqrt{2} - 1)l = 0.414\,2l$$

将其代入式(c)，求得极限荷载为

$$q_u = \frac{11.66 M_u}{l^2}$$

在混凝土结构设计中，常把这种受均布荷载 q 作用梁的跨中截面的塑性计算弯矩近似取为稍偏于安全的

$$M_{\max} = \frac{ql^2}{11}$$

三、连续梁极限荷载

n 次超静定连续梁当出现 $n+1$ 个塑性铰时，将变成几何可变体系而破坏。这个条件充分却并非必要，当梁某跨两端和跨中出现三个塑性铰形成局部破坏时，梁事实上已丧失承载能力。对每跨都等截面但各跨截面不一定相同的连续梁，当承受方向相同的比例加载时，其实际破坏形式便是如此。因此，计算连续梁的极限荷载时，可分别将各跨看作单跨超静定梁，按上述极限平衡法逐跨考虑。

例如，对于图 12-10a 所示三跨连续梁，已知荷载情况和截面尺寸，求极限荷载。根据各跨截面尺寸可分别求出其极限弯矩，设已求得为 $M_{u1} = 50$ kN·m，$M_{u2} = 70$ kN·m 和 $M_{u3} = 90$ kN·m。通过弯矩调整作出各跨破坏时的弯矩图如图 12-10b 所示，其中各中间支座处的极限弯矩应取其左、右跨中的较小值。由此弯矩图即可逐跨求出相应的可破坏荷载。对于第一跨，有

$$\frac{F_{Pu1} \times 6\text{ m}}{4} - \frac{1}{2} \times 50\text{ kN·m} = 50\text{ kN·m}$$

故

$$F_{Pu1} = 50\text{ kN}$$

对于第二跨，若把塑性铰的位置近似取在跨中截面处，则有

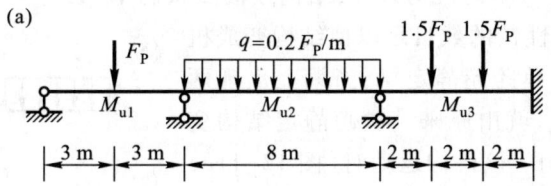

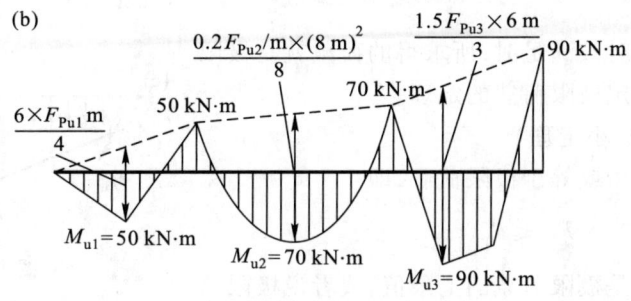

图 12-10

$$\frac{0.2F_{\text{Pu2}}/\text{m}\times(8\ \text{m})^2}{8}-\frac{50\ \text{kN}\cdot\text{m}+70\ \text{kN}\cdot\text{m}}{2}=70\ \text{kN}\cdot\text{m}$$

故
$$F_{\text{Pu2}}=81.25\ \text{kN}$$

对于第三跨,有

$$\frac{1.5F_{\text{Pu3}}\times 6\ \text{m}}{3}-\left(\frac{2}{3}\times 70\ \text{kN}\cdot\text{m}+\frac{1}{3}\times 90\ \text{kN}\cdot\text{m}\right)=90\ \text{kN}\cdot\text{m}$$

故
$$F_{\text{Pu3}}=55.56\ \text{kN}$$

此梁的极限荷载应取其中的最小值,即 $F_{\text{Pu}}=50\ \text{kN}$。

§12-3 比例加载时极限荷载判定

前述静定梁和超静定梁的极限荷载,因为破坏形式容易确定,故计算较为简单。对一般超静定结构,由于可能出现的破坏形式有多种,必须从这些破坏形式中找出实际的破坏形式,才能求得极限荷载,所以情况要复杂得多。本节介绍确定极限荷载的有关定理,然后讨论判定极限荷载的常用方法——机构法和试算法。

比例加载是指作用在结构上的所有荷载都按同一比例增加,而且不出现卸载现象。这时,荷载间有一个称为荷载参数的公共因子用 F_{P} 表示。对于比例加载的给定结构,按照各种可能的破坏机构,由平衡条件求得的荷载称为<u>可破坏荷载 F_{P}^{+}</u>;按照各种静力可能并且安全的弯矩分布状态(即同时满足平衡条件和屈服条件)求得的荷载称为<u>可接受荷载 F_{P}^{-}</u>。于是,寻求极限荷载便归结为在荷载参数 F_{P} 中找到极限值 F_{Pu} 的问题。

结构的极限状态应同时满足如下三个条件:(1)平衡条件,当结构处于极限状态时仍能保持瞬时平衡;(2)屈服条件,极限状态中,结构上任一截面弯矩的绝对值都不超过极

限弯矩值,即$|M| \leq M_u$;(3)单向机构条件,结构在极限状态下,必有某些截面的弯矩达到极限而出现塑性铰,且塑性铰的数目足以使结构变成机构。例如图 12-11a 所示单跨超静定梁,当梁上出现两个塑性铰时(图 12-11b),就由原来一次超静定结构变成具有一个自由度的机构。该机构运动时(图 12-11c)在塑性铰处引起的转角与塑性铰容许的转动方向一致,称为单向机构。

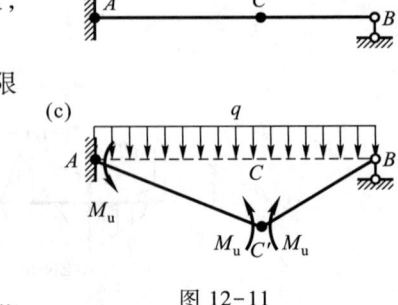

图 12-11

当三个条件同时被满足时,所求得的荷载就是极限荷载。下面引入确定极限荷载的定理。

1. 上限定理(极小定理)

可破坏荷载大于或等于极限荷载,即

$$F_{Pu} \leq F_P^+$$

它表明可破坏荷载是极限荷载的上限值,或者说极限荷载是可破坏荷载中的极小者,上限定理又称为极小定理。

2. 下限定理(极大定理)

可接受荷载小于或等于极限荷载,即

$$F_P^- \leq F_{Pu}$$

它表明可接受荷载是极限荷载的下限值,或者说极限荷载是可接受荷载中的极大者,下限定理又称为极大定理。

3. 单值定理(唯一性定理)

对于比例加载的给定结构,若所求得的某一荷载既是可破坏荷载,又是可接受荷载,则该荷载就是极限荷载。即如果所求得的荷载能同时满足平衡条件、屈服条件和单向机构条件,它就是该结构的极限荷载,而且是唯一正确的解答。

上限定理和下限定理,一方面可用来求出极限荷载的近似值并给出精确解的上下限,另一方面也可用来寻求极限荷载的精确解。如能完备列出所有可能的破坏机构,并利用平衡条件求出相应的可破坏荷载,则其中的最小值便是极限荷载的精确解,这一方法就是机构法。利用单值定理,也可采用试算法求极限荷载,即先选择一种破坏机构求出可破坏荷载,然后再验算该荷载下的弯矩分布是否满足屈服条件,如能满足则说明该荷载同时也是可接受荷载,根据单值定理必为极限荷载。

【例 12-3】 试计算图 12-12a 所示连续梁的极限荷载。设梁为等截面,极限弯矩等于 M_u。

解:首先选择各种可能的破坏机构。由于塑性铰总是在某些弯矩出现峰值的截面先形成,故可判断该梁可能出现塑性铰的截面有 D、B、E 三处,相应破坏机构如图 12-12b、c、d、e 所示。

机构 1(图 12-12b)发生图示虚位移时,根据虚位移原理可列出虚功方程为

$$F_P \times \frac{l}{2}\theta - M_u \times 2\theta - M_u\theta = 0$$

故

$$F_{P1}^+ = \frac{6M_u}{l}$$

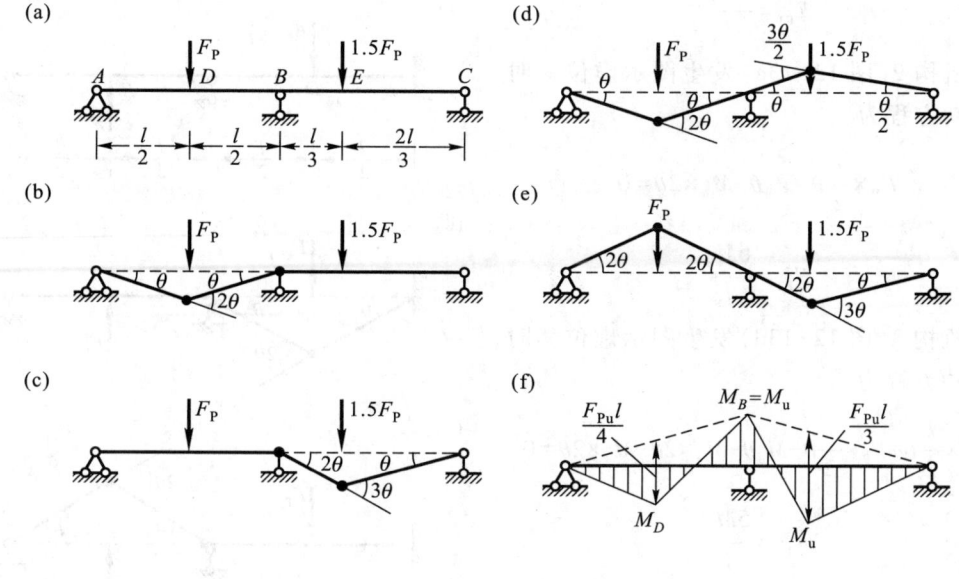

图 12-12

机构 2(图 12-12c)发生图示虚位移时,其虚功方程为

$$1.5F_P \times \frac{l}{3} \times 2\theta - M_u \times 3\theta - M_u \times 2\theta = 0$$

故

$$F_{P2}^+ = \frac{5M_u}{l}$$

机构 3(图 12-12d)从梁的受力和变形情况可以判定,由于 BC 梁的弯矩图是由支座弯矩 M_B 和荷载(1.5F_P)共同作用叠加组成,因而在点 E 附近应为"∨"形。说明假设的破坏形式与实际情况不符,从而证明这种破坏机构不可能出现。

机构 4(图 12-12e)同理也不可能出现。计算同跨内等截面连续梁(各跨间截面可以不同)的极限荷载时,只要所受荷载方向相同,就可将各跨分别当作单跨超静定梁考虑,(§12-2 中计算连续梁的极限荷载就是如此)。

比较机构 1 和机构 2 的可破坏荷载,它们中的较小者 $\frac{5M_u}{l}$ 就是该连续梁的极限荷载。相应于此极限荷载的弯矩图如图 12-12f 所示,其中 $M_E = M_u$,而

$$M_D = \frac{F_{Pu}l}{4} - \frac{1}{2}M_u = \frac{5M_u}{l} \times \frac{l}{4} - \frac{1}{2}M_u = \frac{3}{4}M_u < M_u$$

可见,它能满足屈服条件。

【例 12-4】 试计算图 12-13a 所示连续梁的极限荷载。设梁为等截面,极限弯矩等于 M_u。

解:该梁可能出现塑性铰的截面有 A、D、B、E 四处,其可能的破坏机构如图 12-13b、c、d 所示。

机构 1(图 12-13b)发生图示虚位移时,其虚功方程为

$$F_P \times \frac{l}{2}\theta - M_u\theta - M_u \times 2\theta - M_u\theta = 0$$

故
$$F_{P1}^+ = \frac{8M_u}{l}$$

机构 2(图 12-13c)发生图示虚位移时,其虚功方程为

$$F_P \times \frac{l}{2}\theta - M_u\theta - M_u \times 2\theta = 0$$

故
$$F_{P2}^+ = \frac{6M_u}{l}$$

机构 3(图 12-13d)发生图示虚位移时,其虚功方程为

$$F_P \times \frac{l}{2}\theta + F_P \times \frac{l}{2}\theta - M_u\theta - M_u \times 2\theta - M_u \times 2\theta = 0$$

故
$$F_{P3}^+ = \frac{5M_u}{l}$$

比较上述机构所求得的可破坏荷载,其中最小值 $5M_u/l$ 即为该连续梁的极限荷载。

此时连续梁的弯矩图可按以下方法作出:在出现塑性铰的截面,弯矩值为极限弯矩,再利用作弯矩图的叠加法和结点的力矩平衡条件,即可求得不出现塑性铰的杆端截面的弯矩。本例 BC 段因 C 端弯矩为零,E 截面的弯矩为 M_u,所以,由作弯矩图的叠加法可推得 BC 杆 B 端的弯矩为

$$M_{BC} = \left(\frac{F_{Pu}l}{4} - M_u\right) \times 2$$

$$= \left(\frac{1}{4} \times \frac{5M_u}{l}l - M_u\right) \times 2$$

$$= M_u/2(下边受拉)$$

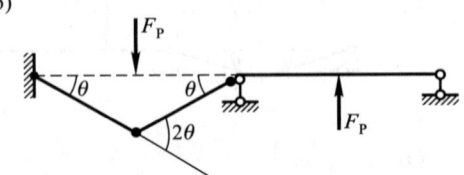
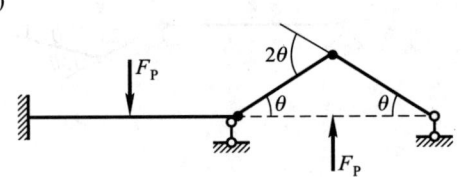
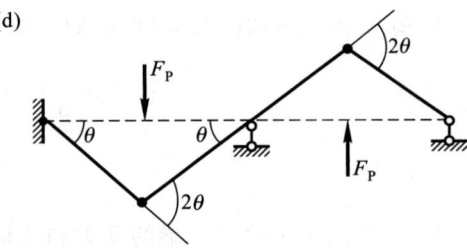
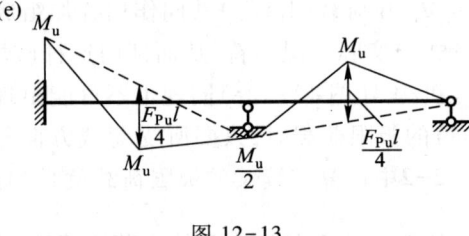

图 12-13

再由结点 B 的力矩平衡条件,AB 杆 B 端的弯矩也为 $M_u/2$(下边受拉)。本例相应于极限荷载 $F_{Pu}=5M_u/l$ 的弯矩图如图 12-13e 所示,显见它满足屈服条件。

【例 12-5】 试求图 12-14a 所示等截面单跨超静定梁的极限荷载。

解:该梁的破坏机构如图 12-14b 所示,其中铰 C 的位置 x 可根据上限定理确定。使机构发生图 12-14b 所示的虚位移,荷载做功从 B、A 两端分别积分,其虚功方程为

$$\int_0^x q^+ \theta_B \xi d\xi + \int_0^{l-x} q^+ \theta_A \xi d\xi - M_u\theta_A - M_u(\theta_A + \theta_B) = 0$$

注意到
$$\theta_A = \frac{\Delta}{l-x}, \quad \theta_B = \frac{\Delta}{x}$$

代入上式并积分可得

$$q^+ = \frac{2(l+x)}{lx(l-x)}M_u$$

因极限荷载 q_u 应该是 q^+ 的最小值，由 $\dfrac{\mathrm{d}q^+}{\mathrm{d}x}=0$ 可求得

$$x=(\sqrt{2}-1)l=0.4142l$$

将 x 代入上式后，同样可求得极限荷载为

$$q_u=\frac{11.66M_u}{l^2}$$

结果与例 12-2 相同，只不过采用的方法稍有差别。

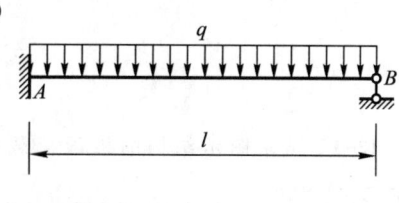

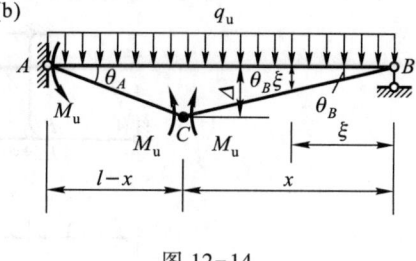

图 12-14

§12-4 小结与讨论

作为本课程与后续课程的衔接，本章突破了单纯按危险截面设计的局限，开始根据极限状态对结构整体的承载能力进行计算，并从塑性分析入手初步引入材料非线性的概念。在由单一弹塑性材料构成的梁结构分析的基础上，由理想弹性引入塑性极限弯矩和塑性铰的概念，从而有效提高了截面的承载能力。

考虑到结构因塑性铰逐步出现并最终成为几何可变时所处的极限状态，简单结构可以根据极限平衡法中的静力平衡条件或者与其等效的虚位移原理直接计算极限荷载。在更复杂的情况下，对于可能的多种破坏机构，必须进行试算排查，根据极限状态必须满足的条件和判定极限荷载的基本定理，找出真实的破坏机构，极限荷载也就不难确定了。

钢筋混凝土结构中将会遇到由钢筋和混凝土两种不同材料构成的截面，在加载时会有更复杂的受力状态，塑性铰的出现也将导致内力的重新分布，后续课程将在本章基础上作进一步探讨。

思 考 题

1. 什么是结构塑性分析？与弹性分析相比塑性分析具有哪些特点？
2. 为什么计算结构的极限荷载时可以不考虑结构弹塑性发展的全过程？
3. 什么是截面的中性轴、形心轴、等截面轴？它们之间有何关系？
4. 什么是塑性铰？它与普通铰有何区别？
5. 当结构受力处于弹塑性阶段时，位移计算公式 $\Delta_{iP}=\sum\int \bar{M}_i\kappa\mathrm{d}s$ 是否仍然适用？
6. 试概述极限平衡法求极限荷载的基本思路。
7. 为什么通常在求连续梁的极限荷载时，可先分别将各跨按单跨超静定梁计算，再从中进一步确定极限荷载？

习　题

12-1　试求图示结构的极限荷载 F_{Pu}。已知各链杆的面积为 $A = 10 \text{ cm}^2$，材料的屈服极限为 $\sigma_s = 235$ MPa。

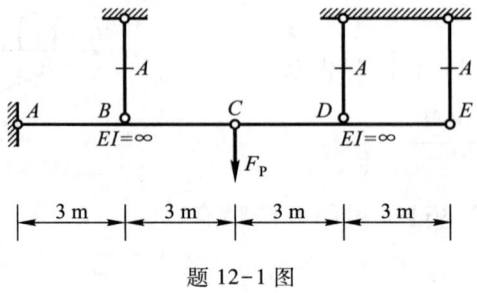

题 12-1 图

12-2　设材料的屈服极限为 $\sigma_s = 235$ MPa，试求下列截面的塑性极限弯矩 M_u：(a) 矩形截面 $b \cdot h = 10 \text{ cm} \times 20 \text{ cm}$；(b) I 25b 和 I 28a；(c) 环形截面（见图）；(d) T 形截面（见图）。

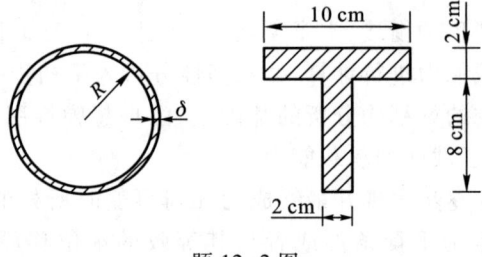

题 12-2 图

12-3~12-5　试求图示静定梁的极限荷载。已知 $\sigma_s = 235$ MPa，各跨截面均相同。其中题 12-3、12-4 均为 $b \cdot h = 4 \text{ cm} \times 8 \text{ cm}$。

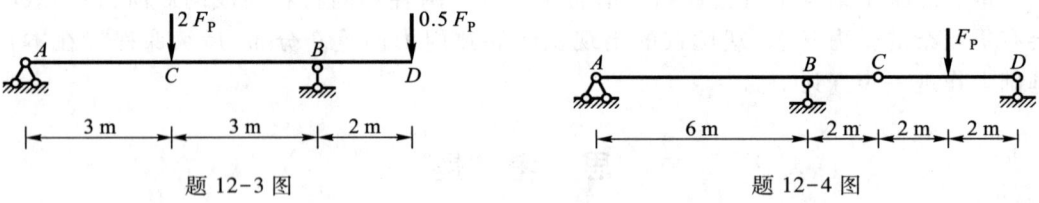

题 12-3 图　　　　　　　　　　题 12-4 图

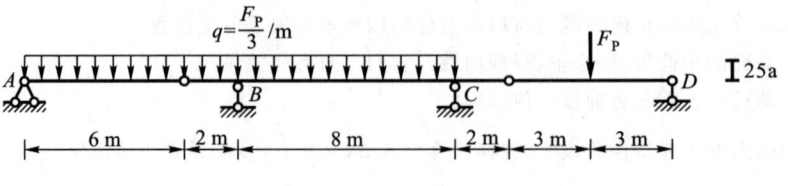

题 12-5 图

12-6~12-9 试求图示单跨超静定梁的极限荷载。

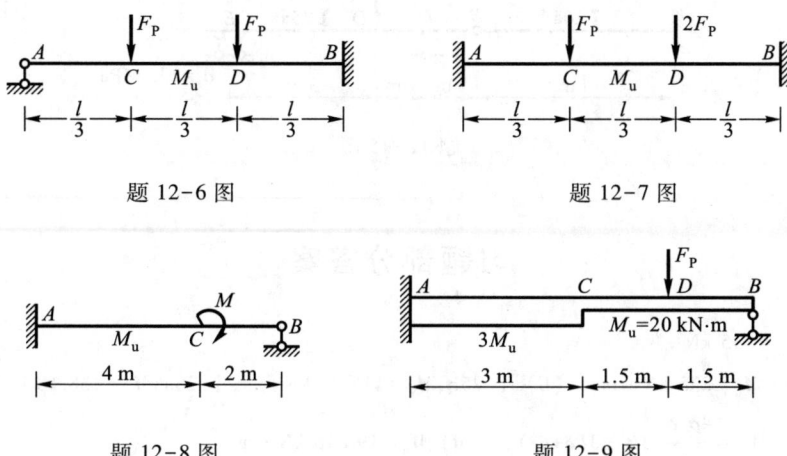

题 12-6 图   题 12-7 图

题 12-8 图   题 12-9 图

12-10~12-11 试按塑性分析对图示单跨超静定梁选择适宜的工字型钢截面。已知许用应力 $[\sigma]=157$ MPa。

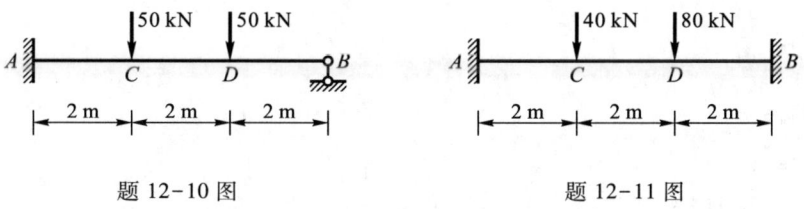

题 12-10 图   题 12-11 图

12-12~12-13 试求图示等截面连续梁的极限荷载。梁的截面均为矩形 $b \cdot h = 5$ cm×2 cm，$\sigma_s = 235$ MPa。

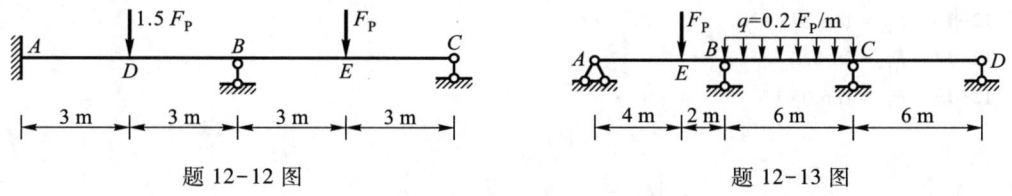

题 12-12 图   题 12-13 图

12-14~12-15 试求图示各跨截面不等的连续梁的极限荷载。

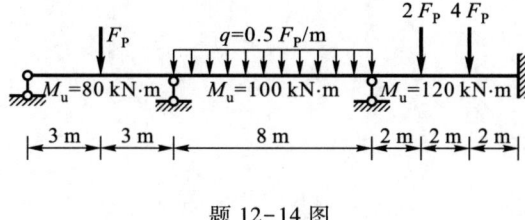

题 12-14 图

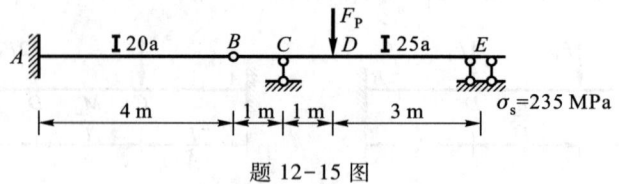

题 12-15 图

习题部分答案

12-1 $F_{Pu} = 235$ kN

12-2 (a) $M_u = 235$ kN·m； (b) I 25b, $M_u = 115.70$ kN·m； I 28a, $M_u = 138.18$ kN·m；
(c) $M_u = \dfrac{4\sigma_s \delta}{3}(3R^2 - 3R\delta + \delta^2)$； (d) $M_u = 19.646$ kN·m

12-3 $F_{Pu} = 6.016$ kN

12-4 $F_{Pu} = 40.661$ kN

12-5 $F_{Pu} = 41.034$ kN

12-6 $F_{Pu} = \dfrac{4M_u}{l}$

12-7 $F_{Pu} = \dfrac{3.6M_u}{l}$

12-8 $M = 2M_u$

12-9 $F_{Pu} = 31.11$ kN

12-10 选用 I 25b

12-11 选用 I 25a

12-12 $F_{Pu} = 104.444$ kN

12-13 $F_{Pu} = 146.875$ kN

12-14 $F_{Pu} = 35$ kN

12-15 $F_{Pu} = 186.05$ kN

附录 A 基于 MATLAB 开发的平面杆件结构静力分析程序

一、程序运行说明

MATLAB 是一种用于算法开发、数据可视化、数据分析以及数值计算的科学计算语言和编程环境，强大的计算能力使其成为解决工程问题的重要工具。

本程序是基于 MATLAB 并利用其图形用户界面开发环境（GUIDE）创建的 GUI 应用程序（附图 1），运行本程序有如下三种方式：

（1）没有安装 MATLAB 的用户，需按说明下载安装 MRC 环境后，再点击 SMS.exe 运行；

（2）已安装特定 MATLAB 版本（2018a、2018b）的用户直接点击 SMS.exe 即可运行；

（3）安装了其他 MATLAB 版本的用户，可将教材提供的"SMS P"文件夹设置为 MATLAB 的当前工作目录，选择 SMS.p 文件-右键-运行，此方式兼容大多数的 MATLAB 版本且程序运行效率最高。

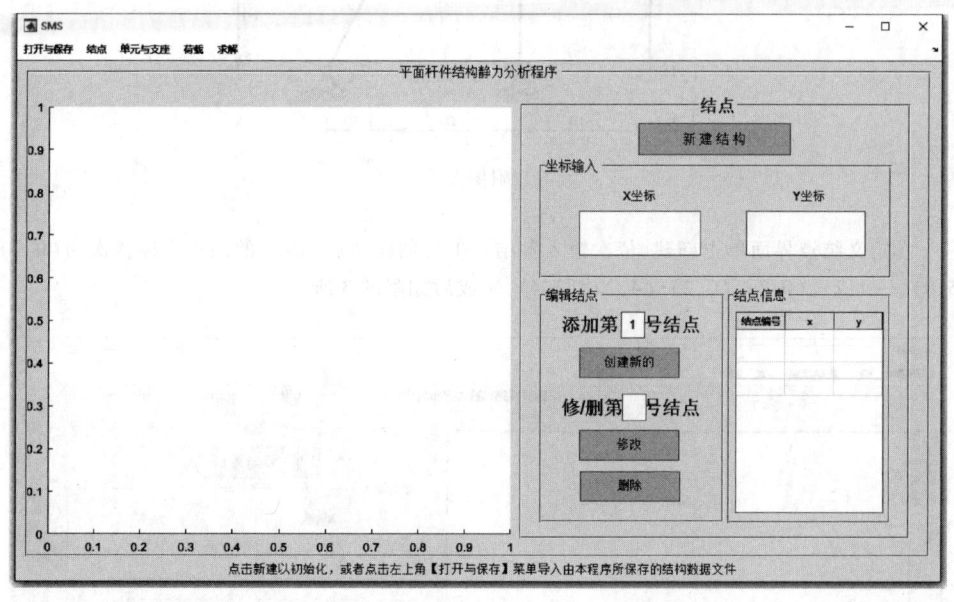

附图 1

二、程序功能和适用范围

1. 程序具有友好的 GUI 界面，窗口支持自由缩放，全程可以根据输入的信息实时绘制结点、单元、支座、荷载，底部的消息栏可以根据用户操作提供相应的反馈或建议；

2. 支持导入与导出结构；

3. 计算结果中显示各单元在局部坐标系下的杆端力，支持将结果导出成 Excel 文档；

4. 支持剪力图、弯矩图、轴力图的绘制和保存，程序自动调整内力图的比例大小；

5. 程序可计算由等截面直杆组成的结构，结点可为刚结点、铰结点以及组合结点；

6. 同一杆件是用同一材料制成的等直杆，即 E、I、A 为常数，但不同杆件之间的 E、I、A 可以变化；

7. 支座形式包括固定支座、固定铰支座、活动铰支座、定向支座；

8. 荷载可分为结点荷载和非结点荷载，其中非结点荷载包括均布荷载、集中力和集中力偶；

9. 计算方法为矩阵位移法，考虑了轴向变形和弯曲变形，忽略杆件的剪切变形；

10. 整体坐标系与局部坐标系均采用右手坐标系，坐标系、杆端力、杆端位移的正负方向均与本教材的规定相同；

11. 程序不支持纠错功能，机构、瞬变体系等会导致计算错误。

三、程序操作说明

下面示例说明程序的使用方法，教材提供的程序包里含有一些示例，可直接导入程序。

例 计算附图 2 所示的组合结构的内力，各杆截面均相同，$E = 30 \text{ GPa}$, $I = 7 \times 10^{-4} \text{ m}^4$, $A = 8 \times 10^{-2} \text{ m}^2$。

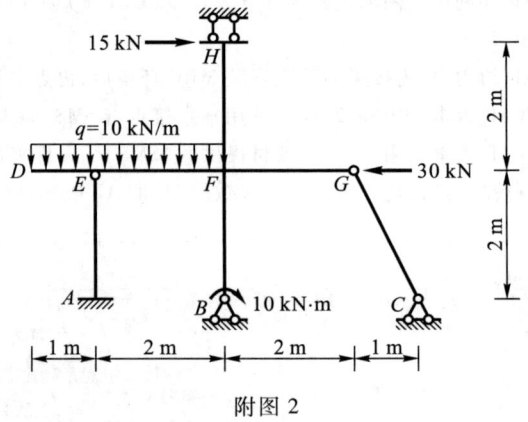

附图 2

（1）在定义结点界面单击新建，依次输入各结点坐标创建结点，$A \sim H$ 的结点坐标依次为 $(0,0)$、$(2,0)$、$(5,0)$、$(-1,2)$、$(0,2)$、$(2,2)$、$(4,2)$、$(2,4)$，完成后如附图 3 所示。

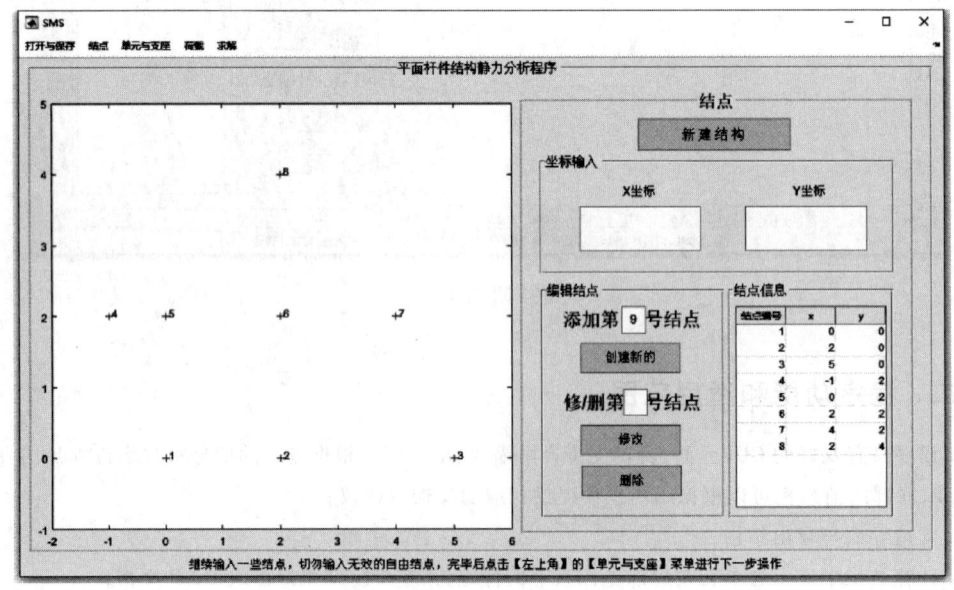

附图 3

（2）单击左上角菜单栏中的单元选项,进入单元与支座输入界面,根据题目要求 $E = 30$ GPa, $I = 7 \times 10^{-4}$ m^4, $A = 8 \times 10^{-2}$ m^2,将单元性质设置为 $E = 3\mathrm{e}10$, $I = 7\mathrm{e}{-4}$, $A = 8\mathrm{e}{-2}$;依次连接单元的两端结点,单元两端的结点形式根据实际结构进行选择;单元设置完成后如附图4所示。

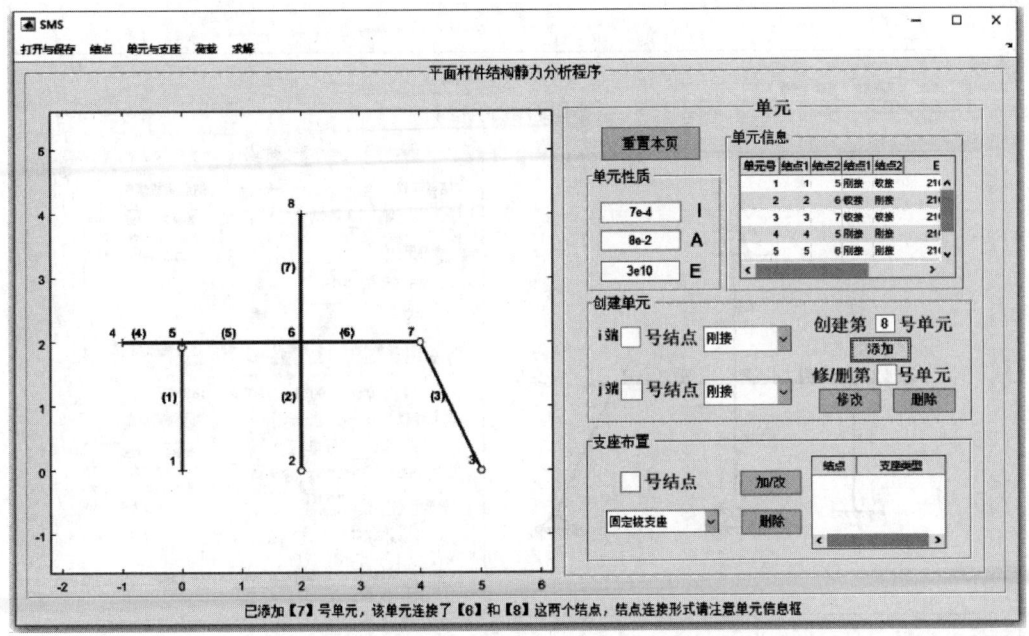

附图 4

（3）在支座布置区,1号结点为固定支座,2号、3号结点为固定铰支座,8号结点为定向支座,完成后如附图5所示。

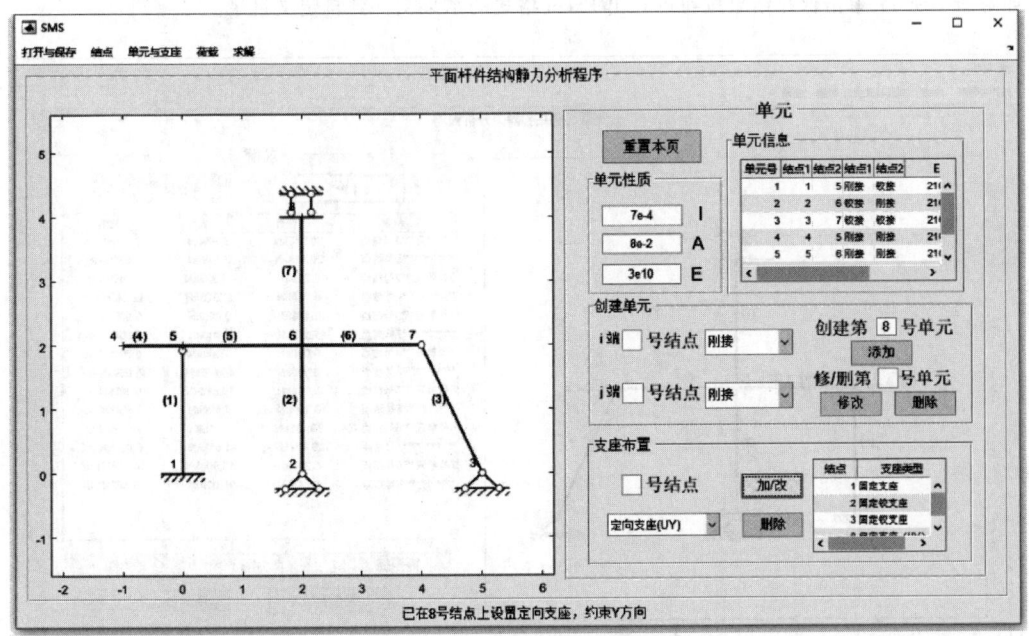

附图 5

(4) 单击左上角菜单栏中的荷载选项,进入荷载输入界面,在 8 号结点施加集中力,大小为 15 kN,方向设置为 0°;在 7 号结点施加集中力,大小为 30 kN,方向为 180°;在 4、5 号单元施加均布力,大小为 10 kN/m;在 2 号单元的 2 号结点施加力偶,大小为 −10 kN·m,距离 2 号结点 0 m;输入完成后如附图 6 所示。

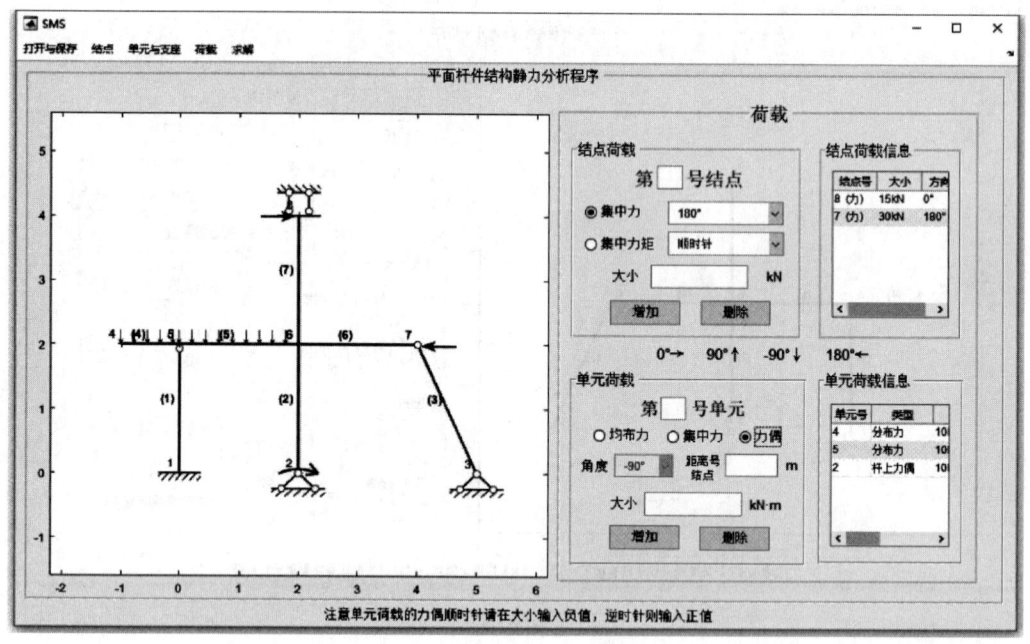

附图 6

(5) 单击左上角菜单栏中的求解选项,点击计算,列表将显示各单元在局部坐标系下的杆端力,结果如附图 7 所示,单击保存结果按钮可导出 Excel 格式的结果文件到自定义目录。

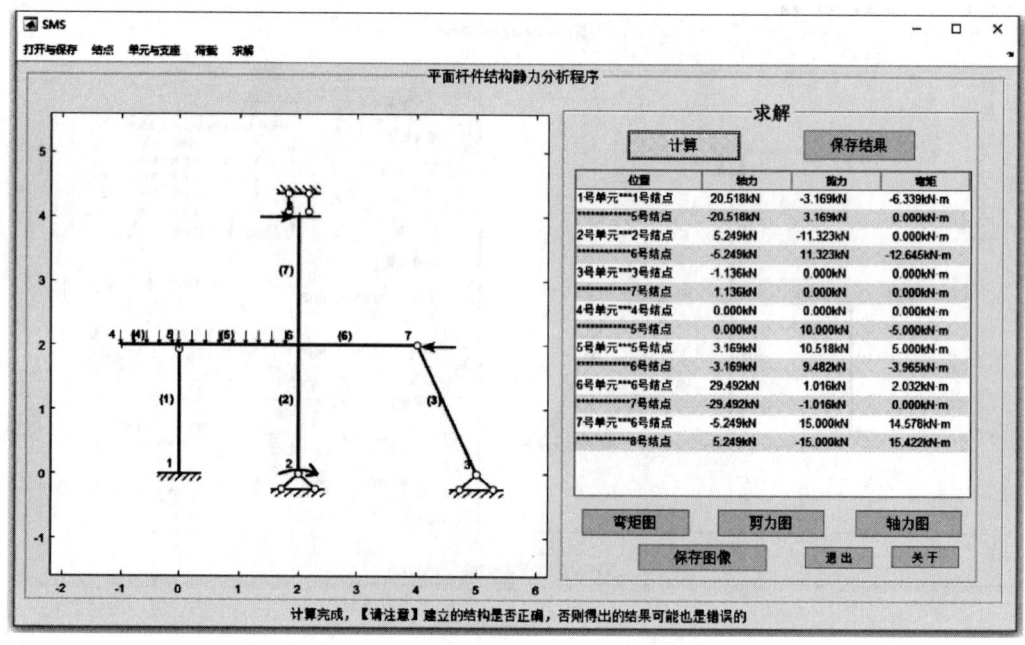

附图 7

(6)单击弯矩图,程序将自动绘制弯矩图,使用保存图像按钮保存已绘制的图形,如附图8所示。

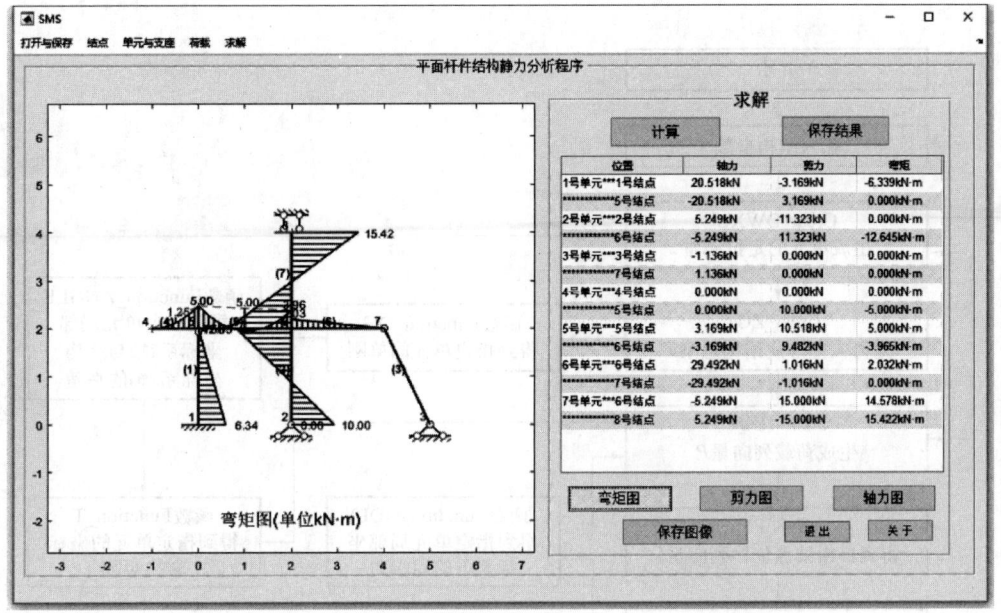

附图 8

单击剪力图和轴力图按钮,可生成剪力图和轴力图,如附图9所示。

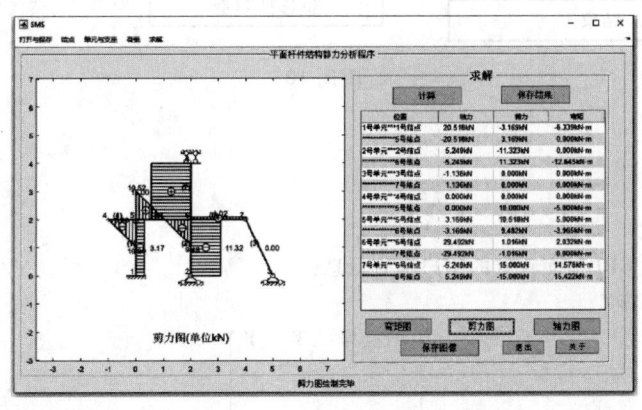

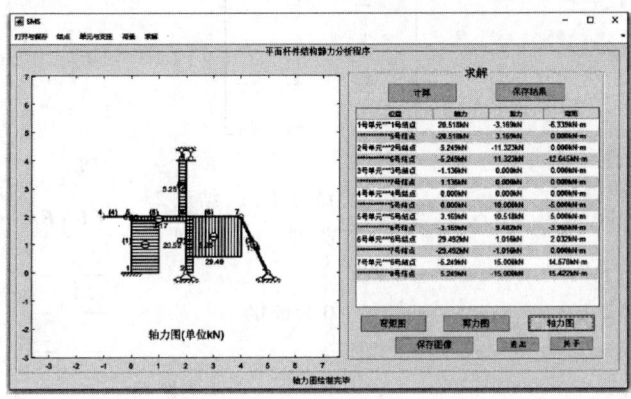

附图 9

四、程序流程图

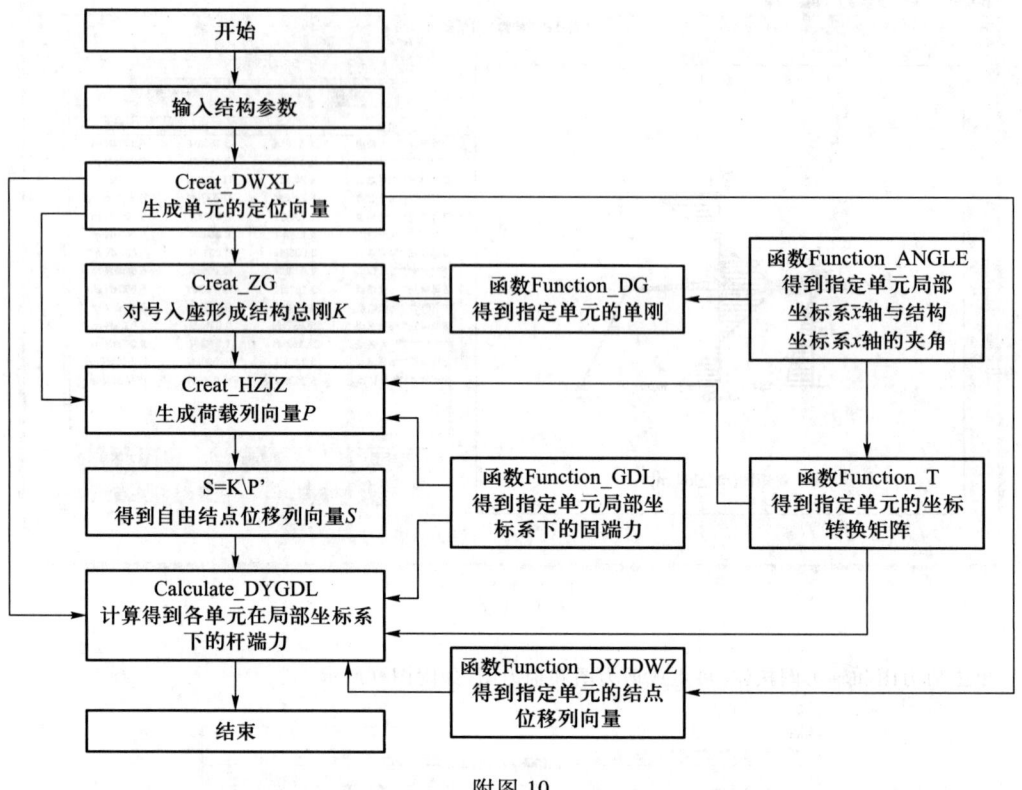

附图 10

五、源代码

1. 变量储存形式

以下为程序通过 GUI 界面获取的用户输入信息：

（1）结点坐标 JDWZ

$$\begin{bmatrix} 结点号 & X & Y \\ 1 & x_1 & y_1 \\ 2 & x_2 & y_2 \\ 3 & x_3 & y_3 \\ \cdots & \cdots & \cdots \\ n & x_n & y_n \end{bmatrix}$$

（2）单元信息 DYLJ

$$\begin{bmatrix} 单元号 & 结点1 & 结点2 & \begin{array}{c}结点1\\类型\end{array} & \begin{array}{c}结点2\\类型\end{array} & EI & EA \\ 1 & — & — & & & — & — \\ 2 & — & — & 0\ 为铰接 & & — & — \\ 3 & — & — & & & & \\ \cdots & — & — & & 1\ 为刚接 & — & — \\ m & — & — & & & & \end{bmatrix}$$

(3) 结点荷载信息 JDHZ

$$\begin{bmatrix} 荷载所在结点号 & 力的类型 & 大小 & 方向 \\ JDi & 0 为力 & — & — \\ JDj & & — & — \\ \cdots & 1 为力偶 & \cdots & — \\ JDk & & — & — \end{bmatrix} \longrightarrow \begin{cases} 力 \begin{cases} 0 & \rightarrow \\ 90 & \leftarrow \\ -90 & \downarrow \\ 180 & \uparrow \end{cases} \\ 力偶 \begin{cases} -1 & 顺时针 \\ 1 & 逆时针 \end{cases} \end{cases}$$

(4) 单元荷载信息 DYHZ

$$\begin{bmatrix} 荷载所在单元号 & 力的类型 & 大小 & 方向 & 距离对应单元结点1的距离 \\ DYm & 0 为均布力 & — & & — \\ DYn & & & 规定 & \\ \cdots & 1 为集中力 & — & 同结点荷载 & — \\ DYp & -1 为力偶 & — & & — \end{bmatrix}$$

(5) 支座布置信息 ZZYS

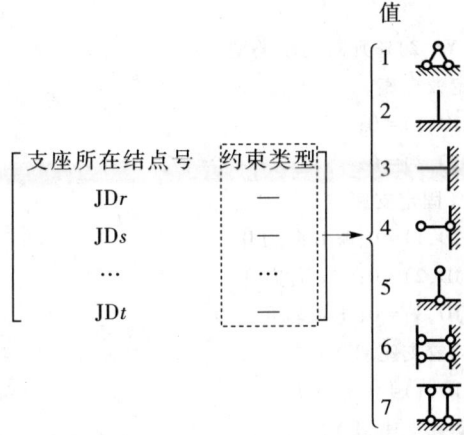

$$\begin{bmatrix} 支座所在结点号 & 约束类型 \\ JDr & — \\ JDs & — \\ \cdots & \cdots \\ JDt & — \end{bmatrix} \longrightarrow$$

通过本程序设计的 GUI 界面已经获取了结构的各种信息矩阵,请读者们自己尝试通过编写主程序以求出全部单元在局部坐标系下的杆端力。

2. 主程序源代码

下面介绍本书所提供的主程序源代码,其中调用的函数容易编写实现,本教材不再赘述。

主程序 main.m

global JDWZ %结点信息
global DYLJ %单元信息
global ZZYS %支座约束信息
global JDHZ %结点荷载信息
global DYHZ %单元荷载信息
[JDnum,~] = size(JDWZ);%结点数 JDnum
[DYnum,~] = size(DYLJ);%单元数 DYnum
[YSnum,~] = size(ZZYS);%约束数 YSnum
[JDHZnum,~] = size(JDHZ);%结点荷载数 JDHZnum
[DYHZnum,~] = size(DYHZ);%单元荷载数 DYHZnum
Creat_DWXL;%生成单元的定位向量,得到单元定位向量矩阵 DYdwxl
Creat_ZG;%对号入座生成结构总刚 K
Creat_HZJZ;%生成荷载列向量 P

```
S = K\(P'*1000);%计算自由结点位移列向量 S
Calculate_DYGDL;%计算单元杆端力,并储存在全局变量 DYGDL 中
```

Creat_DWXL

```
%生成单元的定位向量 DYdwxl,使用 REEEDOM 保存自由结点数
DYdwxl = -ones(DYnum,7);%第 7 列用于储存单元的角度
JDsd = -ones(JDnum,3);%记录支座约束情况
d = 1;%定位向量从 1 开始
for iJD = 1:JDnum
    iJDYS = 0;%若该结点不存在支座约束,则 iJDYS = 0
    for iYS = 1:YSnum%判断该结点是否存在支座约束
        if ZZYS(iYS,1) = = iJD%该结点存在支座约束
            iJDYS = iYS;%该结点的支座约束信息储存在 ZZYS 矩阵的第 iYS 行
        end
    end
    if iJDYS ~ = 0
        switch ZZYS(iJDYS,2)%判断支座类型
            case 1%固定铰支座
                JDsd(iJD,1) = 0;
                JDsd(iJD,2) = 0;
            case {2,3}%固定支座
                JDsd(iJD,1) = 0;% u 向为 0
                JDsd(iJD,2) = 0;% v 向为 0
                JDsd(iJD,3) = 0;% φ 转角为 0
            case 4%可动铰支座(UX)
                JDsd(iJD,1) = 0;
            case 5%可动铰支座(UY)
                JDsd(iJD,2) = 0;
            case 6%定向支座(UX)
                JDsd(iJD,1) = 0;
                JDsd(iJD,3) = 0;
            case 7%定向支座(UY)
                JDsd(iJD,2) = 0;
                JDsd(iJD,3) = 0;
        end
    end
end
for iDY = 1:DYnum%开始确定每个单元的定位向量
    for i = 0:1%i 端 0,j 端 1
        iJD = DYLJ(iDY,2+i);%该单元 i 端结点号或 j 端结点号
        switch DYLJ(iDY,4+i)%判断该单元的 i 端或 j 端结点是刚接还是铰接
            case 0%铰结点
                if JDsd(iJD,1) = = -1%当前结点 u 还未确定
                    DYdwxl(iDY,1+3*i) = d;
                    JDsd(iJD,1) = d;
```

```
                d = d+1;
            else
                DYdwxl(iDY,1+3*i) = JDsd(iJD,1);
            end
            if JDsd(iJD,2) = = -1%当前结点 v 还未确定
                DYdwxl(iDY,2+3*i) = d;
                JDsd(iJD,2) = d;
                d = d+1;
            else
                DYdwxl(iDY,2+3*i) = JDsd(iJD,2);
            end
            %需判断该单元是否属于二力杆
            czDYHZ = 0;%判断该单元是否存在单元荷载
            for iDYHZ = 1:DYHZnum
                if DYHZ(iDYHZ,1) = = iDY
                    czDYHZ = 1;%该单元存在单元荷载
                end
            end
            if i = = 1&&DYLJ(iDY,4+0) = = 0&&czDYHZ ~ = 1%该单元两端都是铰接,且杆
上无单元荷载,j 端转角应等于 i 端转角
                DYdwxl(iDY,6) = DYdwxl(iDY,3);
            else
                DYdwxl(iDY,3+3*i) = d;
                d = d+1;
            end
        case 1%刚结点
            if JDsd(iJD,1) = = -1%当前结点 u 还未确定
                DYdwxl(iDY,1+3*i) = d;
                JDsd(iJD,1) = d;
                d = d+1;
            else
                DYdwxl(iDY,1+3*i) = JDsd(iJD,1);
            end
            if JDsd(iJD,2) = = -1%当前结点 v 还未确定
                DYdwxl(iDY,2+3*i) = d;
                JDsd(iJD,2) = d;
                d = d+1;
            else
                DYdwxl(iDY,2+3*i) = JDsd(iJD,2);
            end
            if JDsd(iJD,3) = = -1%当前结点 φ 还未确定
                DYdwxl(iDY,3+3*i) = d;
                JDsd(iJD,3) = d;
                d = d+1;
```

```
                    else
                        DYdwxl(iDY,3+3*i) = JDsd(iJD,3);
                    end
                end
            end
        end
FREEDOM = d-1;%FREEDOM 保存自由结点数
%计算每个单元的 α 值并将其储存于定位向量矩阵的第 7 列
for n = 1:DYnum
    xi = JDWZ(DYLJ(n,2),2);
    xj = JDWZ(DYLJ(n,3),2);
    yi = JDWZ(DYLJ(n,2),3);
    yj = JDWZ(DYLJ(n,3),3);
    DYdwxl(n,7) = Function_ANGLE(xi,xj,yi,yj);%调用函数得到两种坐标系 x 轴的夹角
end
```

Creat_ZG.m

```
%对号入座形成总刚
K = zeros(FREEDOM,FREEDOM);
for iDY = 1:DYnum
    k = Function_DG(iDY,DYdwxl(iDY,7));%调用函数得到该单元的单刚 k
    for i = 1:6
        for j = 1:6
            if DYdwxl(iDY,i) ~ = 0&&DYdwxl(iDY,j) ~ = 0%对号入座
                K(DYdwxl(iDY,i),DYdwxl(iDY,j)) = K(DYdwxl(iDY,i),DYdwxl(iDY,j)) + k(i,j);
            end
        end
    end
end
```

Creat_HZJZ.m

```
%生成荷载列向量 P
P = zeros(1,FREEDOM);%初始化自由结点的荷载列向量
for iDY = 1:DYnum
    GD = Function_GDL(iDY,DYdwxl(iDY,7));%调用函数获取每个单元局部坐标系下的固端力
    T = Function_T(DYdwxl(iDY,7));%调用函数得到该单元的坐标转换矩阵
    GDL = T'*GD';%结构坐标体系下的固端力
    for i = 1:6
        if DYdwxl(iDY,i) ~ = 0
            P(1,DYdwxl(iDY,i)) = P(1,DYdwxl(iDY,i)) - GDL(i,1);
        end
    end
end
for iJD = 1:JDnum
    for iJDHZ = 1:JDHZnum%检索该结点是否有结点荷载
```

```
            if JDHZ(iJDHZ,1) = = iJD%存在结点荷载
                switch JDHZ(iJDHZ,2)%判断该结点荷载的类型
                    case 0%力
                        if JDsd(iJD,1) ~ = 0
                          P(1,JDsd(iJD,1)) = P(1,JDsd(iJD,1))+JDHZ(iJDHZ,3) * cos(pi * JDHZ(iJDHZ,4)/180);
                        end
                        if JDsd(iJD,2) ~ = 0
                          P(1,JDsd(iJD,2)) = P(1,JDsd(iJD,2))+JDHZ(iJDHZ,3) * sin(pi * JDHZ(iJDHZ,4)/180);
                        end
                    case 1%力偶
                            P(1,JDsd(iJD,3)) = P(1,JDsd(iJD,3))+JDHZ(iJDHZ,3) * JDHZ(iJDHZ,4);%当结点荷载为力矩时 JDHZ(:,4)储存顺逆情况,-1 为顺时针
                end
            end
        end
    end
```

Calculate_DYGDL.m

%计算单元局部坐标系下的杆端力

  global DYGDL%DYGDL 为一个 DYnum 行 6 列的矩阵,第 i 行对应第 i 号单元,每行从左到右依次为各单元的 i 端的轴力、剪力、弯矩,j 端的轴力、剪力、弯矩

  DYGDL = zeros(DYnum,6);%初始化
  for iDY = 1:DYnum
      DYjdwy = Function_DYJDWY(iDY,S,DYdwxl);%调用函数得到对应单元的结点位移向量
      k = Function_DG(iDY,DYdwxl(iDY,7));%调用函数得到该单元的单刚
      T = Function_T(DYdwxl(iDY,7));%调用函数得到该单元的坐标变换阵
      Fjg = k * DYjdwy;%结构坐标系下的单元杆端力
      GD = Function_GDL(iDY,DYdwxl(iDY,7));%调用函数得到每个单元的局部坐标系下的固端力
      DYGDL(iDY,:) = (T * Fjg)'+GD * 1000;%得到该单元两端在局部坐标系下的单元杆端力
  end

附录 B 索 引

（按汉语拼音字母排序）

B

伴生自由振动（associated free vibration） 263
不平衡力矩（out of balance moment） 155
不稳定平衡（unstable equilibrium） 301

C

侧移刚度（lateral stiffness） 250
层次图（laminar superposition diagram） 27
超静定次数（degree of indeterminacy） 100
超静定结构（statically indeterminate structure） 17
初相角（initial phase angle） 259
传递弯矩（carry-over bending moment） 154
传递系数（carry-over factor） 154
纯受迫振动（pure forced vibration） 263
次内力（secondary internal force） 45
常变体系（constantly changeable system） 13

D

单铰（single hinge） 11
单元坐标系（element coordinate system） 206
单自由度体系（single degree of freedom system） 257
等效结点荷载（equivalent node load） 218
等效质量（equivalent mass） 293
定位向量（orientation vector） 213
动力荷载（dynamic load） 9
动力特性（dynamic characteristics） 255
动力系数（dynamic factor） 264
动力反应（dynamic response） 255
杜哈梅积分（Duhamel's integral） 266
对称结构（symmetric structure） 108
对称失稳（symmetric instability） 327
多余约束力（redundant constraint force） 97
多余约束（redundant restraint） 14
多自由度体系（multiple degree of freedom system） 257

E

二力杆（tie，link） 45

F

反对称失稳（antisymmetric instability） 327
反弯点（inflection point） 123
反弯点法（method of inflection point） 249
分层计算法（sub-story computing method） 248
分配系数（distribution factor） 154
分配弯矩（distribution bending moment） 154
分支点失稳（bifurcation buckling） 302
腹杆（web member） 45
附加刚臂（additive rigid arm） 147
附加链杆（additive bar） 147
附属部分（accessory part） 26
副系数（secondary coefficient） 103
幅值（amplitude） 261
幅值方程（amplitude equation） 284

G

刚度法（stiffness method） 151
刚度矩阵（stiffness matrix） 151
刚度系数（stiffness coefficient） 151
刚片（rigid member） 11
刚性支座（rigid support） 237
高跨比（ratio of height to span） 38
工程频率（engineering frequency） 259
拱顶（vault） 38
拱高（arch height） 38
拱趾（arch toe） 38
共振（resonance） 264
共振区（resonance range） 272
固端剪力（fixed-end shearing force） 121

固端弯矩(fixed-end moment)	121	静定结构(statically determinate structure)	17
固有振动(natural vibration)	258	静力法(static method)	182
广义刚度(generalized stiffness)	289	静力荷载(static load)	9
广义荷载(generalized load)	289	局部码(local code)	209
广义力(generalized force)	62	局部坐标系(local coordinate system)	206
广义位移(generalized displacement)	62	矩阵力法(matrix force method)	205
广义质量(generalized mass)	289	矩阵位移法(matrix displacement method)	205
广义坐标(generalized coordinate)	258	绝对最大弯矩(absolute maximum bending moment)	197
规准化振型(normalized mode shape)	277		
过渡阶段(intermediate period)	263		

H

合理(拱)轴线(optimal arch axis) 43
恒载(dead load) 8
后处理法(post-processing method) 234
活载(live load) 8

K

可接受荷载(statically admissible load) 343
可破坏荷载(possible collapse load) 343
跨度(span) 38

L

拉杆拱(arch with tension bar) 38
力法(force method) 100
力法典型方程(canonical equations of force method) 104
力矩分配法(moment distribution method) 154
力状态(forcing state) 64
联合桁架(combined truss) 45
零杆(member without force) 47
临界荷载(critical load) 195,302
临界状态(critical state) 302
临界阻尼系数(critical damping coefficient) 269

J

基本部分(primary part) 26
基本结构(primary structure) 98
基本体系(primary system) 99
基本频率(fundamental frequency) 274
基本振型(fundamental mode shape) 275
机动法(kinematical method) 190
几何不变体系(stable system) 10
几何可变体系(unstable system) 10
几何组成分析(analysis of geometrical construction) 10
极限荷载(limit load) 334
极限平衡法(limit equilibrium method) 340
极限弯矩(limit bending moment) 337
极限状态(limit state) 334
极值点失稳(limit point buckling) 302
简单桁架(simple truss) 45
剪力包络图(envelope for shear force) 197
剪力分配系数(shear force distribution factor) 250
剪力静定杆(statically determinate member in shearing force) 147
简谐荷载(harmonic load) 256
铰结排架(hinged bent frame) 114
角位移(angular displacement) 61
结构坐标系(coordinate system of structure) 215
节间(interval) 45

N

能量法(energy method) 291
粘滞阻尼力(viscous damping force) 267
粘滞阻尼系数(viscous damping coefficient) 267

P

平拱(flat arch) 38
平衡分支荷载(bifurcation load) 302
频率(frequency) 260
频率方程(frequency equation) 274
平稳阶段(steady-state period) 263
破坏机构(collapse mechanism) 339

Q

屈服弯矩(yield bending moment) 336

R

柔度法(flexibility method) 151
柔度矩阵(flexibility matrix) 151
柔度系数(flexibility coefficient) 151
瑞利法(Rayleigh method) 293
瑞利-里兹法(Rayleigh-Ritz method) 317

S

上弦杆(upper chord member) 45
实际状态(real state) 69
势能驻值原理(principle of stationary of potential energy) 305
失稳荷载(limit load of instability) 302
受迫振动(forced vibration) 262
竖杆(vertical member) 45
瞬变体系(instantaneously unstable system) 13
瞬时冲量(transient impulse) 265
塑性极限弯矩(plastic limit bending moment) 337
塑性铰(plastic hinge) 337
随遇平衡(indifferent equilibrium, neutral equilibrium) 301

T

弹性极限弯矩(elastic limit bending moment) 336
弹性支座(elastic support) 237
特征方程(characteristic equation) 274
铁摩辛柯法(Timoshenko's method) 317
图形相乘法(method of graph multiplication) 76
推力(thrust) 37

W

外力虚功(virtual work of external force) 64
弯矩包络图(envelope for bending moment) 197
位移(displacement) 61
位移法(displacement method) 136
位移法典型方程(canonical equations of displacement method) 149
位移状态(displacement state) 64
稳定平衡(stable equilibrium) 301
稳定自由度(stability degree of freedom) 303
稳态受迫振动(steady-state forced vibration) 263
无限自由度体系(infinite degree of freedom system) 257

X

下弦杆(lower chord member) 45
先处理法(preprocessing method) 212
弦杆(chord member) 45
线刚度(linear stiffness) 125
线位移(translation displacement) 61
弦转角(chord rotation) 129
相对转动瞬心(instantaneous center in relative rotation) 12
相位角(phase angle) 259
斜杆(skew bar) 45
斜拱(skew arch) 38
虚单位荷载法(virtual unit load method) 67
虚单位位移法(virtual unit displacement method) 65
虚功(virtual work) 64
虚功方程(virtual work equation) 64
虚功原理(principle of virtual work) 64
虚应变能(virtual strain energy) 67
虚铰(virtual hinge) 12
虚力原理(principle of virtual force) 67
虚拟状态(dummy state) 69
虚位移原理(principle of virtual displacement) 65

Y

影响线(influence line) 182
影响线方程(influence line equation) 182
有限自由度体系(finite degree of freedom system) 257
圆频率(circular frequency) 260
约束(constraint) 11

Z

振动自由度(vibration degree of freedom) 256
振幅(amplitude of vibration) 259
(振型的)正交性(orthogonality (of normal modes)) 282

振型分解法(method of mode-resolution) 288
振型矩阵(mode shape matrix) 289
振子(vibrator) 289
整体坐标系(global coordinate system) 215
直接刚度法(direct stiffness method) 212
质量矩阵(mass matrix) 277
主内力(principal internal forces) 45
主系数(principal coefficient) 103
主振型、振型(normal mode shape) 274
转动刚度(rotational stiffness) 152
转角位移方程(slope-deflection equation) 129
自由度(degree of freedom) 10
自由项(freedom term) 103
自由振动(free vibration) 258
自振频率(natural frequency) 260
自振周期(natural period) 259
综合结点荷载(synthetical node load) 220
总码(global code) 210
组合结构(composite structure) 49
阻尼(damping) 267
阻尼比(damping ratio) 267
最不利荷载位置(the most unfavorable load position) 181
坐标变换矩阵(coordinate transformation matrix) 216

主要参考文献

[1] 李家宝.建筑力学第三分册:结构力学[M].3版.北京:高等教育出版社,1998.
[2] 杨茀康,李家宝,洪范文,等.结构力学[M].6版.北京:高等教育出版社,2016.
[3] 龙驭球,包世华,袁驷.结构力学Ⅰ:基础教程[M].4版.北京:高等教育出版社,2018.
[4] 龙驭球,包世华,袁驷.结构力学Ⅱ:专题教程[M].4版.北京:高等教育出版社,2018.
[5] 李廉锟.结构力学:上册[M].6版.北京:高等教育出版社,2017.
[6] 李廉锟.结构力学:下册[M].6版.北京:高等教育出版社,2017.
[7] 朱慈勉,张伟平.结构力学:上册[M].3版.北京:高等教育出版社,2016.
[8] 朱慈勉,张伟平.结构力学:下册[M].3版.北京:高等教育出版社,2016.
[9] 洪范文,李家宝.结构力学学习指导[M].北京:高等教育出版社,2009.
[10] 罗汉泉,王兰生,李存权.结构力学学习指导[M].北京:高等教育出版社,1985.
[11] 王兰生,罗汉泉,李存权,等.结构力学难题分析[M].北京:高等教育出版社,1989.
[12] 缪加玉.结构力学的若干问题[M].成都:成都科技大学出版社,1993.
[13] 常连方.工程力学策略与定性[M].武汉:中国地质大学出版社,1996.

Synopsis

This book is a meticulous and painstaking revision on the basis of the fifth edition of 《Structural Analysis》published by the press. The new book consists of 12 chapters divided into five parts: General Introduction, Statically Determinate structures, Statically Indeterminate Structures, Issues of Structural Analysis and Other Professional Issues.

This book covers all the important contents in the Structural Analysis Curriculum Requirements (Level A) set by the Ministry of Education's National Advisory Committee of Fundamental Mechanics Teaching for Non-Mechanics Major College Students, in the Structural Analysis Syllabus set by the Ministry of Construction's National Advisory Committee of Teaching in Civil Engineering Profession, and in the Syllabus of National Test for Licensed Structure Engineers. Also covered in the book are some special relevant issues.

This book is written on the basis of the accumulation of many years' experience in preparing related textbooks, thus distinguishing it with many unique features. It focuses on the introduction and discussion of both the theories and the pragmatic knowledge in structural analysis, and the training of practical abilities. It also lays stress on generalization, summation, reflection and discussion of the basic principles. Besides, attempts are made in exploring prospective applications, qualitative analysis of structures and initiation training of students. Attention is also paid in the book to the appropriateness of materials chosen, the simplicity of explanatory terms and the concretization of abstract theories (the practical significance of theories). In a word, all the efforts have been made to enable the book to meet the needs in the on-going teaching reform.

This book is intended to be a four-year-program textbook for institutions of higher learning, and a reference for engineers and technicians concerned.

Contents

Illustration of the symbol list
Main Symbol List
1. Introduction
    1.1   The main objectives and contents of the course
    1.2   Computing models of structure
    1.3   Common forms of structure
    1.4   Common forms of load

2. Geometrical Composition Analysis of System
    2.1   Introduction
    2.2   Degree of freedom of system
    2.3   Simple composition laws of stable system
    2.4   Examples of composition analysis of system
    2.5   Statically determinate and indeterminate structure
    2.6   Summary and discussion
    Questions for thought
    Exercises
    Part of the keys to the exercises

I   Statically Determinate Structure

3. Internal Force Analysis of Statically Determinate Structure
    3.1   Statically determinate beam
    3.2   Statically determinate frame
    3.3   Three-hinged arch
    3.4   Statically determinate truss and composite structure
    3.5   Basic properties and internal force of statically determinate structure
    3.6   Summary and discussion
    Questions for thought
    Exercises
    Part of the keys to the exercises

4. Principle of Virtue Work and Calculation of Structural Displacement
    4.1   Introduction
    4.2   Principle of virtue work for rigid body and its applications
    4.3   Principle of virtue work for deformable body and general equation for displacement calculation

  4.4 Displacement caused by loading
  4.5 Method of graph multiplication
  4.6 Displacement of statically determinate structure caused by settlement and temperature change
  4.7 Reciprocal theorems
  4.8 Summary and discussion
  Questions for thought
  Exercises
  Part of the keys to the exercises
  Assignments
  Part of the keys to the assignments

II Statically Indeterminate Structure

5. Force Method
  5.1 Introduction
  5.2 Degree of indeterminacy and canonical equations of force method
  5.3 Force method for statically indeterminate frame
  5.4 Symmetric structure
  5.5 Force method for other statically indeterminate structures
  5.6 Effects of settlement and temperature change
  5.7 Slope-deflection equations
  5.8 Summary and discussion
  Questions for thought
  Exercises
  Part of the keys to the exercises

6. Displacement Method and Moment Distribution Method
  6.1 Introduction
  6.2 Degree of kinematic indeterminacy
  6.3 Displacement method for statically indeterminate frame
  6.4 Canonical equations of displacement method
  6.5 Introduction of moment distribution method
  6.6 Moment distribution for multi-node
  6.7 Internal force properties and deformation characteristics of statically indeterminate structure
  6.8 Summary and discussion
  Questions for thought
  Exercises
  Part of the keys to the exercises
  Comprehensive drills
  Part of the keys to the comprehensive drills

III Other Issues of Structural Analysis

7. Influence Line and Its Application
    7.1   Introduction
    7.2   Static method for statically determinate beam
    7.3   Static method for statically determinate truss
    7.4   Kinematic method
    7.5   Applications of influence line
    7.6   Envelopes of internal force of simply supported beam
    7.7   Envelopes of internal force of continuous beam
    7.8   Summary and discussion
    Questions for thought
    Exercises
    Part of the keys to the exercises

8. Matrix Displacement Method
    8.1   Introduction and element stiffness matrix
    8.2   Structure stiffness matrix
    8.3   Coordinate transformation of element stiffness matrix
    8.4   Non-nodal load
    8.5   Preprocessing direct stiffness method
    8.6   Examples of frame calculation
    8.7   Problems in application
    8.8   Summary and discussion
    Questions for thought
    Exercises
    Part of the keys to the exercises

9. Computing Models and Simplification Analysis
    9.1   Elastic support and secondary internal forces
    9.2   Space structure and plane structure
    9.3   Plate shell and grid
    9.4   Primary part and accessory part
    9.5   Ignoring of lesser deformation
    9.6   Summary and discussion
    Exercises
    Part of the key to the exercises

IV Special Issues

10. Structural Dynamic Analysis
    10.1   Introduction
    10.2   Free and forced vibration of single degree of freedom system

10.3 Vibration with damping

10.4 Free vibration of two degree of freedom system (flexibility method)

10.5 Free vibration of two degree of freedom system (stiffness method)

10.6 Forced vibration of two degree of freedom system under harmonic load

10.7 Method of mode-resolution

10.8 Approximation method

10.9 Summary and discussion

Questions for thought

Exercises

Part of the keys to the exercises

11. Structural stability analysis

11.1 Introduction

11.2 Stability of finite degree of freedom system

11.3 Critical load of infinite degree of freedom system (static method)

11.4 Critical load of infinite degree of freedom system (energy method)

11.5 Stability of frames

11.6 Summary and discussion

Questions for thought

Exercises

Part of the keys to the exercises

12. Structural Plastic Analysis

12.1 Introduction

12.2 Limit load of beam

12.3 Fundamental theorems of plastic analysis

12.4 Summary and discussion

Questions for thought

Exercises

Part of the keys to the exercises

Appendix A Static Analysis Program of Plane Framed Structures Based on MATLAB

Appendix B Index

References

Synopsis

Contents

A brief introduction to the author

主编简介

洪范文 武汉水利电力学院（现武汉大学）1967年本科毕业，1981年研究生毕业，工学硕士。曾任湖南大学土木工程学院教授，国家注册监理工程师。历任湖南大学出版社社长、教务处处长和教育部工科力学基础课程教学指导委员会委员。

毕业后从事土木水利工程的设计研究和工程实践工作。1982年进入湖南大学后，从事结构力学和计算分析方面的教学与研究工作，长期为本科生和硕士生讲授结构力学、弹性力学、工程结构优化和结构程序设计等课程，治学态度严谨，教学效果优良。先后发表学术论文十余篇，出版结构力学教材和其他著作4本。1998年获机械工业部科技进步三等奖，2001年获湖南省教学成果一等奖，2003年获湖南省教学管理先进工作者。

周芬 湖南大学土木工程学院副教授，硕士生导师，曾为美国佐治亚理工学院访问学者。

主要研究方向为结构计算理论及工程应用，在复合板材开发及应用、新型土工材料及加筋技术等领域做了大量工作。先后主持国家自然科学基金项目和部省级科研课题多项，发表各类学术论文30余篇，获批发明专利和实用新型专利20余项。讲授结构力学、弹性力学、工程力学等课程多年，教学经验丰富、效果突出，曾获第六届全国结构力学及弹性力学青年教师讲课竞赛一等奖；指导学生参加力学竞赛多次获奖，先后获得"优秀指导教师"、"我心目中最敬爱的老师"等称号，深受学生爱戴，成绩斐然。

郑重声明

高等教育出版社依法对本书享有专有出版权。任何未经许可的复制、销售行为均违反《中华人民共和国著作权法》,其行为人将承担相应的民事责任和行政责任;构成犯罪的,将被依法追究刑事责任。为了维护市场秩序,保护读者的合法权益,避免读者误用盗版书造成不良后果,我社将配合行政执法部门和司法机关对违法犯罪的单位和个人进行严厉打击。社会各界人士如发现上述侵权行为,希望及时举报,本社将奖励举报有功人员。

反盗版举报电话　(010)58581999　58582371　58582488
反盗版举报传真　(010)82086060
反盗版举报邮箱　dd@hep.com.cn
通信地址　北京市西城区德外大街4号　高等教育出版社法律事务与版权管理部
邮政编码　100120

防伪查询说明

用户购书后刮开封底防伪涂层,利用手机微信等软件扫描二维码,会跳转至防伪查询网页,获得所购图书详细信息。也可将防伪二维码下的20位密码按从左到右、从上到下的顺序发送短信至106695881280,免费查询所购图书真伪。

反盗版短信举报

编辑短信"JB,图书名称,出版社,购买地点"发送至10669588128

防伪客服电话

(010)58582300